"十二五"国家重点图书出版规划项目

世界兽医经典著作译丛

GEORGIS'
PARASITOLOGY FOR VETERINARIANS

兽医寄生虫学 第9版

[美] 德怀特·D. 鲍曼（Dwight D. Bowman）　编著

李国清　主译

中国农业出版社

图书在版编目（CIP）数据

兽医寄生虫学 : 第9版 /（美）鲍曼（Bowman, D. D.）
编著；李国清等译. — 北京 : 中国农业出版社，
2013.4
（世界兽医经典著作译丛）
ISBN 978-7-109-16490-1

Ⅰ．①兽… Ⅱ．①鲍… ②李… Ⅲ．①兽医学：寄生
虫学 Ⅳ．①S852.7

中国版本图书馆CIP数据核字（2012）第000675号

中国农业出版社出版
（北京市朝阳区农展馆北路2号）
（邮政编码100125）
责任编辑 邱利伟 黄向阳
———————————————
北京通州皇家印刷厂印刷 新华书店北京发行所发行
2013年4月第9版 2013年4月北京第1次印刷
———————————————
开本：889mm×1194mm 1/16 印张：30.25
字数：780 千字
定价：348.00元
（凡本版图书出现印刷、装订错误，请向出版社发行部调换）

翻译委员会

主　译　李国清（教授，华南农业大学兽医学院）

副主译　杨晓野　张龙现　周荣琼　张浩吉

译　者　（以单位首字笔画排序）

内蒙古农业大学	杨晓野　王　瑞　王文龙　赵治国
西北农林科技大学	林　青　赵光辉
西南大学	周荣琼
华南农业大学	李国清　袁子国　张　萍　李　结
	刘远佳　孟祥龙　郭建超
佛山科技学院	张浩吉
青海大学	张瑞强
河南农业大学	张龙现　王荣军　黄　磊　齐　萌
	赵金凤

审　校　李国清　杨晓野　张龙现

原版作者

Dwight D. Bowman，博士，寄生虫学教授
美国康奈尔大学兽医学院微生物与免疫学系

Mark I. EberHard，博士
美国疾病预防控制中心传染病中心寄生虫病研究部

Susan E. Little，执业兽医，博士，特聘教授
美国俄克拉何马州立大学兽医健康科学中心兽医病理系

Marshall W. Lightowlers，博士，兽医学教授
澳大利亚墨尔本大学韦里比分校

Randy C. Lynn，执业兽医，美国大学兽医病理学专科医师
美国爱德士制药股份有限公司专业服务部主任

《世界兽医经典著作译丛》总序

　　引进翻译一套经典兽医著作是很多兽医工作者的一个长期愿望。我们倡导、发起这项工作的目的很简单，也很明确，概括起来主要有三点：一是促进兽医基础教育；二是推动兽医科学研究；三是加快兽医人才培养。对这项工作的热情和动力，我想这套译丛的很多组织者和参与者与我一样，源于"见贤思齐"。正因为了解我们在一些兽医学科、工作领域尚存在不足，所以希望多做些基础工作，促进国内兽医工作与国际兽医发展保持同步。

　　回顾近年来我国的兽医工作，我们取得了很多成绩。但是，对照国际相关规则标准，与很多国家相比，我国兽医事业发展水平仍然不高，需要我们博采众长、学习借鉴，积极引进、消化吸收世界兽医发展文明成果，加强基础教育、科学技术研究，进一步提高保障养殖业健康发展、保障动物卫生和兽医公共卫生安全的能力和水平。为此，农业部兽医局着眼长远、统筹规划，委托中国农业出版社组织相关专家，本着"权威、经典、系统、适用"的原则，从世界范围遴选出兽医领域优秀教科书、工具书和参考书50余部，集合形成《世界兽医经典著作译丛》，以期为我国兽医学科发展、技术进步和产业升级提供技术支撑和智力支持。

　　我们深知，优秀的兽医科技、学术专著需要智慧积淀和时间积累，需要实践检验和读者认可，也需要具有稳定性和连续性。为了在浩如烟海、林林总总的著作中选择出真正的经典，我们在设计《世界兽医经典著作译丛》过程中，广泛征求、听取行业专家和读者意见，从促进兽医学科发展、提高兽医服务水平的需要出发，对书目进行了严格挑选。总的来看，所选书目除了涵盖基础兽医学、预防兽医学、临床兽医学等领域以外，还包括动物福利等当前国际热点问题，基本囊括了国外兽医著作的精华。

　　目前，《世界兽医经典著作译丛》已被列入"十二五"国家重点图书出版规划项目，成为我国文化出版领域的重点工程。为高质量完成翻译和出版工作，我们专门组织成立了高规格的译审委员会，协调组织翻译出版工作。每部专著的翻译工作都由兽医各学科的权威专家、学者担纲，翻译稿件需经翻译质量委员会审查合格后才能定稿付梓。尽管如此，由于很多书籍涉及的知识点多、面广，难免存在理解不透彻、翻译不准确的问题。对此，译者和审校人员真诚希望广大读者予以批评指正。

　　我们真诚地希望这套丛书能够成为兽医科技文化建设的一个重要载体，成为兽医领域和相关行业广大学生及从业人员的有益工具，为推动兽医教育发展、技术进步和兽医人才培养发挥积极、长远的作用。

农业部兽医局局长

《世界兽医经典著作译丛》主任委员

用药说明

本书是引进版图书，中文版基本保持了原版的内容。因为不同国家关于兽药的使用规定和剂量等有差别，所以在阅读本书过程中涉及到药物使用的部分，请读者谨慎参考。本书译者尽量做了一些标注，但涉及到具体用药时请严格遵守我国有关兽药使用的规定和剂量，特别是违禁兽药严禁使用。

内容简介

本书是美国经典著作《兽医寄生虫学》的第9版（第1版于1969年出版）。本书阐述了兽医寄生虫学的基本概念，详细介绍了家畜（猪、马、牛、羊等）和伴侣动物（犬、猫）以及实验动物（兔、大鼠、小鼠、豚鼠、猿猴等）各种组织器官常见的寄生虫。全书分为绪论、节肢动物、原虫、蠕虫、媒介传播的疾病、抗寄生虫药、寄生虫学诊断和组织病理学诊断，共八章，书后附有猪、马、牛、羊、犬、猫抗寄生虫药和抗寄生虫疫苗一览表。本书注重理论与实践相结合，内容翔实，实用性强。本书可供兽医专业高年级本科生和研究生以及从事兽医学和公共卫生学教学、科研或技术人员参考。

出版致谢

本书能顺利出版，感谢华南农业大学李国清教授领衔的翻译团队，他们一丝不苟的专业精神给我们留下了深刻印象；感谢《世界兽医经典著作译丛》译审委员会各位专家的大力支持；感谢中国农业出版社养殖业出版中心的团队，他们立足行业，放眼全球，持续地给我们这个行业带来一大批高水平的世界专著。

译者序

自从《兽医寄生虫学》第1版（1969）问世以来，已经40多年过去了。随着时代的发展，养殖业的结构和生产方式发生了巨大的变化，由小型的家庭饲养方式逐渐向集约化饲养方式转变。饲养方式的改变极大地提高了社会和经济效益，同时也为某些重大寄生虫病以及人兽共患寄生虫病的发生和发展创造了有利条件。因此，兽医寄生虫学已经引起兽医界和公共卫生部门的高度重视。《兽医寄生虫学》的不断再版直接反映出兽医寄生虫学工作者为发展养殖业和提高公共卫生水平不懈努力所做出的巨大贡献。

《兽医寄生虫学》第9版的主编为美国康奈尔大学兽医学院微生物与免疫学系德怀特·D.鲍曼教授。此外，来自美国疾病预防控制中心的Mark L. Eberhard博士编写了组织病理学诊断；来自澳大利亚墨尔本大学的Marshall W. Lightowlers博士编写了商用抗寄生虫疫苗（表A-7）；来自美国俄克拉何马州立大学的Susan E. Little博士编写了媒介传播的疾病；来自美国爱德士制药公司的Randy C. Lynn主任编写了抗寄生虫药。

全书共八章，编写的内容除了前一版已有的引言、节肢动物、原虫和蠕虫之外，首次增加了媒介传播的疾病一章，更新了当前使用的所有抗寄生虫药资料以及主要宿主抗寄生虫药（包括抗寄生虫疫苗）一览表，并且改写了寄生虫学诊断以及组织病理学诊断的部分内容。正如主编所言，家养的犬、猫、牛、绵羊、山羊、马和猪常见寄生虫的鉴定已不是一件困难的事情，只要简化鉴定标准，提供合理的配套插图，列出在特定器官可能遇到的寄生虫名单，在一个学期内就能学好。本书的确为读者提供了这样的标准、插图和寄生虫名单。

本书立足于传统的兽医寄生虫学，引入了大量临床兽医寄生虫学的图片资料，强调理论与实践相结合，代表了兽医寄生虫学领域当今发达国家的研究水准，可作为高等院校有关专业的研究生和本科生的教材或参考书，也可供从事兽医寄生虫学研究的科研工作者及兽医临床、动物检疫等动物疾病防控的技术人员参考。

本书从选题到定稿，历时一载，其间得到了中国农业出版社邱利伟等编辑以及华南农业大学等7所高等院校领导和同行的鼓励和支持。值此付梓之日，特向他们表示由衷的感谢！

本书主译近年来在兽医寄生虫学方面得到了国家自然科学基金（NO. 30972179）、教育部博士点基金（NO. 200805640004）和国家级双语示范课程以及国家留学基金委员会2012年国家公派高级研究学者项目（NO. 2010844274）的全额资助，在此一并感谢！

我们深知，由于学识有限，译著中难免存在瑕疵，恳请广大师生和读者批评指正。

译　者

前　言

在由杰伊和马里昂·乔治开始的《兽医寄生虫学》中，我已修改了大部分图像的色彩格式。幸运的是，许多图像的色彩最初是从乔治的黑白图像拍下来了，所以在这一版出现了很多相同的图片。不过，并不是每一张照片都有色彩，因此，有些照片不能用彩色。利用微分干涉捕获的图像，特别是未染色的线虫，在显微镜下基本上呈灰白色，当用彩色时仍然是黑白颜色。另外，有些黑白图像也被保留下来，因为它们的历史和代表的前期工作，是以黑白艺术作为出版物中主流形式的时代，如最初由John H. Whitlock博士采集的图像以及别的地方发表的黑白图片。有时一个图版中不是每一个虫体都有彩色图片，这种情况下仍保留其黑白图版，期待下一版再改进。

美国兽医寄生虫学家协会（AAVP）一直很努力，通过弗吉尼亚理工大学Anne Zajac博士和爱德华王子岛大学Gary A. Conboy博士的捐赠编写了彩色版《兽医临床寄生虫学》。这是一本好书，我认为它对于经常从事寄生虫病诊断的人来说是一本最好的工具书。我极力推荐这本书。

在编写这一版中我得到了很多帮助。现在居住在密苏里哥伦比亚大学比较医学院的Hanni Lee博士，提供了许多节肢动物、原虫和扁形动物的彩图；在曼哈顿的执业兽医Danielle Armato博士帮助改写了诊断章节中寄生虫名单的注释，使其信息更为丰富；与我在一起的康奈尔大学Araceli Lucio-Forster博士，通过她对三、四年级学生的诊断指导，找到了许多额外的寄生虫、虫卵和包囊，增补在彩图中。总之，这本书经历了千辛万苦，但很有价值。Lee博士，Armato博士和Lucio-Forster博士的鼎力相助使新版有了新感觉。

我试着去更新这本书，但又不失前一版本同样的结构。鉴于目前对媒介传播性疾病的关注，我请俄克拉何马州立大学兽医寄生虫学教授Susan E. Little博士增补了这一章，我们从未找到一种最好的方式将各种不同的微生物（通常不归入动物寄生虫学，但我们认为需要讨论的病原）归入一本书。我想读者会发现这个章节很有用。

爱德士制药公司Randy C. Lynn博士更新了当前使用的所有抗寄生虫药资料，我们也对主要宿主抗寄生虫药一览表进行了修改。但要保持这方面的最新资料几乎是不可能的，因为我们的同仁要不断地为防控寄生虫提供更好的产品。在Lynn博士所负责的抗寄生虫药一章中，还增加了墨尔本大学兽医学院Marshall W. Lightowlers博士编写的抗寄生虫疫苗一览表。这些疫苗并非美国都有，但在美国以外的一些地区已经使用过多年，对寄生虫的控制仍然很有希望，似乎该是总结它们的时候了。

　　美国疾病预防控制中心寄生虫部Mark L. Eberhard博士改写了组织寄生虫一章，这章可作为鉴定组织寄生虫的重要参考，其中彩色图片有助于内容的介绍。

　　科尔比学院古典文学系Hanna M. Roisman博士帮助我润色了前面章节出现的许多寄生虫术语，她还帮助我纠正了第一章中的术语问题，我曾将"zoonosis"试图定义为"在动物间传播的疾病"。兽医们需要对这一领域保持高度关注，因为野生动物的许多疾病对家畜是毁灭性的，并且动物的疾病也可以传播给人。我认为这些术语很有用，尽管它们的用法不是很普遍。

　　我要感谢康奈尔大学同事，特别是Barr，Simpson，Hornbuckle，Smith，Nydam，Ducharme，Miller，Scott和McDonough博士，使我重新关注兽医事业；所有AAVP及同仁总是有求必应；当然，我的所有学生无论是过去和现在都给予了全力相助。

　　最后，我要感谢Don O'Connor提供的新彩图，还要衷心感谢Elsevier公司的全体员工，总编辑Jolynn Gower，高级项目经理Anne Altepeter，设计经理Amy Buxton对该版进行了重大调整，并增加了许多新图片。他们花费了很多时间从头至尾认真编辑，才使本书显得精彩纷呈。他们可能付出了相当多的努力，完成了一项有趣和富有成果的繁重任务。希望读者能够发现新版对第8版的明显改进之处，在你们学习兽医寄生虫学时发现这是一本十分有用的参考书。

德怀特·D. 鲍曼

（Dwight D. Bowman）

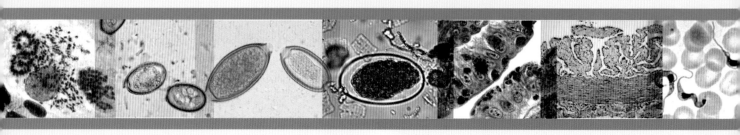

目 录 CONTENTS

第一章　绪　论

一、寄生虫学常用术语

寄生物是一个较小的生物，寄生在一个较大生物的体内外，并以后者为食，这种较大的生物称之为宿主。虱子是寄生物，病毒亦是。寄生物对宿主的损害可以是微不足道的，也可能是实质性损伤，甚至难以忍受。这取决于寄生物的数量、遭受损伤的类型和程度、宿主的抵抗力和营养状况。可用一系列术语（如互生、共栖和寄生）来表示特定的共生关系中单方或双方的利害程度。然而，如果发现寄生物与人或动植物有关，无论它的存在是否有害，习惯上则称它为寄生虫。本书采纳这种说法，只是要记住寄生虫的致病性是不同的。

动物的物种是一个天然杂交的种群，它与其他类似种群是繁殖隔离的。例如，有两种不同的犬蛔虫，即犬弓首蛔虫和狮弓蛔虫，它们的大小和外形十分相似，难以区分。尽管它们可以共享同一只犬的小肠，但是它们从来不发生杂交。它们所表达的遗传物质结构不同，在生活史上也有实质性差异。然而，它们却十分相似，亲缘关系明显。我们认为这些类似性起源于来自同一祖先的两个物种的进化（趋同进化），因为类似性的数量和性质使我们排除了其他解释，即它们代表对同一选择压不相关的适应（趋同进化）。考虑到它们都是蛔目的成员，我们承认它们之间的亲缘关系，打个比方说，它们每个都是同一进化分支上的一个叶片。

二、分类规则

分类是一个归纳的过程。遗憾的是，对于那些追求分类真实性的人来说，寄生虫亲缘关系的客观证据几乎没有。马的祖先留下了一个清晰的化石记录，但寄生虫的祖先早已腐烂，只是偶尔有点痕迹。种以上的分类阶元（如属、亚科、科、总科、亚目、目、纲和门）都是根据不同种群之间的异同程度主观推测而来。庆幸的是，按逻辑有序的方式组织寄生虫的有关信息，对我们有用。简而言之，任何特定动物的分类只不过是对不同生物群体之间的关系如何表达得更好的一种方法。

了解一些命名规则是有帮助的。动物的全名采用双名制，由属名和紧随其后的种名组成。属名第一个字母大写，属名和种名用斜体印刷。例如，*Filaroides milksi*。在分类学出版物和专业期刊中，虫名之后接定种人的姓和首次发表的年代。例如，*Filaroides milksi* Whitlock，1956。如果后来另一位分类学家因某种原因认定该物种应该属于不同的属，那么原命名者的姓应放在括号内，更名者的姓放在括号外，例如，*Landersonstrongylus milksi*（Whitlock，1956）Webster，1981。如果我们有足够的理由，就不必被迫接受Webster的意见，可以继续称这个物种的原名。物种*milksi*是客观的，它是根据Whitlock 1956年描述过的真实标本。然而，将*milksi*归属于其他特定的属在很大程度上是根据主观的判断。这就是为什么我们经常会碰到同一个种归属于两个或更多属的缘故。

某些级别具有特征性后缀，有助于识别。例如，圆形属（*Strongylus*）属于下列较高等级的分类：圆形目（Strongylida）、圆形总科（Strongyloidea）、圆形科（Strongylidae）、圆形亚科（Strongylinae）。本书中-ida，-oidea，-idae和-inae这些后缀适用于所有目、总科、科和亚科的名称。

动物命名的主要目的是提高动物名称的稳定性和通用性，以确保每一个名字是独一无二的。而不是像学生所怀疑的那样，每个分类学家都来随意改变名称以迷惑他人。

三、鉴定和诊断

鉴定是确定某物种属于哪个类别，而诊断是确定某个病例的性质和病因，两者都是推理过程。寄生虫感染的诊断本身只需要鉴定特定寄生虫的一些生命阶段，而寄生虫病的诊断则需要更多的了解。事实上，解释关于寄生虫或病例中鉴定的寄生虫资料的重要性常常超越我们的知识和诠释技能。在极少数情况下，可以通过一个直接的因果关系来作出诊断。例如，绵羊的捻转血矛线虫，当有大量虫体在真胃内吸血，超过绵羊的代偿能力时，结果导致血矛线虫病，表现为临床贫血。如果虫体太少以至于不超过绵羊的造血能力或绵羊设法补偿血液损失的话，结果也许是低度感染，属于亚临床感染之一，表现为无贫血，无血矛线虫病。人们可通过检查可视黏膜或血样找到贫血的证据来诊断血矛线虫病。

诊断血矛线虫病容易，但多数情况下评估其他寄生虫感染的临床意义却非常困难。例如，当兽医面对一个慢性腹泻病例，在动物的粪便中发现了一些球虫卵囊，往往会忽视其他可能的病因，草率地作出该动物患球虫病的结论，而事实上球虫的感染只是偶然的。粪便中包囊的确认给

医生提供了具体的事实，在不确定的情况下几乎是难以抗拒的事实。这的确是一个难题，而且还有许多类似情况。在本书中我们试图提供有助于判断寄生虫何时与临床疾病有关或无关的信息。事实上，有许多地方仍有待研究。

家养的猫、犬、牛、绵羊、山羊、马、猪的常见寄生虫的鉴定是一件相对简单的事情。其鉴定方法包括限制特定宿主的范围，简化鉴定标准，提供合理的配套插图，列出在特定的器官可能遇到的寄生虫名单。第七章提供了这样的标准、插图和名单。然而，当把范围扩大到包括外来的宠物、捕获和野生的哺乳动物与鸟类时，需要做大量查阅工作。查资料的第一步是确定宿主的学名。如果我们不知道它的话，《韦伯国际词典》是一本较好的参考资料。

最后应该记住：当我们发现蠕虫或寄生虫的各种诊断性阶段时，我们的目标一般是确定该标本属于哪个种群。我们只是鉴定寄生虫，而不是研究它们的物种形成。物种形成是指一种生物从一种类型进化到另一种类型所发生的事情。

四、寄生虫与宿主的关系

许多术语对于学习寄生虫学一般都是有用的。生活上密切相关的动物叫做共生关系（symbiosis）中的共生体（symbionts）。共生关系可以进一步划分为某些特殊的关系。在互利共生（mutualism）的关系中，双方共同生存，彼此受益。如生活在反刍动物瘤胃的各种纤毛虫和细菌就是如此。当两种生物生活在一起，既没有"输"也没有"赢"，这种情况叫做共栖（commensalism），以这种方式生活的生物叫做共生体（commensals）。例如，生活在牛羊盲肠和结肠的各种阿米巴原虫，未曾记录有任何疾病。在携带（phoresis）关系中，一种生物作为携带者将其他生物从一个地方带到另一个地方。例如，在人皮蝇（*Dermatobia hominis*）的生活史中，用其他蝇来携带含幼虫的虫卵传给被感染的

脊椎动物。最后，在寄生关系中，"一种生物从另一种生物中夺取营养，并给对方造成明显的损伤（引自James Law博士）。"按照定义，寄生虫对其宿主有负面影响。

有些术语与习惯使用的特定寄生虫有关。内寄生虫（endoparasites），即在宿主体内的寄生虫，可以引起感染（infections）；而外寄生虫（ectoparasites），即生活在宿主体外或皮肤的寄生虫，可引起侵袭（infestations）。一些寄生虫是专性寄生虫（obligate parasites），它们总是需要一个宿主；另一些生物只有给机会才是寄生虫，它们称之为兼性寄生虫（facultative parasites）（如阿米巴等）。只寄生于一种宿主的寄生虫称为专一性寄生虫，典型的例子就是鸟和哺乳动物的各种虱。寄生虫的成虫或有性生殖阶段寄生的宿主叫做终末宿主（definitive host），中间发育阶段或幼虫阶段寄生的宿主叫做中间宿主（intermediate host）。转续宿主（paratenic host）是其体内感染的寄生虫不进行任何发育，虽然有时虫体在其体内可以长得很大（如寄生在鱼体内的阔节裂头绦虫幼虫）。传播寄生虫的生物叫做媒介（vector）。机械性媒介（mechanical vector）基本上就是活的污染过的注射器，即它们只起搬运作用，在正常的生活史中是不需要的。生物性媒介（biologic vector）在寄生虫的生活史中是必需的。

寄生虫可以在正常宿主以外的其他动物之间循环，这些宿主叫做储藏宿主（reservoir hosts）。当寄生虫以某些稳定速度存在于某个种群中，我们称之为地方病（endemic）。如果该病以很高的水平存在于某个种群中，就叫做高度地方性疾病（hyperendemic）。地区性（endemicity）往往用流行率（prevalence），即某一时间某一地区感染动物的百分率来测量。发生率（incidence）指某一种群内正在发生的新感染的比例。当发生率急剧增加，伴随流行率上升时，采用流行病（epidemic）这个术语。动物专用的类似术语有地方性动物病（enzootic）、高度地方性动物病（hyperenzootic）、动物流行病（epizootic）。但这些术语许多人不熟悉，因而常用人的有关术语。

人兽共患病（zoonosis）这个术语字面意思是动物疾病，但这个词已转化为动物传给人的疾病。Hoare（1962）引用四个术语来描述人和动物之间的病原传播。

（1）动物源性人兽共患病（anthropozoonosis）（语源上只是人和动物的一种疾病），定义为人从动物获得的一种疾病。例如，狂犬病、瘟疫、布鲁氏菌病、钩端螺旋体病、罗得西亚睡眠病、蜱传性脑炎或回归热、巴贝斯虫病、埃立克体病、恰加斯氏病和旋毛虫病。

（2）人源性人兽共患病（zooanthroponosis），被一些人认为是"反向人兽共患病"，定义为动物从人获得的一种疾病。例如，溶组织内阿米巴原虫传播给猫，蓝氏贾第虫传给犬，结核病传给牛，曼氏血吸虫传给狒狒。

（3）互源性人兽共患病（amphixenosis）（语源上两类宿主的疾病），定义为人和其他脊椎动物之间可交替感染的疾病。例如，恰加斯氏病、日本血吸虫或葡萄球菌。

（4）anthroponoses（语源上人的疾病），定义为仅限于人类来自低等动物的疾病。例如，疟疾、斑疹伤寒和回归热。

其他术语包括真性人兽共患病（euzoonosis），人和储藏宿主常见的疾病（可能与人畜共生病相同）。例如，人和各种哺乳动物的日本血吸虫。副性人兽共患病（parazoonosis），罕见动物性媒介感染人，如犬恶丝虫病。

病原生物学也与人兽共患病的定义有关。周期性人兽共患病（cyclozoonosis）指限制于脊椎动物的人兽共患病，如有钩带绦虫。媒介性人兽共患病（metazoonosis）指在脊椎动物和无脊椎动物之间循环的人兽共患病，如疟疾。腐生性人兽共患病（saprozoonosis）指在脊椎动物和非动物性物体之间循环的人兽共患病，如附在植物上的肝片吸虫囊蚴。

显然还没有术语用来描述病原从野生动物到家畜，或从家畜传给家畜或野生动物的相互传播。在此，将非典型宿主动物的感染分为三大类（野生动物之间的感染忽略）：家畜感染野生动物的病原、家畜感染家畜的病原和野生动物感染家畜的病原。下列几个术语有助于说明这些情况。

（1）家畜野生动物共患疾病（Zootherionosis） 用来说明家畜感染野生动物病原引起的疾病，典型例子是进口家畜感染非洲野生动物的锥虫。其他例子包括感染来自啮齿动物的利什曼原虫、斑疹伤寒、莱姆病、立克次氏体，口蹄疫病毒和禽流感病毒，拉病毒和尼帕病毒，翼形线虫幼虫感染，裂头蚴，四窗蚴，浣熊贝利斯蛔虫和 *Armillifer armillata* 幼虫，黄蝇蝇蛆，作为马原虫性脑脊髓炎病原即神经肉孢子虫（*Sarcocystis neurona*）中间宿主的马和猫，野猫 *Cytauxzoon felis* 对猫的致死性感染，成虫的感染包括犬、猫的克氏并殖吸虫，牛、羊的大类片形吸虫，猫的 *Alaria marchianae* 和 *Platynosomum fastosum*，犬的美洲异毕吸虫，犬、猫的曼氏迭宫绦虫，反刍兽的隧体绦虫和怀俄明绦虫，反刍兽的细副鹿圆线虫，犬的唯一龙线虫、盘尾丝虫、肾膨结线虫和猫的小兔唇蛔虫。

（2）驯养动物共患病（Zootithasonosis） 用来描述某个病原从一类家畜感染其他家畜。猫粒细胞缺乏症病毒感染犬，引起犬的全球大流行。牛腹泻病毒感染绵羊和山羊，引起边境地区疾病流行。犬小孢子菌感染猫。猫和山猫被犬恶丝虫寄生。反刍兽艾氏毛圆线虫感染马。猫和兔发生犬弓首蛔虫的腹腔幼虫移行症。猫弓首蛔虫在猪的肝脏内引起白斑病。反刍兽感染犬和大猫的带绦虫。猫可以是连续带绦虫幼虫的宿主，该虫用犬作为终末宿主。

（3）野生动物家畜共患病（Theriotithasonosis） 用来描述家畜的病原可以感染野生动物。如塞伦盖蒂平原和囚禁的狮子死于犬的犬瘟热病毒的一个变种。狼、土狼、非洲野犬感染来自家犬的犬细小病毒。巨足袋鼠有时感染羊约内氏病菌（禽结核分支杆菌副结核亚种）。家山羊感染野山羊传染性角膜结膜炎（结膜支原体）。患有牛传染性胸膜肺炎的病原（丝状支原体丝状亚种）感染非洲水牛和瘤牛。犬弓首蛔虫定期感染啮齿动物和鸟类，并能感染乌龟。刚地弓形虫引起许多野生动物的感染，现已报告引起水生哺乳动物的疾病。犬恶丝虫成虫引起海狮的疾病，枝双腔吸虫引起鹿、兔和土拨鼠的感染。

第二章 节肢动物

节肢动物是一群大家熟悉的生物体，如昆虫、蜘蛛、甲壳类动物（虾等）和其他一些种类。节肢动物身体一般由许多节组成，其中一些有分节的足。但并非所有的节肢动物都有这些特征。如蜱、螨随着进化身体的分节已经消失。另外，许多昆虫的幼虫无足。为适应寄生生活，某些节肢动物的体形发生了巨大变化。例如，蠕形螨虫体进化成雪茄状，这样更适合其钻入宿主皮肤的毛囊和皮脂腺内。一个更极端的例子是蟹奴（Sacculina），它与藤壶有亲缘关系，长的像植物的根系，寄生于螃蟹体内。然而，大部分寄生性节肢动物与其自由生活的亲属形态相似，但在生理和习性方面却与后者明显不同。例如，吸血的厩螫蝇、角蝇、采采蝇与家蝇十分相似，并且许多蝇蛆之间在形态上也没有明显差异，这些蝇蛆在腐烂的植物和动物有机质中生长迅速，而锥蝇幼虫的发育需要在活体动物上进行。有些寄生虫和与其亲缘关系较近的自由生活的节肢动物非常相似，临床上易引起误诊。即使发现它们的存在，也不能认为就是元凶。在粪便中经常可以发现蝇蛆和食粪甲虫，这些昆虫几乎都是在动物排粪之后才侵入粪便，它们根本就不是寄生虫。

即便我们将主要精力都放在寄生性节肢动物上，但仍有很多工作要做。研究医学昆虫学是一项艰巨的课题，从众多的信息中选择有用信息并不是一件容易的事，尤其当兽医很少关注这些问题时更是如此。例如，关于蚊子的资料可能占医学昆虫学教科书一半的篇幅，蚊子可作为许多重要疾病的传播媒介，如马脑脊髓炎和犬恶丝虫病等。然而，很少有兽医投入必要的时间和精力来获取这方面的详尽知识，因为控制这些害虫往往是医学昆虫学家的责任。而兽医们关注的是与家畜密切相关的寄生性节肢动物。因此，在本书中我们更关注的是虱、蚤、蜱和螨，而不是蚊子。

兽医上重要的节肢动物属于昆虫纲（Insecta）、蛛形纲（Arachnida）、甲壳纲（Crustacea）和倍足纲（Diplopoda）。昆虫纲和蛛形纲动物是本章的主体。许多甲壳动物（桡足虫、蟹、小龙虾和鼠妇）可以作为寄生蠕虫的中间宿主，但本章仅讨论桡足虫，因为桡足虫对大多数人来说均比较陌生。还有一类甲壳动物，五足虫或舌形虫，寄生在陆生脊椎动物、爬行动物、鸟类和哺乳动物的呼吸系统，将在相应章节予以介绍。倍足纲（千足虫）中至少有一个属即山蛩（Narceus），可以作为硕大巨吻棘头虫的中间宿主，它是浣熊和家犬体内很大的棘头虫，在本书中仅被提及。

第一节 昆虫纲

一、构造

昆虫成虫分为头部、胸部和腹部三部分。头部由许多节融合而成，其上着生两只眼、两个触角和一个复杂的口器。胸部由三节组成，分别为前胸、中胸和后胸，并着生三对分节的足。翅膀有两对、一对或无，根据昆虫的类别不同而异。蟑螂（网翅目Dictyoptera）、石蛾（毛翅目Trichoptera）、甲虫（鞘翅目Coleoptera）和某些臭虫（半翅目Hemiptera）有两对翅膀；大多数蝇类（双翅目Diptera）有一对翅膀；虱（食毛目Mallophaga和虱目Anoplura）和蚤（蚤目Siphonaptera）无翅。如果有两对翅膀，其中一对翅源于中胸，另一对翅源于后胸。双翅目昆虫的翅位于中胸。腹部分11节或少于11节，末端几节特化为交配器官或产卵器。昆虫作为典型的节肢动物，具有几丁质的角皮，由来自外皮层的单层柱状上皮细胞所构成的皮下组织分泌而成，昆虫在生长或变态时可以蜕掉角皮。这一几丁质外壳即为昆虫的外骨骼，既可作为虫体的外壳，又可作为肌肉附着的地方。几丁质外壳的厚薄区相连，允许虫体活动并且容许不同程度的膨胀，例如，当吸血的雌蚊腹部充满血液时腹部就出现膨胀。昆虫的肌肉由横纹肌组成，常常能够快速收缩。角质层外覆盖着一层薄的类脂层即外表皮，这一层不透水，但允许脂类和脂溶性物质自由通过。

当昆虫体形长到大于它的旧角皮时，皮下组织在其皮下长出薄而富有弹性的新表皮，于是旧角皮裂开，虫体从中逸出，这个过程叫做蜕皮。昆虫的一生通过蜕皮可分为若干阶段（龄期）。蟑螂、臭虫和虱子的各个龄期与成虫相比，外形相似，仅体形较小；而刚孵出的蝇、甲虫或跳蚤更像蠕虫而不像昆虫。前一种情况叫做不完全变态，一系列的童虫叫做若虫。而后一种情况叫做完全变态，幼龄期虫体叫幼虫。在完全变态过程中，从蠕虫状的幼虫转变为成虫需要经历蛹期，这一过程叫做化蛹。为了区别成虫从蛹中出来与幼虫从卵中孵化，成虫从蛹中出来叫作羽化。

二、毛翅目：石蛾（Caddisflies）

毛翅目是一个非常大的目，大约有7 000多种。相对医学昆虫学家而言，某些垂钓爱好者对它们更加了解。毛翅目昆虫有两对翅膀和用于吸取水分和花蜜的较短的口器（图2-1）。生活在温带地区的一些种类，成虫每年只有一代，出现在开花盛期。其幼虫（石蚕）生活在淡水中，以微生物或其他昆虫为食。幼虫常形成手提箱样结构，虫体藏于其中，只有头和足伸出体外。最终幼虫将形成茧，成虫破茧而出。雄虫成群浮游于水体，雌虫飞入其中与之交配。交配结束后，雌虫将卵产在水体附近，幼虫孵出并入水继续发育。《石蛾种类指南》已经出版，这为以石蚕作为钓鱼诱饵的垂钓爱好者提供了很大便利（Pobst和Richards，1999）。

图2-1　石蛾成虫。其幼虫可感染携带波托马克马热病原体的吸虫囊蚴（加州大学戴维斯分校John E. Madigan博士惠赠）

近来，石蛾在兽医学上变得重要起来。据加州大学戴维斯分校Madigan等人的研究表明，石蛾可作为波托马克马热病原体——立氏新立克次氏体（*Neorickettsia risticii*）的传播媒介。似乎石蛾就是寄生于蝙蝠或鲑鱼枝腺科（Lecithodendriidae）吸虫的中间宿主，该科包括*Deropegus*，*Crepidostomum*和*Creptotrema*属（Pusterla等，2000），它们的囊蚴寄生于石蛾体内。不幸的是这些吸虫常常感染立氏新立克次氏体，可导致犬发生食用鲑鱼引起的立克次氏体病。马吃了石蛾成虫后，会出现波托马克马热的临床症状（Madigan等，2000）。因此，当马消化含有吸虫囊蚴的石蛾时，囊蚴体内的立氏新立克次氏体便会释放出来引发波托马克马热。这一发现非常重要，可以使该病控制变得简单，只要给马提供带防护的饮水器防止石蚕虫体污染马的饮水即可。

三、双翅目：蝇类（Flies）

双翅目昆虫，除某些特殊种类如虱蝇科寄生虫外，在中胸部均有一对功能性翅膀。后胸有一对棒状平衡器官称作平衡棒（图2-2），甚至在无翅的虱蝇科也存在。双翅目昆虫为完全变态，虽然多数能产卵或为卵生，但少数产幼虫，行卵胎生。而在虱蝇和舌蝇，它们的幼虫一直在雌虫腹部内发育至第三期幼虫后才排至体外，且这些幼虫很快化蛹。

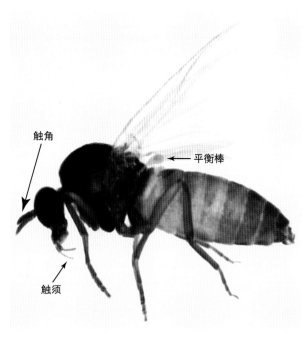

图2-2 蚋（长角亚目：蚋科）。也叫黑蝇，平衡棒是其后胸部的一对平衡器官，上颚须是与口器相关的感觉结构，触角由11节组成

蝇类有三大族群：即长角亚目（Nematocera）的蚋和蚊，短角亚目（Brachycera）的虻与斑虻，环裂亚目（Cyclorrhapha）的家蝇、麻蝇、丽蝇、狂蝇、采采蝇和羊虱蝇（表2-1）。所有这三类蝇中均包含吸血种类，其中许多是多种疾病的传播媒介。在长角亚目和短角亚目中，只有雌蝇吸血，其幼虫通常在有水环境中发育。蝇科、麻蝇科、丽蝇科和狂蝇科的幼虫可侵入活组织内产生病理性损伤，称为蝇蛆病。各种蝇以及一些蚤和虱的发育时间见表2-2。

（一）长角亚目

长角亚目昆虫细小，触角长而分节，各节相似，呈串珠状。虫体在水生或半水生环境中发育繁殖。幼虫的附肢适宜在水中游动、呼吸和摄食。仅雌虫吸血，雄虫不吸血，以花蜜为食。

1. 蚊科：蚊（Mosquitoes）

[鉴定] 蚊的触角长，分14或15节。喙细长，由包裹于鞘内的口针所构成，翅膀上有条纹（图2-3）。这些解剖构造是重要的分类特征，通过这些形态特征，可以将蚊与其他昆虫进行区分。

[生活史] 蚊子在水中产卵或将卵产在季节性被淹没的干燥地方。产在水中的卵不到1周即可孵化。幼虫（图2-4）可呼吸空气，如果空气的供给被水面的油膜阻断，它们将在数小时内死亡。幼虫通常在2周内蜕皮4次，然后化蛹。蚊蛹头胸部大，能自由游动。随着虫体的发育，成虫的结构逐渐显现（图2-5）。蛹期一般持续2d至1周，但适应某些干燥气候的种类只持续几个小时。成蚊从漂在水面的蛹背部T形孔中钻出（和所有长角亚

表2-1 双翅目分类

长角亚目	短角亚目	环裂亚目
蚊科，蚊	虻和斑虻	蝇科，家蝇
蚋科，蚋		虱蝇科，羊虱蝇
蠓科，蠓		麻蝇科，麻蝇
毛蠓科，白蛉		丽蝇科，丽蝇
		狂蝇科及胃蝇科

表2-2　双翅目、蚤目和虱目昆虫生活史各发育阶段所需时间比较

组别	卵（生存和孵化时间）	幼虫	蛹	成虫寿命	
				雄虫	雌虫
长角亚目					
蚊	数天至数年	7d	2~3d	1周	4~5个月；可越冬
蚋	3~7d滞育	7~12d	2~6d	2~10周	数周至数月
短角亚目					
虻	5~7d 在温带气候条件下，每年一代	1年6个月至3年	1~3周	数天	数月
环裂亚目					
家蝇属	8~12h 10~12代/夏季	5d	4~5d	短于雌蝇	2~10周；可越冬
螫蝇属	1~3d	9~60d	4~9d	数周	
血蝇属	1d	4~8d	6~8d（越冬阶段）	数周	
丽蝇	6~48h	3~9d	5~10d		35d
锥蝇属	11~21h	3.5~4.5d	7d		数周
麻蝇	经常变化	14d			数周
蜱蝇属	不定	数小时（10~12h/雌蝇）	3周		4个月（1个月成熟）
胃蝇属	5d	9~11个月	3~5周		数周（早春）
皮蝇属	5~7d	8~11个月	4~5周		数周
狂蝇属	不定	25~35d或8~10个月	越冬或3~6周		4周
蚤目					
栉首蚤属	2~21d	9~15d	7d至1年		数周（在实验室可保持长期存活）

虱目（不全变态）

组别	卵	若虫（无幼虫和蛹）	成虫
虱属	7~9d	9~11d	30d
血虱属	11d	11~22d	14d
猫毛虱属	10~20d	14~21d	14~21d
啮毛虱属	7~14d	14d	20d

注：以上代表一般情况。

目和短角亚目的昆虫一样）。经过大约24h，蚊的翅膀展开、变硬，开始飞翔。只有雌蚊吸血，以获取其卵巢成熟所需的蛋白质。雌蚊一般每隔几天吸血一次，每次吸血用来孕育下一批虫卵。产卵后，雌蚊再寻找另一宿主。雌蚊正是在不同宿主身上重复吸血，才使它们成为疾病的有效传播媒介。雄蚊和不育雌蚊以花蜜和植物汁液为食。某些吸血的雌蚊有时不吸血卵巢也能成熟（即雌蚊为自生）。还有一些蚊仅以植物为食，因此，这些蚊作为害虫和疾病传播媒介的意义不大。哺乳动物和鸟类是吸血蚊最理想的宿主（或受害者），而且蚊可将多种病原传给它们。

[危害]　一般情况下，由于蚊叮咬所造成的失血是微不足道的。但是，有时大群蚊同时叮咬，也会引起牛的失血而死亡。例如，1980年8月10日艾伦飓风登陆7d后，持续的干旱突然结束，得克萨斯州333hm²牧场遭受洪涝灾害，牛被大群盐沼伊蚊（Aedes sollicitans）侵扰。第二天早上，发

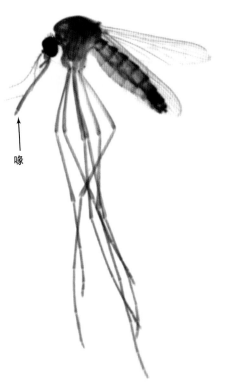

图2-3 蚊（长角亚目：蚊科）。注意其触角长，口器长

图2-5 蚊蛹。头胸部"喇叭"样结构是蛹的呼吸管。发育中的成蚊眼、腿、胸腹部透过表皮可以见到

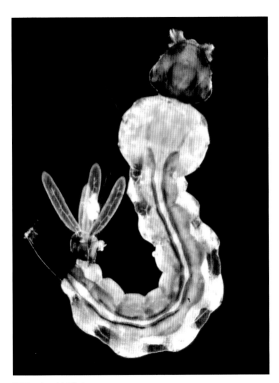

图2-4 蚊幼虫

现15头牛因失血过多而死亡，黏膜极度苍白，严重贫血。在草场遭受洪水和牛出现猝死的7d时间中，正是伊蚊从卵发育到成虫所需时间，因为高湿度使休眠的蚊卵开始发育。洪水导致了大量在干旱时期累积的蚊卵发育，出现了大量夜间从牛吸血的蚊子。阿比特等获得的分析数据表明，在此次突发事件中，估计有380万只蚊叮咬牛只（平均每分钟5 300次叮咬，持续12h），假设每只蚊一次吸血0.003 9mL（Abbitt和Abbitt，1981），将使一头366kg的牛失掉总血量的一半。猫被蚊子叮咬后有时会出现过敏反应，在鼻和脸的其他部位出现较大的瘙痒性红斑（Clare和Medleau，1997）。

[传播疾病] 传播媒介通常是指能够将感染性病原从一个宿主传递到另一个宿主的节肢动物（作为传播病原的无生命物体，如门把手或脏物，称之为污染物）。可直接传播病原，且病原

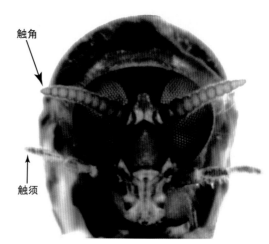

在其体内不经过发育和繁殖的传播媒介叫做机械性传播媒介；相反，在向受体动物传播病原之前，病原在其体内需经过发育或繁殖的媒介叫做生物性传播媒介。因此，生物性媒介就是病原的真正宿主。在有性繁殖的病原体如原虫、蠕虫当中，其无性生殖阶段所寄生的媒介称为中间宿主，反之，其性成熟期或有性生殖阶段所寄生的媒介称为终末宿主。蚊子是许多病原体的传播媒介（表2-3）。库蚊属、伊蚊属、按蚊属以及其他属的蚊子可作为丝虫，如犬恶丝虫、班氏吴策丝虫（人类淋巴丝虫病的病原体）的生物性传播媒介（中间宿主）。按蚊属的蚊子可作为疟原虫的生物性传播媒介（终末宿主），从而导致鸟类、啮齿类和灵长类动物的疟疾。蚊子也可作为脑炎病毒（如马脑脊髓炎）、西尼罗河病毒、兔黏液瘤病毒、禽痘病毒、黄热病毒、登革热病毒和裂谷热病毒的生物性传播媒介。某种生物作为病毒、细菌等病原的传播媒介时，不存在中间宿主和终末宿主的概念，因为这些病原不存在有性繁殖。

2. 蚋科：蚋（Blackflies）

[鉴定] 蚋（图2-2）体小而粗壮，黑色、灰色或黄棕色，触角相对较短，由相似的9~12节（通常为11节）组成，口器短，下颚须突出（图2-6）。

[生活史] 蚋只在流水中繁殖。虽然山洪和临时溪流是许多蚋偏爱的繁殖场所，但有些特别重要的蚋却在大的江河中繁殖。卵一般被产在水

图2-6 蚋的头部（长角亚目：蚋科）

面或部分淹没的石头、树枝或植被上。某些蚋每年产几次卵（多窝性物种），几天后幼虫从卵内孵出；但另一些蚋，每年只产一次卵（一化性物种）。卵长期保持在代谢静止状态，或称滞育，直到下一年才孵化。蚋的幼虫在急流或涡流中借助虫体前端的腹足和后端小钩（图2-7）设法附在石头表面。幼虫通过身体的屈曲，能像尺蠖一样到处移动。幼虫还会通过吐丝来帮助固定，随后形成茧，借此蛹继续沾在岩石上。成虫从蛹中羽化后，被气泡带到水面。

[损伤] 雌蚋是一种凶残的吸血昆虫。其口器由一束扁平锯齿状刀片样口针组成，宽松地包入唇中，止于一对唇瓣。雌蚋不像蚊、臭虫或吸血虱那样刺破血管在管腔中吸血，而是划破组织直

表2-3 长角亚目昆虫所传播的病原种类

传播媒介	传播的病原种类			
	丝虫	原虫	病毒	立克次氏体
蚊科（蚊）	腹腔丝虫（马、牛、鹿）；心丝虫（犬和猫）；吴策丝虫和布鲁丝虫（人和猫）	疟原虫（鸟和灵长类动物）	马脑炎、西尼罗河病毒、裂谷热	
蚋科（蚋）	盘尾丝虫（马、牛、绵羊、人）	住白细胞虫（鸟类）		
蠓科（蠓）	盘尾丝虫（马）；双瓣丝虫（灵长类动物）	住白细胞虫（鸟类）	蓝舌病、非洲马瘟	
毛蠓科（白蛉）		利什曼虫	三日热病毒	巴尔通氏体

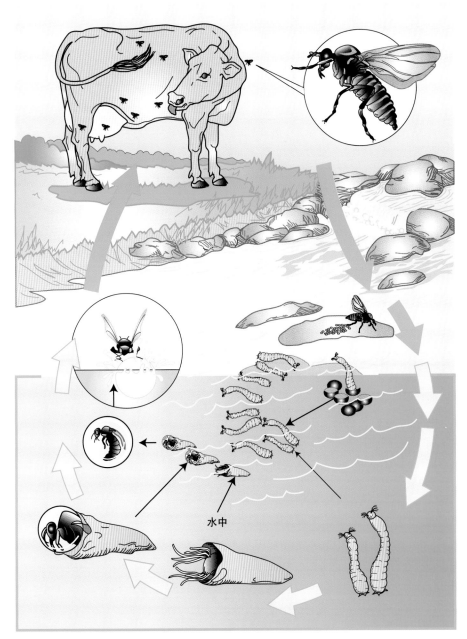

图2-7　蚋的生活史（蚋科）。雌蚋产卵于湍急溪流中部分淹没在水下的物体上，幼虫从卵中孵出，附着在石头上，以水流携带的有机物为食。化蛹时，幼虫吐丝结茧，将自己包裹在里面。成虫从蛹壳中出来后，被气泡带到水面，然后去觅食吸血

水中

到流血，然后从流出的血液中吸血。

　　不同个体对许多节肢动物叮咬的敏感性和反应的严重程度明显不同。连续不断地受到叮咬，最初敏感的个体可能会变得相对具有免疫力，以至于出现叮咬次数减少或对叮咬的反应减轻。或出现超敏反应，以至于持续性叮咬引起严重的反应，有时甚至引起死亡。蚋叮咬引起的过敏反应是一种常见的现象，而且造成的痒感可以持续许多天，往往由于搔抓而加剧。对过敏的人来说，

一次叮咬诱发的眼睑水肿足以影响眼皮的正常闭合。Burghardt，Whitlock和McEnerney（1951）描述了由蚋叮咬引起的牛的皮炎。病变包括水疱，伤痕，头部、胸部和耳朵结痂以及沿腹中线的严重渗出性病变。蜂拥而来的蚋能杀死数千只放牧牲畜。但确切的死亡原因究竟是由于贫血、过敏反应还是蚋释放到叮咬部位的唾液中的毒素，仍然是个疑问。在蚋活动的季节，犬和猫在耳朵、脸部或身体上会出现瘙痒性出血点，预防这种叮

咬最好的方法是使用防护剂。

[传播疾病] 蚋可传播许多病原体（表2-3）。有些蚋（如：黄毛真蚋Simulium aureum、詹氏真蚋S. jenningsi、带蚋S. vittatum，等）可传播住白细胞虫病，该病由几种血孢子虫目的住白细胞虫寄生于家禽和野生鸟类所引起。蚋还可以作为喉瘤盘尾丝虫的专性中间宿主，该虫对牛无明显伤害，蚋从牛的皮肤结节中摄入该丝虫微丝蚴后，幼虫在蚋体内发育到第三期幼虫，再感染新的终末宿主。有些蚋（如有害真蚋和淡黄真蚋）还可以作为旋盘尾丝虫的传播媒介，该虫可引起人的盘尾丝虫病，表现为皮肤结节，在非洲主要表现为眼睛失明。由于这些媒介昆虫在河边繁殖，疾病往往集中在沿河两岸，因此这种失明性疾病被称为"河盲症"。

[防控] 蚋的成群攻击出现在无风的白天。烟可驱蚋。尽管化学灭虫剂能起到一定程度的保护作用，但野营者、园丁和牲畜通常可在烟熏的保护下，避免蚋的叮咬。在蚋叮咬的高峰季节，家畜应保持在圈舍里直至日落。在马耳廓内表面涂上凡士林也可以阻止蚋的攻击。

3. 蠓科：库蠓（Biting midges）

[鉴定] 蠓体形微小（小于2mm），毛较少，触角长而细，口器较短（图2-8）。

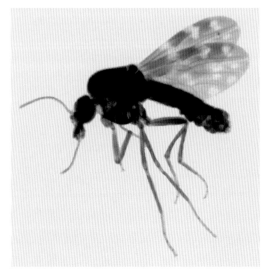

图2-8 库蠓（长角亚目：蠓科）。库蠓，"隐形嗡"，不同于蚊科的蚊，口器小而短

[生活史] 不同种类详细的生活史不同，有些种类需要淡水，而有些种类需要海水作为栖息地。有的在充满水的树洞里繁殖，有的则在腐烂的植被、淤泥等地方生活。成虫在黄昏和夜间活动，只有雌虫吸血。虽然它们的飞行能力很强，但它们仍倾向于在滋生地附近活动。但是，在无风的天气，少数蠓可能冒险飞出800m之外。最重要的种类属于库蠓属（Culicoides）和细蠓属（Leptoconops）。

[危害] 库蠓叮咬造成的疼痛远远超过同等大小的其他昆虫。事实上，人们并没有意识到他们被折磨的原因是由于这些小昆虫频繁骚扰的结果。由于虫体小，有时误以为是烟灰。库蠓很容易通过标准的窗纱，使睡眠者感到烦恼。过敏的人叮咬反应可能持续较长，而且比被蚊虫叮咬更痛苦。Riek（1953b）证明了以"昆士兰瘙痒症"为代表的过敏性皮炎是由罗伯茨库蠓（Culicoides robertsi）叮咬引起的过敏反应所造成的。但它只影响某些马，其他受侵袭的放牧马从未表现出任何症状。最初的病灶是局限在背部表面离散的丘疹。后来，毛发无光泽，痂皮形成并最终脱落，严重病例形成无毛区。出现强烈的瘙痒，马在以蹭痒和打滚方式来减轻瘙痒的过程中，可能会伤及自身。抗组胺药治疗可加快病情好转（Riek，1953a）。

[传播疾病] 库蠓可传播蓝舌病和非洲马瘟病毒（表2-3）。马的颈盘尾丝虫、牛的吉氏盘尾丝虫和对人相对无害的三种丝虫（常见棘唇线虫、链尾棘唇线虫和奥氏曼森线虫）都是在库蠓体内从微丝蚴发育到感染性第三期幼虫。由库蠓传播的原虫包括寄生于欧亚大陆猴的肝囊原虫和寄生于野生鸟类和家禽体内的血变原虫和住白细胞虫。

4. 毛蠓科：白蛉（Sandflies）

[鉴定] 毛蠓体小而修长，色淡，触角长。翅脉自基部至翅尖呈直线形放射状分布（图2-9）。

[生活史] 毛蠓将卵产在气温适中、黑暗、湿

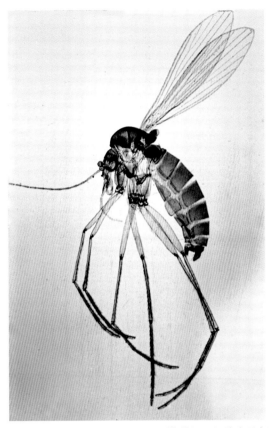

图2-9 白蛉属（长角亚目：毛蠓科）。翅脉自基部至翅尖几乎呈直线形放射状分布

度接近100%的裂缝、裂隙或洞穴中。它们从卵、幼虫到蛹至少经历2个月的时间，而成虫的寿命却是短暂的。毛蠓成虫飞行能力弱，习惯在夜间活动。重要的种类为白蛉属（*Phlebotomus*）和罗蛉属（*Lutzomyia*）。白蛉见于欧亚大陆，罗蛉则见于美洲，所有的种类都分布在热带或近亚热带。在美国发现的罗蛉，包括烦扰罗蛉、*Lutzomyia vexator*、*Lutzomyia apache*和其他一些种类，但目前还不清楚其中有多少种可以作为野生动物利什曼原虫的传播媒介。

[传播疾病] 毛蠓可传播利什曼原虫，它是犬、啮齿动物、灵长类动物和人的血鞭毛虫（表2-3）。白蛉唾液中的某些分子似乎在一定程度上调节着利什曼原虫在被叮咬宿主体内的发育过程（Warburg等，1994）。同时白蛉还可以传播人的三日热病毒和杆状巴尔通氏体（*Bartonella bacilliformis*）。

[防控] 可以用溴氰菊酯浸渍项圈，并联合应用扑灭司林、吡虫啉喷雾剂防止犬被白蛉叮咬，项圈可以提供长达6个月的保护。溴氰菊酯浸渍项圈还可用于犬利什曼病的控制（Manzillo等，2006），每月一次应用喷雾剂可以获得非常好的保护效果（Mencke等，2003）。

（二）短角亚目

虻科：虻和斑虻（Horseflies and deerflies）

[鉴别] 成虻体粗壮，大小不等，如家蝇至蜂鸟大小。触角短而粗，向前伸出，由明显不同的三节组成（图2-10和图2-11）。第一节小，第二节外展，第三节有明显的环纹，使虻的触角看起来像是由三节以上所构成。

[生活史] 雌虻需要吸血，卵才能发育成熟，它主要叮咬哺乳动物、爬行动物，偶尔叮咬鸟类。雄虻不吸血，而是以花蜜、汁液和蚜虫粪便为食。雌虻除了吸血以外，也需要这些物质作为碳水化合物的来源（Mally和Kutzer，1984）。除了少数耐旱种类，大部分虻集中在河道周围。每400~1 000个卵整齐地黏在悬垂在水中的树叶上。幼虫孵化需要1周左右，取决于温度和相对湿度，幼虫孵出后落入水中。第一期和第二期幼虫不采食，但第三期幼虫和以后阶段都是食肉性或食腐性的，主要以昆虫幼虫、甲壳类动物、蜗牛、蚯蚓、小青蛙、植物组织和死亡的有机体为食，取决于虻的种类和可得的食物（Mally和Kutzer，1984）。在温带地区，幼虫将自己埋在土壤或死亡的植被中越冬，然后次年春天化蛹。因此，虻通常每年只产一代。成虻飞行能力特别强。在密歇根州，发现瘤虻属（*Hybomitra*）的一些种类在初夏（5~6月）达到最高密度，而斑虻属（*Chrysops*）和虻属（*Tabanus*）在夏末更活跃（7月初至7月末，Strickler和Walker，1993）。在马萨诸塞州的科德角盐沼中，发现黑带虻（*Tabanus nigrovittatus*）和*Tabanus conterminus*在下午最活跃（Hayes等，1993）。在佛罗里达州，虻属的虻活动高峰期出现在早晨和傍晚，这

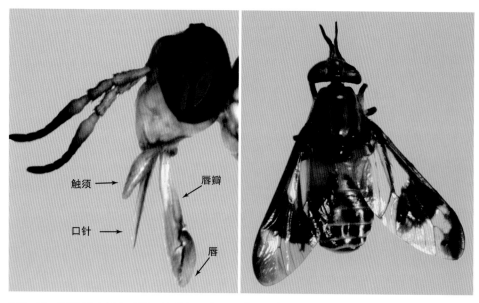

图2-10 斑虻属（短角亚目：虻科）：斑虻。由于虻触角远端有环纹，给人的印象是触角由很多节组成，但只有3节，翅上通常有黑色斑纹

图2-11 虻属（短角亚目：虻科）。马虻，翅膀一般无斑纹

与相对湿度有关而不是温度和光照强度（Cilek和Schreiber，1996）。Konstantinov（1993）证明将牛放在150m开外的一个树林中，降低牛的能见度并不能减少发现牛的瘤虻数量。

[危害] 所有节肢动物的侵袭都会造成动物的烦扰不安，动物为了躲避也会造成能量的损耗。当成虻特别多时，放牧牲畜可受到连续不断的疯狂攻击，可能消耗大量时间和精力去抵御这种袭击，以至无法充分休息或采食。最终动物出现疲惫，影响生产力，有时出现死亡。家畜对某些昆虫特别惧怕，一些虻如蜂鸟大小，其叮咬会造成剧烈疼痛。当遭到这些虻攻击时，马可能会突然跑开，此时骑手或牧马人应迅速给予帮助。叮咬时，虻的上颚和下颚划破血管，用唇舔食从

伤口流出的血液。对奶牛乳房和乳沟等皮肤皱褶处的反复攻击可导致广泛的渗出性湿疹病变，还可能继发细菌感染。虻吸完血后，被叮咬的伤口处还会流血数分钟，因此会吸引家蝇的侵袭。实际上，家蝇和其他蝇经常聚集在吸血虻周围，享用虻吸血后留下的丰富食物。作为在白天吸血的动物，虻通常不攻击室内宿主，但如果它们正叮咬时，宿主进入了圈舍，虻将继续吸血，直到吸饱。避免被虻叮咬的最有效的方法是在虻活动的高峰时间将动物赶入圈舍。

[传播疾病] 虻叮咬时引起的疼痛增强了它作为病原机械性传播媒介的危害。成虻在饱血之前如被宿主赶走的话，很快会飞到第二个宿主身上完成吸血，这样伤口就会受到新鲜的机械性传播的细菌（如炭疽）、病毒（如马传染性贫血病毒）等污染。每个虻都吸入大量的血液（高达虻重量的4倍，Krinsky，1976），弥补了通常存在于血液中的低浓度微生物在中间宿主体内不能繁殖的缺陷，也提高了虻作为机械性传播媒介的有效性。

虻与边虫病（无形体，*Anaplasma*）、炭疽病（炭疽芽孢杆菌，*Bacillus anthracis*）、兔热病（土拉热弗朗西丝菌，*Francisella tularensis*）和马传染性贫血病毒的机械性传播有关。在马传染性贫血病毒的机械性传播中，感染虻（*Tabanus fuscicostatus*）至少叮咬10次就能将病毒从急性感染马传给易感马，但所有来自慢性感染马的传播过程均未获得成功（Hawkins等，1973）。哺乳动物的锥虫（血鞭毛虫）可通过虻机械性或生物性传播，这取决于锥虫的种类。在亚洲，马、骆驼、大象和犬的一种致死性疾病即苏拉病（伊氏锥虫）通过虻机械性传播。但虻在病畜体上吸血后几小时便失去传播该病的能力（表2-4）。另一方面，泰勒锥虫必须在虻的体内繁殖，因为它在家畜的血液中非常稀少，通常必须通过培养才能证明它的存在。否则，泰勒锥虫将不能作为牛及其近亲宿主的一种寄生虫而遍布于世界各地。

表2-4 短角亚目昆虫所传播的病原种类

机械性传播	生物学传播
炭疽病、野兔热	丝虫：血管丝虫（麋鹿、绵羊）
原虫：伊氏锥虫	原虫：泰勒锥虫（牛）

在体内能大量繁殖寄生物的传播媒介有时被称作循环繁殖性宿主，这种宿主不同于循环发育性宿主，虫体在其体内仅经历了个体发育。例如寄生在美国西南部鹿、麋鹿、绵羊体内的施氏血管线虫（*Elaeophora schneideri*），从血液中的微丝蚴发育到感染性第三期幼虫（Hibler和Adcock，1971）都是在虻体内完成的。关于虻传播疾病的更多细节可以在Krinsky（1976）的综述中找到。

[防控] 虻和斑虻很难杀死或驱除，最好的办法通常是在虻活动的高峰时间将牲畜关在圈舍内。这些虻可以叮咬野生动物吸血，并且有幼虫的生活场所，而不依赖于家畜。因此，不像螫蝇（*Stomoxys*）和血蝇（*Haematobia*）那样直接依赖于宿主，这些虻可单独用驱避剂进行化学控制（Foil和Hogsette，1994）。Konstantinov（1992）报道，在牛遭受攻击期间，只有3%的虻可被牛杀死。McMahon和Gaugler（1993）认为，排干盐沼虽能够降低蚊子的密度，但可能无形中增加了虻幼虫的栖息地，从而增加这些虻的数量。

（三）环裂亚目

环裂亚目是双翅目进化的顶点，普通的家蝇就是一个典型的例子。与喜欢有水环境的长角亚目、短角亚目昆虫不同，环裂亚目昆虫一般滋生在腐败的动植物组织、粪便和尸体中，三期幼虫或多或少呈圆锥形，有口，其顶端通常有口钩，在底部有一对突出的呼吸孔称为气门或气孔。家蝇、麻蝇和丽蝇的幼虫细长，通常称为蛆（图2-12），而狂蝇科等幼虫相对粗壮，称为蝇蛆或蛴螬（与图2-25比较）。当第三期幼虫进入蛹期时，其体壁变硬，形成蛹壳。多数环裂亚目昆虫

图2-12　蝇的第三期幼虫或丽蝇蛆（R.J. Gagné授权图片）。注意通向后气门着色的气管干。着色的气管是嗜人锥蝇的特征

气门　气管

的蛹见于腐烂的有机物或土壤，少数种类有特定的化蛹场所，例如，羊蜱蝇的蛹通常附着在宿主的皮毛上。成蝇通常从蛹壳前端的圆孔处羽化。环裂亚目的触角由三节组成，彼此不同，第三节最大，末端具叶状结构，称为触角芒。触角指向腹侧，而触角芒向前突出（图2-13）。环裂亚目朝两个方向发生寄生性改变：在家蝇科和虱蝇科从适应于舔食（如家蝇）（图2-13），到有刺刀样喙用来刺破皮肤吸血（如螫蝇），在成虫阶段变为寄生。在丽蝇科和麻蝇科以及家蝇的一些种类，成蝇保留吸吮式口器和食腐特性，而幼虫阶段则变成寄生。而皮蝇属（Hypoderma）和胃蝇属（Gasterophilus）的蝇类在这一方面有了更进一步的发展，其幼虫成为高度宿主特异性和寄生部位特异性的寄生虫，而成蝇的口器已退化，失去功能。蝇幼虫寄生所导致的疾病称为蝇蛆病，该病在世界范围内具有重要的经济意义。

1. 蝇科（Muscidae）

（1）蝇属（*Musca*）

[鉴定]　蝇属包括26个种，其中家蝇（*M. domestica*）、秋家蝇或面蝇（*Musca autumnalis*）、窄额家蝇（*Musca vetustissima*）是代表种。这三种蝇形态彼此十分相似，需要专家给予区别，但它们的生活习性完全不同。这些蝇的口器由一个肉质的、可伸缩的喙组成，其末端是一对有皱纹的海绵状器官——唇瓣（图2-13）。

[生活史及传播疾病]　家蝇将卵产在动物粪便或几乎所有的腐烂有机质上。雌蝇平均一生中6～8周内可

触角芒

触须

唇瓣

图2-13 家蝇头部（环裂亚目：家蝇科）：普通家蝇。吻突可缩入头部

产卵2 000个。第一期幼虫（蛆）小，呈白色，在夏季温度下不到一天就能从卵内孵化。幼虫生长发育过程中蜕皮两次，在几天之内发育为成熟的第三期幼虫。当化蛹时，第三期幼虫迁移到干燥地方，虫体变短变粗、颜色加深，表皮硬化成褐色蛹壳。成蝇在2～3周内用额胞顶破蛹壳而出，额胞是由血淋巴膨胀所形成的囊状构造，从额缝突出，蛹羽化后，额胞又缩回头部，就像哺乳动物的脐一样，它对动物没有更多的用处。羽化出的成蝇爬到蛹孵化的介质表面，通过向翅脉中泵入血淋巴来展开翅膀，飞出寻找食物。家蝇以粪便、果汁、乳状物、腐烂的水果和其他溶解的或可溶性物质为食。家蝇还以动物眼睛、鼻孔和口腔周围的分泌物及被虻叮咬的伤口中不断流出的血液为食。家蝇还在温暖、阳光充足的白天骚扰马和牛，使它们分散精力。通过家蝇的粪便、呕吐物、黏性足和体毛可以将细菌、原虫包囊、蠕虫卵以及其他病原从污物传到食物、身体天然孔和伤口。家蝇还可作为马胃线虫如大口德拉希线虫（*Draschia megastoma*）和蝇柔线虫（*Habronema muscae*）的生物性传播媒介（表2-5）。

秋家蝇（面蝇）是20世纪50年代初从欧洲、亚洲或非洲引入北美。这些蝇爬到马和牛的面部，以它们所诱导的动物眼鼻排泄物为食，对放牧家畜造成严重的骚扰。卵产在新鲜的牛粪中，幼虫在干粪或附近的土壤中化蛹，成蝇在建筑物中越冬。这些越冬的成蝇，如成群的粗野粉蝇（*Pollenia rudis*，一种丽蝇，幼虫寄生于蚯蚓，成蝇冬季在室内聚集在一起越冬）到了温暖的天气开始复苏，经常在房子里乱飞，发出蜂鸣声，引起人们很大的烦恼；有时候掉进饮料中，使人感到恶心。但奇怪的是，在夏天那些活跃的成蝇似乎不愿意进入建筑物，可以观察到，当奶牛进入圈舍挤奶时，成蝇成群地从奶牛身上飞走，当牛挤奶时它们在外面等待，当牛从圈舍中出来后再成群返回牛体。当然，这种习性与家蝇形成了对比，所以后者相应地称之为家蝇。放牧牛被面蝇侵袭骚扰时，增加了干草的摄入量，吃草时把头埋得很深，以这种方式来驱赶口鼻部的秋家蝇，以躲避严重的叮咬（Dougherty等，1993）。面蝇可作为吸吮线虫的生物性传播媒介，该线虫是一种感染马和牛眼结膜囊的线虫（Chitwood和Stoffolano，1971）。秋家蝇也可作为牛莫拉杆菌的机械性传播媒介，引起牛的传染性角膜结膜炎，该菌在蝇的腿部可存活3d（Steve

表2-5 家蝇科蝇种所传播的病原种类

蝇种	机械性传播	生物性传播
家蝇（*Musca domestica*）	怀疑可传播许多病原	大口德拉希线虫（马）；蝇柔线虫（马）
秋家蝇（*Musca autumnalis*）	结膜角膜炎	吸吮线虫（牛）
厕蝇（*Fannia*）	不清楚	吸吮线虫（犬）
螫蝇（*Stomoxys*）	怀疑	小口柔线虫（马）
血蝇（角蝇，*Haematobia*）	怀疑	冠丝虫（牛）

和 Lilly，1965）。受到保护的牛出现角膜结膜炎和溶血性莫拉杆菌分离株的数量比不受保护的牛少。"秋家蝇的数量如超过每头动物10只，并且持续一个月的话，感染就会在动物之间开始传播"（Gerhardt等，1981）。

窄额家蝇（*M. vetustissima*），即澳大利亚灌木丛蝇，与秋家蝇相似，喜欢在室外逗留，在家畜粪便中繁殖，在家畜的面部爬行。所不同的是窄额家蝇除侵袭家畜以外，还侵扰人的脸部，其幼虫与伤口蛆病有关，它不能冬眠。因此，每年春天再次从炎热的热带地区侵入澳大利亚东南部，并进一步向北部扩散。

在南非，长突家蝇（*M. lusoria*）、带纹家蝇（*M. fasciata*）和粗绒家蝇（*M. nevilli*）已确定为牛副丝虫（*Parafilaria bovicola*）的传播媒介。该丝虫寄生在皮下组织，能在皮肤表面穿孔，卵随伤口渗出的血液排出（Nevill，1975，1985；Kleynhans，1987）。

黄腹厕蝇（*Fannia canicularis*，小家蝇）在被化粪排水系统污染的地面繁殖，通常与大量鸡粪的堆积有关。这些厕蝇可以达到惊人的数量，需要作为害虫处理。在加利福尼亚，某些厕蝇可以传播犬的眼虫——加利福尼亚吸吮线虫（*Thelazia californiensis*）。

[污蝇的防控]　杀虫剂的选择和使用必须符合新的规定。在给家畜或住所使用杀虫剂之前，需仔细阅读标签。如果采取合理的措施减少蚊蝇的滋生地，同时定期向畜棚、圈舍喷洒残效杀虫剂，那么对蝇类和其他双翅目昆虫的控制应该有效。喷雾剂、饵剂和树脂条都可以使用。二嗪农、杀虫威和敌敌畏在用后1~4周内对家蝇、面蝇、角蝇、厩螯蝇和蚊子都有良好的残留活性，喷洒于栖息和繁殖地带常常有效。敌敌畏、除虫菊酯类和拟除虫菊酯类药物可用作饲养场和圈舍的喷雾剂，这些杀虫剂可以每隔3~7d在动物背部喷洒一次。含敌敌畏的饵剂可在蝇的栖息地喷雾或喷洒。新改进的金马林蝇饵是一种含糖蝇饵，含有灭多威和诱虫烯（一种诱蝇的外激素），可喷洒在仓库周围。诱虫烯能吸引并保持蝇在诱饵周围，从而增强杀虫剂的杀虫效果。

在乳品库和挤奶间可用敌敌畏诱饵、喷雾剂对蝇类进行控制。杀虫威也可用于喷雾或置于防尘袋中，可在挤奶后使用。

给泌乳奶牛应用杀虫剂时，要特别小心，因为要确保牛奶里不含任何杀虫剂。使用任何杀虫剂前都要阅读标签。不按标签指定的方式使用杀虫药都是违法的，关于奶牛方面的违规将造成特别严重的后果。

在肉牛和干乳期奶牛面蝇和家蝇的控制上，可对奶牛及蝇的滋生地定期使用杀虫药。将敌敌畏溶解在矿物油中，每天涂擦牛的面部，可以控制面蝇。杀虫威可作为一种自由流动的粉剂用于牛，每周2~3次或通过自助性粉袋方式自行给药。也可用除虫菊酯或拟除虫菊酯类喷雾剂，或含拟除虫菊酯类药物的耳标或类似装置贴在动物身上，使杀虫药持续控制性释放，以防控蝇对牛的侵袭。杀虫威是一种杀幼虫的有机磷制剂，喂服这种药物之后，可以阻止食粪蝇幼虫在牛粪中生长，也可用于泌乳奶牛。

马面蝇的控制可以尝试给马全身应用除虫菊酯或拟除虫菊酯，以及在滋生地（如牛粪）适时采用杀虫药处理。面蝇不追随马进入室内，因此在面蝇活动的高峰时间将马关在马厩中是最好的方法（Geden等，1992）。

生物控制法，即使用已培育并商品化的寄生性黄蜂来控制家蝇。黄蜂的幼虫可在这些蝇蛆中发育，导致其死亡。可以买到寄生有黄蜂的蝇的蛹，在蛹中有即将羽化的黄蜂，这些蛹可在农场上释放黄蜂。当把这些黄蜂与蝇的综合防控计划结合在一起时，已证实有一些效果（Geden等，1992）。

（2）螯蝇属（*Stomoxys*）

[鉴定]　厩螯蝇（*Stomoxys calcitrans*），与家蝇很相似，但它有一长而突出的喙，叮咬时可引起疼痛，而不像家蝇像吸尘器一样从小水池中吸取液体。螯蝇属的触须比喙更短（图2-14；与

角蝇属比较，图2-15）。第三期幼虫与家蝇相似，后气门有许多弯曲的裂缝，但比家蝇的相距更远（图2-19）。

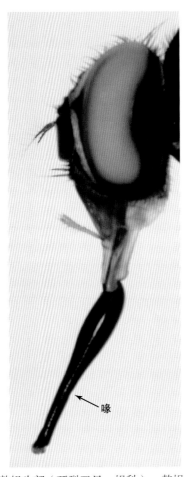

图2-14　螫蝇头部（环裂亚目：蝇科）。螫蝇，采食时，整个喙刺入宿主皮肤

图2-15　骚扰血蝇头部（环裂亚目：蝇科）。血蝇也叫角蝇，和螫蝇有些相似，但只有螫蝇一半大，触须与喙几乎等长

[生活史]　厩螫蝇的生活史与面蝇类似，所不同的是这类蝇更喜欢在腐烂的有机物，如草堆、潮湿的粮草或动物粪便中产卵。雌蝇和雄蝇都以血液为食，一天吸血一次到两次，因环境温度而异，寒流期间则完全停止吸血。

[危害与传播疾病]　螫蝇的叮咬会引起放牧牛头和耳朵的摇动、皮肤颤动和摆尾动作。有趣的是，被惹怒的牛会增加干草的摄入量和啃咬次数（Dougherty等，1994）。厩螫蝇的叮咬可引起疼痛，出现采食中断，如同虻的叮咬。厩螫蝇可作为小口柔线虫的生物性传播媒介，该线虫是马胃中一种寄生性线虫（表2-5）。

[防控]　在整个夏天温暖的日子里，厩螫蝇都会袭击牛、马、其他家畜和人。可定期使用除虫菊酯类、增效除虫菊酯类、拟除虫菊酯类、敌敌畏等。控制厩螫蝇的措施包括消除滋生地（如草坪上碎草，碎青草，潮湿的褥草）以及在它们习惯的栖息地应用杀虫剂。喷雾剂或涂抹剂的药效可以持续几个小时。理论上，这些具有刺吸式口器的蝇可通过全身和局部应用杀虫药来控制。毒死蜱、亚胺硫磷或杀虫威可以通过喷雾或自助式药袋或擦背的方式使用。而通过释放寄生性黄蜂对厩螫蝇的生物控制在常规应用于生产实践之前，还需要进一步加以验证（Andress和Campbell，1994）。

（3）血蝇属（*Haematobia*）

[鉴定]　骚扰血蝇（*Haematobia irritans*），即角蝇，常叮咬牛的背部，偶见于马，大小约为螫蝇的一半，喙相对较短。与螫蝇相比，触须长，足以到达喙的顶端（与图2-14和图2-15比较）。角蝇首次在美国报道是在1887年秋季，在新泽西州卡姆登被发现，然后迅速传遍整个美国，1897年在夏威夷出现接着蔓延到墨西哥、中美洲和南美洲北部（如圭亚那）（Craig，1976）。角蝇也在阿根廷发现，随后迅速在该国蔓延（Anziani等，1993）。

[生活史]　角蝇在温暖季节始终在牛体上活

动，定期地叮咬宿主并吸血。它们在宿主的背部最常见，但在下雨或特别炎热的日子则躲到宿主的下腹部。当奶牛排便时，大群的雌蝇落下产卵，然后再返回牛体。在不到一天内幼虫孵出，爬到粪便中采食。4d后化蛹，再过6d成蝇羽化。在理想的温暖潮湿天气里，从卵到卵的整个周期只需2周或更短；但在干燥凉爽的天气里，可能需要一个月或更长。在温带气候，角蝇在蛹期越冬，滞育主要出现在9月份（Thomas，Hall和Berry，1987）。

[危害与传播疾病] 当角蝇数量足够多时，可以减少牛的产奶量和增重。应用氰戊菊酯浸渍耳标保护的牛，其增重比未处理对照组高出18%（Foil，DeRoven和Morrison，1996；Haufe，1982）。骚扰血蝇可作为斯氏冠丝虫（Stephanofilaria stilesi）的生物性媒介，该线虫可引起北美牛的冠丝虫病，其皮炎病变通常局限于中腹部。

[防控] 由于角蝇一生中大部分时间在宿主身上，故通过喷雾剂、粉剂、背部涂擦、油膏和杀虫药浸渍的塑料耳标等方式给药，均能够有效杀死成蝇。事实上，角蝇的控制大多依赖于杀虫药，但是许多药物（如滴滴涕、甲氧氯、皮蝇磷、杀虫威、扑灭司林和氰戊菊酯）在部分蝇中产生了耐药性（Marchionado，1987）。杀虫威或合成的保幼激素烯虫酯可以给牛喂服，这些牛排出的粪便不适合角蝇幼虫的发育和化蛹，从而中断骚扰血蝇的生活史。牛用伊普菌素治疗后，至少在2周内对角蝇有效，具有长期的良好防治效果；而伊维菌素浇泼剂至少4周有效（Arrioja-Dechert，1997；Shoop等，1996）。

布鲁斯角蝇陷阱可使角蝇的数量机械性地减少50%。牛走过3m的陷阱，接触帆布或地毯条，将角蝇从牛的背部和体侧赶走。宿主将其中的一些角蝇留在陷阱中，假如经常重复这一过程，角蝇在畜群中的数量就会明显减少（Hall，Doisy和Teasley，1987）。

（4）舌蝇属（Glossina）

[鉴定] 采采蝇（tsetses），属于舌蝇属，分布于非洲，对人类和动物的健康、非洲野生动物的保护、非洲乃至整个世界的经济具有十分重要的意义。每个舌蝇触角上都有很长的触角芒，呈"羽毛"状沿一边分布。触须和细长的喙长度相等，不采食时触须形成鞘包裹着喙（图2-16）。

[生活史] 采采蝇雌蝇一次只产一个幼虫。幼虫在母体的腹部发育成熟，三个幼虫阶段都是以子宫腺分泌的液体为食。有趣的是，泌乳功能在高等脊椎动物和高等无脊椎动物之间均已独立地进化。在幼虫发育的1～4周内，成蝇需要定期吸几次血来支持幼虫的发育。当发育成熟的第三期幼虫被雌蝇排出后，便立即钻入土中，准备进入蛹期。在最后蜕变为成虫之前，位于蛹壳中的是第四期幼虫。

[传播疾病] 对采采蝇来说，重要的危害是它作为人类及家畜各种锥虫的生物性传播媒介。人的非洲昏睡病、"那加那病"及家畜的相关疾病将在第三章中专门介绍。

[根除] 采采蝇在紧邻非洲大陆的桑给巴尔岛已经被消灭（Vreysen等，2000）。在非洲大陆的其他地区正在考虑实施像控制嗜人锥蝇（Cochliomyia hominivorax）（稍后讨论）那样释放不育蝇的方案（Kabayo，2002）。但有些人认为，整个计划过于庞大，难以实施（Rogers和Randolph，2002）。国际原子能机构始终支持该计划，2007年6月在埃塞俄比亚首次释放了不育雄蝇。人们担心，如果完全去除非洲野生动物的某些保护措施，允许引进物种与长期受保护的本地野生动物竞争相同的地理区域，可能对非洲大陆的环境造成巨大的长期影响（锥虫与其媒介采采蝇就是通过防止外来物种的成功定居，而间接保护了非洲当地的物种）。因此，权衡消除疾病、保护野生动物、改善非洲大陆的营养和保护生态等方面的利益，消灭采采蝇可能是摆在兽医面前进退两难的事。

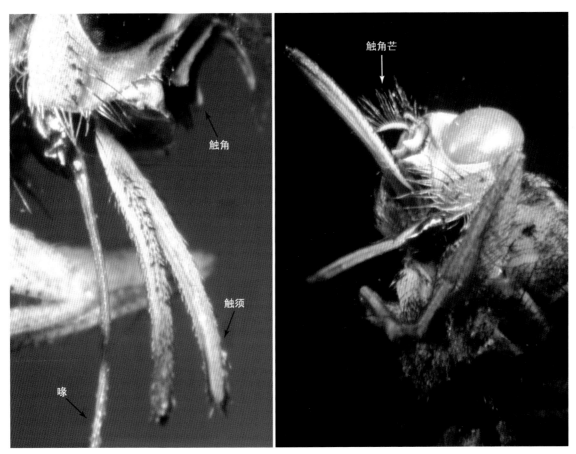

图2-16　舌蝇头部（环裂亚目：蝇科）。采采蝇可传播许多重要的非洲锥虫病

2. 虱蝇科：蜱蝇（Keds）

[鉴定]　虱蝇科的虫体背腹扁平，通常无翅，刺吸式口器，触角嵌在头两侧的凹窝内。如羊蜱蝇（*Melophagus ovinus*），即绵羊蜱蝇；马虱蝇（*Hippobosca equina*），即马的虱蝇；鹿弃翅虱蝇（*Lipoptena cervi*），即鹿的虱蝇（图2-17）。蜱蝇属没有翅膀，虱蝇属的翅膀仍然很发达，一生中都起作用。弃翅虱蝇属（*Lipoptena*）当从蛹壳羽化时有翅膀，然而一旦飞到宿主身上，其翅膀便在基部附近折断（图2-17）。弃翅虱蝇除攻击鹿以外，还可以攻击马和其他家畜，随机观察表明，它们的攻击对马是严重的骚扰。

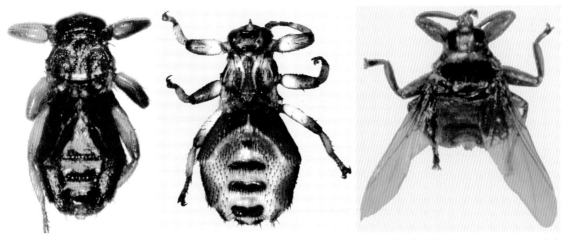

图2-17　虱蝇科种类。左：羊蜱蝇（绵羊虱蝇）；中：鹿虱蝇（来自马）；右：假虱蝇（*Pseudolynchia*，来自鸟类）

[生活史] 与采采蝇相似，虱蝇成虫将幼虫保留在腹部，直到准备化蛹。在发育过程中，子宫腺分泌物为它们提供营养。对绵羊蜱蝇来说，幼虫的发育需要大约1周，排出的幼虫在几个小时内化蛹。在整个成虫羽化期间，栗褐色的蛹壳黏附于宿主绵羊的被毛上，在3~6周内完成羽化过程，羽化时间的长短取决于环境温度。因此羊蜱蝇的整个生命过程都在宿主体上进行。剪毛或应用有机磷杀虫剂都直接影响着这些寄生虫的生存。

脱翅的鹿虱蝇雄蝇和雌蝇一年中大部分时间都是在它们常见的北美宿主白尾鹿和美洲赤鹿（加拿大马鹿）身上度过。在春天，幼虫被产在被毛上，然后化蛹落地。9月至12月初，成蝇从蛹壳里羽化，飞离并寻找宿主。一旦落到鹿身上，其翅膀便折断并且开始采食。鹿虱蝇的叮咬对人来说相对无痛，但在接下来的几天内可能在伤口周围出现持续2~3周的强烈瘙痒（Bequaert，1942）。

[传播疾病] 羊蜱蝇是蜱蝇锥虫（*Trypanosoma melophagium*）的宿主，它能将蜱蝇锥虫传染给绵羊。如果所有羊蜱蝇被驱除，锥虫就会迅速从绵羊的血液里消失，所以羊蜱蝇是真正的感染来源，而不是绵羊。像牛的泰勒锥虫（*T. theileri*）一样，蜱蝇锥虫对其脊椎动物宿主似乎完全没有致病性。

[防控] 剪毛后用二嗪农药浴或喷雾都能很好地控制羊蜱蝇。在小的羊群中，用浇花的喷壶喷二嗪农很方便，将大约20只羊的羊群赶到一个仅能容纳一个人通过的小圈中，向羊背喷洒杀虫药即可。给药时，人要穿上防水工作服和长筒靴。另外，参照每千克体重200mg给羊皮下注射伊维菌素也能防治羊蜱蝇（Molina和Euzeby，1982）。应用伊维菌素，还可控制赤鹿和狍的鹿弃翅虱蝇（Kutzer，1988）。

将马暂时关在厩舍内直到有翅虱蝇找到合适宿主，以此来减少鹿虱蝇对马的攻击，这种做法尚有争议。

3. 麻蝇科：麻蝇（Flesh flies）

麻蝇成蝇约为家蝇的两倍大。胸部灰色，带有暗黑色纵向条纹；腹部灰黑色交错（图2-18）。麻蝇的第三期幼虫与家蝇蛆相似，但比家蝇蛆大。后气门深陷在一个圆形凹窝内，每个气门内裂径直向下并远离中线（图2-19）。麻蝇属（*Sarcophaga*）和污蝇属（*Wohlfahrtia*）的鉴别需要将幼虫培养为成蝇。培养方法是在罐头瓶中放入3~5cm深的沙子或土壤，上面放一块肝脏，再将幼虫置于其中。经过1d左右，当幼虫进入沙土中化蛹时，将肝脏去掉，以避免产生难闻的气味，然后用纱布罩住瓶口，再用橡皮圈固定，既保证透气，又要防止成蝇从蛹壳出来后逃逸。污蝇的触角芒只有很短的毛，而麻蝇的触角芒直至顶端几乎完全被长毛所覆盖。这种培养方法对于丽蝇也同样有效，但对于即将化蛹的幼虫，特别是一些专性寄生的种类效果最佳。

4. 丽蝇科：丽蝇（Blowflies）

[鉴定] 成蝇大小通常介于家蝇和麻蝇之间，一般呈现蓝、绿、铜或黑色，具有鲜艳的金属光泽（图2-20）。青蝇和丝光绿蝇这些名称指的是这些蝇的颜色，由于它们将卵或幼虫产在肉上，

图2-18　麻蝇属成蝇（环裂亚目：麻蝇科）。成蝇约为家蝇的两倍大，胸部灰色带有黑色纵向条纹，腹部灰黑色交错

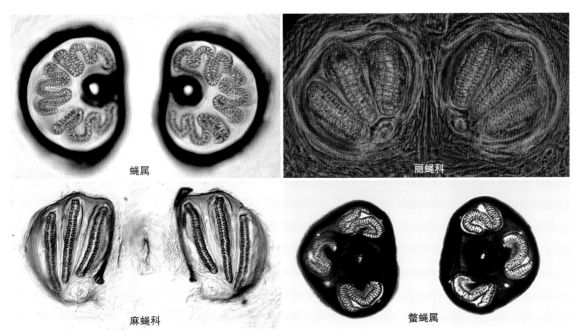

蝇属　　　　　　　　　　　丽蝇科

麻蝇科　　　　　　　　　　螫蝇属

图2-19　不同科属蝇的气门

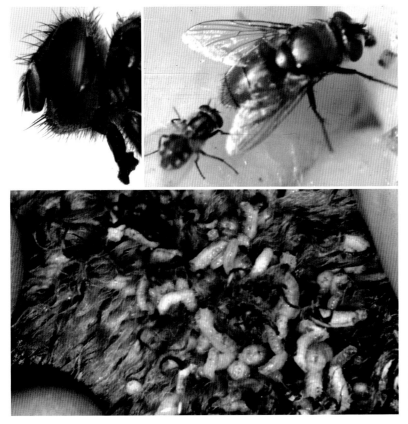

图2-20　丽蝇。左上：口器及头部，与家蝇相似；右上：大而有光泽的丽蝇（铜绿蝇），与另一家蝇的大小比较；下：羊毛中的铜绿蝇蛆

所以又叫做绿头苍蝇。不同的蝇对肉的新鲜度喜好不同，从活肉到高度腐败的肉都有。除了少数（如嗜人锥蝇，*C. hominivorax*）是专性寄生虫外，多数丽蝇都是腐生或兼性寄生虫。丽蝇科第三期幼虫属于蝇蛆类，与麻蝇科不同的是后气门处浅平（或稍有凹陷）；气门裂倾斜向下并指向

中线（图2-19）。通过观察贯穿最后三、四节气管干（图2-12）的暗黑色特征可以对非常重要的嗜人锥蝇幼虫进行鉴定。

[生活史与危害] 蝇蛆病可用不同方法进行定义和描述。在蝇的生物学中，原发性蝇蛆病是指那些需要一个活的宿主为其幼虫提供食物的蝇蛆病。继发性蝇蛆病是指那些通常以尸体和腐肉为食的蝇类引起的疾病，这类蝇有时还在虚弱、疲劳、创伤、污染或不能移动的动物体上发育。蝇蛆病也可根据病变部位来描述，如耳蝇蛆病、鼻蝇蛆病等。

兼性寄生性丽蝇可以被很多情况吸引，如化脓性伤口、尿液、呕吐物、粪便污染的皮肤或蓄积在潮湿羊毛里的细菌分解产物。一旦它们在渗出液或坏死组织中定居下来，某些种类随后就可以侵入活组织，而另一些种类不行。例如丝状绿蝇（*Phaenicia sericata*）和黑花蝇（*Phormia regina*）的"创口蛆"仍偶尔用来治疗骨脓肿和其他顽固性化脓性损伤，用以清除坏死组织和促进愈合。理想的情况下，创口蛆不会侵入健康组织，但虫株表现多样化，有些幼虫不知道在哪定居。乔治博士的一位机智勇敢的朋友在越南战争被俘时应用这种方法治疗自己的伤口，一旦蝇蛆完成了它们的工作，达到了他的满意程度，他便用自己的尿液将蛆冲掉。

在世界上许多养羊地区，蝇蛆病是个普遍而严重的问题（图2-21）。丽蝇成蝇被吸引到粪便、尿液污染或长期潮湿而出现细菌繁殖并产生异味的羊毛部位觅食和产卵，这些部位多为会阴、包皮，在多雨季节也包括被雨淋湿的体侧、肩部、颈腹侧羊毛。由绿脓杆菌引起的羊毛腐烂及刚果嗜皮菌引起的嗜皮菌感染的病羊容易发生铜绿蝇引起的蝇蛆病。两种细菌同时感染所造成的蝇蛆病发生率比单独感染要大得多（Gherardi等，1983），其中涉及丽蝇科的多个属，在不同的地理区，有不同的兼性寄生虫和腐生动物的聚集，都有其独特的危害性。在澳大利亚，

引起蝇蛆病的一个重要种类是铜绿蝇（*Lucilia cuprina*），这种蝇是兼性寄生虫，既能在腐肉中发育，也能在适宜的羊体上寄生并产卵，它是引起澳大利亚大部分蝇蛆病的罪魁祸首。蝇蛆在皮肤表面以皮屑和渗出物为食，偶尔钻入深层组织。当准备化蛹时，铜绿蝇的幼虫直到夜间才离开动物尸体（Smith等，1981）。这样高度特异性寄生的蛹和羽化的成蝇就会聚集在它们宿主的休息场所周围。一旦铜绿蝇开始侵袭，其他蝇种也会被吸引到损伤部位采食和产卵。随着病程的发展，这些非特异性入侵者就会取代铜绿蝇，在短短几天内，由于蝇蛆寄生部位毒素的吸收，使羊生产性能迅速下降，甚至导致死亡。最终，腐生性种类侵入尸体并将其分解为毛和骨。由蝇蛆病所造成的经济损失可根据直接死亡、羊毛损失、毛质下降、体重减轻和防治费用来估算。

老弱或轻瘫的犬被毛被尿液浸湿后，有时也可引起类似的蝇蛆病。这种体弱的动物躺在"具有治疗作用的阳光下"，丽蝇在其被毛上产卵，几天后长出活蛆。发生皮肤蝇蛆病的长毛犬，被毛下的损伤经常不被其主人所注意。只有在患病部位剪毛和清洗后，患病动物的病情才能得到准确的评估和有效的治疗。在此过程中大部分蝇蛆被清除，残余的蝇蛆可通过局部使用杀虫剂如除虫菊酯类或有机磷类药物进行处理，但大剂量应用杀虫剂也容易将体弱和皮肤裸露的宿主毒死。

牧场出生的体弱或先天性缺陷的犊牛也是丽蝇科蝇类侵袭的目标。令人吃惊的是丽蝇的出现是如此之快且无处不在，其大量虫卵很快堆集在患有小脑发育不全或肌挛缩症的新生犊牛的脐带周围。在气候温暖的季节，始终要考虑残废动物出现蝇蛆病的可能性，尤其是那些被迫留在室外的患病动物。

兔子、野生动物和鸟类可能会遭受蝇蛆病所导致的严重损失。家兔是蝇蛆病常见的受害者。即使在比较好的条件下，在室外短期饲养，兔子也会因成蝇在其体上产卵而引起可怕的病变。这种病非

图2-21 铜绿蝇的生活史。雌蝇在潮湿肮脏的羊毛上产卵。幼虫从卵中孵出，以皮肤表面的皮屑和渗出物为食，在落地化蛹之前经历两次蜕化。成蝇通过血淋巴给袋状额胞加压，从蛹壳末端挤出；再向翅脉中泵入血淋巴使翅膀展开，并将额胞缩入头内，飞去寻找有异味的适宜绵羊。图中澳洲美利奴阉羊正在遭受三个幼虫阶段的侵袭。成蝇首先侵袭阉羊两肩之间积水有利于细菌生长的部位，病灶渗出物流过肩部和胸部，扩大了蝇的攻击面积。牧羊人剪下肩部和胸部的毛，并用杀虫剂处理病灶，但现在成蝇又被吸引到被粪便污染的臀部，因此，这些部位也必须剪毛并用药，否则，阉羊有可能死亡

常严重，对兔子可能是致命性的，也会引起畜主的痛苦。这种情况并非偶发事件，因此兔子需要得到保护，以避免感染该病（Anderson和Huitson，2004）。在加拿大，麻蝇的幼虫（*Neobellieria citellivora*）可引起地松鼠（哥伦比亚黄鼠）致死性的蝇蛆病（Michener，1993）。Arendt（1985）估测，在波多黎各地区，所观察的珠眼嘲鸫雏鸟死亡率的97%是由于*Philornis deceptivus*（家蝇科）幼虫感染造成的。在北美洲，鸟类蝇蛆病主要是由原丽蝇属（*Protocalliphora*）的吸血性幼虫所引起（Sabrosky，Bennett和Whitworth，1989）。麻蝇科*Cistudinomyia*属的幼虫可引起壁虎致死性的蝇蛆病（DeMarmels，1994）。

美洲锥蝇，即嗜人锥蝇是引起原发性蝇蛆病的典型代表。雌蝇在各种新鲜的、未感染的伤口上产卵，大约200个卵整齐地排成一排。这些卵在一天内孵化，蝇蛆开始以活肉为食，产生恶臭和棕红色排泄物。幼虫在5~7d内离开宿主，进入土壤化蛹。一至几周后，成蝇从蛹壳里出来。锥蝇无论在哪里寄生，对人畜都是一种严重的威胁。事故中昏迷不醒或酒精中毒后无助地躺在地上的人，都可能被锥蝇蛆叮咬致死或其面骨完全被蝇蛆侵蚀。剪伤或阉割伤口、金属刺伤部位、新生儿脐带、蜱叮咬伤口和针草刺伤，甚至是新鲜的烙印，都可以吸引锥蝇。在美国实施的全国性控制方案中，采用杀虫药涂抹剂处理所有感染动物的伤口并释放上亿只不育蝇，

成功地消灭了锥蝇蝇蛆病。成蝇可用γ射线进行不育处理，诱导其精子发生显性致死性突变。因为雌蝇只交配一次，成蝇的野生种群相对较小，补充有活力但不育的雄蝇可将成功受精的概率降低到零。应用墨西哥生产的不育雄蝇，利比亚也消灭了嗜人锥蝇。该地区可能是在1988年引进家畜时，偶然引入了这种蝇（Linquist，Abusowa和Hall，1992）。

[治疗] 用伊维菌素和多拉菌素给牛皮下注射，可以预防嗜人锥蝇幼虫的侵袭，预防脐蝇蛆病和阉割蝇蛆病似乎也很有效（Anziani和Loreficce，1993；Muniz等，1995）。

治疗绵羊蝇蛆病，推荐二嗪农，作为喷雾剂、浸渍剂使用或局部用于感染部位，用药前，必须首先剪掉被污染或寄生有蝇蛆的羊毛。在澳大利亚，伊维菌素喷射液有助于防治绵羊蝇蛆病（Eagleson等，1993）。在匈牙利，给感染羊皮下注射伊维菌素或莫西菌素未能迅速见效，治疗7d后大多数治疗过的绵羊感染仍然严重（Farkas等，1996）。另外，在澳大利亚使用环丙氨嗪（cyromazine）喷射液（一种昆虫生长调节剂）也取得了成功，该药可与二嗪农混合使用（Levot和Sales，1998）。

预防绵羊蝇蛆侵袭所采取的措施应与风险程度相称。剪掉臀部和包皮周围的羊毛，在很大程度上减少了这些部位羊毛的湿度和污垢。羔羊断尾是控制蝇蛆病最省事的方法，但在世界上某些地方羔羊必须保留完整尾部长大。在澳大利亚，广泛应用割皮术（Mules' operation），每年超过3 000万只羔羊被处置，用一个锋利的剪刀去除大腿和尾根后面多余的皮肤皱褶，当伤口痊愈的时候，臀部的皮肤拉紧，因此，相对地扩大了肛门和阴户周围的无毛区，从而减少了臀部的潮湿和污浊。这种手术一分钟内即可完成，因此没有术前准备、麻醉和术后护理。这种看似残忍的手术与铜绿蝇所造成的危害相比算不了什么。

5. 狂蝇科、皮蝇科、胃蝇科和疽蝇科

狂蝇（botflies）在幼虫阶段是一种具有高度宿主特异性和寄生部位特异性的寄生虫，成蝇阶段完全是繁殖阶段，口器退化，必须从事求偶活动，产卵依靠幼虫阶段储存的能量。发育成熟的蝇蛆比蝇科、麻蝇科和丽蝇科的蛆粗大，通过后气门（图2-22，图2-19）容易进行区分。事实上，当在正常宿主的惯常寄生部位发现该病时，对幼虫的诊断并不难。在羊鼻腔内的蝇蛆属于狂蝇，在牛背部皮下的蝇蛆属于皮蝇，在马胃内的蝇蛆属于胃蝇，几乎不需要运用更多的感官判断。然而，其早期幼虫的形态是很难区分的，如果在其他非正常宿主发现移行期幼虫，则需要求助于一些昆虫学专家来鉴定。已发现皮蝇的第一期幼虫有时异常地移行到马的脑部；黄蝇幼虫正常寄生于啮齿类和兔类动物，已发现可寄生于猫、犬的大脑，更多的时候寄生于它们的皮下组织。皮蝇和黄蝇偶尔也侵袭人并在皮下移行。羊狂蝇可以将幼虫产在牧羊人的眼部，因而可引起短暂而痛苦的眼蝇蛆病。

（1）羊狂蝇（*Oestrus ovis*）

[鉴定] 羊狂蝇又称羊鼻蝇，外形似蜜蜂（图2-23）。虫体粗壮，棕灰色，体长约1cm，体表有短绒毛，口器退化。成蝇在温暖的白天，特别是阳光充足的时候最为活跃。在清晨和傍晚，多栖息于建筑物、树干、水池等处。有时，你会发现一群澳洲美利奴羊在一个温暖、晴朗的白天，天空中飘着几朵白云，当处在云影中时，羊群倾向于随机分散在牧场上，而当太阳从云层后面出现时，羊会马上挤在一起，头朝羊群的中心继续吃草，只有在下一次云影到来时，它们才会再次散开。这种行为合理的解释是，羊对羊狂蝇雌蝇产幼时袭击可以表现出一种防御反应。在羊狂蝇雌蝇将幼虫产入羊的鼻孔时，羊则将其鼻抵于地面或其他羊体上，或贴于足，表现不安，有时突然跳起。尸体剖检时，将头骨于中部锯开，用清水冲洗鼻腔和鼻窦，再在放大镜或体视显微镜下检查收集的冲洗液，可以发现存在这种微小的第一期幼虫。而成熟的第三期幼虫很容易在鼻窦中发现。

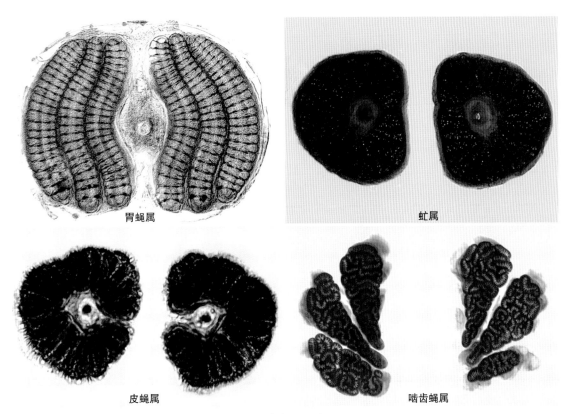

胃蝇属

虻属

皮蝇属

啮齿蝇属

图2-22 蝇蛆气门（胃蝇和狂蝇 ×27；皮蝇 ×55；疽蝇 ×65）

[生活史] 产在羊鼻孔处的幼虫沿鼻黏膜爬入鼻腔，在此处至少停留2周，以口钩固着在鼻黏膜上。在感染季节后期感染的虫体，以第一期幼虫的形式越冬，直至天气回暖后再开始发育。在鼻腔逗留一段时间后，幼虫进入鼻窦，在此逐渐发育为第三期幼虫（图2-23）。发育成熟后，第三期幼虫爬入鼻腔，随着羊打喷嚏排出，进入土壤化蛹。在夏季，成蝇约出现在4周后，但在气温较低的气候条件下，需要的时间较长。当化蛹发生在秋季，成蝇直至翌年春天才出现，这种情况下，羊狂蝇以在羊鼻腔中滞育的第一期幼虫和在土壤中的蛹两种形式越冬。

[致病性] 在羊鼻腔及鼻窦中适度感染羊狂蝇幼虫一般不会造成明显的危害；严重感染时，可引起打喷嚏，流鼻涕，鼻腔堵塞。

[治疗] 羊狂蝇幼虫对伊维菌素非常敏感，标准剂量为0.2mg/kg（Roncalli，1984）。绵羊感染羊狂蝇蛆后，可用0.5mg/kg或1mg/kg的伊普菌素进行治疗，驱虫率可达83.5%~100%（Habela等，2006；Hoste等，2004）。治疗鼻蝇蛆病可直接将敌敌畏喷入鼻孔。

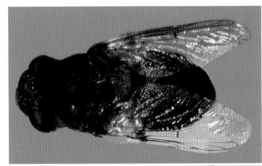

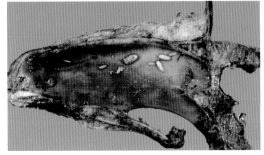

图2-23 羊狂蝇。上：雌蝇；下：尸检时羊鼻窦内的幼虫

[其他鼻蝇蛆病] 在欧洲、亚洲和非洲的部分地区马可感染紫鼻狂蝇（*Rhinoestrus purpureus*）；在非洲，骆驼喉蝇（*Cephalopsis titillator*）可感染骆驼；在北半球，鹿蝇属（*Cephenomyia*）可感染鹿、麋鹿、驯鹿等鹿科动物。它们的生活史通常与羊狂蝇相似。但是，紫鼻狂蝇和骆驼喉蝇的第三期幼虫可见于鼻腔、鼻窦、咽和喉部；而鹿蝇属的第三期幼虫可见于咽囊（图2-24）。

（2）皮蝇属（*Hypoderma*）

[鉴定] 牛皮蝇（*H. bovis*）和纹皮蝇（*H. lineatum*），分布于北半球北纬25°~60°的养牛地区。成蝇形似大黄蜂，体长约15mm（图2-25）。虽然成蝇口器不能叮咬，在牛毛上产卵时不会引起疼痛，但接近牛时，牛常表现惊恐不安，尾巴高举、无目的地奔跑。牛的这种行为称为"跑蜂"，在整个牛群中出现异常兴奋，影响正常放牧，降低经济效益（农业科研管理人员从立法机构申请划拨其机构的财政支持时，都会列举美国牧民每年由于牛"跑蜂"所造成的损失）。春季在牛的背部可见胡桃大小的肿块中有发育成熟的牛皮蝇第三期幼虫（又称"牛蛆"）。每个肿块顶部有一个小孔，幼虫的气门朝向小孔以呼吸空气。当幼虫出来或从肿块中取出时，虫体（又称"牛皮蝇蛆"）长约25mm，白色至浅棕色。

[生活史和致病机理] 纹皮蝇和牛皮蝇雌蝇将卵产在牛腿部的被毛上。在温暖的天气，纹皮蝇成蝇随着天气转暖而出现，成蝇活动时间持续约2个月。然后，牛皮蝇出现，持续整个夏季。卵在不到1周内自然孵化，幼虫通过皮肤钻入牛体，在宿主结缔组织中缓慢移行。5个月后，纹皮蝇幼虫聚集在食道组织，并在此处停留约3个月。最后，幼虫又移行到背部皮下组织，在气门附近的皮肤上形成呼吸孔，两次蜕皮后，虫体增大。幼虫在感染牛背部的肿块中停留约2个月（Pruett 和Kunz，1996）。成熟的幼虫（图2-25）使呼吸孔扩大，并从孔中出来，落地化蛹。约1个月后，成蝇从蛹壳中出来，开始交配繁殖。而牛皮蝇幼虫聚集在椎管部而不是食道部，在背部皮下组织出现的时间比纹皮蝇约晚2个月。

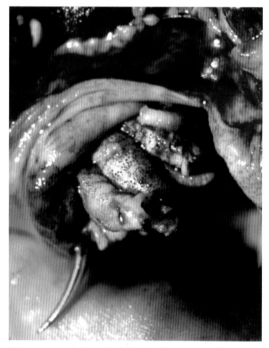

图2-24 鹿咽囊中发现的鹿蝇幼虫

图2-25 牛皮蝇。左：成蝇；右：从肿块中取出的成熟幼虫

皮蝇幼虫偶尔侵袭马，由于幼虫感染导致背部损伤，失去骑乘价值；幼虫移行到脑部时，甚至会造成致死性神经系统疾病（Olander，1967）。在人类，皮蝇幼虫的感染可导致皮下蝇蛆病的发生（"移行型肿块"），这些误感染的皮蝇幼虫试图找到牛的背部，并向它们所"认为"的背部迁移。在移行过程中，幼虫侵入脊髓，可能会造成局部瘫痪，移行到眼部可能会导致失明，幸运的是这些情况出现的概率较小。

[治疗与控制] 目前，常用大环内酯类药物，如伊维菌素、多拉菌素、伊普菌素或莫西菌素治疗皮蝇蛆病。伊普菌素和莫西菌素浇泼剂既可用于治疗肉牛，也可用于奶牛。由于不同地区成蝇的活动不同，故应用这些杀虫药的"安全期"亦不相同。杀虫药必须在皮蝇成蝇在自然界活动停止后尽快使用，当纹皮蝇幼虫移行到食道或牛皮蝇幼虫移行到椎管时，用杀虫药对牛进行治疗，牛可能会出现臌胀、流涎、共济失调和后肢麻痹等临床反应。这些反应曾被认为是牛体对皮蝇幼虫抗原刺激产生抗体所致的一种过敏性反应。然而，实验结果表明，这种反应是由皮蝇幼虫死亡所释放的毒素所引起。在注射幼虫毒素前20min，按每千克体重20mg注射保泰松，可保护小牛免除全身性休克和局部炎症反应（Eyre，Boulard和Deline，1981）。该反应最好采用拟交感神经类药物（如肾上腺素）和类固醇治疗，以减轻局部炎症反应。禁用胆碱酯酶抑制剂阿托品来解毒，上述过敏反应并非有机磷中毒，即使处方中用过有机磷药物。

一旦忽视了预防性治疗，可用一个钝的导管或注射针管向呼吸孔缓慢注入1mL 3%双氧水，注意不要刺破虫体，这样就可以安全、快速地从牛的背部取出皮蝇的第二期和第三期幼虫。大多数幼虫在双氧水发泡后15s内出来，留下一个清洗后的虫腔（Scholl和Barrett，1986）。

在丹麦、德国、荷兰和爱尔兰等国，全国性针对皮蝇蛆病的防控工作取得了成功，英国的发病率已经由1978年的38%降到1985年的0.01%（Wilson，1986）。1993年，英国对进口牛进行了皮蝇的检测，其中19%的被检牛呈血清学阳性，说明进口牛皮蝇的监测工作是非常重要的（Sinclair，1995）。在英国的一些地方，牛皮蝇一直存在或重新出现，所有超过12周龄的牛，都要求在特定时间内进行治疗，并定期对农场及销售的牛进行检测。

[相关皮蝇种类] 鹿皮蝇（*Hypoderma diana*）在欧洲寄生于鹿，偶尔也寄生于人。在地中海国家和印度，有一些寄生于绵羊、山羊和鹿的皮蝇属其他种类及其他属的皮蝇。而驯鹿皮蝇（*Oedemagena tarandi*）是一种寄生于亚北极地区驯鹿、麝牛和北美驯鹿的危害严重的寄生虫，需要对这些野生或半野生的宿主动物进行预防性给药。在一项研究中，70%未经治疗的驯鹿感染的驯鹿皮蝇幼虫超过100个（Washburn等，1980）。已证实，伊维菌素和多拉菌素治疗这些寄生虫感染具有很好的疗效。

（3）胃蝇属（*Gasterophilus*）

[鉴定] 成蝇形似蜜蜂，雌蝇下腹部有一长而弯曲的产卵器（图2-26）。在温暖、阳光明媚的白天，可见雌蝇盘旋在马附近，然后迅速地飞向马，将卵产于马毛上。

鼻胃蝇（*Gasterophilus nasalis*）将卵产在马下颌间隙的毛上，红尾胃蝇将卵产于口唇周围，肠胃蝇则将卵产于前肢和肩部被毛上（图

图2-26 肠胃蝇雌蝇。 弯曲的产卵器位于虫体下面

2-27）。Cogley（1991）绘制了世界各地8种胃蝇虫卵鉴定的检索表。

肠胃蝇（*G. intestinalis*）第一期幼虫可在舌背面上皮的前2/3处及臼齿间隙发现；第二期幼虫可见于齿间隙、舌根部及胃壁（Cogley，Anderson和Cogley，1982）。胃蝇属其他蝇的开始移行部位尚不明确。鼻胃蝇第一期和第二期幼虫通常隐藏于齿龈线下的齿间脓腔中，可延伸至臼齿根部（Schroeder，1940）。

鼻胃蝇第三期幼虫淡黄色，每节上有一排刺（图2-28），常见于宿主十二指肠第一壶腹部；其他三种胃蝇每节都有两排刺。肠胃蝇第三期幼虫呈红色，刺粗且末端钝圆，成群地附着在宿主胃的非腺区褶缘附近或盲囊内；其他胃蝇幼虫刺小而末端尖：其中红尾胃蝇（*G. hemorrhoidalis*）幼虫淡红色，见于在美国中北部和加拿大地区马的十二指肠和直肠；而红小胃蝇（*G. inermis*）幼虫浅黄色，见于欧洲地区马的直肠。所有胃蝇的个别幼虫偶见于消化道的非典型寄生部位。

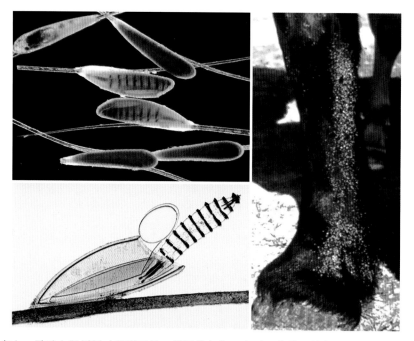

图2-27　肠胃蝇。左上：马毛上肠胃蝇（环裂亚目：胃蝇科）卵；左下：卵盖已被打开，幼虫已部分从卵壳中爬出来；右：黏在马腿被毛上的卵

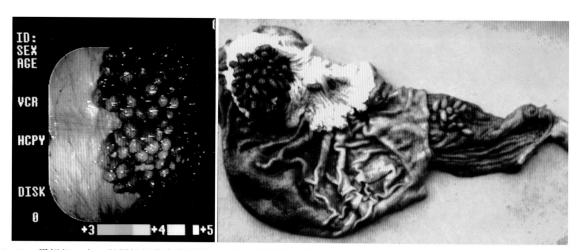

图2-28　胃蝇蛆。左：肠胃蝇蛆的内窥镜检查；右：马胃典型的寄生部位皱襞附近的肠胃蝇蛆以及十二指肠第一壶腹的鼻胃蝇蛆

[生活史]　鼻胃蝇雌蝇将卵产在马下颌间隙的毛上，卵在5～6d内自然孵化，幼虫孵出后朝马下巴处爬行，一直爬到口唇连合部，然后直接爬进口腔内。红尾胃蝇的卵呈黑色，产在马口唇周围的毛上，接触水分后2～4d内孵化，穿过嘴唇表皮，钻入口腔黏膜（Wells和Knipling，1938）。

肠胃蝇卵产在前肢被毛上，远离寄生部位，要靠马的帮助才能找到入口途径（图2-28和图2-29）。产卵5d后，当环境温度突然升高时含有第一期幼虫的卵会迅速孵出幼虫，这种情况出现在马温暖的唇部或呼出的气体接触到虫卵的时候，而对温度的逐渐升高则没有反应（Knipling和Wells，1935）。幼虫孵出后进入马的口腔，钻入舌背面的复层鳞状上皮内。肠胃蝇第一期和第二期幼虫在口腔停留约1个月，白色的第一期幼虫在舌黏膜内钻出一个长达13cm的洞穴，平均每隔4.2mm就有一个通向表面的气孔，用于虫体尾部气门的呼吸（Cogley，Anderson和

图2-29　肠胃蝇的生活史。雌蝇将受精卵产在马的前肢和肩部毛干上。第一期幼虫在卵中经过5d的发育，随时准备在接触到马呼出的温暖气息时从卵壳中迅速孵出。然后，附着在马的脸上，进入口腔，幼虫开始在舌表面和两侧黏膜上皮内广泛钻洞，然后进入上白齿之间的齿槽内，在那里蜕皮为第二期幼虫。感染一个月后，第二期幼虫从牙间隙出来，短暂地在咽襞附着后，移行到胃，在胃内幼虫蜕皮为第三期幼虫。第三期幼虫仍然附着在贲门部或皱襞近一年。从春末起，离开宿主，随粪便排出，并在土壤中化蛹。3～9周后，肠胃蝇成蝇从蛹壳中出现，飞离后寻找马匹

Cogley，1982）。洞穴的方向一般从舌的吻部延伸至尾部，但都终止于吻至轮廓乳突的几厘米之间。幼虫在舌部寄生期间，体积增长约2倍，第一期幼虫大多隐藏于宿主上白齿间隙中，在那里蜕皮，由第一期幼虫变成第二期幼虫。第二期幼虫由于自身合成血红素而变为红色，以适应将要到达胃中会遇到的低氧环境。然后，第二期幼虫离开牙间隙，在舌根部短暂附着后，进入胃中。在胃中再次蜕皮，发育为第三期幼虫或成熟幼虫（Cogley，Anderson和Cogley，1982）。胃蝇属其他幼虫的口腔移行尚未像肠胃蝇这样如此明了。然而，在组织内移行可以免于宿主牙齿的伤害并且提供了营养来源，可能也是其他胃蝇幼虫口腔移行的重要特性。

第三期幼虫以口钩附着在胃壁（肠胃蝇）或十二指肠肠壁（鼻胃蝇）长达12个月（肠胃蝇离肠最远，鼻胃蝇离鼻最远）。这两种胃蝇的寄生部位均位于消化道的液面之上。在这些部位，蝇蛆被气囊包围，作用显然是供给这些需氧动物充足的氧气（图2-30；Price和Stromberg，1987）。从春末起，幼虫从宿主胃黏膜上脱落，随粪便排

到外界，在土壤中化蛹。3～9周后，成蝇从蛹壳中羽化出来，具体时间取决于环境温度。成蝇的活动一直持续到夏季和秋季，直至气候变冷时完全停止。

[致病性] 尽管第一期和第二期幼虫可引起严重的口腔损伤，而且第二期和第三期幼虫的附着可造成胃肠黏膜的慢性损伤，但很少有病理学或实验证据证明胃蝇感染与临床疾病相关。事实上，许多马匹虽寄生有一定数量的寄生虫，却没有明显的临床表现。然而，疾病不是一个简单的问题，胃蝇感染已在胃破裂、浆膜下脓肿、脾脓肿、溃疡和腹膜炎方面有了病原学解释（Rainey，1948；Rooney，1964；Underwood和Dikmans，1943；Waddell，1972）。Principato（1988）对意大利散养马体内寄生的肠胃蝇、鼻胃蝇、红尾胃蝇、红小胃蝇和兽胃蝇进行了形态描述和分类，并对主要的肉眼病变进行了可靠的描述。

[治疗] 常用的治疗药物是大环内酯类抗寄生虫药。在美国南部，一年中的大部分时间都有马胃蝇活动（Craig，1984），肠胃蝇将卵黏在马前肢的被毛上，在成蝇活动停止后很长时间还保持

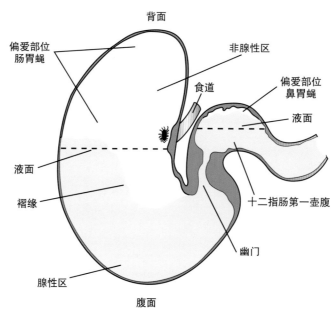

图2-30 肠胃蝇和鼻胃蝇在马胃和十二指肠的多发部位（详见 Price RE，Stromberg PC：*American Journal of Veterinary Research* 48:1225，1987，American Veterinary Medical Association）

着感染性。在马具商店可以买到一种特殊的细齿梳子，能够除掉被毛上的蝇卵，但是这种方法较慢，而且工作量大。如果不止少数马感染的话，可用大量温水（40～48℃）给马擦拭，将幼虫从卵壳内诱出（Knipling和Wells，1935），添加0.06%蝇毒磷（注：我国已禁用该药）可使幼虫出现时迅速被杀灭。鼻胃蝇和红尾胃蝇的卵在幼虫形成后会自然孵化。

（4）黄蝇属（*Cuterebra*）

[鉴定]　成蝇罕见（或不被注意），外形似大黄蜂，口器退化（图2-31）。发育成熟的第三期幼虫粗大（可达45mm），表面有粗壮的黑色小刺，使虫体呈暗褐色至黑色（图2-32）。后气门包括一组曲线形开口（图2-22）。早期幼虫色淡，甚至为白色，后气门明显不同于成熟的第三期幼虫，但覆盖于身体的黑色体棘可作为鉴定黄蝇属幼虫的依据。根据目前的了解，除了少数生活史非常清楚的种类外，即使是发育成熟的第三期幼虫，也不能区分黄蝇属的不同种类。

[生活史与发病机理]　黄蝇可感染兔、松鼠、

图2-31　杰氏黄蝇（环裂亚目：黄蝇科）。成蝇口器退化（Baird CR: *J Med Entomol* 8：615，1971）

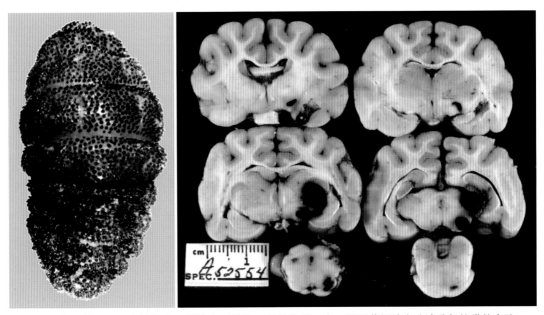

图2-32　黄蝇科。左：成熟幼虫，即将离开肿块，落地化蛹；右：死于黄蝇幼虫迷路移行的猫的大脑

金花鼠、小鼠、猫和犬，偶尔感染人（Baird，Podgore和Sabrosky，1982）。黄蝇雌蝇将卵产在兔子出没的地方和鼠穴附近。当宿主动物经过时，第一期幼虫瞬间孵化并很快爬进宿主皮毛，然后通过天然孔进入宿主体内（Baird，1971，1972；Timm和Lee，1981）。在8~10月份，通常可在犬、猫颈部皮下结缔组织中发现黄蝇幼虫。黄蝇属幼虫也可寄生在鼻腔和口腔部位，有时移行到猫、犬的脑部，造成死亡。幼虫在猫脑内移行可导致梗塞，是猫缺血性脑病的主要病因（Williams，Summers和de Lahunta，1998）。

[治疗] 进入肿块的黄蝇幼虫，可通过扩大皮肤上的呼吸孔，将其用镊子取出。在取虫过程中，小心不要压碎虫体。安神或镇静药有利于动物保定，但很少使用。幼虫取出后，伤口愈合慢，有时出现化脓、组织坏死，这可能是继发细菌感染或在取虫时黄蝇抗原漏到周围组织中所造成。当虫体异位寄生时，可以将其切除。

局部应用杀跳蚤和蜱的药物，如吡虫啉和氟虫腈，可以杀死猫被毛上的早期幼虫。虽然没有相关资料，但猫在应用阿维菌素类药物，如伊维菌素、美贝霉素肟或赛拉菌素，防治恶丝虫的同时，可能也杀灭了猫体内早期的移行幼虫，保护猫免受黄蝇的侵袭。但是，这些药物都不是用于预防黄蝇蛆病的药物。

（5）肤蝇属（Dermatobia）

[鉴定] 人肤蝇（Dermatobia hominis）是疽蝇科的一种，其成蝇形似亮蓝色的丽蝇，与所有疽蝇相似，口器退化（图2-33）。发育成熟的第三期幼虫呈梨形，后气门深陷，气门裂较直（图2-33）。

[生活史与发病机理] 人肤蝇是通过奴役其他昆虫，将卵带到未来的宿主，通常是雌蝇捕获一种吸血性昆虫，如蚊或螫蝇，将它的卵黏在该昆虫的腹部。卵发育一周或两周，当被奴役昆虫飞到温血动物皮肤上吸血时，卵内的幼虫即准备登陆，然后幼虫成功钻入宿主皮下，在钻入部位或其附近的独立肿块中发育。大约6周后，幼虫通过

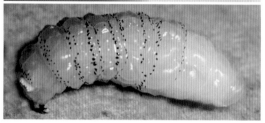

图2-33 人肤蝇。上：雌性成蝇；下：从患者手臂爬出的蛆

呼吸孔出来化蛹。在美国中南部，人肤蝇幼虫是人、牛、羊、犬和其他哺乳动物的一种严重的害虫。成蝇往往集中在大森林的边缘。

（6）蝇蛆病幼虫的专业鉴定

发育成熟的蝇蛆幼虫可通过早期建立的标准来鉴定主要类型。详细资料可见詹姆斯（1948）的参考文献。然而，全部三期幼虫的鉴定，即使是最常见的种类，对分类学专家来说，也是一件难事。如果初步检查得不到明确结论，又模棱两可，或具有重大的实际意义，可将幼虫放在水中剧烈摇动，将虫体清洗干净后，固定在70%酒精或10%福尔马林中，将标本提交给专家鉴定。在某些情况下，准确鉴别需要培养出成蝇，鉴定指导在前述麻蝇科部分已提供。除了固定标本之外，活的幼虫也可以提交专家鉴定，将它们单独放在一个瓶中，再用松软的湿棉花包装即可。

四、虱目：虱子（Lice）

虱子主要有两类，即虱目（Anoplura）的吸血虱和食毛目（Mallophaga）细角虱亚目（Ischnocera）、钝角虱亚目（Amblycera）和喙虱亚目（Rhychophthirina）的咀嚼虱。寄生于兽类的食毛虱称为毛虱，寄生于鸟类的食毛虱称为羽虱（表2-6）。吸血虱为刺吸式口器，由

3根口针组成，在固定标本中，常隐藏于相对较窄的头内（图2-34）。吸血虱仅寄生于胎生哺乳动物。食毛虱头部较宽，腹侧具有强壮的下颚（图2-35），它们常以鸟类及哺乳动物体表的皮屑、羽毛和皮脂分泌物为食。无论是吸血虱还是食毛虱，整个生活史均在宿主的毛和羽毛间完成，并呈现出高度的宿主特异性。通常雌虱所产的卵牢固地附着在宿主的被毛或羽毛上（图2-37）。刚刚孵出的幼虱与成虱相似，但体积相对较小，幼虱经过数次蜕皮而发育成熟，但外形变化不大（不完全变态）。完成从虫卵到虫卵的生活史需要几周时间，在雌虱腹部仅可见到1～2枚发育中的卵，但可形成庞大的群体。其孵

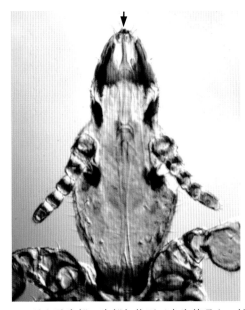

图2-34 吸血虱头部。头部矢状面正中为其吸血口针；箭头所指处为口

表2-6　人及家畜的虱子

宿主	吸血虱（Anoplura）	食毛虱（Mallophaga）
犬	棘颚虱（Linognathus setosus）	犬啮毛虱（Trichodectes canis） 有刺异端虱（Heterodoxus spiniger）
猫	无	猫毛虱（Felicola subrostratus）
牛	阔胸血虱（Haematopinus eurysternus） 四孔血虱（Haematopinus quadripertusus） 瘤突血虱（Haematopinus tuberculatus） 狐颚虱（Linognathus vituli） 侧管管虱（Solenopotes capillatus）	牛毛虱（Damalinia bovis）
马	驴血虱（Haematopinus asini）	马毛虱（Damalinia equi）
猪	猪血虱（Haematopinus suis）	无
绵羊	绵羊颚虱（Linognathus ovillus） 足颚虱（Linognathus pedalis） 非洲颚虱（Linognathus africanus）	绵羊毛虱（Damalinia ovis）
山羊	非洲颚虱（Linognathus africanus） 狭颚虱（Linognathus stenopsis）	山羊毛虱（Damalinia caprae） 粗足毛虱（Damalinia crassipes） 具边毛虱（Damalinia limbata）
大鼠	棘多板虱（Polyplax spinulosa）	无
小鼠	竹鼠多板虱（Polyplax serrata）	无
豚鼠	无	豚鼠长虱（Gliricola porcelli） 豚鼠圆虱（Gyropus ovalis） 多刺食毛虱（Trimenopon hispidum）
人	人头虱（Pediculus humanus capitus） 人体虱（Pediculus humanus humanus） 阴虱（Pthirus pubis）	无

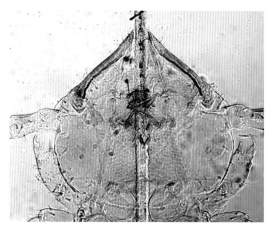

图2-35　抓住一根毛的食毛虱上颚（猫毛虱）

化程序非常有趣，幼虱吸入空气并形成高压气体从肛门喷出，虫体在高压作用下将卵盖顶开。因此形象地说："每个虱子均是由自身的爆竹炸出来的。"

根据虱子的生活习性，通过仔细检查宿主的被毛或羽毛可以发现它们。但也有例外，即人体虱（*Pediculus humanus humanus*）在人体上采食时，不是黏附在体毛上，而是附着在衣服的纤维上。有些实践经验的人，很容易区别吸血虱和食毛虱。再结合宿主的高度专一性可简化鉴定过程，尤其对只有一种虱子寄生的宿主来说，更是如此（例如，寄生于野猪的猪血虱*Haematopinus suis*，猫的猫毛虱*Felicola subrostratus*）。另外，对于只寄生一种吸血虱和食毛虱的宿主动物来说，鉴定过程也较简单（例如，马的驴血虱*Haematopinus asini*和马毛虱*Damalinia equi*，犬的棘颚虱*Linognathus setosus*和犬啮毛虱*Trichodectes canis*）。但对牛来说，情况比较复杂，因其有3种吸血虱和1种食毛虱寄生，在鉴定时需通过属的形态特征加以区别。有时候可从正常宿主之外的其他动物身上发现少量虱子，如人的阴虱（*Pthirus pubis*）可寄生于犬。在这种情况下，需要注意犬的常见虱棘颚虱和人的阴虱的形态区别，否则易发生误诊。

虱子是专性寄生虫，通常会对宿主产生严重的滋扰。人的体虱可传播普氏立克次氏体（*Rickettsia prowazekii*，流行性斑疹伤寒的病

原），这是一个特殊的例子，其他一些虱子在某些疾病传播过程中也扮演着传播媒介和中间宿主的角色。虱子只有大量寄生时，并且在与严酷的气候、拥挤、营养不良等应激条件和个体因素有关时，才可引起宿主发生虱病。如果在牛、小犬或大鼠体上发现了大量的虱子，说明饲养管理存在问题，如仅用喷洒杀虫剂来灭虱，则远远达不到临床管理的要求。

虱亚目

吸血虱大约有400多种，具螯状跗爪以附在宿主的被毛上。爪的大小与毛发直径相关，这很可能与宿主和寄生部位的特异性有关。没有这些被毛，虱子也将失去依靠。宿主之间可因毛发接触而传播，这也是阴虱经常通过性传播的原因。据Chandler和Read（1961）报道，法国人将这种寄生虫称为"爱情蝴蝶"。

1. 血虱属（*Haematopinus*）

跗爪等长，腹部侧缘显著硬化（图2-36）。寄生于牛的两个属是颚虱属（*Linognathus*）和管虱属（*Solenopotes*），区别在于第一对足的

图2-36　牛血阔胸虱（所有跗爪大小相等）

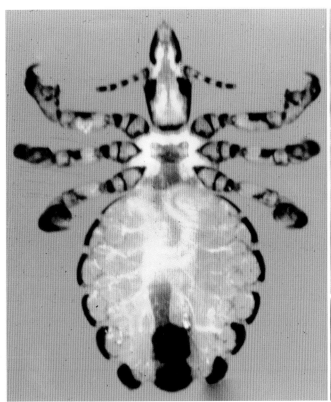

图2-37 左：猪血虱；右：亚洲血虱（黏在马毛上的虱与卵）

爪较小。血虱属（*Haematopinus*）的虱子可感染家畜，如马的驴血虱（*H. asini*）、猪的猪血虱（*H. suis*）（图2-37）和牛的阔胸血虱（*H. eurysternus*）、四孔血虱（*H. quadripertusus*）、瘤突血虱（*H. tuberculatus*）。其中，阔胸血虱是美国北部圈养牛（欧洲牛）常见的一种寄生虫，主要分布于牛的颈部、后脑部、胸部和尾部，严重感染时可遍及全身。四孔血虱通常寄生于瘤牛及印度牛和欧洲牛杂交后代的一种热带和亚热带寄生虫，雌虫将卵产于牛的尾根部，有时也可见于眼周围和耳朵的长毛处（Roberts，1952）。瘤突血虱为寄生于欧、亚、非洲水牛和家养牛的一种寄生虫（Meleney和Kim，1974）。

阔胸血虱的大量感染可引起成年牛的严重贫血（Peterson等，1953），某些牛非常适合大量虱子的生长，而同群的其他牛仅表现轻度感染，前者称为"虱子饲养员"，它们在冬季可因虱子的侵袭衰竭而死，对这些牛可应用杀虫剂进行治疗。不过红细胞比容的增长可能比单纯失血性贫血相对要慢。

2. 颚虱属（*Linognathus*）

与血虱属不同，颚虱属的第一对跗爪比第二对、第三对短，且其腹部侧缘无明显硬化（图2-38）。颚虱属与管虱属也不同，其每一腹节至少有1排刚毛，缺胸板和腹部突出的气门。可感染家畜的颚虱有：牛的牛颚虱（*L. vituli*）；绵羊的绵羊颚虱（*L. ovillus*）、足颚虱（*L. pedalis*）和非洲颚虱（*L. africanus*）；山羊的狭颚虱（*L. stenopsis*）和非洲颚虱（*L. africanus*）；以及犬和狐的棘颚虱（*L. setosus*）（图2-39）。

3. 管虱属（*Solenopotes*）

黄牛的侧管管虱（*S. capillatus*），即"小蓝虱"，与颚虱的区别是前者每一腹节仅有1排刚毛，有1个胸板，其宽至少是长的一半；腹气门突出（图2-40）。

图2-38 牛颚虱。第一对跗爪比第二、第三对小，气门与腹部表面齐平，每个腹节至少有一排刚毛

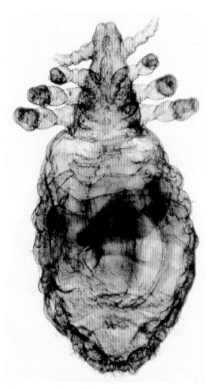

图2-39 犬和狐狸的棘颚虱

图2-40 牛的侧管管虱。第一对跗爪比第二、第三对小，气门突出于腹部表面，每个腹节只有一排刚毛

4. 鳞虱属（Polyplax）

棘鳞虱（P. spinulosa）是大鼠的一种寄生虫，竹鼠鳞虱（P. serrata）是小鼠的一种寄生虫（图2-41）。这两种血虱可严重滋扰实验动物，大量寄生时，可导致宿主因严重失血而死亡（图2-42）。局部喷洒氟虫腈有效（Diaz，2005）。

5. 阴虱属（Pthirus）

阴虱（P. pubis）巨大的跗爪（图2-43）适合附在阴部和肛门周围毛发及腋毛、髭、胡须，还有小孩的眉毛和睫毛，可引起剧痒和皮肤褪色的丘疹性皮炎。采食时，多持续在一个位置吸血，并将排出的粪便堆积在附近。因为从虫卵到虫卵的整个发育史约需1个月，所以收集虫体和确认感染需要较长时间。虽然性接触是其主要的传播途径，但病人使用过的毛巾、衣服和床上用品也不可忽视，整个家庭包括小孩和犬可能经这些途径感染。在危机情况下，犬可能被兽医误诊为传染源而被实施安乐死，因此处理阴虱的家庭暴发和犬的关联时应当慎重。

6. 虱属（Pediculus）

人头虱（P. humanus capitis）主要寄生于人的头部，尤其是耳朵附近和颈背部（图2-44），犬很少感染。雌虫所产虫卵黏附于头发上，并在一周内孵化，因头发易脱落而散落至周围，使感染迅速蔓延。当卫生状况和个人习惯不好时易感染头虱。人体虱（P. humanus humanus）不是附着于头发，而是附着在衣服的纤维上并将卵产于衣物纤维缝中。在严重感染时，患者需要更换衣服以彻底清除体虱。当人们没有条件洗澡或长时间不换衣服，例如战争或自然灾害时，体虱就可能迅速蔓延。在这种情况下，由体虱传播的传染性斑疹伤寒就可能暴发，应采取有力的灭虱措施。

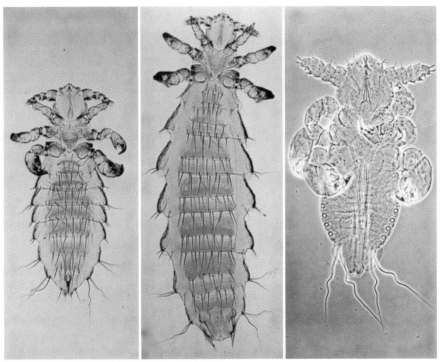

图2-41　鼠的棘鳞虱。左：雄；中：雌；右：若虫

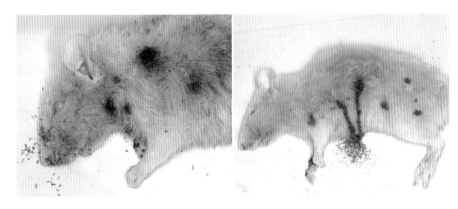

图2-42　大量寄生棘鳞虱导致死亡的小鼠。从图片上可见，在白炽灯照射下，虱子逃离死亡小鼠，这是许多活动性外寄生虫的一般现象，可用于诊断。因此，如果给宿主实行安乐死时，绝不要使用氯仿、醚或其他相关制剂，否则同样也会导致寄生虫的死亡

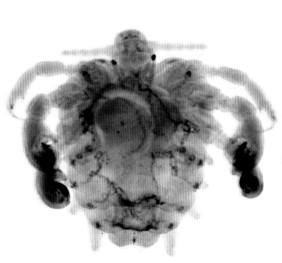

图2-43　阴虱。左：人的雌性阴虱；右：阴毛上的一枚虱和两枚卵。犬接触感染者或其衣服偶尔会感染

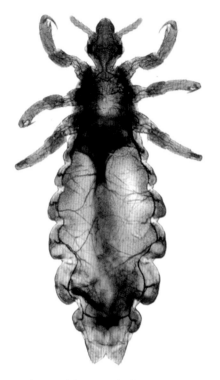

图2-44 人头虱。采集于纽约伊萨卡公立小学的儿童

人和大猩猩都能感染阴虱，如人的阴虱（*P.pubis*）和大猩猩的猩猩阴虱（*P.gorillae*），但在黑猩猩身上未见任何阴虱（Reed等，2007）。黑猩猩是黑猩猩体虱（*P. schaeffi*）的宿主，人是人体虱的宿主，而大猩猩不感染体虱。

五、食毛虱

食毛虱或称咀嚼虱，大约有4 000多种，可感染鸟类和哺乳动物。所有禽虱均为咀嚼虱，并且种类较多。它们以宿主的表皮物质为食，一些以羽毛角蛋白为食，因此可进行体外培养。少数种类，如犬的有刺异端虱（*Heterodoxus spiniger*）和鸟类钝角虱亚目等相关种类可以吸血（Agarwal Chandra和Saxena，1982）。

因鸟类为食虫动物且非常挑剔，所以这些虱子有被其宿主随时吞食的危险。但由于它们比寄生于哺乳动物的虱子要敏捷很多，长长的腿可使其领先一步，因此它们常常可形成庞大的群体。

当虱子大量寄生时可引起宿主的骚动不安，尤其是当牛拴在柱子上不能自主理毛时。食毛虱有3个亚目，即细角虱亚目、钝角虱亚目和喙虱亚目。

（一）细角虱亚目

细角虱亚目的虱子均有明显的触角，其中感染哺乳动物的毛虱触角分3节（图2-45）；感染鸟类的羽虱触角分5节，头无下颚须（图2-46）。

图2-45 山羊的粗足毛虱。寄生于哺乳动物典型的细角亚目虱，触角分3节

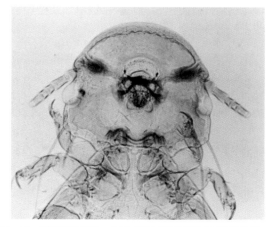

图2-46 鸡的圆羽虱。寄生于鸟类典型的细角虱亚目，其触角分5节

1. 毛虱属（*Damalinia*）

感染家畜的种类有牛的牛毛虱（*D. bovis*），马的马毛虱（*D. equi*，*Werneckiella equi*），绵羊的羊毛虱（*D. ovis*）和山羊的山羊毛虱（*D. caprae*），具边毛虱（*D. limbata*）和粗足毛虱[*Damalinia*（*Holokartikos*）*crassipes*]（图2-45）。

2. 啮毛虱属（*Trichodectes*）

犬啮毛虱（*T. canis*）（图2-47）可作为犬复孔绦虫的中间宿主，当然栉首蚤在传播该绦虫方面更重要。在实践中，须将犬啮毛虱与棘颚虱以及来自温暖气候的有刺异端虱（*Heterodoxus spiniger*）进行区别。

3. 猫毛虱属（*Felicola*）

猫毛虱（*F. subrostratus*）是猫唯一的一种虱子（图2-48），其特征是头前部呈三角形。

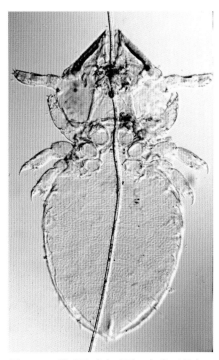

图2-48　猫毛虱（食毛虱：细角亚目）

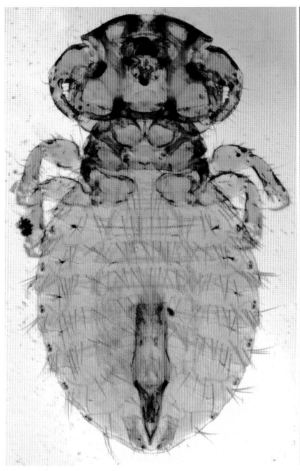
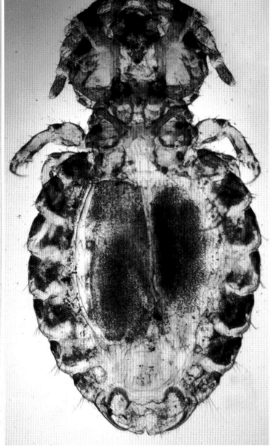

图2-47　犬啮毛虱（食毛虱：细角虱亚目）左：雄；右：雌

（二）钝角虱亚目

钝角虱亚目触角呈棒状，位于头部的隐窝内，上颚须分4节（图2-49）。多数寄生于鸟类，但有一种虱即有刺异端虱（*Heterodoxus spiniger*）在温暖气候下寄生于犬，另有三种如豚鼠长虱（*Gliricola porcelli*）、豚鼠圆虱（*Gyropus ovalis*）和多刺食毛虱（*Trimenopon hispidum*）寄生于豚鼠（图2-50和图7-103）。

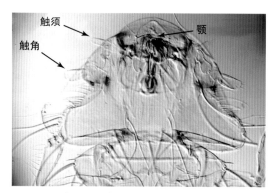

图2-49　鸡羽虱（食毛虱：钝角虱亚目）

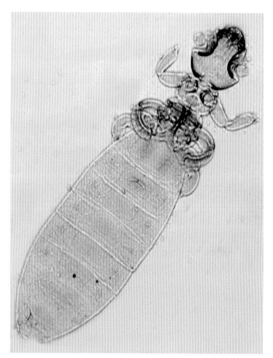

图2-50　豚鼠长虱

（三）喙虱亚目

喙虱属（*Haematomyzus*）的虱子为亚洲象、非洲象和非洲疣猪的寄生虫（图2-51），多寄生于大象的耳后和头颈部位。

图2-51　大象的象喙虱（*Haematomyzus elephantis*）（食毛虱：喙虱亚目）

（四）虱病的治疗

1. 犬和猫

每月定期局部用药对犬、猫毛虱的治疗效果显著。赛拉菌素对犬、猫虱病有良效（Shanks等，2003）。氟虫腈和吡虫啉已证实可用于治疗犬啮毛虱（Hanssen等，1999；Pollmeier等，2002）。另据报道，氟虫腈对猫毛虱也有很好疗效（Pollmeier等，2004）。用含胺甲萘的洗发剂、喷雾剂等对患病的犬、猫洗浴，可有效控制该病。一般情况下，间隔一周使用两次即可。

应用吡虫啉和赛拉菌素对犬的棘颚虱防治效果非常可靠（Gunnarsson，Christensson和Palmer，2005；Hanssen等，1999）。

2. 肉牛和干乳期奶牛

通常，虱子对牛的致病作用较温和，往往只有部分牛会偶尔出现瘙痒和不安。但因在冬天和早春虱子数量大幅上升，对动物造成的刺激常超出其忍受的范围，必须采取相应的治疗措施。可应用毒死蜱和杀虫威进行喷洒、药浴或涂抹，疗效甚好。皮下注射大环内酯类药物对牛血虱的疗效良好；涂抹或喷洒该药对牛毛虱同样具有很好效果。研究表明，在纽约州，室外圈养的牛比舍饲牛虱子的感染率明显要低（Geden，Rutz和Bishop，1990）。

3. 奶牛

将杀虫威、除虫菊酯联合作喷雾剂和粉剂喷洒或撒布于动物体表，可有效治疗泌乳期奶牛的虱病。埃普菌素（Eprinomectin）对奶牛虱病的治疗效果也比较好。

4. 猪

将杀虫威喷雾或涂抹，用于肩部以后的区域可有效控制虱病。同时用药处理猪舍内的垫料，在实践中效果显著。另外，伊维菌素、多拉菌素和莫西菌素对猪血虱均具有极好的效果。

5. 马

马的虱病以冬春季节多发，可间隔2周喷洒杀虫威控制该病。在寒冷季节，可将鱼藤酮和除虫菊酯混合应用，撒布于动物体表，对马的刺激作用较小。

6. 大象

治疗大象的象喙虱，可按每千克体重0.059～0.087mg的剂量，口服伊维菌素，疗效显著（Karesh和Robinson，1985）。

7. 人

对虱病患者的治疗需遵医嘱，因宠物是人虱的传染来源，兽医工作者在控制人虱过程中也起着重要作用；当然人虱还可以在人与人之间传播。治疗所用药物主要是含有杀虫剂的各种膏剂、洗涤剂、洗发剂。一般情况下，用药一次即有效，但严重感染者需要重复用药数次。虱子及其虫卵在50℃ 30min即被杀死，故用洗烫的方式有助于该病的治疗（Kraus 和 Glassman，1976）。如果家庭内有成员被感染，可将玩具、梳子等放入枕套内，在衣物干燥机中干燥，可以杀死其中的虱子和卵。

六、蚤目：蚤（Fleas）

成虫无翅，两侧扁平，腿长适合跳跃，腹大（图2-52），寄生于犬、猫、猪、人、啮齿类和鸟类体表，以吸食血液为生。蜕变过程复杂，中间经过3个幼虫期和一个蛹期。某些宿主动物可因蚤的叮咬产生以剧痒为特征的过敏反应。过敏的犬和人即使少量蚤的叮咬也难以忍受，而正常者却没有明显感觉。蚤类能传播多种疾病，如鼠疫（由鼠疫杆菌引起）、斑疹伤寒（伤寒立克次氏体引起）、兔黏液瘤病毒病和猫细小病毒病（Torres，1941）；同时也可作为犬复孔绦虫和隐匿双瓣线虫（*Dipetalonema reconditum*）的中间宿主。

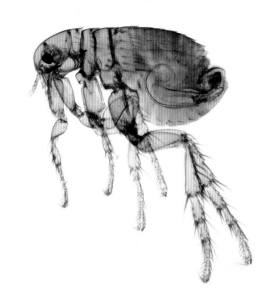

图2-52 雄性致痒蚤（*Pulex irritans*）成虫侧面观。显示六条长足、头、三段胸节和腹部

1. 栉首蚤属（*Ctenocephalides*）

[鉴别]　栉首蚤常见种是猫栉首蚤（*C. felis*），罕见种是犬栉首蚤（*C. canis*）。蚤是

多种家养与野生哺乳动物的寄生虫，宿主包括猫、犬、牛和人。栉首蚤同时具有颊栉和前胸背栉（图2-53），易与角头蚤属（*Echidnophaga*）（图2-54）、客蚤属（*Xenopsylla*）（图2-55）、蚤属（*Pulex*）（图2-56，图2-52）相区别，它们均无颊栉和前胸背栉；而某些啮齿类动物的蚤只有前胸背栉。兔子的一种蚤（*Cediopsylla*）

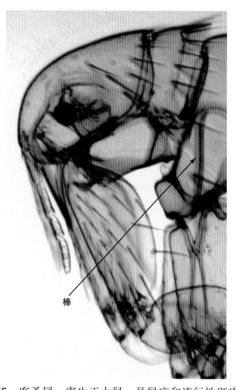

图2-55 客蚤属。寄生于大鼠，是鼠疫和流行性斑疹伤寒的传播媒介，其中胸垂直的杆状结构有别于其他蚤属

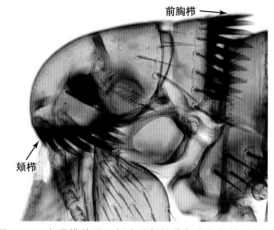

图2-53 犬猫栉首蚤。颊齿基部的线与头的长轴平行，用于区别栉首蚤和某些啮齿动物及兔科动物的蚤，它们均具有颊栉和前胸背栉

图2-54 禽角头蚤（*Echidnophaga gallinacea*）。成群的禽角头蚤寄生于鸡头部或犬、猫及其他动物的眼睑和耳道

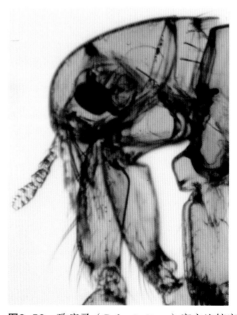

图2-56 致痒蚤（*Pulex irritans*）宿主比较广泛

（图2-57）与栉首蚤相似，也有颊栉和前胸背栉，但可通过以下几方面进行区别：如果颊齿基线与头部的长轴平行，则为栉首蚤属；如果二者成一定角度，则为蚤属。蚤的卵和幼虫如图2-58和图2-59所示，栉首蚤将卵产于宿主体上，尤其是被毛厚、卫生差的犬多见。虫卵长0.5mm，呈白色能反光，通常停留于宿主体上孵化。因此，在犬、猫体上除能发现栉首蚤成蚤外，还可见到其卵和幼虫。

图2-59　栉首蚤的幼虫。幼蚤常被忽视或误判

图2-57　兔蚤。颊齿基线与头长轴呈一定角度，可用于区别栉首蚤

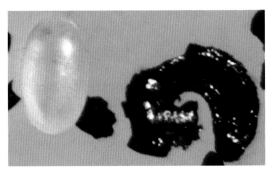

图2-58　栉首蚤的卵和两块蚤粪。蚤的粪便基本上由宿主的干血块组成，可以作为具咀嚼式口器幼蚤的食物

犬、猫蚤病有时很难诊断，因为只要几个蚤就可造成很大痛苦，尤其对一些敏感个体更是如此。蚤的粪便中含有大量血液，干后形成小颗粒。幼蚤即以这些排泄物和其他碎屑为食。可用纸层析法检测犬、猫被毛上蚤的粪便，即将上述粪便放于浸有肥皂水和洗涤剂的滤纸或其他吸水性材料上，在几分钟内血红蛋白即可由排泄物中扩散出来，形成斑点状的红晕；或者用湿润的脱脂棉擦拭动物被毛和皮肤来蘸取蚤的粪便，一定时间后可在棉球上见到红色斑点。

[生活史]　蚤的发育史复杂，包括卵、一期幼虫、二期幼虫、三期幼虫、蛹和成蚤几个阶段（图2-60）。成蚤很少离开宿主，除非寄生密度达到200只左右时，少数蚤才离开宿主，特别是当其接触一些寄生数量少的宿主时，个别蚤会偶然离开原宿主而到达新宿主体上。原来对栉首蚤的认识有这样的误区：即蚤可不断地跳跃，并以这种方式寻找新宿主。事实上，犬、猫所感染的栉首蚤大多是直接由蛹孵化而来的，对于这一点，应在实际控制中予以注意（图2-61）。犬、猫身上的每只蚤都会有大量虫卵、幼虫、蛹和新蜕变的成蚤存在，尤其是在宿主经常栖息的地方更多。宿主在某一地方停留的时间越长，该处的虫卵和粪便就越多，蚤粪是三期幼虫的主要食物。猫栉首蚤适合在13～32℃，50%～92%的相对湿度条件下发育，整个过程需要14～140d不等。超过35℃，幼虫和蛹会很快死亡。在寒冷潮湿的环境中，饥饿的成虫可存活几周时间，但在相对湿度低的冰冻条件下可能不会存活多久（Silverman，

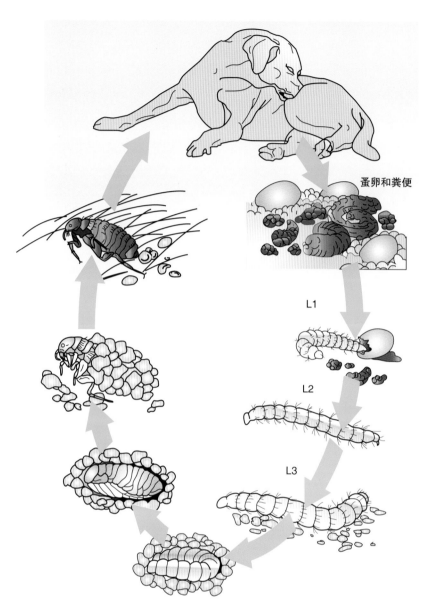

蚤卵和粪便

L1

L2

L3

图2-60 猫栉首蚤的生活史。雌蚤和雄蚤感染犬、猫后2d出现虫卵，大部分卵从毛发上脱落，常集中于宿主休息的地方；卵排出4d后孵出第一期幼虫，幼蚤以成蚤粪便为食，它们像卵一样不断从犬、猫的被毛上掉下来，在温暖湿润的环境中，经过2次蜕皮，2周后三期幼虫开始结茧变蛹，蛹表面黏着一些细沙样的颗粒，3~4周后成蚤羽化而出。雌蚤出现的时间比雄蚤早几天。犬或猫感染后，猫栉首蚤在其身体上重复吸血，直到耗竭而死或被宿主啃咬吞下，一般很少离开其适宜的宿主

图2-61 猫栉头蚤的茧。左：显示茧已经被打开，幼虫位于其中；右下方：茧内显示几乎完成变态的成蚤

Rust和Reierson，1981）。饥饿的成蚤可存活两个月左右以等待宿主的来临。当人外出几周后回家时可能遭遇成群饥饿的栉首蚤围攻。虽然它们喜欢吸犬的血，但在没有犬的时候，也很喜欢吸食人血。Georgi博士的一位朋友曾处理过这种情况：即在旅行回家后，他就直接去犬舍将爱犬带入屋子走一圈，饥饿的栉首蚤就会跑到犬的身上吸血。之后立刻将犬带回犬舍洗澡，以清除栉首蚤，这样家人就可以免受蚤的侵袭了。

[传播疾病] 犬栉首蚤和猫栉首蚤是犬复孔绦虫和血液丝虫——隐匿双瓣线虫的中间宿主（生

物性传播媒介）。栉首蚤幼虫具咀嚼式口器，可吞食固体物质，其幼虫在发育为成蚤过程中可将犬复孔绦虫虫卵摄入体内，并发育为似囊尾蚴，犬、猫摄入感染蚤而感染。而在传播隐匿双瓣线虫过程中，当线虫的微丝蚴被成蚤吸血摄入后，在其体内发育为感染性的第三期幼虫，当成蚤再次吸血时，即可造成犬、猫感染。猫栉首蚤还可将猫细小病毒从患猫传给易感猫，从而引起猫瘟热（Torres，1941）。

[栉首蚤感染治疗]　在过去几年中，对犬、猫按月用药很好地控制了栉首蚤。由于控制效果非常好，美国防治跳蚤药物的使用逐年大幅下降。由于财政原因，销售此类灭蚤产品需经当地兽医许可（Fehrenbach，1996）。在过去十年里，由于新药的使用，宠物、顾客和兽医工作者的抗蚤能力显著增强。

化学药物并非是必需的，环境控制仍然是防控跳蚤的主要手段。如吸尘器在减少环境中蚤的卵、幼虫、蛹和未吸血成蚤中的作用非常明显，但需要注意将吸尘器中的杂物妥善处置，以防止栉首蚤重新逃回清洁过的区域。防治栉首蚤的精力应集中在犬、猫经常栖身的场所，这些地方可能有大量栉首蚤的粪便和虫卵，如果处理不及时，虫卵就会孵化为幼虫，进而发育为成虫。此外还有一种防治蚤最简单且十分有效的方法，即将犬舍或猫笼垫高，使其离地至少33cm以上，就可有效防止蚤的侵扰。例如在一个饲养有几千只小猎犬的商业饲养场尽管没有用药对蚤进行防控，但却远离了蚤的侵扰，其原因是犬窝的高度在猫蚤跳跃的高度（即33cm）之外（Rothschild等，1973）。但这一环境防控方法也有局限性，即需要严格限制动物的活动范围。

目前有许多药物可用于跳蚤的防治，如含除虫菊酯、胺甲萘、亚胺硫磷、杀虫威及烯虫酯等成分的药物都可用于动物和环境的杀虫。但由于跳蚤对胺甲萘和有机磷类药物抗性的增加，在使用时可能遇到药物无效的情况。现在防治蚤类可选用的制剂有很多，但仔细阅读说明书后就会发现，这些药物都含有相同的有效成分。另外，市场上有多种含有不同杀虫剂的项圈可供选择，如含毒死蜱、杀虫威、二嗪农、双甲脒或昆虫生长调节剂（如烯虫酯）的项圈，如再结合加强宠物管理，即可有效防治犬、猫的蚤病。

除上述一些方法外，还有其他一些方法也可供选用，但防治效果并不稳定，如商业化的跳蚤诱捕器，有时可捕获85%的跳蚤，而有时仅略多于10%（Dryden和Bruce，1993）。按每天14g的剂量，给动物饲喂啤酒发酵粉驱除跳蚤效果不好（Baker和Farver，1983）；另外在实验条件下，超声波项圈驱虫效果同样也不佳（Dryden，Long和Gaafar，1989）。

氟虫腈无论是喷洒还是浇泼，都可引起兔子严重毒性反应，因此未经批准禁止应用于兔子。同时也需注意，任何杀虫剂不仅对昆虫有毒性作用，同样对使用的人和动物也有一定毒性，宠物医院的工作人员由于经常接触该药，更是如此。因此，兽医有责任规范操作程序，以尽量减少雇员接触此类药品的机会。

2. 角头蚤属（*Echidnophaga*）

禽角头蚤（*E. gallinacea*）为家禽的一种吸血蚤，常侵袭亚热带地区的各种家养鸟类、犬、猫、兔、马和人。Dr. Georgi曾在一只从亚拉巴马州来到纽约州的猫眼睑中发现过这种蚤。虫体常寄生在禽眼周围、肉冠、肉垂和其他无毛皮肤区以及泄殖腔，其头部呈三角形，无颊栉和前背栉，胸背甲（胸部背侧的甲片）很窄（图2-54）。

3. 潜蚤属（*Tunga*）

穿皮潜蚤（*T. penetrans*），又名沙蚤或跳蚤，是生活在美国热带地区和非洲的一种小型（1mm）蚤类，与角头蚤属相似，具有近三角形的头部，胸部非常窄小，无颊栉和前背栉，胸背甲也很窄。雌性孕蚤常将身体前端埋入宿主脚踝、脚背的皮肤内或脚趾之间，只露出腹部末端数节（图2-62）。虫卵位于腹内，使蚤体膨胀至豌豆大小。可引起宿主疼痛和继发感染，痛苦难

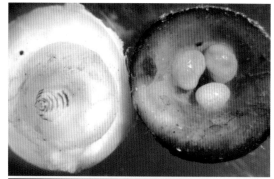

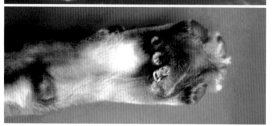

图2-62 穿皮潜蚤。上：厄瓜多尔山羊和猪的潜蚤标本；左：山羊潜蚤后端；右：猪潜蚤前端，有3个大囊，头部位于囊内之间的空隙中；下：大量潜蚤寄生的犬爪

在翅基之间有一个三角形背甲，触角分4节；口器分3节，指向尾部，不用时收于头下（图2-63和图2-64）。

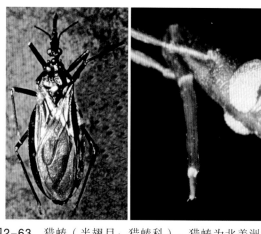

图2-63 猎蝽（半翅目：猎蝽科）。猎蝽为北美洲枯氏锥虫的传播媒介；右：吸血时，猎蝽喙的一部分会刺入宿主体

忍（Chandler和Read，1961）。

4. 客蚤属（*Xenopsylla*）

客蚤是一种分布广泛的鼠蚤，同时也可侵袭人，是鼠疫杆菌和流行性斑疹伤寒立克次氏体的重要传播媒介。虫体头部呈圆形且光滑，无栉，这是其与上述各属的主要区别；与蚤属的区别是其中胸有一直立小杆状结构（图2-55）。

传播疾病 鼠疫是一种由鼠疫杆菌所引起，由跳蚤传播的啮齿类动物疾病，其中尤以印鼠客蚤（*X. cheopis*）最为多见，是人类鼠疫的主要传播者。鼠疫感染者的死亡率很高，曾经在中世纪时暴发的鼠疫一度使人类文明遭受了巨大的损失，即由蚤类在吸食人血液时，将鼠疫病原传播至人体所致。

5. 蚤属（*Pulex*）

致痒蚤（*P. irritans*）是一种宿主非常广泛的蚤类，可侵袭人、猪、犬等。蚤属在形态上与客蚤属相似，但中胸无小杆状结构（图2-52和图2-56）。

七、半翅目：臭虫（Bugs）

半翅目昆虫有两对翅（有些可能已退化），

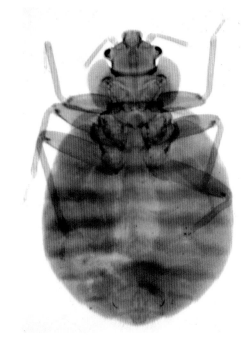

图2-64 温带臭虫（*Cimex lectularius*）（半翅目：臭虫科）

半翅目昆虫发育过程为不完全变态，经过卵、若虫、成虫三个阶段。它们或以植物为食，或捕杀昆虫吸食其体液，另有些吸食老鼠和人的血液，偶尔也侵袭其他动物。捕食性猎蝽叮咬时非常疼痛，它们的许多种类可以攻击人。但更多

猎蝽科专性寄生虫，如锥蝽（锥鼻臭虫）和床上臭虫的叮咬则无痛感。

1. 猎蝽科：猎蝽和锥蝽

猎蝽（图2-63）拥有翅膀和一个特征性的喙，喙分三节。锥蝽亚科（Triatominae）的寄生性种类专门吸食脊椎动物的血液，有着比捕食性种类更细长的口器，而且它能在吸血过程中使宿主丝毫感觉不到疼痛，从而不惊醒熟睡中的动物。与其他臭虫相同的是它们白天隐藏在栖息处缝隙中，夜晚出来攻击熟睡的宿主。锥蝽亚科中的锥蝽属（*Triatoma*），红猎蝽属（*Rhodnius*）和蝽属（*Panstrongylus*）可传播美洲锥虫病或恰加斯氏病。该病由枯氏锥虫引起，可通过臭虫的粪便传播，因此可以定义为粪传型传播，以区别于通过采采蝇口器叮咬的唾传型传播以及其他少数锥虫，如朗克利锥虫（*T. rangeli*）通过锥蝽的叮咬而传播。蛭形锥蝽（*Triatoma sanguisuga*）在传播马脑脊髓炎时起辅助作用。

2. 臭虫科：臭虫

臭虫（图2-64）背腹扁平，呈椭圆形，翅退化，喙分三节，可发出难闻的气味。它们通常夜晚出来偷吸人、禽类、鸟类、蝙蝠等动物的血液。比如，锥猎蝽白天隐藏在缝隙中，夜晚攻击熟睡中的宿主。臭虫将卵产在隐蔽的地方，大约每周蜕皮5次，在每次蜕皮间期或产卵之前都会吸一次血。臭虫可以耐受几个月的饥饿。虽然这种吸血方式似乎是理想的传播媒介，而且也常常受到控告，但目前还没有确切的证据。

八、蜚蠊目：蟑螂

蟑螂是很多蠕虫的重要中间宿主，比如旋尾目的旋尾属、尖旋属、筒线属；棘头虫中念珠棘头虫属、前睾棘头虫属（*Prosthenorchis*）、等吻棘头虫属（*Homorhynchus*）和舌形虫中瑞列虫属（*Raillietiella*）。蟑螂还可作为人的污染性疾病的机械性传播媒介，兽医经常把食品加工地方作为检查的前提，蟑螂的有无是判断食品是否符合卫生标准的重要条件（图2-65）。

图2-65 蟑螂（美洲大蠊）

九、鞘翅目：甲虫

甲虫具坚硬、无翅脉的鞘翅（图2-66），发育方式为完全变态，幼虫是蛴螬。

甲虫和蟑螂一样，是人和家畜蠕虫的重要中间宿主。如旋尾目的泡首属和筒线属；棘头虫中巨吻棘头虫属和念珠棘头虫属；绦虫中的膜壳属和赖利属（注意勿与瑞列虫属及耳螨属相混）等，都可以在甲虫体内发育到感染性阶段。

有些甲虫毒性极强。例如，当人们割草和捆草时，可以将斑蝥（芫菁属*Epicauta*，图2-67）虫体压碎，从而释放出刺激性糜烂性化学物质（斑蝥素）。这种草料可以引起马的死亡，且这种物质可保持很久，甚至数年。斑蝥素中毒的临床症状包括：腹痛，发热，精神失常，尿频，惊厥，偶尔出现膈肌痉挛。被感染个体死亡率超过70%。血液学表现为血浓缩，中性粒细胞增多，血钙减少。在临床诊断中，查找毒素的来源对于确诊和防止进一步损伤都是至关重要的，通常在感染马匹的草料中可以找到这些甲虫（Schoeb和Panciera，1978，1979）。斑蝥素对于马的致死剂量可能低于1mg/kg（Beasley等，1983）。

蜣螂（金龟子科昆虫大概有14 000多种）对于牧草生态是非常重要的，因为它可以破碎、搬运、填埋粪便（图2-68）。假如没有蜣螂的活动，反刍动物和马的粪便将会堆积在草场上，引起蝇的滋生，阻碍牧草的生长，影响动物食用粪便周围的牧草。蜣螂除能净化草场之外，还可以使土壤变得更加肥沃，它们会在土壤中挖洞，将其加工好的小粪球埋入地下，粪便在细菌和真菌的作用下，为植物的生长提供有用的营养物质。到目前为止，澳大利亚已从非洲进口了不少蜣螂，成功地减少了牛粪在草场上的堆积以及蝇的滋生。给放牧牛投服伊维菌素虽然驱除了寄生虫，但也减少了蜣螂的数量。在某些环境条件和给药情况下，这些驱虫药物可能会潜在地影响到草场上粪便的处理和土壤营养的循环利用（Coe，1987；Wall和Strong，1987）。

图2-66　前角隐翅虫（*Aleochara bimaculata*）（隐翅虫科）。幼虫寄生于角蝇和面蝇的蛹内；成虫以蝇卵为食，这种甲虫的鞘翅仅覆盖腹部前部

图2-68　来自俄亥俄州的蜣螂正在滚动粪球

1998年左右，美国引进了小蜂窝甲虫（*Aethina tumida*）（Elzen等，1999）。这种甲虫目前在佛罗里达州、佐治亚州、南卡罗来纳州、宾夕法尼亚州、俄亥俄州以及明尼苏达州等都有存在。这种甲虫进入欧洲蜜蜂的蜂房，甲虫的幼虫靠蜂房中的蜂蜜为食，造成蜜蜂逃散，这是近期美国蜜蜂数量剧减的重要原因之一。

图2-67　芫菁。有斑纹的斑蝥，马食入夹杂有斑蝥的苜蓿干草会引起急性斑蝥素中毒（R.J. Panciera博士惠赠）

第二节 蛛形纲

虽然蛛形纲包括蜘蛛、蝎子及其他稍与兽医有关的动物，但下面的论述主要限于蜱和螨。蜱和螨的幼虫通常有3对足，而若虫和成虫有4对足；头部、胸部和腹部融合，无触角及上下颚。口器（须肢、螯肢和口下板）附着于假头基上，形成假头，又称颚体（图2-69）。

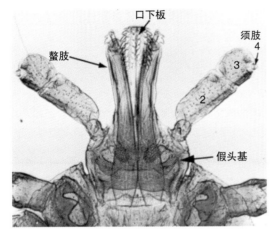

图2-69 花蜱属假头

一、后气门亚目：蜱（Ticks）

所有蜱都是吸血性寄生虫。其口下板表面覆盖有向后倾斜的齿，螯肢上有可活动的细齿（图2-69）。第4对足基节后背侧有气门（图2-70），缺乏与中气门亚目昆虫相类似的气门板。

蜱的重要之处是它们可以在家畜之间传播多种疾病，这些疾病将在对媒介蜱的讨论中予以列出。蜱还可造成其他损伤，如中毒、咬伤、惊扰和失血。蜱主要有两个科，即软蜱科（Argasidae）和硬蜱科（Ixodidae），还有第三类蜱，即纳蜱科（Nuttalliellidae），其中只有纳蜱属（Nuttalliella）中的一个代表种，仅蜱螨学家对它们有兴趣。软蜱和硬蜱除了形态明显不同之外，在行为方面也有很大差异。软蜱往往生活在相应宿主的洞穴或巢穴内，伺机从宿主体上取食；而硬蜱多躲藏于灌木丛或宿主经过的地区，当相应的宿主经过时，这些蜱即可附在畜体上并停留数天，然后才会松开并落向地面。

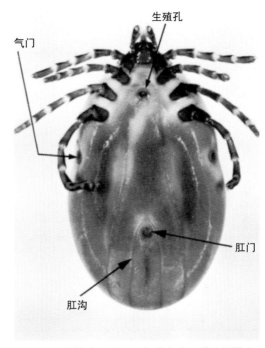

图2-70 硬蜱腹面观（肛门前方有肛前沟围绕）

（一）软蜱科

软蜱科的蜱称之为软蜱，体形较小，包括140种，分属于4个属，即锐缘蜱属（Argas）、钝缘蜱属（Ornithodoros）、耳蜱属（Otobius）和卡洛斯属（Carios）。卡洛斯属仅寄生于蝙蝠，这里不做深入阐述。软蜱生活在宿主的巢穴、洞穴和建筑物等地方，主要分布在干旱或潮湿地区的干燥地带。其发育阶段包括卵（产数次，每次几百枚）、幼虫、两个或两个以上若虫阶段、雄虫和雌虫。与硬蜱的若虫和成虫不同，它们需要数天才能完成吸血过程，每个阶段只吸血一次；而软蜱的若虫和成虫在宿主动物睡觉时吸血，吸血时间为几分钟或几小时，且反复吸血多次。雌虫每次吸血后都会产一次卵，但软蜱幼虫需吸血数天，耳蜱属若虫可在牛外耳道停留数周。

1. 锐缘蜱属（Argas）

[鉴定] 大小为5~10mm，虫体扁平，呈卵圆形，黄色至红棕色，表皮革状，背腹面具乳头状突起或皱纹，体壁薄。口器位于前端腹面，从

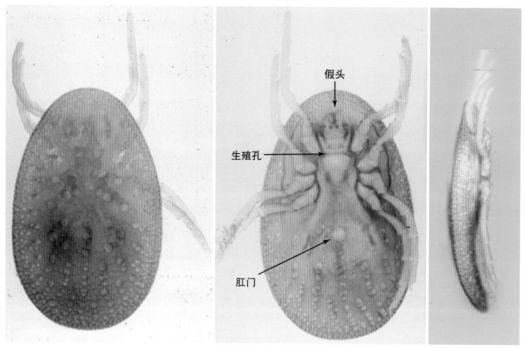

图2-71 软蜱。左：背面；中：腹面；右：侧面

背面看不到（图2-71）。软蜱很少在宿主体上发现，多见于鸡舍的缝隙中。

[生活史] 软蜱雌虫隐藏在缝隙中，白天产卵，将25～100枚的卵块产在其中。在宿主体吸血持续45min或更短，每次吸血后，即产卵一次，可产多次，1～4周后，幼虫即可孵出。幼虫3对足，附着于宿主体上持续吸血约5d，幼虫白天和晚上均活跃，当饱血后，即离开宿主，寻找藏身之处并在其中度过一周左右的时间，蜕皮发育为若虫。若虫4对足，在晚上寻找宿主吸血，并进行第二次蜕皮发育为第二期若虫。然后再次饱血并进行第三次蜕皮，发育为雌蜱或雄蜱。虽然从卵发育至成虫可在短短30d内完成，但缺乏合适宿主时发育进程可能会延长。在不进食的情况下，幼虫和若虫可存活数月，成虫存活可超过2年的时间，可见它们的耐饥饿能力很强。

[传播疾病] 在南美洲，锐缘蜱可通过蜱粪便传播鹅疏螺旋体，可对家禽、松鸡、金丝雀、珍珠鸡和鸽子致病。阳性蜱可保持感染力达6个月或更久，并可经卵巢向其后代传播。在热带和亚热带的旧大陆地区，锐缘蜱可向鸡和鹅传播雏埃及焦虫（Aegyptianella pullorum）。

[蜱瘫痪] 波斯锐缘蜱（Argas persicus）幼虫感染，可导致青年鸡发生致死性迟缓性麻痹（Rosenstein，1976）。

2. 钝缘蜱属（Ornithodoros）

[鉴定] 与锐缘蜱不同，钝缘蜱体形近球形，体缘钝，从背面看呈不明显的卵圆形。在饥饿状态时，身体扁平，但饱血后从背面观则呈明显凸起状态。这类蜱（图2-72）多生活于鸟类的巢穴、鼠类洞穴的裂隙和大型哺乳类动物的栖息场所。

[生活史] 钝缘蜱属中不同种间可通过幼虫是否进食、若虫期数（3～5个不等）及对宿主和巢穴的喜好来区别。赫氏钝缘蜱（O. hermsi）是分布于落基山和太平洋沿岸各州的一种鼠类钝缘蜱，在鼠类洞穴和有老鼠出没的建筑物内繁殖。

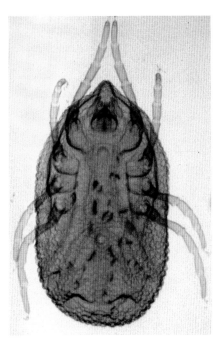

图2-72 钝缘蜱

而在加利福尼亚州和俄勒冈州，皮革钝缘蜱（*O. coriaceus*）可袭击生活在其周围的鹿和牛。作为典型的软蜱，钝缘蜱在不进食的状态下，可存活数月甚至数年。

[传播疾病] 钝缘蜱是人类回归热螺旋体的重要传播媒介和贮藏宿主。回归热螺旋体可在蜱类种群中由雌蜱经卵传递给后代，并持续存在数年，也可在野生鼠类种群内流行。蜱传回归热对在有蜱活动区的野外露营的人群危害较大，这是由于钝缘蜱多在夜间不知不觉中侵袭受害者，而受害者往往不知道自己已感染上了回归热。

3. 耳蜱属（*Otobius*）

[鉴定特征] 具刺耳蜱（*O. megnini*）的幼虫和两个若虫阶段均寄生在牛的耳道内，寄生时间长达4个月，其他家畜和人有时也可作为其宿主。Georgi博士的一个学生就曾报道，他遭受过耳蜱的多次侵袭。顾名思义，具刺耳蜱的体表有棘刺覆盖，其第二期若虫更具特征性（图2-73）。

[生活史] 幼虫在宿主耳道内取食并蜕变为第一期若虫，在同一宿主的耳道寄生进食，然后蜕皮成为第二期若虫，继续在耳道内寄生，最后离开宿主落至地面蜕变为成虫。成虫具有退化的口器，不进食，在1~2d内完成交配，然后雌虫将卵产至土壤中。幼虫在饥饿状态下可生存长达2个月的时间。但耳蜱不同于锐缘蜱和钝缘蜱，它只需一个宿主，且一生只产一次卵。

（二）硬蜱科

硬蜱科的蜱叫硬蜱，具有盾甲或称盾板，覆盖在雄蜱的整个背面，但雌蜱仅部分被覆盖（图2-74）。由于盾板大小保持不变，在饱血的雌蜱，背部被覆盖的比例缩小。眼有或无，如果有，呈圆形透明状，分布在第二对足基节背面盾板边缘。盾板和体后缘可能有一组缺刻，称为缘垛。此外，盾板上可能有花纹样色彩，也可能没

图2-73 具刺耳蜱（具刺残喙蜱）。左：1期若虫；右：2期若虫

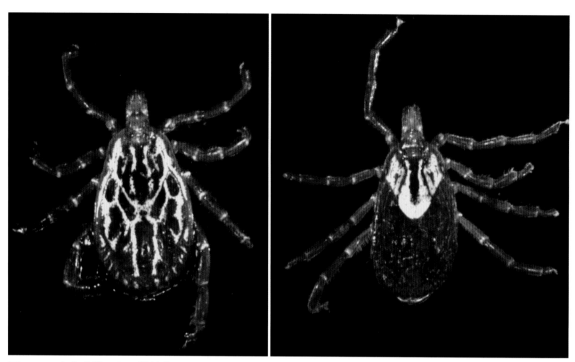

图2-74 斑点花蜱。左：雄蜱背面被具银白斑的盾板覆盖；右：雌蜱银白斑盾板只覆盖背部前面一部分，雌蜱饱血后，盾板覆盖比例相对缩小

有。气门板位于第4对足后面虫体侧缘。体前端着生有取食器官，即和躯体相连的假头，假头由位于体前端的一对须肢、一对螯肢和一个位于中央的口下板组成。须肢包括四个部分，远端的第四节位于第三节的凹窝内。螯肢末端具有刀片状的结构，口下板上长有许多细齿。

雌蜱产卵，一次可产数千枚。硬蜱的幼虫、若虫和成虫分别只吸血一次，每次吸血时间需要数天。通常硬蜱栖息于户外，当宿主动物通过时即附着于动物体上。其中有二次蜕皮：第一次为从幼虫到若虫的蜕皮，第二次为从若虫到成虫的蜕皮。整个蜕皮过程均离不开宿主的蜱被称为一宿主蜱；若虫饱血后需落地蜕皮的蜱被称为二宿主蜱；幼虫和若虫均需落地蜕皮的蜱被称为三宿主蜱。变异革蜱（*Dermacentor variabilis*）是一种三宿主蜱，其幼虫和若虫在小型哺乳动物体上寄生吸血，而成虫阶段在犬体上生活。血红扇头蜱（*Rhipicephalus sanguineus*）也是一种三宿主

蜱，但其幼虫、若虫和成虫均在犬身上吸血发育。对于一宿主蜱或只在一种动物体上吸血的三宿主蜱，通过控制单一宿主动物，容易使其得到防治，而对于需要三个宿主的蜱，因其具有三种不同的宿主动物而分布于整个环境中，因此对其防治相对要困难一些。例如，如果牛是某种一宿主蜱的宿主动物，通过药浴和应用其他化学药物或疫苗接种后，对所有生活阶段的蜱均可产生作用。如果是三宿主蜱，第一个宿主可能是啮齿类动物，第二个宿主可能是兔子或鸟类，而第三个宿主是牛。因此，对这种两个或三个宿主蜱的控制相对要困难得多。在其整个生活史中，三宿主蜱可能在不同的宿主体上吸血，从小型啮齿动物到大型哺乳动物，这使得它们有可能成为人兽共患病的传播媒介之一。例如，在幼虫阶段寄生于老鼠，而若虫或成虫阶段寄生于人，因此某些疾病就非常有可能从老鼠传染给人类。这正是莱姆疏螺旋体病的传播方式。

二宿主蜱和三宿主蜱可通过期间传递的方式传播病原体。也就是说，在蜱的幼虫期发生感染后，病原体可随着幼虫的蜕皮进入若虫体内，并在若虫更换宿主吸血时传给相应宿主动物；或在若虫阶段获得感染，通过蜕皮变为成虫并在成蜱更换宿主吸血时传给相应动物。因此，三宿主蜱能通过幼虫到若虫或若虫到成虫的蜕皮过程，经期间传递的方式传播病原体；而二宿主蜱仅限于后一种情况。在经卵传递时，雌蜱成虫感染病原体后，经卵巢传给其后代。扇头蜱（以前称牛蜱属 *Boophilus*，现已划入扇头蜱属 *Rhipicephalus*）成年雌蜱即是通过这种方式经卵巢将双芽巴贝斯虫传递至其后代的。经卵传播是一宿主蜱作为媒介传播病原体的唯一机制，如具环扇头蜱（*Rhipicephalus annulatus*）就是如此。

在家畜体上发现的硬蜱，可用小镊子轻轻牵拉将其摘除。硬蜱属（*Ixodes*）、花蜱属（*Amblyomma*）和璃眼蜱属（*Hyalomma*）一类的硬蜱，长长的口下板将其牢牢固定在动物体上；而革蜱属（*Dermacentor*）、扇头蜱属（*Rhipicephalus*）和血蜱属（*Haemaphysalis*）这一类口下板较短的蜱，通过分泌黏合剂将口器深埋在皮肤中，从而将自身黏附在动物体上（Moorhouse，1973；Moorhouse和Tatchell，1966）。因此，除非小心适当地用劲才能将蜱拔除，否则假头可能被折断而作为一个异物继续留在宿主皮肤内，引起炎症。对于自然界有硬蜱分布的可疑感染区域，可把一块绒布的一端固定于木棍上，并在植被上方缓慢拖拉来进行蜱的调查，饥饿的蜱可在绒布掠过时附着其上，然后将蜱从布上摘下，放置于标本瓶中即可。

兽医工作者应该对实践中遇到的硬蜱进行仔细检查，如果发现所遇见的蜱和通常所见到的种类有所不同，可将其送到专门实验室请专家鉴定。许多实际问题可以通过对硬蜱成虫属的鉴定加以解决，为实现上述目标这里列出了属的鉴定标准。但未尝试在科间水平上对幼虫和若虫进行鉴定。幼虫有3对足（图2-75）；而若虫是4对足，具有类似雌蜱的盾板，但生殖孔缺失（图2-76）。在其他文献中关于硬蜱若虫鉴定的检索表可能对兽医工作者也是非常有帮助的（Bowman和Giovengo，1991）。

在以下硬蜱各属的概述中，典型虫体所具有的特征可充分代表或接近于属的特征，当然，前提是应该对其相应形态学特征进行正确的观察和描述。任何硬蜱均具有其中这样一个特征，是作为

图2-75 3对足的硬蜱幼虫

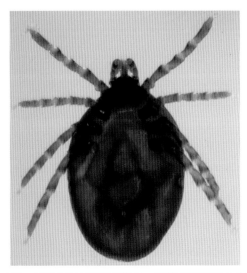

图2-76 具有4对足的硬蜱若虫。尽管在这辐照片中难以看清，但硬蜱属在若虫期和幼虫期，肛前沟隐约可见

继续鉴定的出发点。但为准确起见，检查其附属特征也是必要的。详情可参考美国农业部动植物检疫局第485号农业手册中蜱的兽医学意义部分的相关章节[Animal and Plant Health Inspection Service（APHIS），United States Department of Agriculture（USDA），Agriculture Handbook No. 485]。

硬蜱总共划分为12个属，囊括了大约700种硬蜱。目前公认的属是花蜱属（*Amblyomma*）、异扇蜱属（*Anomalohimalaya*）、凹沟蜱属（*Bothriocroton*）、斑蜱属（*Cosmiomma*）、革蜱属（*Dermacentor*）、血蜱属（*Haemaphysalis*）、璃眼蜱属（*Hyalomma*）、硬蜱属（*Ixodes*）、巨肢蜱属（*Margaropus*）、病蜱属（*Nosomma*）、扇革蜱属（*Rhipicentor*）和扇头蜱属（*Rhipicephalus*）。牛蜱属（*Boophilus*）现已划为扇头蜱属的一个亚属（Horak，Camicas和Keirans，2002）。在北美已发现了硬蜱属、血蜱属、扇头蜱属、革蜱属和花蜱属在内的5个属的硬蜱，其余属可发现于由北美以外地方进口的动物体上。

（三）发现于北美的硬蜱

1. 硬蜱属（*Lxodes*）

[鉴定] 肛沟呈拱形围绕在肛门前方，对不清楚的蜱可采用倾斜照明的方式看到（图2-77），而其他属具有围绕在肛门后方的肛后沟或没有肛沟。该属硬蜱无眼和缘垛，盾板上无银白斑，须肢第二节和第三节的连接处显著外展（图2-78）。

[生活史和传播疾病] 在欧洲，硬蜱属的各种蜱皆可传播牛巴贝斯虫病和各种病毒性传染病，如跳跃病。澳大利亚全环硬蜱（*I. holocyclus*）是毒性最强的，可引起麻痹。太平洋硬蜱（*I. pacificus*）已知在北美可引起蜱传性瘫痪。在北美和欧洲，硬蜱是莱姆病的主要传播媒介。

三宿主蜱肩突硬蜱（*I. scapularis*），其幼虫和若虫通常寄生于小鼠和田鼠，而成虫寄生于鹿，可传播田鼠巴贝斯虫病（田鼠巴贝斯虫 *Babesia microti* 引起）、莱姆病（伯氏疏螺旋体

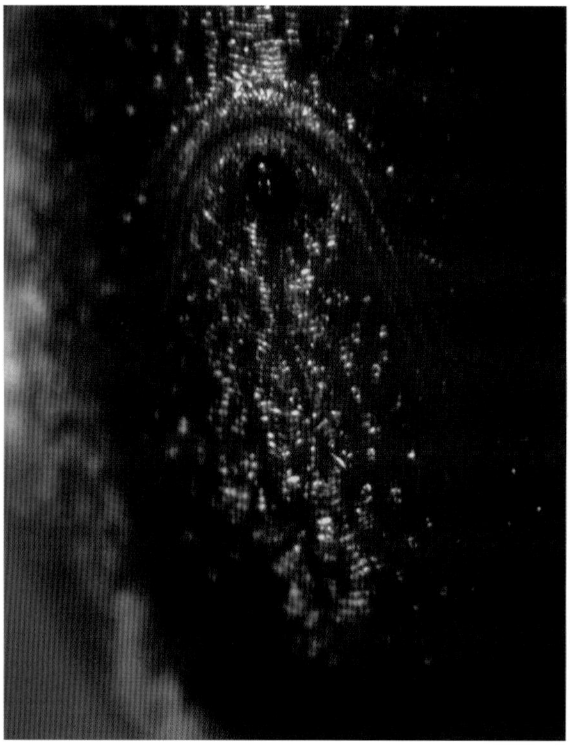

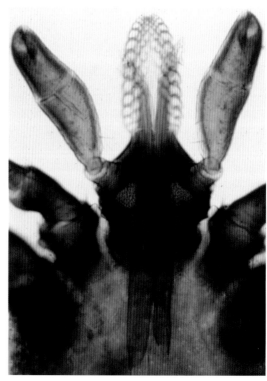

图2-77 硬蜱属各阶段的虫体腹面后部具有肛门和肛前沟

图2-78 硬蜱属的硬蜱假头部分。须肢的第二节和第三节连接处最宽

引起），并可将人的粒细胞性埃立克体病传播给人（Burgdorfer等，1982；Spielman，1976）、犬（Hinrichsen等，2001；Lissman等，1984）和其他动物。在美国东北部，白足鼠是伯氏疏螺旋体的主要贮存宿主，也是肩突硬蜱幼虫和若虫的宿主，而白尾鹿是其成虫的宿主，该蜱可经卵传播和经期间传播莱姆病（Lane和Burgdorfer，1987）。美洲花蜱（*A. americanum*）也可偶尔传播莱姆病给人（Matushka和Spielman，1986）。太平洋硬蜱是美国西部人莱姆病和人粒细胞埃立克体病的主要传播媒介（Piesman，1991）。在5月和6月，人莱姆病的发生恰与去年夏天处于幼虫阶段遭受感染的若虫活动季节一致。白尾鹿是肩突硬蜱成虫的一个主要宿主，肩突硬蜱从晚秋至冬季均在其体上寄生发育（Matushka和Spielman，1986）。

2. 血蜱属（*Haemaphysalis*）

[鉴定]　须肢第二节横向突出（图2-79），易与具扇形假头基的扇头蜱混淆。同硬蜱属一样，这些蜱没有眼，盾板无银白斑，但它们具有缘垛和肛后沟。

[生活史]　野兔血蜱（*H. leporispalustris*）的幼虫和若虫寄生于在地面筑巢的鸟类和小型哺乳动物体上，其成虫寄生于兔体表，特别是耳朵和眼睛周围。偶尔也发现于猫体上。

3. 扇头蜱属（*Rhipicephalus*）

[鉴定]　假头基呈六角形（图2-80），有眼和缘垛，盾板无银白色斑点（图2-81）。雄蜱有明显的肛侧板及附肛侧板（图2-82）。

[生活史和传播疾病]　棕色犬蜱——血红扇头蜱（*R. sanguineus*）幼蜱、若蜱和成蜱的所有生活阶段均寄生于犬的体表，有时也寄生于人身上（图2-83）。血红扇头蜱原本属热带物种，由于集中供暖，现已扩散至温带地区，并大量分布于这些地区的住宅、犬舍和兽医院。在美国北部，该蜱不能在户外越冬，生活在温带地区的犬通过和上述环境中的蜱频繁接触而感染。但在夏天，这种感染也可能

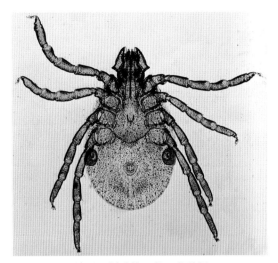
图2-79　血蜱属。须肢第二节显著外展

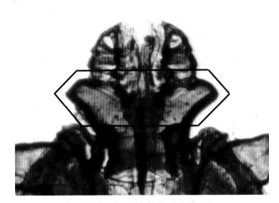
图2-80　扇头蜱假头。假头基呈六角形

发生在户外。因此，如果要长久地控制该蜱，要针对性地在犬体上、房舍或犬窝内灭蜱。在适宜条件下，从卵发育至成年雌蜱到再产卵的发育过程可在2个月多一点的时间内完成。在饥饿状态下，成蜱可存活1年以上。据调查，一个曾感染有血红扇头蜱的家庭，其中包括两条犬和主人的妻子及岳母均未离开过英格兰，显然这种获得性感染是由外部带入的，后来发现是由于主人搭载过邻居家的犬，从而使得有些蜱散落至车内所致，而邻居曾到法国度假（Jagger，Banks和Walker，1996）。这表明该蜱可能通过这种方式传播。血红扇头蜱可经卵传播犬巴贝斯虫病（*Babesia canis*）和经期间传播犬埃立克体病。

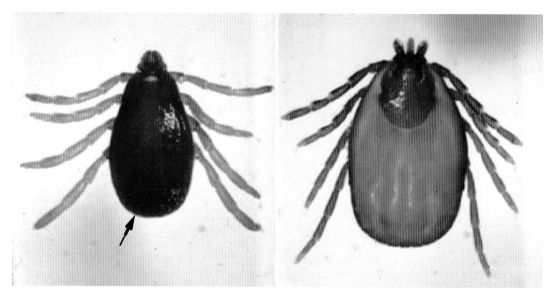

图2-81 扇头蜱雄虫（左）和雌虫（右）。雄蜱盾板后端边缘有缘垛（箭头），眼睛位于第二对足背面的盾板边缘

图2-82 扇头蜱雄蜱（左）和革蜱雄蜱（右）腹面观。革蜱雄蜱足基节从第一节至第四节依次增大。扇头蜱雄蜱腹面肛门两侧可看到各有一大而突出的肛侧板

　　具环扇头蜱（*R. annulatus*），可以经卵传播方式传播牛巴贝斯虫病，是由从非洲或欧洲的地中海沿岸引进牛只而被带到美洲的。该蜱和其他一些种最近被划归到牛蜱属，但现在认为牛蜱属是扇头蜱属的同物异名（Barker 和 Murrell，2004）。扇头蜱属的其他非洲种可作为毁灭性东海岸热（由小泰勒虫引起）和其他牛泰勒虫病、

牛双芽巴贝斯虫病及内罗毕羊病病毒的传播媒介。具环扇头蜱（图2-84）与血红扇头蜱相似之处是成蜱具有六角形的假头基，有眼且同形，盾板呈单一颜色，雄蜱有肛侧板和副肛侧板；与血红扇头蜱不同的是具环扇头蜱的须肢背面和侧面有嵴状突出，其成蜱缺乏缘垛。

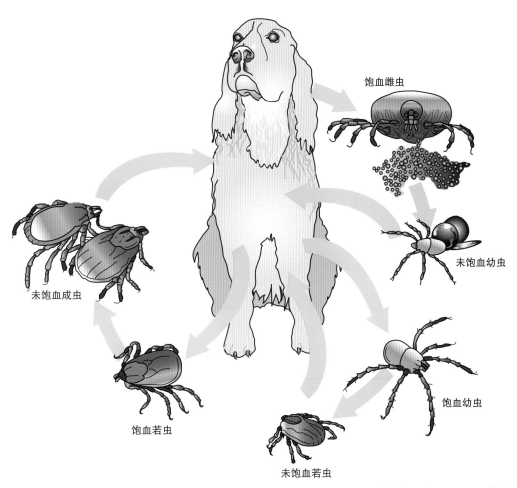

饱血雌虫

未饱血幼虫

饱血幼虫

未饱血若虫

饱血若虫

未饱血成虫

图2-83 血红扇头蜱的生活史。3对足的幼虫在犬身上吸血数天，然后脱落并蜕皮变为4对足的若虫。若虫再在犬身上寄生大约1周，然后脱落并变为雌、雄成蜱。雌蜱在犬身上完成受精，并寄生1~3周，成为饱血蜱，数周后落地产卵，可产2 000~4 000枚卵；雌蜱在产卵的几周内，其所产卵一枚枚地通过生殖孔产出并堆积在蜱的前部。完成整个生活史需要2~3个月，与大多数蜱种比较，其发育史算是较短的

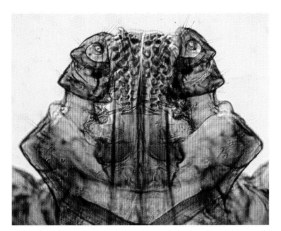

图2-84 具环扇头蜱假头。假头基呈六角形，须肢背部和侧面呈嵴状突出

从1906年开始对牛采取的药浴方法已经将具环扇头蜱从美国根除达40多年了。按照每千克1~2美分的价钱计算，由巴贝斯虫病引起的损失估计在4 000万美元到1亿美元之间。由于此种蜱在生活史中只需要一个宿主（牛），因此采用对牛药浴的方法可以很好地对其进行根除（图2-85）。相比而言，对宿主范围广的蜱类，尤其是寄生于野生动物时，采用药浴根除要困难得多。巴贝斯虫病的传播媒介之一，即微小扇头蜱（*R. microplus*）宿主范围广，包括马、山羊、绵羊和鹿。如果在北美区域内发现扇头蜱，应立即上报州或联邦当局，因为具环扇头蜱是一宿主蜱，在

传播牛巴贝斯虫病方面具有较大的潜在威胁。

4. 革蜱属（*Dermacentor*）

[鉴定] 从背面看，革蜱属假头基呈矩形（图2-86），雄蜱足的基节从第一到第四依次增大（图2-82），盾板上具有珐琅斑（图2-87），雄蜱无肛侧板。革蜱类似于扇头蜱，有眼和11个缘垛，但热带马蜱，即闪光革蜱[*Dermacentor*（*Anocentor*）*nitens*]只有7个缘垛。

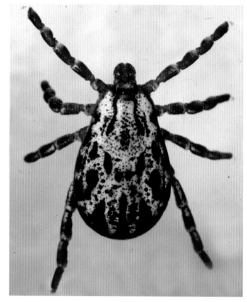

图2-87 雄性革蜱。注意盾板上具有银白色珐琅斑

图2-85 身上有大量具环扇头蜱的奶牛

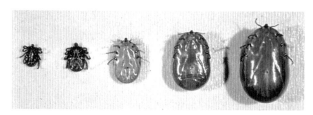

图2-88 分别在宿主体上饱血1~5d的雌性革蜱

[生活史与传播疾病] 美国犬蜱——变异革蜱（*D. variabilis*）广泛而不连续地分布在美国东半部和西部海岸及加拿大和墨西哥的部分地区。幼虫和若虫在啮齿类动物体上吸血；而成虫寄生于人、犬、马、牛和野生动物。变异革蜱可传播落基山斑疹热（立氏立克次氏体引起）、野兔热（土伦法兰西斯氏菌引起），可引起蜱瘫痪。成年雌蜱在宿主体上可吸血数天，体积逐渐膨大（图2-88）。

安氏革蜱（*D. andersoni*）为一种落基山森林蜱，其生活史需要1~3年才能完成，这主要与纬度、海拔及作为幼虫和若虫寄主的小型哺乳动物的数量有关。该蜱可传播落基山斑疹热、野兔热、科罗拉多蜱热、Q热及造成蜱瘫痪。

闪光革蜱（*D. nitens*）为一种热带马蜱，分布仅限于美国佛罗里达和得克萨斯州的南部地区，这种蜱尤其喜欢寄生于马匹的外耳道，但也

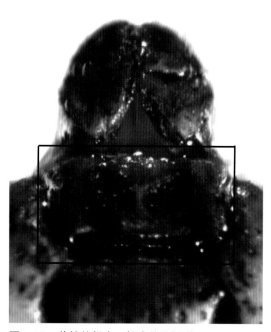

图2-86 革蜱的假头。假头基呈矩形

可发现于其他部位和其他宿主，如牛、绵羊、山羊和鹿。闪光革蜱是马梨形虫病（驽巴贝斯虫引起）的传播媒介。革蜱属的其他北美种，包括白纹革蜱（*D. albipictus*）这种冬季蜱在内，可导致鹿、麋鹿和驼鹿体重下降；棕色革蜱（*D. nigrolineatus*）也是一种冬季蜱；西方革蜱（*D. occidentalis*）为太平洋海岸蜱。

冬季蜱——白纹革蜱的感染可引起驼鹿脱毛，病程2~4个月，发展非常快，可使多达44%的被毛脱落。McLaughlin 和Addison（1986）估计，在-28℃的冬季，30%的被毛损失可使一头1岁重约230kg的驼鹿的日能量消耗较正常者增加一倍。由于被毛脱落引起的代谢率增加，导致体内脂肪储存减少和对疾病及捕食者抵抗力降低。

5. 花蜱属（*Amblyomma*）

[鉴定] 该属蜱的口器明显长过假头基；须肢第二节长，至少为第三节的两倍（图2-69），有眼和缘垛，盾板上具有银白色斑点，无肛侧板。锦蛇盲花蜱（*Aponomma elaphensis*）和花蜱属相似，但体积较小且无眼，在美国得克萨斯州，它是以鼠为食的蛇体上的寄生虫。

[传播疾病] 花蜱属的蜱可袭击人类、家畜、犬和猫，这其中包括美洲花蜱（*A.americanum*）（图2-89）、斑点花蜱（*A. maculatum*）（图2-74）、卡延花蜱（*A. cajennense*）和摹仿花蜱

（*A. imitator*），它们主要分布在美国东南部沿海各州，如密苏里州、俄克拉何马州和得克萨斯州，但有时可能发现于北部纽约州的伊萨卡。这些蜱可以传播落基山斑疹热、查菲埃立克体（*Ehrlichia chaffeensis*）、依文埃立克体（*Ehrlichia ewingi*）、野兔热和蜱瘫痪。花蜱属的非洲种可传播牛、羊和山羊的心水病（由反刍兽埃立克体引起）以及内罗毕羊病病毒。异型花蜱（*A. dissimile*）和沙龟蜱结节花蜱（*A. tuberculatum*）是爬行动物和两栖动物的寄生虫。后者是北美发现的最大硬蜱，吸饱血的雌蜱长度可达到25mm（图2-90）。南美最大的蜱*A. varium*寄生于树懒。

（四）北美未发现的蜱

1. 璃眼蜱属（*Hyalomma*）

璃眼蜱属与花蜱属类似，有口器，且远远长于假头基，但须肢第二节和第三节长度相当（图2-91），有眼，缘垛有不规则的联合，雄蜱有肛

图2-90 一只饱血的雌蜱大小与一个硬币相当

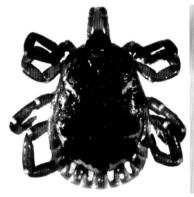

图2-89 美洲花蜱。雄性盾板背面有珐琅斑和后部边缘有缘垛；雌蜱盾板上有一个大而色淡的圆点，因而得名孤星蜱。花蜱属蜱的口器相对其他较常见种的口器明显长

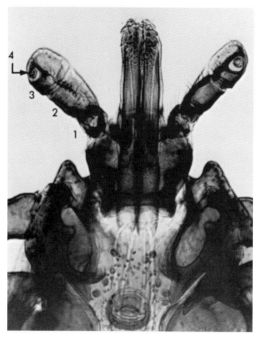

图2-91　璃眼蜱假头。璃眼蜱须肢第二节和第三节长度相当；而花蜱须肢第二节是第三节的两倍长

侧板及副肛侧板。

2. 巨肢蜱属（*Margaropus*）

巨肢蜱属类似扇头蜱，但须肢表面平整，雄蜱第一至第四对足依次变大。

3. 扇革蜱属（*Rhipicentor*）

扇革蜱属背侧与扇头蜱类似，而腹侧与革蜱相似；有眼和缘垛，但缺肛侧板和副肛侧板，第四基节明显较大。

（五）硬蜱对宿主的直接影响

1. 蜱中毒

安氏革蜱、变异革蜱、美洲花蜱和斑点花蜱经常引起蜱瘫。蜱瘫是因宿主动物吸收了雌蜱唾液中的毒素而造成的渐进性麻痹。蜱在吸血时向伤口部位注入了大量唾液，一方面有助于消化，另一方面将所吸血液中多余的水分处理掉。在人类、犬或猫，单独一只雌蜱即可导致瘫痪，尤其是当叮咬部位接近或在头部时。但瘫痪并不一定发生，有时即使有大量蜱存在也是如此。通常情况下，严重的蜱感染才会导致牛的蜱瘫，首

先出现的临床症状是后躯共济失调，然后很快发展为瘫痪，并逐渐蔓延到前躯和颈部，最后呼吸肌麻痹，往往以死亡告终。将蜱摘除后通常会很快康复。在澳大利亚，全环硬蜱，一种寄生于袋鼠和其他有袋类动物的蜱，可导致家畜发生严重的蜱瘫。据报道，1998年，在澳大利亚有577只犬受其感染，其中5%的犬死于由蜱引起的瘫痪（Atwell，Campbell和Evans，2001）。治疗全环硬蜱引起瘫痪的有效方法是采用特异性抗毒素和一般支持性方法治疗，以及从宿主动物体上将蜱摘除。甚至当全环硬蜱的幼虫和若虫数量足够多时，也有导致瘫痪的潜在危险。不过，在可引起蜱瘫痪的各种蜱当中，由全环硬蜱引起的占多数，最可靠的预防蜱瘫的方法就是日常注意检查动物并及时清除蜱。在临床症状出现之前，蜱持续叮咬4d并长到足够大时很容易被发现。在感染重灾区，有必要每周进行药浴杀蜱。有时很难知道一只犬是否被感染。最近，在英国有这样一个病例：一只由澳大利亚买入的犬可能在运输途中被全环硬蜱叮咬而感染，主人注意到犬有共济失调的现象，并发现蜱附着在耳廓部位，将蜱去除后，犬完全康复（Adamantos，Boag和Church，2005）。

2. 咬伤

硬蜱属、花蜱属和其他口器长的蜱可导致深且疼痛的咬伤，这些伤口往往发生炎症，继发细菌感染和伤口蛆病。在英国，由蓖子硬蜱（*I. ricinus*）寄生羔羊引起的金黄色葡萄球菌继发感染可引起局部和转移性脓肿（蜱性脓血症）。在海湾沿岸各州，斑点花蜱（*A.maculatum*）喜欢附着于大型哺乳动物的耳朵，由于疼痛和肿胀，病牛不能或者不愿意轻甩耳朵以驱赶苍蝇。如不控制嗜人锥蝇幼虫，则其幼虫可侵入耳朵，导致外耳缺失或动物死亡。

3. 失血和烦扰

Arnold Theiler曾从一匹因急性贫血而死的马体上收集了一半的脱色扇头蜱（*R. decoloratus*），

重达6.35kg（Theiler，1911）。这匹马体上的蜱含有多达13L的血。这个例子可能对居住于温带地区和偶尔受蚋、蚊叮咬的人来说可能难以想象。但在热带地区，浅色牛可完全被黑色的饱血蜱覆盖，从远处看这些牛呈现黑色。中等和不同程度的失血、疼痛和伤口肿胀、继发感染、蝇蛆病和毒素吸收，这种形式的影响称为"蜱烦扰"，这是蜱感染最常见的实际后果，它的危害显得更重要。

（六）蜱感染的治疗和预防

1. 犬和猫

目前，发现农药是防治犬、猫被蜱侵袭的一个很好的手段，外用氟虫腈很容易治疗和预防犬和猫的蜱病。其他产品还包括除虫菊酯和氯氟苯菊酯，但后者不能用于猫。吡虫啉和氯氟苯菊酯目前已广泛联合应用于犬。另一方法是使用含有双甲脒、毒死蜱、二嗪农或杀虫威的项圈。双甲脒与氰氟虫腙联合应用已经成为预防和治疗犬蜱的标准药物，后者还可用于控制跳蚤。控制建筑物内的血红扇头蜱可喷洒二嗪农，但这需要动用专业的灭虫人员。

2. 泌乳奶牛

对于泌乳期的奶牛，敌敌畏可作为喷剂或擦背，用于蜱的控制，按推荐剂量使用即可。

3. 肉牛和非泌乳期奶牛

对肉牛和非泌乳期奶牛来说，可应用敌敌畏进行药浴和喷洒用于防治蜱。对耳蜱（*O.megnini*）来说，可通过压力瓶或滴管向耳内灌注杀虫粉剂或乳液灭蜱。伊维菌素、多拉菌素与莫西菌素都有不同程度的防治效果，但目前还没有用于蜱控制的统一标准。

4. 马

对马来说，蜱叮咬部位可能因刺激而导致发痒，马发生严重自残使蜱附着部位发生周期性的疮疖——结痂。用杀虫威等进行喷雾或应用粉剂撒布于马匹体表可有效地防治马蜱。在使用有机磷农药和氨基甲酸酯类杀虫剂时，操作者要注意戴胶皮手套，结束后要彻底清洗皮肤。

5. 环境

蜱可传播人的莱姆病，为避免被蜱叮咬而成为感染者，人们尝试用各种方法来控制环境中的蜱。其中一个手段是消灭其主要宿主，这一方法已应用在尝试通过扑杀某一地区所有的鹿来控制局部突硬蜱（Wilson等，1988）。这种方法可使蜱显著减少，虽然其他宿主也可能感染，但蜱在环境中只能以少量的种群存在。另外，还有用含伊维菌素的饲料诱饵饲喂鹿而使鹿体上的蜱数量减少的方法（Pound等，1996），这种方法也显示了一定潜力。还有一种方法，即用杀蜱药浸泡饵料或含杀体外寄生虫药的筑巢材料，以诱使鼠或兔将这些物质拖入巢穴，从而达到控制蜱的目的（Mather、Ribiero和Spielman，1987），这一方法可有效控制相对孤立环境中的蜱。此外，研制生产相应疫苗的工作也在进行中，当蜱将疫苗刺激产生的抗体吸入时，对其肠道可造成损伤（Willadsen等，1995），这类疫苗可能会越来越广泛地应用于牛、犬和猫。

二、中气门亚目：中气门螨（Mesostigmatid Mites）

中气门螨，顾名思义在身体中部有气门孔。气门孔位于第三对足和第四对足基节之间虫体的侧面，外连复杂的气门板。足均匀分布于虫体的前半部，跗节一般有爪，躯体腹面有硬化的几丁质板（图2-92）。

（一）皮刺螨科和巨刺螨科

当缺乏惯常宿主时，如所寄生巢穴内的幼鸟离巢或洞穴内的老鼠被消灭，原本寄生于鸟类的鸡皮刺螨（*Dermanyssus gallinae*）和北方禽刺螨（*Ornithonyssus sylviarum*）及寄生于啮齿类动物的柏氏禽刺螨（*O. bacoti*）和拟脂螨（家鼠螨 *Liponyssoides sanguineus*）等吸血性中气门螨可

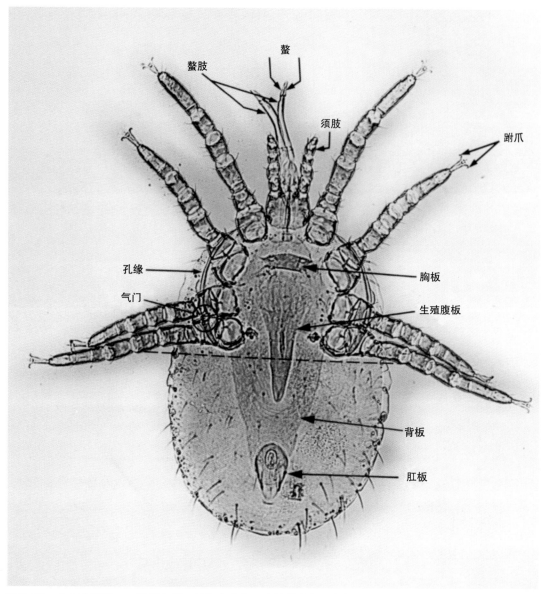

图2-92 北方禽刺螨。一种吸血螨，足集中分布于虫体前半部；气门孔位于第三、四对足基节之间，并具有气门板；禽刺螨的螯肢明显要比皮刺螨大

侵袭附近建筑物内的居民。一般而言，鉴定到属甚至科对流行病学调查来说已经足够，但有时特异性鉴定却非常有助于实际工作的开展。例如，某医院管理员曾送交一份螨样，据其描述，这些螨大量分布于医院内所用的亚麻床单上并引起了严重的恐慌。Georgi博士指出，这些螨属于皮刺螨科，并建议他回去寻找鸟巢或鼠窝。几天后，他反馈说未找到任何巢穴。随后标本被送到蜱螨专家的手里，并鉴定为燕皮刺螨（*Dermanyssus* *hirundinis*），这是一种专性寄生于燕子的寄生虫。因此管理员按照建议，找到了问题所在，并很快予以解决。

皮刺螨和巨刺螨看上去十分相像，但它们在习性和宿主的喜好方面有着明显不同，准确的鉴定是有效控制的先决条件。螯肢（穿刺口器）、螯钳（螯肢末端的剪刀样结构）及各种几丁质板的形状和分隔特征可作为螨分类的主要依据。

1. 皮刺螨属（*Dermanyssus*）

属于皮刺螨科。虫体螯肢细长，螯钳小（图2-93），有单一背板，腹板上有两对刚毛，肛门位于肛板的后半部。因皮刺螨白天常躲在动物的巢穴和栖息地周围，所以很少发现于鸟身上，它们在夜间侵袭休息的鸟类。生活史包括卵（产于其白天藏身之处）、幼虫（三对足，不进食）、第一期若虫（吸血）、第二期若虫和成虫。整个发育史可在一周内完成，在鸡舍或鸟巢可能有大量螨虫存在。成螨可耐饥饿达数月之久。皮刺螨可造成产蛋量下降，使雏鸟因严重失血而死亡。Ramsay和Mason（1975）报道，一个严重感染的犬，在被毛间爬行的螨看起来像是皮屑在移动，该属常与姬螯螨（*Cheyletiella*）共同感染，目前对其所传播疾病还不清楚。

2. 拟脂螨属（*Liponyssoides*）

属于皮刺螨科。拟脂螨螯肢细长，末端螯钳微小。有两个背板，前部背板大约是后部背板的10倍，胸板上有3对刚毛。血红拟脂螨[*Liponyssoides*（*Allodermanyssus*）*sanguineus*]寄生于小家鼠和其他小型啮齿类动物，是人立克次氏体病（小蛛立克次氏体引起）的传播媒介。

3. 禽刺螨属（*Ornithonyssus*）

属于巨刺螨科。禽刺螨的螯肢比皮刺螨的粗壮，末端的螯钳在普通放大镜下很容易看到。有单一的背板，肛门位于肛板前半部（图2-92）。对活螨来说，肠管呈黑色或暗红色（图2-94）。常见种包括北方鸡螨林禽刺螨（*O. sylviarum*）、热带鸡螨囊禽刺螨（*O. bursa*）和热带鼠螨柏氏禽刺螨（*O. bacoti*）。禽刺螨大部分时间都位于宿主体上，可导致宿主损失大量血液。大量处于繁殖期的林禽刺螨可使人因螨的叮咬而感到烦躁不安和严重不适。柏氏禽刺螨是一种寄生于啮齿类实验动物的重要寄生虫，它可作为棉鼠丝虫的中间宿主，而棉鼠丝虫（*Litomosoides carinii*）是一种理想的抗丝虫药物实验动物模型。

4. 蛇刺螨属（*Ophionyssus*）

属于巨刺螨科。蛇刺螨（*Ophionyssus natricis*）是圈养蛇的一种可怕的吸血害虫（图2-95）。伊维菌素注射液可很好地治疗蛇的此类螨病（Stanchi 和 Grisolia，1986）。

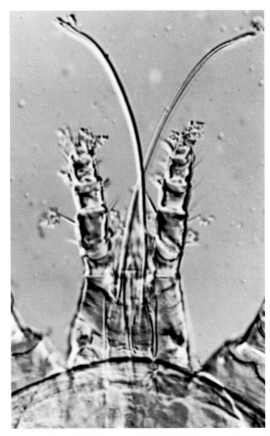

图2-93　鸡皮刺螨假头。皮刺螨螯肢细长，末端螯钳非常小

图2-94　鸡羽毛上爬行的林禽刺螨。注意深色的X形肠管

65

（二）耳螨科

耳螨属（*Raillietia*）

牛耳螨（*R. auris*）先前长期被视为一种寄生于牛耳内无害的寄生虫（图2-96），现已证明其也可导致牛耳部的溃疡和化脓而阻塞耳道，使听力受损（Heffner和Heffner，1983）。据Jubb、Vasallo和Wroth（1993）报道，牛耳螨可引起小牛转圈、共济失调和单侧面瘫，向耳道内施用氟氯苯菊酯（flumethrin）可用于治疗该螨虫的感染，而局部皮肤应用氟氯苯菊酯或皮下注射伊维菌素治疗效果不佳。

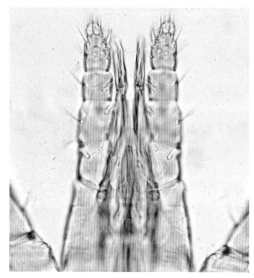

图2-95 蛇刺螨属的假头

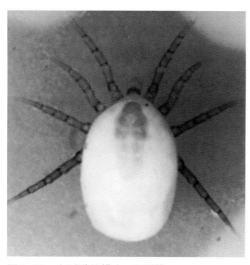

图2-96 牛耳道的螨虫–牛耳螨

（三）喘螨科

1. 肺刺螨属（*Pneumonyssus*）

在大部分猕猴的肺实质中可发现猴肺刺螨（*P. simicola*）。病变呈针尖大或较大的白色或黄色病灶（图2-97），病灶中心柔软或空心，其内含有螨虫和黑色素。这种病变散布于整个肺部，有时被误诊为结核病。肺螨病的临床症状很难与肺部的病理变化联系，该病在猕猴生前诊断困难。将新生的小猴同其母亲隔离并与成年猴群分开饲养，可有效避免猕猴肺刺螨的感染。对猴肺刺螨的组织病理学诊断将在第8章讨论。

2. 类肺刺螨属（*Pneumonyssoides*）

类肺刺螨寄生于犬的鼻子及鼻窦（图2-98），有时会引起慢性打喷嚏和鼻衄，偶尔流鼻涕（King，1988）。鼻镜和鼻拭子检查有助于该病的诊断，治疗犬类肺刺螨（*P. caninum*），可皮下注射伊维菌素（Mundell和Ihrke，1990）。

图2-97 由猴肺刺螨引起的猕猴肺部病变

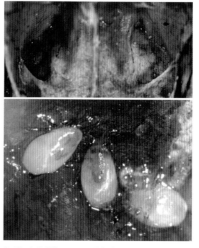

图2-98 犬类肺刺螨。上：剖检发现犬鼻窦内寄生的螨；下：近距离观察到的3只成螨

（四）鼻刺螨科

胸孔螨属（*Sternostoma*）

气囊胸孔螨（*S. tracheacolum*）是一种寄生于呼吸道的吸血性螨类，可寄生于包括金丝雀及其他野生和家养鸟类的腹部气囊内（图2-99，图7-48）。气囊胸孔螨感染轻时不显临床症状，但有时导致慢性呼吸系统疾病。临床上表现为失声、摇头和打喷嚏。诊断时，可发现患鸟颈部区域羽毛湿润和蓬乱，用强光照射气管，可发现螨虫在气管上呈现的暗斑。剖检时，在鼻孔后部、气管、气囊、肺组织和腹腔中有单个存在的眼状黑点，即为螨虫（Kummerfeld和Hinz，1982）。

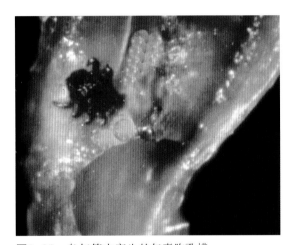

图2-99　鸟气管内寄生的气囊胸孔螨

（五）瓦螨科

瓦螨属（*Varroa*）

狄氏瓦螨（*V. destructor*）先前认为是雅氏瓦螨（*V. jacobsoni*），是20世纪80年代进入美国的一种蜜蜂寄生虫。螨虫和其他蜜蜂寄生虫严重威胁着美国农业生产，任何人只要注意一下当地的三叶草草坪，便会发现根本没有或只有很少的蜜蜂。有人估计，在美国95%以上的野生蜜蜂因这些寄生虫的影响而消失，野生蜜蜂不再是作物授粉的主要承担者。在1995年冬天，养蜂业的损失从美国东部特拉华州的40%到缅因州的80%不等。每年蜜蜂酿的蜂蜜价值高达约1.25亿美元，更重要的是，它们可为价值近150亿美元的美国农作物授

粉（Doebler，2000）。瓦螨是蜜蜂的一种外寄生虫，体积非常大，雌螨直径1～1.5mm，红色至深褐色，用肉眼便很容易观察到。这种螨虫喜食成年蜜蜂和蜂蛹的血液，尤其是雄蜂的血液。雌螨在蜂房密封的前1d进入育雏室，并和蜜蜂的幼虫一起被封在其内。雌螨随后产卵，发育中的螨幼虫由发育中的蜜蜂提供食物。当成蜂从育雏蜂房爬出时，蜂房内的螨虫也已发育成熟并交配，此时的雌螨已准备好侵入新的蜂房。这种疾病通过工蜂在蜂群之间传播。对其所感染的蜂箱如处理不及时，虫害可毁灭整个蜂群。对受感染的蜂群可用含氟氯苯菊酯、氟胺氰菊酯（fluvalinate）、草酸、甲酸或麝香草酚的复方杀螨剂治疗。但应注意蜜蜂为食用动物，兽医需要明确杀虫剂可能污染蜂蜜（Harman，1998），在采蜜或卖蜜的季节慎用。在杀螨问题上，因为蜜蜂同属节肢动物，杀螨的同时可能也会将蜜蜂杀死，这也增加了防治的难度。

三、无气门亚目：无气门螨（Astigmatid Mites）

与中气门螨相比，无气门螨无气门孔，依靠体壁进行呼吸，第一、二对基节与第三、四对基节分离且相距较远，虫体腹面缺乏明显的几丁质板，某些跗节具有疥螨样前跗节，吸盘位于一纤细的柄上。该亚目的螨包括疥螨、某些毛螨、鸡的两种内寄生螨和谷螨。

疥螨科（Sarcoptidae）、鸟疥螨科（Knemidocoptidae）和痒螨科（Psoroptidae）的螨可引起疥癣或疥疮，以瘙痒、脱毛及伴随脱皮的表皮增生为特征。患病动物不停地摩擦和搔抓患部，常常导致进一步的创伤，患部有渗出液和出血，毛发、皮肤碎屑及灰尘等异物和这些物质混在一起，凝结后形成痂皮。继发细菌感染可使病情加重。

疥癣具有典型的分布和传播方式，其病理变化随宿主和虫种不同而不同，具有一定的特征

性，有经验的工作人员凭经验就可以诊断，但通过病料采集和鉴定螨虫来确诊也十分必要。轻度刮取皮肤病料检查为阴性，并不能就此轻易下结论。对于典型的螨病病灶，应该继续进行刮取检查。对于轻微的表皮增生病变或在浅部皮内穴居的螨虫引起的损伤（例如疥螨和蠕形螨），可用手术刀片蘸取甘油或矿物油，一手握刀，另一手拇指和食指捏起皮肤，使刀与皮肤呈适当角度刮取皮肤病料，直到有血液渗出，大量的皮屑会黏附至刀片上，然后将皮屑等移至载玻片上，放置显微镜下观察；对于具有显著皮肤增生和脱落的病变及表皮内寄生的螨（如足螨）和虱子引起的病变，刮取碎屑后，用体视显微镜或放大镜观察寻找爬行的螨虫。如果不能直接观察到螨虫，可应用第七章所述的氢氧化钾消化法处理后再观察。

在兽医日常工作中，常遇到需要对螨进行鉴定的情况，这时只需通过检查其足末端构造即可（图2-100和图2-101）。如果其足末端长吸盘柄不分节，最有可能是疥螨（*Sarcoptes*）或耳螨（*Notoedres*）；如果足末端长吸盘柄分三节，则属于痒螨（*Psoroptes*）。有蹄类动物足螨（*Chorioptes*）和犬的耳痒螨（*Otodectes*）足末端吸盘柄短，在这种情况下，宿主种类鉴定是十分可靠的标准。鸟疥螨属（*Knemidokoptes*）雌螨缺乏吸盘，但雄螨有与疥螨类似的吸盘。某些危害性特别大的螨类，如牛羊的痒螨和牛的疥螨，一旦发现，应及时报告国家动物疾病防控机构。

（一）疥螨科

1. 疥螨属（*Sarcoptes*）

疥螨前跗节具有长而不分节的吸盘柄，肛门位于虫体后端边缘（图2-102，图2-100）。疥螨（*S. scabiei*）可引起人、犬、狐狸、马、牛及其他动物的疥癣或疥疮，其中牛的疥癣尤值得注意。虽然疥螨宿主范围广泛，但这种寄生虫具有相当程度的宿主特异性，猪的疥疮往往更容易在猪之间传播；人的疥疮更容易在人群中传播；有时不同种间传播也

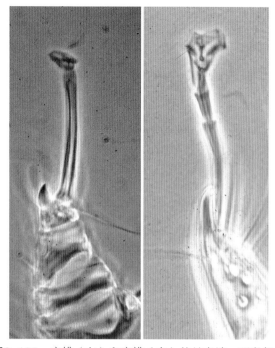

图2-100 疥螨（左）和痒螨（右）的足末端。两者都具有长的吸盘柄，但痒螨的吸盘柄分节

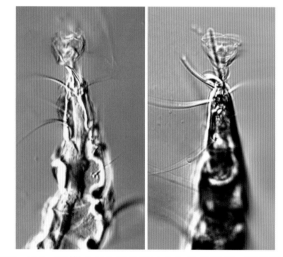

图2-101 耳螨（左）和足螨（右）的前跗节。两者都有一短吸盘柄。耳螨是食肉动物耳道内的寄生虫；足螨是有蹄类动物表皮的寄生虫

存在，不过由此产生的皮炎往往呈非典型性，且病程较短。在感染相对较轻的白皮肤人群中，可看到细小且弯曲的虫道，这是雌螨产卵过程中在表皮内所挖掘的隧道。沿着隧道洞穴，所看见的黑暗区域即为虫卵或堆积的粪便，可在隧道的末端找到雌螨，在动物由于被毛的遮掩，这种现象容易被忽

略。在人的普通病例中，往往仅10～15只螨就使人难以忍受；而在猪或狐狸感染强度可达成千上万。奇怪的是，在犬身上往往很难找到疥螨，即使呈现明显的病变者也是如此。

家畜疥癣病通常开始于被毛相对短而稀疏的区域，随后扩散至其他部位。对犬来说，肘外侧和耳廓是最常见的先发部位，病变部呈现水泡状丘疹，红斑，结痂，表皮脱落；另外，常继发细菌性感染。在猪，疥癣常先发于眼睛周围、鼻、背部、体侧和大腿内侧，病变逐渐发展至过度角化和表面痂皮脱落。赤狐的疥癣损伤严重，表皮增厚至正常者的10倍，其内含有无数螨虫。牛疥癣在美国很少见，但感染后往往扩散至全身，需要治疗和隔离。牛可见有众多病变，如因痒觉造成严重擦伤等。在纽约州一个暴发疥癣的牛群，在用伊普菌素治疗前后，曾统计了乳房炎的感染率（Warnick等，2002）。控制疥癣只对患牛乳房皲裂性皮炎的流行有一定程度的缓解作用，并不能从牛群中消除乳房炎。

2. 背肛螨属（*Notoedres*）

背肛螨为猫、鼠、兔的一种寄生虫，偶尔可短暂寄生于人类，其与疥螨很相似，吸盘柄细长、不分节，但体形相对较小。肛门位于虫体背面，而不是在躯体后缘（图2-103和图2-104）。由猫背肛螨（*N. cati*）引起的猫面部疥癣始于耳廓内侧边缘，然后扩散至整个耳朵、面部、脚掌、后腿及臀部。疥癣病变主要表现为脱毛和明显的皮肤过度角质化，此类螨虫很容易辨别（图2-105）。有人曾在关于佛罗里达群岛背肛螨流行病的报告中，检查过500多只猫（Foley，1991a），主要症状包括瘙痒，自残性皮炎，灰色结痂，继发性脓皮病和皮肤增厚。背肛螨是猫疥癣的典型致病因素。

并非所有猫疥癣都是由背肛螨引起的。例如，曾有一只由国外引入的猫，其头顶部有一个半美元大小的皮炎区域，初步诊断为背肛螨引起的疥癣。然而，刮取病料检查后发现病原为疥螨，并猜测可能是和人接触而感染的。事实上，其主人乳房下部曾患过严重的疥癣病，但她并未将此与她所养猫的皮肤病联系在一起。举这个特殊病例并不是说明谁是疥癣病的原始病源。所强调的是，病原的准确鉴定有助于采用适当的药物进行有效控制。在家猫中也有疥癣的报道，例如，最近就有4只猫感染了疥疮，其中两只来自狐狸经常光顾的地区；而另两只则来自曾饲养过患疥癣犬的家庭（Malik等，2006）。

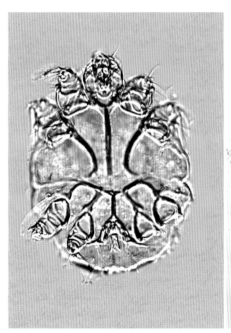
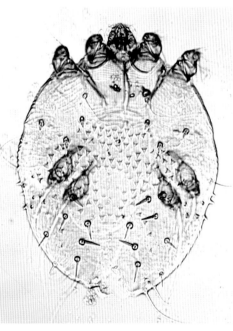

图2-102 疥螨雄虫（左）和雌虫（右）

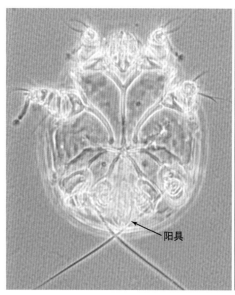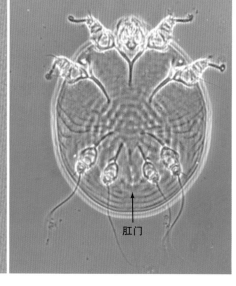

阳具

肛门

图2-103 背肛螨雄虫（左）；雌虫（右）

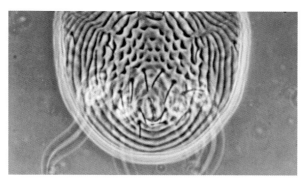

图2-104 猫背肛螨。与图2-101相同，但雌虫肛门位于背部

图2-105 一群小猫耳边有典型的背肛螨病灶

3. 原疥螨属（*Prosarcoptes*）、猿疥螨属（*Pithesarcoptes*）、*Cosarcoptes*、*Kutzerocoptes*

前三个属是欧亚大陆猕猴科猴子的寄生虫；后一个是美洲大陆悬猴科猴子的寄生虫。它们在形态上、生物学特性上和发病机制方面和疥螨相似。至少由Cosarcoptes scanloni引起的猴子疥癣，有可能传染给人类（Smiley和O'Connor，1980）。

4. 毛螨属（*Trixacarus*）

豚鼠毛螨（*T. caviae*）是几内亚猪的寄生虫。虫体与疥螨非常类似，但只有后者的一半大，雌虫的肛门位于背面，而雄虫的肛门位于体后部边缘。病原可引起宿主强烈瘙痒，豚鼠常剧烈搔抓

皮肤（Kummel等，1980），皮下注射伊维菌素治疗效果良好。

（二）膝螨科

膝螨属（*Knemidokoptes*）

突变膝螨（*K. mutans*）可引起鸡、火鸡、野鸡和其他鸟类的石灰脚病，虫体在宿主腿部表皮内打洞，导致腿部鳞片上翘，变松，腿部皮肤增厚、变形（图2-106）。寻找螨时，只需移除腿部的鳞片，用手持放大镜检查即可。突变膝螨雌虫直径约为0.5mm，足很短，末端无吸盘（图2-106）。雄虫很小，但腿较长，且末端与疥螨相似，有吸盘。

图2-106 上：膝螨雄虫（左）和雌虫（右）；下：感染引起的鸡腿部石灰脚病变

瘤膝螨（*K. pilae*）和牙买加膝螨（*K. jamaicensis*）可引起鹦鹉和金丝雀的腿、喙基、肛门及背部的疥癣病。每天可在病变组织处及发现有螨虫的地方（如肛门等部位），使用矿物

油。矿物油可使痂皮松弛，之后应将这些痂皮小心清除掉。将鱼藤酮-邻苯基酚软膏（Rotenone-orthophenylphenol，Goodwinol ointmnel）或伊维菌素与数滴二甲基亚砜混合，用棉签涂抹于患部进行局部治疗；也可按每千克体重0.2mg的剂量，口服或肌内注射伊维菌素，效果好于专性杀螨药。

鸡膝螨（*K. gallinae*），为鸡、鸽子、野鸡和鹅的一种羽螨，常寄生于动物的背部、翅根、肛门、胸部和腿部羽毛的根部，可引起剧烈瘙痒，从而导致鸟类拔拽自身羽毛。

（三）痒螨科

1. 痒螨属（*Psoroptes*）

虫体腿长，末端有长而分三节的吸盘柄（图2-100，图2-107和图2-108）。羊痒螨（*P. ovis*）常造成牛、羊和马严重的疥癣。羊痒螨在美国西南部的牛群中非常普遍，但在美国北部的其他地方相对少见。兔痒螨（*P. cuniculi*）很常见，是引起兔耳部溃疡的主要病因，在山羊和马由其所引起的耳部溃疡相对较轻。

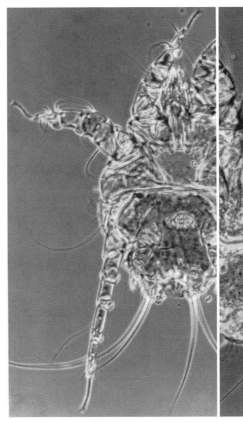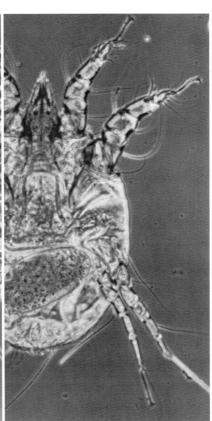

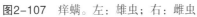

图2-107 痒螨。左：雄虫；右：雌虫

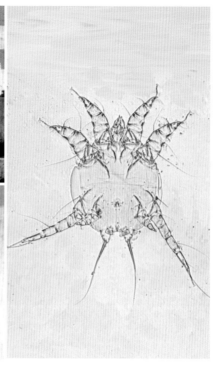

图2-108　左上：绵羊痒螨病；左下：兔耳部痒螨病；右侧：痒螨雄虫

羊痒螨不在皮肤内打洞，而是停留在被毛根部，用其螯肢穿透皮肤。以渗出的血清为食，渗出液凝固后变硬形成痂皮，螨虫最常见于这些结痂部的边缘，所以实验室检查仅送检被毛是不够的，而是需将痂皮取下一起送检。痒螨对羊的危害特别严重，特别是对毛用羊。起初痒觉剧烈，羊为搔痒到处蹭，因此在栅栏、门柱、树木及其他地方可发现挂有成缕羊毛（图2-108），逐渐越来越多的羊毛脱落，在裸露变硬增厚的皮肤上可见有脓疱出现并渐渐融合，渗出的血清和异物混在一起凝固后形成痂皮。结痂部位已不再适合螨虫生存，它们会转移到新的部位继续发育，病变往往会扩散至全身，患羊会逐渐消瘦衰竭，严重者可能死亡。羊痒螨可在环境中存活数天至数周，因此，防治该病时既要用杀螨药物治疗患畜，同时也要对环境或车辆、用具进行消毒或空置2～4周（Wilson，Blachut和Roberts，1977）。

兔痒螨是一种普遍寄生于兔外耳道的寄生虫，在正常兔子身上也有此螨存在。当病兔应激时，如母兔受到刺激后，其耳道内会有大量螨虫繁殖发育，并伴随出现许多污垢（图2-108）。对

于此类螨病，如果无细菌性继发感染，皮下注射伊维菌素，病变部位很快痊愈。预防此病，可每周向兔耳道内滴入几滴矿物油即可。兔痒螨对山羊和马的致病作用较轻。

2. 牛足螨（*Chorioptes bovis*）

牛足螨雌螨第一、二、四对足和雄螨全部四对足末端均有短且不分节的吸盘柄，雄螨体后部边缘有一对锥状突起（图2-109）。

牛足螨为世界性分布的皮肤浅表寄生虫，多寄生于牛尾部、锁眼盖和腿部，以皮屑为食。牛为其最适宿主，除此之外，在马、绵羊和山羊的尾部和腿部及兔的耳道部，也可发现。在临床上，无症状的隐性感染要比呈明显皮炎的显性感染常见。

牛足螨病通常发生于冬季末，多表现为尾部、锁眼盖和后腿部的表皮炎症，呈轻度瘙痒（图2-110）。对不能自由活动的牛来说，由于无法搔痒而痛苦不堪；对能够自由活动的牛来说，足螨性疥癣的危害同毛虱相似。动物的被毛可以保持体表温度，有利于足螨的生存与活动。当春天来临，在牛由舍饲转为放牧时，足癣很快消

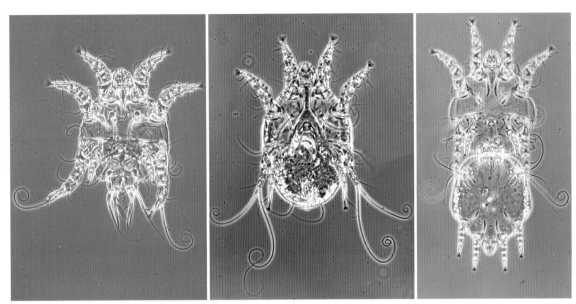

图2-109 足螨属（*Chorioptes*）：雄虫（左）、雌虫（中）及雄虫和第二期若虫（右）。足螨雌虫第一、二、四对足及雄虫4对足末端均有吸盘；第二期若虫第一、二对足末端有吸盘

失。牛足螨与马蛲虫一样，是导致马摩擦尾部的一个重要原因。

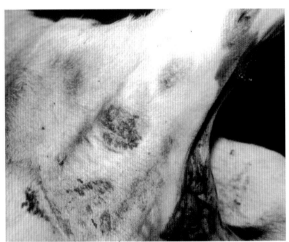

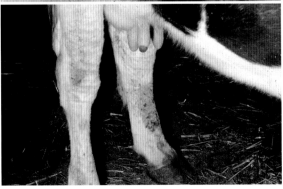

图2-110 奶牛的足螨病

牛足螨引起公羊小腿和睾丸的渗出性皮炎。在个别情况下，痂皮可能厚达5cm。当足螨病灶超过阴囊的1/3时，精液质量明显恶化，恶化程度与双侧睾丸的温度相关（Rhodes，1975）。

3. 犬耳痒螨（*Otodectes cynotis*）

雌螨的第一和第二对足及雄螨的4对足末端均具有短而不分节的吸盘柄，其上着生吸盘；雄虫身体后缘有2个不发达的尾突（图2-111，又见图2-101）。犬耳痒螨常常感染犬、猫、狐狸和雪貂的外耳道及临近皮肤，并造成强烈的刺激。如果发生中耳炎，可见有大量黑色耳垢形成。耳部的瘙痒可导致患病动物摩擦或抓挠自己的耳朵并剧烈地摇头，严重时耳廓有血肿产生。寻找虫体时，可用棉签擦拭耳道，紧接着将棉签放在黑暗背景下，然后用灯或直接放在阳光下照射，在温度的作用下螨虫会爬出皮屑，在黑色的背景下能见到细小的白色斑点在移动。有时，猫耳内有大量的螨虫。据Preisler（1985）报道，曾在一只猫的耳道内发现了超过8 500只螨虫。当大量螨虫寄生于耳道时，猫的耳朵往往含有一层层干燥的、蜡状浅色羊皮纸样物质，里面存在大量螨虫。

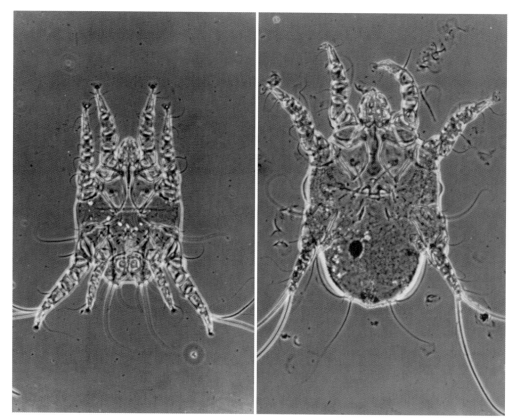

图2-111　耳痒螨雄虫（左）和雌虫（右）。雌螨第一、第二对足末端具有吸盘，雄螨4对足末端均有吸盘

（四）其他无气门螨（Astigmatid Mites）

　　牦螨总科（Listrophoroidea）的螨具有一对或多对形态各异（扁平弓形或其他类似形状）且适合抓住毛发的足，例如，寄生于豚鼠的豚鼠背毛螨（*Chirodiscoides caviae*）（图2-112）和寄生于啮齿动物的鼠癣螨（*Myocoptes musculinus*）（图2-113）。猫皮毛螨（*Lynxacarus radovskyi*）是分布于佛罗里达、波多黎各、夏威夷、澳大利亚、斐济的一种家猫的毛螨（山猫螨属）（图2-114）。这些小螨虫黏附在被毛上，使被毛显得非常肮脏（Greve和Gerrish，1981）。但并不是所有的毛螨都属于牦螨总科甚或无气门亚目，例如后面即将介绍的肉螨（*Myobia*）和鼠螨（*Radfordia*）就是如此。

　　羽螨种类多，感染强度大，多数属于无气门亚目的几个超科。羽螨通常寄生于羽毛外面，但也有一些寄生在羽管内。另外，像皮螨科

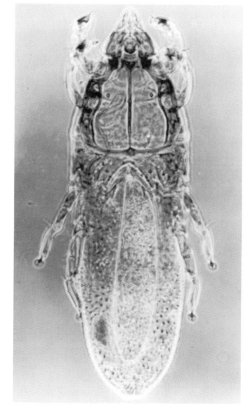

图2-112　豚鼠背毛螨雌虫

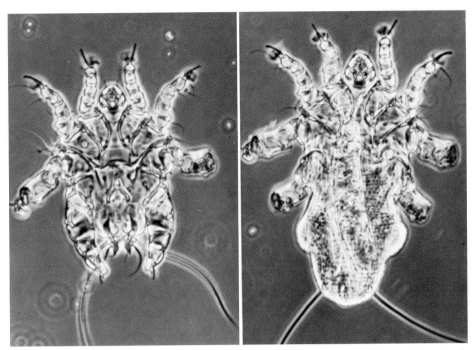

图2-113　鼠癣螨雄虫（左）和雌虫（右）。雄螨的第三对足和雌螨的第三对、第四对足进化得更适合抓握被毛。前两对足有疥螨样的吸盘及吸盘柄

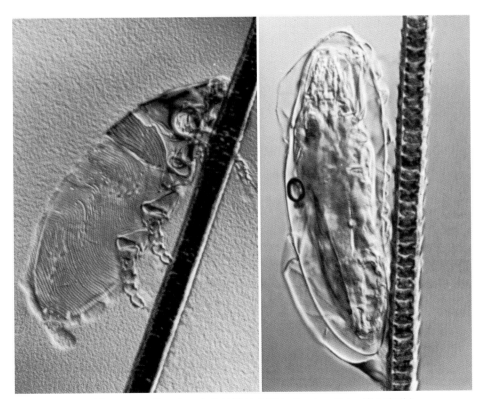

图2-114　猫皮螨（左：成螨；右：含有幼螨的虫卵）（Robert Foley博士惠赠）

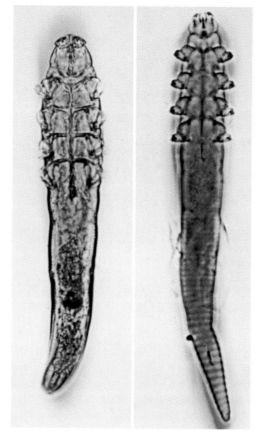

（Epidermoptidae）的一些种类在皮肤中穴居，可引起疥癣样病变。无气门羽螨与前气门羽螨，如羽管螨（*Syringophilus*），可以通过其疥螨样的吸盘柄来区别。

无气门亚目的两个科已演化为鸟类的内寄生虫：鸡皮膜螨科（Laminosioptidae）寄生于鸡的皮下结节内，还有胞螨科（Cytoditidae）的一些属寄生在鸡、金丝雀以及其他鸟类的气囊和呼吸道中。

粉螨科（Acaridae）和食甜螨科（Glyciphagidae）的螨虫为自由生活的螨类，以有机质为食。可发现于谷物、奶酪、干果和其他储藏性的食物中。人接触这些螨或是其碎屑可能引起荨麻疹和皮炎。"谷螨" 常作为一种假寄生虫在粪便涂片中发现。可以通过雌性生殖孔的形状，将这种螨与无气门寄生螨相区别。后者的雌性生殖孔呈横向或者是U形裂口，而谷螨为纵向裂口。

四、隐气门亚目：甲螨（Oribatid Mites）

甲螨幼虫在腐殖质中营自由生活，其中一些是裸头科绦虫的中间宿主。如甲螨将莫尼茨绦虫的卵摄入体内，卵内幼虫在其体内发育为似囊尾蚴，莫尼茨绦虫是一种以反刍动物为终末宿主的绦虫。

五、前气门亚目：前气门螨（Prostigmatid Mites）

前气门亚目的气门孔位于第一对足的前端，是一个多源性融合的类群。包括营自由生活的种类和一些专性寄生虫，像毛囊皮脂螨（蠕形螨属）、毛螨（肉螨属）以及恙螨（恙螨科）。

（一）蠕形螨科

蠕形螨属（*Demodex*）

蠕形螨虫体呈蠕虫样，足粗短（图2-115），寄生于哺乳动物的毛囊和皮脂腺内。蠕形螨的不同种常常寄生在同一宿主体上，但每一种都有其固定的寄生部位。例如，毛囊蠕形螨（*D. folliculorum*）和皮脂蠕形螨（*D. brevis*）几乎都寄生于人的面

图2-115　犬蠕形螨（左）和猫蠕形螨（右）

部，但是毛囊蠕形螨寄生在毛囊，而皮脂蠕形螨寄生于皮脂腺（Desch和Nutting，1972），它们以宿主的上皮细胞为食。重要种类如下。

犬蠕形螨（*D. canis*）在正常犬的皮肤中也有少量存在（图2-115）。幼犬一般在哺乳期由感染母犬传染所致，蠕形螨病多发生于3～6月龄的幼犬。患病幼犬身上的蠕形螨数量远远多于正常幼犬，这主要是免疫缺陷的影响所致。患部有红斑，眼睛和嘴周围脱毛以及四肢骨骼突出，但无明显瘙痒。如果病变限制在局部区域，预后良好，多数病例症状缓和，在性成熟后可以自愈。然而，少数病例可扩散为全身性的螨病，非常顽固，严重者可致死。在全身性的蠕形螨病例中，大范围的被毛稀疏，皮肤干而粗糙并带有红斑（"红疥癣"）。一般都会并发葡萄球菌性脓包病，如脓包持续发展，会造成破裂及渗出，重症患畜带有恶臭。犬的全身性蠕形螨病一般很难得到改善和治愈。有报道犬的另外两种蠕形螨

（Desch和Hilier，2003），一种是*D. injai*，也是寄生在毛囊的蠕形螨，大约是犬蠕形螨的2倍长；另一种蠕形螨也在犬身上发现，还未见相应的描述，但比犬蠕形螨更短也更强壮，寄生部位为角质层，而非毛囊。

正常牛的皮肤中也有蠕形螨寄生，一般不会致病，但有时会有针尖至鸡蛋大的结节出现，通常位于颈部或一侧的前半部（图8-7）。偶尔也会在眼睑、阴户、阴囊上发现。如果用手术刀将结节剖开，会发现有黏稠的、牙膏样的脓汁流出，其中含有大量的牛蠕形螨（*D.bovis*）。但老的损伤部位仅可见有疤痕，而没有螨虫存在。牛蠕形螨引起的疥癣很难治愈，即使损伤部位复原，新的结节也会产生。然而，曾有一个非常罕见的病例，奶牛患有双侧下眼睑蠕形螨性疥癣，呈嗜酸性肉芽肿性蜂窝织炎，但未见有脓肿形成，3个月内自愈（Gearhart，Crissman和Georgi，1981）。

绵羊蠕形螨（*D. ovis*）很少被注意，但却相对常见。这种螨可感染体表被毛的迈博姆氏腺和毛囊以及皮脂腺，但主要还是颈部、腹侧及肩部。羊的第二种蠕形螨叫白羊蠕形螨（*D. aries*），寄生在有大皮脂腺分布的区域，诸如阴户、包皮、鼻孔等部位（Desch，1986）。

山羊蠕形螨（*D. caprae*）引起奶山羊的结节性皮炎。

马蠕形螨（*D. caballi*）是寄生在马眼睑腺的一种无害寄生虫。马脂螨（*D. equi*）是寄生于马的另一种寄生性蠕形螨，体长仅为马蠕形螨的一半（Desch和Nutting，1978）。

很少见有猫蠕形螨（*D. cati*）的报道，由其引起的皮炎通常集中在头部和耳道内。*D. gatoi*为猫的另一种寄生在角质层的蠕形螨（Desch和Stewart，1999），这种螨明显要比猫蠕形螨短而宽。猫可能还有第三种蠕形螨，但未见有详细的描述（Desch和Stewart，1999）。

兔蠕形螨（*D. cuniculi*）是一种相对少见的兔寄生虫。

叶状蠕形螨（*D. phylloides*）是在猪的鼻吻和眼周围的瘤节中发现的一种螨虫，由其所引起的病变可扩散至下腹部。

（二）姬螯螨科（Cheyletiellidae）

姬螯螨属（*Cheyletiella*）的螨很容易通过须肢末端的大爪、M形气门沟（M-shaped gnathosomal peritremes）、跗节末端的梳状体（comblike tarsal appendages）来辨别（图2-116）。亚斯格姬螯螨（*C. yasguri*）寄生于犬，布氏姬螯螨（*C. blakei*）寄生于猫，寄食姬螯螨（*C. parasitivorax*）寄生于兔，姬螯螨偶然可短暂寄生于人。感染亚斯格姬螯螨的小犬，皮肤表面呈麦麸样脱落性皮炎，脱落的皮屑中有螨虫在其中活动，所以在其背部可发现有"皮屑行走"现象。姬螯螨科的其他属种寄生于鸟类。姬螯螨比其他疥螨在离体状态时生存时间长，因此可能成为治愈后动物再次感染的来源。

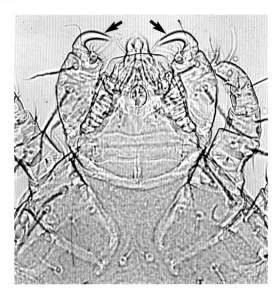

图2-116 亚斯格姬螯螨前部。箭头所指为须肢，有强壮的爪

（三）疮螨科（Psorergatidae）

绵羊疮螨（*Psorobia ovis*）寄生于绵羊，可零星地引起瘙痒，而且因摩擦啃咬导致羊毛杂乱，一般呈慢性病程。6月龄以下的羔羊未见有影响，需经3或4年才可见明显症状。该螨非常小，呈盘

状，足为放射状排列。牛疥螨（P. bos）是一种牛的非致病性螨。单纯疥螨（P. simplex）是一种寄生于鼠皮下的螨，引起疥癣样病变，可以在感染鼠的真皮下寻找螨虫。

（四）肉螨科（Myobiidae）

肉螨可导致实验室啮齿类动物的皮炎。肉螨的第一对足已进化为非常适合抓住动物的被毛（图2-117）。鼠螨属（Myocoptes）雄虫的第三对足和雌虫的第三、第四对足也是如此（图2-113）。鼷鼠肉螨（Myobia musculi）可感染实验小鼠，大鼠雷螨（Radfordia ensifera）可感染实验大鼠。典型症状为颈部背侧区域出现脱毛和红斑，重症病例脱毛。饲养密度过高是造成肉螨病严重暴发的主要原因。

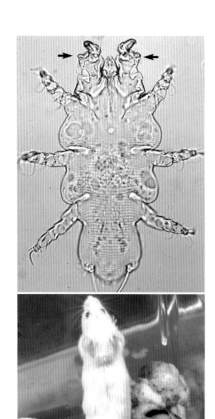

图2-117　鼷鼠肉螨。上：寄生于实验室啮齿类的鼷鼠肉螨，第一对足适合抓住被毛（箭头所指）；下：感染鼷鼠肉螨的小鼠

（五）鸟喙螨科（Harpyrhynchidae）

鸟喙螨寄生于鸟类，呈圆形，形态和疥螨相似。可引起鸟的疥癣样病变。该科内的多个属种都包含这样的螨，它们在羽毛囊内挖洞或者在皮肤上形成大的囊肿。

（六）羽管螨科（Syringophilidae）

羽管螨是栖居在鸟类羽管内的一种非致病性螨。

（七）恙螨科（Trombiculidae）

恙螨科幼虫营寄生生活，但其若虫和成虫营自由生活。幼虫呈亮红色或橘红色，有6个足，寄生在猫、犬的皮肤表面、耳内及绵羊和其他有蹄动物的面部和跗关节以及鸡和其他鸟类翅下、泄殖腔周围（图2-118）。一般情况下，其感染多发生于野外或半野外环境。虫体呈明显的斑点状，盾板位于其背面（腹面长有足的基节），这是借助检索表进行种属鉴定的典型特征（图2-119和图2-120）。幼虫可在皮肤中停留数天，直到因宿主搔抓而使其脱落为止。螨在宿主体表吸食时，唾液可注入动物皮肤内，分解宿主细胞并以此为食，中央形成一个向纵深延伸的小管（stylostome），螨虫的口器即位于其中，这个过程一直持续到螨饱食后或被迫离开动物为止。充分发育的小管可由皮肤表面延伸至真皮层，其中的生发层坏死细胞连成一条线，而周围组织皮肤变硬（图8-9）。瘙痒剧烈，即使在螨被清除后还可持续数天。用2 000多条秋新恙螨（Neotrombicula autumnalis）幼虫感染2条雌性约克夏犬，24h后发现这两只犬发生了轻瘫，首先是后腿，然后发展至前腿。经过反复用药杀螨和对症治疗，3d内神经症状消失（Prosl，Rabitsch和Brabenetz，1985）。

近来，在欧洲报道了犬的一种新的结节性皮炎，由恙螨科的螨所引起。在法国南部，5年多

图2-118 马里兰地区所发现的寄生在猫耳朵里的恙螨幼虫。（Craig Greene博士惠赠，VCA Newark Animal Hospital，Newark，Delaware）

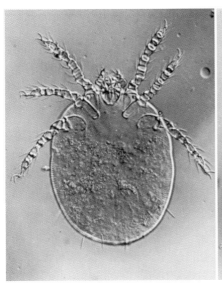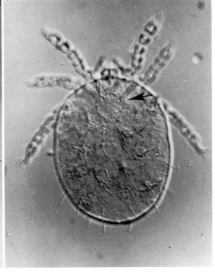

图2-119 恙螨（*Walbachia americana*）。左图为腹面，右图为背面：在体背面前部有一盾板（图中箭头所示），其上具有2个羽毛状的感器和4~5根刚毛，在种类鉴定方面具一定意义

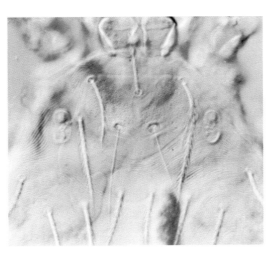

图2-120 新恙螨属盾板（恙螨科）

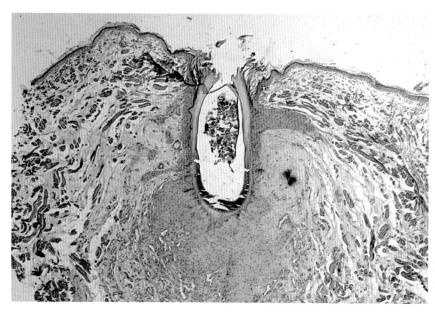

图2-121 毛囊内的犬恙螨（*Straelensia cynotis*）。（Maja Suter博士，Institute of Animal Pathology，University of Berne，Berne，Switzerland）

的时间里发现22只犬患有慢性伴有疼痛的全身性皮疹和化脓性皮炎（Bourdeau等，2001）。2001年，Fain和Le Net认为是由犬恙螨（*Straelensia cynotis*）所致。幼螨进入毛囊，并在毛囊中停留很长一段时间，在此期间，其口器直接刺入真皮（图2-121）。类似病例在葡萄牙也有发现（Seixas等，2006）。

（八）蒲螨科（Pyemotidae）

蒲螨属（*Pyemotes*）

蒲螨属的"枯草痒螨"是多种危害谷物的昆虫幼虫的寄生虫。其中虱状蒲螨（P. tritici）是一种很小且呈长形的螨，妊娠后异常膨大。雌虫和雄虫在出生时即已性成熟。人和家养动物可因接触污染的谷物、稻草、干草而感染，之后会出现带有红斑并极度瘙痒的丘疹和泡状的皮疹。在佛罗里达，曾有12匹马和许多人发生皮炎，经研究发现即是因搬运感染的紫花苜蓿而感染了虱状蒲螨所致。

（九）虱螨科（Tarsonemidae）

武氏蜂盾螨（*Acarapis woodi*）是寄生于蜜蜂气管中的一种螨，该螨于1984年由墨西哥和欧洲经得克萨斯和佛罗里达进入美国。其同瓦螨和甲虫一起成为美国蜜蜂数量大幅度下降的元凶。这些螨寄生在蜜蜂的气管中。雌螨从一只蜜蜂转移到另一只上，经第一胸气门进入蜜蜂体内，并在其气管内产生大量幼螨。寄生在气管中的螨可导致冬天蜂巢的温度调节出现问题，造成蜜蜂代谢率太低，在寒冷的天气中不能保持正常温度而死亡。在蜂巢中放置薄荷脑片或冬青油可达到某些治疗功效（Williams，2000）。尽管以上措施能起一定作用，但可能大多数敏感蜂已经消失。

六、螨病的治疗

（一）犬和猫

1. 疥螨

赛拉菌素是治疗犬疥癣（犬疥螨引起）的首选药物（Shanks等，2000）。局部使用吡虫啉（10% w/v）、莫西菌素（2.5% w/v）治疗犬疥癣也很有效（Fourie，Heine和Horak，2006）。皮下注射伊维菌素也是治疗疥癣的常规方法。其他杀螨制剂，包括双甲脒、苯甲酸苄酯、石硫合剂、亚胺硫磷和鱼藤酮，也有一定疗效。大部分情况下，使用这些制剂，在几周之内必须重复用药数次。

疥螨及其他疥螨类寄生虫可暂时感染那些与患有疥癣的犬、猫直接接触的人。在这种情况下，要想有效地治疗人的疥癣，关键要加强宠物疥癣的治疗。但如果是由于与患疥癣的人接触而感染，引起持续的皮炎和使人痛苦不堪，这种情况下，与犬和猫没有关系。

2. 背肛螨

给猫局部使用赛拉菌素，可以治疗由背肛螨引起的疥癣（Itoh等，2004）。伊维菌素（0.3mg/kg）可有效地治疗大多数猫的此类疥癣（Foley，1991a）。先前治疗猫背肛螨感染的方法是使用石硫合剂，首次可直接用石硫合剂给猫进行药浴，以后将石硫合剂按照1:40比例混入温水给猫洗浴。这种方法要每周进行，持续6周。

3. 耳痒螨

用赛拉菌素治疗猫的耳痒螨病已被认可；伊维菌素和美贝霉素肟的混悬液也可用于滴耳，治疗猫的耳痒螨病；局部使用莫西菌素/吡虫啉也可治疗犬耳痒螨病（Fourie，Kok和Heine，2003）。间隔3周皮下注射伊维菌素（0.2～0.225mg/kg）治疗猫的耳螨效果也非常好（Foley，1991b）。除虫菊酯和鱼藤酮混合制剂对耳痒螨感染也有作用。在用这些杀螨药滴耳前，应先清洁猫的耳道。每2～3d使用1～2mL矿物油滴至犬、猫的耳道内，然后按摩30s，可以治疗犬、猫的耳螨病。

4. 蠕形螨

一般来说犬蠕形螨导致的犬疥癣多属局部感染，因此局部用药即可。可使用鱼藤酮软膏或苯甲酸苄酯洗液来控制蠕形螨的感染。但这些药物的药效维持时间短，须天天用药。

全身性的蠕形螨感染很难治愈，临床医生和畜主经常遇到这一情况，可每7d或14d使用一次双甲脒洗液或每天饲喂伊维菌素、美贝霉素肟、莫西菌素治疗全身性的蠕形螨感染（Mueller，

2004）。可将双甲脒配成水悬液局部应用，可治疗一般的犬蠕形螨病（每7.6L水中加入10.6mL），间隔2周用一次，连用3～6次（Folz等，1983）。上述治疗应持续进行，直到连续检查2次均呈阴性为止。感染犬蠕形螨而未呈现临床症状的同窝母犬可以饲养，但患有蠕形螨病或有过病史的母犬应将其淘汰。

5. 姬螯螨

局部应用吡虫啉、莫西菌素（Loft和Willesen，2007）或赛拉菌素（Mueller和Bettenay，2002）治疗犬的亚斯格姬螯螨病效果良好。局部应用65%氯氟苯菊酯一周内也可有效治疗感染（Endris等，2000）。美贝霉素肟也可用于治疗自然感染姬螯螨的犬（White，Rosychuk和Fieseler，2001）。氟虫腈治疗犬的姬螯螨病效果同样较好（Chadwick，1997）。姬螯螨对双甲脒也较敏感。曾有报道，局部应用氟虫腈（Scarampella等，2005）或赛拉菌素（Chailleux和Paradis，2002）能够成功治愈猫的布氏姬螯螨病。但注意，前提是需喷洒有机磷杀虫剂，如二嗪农来杀灭这些螨虫。

犬的亚斯格姬螯螨和猫的布氏姬螯螨（*C. blakei*）也侵袭人类，特别是那些常与宠物同睡一张床的人更易感染。奇怪的是，布氏姬螯螨很少对猫产生明显的损伤，但常常叮咬宠物主人。对可疑的布氏姬螯螨感染病例，可以试用胶带从宠物的被毛上收集螨虫。用常规粪便漂浮法也可进行诊断，将前述收集的病料进行漂浮检查比直接检查效果更好。

（二）反刍动物

1. 足螨

伊普菌素可局部用于泌乳期奶牛，用药期间不用停止挤奶，是公认的治疗足螨病的药物。局部应用伊普菌素治疗羊驼及美洲驼的足螨感染效果也较好（Plant，Kutzler和Cebra，2007）。曾有一群患有严重疥癣的羊驼，经检查感染有痒螨、疥螨和足螨，肌内注射伊维菌素后，羊驼身

上的痒螨和疥螨迅速消失，但足螨需再次局部应用伊维菌素（Geurden，Deprez和Vercruysse，2002）。通常治疗虱子的标准方法对足螨也适用。用石硫合剂进行喷洒或药浴，可控制乳牛的足螨。

2. 疥螨

对疥螨引起的疥癣应当报告当地疾病控制部门并在监督下进行防治。伊普菌素可用于治疗泌乳期奶牛的疥螨病。肉牛和干乳期奶牛的疥螨病可用阿维菌素、伊维菌素、莫西菌素、多拉菌素和伊普菌素治疗。也可用石硫合剂、亚胺硫磷和杀虫威的混合液进行喷洒或药浴。

3. 痒螨

对痒螨引起的牛羊螨病也应及时报告当地疾病控制部门并合理进行治疗。蝇毒磷（注：我国已禁用）、亚胺硫磷和热石硫合剂是经过美国APHIS（the U.S. Department of Agriculture's Animal and Plant Health Inspection Service）批准的用于治疗牛痒螨病的药物，可作为全身性杀螨剂使用，肌内注射伊维菌素也已批准使用（Wright，1986）。大部分大环内酯类药物都可用作治疗药物。患有痒螨病的牛用伊维菌素治疗后，须与未经治疗的牛隔离两周，并且在规定时间内禁止屠宰。在美国，不得使用伊维菌素治疗绵羊痒螨病。对患有痒螨病的羊或牛污染过的畜舍至少需空置2周，才能引进新的家畜（Wilson，Blachut和Roberts，1977）。

4. 蠕形螨

两只患有结节蠕形螨病的山羊经治愈后而未留有疤痕和发生皮肤褪色现象（Strabel等，2003）。其中一只的治疗方法是每周口服伊维菌素；另一只是使用赛拉菌素进行治疗。在大部分情况下，这些治疗方法对绵羊和牛均有效。

（三）马

螨虫的刺激可引起马匹发生严重的自残。应用大环内酯类药物治疗证明是有效的（Osman，

Hanafy和Amer，2006）。螨病属于接触传染性寄生虫病。对患有疥癣的马匹应进行隔离，并消毒相应的水桶、刷子、梳子等用具。马厩也应该彻底消毒或者空置2～3周。

（四）猪

伊维菌素对猪疥螨病的治疗效果很好。

（五）雪貂，兔类动物和小型宠物

按照每千克体重0.5mg皮下注射伊维菌素，对感染有道格拉斯背肛螨（*Notoedres douglasi*）的松鼠疗效甚好（Evans，1984）。注射莫西菌素可以治疗非洲四趾刺猬身上的背肛螨（Pantchev和Hofmann，2006）。

局部使用赛拉菌素，可有效治疗雪貂身上的犬耳痒螨病（Miller等，2006）。

给实验小鼠按照0.2mg/kg皮下注射伊维菌素，可杀死鼠癣螨和鼠肉螨（Wing，Courtney和Young，1985）。最近研究显示，一组患有镰刀状细胞性贫血的小鼠可通过远系母体的交叉哺育而清除螨虫感染，这些远系母体经局部使用伊维菌素治疗过螨虫（Huerkamp等，2005）。赛拉菌素局部应用也可治疗小鼠的鼠癣螨、鼠肉螨和鼠雷螨感染。这种处理方法也可用于鼠蛲虫和四翼无刺线虫（*Aspiculuris tetraptera*）等蛲虫感染的治疗（Gonenc等，2006）。另外，局部使用莫西菌素可治疗鼠癣螨的感染（Pullium等，2005）。按照每只小鼠使用0.5mg氯氟苯菊酯，与垫料以0.25%的比例混合，可清除实验鼠的鼠肉螨感染（Bean-Knudsen，Wagner和Hall，1986）。

感染有豚鼠毛螨（*Trixacarus caviae*）的豚鼠用伊维菌素治疗可获得很好的疗效（Mandigers，van der Hage和Dorrstein，1993；McKellar等，1992），可以口服或皮下给药，也可经透皮吸收而起作用。由此来看，其他阿维菌素类药物对豚鼠的毛螨感染也应有效。

每隔14d，按照每千克体重0.2mg的剂量皮下注射伊维菌素，可有效治疗兔的耳螨病（Bowman，Fogelson和Carbone，1992）。局部使用赛拉菌素（McTier等，2003）、吡虫啉、莫西菌素（Hansen等，2005）或者伊普菌素（Ulutas等，2005）也可达此效果。对兔的寄食姬鳌螨和囊凸牦螨（*Listrophorus gibbus*），并包括猫蚤，可用吡虫啉和氯氟苯菊酯进行治疗（Hansen等，2006）。当给兔子使用杀虫剂和驱虫药的时候必须注意，如兔子作为食用动物，应考虑药物残留的问题。

第三节　甲壳纲

一、桡足类（Copepods）

对兽医而言，桡足类是一类重要的甲壳纲动物，可作为绦虫和线虫的中间宿主，在寄生虫病的传播过程中具有重要意义。桡足类动物主要由镖水蚤（calanoids），剑水蚤（cyclopoids）和猛水蚤（harpacticoids）组成。剑水蚤包含那些可作为家畜寄生虫重要中间宿主的种类。桡足类具有河虾状的外形和5对适合游泳的足（图2-122），头的两边各有一触角，且分为两节，单眼有或无。桡足类行有性生殖，雄虫通常有一变异触角用于交配；雌虫有一个卵袋，里面含有发育中的卵。大部分桡足类动物以浮游植物为食，但也有食肉性的，有些还是寄生性的。它们有11次蜕皮和12个幼虫期。前5次蜕皮形成不分节的6个幼虫期，后5次蜕皮形成桡足类幼体的发育阶段（每蜕一次皮，身体便增加一节），最后一次蜕皮形成雄虫或雌虫。在进食过程中，桡足类摄食绦虫的钩毛蚴或者线虫已孵化的幼虫，作为转运宿主或者必要的中间宿主。以桡足类为中间宿主的重要寄生虫包括迭宫属、裂头属和龙线属。

二、舌形虫（Pentastomida）

舌形虫也叫囊舌虫，是高度专性的甲壳纲动物，其形态与想象中的不太一样。成虫寄生在肉食性的爬行动物、鸟类和哺乳动物的呼吸道中。身体有环纹，前端口孔侧面有两对可伸缩的钩子（图2-123）。卵内有一个长有4或6条腿的幼虫，卵会随着鼻腔分泌物排出，或被吞入体内随粪便排出（图2-124）。如果被合适的中间宿主吞食，其中一些会被消化，另外一些幼虫即可侵入宿主组织内，在内脏中发育为被包囊包裹着的若虫，这些若虫与成虫外形相似，但生殖器官尚未发育成熟。

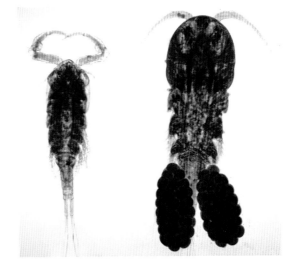

图2-122　桡足类动物的雄虫和雌虫。雌虫具有两个大而明显的卵袋

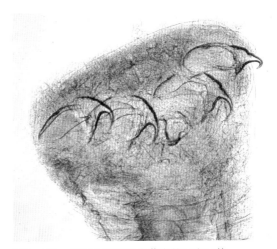

图2-123　南美水獭舌形虫若虫的口和口钩

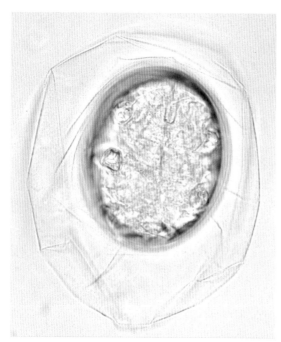

图2-124　海鸥粪便中舌形虫（*Rheighardia sternae*）虫卵

锯齿状舌形虫（*Linguatula serrata*）成虫寄生于犬、猫的鼻腔和鼻窦中，可引起出血、卡他性炎症和呼吸困难。牛、羊、兔和其他动物可作为它的中间宿主，充分发育的若虫及对食肉动物具

感染性的虫体，通常会以包囊形态存在于中间宿主的淋巴结和浆膜中。

Kazacos等（2000）报道，一只出生并生长于非洲喀麦隆的巴辛吉杂交犬，似乎吃了含有蛇舌形虫属（*Armillifer*）虫卵的蟒蛇粪便。这只犬病了好几年，在首次入院的两年后该犬病情加剧，治疗后无明显效果，因而实行了安乐死。剖检在它的内脏发现有大量腕带蛇舌形虫（*Armillifer armillatus*）若虫（图2-125和图2-126）。

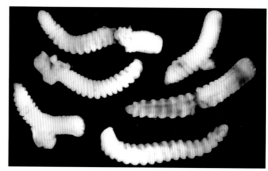

图2-126　腕带蛇舌形虫。由图2-125犬的组织内分离出的舌形虫若虫，其中一些在挑虫的过程中已经损坏（Kevin R. Kazacos博士惠赠，School of Veterinary Medicine，Purdue University，West Lafayette，Indiana）

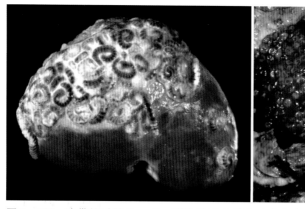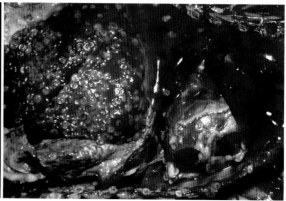

图2-125　腕带蛇舌形虫。左：感染舌形虫若虫（成虫寄生于蟒蛇）的肾脏；右：感染舌形虫若虫的肝、肺和心脏（Kevin R. Kazacos博士惠赠，School of Veterinary Medicine，Purdue University，West Lafayette，Indiana）

第三章　原　虫

多数原虫都是自由生活的生物，其中寄生在哺乳动物体内的原虫，只有小部分与疾病有关，甚至它们的病原学意义有时还不清楚。例如，有些肠道鞭毛虫当宿主腹泻时会大量繁殖。这种情况是腹泻导致了粪涂片上大量鞭毛虫的出现，而非鞭毛虫增殖导致了腹泻。另外，有些原虫还可导致人或动物的一些重要的寄生虫病，如疟疾、巴贝斯虫病、球虫病（顶复门原虫引起）和锥虫病（由肉足鞭毛门血液鞭毛虫所引起）。

第一节　动鞭毛纲

鞭毛虫

含有一根或多根细长的运动鞭毛。在原生动物学上，为了与细菌鞭毛区分起见，这类鞭毛也叫做波动足，以强调它的结构不同。鞭毛虫通过二分裂方式进行无性繁殖，有些还会形成有抵抗力的包囊。根据它们在宿主体内的寄生部位和生活史的类型，可将寄生性鞭毛虫分成两大类。血液鞭毛虫（如，锥虫 *Trypanosoma* 和利什曼原虫 *Leishmania*）寄生在血液、淋巴和组织间隙中，通过吸血昆虫传播。其他鞭毛虫由于没有共同的术语，我们称之为黏膜鞭毛虫（mucosoflagellates）。这些鞭毛虫寄生在宿主的消化道和生殖道，通常与黏膜有直接联系，通过粪便或阴道排泄物传播。有些鞭毛虫（如毛滴虫）是以滋养体的形式传播，另一些（如贾第虫属）是以包囊的形式传播。

（一）动基体目（血液鞭毛虫）

1. 锥虫（*Trypanosoma*）

锥虫呈细长纺锤形，细胞核靠近虫体中央，从动基体（含有丰富DNA的大型线粒体）附近发出一根鞭毛，在虫体前端伸出体外（图3-1）。在哺乳动物和节肢动物体内发育期间，锥虫会发生明显的形态学变化。枯氏锥虫（*T. cruzi*）表现出4种形态，其中无鞭毛体型无鞭毛，其他3种类型都有鞭毛，但动基体的位置不同。锥鞭毛体型的动基体位于细胞核后方，上鞭毛体型紧靠核的前方，前鞭毛体型靠近虫体的前端。鞭毛由动基体发出，沿着波动膜边缘向前延伸到整个锥鞭体的前端。当节肢动物吸食感染哺乳动物的血液时发生感染。根据锥虫种类的不同，哺乳动物通过两种机制感染：一是通过感染的节肢动物叮咬，二是通过被其粪便污染的宿主黏膜或刮伤的皮肤而感染，前者叫做唾传性锥虫，后者叫做粪传性锥虫。大部分唾传性锥虫具有致病性，而大部分粪传性锥虫无致病性，但枯氏锥虫例外。

在非洲撒哈拉以南地区，主要是采采蝇（tsetse）传播锥虫（图3-1）。布氏锥虫（*T. brucei*）和刚果锥虫（*T. congolense*）引起家养反

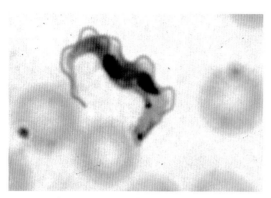

图3-1 布氏锥虫的锥鞭体（吉姆萨染色）。采采蝇传播的锥虫，在血涂片上可以看到像图片中所见的分裂型虫体

刍动物的致死性那加那病（nagana disease），但在美国的野生反刍动物只有轻微的致病性。所以野生反刍动物就成了这两种锥虫的保虫宿主，通过舍蝇（Glossina sp.）的叮咬传给家畜。这些锥虫和采采蝇阻碍了家畜在非洲辽阔的牧场定居。人类一直渴望在这些牧场引入家畜，但均未成功，即使成功，也会因过度放牧导致草地沙漠化。

布氏锥虫在哺乳动物的血液、淋巴和脑脊液中通过纵二分裂法进行繁殖。采采蝇在吸食被感染的哺乳动物血液之后，锥虫随之就进入采采蝇的中肠内繁殖、变形，最后移行到唾液腺，此时便处于具有感染力的锥鞭毛体阶段（锥虫在哺乳动物体内的唯一阶段），然后，在下次叮咬时准备感染哺乳动物。冈比亚锥虫（T. gambiense）和罗得西亚锥虫（T. rhodesiense）是引起非洲人的嗜睡症（sleeping sickness）的病原，与布氏锥虫密切相关。

非洲以外的一些锥虫通过其他双翅目昆虫传播。活跃锥虫（T. vivax）对于西非的家畜相当重要，其保虫宿主是野生有蹄类动物，其活虫在新鲜的血涂片上可以活泼运动，因而叫做活跃锥虫。牛感染后可能不表现任何症状，或者出现急性或慢性症状。当发生超急性感染时，也许会出现很高的虫血症，可造成全身整个黏膜和浆膜面的广泛性出血。慢性感染牛可出现贫血和很明显的消瘦。羔羊和绵羊感染后也会出现类似的症状。活跃锥虫已从非洲传到南美洲，其保虫宿主似乎是鹿，非洲以外地区可能由吸血蝇机械性传播。

伊氏锥虫（T. evansi）主要出现在亚洲、美洲热带雨林和非洲北部的撒哈拉沙漠，引起各种家畜的苏拉病（Surra）。虻属昆虫和吸血蝙蝠是重要的传播媒介。在南美，马锥虫（T. equinum）可引起马的卡第拉司病（malde caderas），类似于苏拉病。

2. 性传播的锥虫

马媾疫锥虫（T. equiperdum）是唯一不需要中间宿主的锥虫。宿主之间可通过直接的性接触来传播，导致马的性病，称之为马媾疫。急性症状为外生殖器肿胀，排出黏液样分泌物，其内通常可以发现马媾疫锥虫。急性症状消退后皮肤表面就会出现圆形扁平丘疹，并在几个小时或几天内消失而被其他病变所替代。慢性症状是消瘦、轻瘫、间歇热，最后死亡。美国早在1920年就消灭了马媾疫，1949年又发生过一次，但自那以来至少复发过一次。由于加拿大兽医爱华德的贡献使得北美洲大范围内消灭该病成为可能。他研究马媾疫近15年，首次在北美洲的马体内发现了该病原，并研制出一种补体结合试验能够用来检测农场的感染马，检出的病马立即扑杀。因此，加拿大许多省在16年内就根除了此病（Derbyshire和Nielsen，1997）。

3. 非致病性锥虫

并非所有靠节肢动物传播的锥虫都是外来的或是热带地区的，但其中多数都是非致病性的。Telford等（1991）在2年内检查45只阿拉斯加驯鹿，其中29只鉴定出鹿锥虫（T. cervi），5年内在佛罗里达州检测出98%的白尾鹿感染此虫（Telford等，1991）。鹿锥虫同样也能感染美洲麋鹿和骡子，而且不会出现任何症状（Kingston，Morton和Dietrich，1982）。泰勒锥虫（T. theileri）通过牛虻传播并且对牛群无害。蜱蝇锥虫（T. melophagium）同样也对羊群无害，它主要靠羊蜱蝇（Melophagus ovinus）传播。以上两种锥虫分布都很广泛。由于泰勒锥虫会污染"无菌"牛血清的培养基，容易使微生物学家感到惊奇和困惑。有趣的是，虽然锥虫对羊蜱蝇（与采采蝇同类）是无害的，但它们几乎普遍感染锥虫。

4. 枯氏锥虫

枯氏锥虫（图3-2），一种感染人和犬的美洲锥虫病（恰加斯氏病Chagas' disease）的病原，靠生长在美国中南部得克萨斯州、亚利桑那州、新墨西哥州、加利福尼亚州和俄克拉何马州的锥蝽属（*Triatoma*），红猎蝽属（*Rhodnius*）和名锥属（*Panstrongylus*）的锥蝽来传播（Fox等，1986）。负鼠、老鼠、天竺鼠、猫、浣熊和猴子都是保虫宿主。在马里兰州检查过400只浣熊，其中有5只感染（Walton等，1958）；在南卡罗来纳州和佐治亚州，221只浣熊中发现104只血清学阳性（47%）（Yabsley和Noblet，2002）。在弗吉尼亚中部猎犬体内发现枯氏锥虫，出现淋巴结肿大，但没有心肌病症状（Barr等，1995）。犬体内枯氏锥虫的自身感染在美国还在继续发生（Nabity等，2006）。

对脊椎动物来说，枯氏锥虫无鞭毛体（含一个细胞核和一个动基体，但没有或者只有一个最基本的波动足）在宿主的网状内皮组织、神经组织、神经胶质细胞内，特别是心肌和平滑肌内以二分裂方式繁殖。宿主细胞破裂释放出的无鞭毛体随即发育成锥鞭体，随血液循环到达其他细胞内，或被锥蝽吸血时所吞食。在循环血制备的血涂片中，即便是有，也很少见到正在分裂的锥鞭体。锥虫在锥蝽的后肠内繁殖和变态，最后随粪便排出。当锥蝽叮咬正在睡眠的受害者时，几乎总是排出粪便。锥虫经口、鼻和结膜进入体内，有时擦破的皮肤接触到锥蝽带虫的粪便也会感染。通过胎盘、输血也可发生感染。对处理病畜血样（甚至是血涂片上观察不到锥虫的样品）的人来说，存在着意外自身感染的潜在危险。在长期带虫者的血液中很难找到锥鞭体，这就需要借助血清学方法、培养技术、PCR技术或动物接种来进行确诊。在动物接种试验中，让健康的昆虫去叮咬疑似病畜，之后在昆虫后肠内看能否检查到锥虫。这种方法比较繁琐且效率不高。犬急性感染最典型的症状为淋巴结肿大和急性心肌炎的有关症状，如黏膜苍白、昏睡、腹水、肝脾肿大及心跳过快（Barr，1991）。而慢性感染的典型症状是充血性心肌衰竭。慢性恰加斯氏病人所见的食管扩张和其他综合征在犬中尚未报道。

5. 利什曼原虫

杜氏利什曼原虫（*L. donovani*）和婴儿利什曼原虫（*L. infantum*）是内脏利什曼原虫病（黑热病kala-azar）的主要病因。当讨论美洲宿主时，婴儿利什曼原虫常被许多人称之为恰加斯氏利什曼原虫（*L. chagasi*）。热带利什曼原虫（*L. tropica*）以及相关种可引起欧亚大陆和非洲人、犬、啮齿动物和野生哺乳动物严重的皮肤型利什曼病。墨西哥利什曼原虫（*L. mexicana*）是引起美洲多个保虫宿主皮肤病变的一个复合种。巴西利什曼原虫（*L. braziliensis*）以及相关种可引起美洲黏膜皮肤型利什曼病。

利什曼原虫在脊椎动物的巨噬细胞内以无鞭毛体形式存在（图3-3）。该病通过白

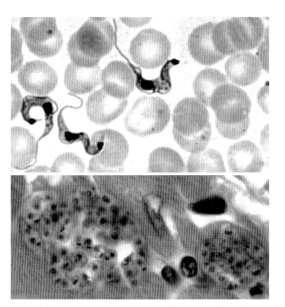

图3-2 枯氏锥虫。上图为自然感染犬体内的锥鞭体（瑞氏染色）。下图为心肌内的无鞭毛体阶段（上图标本由Stephen C. Barr博士惠赠）

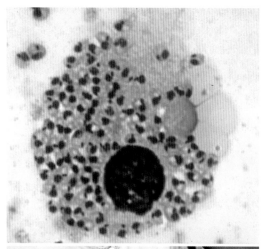

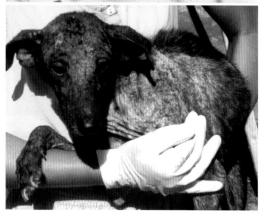

图3-3 婴儿利什曼原虫。上图为犬含有大量无鞭毛体的骨髓的巨噬细胞；下图为一只在巴西感染婴儿利什曼原虫的犬，皮肤出现慢性感染的典型病变

吸食困难常常处于饥饿状态，因此比未感染时吃得更多。此时，这些前鞭毛体将被巨噬细胞所吞噬，并被带到全身。

巨噬细胞在宿主体内充当一个让虫体散布全身的载体。最常见的隐藏大量虫体的组织包括脾脏、肝脏、骨髓、肠黏膜和肠系膜淋巴结。大量虫体在骨髓内发育，可引起红细胞和血小板减少。犬常常会产生皮肤病变。

俄克拉何马州的美国猎狐犬群（Anderson等，1982）和俄亥俄州的英国猎狐犬群（Swenson等，1988）中都曾报道过内源性内脏利什曼病的病例。在俄亥俄州暴发的一起内脏利什曼病中，其中一例慢性，一例死亡，25只其他猎狐犬中有8只血清呈阳性。由于那只死亡的猎犬是在研究的犬群中出生并被养大的，而且有超过1/3的猎犬携带该病原，因此，研究人员肯定本病是在俄亥俄州传染的，而且很有可能是靠一种昆虫传播。1999年，在纽约的一个狩猎俱乐部的养犬场也发现了此病。该病的最初症状为出血、消瘦、癫痫、毛发脱落以及肾衰竭。许多犬死亡，北卡罗来纳州立大学Breitschwerdt博士及同事在病犬的滑液中发现了婴儿利什曼原虫。对美国附近的猎狐犬进一步的检查发现，美国和加拿大11 000只猎狐犬中，大约12%的带有抗利什曼原虫的抗体，但多数都没有出现症状（Enserink，2000）。在美国和加拿大南部都发现了感染犬，多数病例是在北美的东部地区。尽管有猜测认为，这些患犬是在被带到南部狩猎时被白蛉叮咬而感染的，但怎样在犬与犬之间传播尚不清楚。还有几例内脏利什曼病发生于犬，而不是猎狐犬，它们从未离开过美国或加拿大（Schantz等，2005）。

蛉叮咬传播，这种白蛉属于欧亚大陆白蛉属（*Phlebotomus*）和美洲罗蛉属（*Lutzomyia*）。早在殖民时期欧洲人就将内脏利什曼原虫引进了美洲。之后该病就开始集中在加勒比海、非洲和巴西流行，其他地方也有少量的病例出现。

利什曼原虫在脊椎动物巨噬细胞内的阶段是无鞭毛体阶段。当以宿主体表组织和体液为食的白蛉吸食到巨噬细胞内的无鞭毛体时，无鞭毛体就在白蛉体内发育成前鞭毛体，并且大量繁殖。然后移行到白蛉的咽部，几天后到达口下板，此时的前鞭毛体数量多到可阻止白蛉的进一步采食。在白蛉体内从感染到具有感染性，整个过程大约需要一周。白蛉在下一次叮咬时，首先刺破动物皮肤，然后注入大量的前鞭毛体，由于它们

犬的内脏利什曼病常常会出现皮肤病变（见图3-3）。由于犬是内脏利什曼原虫感染人的主要保虫宿主，所以与控制狂犬病的措施一样，在根除内脏利什曼病计划中，犬也被定为控制的对象（Oliveira-dos-Santos等，1993）。要想预防犬的大规模感染就必须研制疫苗（Mayrink等，1996）。

在意大利南部高度流行地区，每月或每两周对犬场定期使用吡虫啉（imidacloprid）和氯菊酯（permethrin）可有效地防止其感染（Otranto等，2007）。在波多黎各发现马也会感染该虫，有时也会出现皮肤病变（Ramos-Vara等，1996）。

在美国有时会报道动物的内源性皮肤利什曼病病例。得克萨斯州中南部报道了一例家养猫耳部皮肤利什曼病的病例。为防止该病猫作为感染源感染白蛉，在主人将它带回家之前对它实施了耳切除手术（Craig等，1986）。无论是皮肤利什曼病还是内脏利什曼病，对于疾病流行区的度假犬来说都不是罕见的病例。治疗该病的药物只有通过疾病控制中心（CDC）才能获得。因此疾病控制中心可以对诊断出的病例进行监测。

（二）副基体目（黏膜鞭毛虫）

毛滴虫（*Trichomonads*）

毛滴虫属于副基体目原虫，虫体呈梨形，单核，杆形轴柱突出于虫体后缘之外。有3～5根前鞭毛和一个波动膜，后鞭毛沿其边缘延伸。在宿主的感染过程中，毛滴虫不需要经过包囊阶段。单从形态学方面很难鉴定毛滴虫，需借助特殊的技术手段，目前主要是靠分子生物学方法来进行种的鉴定。因此，实用的诊断方法是根据宿主和寄生部位的特异性，还有虫体前鞭毛和尾鞭毛的数目。

胎儿毛滴虫（*T. foetus*）（图3-4）主要寄生在阴道、子宫、浸软胎、包皮、阴茎、附睾和输精管。虫体形态各异，长为10～25μm，有3根前鞭毛和一根长的延伸至波动膜之外的后鞭毛。在收集分离胎儿毛滴虫的样品时，要避免粪便污染，还要避免与肠道鞭毛虫相混淆。

牛生殖道毛滴虫病是一种性病，奶牛和母牛表现为不育、配种后5个月内流产、子宫积脓，偶尔还会出现木乃伊胎（图3-5）。在美国的一些地区，肉牛感染此病很常见，加利福尼亚州抽样的57个牛群中16%的牛群至少有一头公牛感染

（Bon Durant等，1990）。尽管公牛都是隐性感染，但通过直接镜检或包皮拭子或清洗液的培养能够观察到胎儿毛滴虫的滋养体。感染的公牛通常可以在牛群内传播毛滴虫病，人工授精可以作为本病的控制措施。在交配过程中，滋养体可以从阴茎转移到阴道。然而，除非在人工采集时精液受到包皮液的污染，否则精液通常不会有感染性。如果精液在采集时受到污染，尽管添加了稀释液、抗生素并且冷冻但都不能消除污染（Fitzgerald，1986）。感染的公牛都必须淘汰，就算是人工授精也没有用，要用未感染的青年公牛来替代。然而，由于对母畜发情期阴道未进行有效的卫生检查，可能会完全忽略人工授精的控制作用。母牛在与受感染的公牛交配14~20d后，在母牛阴道分泌物或是清洗液里一般都能见

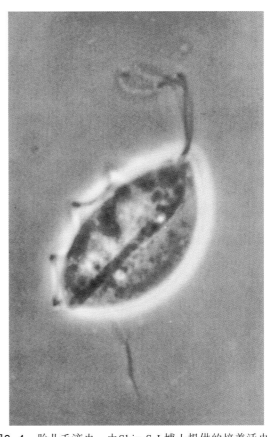

图3-4 胎儿毛滴虫。由Shin S.J.博士提供的培养活虫在电子闪光相差显微镜下的照片，从图中清晰可见3根前鞭毛、波动膜、后鞭毛和轴柱

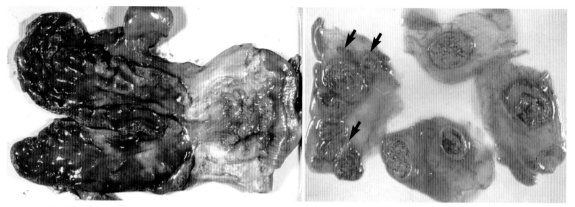

图3-5 胎儿毛滴虫。左图：牛的子宫切开后可看到轻度弥散的子宫内膜炎以及子宫内膜表面云雾状炎性渗出物。右图：牛的绒毛尿囊膜，胎盘绒毛叶水肿，箭头指的是胎盘外膜的病变区

到胎儿毛滴虫。感染的奶牛要保证至少4个月的休情期，此时滋养体通常会从生殖道消失。不管是自然交配还是人工授精，奶牛和母牛首先要有休情期，以便在妊娠前生殖道内不会留下毛滴虫。否则，发育中的胎儿就会受到感染（Fitzgerald，1986）。在诊断方面可以使用加利福尼亚生物医学诊断中心的InPouch TF试剂盒（Parker，Campbell和Gajadhar，2003）。

Romatowski（2000）描述了4只猫患有腹泻的五毛滴虫病。Gookin等（1999）检查了大量五毛滴虫病病例，发现大多数感染都是一岁以下的猫，粪便呈糊状或半成形。Levy等（2003）证实引起猫腹泻的病原是胎儿毛滴虫，并且进一步发现胎儿毛滴虫是猫毛滴虫性腹泻的病原，而不是人五毛滴虫（*Pentatrichomonas hominis*）。研究人员还发现有些猫在感染了胎儿毛滴虫后，偶尔也能感染人五毛滴虫，但不引起任何临床症状（Gookin，Stauffer和Levy，2007）。这种感染的诊断也可借助于InPouch TF试剂盒（Gookin等，2003）。

阴道毛滴虫（*T. vaginalis*）可引起妇女的阴道炎，通过性交传播，男性是无症状的虫体携带者。此病是世界人群中比较常见的性传播疾病之一。禽毛滴虫（*T. gallinae*）可引起鸽、火鸡、

鸡的食道、嗉囊和腺胃的坏死性溃疡，偶尔鹰在捕食这些禽类时也会感染。毛滴虫如同各种宿主的口腔寄生虫一样，在溃疡时繁殖，就跟肠道寄生虫在腹泻时繁殖一样。一些非致病性毛滴虫，如三毛滴虫（*Tritrichomonas*），微小毛滴虫（*Trichomitus*），四毛滴虫（*Tetratrichomonas*）和五毛滴虫（*Pentatrichomonas*）都寄生于家畜的盲肠和结肠，并在稀粪里繁殖，许多腹泻的病例都误认为是它们所引起的。它们在稀粪中数量增多是受腹泻的影响，而不是腹泻的病因。然而，目前还难以确定它们是否引发疾病。单尾滴虫（*Monocercomonas*）与毛滴虫相似，但没有波动膜，无致病性，在牛的瘤胃里发现了反刍兽单尾滴虫。

火鸡组织滴虫（*Histomonas meleagridis*）是一种寄生于火鸡、鸡、野鸡和珍珠鸡等盲肠和肝脏内的全球性寄生虫。鸡异刺线虫是它的储藏宿主。当禽类吞食了鸡异刺线虫的感染性虫卵时，它立即感染了一种非致病性的线虫和一种致病性的原虫。原虫从线虫幼虫体内释放出来，以鞭毛体形式寄生在宿主盲肠腔内，一周后，脱去鞭毛成为阿米巴样形态，侵入到肠壁的皮下组织，可造成肝脏和盲肠壁的炎症与坏死，特别是肝脏会出现严重病变，在火鸡中死亡率很高。从禽类粪

便排出的滋养体几个小时后就会死亡，但在土壤中的异刺线虫虫卵内则可保持几年的感染力。蚯蚓是鸡异刺线虫的储藏宿主，由于禽类喜欢采食蚯蚓，所以它们实际上容易感染这种线虫及其体内的原虫。此病对鸡的危害不大，但可引起火鸡的大量死亡。

[治疗]

每隔12h静脉注射灭滴灵，75mg/kg，连用3次，可治疗和控制牛的胎儿毛滴虫病。按66mg/kg剂量口服灭滴灵，每天1次，连续5d，可以控制幼犬的毛滴虫感染。Romatowski（2000）用灭滴灵和恩诺沙星治疗猫，结果表明长期每天服用恩诺沙星能防止猫拉稀。Gookin等（2006）也发现罗硝唑和替硝唑治疗猫的肠道毛滴虫病效果显著。尽管使用罗硝唑后猫的腹泻和感染状况都能得到解决，但应慎用，因为猫用罗硝唑治疗后会产生一些神经症状（Rosado，Specht和Marks，2007）。

（三）双滴虫目（贾第虫等相关虫体）

贾第虫（*Giardia*）

现有贾第虫的种类值得商榷，常用的种名还比较混乱（Thompson等，2000；Bowman，2005）。目前寄生于人的种类叫做蓝氏贾第虫（*G. lamblia*），或十二指肠贾第虫（*G. duodenalis*）或肠贾第虫（*G. intestinalis*）。有些贾第虫有自己专门的宿主，如老鼠的鼠贾第虫（*G. muris*），两栖动物的敏捷贾第虫（*G. agilis*）和鸟类的鹦鹉贾第虫（*G. psittaci*）。目前根据分子生物学特征将贾第虫按集聚体来划分。从宿主体内分离出的贾第虫经过分子生物学鉴定发现：A和B群主要感染人，C和D群主要感染犬，E群主要感染有蹄类动物（牛，绵羊，山羊，猪，马等），F群主要感染猫，G群主要感染老鼠。A群有时也会感染猫（Vasilopulos等，2007）或犬（Hopkins等，1997）。表面上看起来这是一个很简单且无聊的学术问题，但其实是一个容易

引起混淆和争论的问题。几年前，我们认为几乎所有的分离株都是致病性的，但检测起来却很困难。随着诊断技术的改进，通过粪抗原即卵囊壁蛋白的检测，可进一步确定致病性贾第虫。现在面临着一个很普遍的问题，如果犬、猫、马驹、牛犊、山羊等发生了隐性感染，是否也要治疗？如果有只犬正在随粪便排出贾第虫包囊，你还会卖吗？收养所能收容一只患此病的小猫吗？有调查显示，美国运用爱德士SNAP试验检测出15%的犬和10%猫粪便中都含有贾第虫抗原（Carlin等，2006）。此外，全世界大约7%的人群肠道内存在贾第虫，但对它的流行病学却知道的很少，尤其是其他哺乳动物有可能作为人的感染源。有迹象表明，动物有时可以排出A和B群，因而可以成为人的感染源。然而，人通常还是通过其他人感染的，不过大多数人更倾向于相信病原是来自动物的。

贾第虫滋养体一般附着于小肠黏膜上皮细胞，形如泪滴（图3-6），一端细长形成吸盘，双核，每个核内含有一个大的内体（核仁呈福尔根阳性），整个滋养体在显微镜下从底部向上看就像一个带有双眼的网球拍一样。其他亚细胞结构包括两根细长的轴丝，4对鞭毛和一对中体。除贾第虫寄生在小肠之外，其他所有的肠道鞭毛虫都寄生在盲肠和结肠。贾第虫滋养体通过吸盘附着于黏膜细胞，通常随粪便排出前就已经形成感染性的包囊。在带虫宿主的粪便中通常发现的虫体是含有两个潜在滋养体的成熟包囊（图3-6）。尽管滋养体可因腹泻随粪便排出，但它们不能引起感染，并且很快就会死亡。如果滋养体落入淡水中，由于它们无法进行渗透调节很快就会溶解。

犬在感染贾第虫后5d就开始腹泻。一到两周后在粪便中出现包囊（Abbitt等，1986）。猫的贾第虫滋养体主要寄生在空肠和回肠，而不是十二指肠。其主要临床症状为持续性腹泻，由于肠道吸收不良所致。病猫粪便带有黏液，苍白，稀软，比正常的粪便更恶臭（Kirkpatrick，

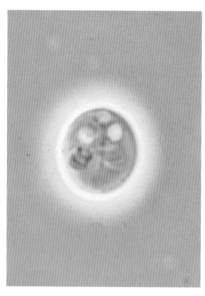
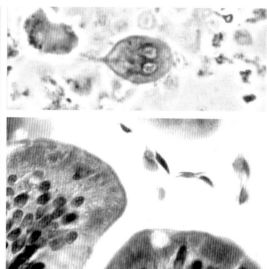

图3-6 贾第虫。左图，随粪便排出的包囊，相差显微照片显示包囊内4个核中顶端的两个。右上图，粪涂片三色染色后的滋养体。右下图，感染动物的肠黏膜切片，肠腔内有分离的滋养体

1986）。牛犊感染贾第虫后会出现慢性腹泻，发病率高，死亡率低，对电解质和抗生素不敏感，48h内对地美硝唑（dimetridazole）敏感（St Jean等，1987）。仔细检测试验羔羊的生产参数，结果显示新生羔羊贾第虫病会使羔羊到达屠宰重的时间延长并且胴体重量减轻（Olson等，1995）。对母羊产羊羔前后的粪便包囊计数发现：从产羊羔开始，之后4周内包囊最多（Xiao，Herd和McClure，1994）。意大利中部暴发的一起贾第虫病中，羔羊自然感染贾第虫后出现了吸收不良综合征，表现为增重减少，饲料转化率下降，需要用芬苯达唑（fenbendazole）治疗，10mg/kg，连用3d（Aloisio等，2006）。人感染贾第虫后，无明显症状或出现严重的肠炎。

[诊断]

腹泻粪便的直接涂片可观察到滋养体（见图3-6），而在成形的粪便中往往看不到。包囊可通过相对密度1:18的硫酸锌溶液漂浮浓集，但在蔗糖或其他漂浮液中包囊会收缩变形影响鉴别。相差显微镜有助于鉴别贾第虫滋养体和包囊。如果没有相差显微镜的话，在盖玻片边缘加一滴卢戈氏碘液，使滋养体和包囊着色，增加虫体内细胞核的反差，使之更容易鉴定。贾第虫包囊在无症状宿主的正常粪便中同样能够观察到，但也有少数病例，虽然出现了临床症状，但在粪便中既找不到包囊也找不到滋养体。已有几种抗原检测试剂盒用于人和动物粪便的检测（Garcia和Shimizu，1997），目前爱德士SNAP试验是兽医室内常用的试剂盒（Carlin等，2006）。

[治疗]

犬贾第虫病可用芬苯达唑治疗，剂量与治疗蠕虫时相同（Barr，Bowman和Heller，1994；Zajac等，1998）。也可采用苯硫氨酯，噻嘧啶和吡喹酮（剂量分别为37.8mg/kg，7.56mg/kg和7.56mg/kg）联合用药3d（Payne等，2002），可成功地消除多数犬体内的包囊。采用阿苯达唑治疗（25g/kg，每12h给药一次，连续4次）可阻止感染犬释放贾第虫包囊（Barr等，1993）。由于阿苯达唑治疗可能会造成犬猫的骨髓中毒，所以兽医在治疗犬猫的贾第虫病时使用该药应小心慎重（Stokol等，1997）。目前用于犬贾第虫病治疗的其他药物包括以下几种：阿的平（6.6mg/kg，每天2次，连用5d），甲硝唑（22mg/kg，口服，每天2次，连用5d），替硝唑（tinidazole）（44mg/kg，每天1次，连用3d）。

猫的贾第虫感染可用甲硝唑（22～25mg，口服，每天2次，连用5～7d）进行安全有效的治疗（Scorza和Lappin，2004；Zimmer，1987）。

还可联合使用苯硫氨酯（37.8mg/kg），噻嘧啶（7.56mg/kg）和吡喹酮（7.56mg/kg）连续5d进行有效治疗（Scorza，Radecki和Lappin，2006）。

美国富道动物保健公司生产的贾第虫疫苗，犬的GiardiaVax和猫的Fel-O-Vax Giardia已批准用来预防犬的贾第虫病（Olson等，2000），并且已向美国农业部提交了使用效果的数据作为获准的部分材料。然而，还是有很多兽医质疑这些疫苗使用的效果，多数兽医认为这些疫苗使用价值不大，只有少数人认为有效。感染的犬和猫使用该疫苗后还是无法消除体内的贾第虫（Anderson等，2004；Payne等，2002；Stein等，2003）。

对不同时期的牛使用不同剂量的芬苯达唑和阿苯达唑可有效治疗牛的贾第虫病（O'Handley等，1997；Xiao，Saeed和Herd，1996）。就芬苯达唑而言，一次性使用10mg；或每天服用10mg或20mg，连用3d；或每天服用0.833mg，连用6d，所有的治疗都是有效的。就阿苯达唑而言，每天服用20mg，连用3d，治疗有效。

病牛口服地美硝唑，以50mg/kg剂量，溶于250mL的水中，连用5d，可清除体内的包囊。并在48h内停止腹泻（St Jean等，1987）。

治疗鹦鹉贾第虫病，可用地美硝唑，按30g体重 1.5mg剂量间隔12h通过胃导管服用3次，比200mg/kg饮水5d的效果更好。而甲硝唑治疗无效（Scholtens，New和Johnson，1982）。

控制贾第虫感染的措施包括：防止粪便污染食物和水源，保持环境卫生，采用来苏儿（2%~5%），新洁尔灭（1%）或次氯酸钠（1%）进行环境消毒（Kirkpatrick，1986）。

第二节　根足虫（阿米巴）

一、肠道阿米巴

溶组织内阿米巴（*Entamoeba histolytica*）主要寄生在大肠，可引起人的阿米巴痢疾，该病常见于热带，偶尔发生在温带地区。肝脏的阿米巴性脓肿是一种严重的后遗症，常常威胁人的生命。人也可以感染非致病性阿米巴（如迪斯帕内阿米巴*Entamoeba dispar*，哈氏内阿米巴*Entamoeba hartmanni*，结肠内阿米巴*Entamoeba coli*，布氏嗜碘阿米巴*Iodamoeba buetschlii*，微小内蜒阿米巴*Endolimax nana*），其中一些阿米巴与家畜属于共栖关系。溶组织内阿米巴和其他阿米巴对家畜并不会造成多大损害。健康的牛、绵羊、山羊、马和猪的新鲜粪便涂片上常常会出现阿米巴的滋养体或包囊，不过通常被忽略。过去已将这些描述为不同的种（如牛内阿米巴*Entamoeba bovis*和羊内阿米巴*Entamoeba ovis*），不过近年来几乎没有受到任何关注。

然而，临床上也会出现阿米巴病例，主要发生在灵长类动物。比如，银叶猴发生过胃阿米巴病，临床表现为厌食、腹泻和体重下降等症状（Palmieri，Dalgard和Connor，1984）。据推测猴的胃内pH升高（5.0~6.7）以及捕获、装运和监禁所造成的应激与发病有很大关系。侵袭性内阿米巴（*Entamoeba invadens*）可引起捕获的爬行动物严重的疾病，甚至死亡。例如，500只红足龟进口到佛罗里达州南部两个月后就有200只死亡，并表现出厌食、倦怠和腹泻等临床症状。病理学检查发现十二指肠黏膜坏死，肝脏多灶性坏死。十二指肠和肝脏病变的组织学检查均发现了阿米巴（Jacobson，Clubb和Greiner，1983）。

寄生性阿米巴通常以二分裂方式进行无性繁殖。活动型虫体叫做滋养体，当从新鲜粪便中找到，并保存在体温状态时，可表现阿米巴样运动。大部分阿米巴会形成包囊，有些还是多核的。滋养体最有可能在稀粪中发现，包囊多在成形的粪便中被找到。

溶组织内阿米巴感染的治疗

关于犬阿米巴病的治疗知之甚少。甲硝唑是治疗人的肠道和肝脏阿米巴病的首选药，因而也是治疗犬阿米巴病的合理选择。Roberson

（1977）建议每天口服甲硝唑，每千克体重50mg，连用5d。

二、兼性阿米巴病

兼性阿米巴大部分时间是自由生活，但如果进入人体就会引起严重的疾病。引起人的疾病的主要病原是：福氏耐格里阿米巴（*Naegleria fowleri*）（引起暴发性阿米巴性脑膜脑炎），卡氏棘阿米巴（*Acanthamoeba culbertsoni*）等（图3-7）（引起慢性阿米巴性脑炎），棘阿米巴（引起角膜炎）（Barnett等，1996；Schaumberg等，1998；Schuster和Visvesvara，2004；Sell等，1997）。不过，其他动物包括犬、长臂猿、绵羊、牛、海狸和貘也有阿米巴性脑炎病例的报道（Kinde等，2007；Lozano Alarcon等，1997；Morales等，2006）。在圣地亚哥动物园一只狒狒体内发现巴拉姆希阿米巴（*Balamuthia mandrillaris*）可以引起疾病（Visvesvara等，1993）。这种寄生虫还能致死猩猩、马和犬（Canfield等，1997；Finnin等，2007；Foreman等，2004；Kinde等，1998，2007；Rideout等，1997）。人的病例也有报道（Deol等，2000；Tavares等，2006）。

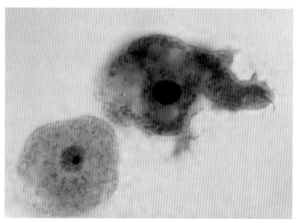

图3-7 培养的棘阿米巴滋养体。注意丝状伪足和细胞核中心的大核仁

第三节 纤毛虫门（纤毛虫）

一、结肠小袋纤毛虫

结肠小袋纤毛虫（*Balantidium coli*）是猪和老鼠肠道微生物区系中一种正常生物。作为单细胞生物来说它的个体很大，长度最大为150μm（图3-8）。虫体表面有成排的纤毛，口端（也叫胞口）附近的纤毛较长。细胞浆内突出的细胞器有一个大核，一个小核，两个伸缩泡，还有许多食物泡。结肠小袋纤毛虫以横二分裂方式进行繁殖，形成直径达60μm的包囊。

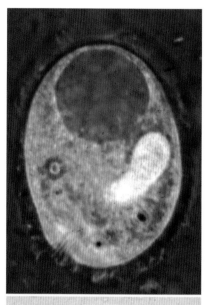

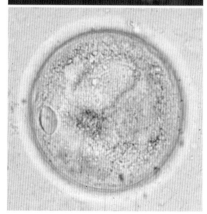

图3-8 结肠小袋纤毛虫。上图：运动纤毛虫的滋养体（电子闪烁照片）；下图：包囊，正常猪大肠内充满滋养体，随粪便排出包囊。结肠小袋纤毛虫与人的结肠疾病有关，轻则结肠炎，重则类似阿米巴病痢疾

尽管该虫对猪和人都危害不大，但偶尔可引起人的大肠溃疡，临床表现为腹泻，偶尔出现痢疾（不但腹泻，而且还会出现腹痛、抽搐、粪便带血或黏液）。根据腹泻粪便的直接涂片找到活动的滋养体或成形粪便的漂浮检查发现包囊即可确诊。洛杉矶动物园的4只大猩猩患病后出现急性肠炎，表现为水样腹泻和昏睡，其病因归因于结肠小袋纤毛虫感染（Teare和Loomis，1982）。苏格兰低地大猩猩患本病后使用甲硝唑治疗效果不理想，之后改用肌肉注射氟安定来治疗（Gual-Sill和Pulido-Reyes，1994）。

二、共生性纤毛虫

反刍动物的前胃以及马的盲肠和直肠内充满大的奇形怪状的纤毛虫，这些纤毛虫既不是宿主的病原也不是宿主所必需的（图3-9）。尸体剖检时，有时在反刍动物的肺脏可以找到这类虫体，但这只是病畜反刍后的残留物。

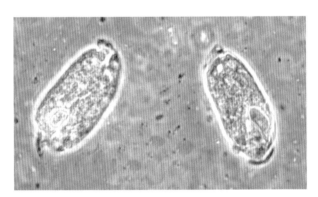

图3-9 马大肠内的纤毛虫

第四节 顶复门

与我们有关的顶复门原虫（孢子虫）都是专性细胞内寄生虫，它们通过破坏宿主细胞引起疾病。最重要的是球虫，其中许多在消化道上皮细胞内发育，引起肠炎，称之为球虫病（coccidiosis）。还有血孢子虫，在红细胞内发育，引起宿主溶血性贫血。球虫主要是通过粪便污染来传播，它们按照严格的顺序进行无性繁殖和有性繁殖，少数需要更换宿主。血孢子虫通过吸血的节肢动物来传播，包括梨浆虫和疟原虫，前者通过硬蜱来传播，后者通过双翅目昆虫来传播，并在这些昆虫体内完成它们的有性生殖阶段。

一、球虫

球虫（coccidians）个体发生的功能性单位是孢子，一种能动的、呈香蕉形或雪茄形的细胞，顶端尖后端圆（图3-10）。球虫靠孢子在宿主体内移动并侵入上皮细胞内，并且子孢子代表着球虫每个生活史的起点和终点。与生活史中特殊阶段的关系由前缀来表示。子孢子是在孢子化卵囊中出现的感染形态。大小配子体融合后形成卵囊，卵囊减数分裂形成子孢子。子孢子侵入宿主细胞后通过一种复分裂即裂殖生殖形成许多裂殖子，速殖子分裂快，慢殖子分裂慢，如此等等。艾美耳球虫（*Eimeria*），囊等孢球虫（*Cystoisospora*），哈蒙球虫（*Hammondia*），肉孢子虫（*Sarcocystis*）和弓形虫（*Toxoplasma*）呈现一种复杂有序的发育过程，整个生活史都是按照上述步骤进行的。

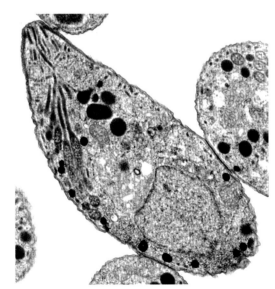

图3-10 鼠体内刚地弓形虫的速殖子（由John F. Cummings博士惠赠的透射电镜照片）

（一）艾美耳球虫

球虫的生活史一般以艾美耳球虫（*Eimeria*）为代表，艾美耳球虫是多种脊椎动物胃肠道的寄生虫。整个生活史包括无性繁殖和有性繁殖两个阶段，有性繁殖之后形成卵囊，卵囊随粪便排出体外。每个卵囊内包含8个感染性的子孢子。须牢记艾美耳球虫的生活史，因为它是学习所有其他球虫生活史的基础。图3-11将有助于理解下述细节。

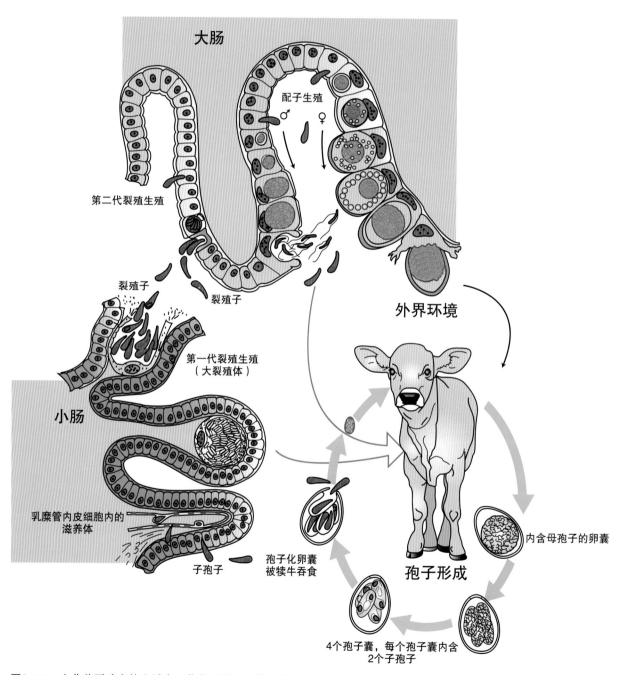

图3-11 牛艾美耳球虫的生活史。艾美耳球虫个体发育的详细情况在正文中做了阐述。牛艾美耳球虫的第一代裂殖体是巨型裂殖体，在小肠的中央乳糜管上皮细胞内发育，第二代裂殖生殖和配子生殖都发生在大肠上皮细胞内。临床症状与大肠的感染阶段有关

1. 裂殖生殖

如果感染性或孢子化卵囊被动物所采食，子孢子便释放出来，随之进入宿主的上皮细胞或固有层细胞内，转变为滋养体，而且越长越大，成为第一代裂殖体。艾美耳球虫的滋养体、裂殖体以及所有细胞内的发育阶段都被宿主细胞浆或细胞核内的纳虫空泡所包围。之后裂殖体产生第一代裂殖子，使细胞破裂，侵入新的细胞内成为第二代裂殖体。裂殖生殖也许有好几代，但许多重要的艾美耳球虫都是二代或三代。无性繁殖的代数、被寄生的宿主细胞类型和位置，以及每代形成的裂殖子数量都取决于球虫的种类。裂殖生殖的显著特性有：①单个子孢子繁殖的数量呈指数增长；②宿主细胞的破坏与感染程度呈正相关；③无性繁殖过程经过固定的重复次数之后自动暂停。

2. 配子生殖

由最后的裂殖生殖所产生的裂殖子进入新的宿主细胞，发育成雄配子体或雌配子体（小配子体或大配子体）。雌性大配子体变大，并储存营养，导致宿主细胞的细胞浆和细胞核随之膨胀，发育成熟时就叫做大配子或雌性生殖细胞。雄性小配子体则经过多次核分裂后形成多核细胞，每个核最终组装成一个双鞭毛的小配子或雄性生殖细胞。由小配子体形成的许多小配子中，只有小部分能找到大配子并与之受精形成受精卵。然后在其周围通过透明颗粒的结合形成一层囊壁，最后形成卵囊。

3. 孢子生殖

卵囊通过宿主细胞破裂而释放，随粪便排出后就开始孢子化。经过一到两天时间，如果在适当的湿度、温度和足够的氧气条件下，卵囊中的母孢子就可分裂成4个成孢子细胞。每个成孢子细胞又可发育成一个孢子囊，其内含有两个单倍体的子孢子，这样就形成了一个具有感染性的孢子化卵囊（图3-12），完成了整个生活史。在图3-13中以图解的形式再次呈现了艾美耳属球虫的生活史。

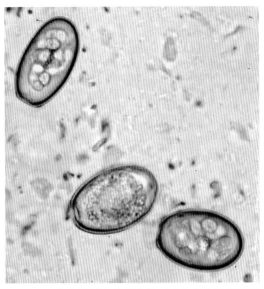

图3-12　家兔粪便中大型艾美耳球虫的孢子化卵囊

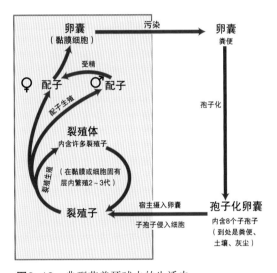

图3-13　典型艾美耳球虫的生活史

（二）囊等孢球虫

犬和猫常见的球虫习惯上被划分在等孢属（*Isospora*）。最近在分类名称和种类划分上做了修改，等孢属球虫代表鸟类的艾美耳科球虫。影响犬、猫的种类，现在叫做囊等孢属（*Cystoisospora*）球虫，寄生在肉食动物体内，与其他属如哈蒙属、弓形虫属、贝诺孢子虫属（*Besnoitia*）和肉孢子虫属一样有类似的孢子化卵囊（图3-14），以肉食动物或杂食动物作为终末宿

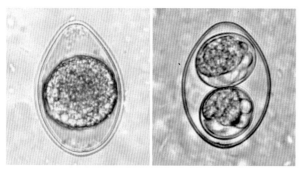

图3-14 猫囊等孢球虫的未孢子化卵囊（左）和孢子化卵囊（右）

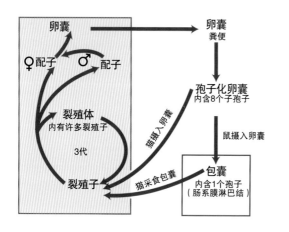

图3-15 猫囊等孢球虫的生活史

主。囊等孢属的母孢子发育成两个成孢子细胞，进一步发育成两个孢子囊，每个孢子囊含有4个子孢子。例如猫囊等孢球虫（*C. felis*）的生活史与牛艾美耳球虫（*E. bovis*）相似，不同之处在于前者的子孢子可以在老鼠或鸟体内形成包囊（子孢子不会增殖）。正如图3-15所示，猫通过采食孢子化卵囊或感染了子孢子的老鼠都可以获得感染。因此，老鼠可以作为猫囊等孢球虫的兼性转续宿主。

1. 肠道球虫病

　　艾美耳属或囊等孢属球虫的宿主范围较窄，但每种宿主可以同时被多种球虫所寄生。球虫病的生前诊断是根据宿主粪便中卵囊的鉴定。一般根据宿主的特异性和卵囊形状就可以鉴定到种，但对于一些特殊的球虫我们还要借助卵囊测微法和孢子化试验（参见第七章）。死后诊断则要根据肉眼病变和显微病变以及宿主和虫种的不同，

其病变差异相当大。此外，还要证实虫体是有性生殖阶段还是无性生殖阶段。裂殖体、配子体、卵囊以及一些中间阶段都被纳虫空泡所包围，这些空泡位于肠上皮细胞、黏膜固有层细胞或绒毛中央乳糜管上皮细胞的细胞浆（少数情况是在细胞核）内。尽管这些通过组织学技术可清楚地观察到，但利用直接涂片或压片可像苏木素-伊红染色标本那样精确可靠，而且快捷廉价。在肠内容物的涂片或浓缩物中可观察到卵囊和裂殖子。相差显微镜和用瑞氏或姬姆萨染色有助于证实子孢子。

　　需要注意的是仅在宿主粪便中发现球虫卵囊不能确诊为球虫病，除非病史和临床症状一致。在很健康的宿主粪便中可以发现大量的球虫卵囊，调查结果显示球虫在各种宿主中的感染率为30%～50%。另外，严重的甚至致死性的球虫病有时是发生在卵囊形成之前早期无性繁殖阶段。在这种情况下，虽然在粪便里找不到卵囊但宿主的临床症状很明显。球虫病的典型症状是慢性腹泻，这是由于大量繁殖的球虫破坏肠上皮细胞所致。引起腹泻的原因很多，球虫感染只是其中之一，所以在个别病例中球虫病的诊断总是不能确定。换句话说，腹泻加排卵囊不完全等于球虫病。然而，如果小犬、小猫、牛犊、羔羊、小孩、小猪、小鸡、小鸭、雏禽或其他家畜或野生动物相继出现以定期腹泻为特征的临床症状，诊断医生可毫无疑问地推测为球虫病的暴发。即使是一个环境良好而且是封闭饲养的群体，每批幼龄哺乳动物或禽类都会定期发生球虫病，除非采取了有效的预防措施。

　　球虫感染常常重复出现自限性感染，即球虫的种群在宿主体内繁殖到最大数量后，随着宿主免疫力的产生突然消失殆尽或下降到一个很低的水平。少量卵囊可以随粪便持续释放长达几周甚至几个月，但其感染仍不明显。当这些有免疫力的宿主遇到另一种球虫时，将会重复同样的规律。所以抗球虫感染的免疫具有宿主特异性与合

理的保护性，但属于不完全免疫。有些动物虽然排卵囊，但在几个月甚至几年内仍然健康。它们具有足够的免疫保护力，在球虫继续暴露的情况下能够限制其感染，但不能排除感染。

球虫病是由过分感染或是适度感染与应激的相互影响所造成的。清除所有的粪便并尽量保持地面清洁可以最大限度地减弱虫卵污染环境的程度。不过尚无可靠实用的消毒剂。当碰巧有球虫卵囊出现时，干燥和直接阳光照射是杀灭卵囊的有效方法。幼龄易感动物暴露期间使用抗球虫药，允许球虫感染并产生免疫力，从而限制其感染，不致发病。这些药对于集约化生产的鸡、山羊、绵羊、牛、犬和猫来说，实际上是必不可少的。

2. 犬和猫

由于犬和猫的味觉习惯不同，必须区别囊等孢球虫的真感染与假寄生。一只犬反复腹泻并且排卵囊似乎像一个"开关病例"，后来证实这些卵囊属于松鼠的一种寄生虫，我们才发现腹泻是由于误食造成的而不是原虫感染。实际上，几乎所有的幼犬幼猫在刚出生几个月时都感染过囊等孢球虫。在那些精心控制的特定饲养区幼猫幼犬的粪便中，不止一次地观察到球虫卵囊，而且感染总是发生在管理较差的饲养区，在那里卫生措施不是那么严格。

犬的犬囊等孢球虫（*C. canis*）、俄亥俄囊等孢球虫（*C. ohioensis*）、波氏囊等孢球虫（*C. burrowsi*），猫的猫囊等孢球虫（*C. felis*）和芮氏囊等孢球虫（*C. rivolta*）是犬、猫球虫感染和球虫病最常见的种类。特别在急性感染时，先出现临床症状，后排出卵囊。主要表现为持续几周的大量水样腹泻，治疗基本上没有明显作用。

3. 牛

所有牛犊在出生后一年内都会感染一种以上的艾美耳球虫，因此在病牛腹泻的粪便中发现几个卵囊本身并不能确诊为球虫病。不过确实发生过球虫病的暴发，尤其是两岁牛。这些暴发通常与邱氏艾美耳球虫（*E. zuernii*）或牛艾美耳球虫

（*E. bovis*）有关。这两种球虫都经历两个无性生殖阶段。第一个阶段是在回肠后段的微绒毛固有层细胞（邱氏艾美耳球虫）或乳糜管内皮细胞（牛艾美耳球虫）内形成裂殖体。牛艾美耳球虫的巨型裂殖体（直径大约250μm）肉眼可见，含有10万个以上裂殖子。邱氏艾美耳球虫的裂殖体很小而且寄生部位很深，所以肉眼无法看到。而第二代裂殖体只能用显微镜观察到，它们寄生在盲肠和结肠的上皮细胞内，也是配子生殖的部位。临床症状的出现与配子生殖的开始是一致的，它是由于大量黏膜细胞被有性阶段虫体机械性破坏所造成的。在一些严重的病例当中，由于几乎没有多少上皮细胞是完整的，所以就会有大量的血清和血液从裸露的固有层毛细血管中流失。牛艾美耳球虫的潜伏期（从感染到粪便中出现诊断性特征阶段的时间）一般是16～21d，邱氏艾美耳球虫一般是12～14d。在暴发的临床球虫病中，偶尔会出现阿拉巴艾美耳球虫和奥本艾美耳球虫（Radostits和Stockdale，1980）。

犊牛冬季球虫病突出的临床表现是血便和里急后重。严寒的天气和其他应激因素可以导致在感染水平不会产生临床症状的情况下出现临床疾病。

在牛群中暴发的球虫病当中有1/3属于神经球虫病，尤其是来自美国西北部和加拿大西部的肉牛。除了急性腹泻之外，还会出现肌肉震颤、抽搐、角弓反张、眼球震颤、失明等症状，死亡率约50%。神经球虫病的发病机理尚不清楚，但90%以上的病例是发生在一年当中最冷的几个月，从1月到3月。加拿大工人报道在病牛血清中存在一种不耐热毒素，可以使接种的老鼠出现神经症状（Isler，Bellamy和Wobeser，1987），不过在之后的20年内未见此类研究的跟踪报道。

4. 绵羊和山羊

曾经认为绵羊和山羊感染同一种艾美耳球虫。然而，目前逐渐出现两个种名的主流意见，即绵羊和山羊的球虫确实很相似但属于不同的

种。具体诊断是根据在粪便的蔗糖漂浮浓集物中对卵囊进行形态学鉴定。如果需要区别相似种的话，可以借助于测微法和卵囊在1%重铬酸钾溶液中的孢子化试验。

绵羊在运输之后很容易发生球虫病，而且相关的应激也会加快此病的发生。实验感染类绵羊艾美耳球虫（E. ovinoidalis）的羊羔，大约在感染后14d粪便中出现卵囊。如果感染严重的话，大约在感染后3周出现死亡。山羊似乎对艾美耳球虫更易感，所以在饲养羔羊时，球虫病是一个严重的问题。羔羊一般在断奶两到三周后出现临床症状，但只要两周龄以上的羔羊出现腹泻，就应该怀疑患球虫病。体弱的感染严重的羔羊可能会死亡；强壮的和感染较轻的羔羊就算是存活下来，发育也不正常。典型症状是出现糊状到水样的腹泻与脱水。犊牛球虫病常常会出现血便和里急后重，但这不是绵羊和羔羊球虫病的典型症状。在排卵囊前几天就会出现腹泻。对于这种疑似球虫病病例，可以采用粪便直接涂片检查裂殖子。尸体剖检可以观察到许多3~6mm不规则的白色隆起病灶。由这些病变做成的涂片和压片检查可发现艾美耳球虫的不同发育阶段。

5. 马

留氏艾美耳球虫（E. leuckarti）是北美马的唯一的肠道球虫。在肯塔基州13个繁殖场所进行的调查结果显示，有11个农场的67头马驹自然感染了该球虫。通过饱和蔗糖漂浮法证实，当马驹15~123日龄时，首先从粪便中排出卵囊，以后可以零星释放长达4个月（Lyons，Drudge和Tolliver，1988）。2004年该州3个农场进行过类似调查，所检查的79头马驹中，感染率分别是36%、41%和85%（Lyons等，2007）。

一岁小马经口感染5万至2百万个卵囊在33~37d内出现明显的感染，并且持续12d排出卵囊。裂殖体未见，配子体在小肠微绒毛固有层细胞内可以见到。这些人工感染的小马未出现任何临床症状（Barker和Remmler，1972）。因此，留

氏艾美耳球虫至少在肯塔基州的马驹中是很流行的，但其危害并不大。

6. 猪

猪可作为8种艾美耳球虫和1种囊等孢球虫的宿主，其中似乎只有囊等孢球虫具有重要的临床意义（Vetterling，1965）。猪囊等孢球虫（Cystoisospora suis）可引起1~2周龄仔猪的球虫病。临床症状包括：腹泻，脱水和体重减轻；发病率高，死亡率低或中等。随着年龄的增长，易感性迅速下降。虽然1日龄仔猪感染40万个卵囊就可以致死，但如果感染延迟到两周龄的话，则只会出现轻度短暂的腹泻。潜伏期是5d，排卵囊可以持续1~3周。存活仔猪对再次感染具有良好的免疫力。仔猪球虫病有待于与兰氏类圆线虫（Strongyloides ransomi），产毒的大肠杆菌，传染性胃肠炎病毒（gastroenteritis virus），轮状病毒（rotavirus）和C型产气荚膜梭菌（Clostridium perfringens type C）引起的肠炎区分开来。成年猪很少发生囊等孢球虫感染，仔猪球虫病的流行病学仍然存在着许多疑问（Lindsay Blagburn和Powe，1992；Stuart等，1980）。

7. 兔

兔子是许多艾美耳球虫的宿主，其中斯氏艾美耳球虫（E. stiedae）具有高度致病性。这种寄生在宿主胆管上皮细胞的艾美耳球虫极其少见，它可引起上皮细胞明显肿大，在肝脏表面出现明显的病变，如尸检可见的大型白色坏死灶，常常导致死亡。

8. 美洲驼

无峰驼和羊驼也是许多艾美耳球虫的宿主，它们会因此而导致球虫病。其种类有：无峰驼艾美耳球虫（E. lamae），羊驼艾美耳球虫（E. alpacae），普诺艾美耳球虫（E. punoensis），马库沙里艾美耳球虫（E. macusaniensis）和秘鲁艾美耳球虫（E. peruviana）。

9. 禽类

家禽球虫病的话题范围很大，十分复杂，以致

超出本书篇幅，读者可以参考关于禽病的参考书。

10. 治疗与控制

晚期球虫病的治疗主要采用支持疗法，因为当粪便中检出卵囊时，没有任何药物对宿主感染的球虫能起多大的作用。控制易感动物的球虫病是一个挑战性的命题，主要依赖于预防性化学给药。抗球虫药预防的目的是对易感动物提供足够的保护，允许其产生免疫力，而又不致于发病。药物可以减少虫体攻击的数量，从而防止疾病的发生，但并不能阻止感染。然而，不要过分期待化学药物的作用。如果环境中污染太多的卵囊，并且更重要的是，宿主受到太多的应激，即使用最好的药物也无法解决问题。

（1）犬和猫 犬和猫感染了囊等孢球虫暴发球虫病时，可以采用磺胺类药物来控制。治疗患有球虫性肠炎的犬可根据以下方法服用磺胺二甲氧嘧啶：首日55mg/kg，之后4d或者直到犬症状消失前2d改为27.5mg/kg。目前，一些非犬、猫专用的药物如三嗪类药物也可用于犬、猫球虫病的治疗（Daugschies等，2000；Lloyd和Smith 2001）。

这类药物的使用剂量为：托曲珠利，犬为10～30mg/kg，连用1～3d；地克珠利，猫为25mg/kg，一次服用；帕托珠利（ponazuril），犬、猫每天20mg/kg，连用1～3d。必须注意的是这些药物都不是犬、猫专用的药物。

（2）反刍动物 无论选择何种药物，都要减少反刍动物感染球虫的机会以及应激条件，才能有效地控制球虫病。足够大的畜栏、清洁的饲槽、清新的空气以及干燥的地面都是家畜生活最基本的要求。决不能将不同年龄和体型的小牛、绵羊或山羊混在同一个栏内。作为一种常规方法，如果没有什么特殊情况，应当每天定时对所有家畜认真观察几分钟。一旦发现患病的家畜，应当立即进行隔离治疗。这样做可以达到双重效果，既可减少患畜接触到不必要的应激，也可保护其他健康群体接触过多的卵囊。一旦在一头或几头动物中诊断出球虫病，场地上所有其他的幼畜都应该用抗球虫药进行预防

性治疗。球虫病是不可避免的，但通过良好的管理和适当的治疗可以预防球虫病，至少可以改善球虫病的感染状况。

（3）牛 由牛艾美耳球虫和邱氏艾美耳球虫引起的犊牛球虫病可用氨丙啉、莫能菌素、磺胺类药物（如磺胺二甲基嘧啶、磺胺二甲氧嘧啶和磺胺喹噁啉）进行治疗。实际上，粪便中一旦出现卵囊，就已经错过了治疗的最佳时机。化学疗法绝对比支持疗法重要，尤其是在保持体液平衡方面。氨丙啉经饮水投服，每天10mg/kg，连用5d。通常给临床病畜单独给药较好，因为患病最严重的或最需要给药的动物最可能得不到群体给药的份额。口服磺胺二甲嘧啶，140mg/kg，每天1次，连续3d（Radostits和Stockdale，1980）。包括安普罗铵和磺胺喹噁啉在内。磺胺喹噁啉，每天12mg/kg，连用3～5d，治疗牛的球虫病也被证明有效。

犊牛在自然接触卵囊期间，经饲料或饮水投服氨丙啉，每天5mg/kg，连用21d，可达到预防效果。预防小牛和老牛由牛艾美耳球虫和邱氏艾美耳球虫引起的球虫病，建议使用癸氧喹酯。在可能接触卵囊期间投服该药，0.5mg/kg，至少服用28d。如果动物已经发生感染，用该药治疗是无效的。拉沙菌素可作为一种饲料添加剂，每天1mg/kg，对马禁止使用。莫能菌素作为一种提高饲料转化率和控制球虫病的饲料添加剂，剂量为每天每头100～360mg。由于马的中毒剂量大约是牛的1/10，所以对马应禁用（Langston等，1985）。还有几种磺胺类药物可以控制球虫病。

（4）绵羊 风险最大的动物是牧场放牧时刚断奶的羊羔，其在进入牧场之前或同时就要采取预防措施。癸氧喹酯、拉沙菌素和磺胺喹噁啉都准许用于控制绵羊球虫病。磺胺喹噁啉一般是经饮水给药3～5d。癸氧喹酯的用法与牛的相同，0.5mg/kg，至少28d。拉沙菌素经饲料给药，每只绵羊每天15～70mg。再次提醒，马禁用该药。

（5）山羊 癸氧喹酯和莫能菌素准许用于

预防干奶期山羊的球虫病。为了预防起见，羔羊从两周到几月龄都需要连续给药。癸氧喹酯可以与饲料混合，每天0.5mg/kg；或与食盐混合（2kg 6%的癸氧喹酯预混剂与50kg的食盐混合）。莫能菌素是按每吨（90%干重）20g的莫能菌素钠定量投服。马禁用此药。在美国，小山羊禁用氨丙啉。实验表明，给患有球虫病的小山羊使用高剂量的氨丙啉（高于牛的推荐剂量，25～50mg/kg），将导致由于硫胺素缺乏引起的脑脊髓灰质软化症。在供水充足的小山羊可以使用磺胺药治疗球虫病，因为如果磺胺药因缺水不能保持其溶解状态的话，就会损害肾脏。

年龄大的山羊即使不表现出临床症状，但也会持续排出卵囊很长一段时间，因此可作为小山羊的最终感染源。有问题的羊群，必须在小山羊出生时就与其母羊隔离开来并进行人工饲养，并在开始日粮中连续几个月饲喂抗球虫药。如果条件好的话，要保证干净消毒的栏舍，母羊在哺乳前应仔细清洗乳房。成年羊受到应激或感染了以前未接触的艾美耳球虫有可能发生暂时性腹泻。这里很多关于山羊球虫病的资料和观点都是来自Smith和Sherman（1994）。

（6）马　留氏艾美耳球虫似乎是非致病性的，对它的感染可不用治疗。

（7）猪　目前尚未发现治疗新生仔猪球虫病的特效药。严格的卫生措施是最有效的防治办法。主要的卫生措施有：蒸汽消毒分娩房；猪舍用氨水消毒过夜；第二天继续蒸汽消毒（Stuart和Lindsay，1986）。如今的欧洲以及2005年前的加拿大，都是使用拜耳动物保健提供的百球清（泊那珠利）来治疗仔猪球虫病。由于加拿大科学家不能排除该药对消费者健康的不利影响，应加拿大卫生部的要求，停止该药在加拿大的使用。在欧洲，百球清也被批准用于治疗雏鸡和犊牛的球虫病。

（8）兔　在实验室里，兔是用托曲珠利或泊那珠利来治疗。同样，一些宠物兔也是用泊那珠利来治疗。必须注意的是，在美国对许多人来

说，兔子属于一种食用动物，所以，当给予治疗时必须考虑治疗动物的用途。

（三）隐孢子虫

目前许多寄生虫学家认为与球虫和疟原虫相比，隐孢子虫更接近于簇虫（Carreno，Martin和 Barta，1999）。不仅如此，虽然看起来这只是一个纯粹的学术问题，但它有助于解释这些病原与所寄生的黏膜细胞之间的表面关系，以及为什么几乎所有的抗球虫药和抗疟疾药都已证明控制该虫不合适。当然，再过10年我们也许会改变看法。

隐孢子虫属（*Cryptosporidium*）在过去几年内经过大量细致的工作显示其种类明显增多（Fayer Santin和Xiao，2005）。目前公认的兽医学上重要的种类包括：寄生于小肠的有：微小隐孢子虫（*C. parvum*），寄生于30日龄以内的小牛；牛隐孢子虫（*C. bovis*），寄生于老年牛和成年母牛；猪隐孢子虫（*C. suis*），寄生于猪；犬隐孢子虫（*C. canis*），寄生于犬；猫隐孢子虫（*C. felis*），寄生于猫；火鸡隐孢子虫（*C. meleagridis*）和贝氏隐孢子虫（*C. bayleyi*），寄生于鸟类；以及赖氏隐孢子虫（*C. wrairi*），寄生于豚鼠体内。寄生于胃内的有：鼠隐孢子虫（*C. muris*），寄生于鼠；蛇隐孢子虫（*C. serpentis*），寄生于蛇；安氏隐孢子虫（*C. andersoni*），寄生于奶牛的皱胃。寄生于人的重要种类是人隐孢子虫（*C. hominis*）。常见的人兽共患隐孢子虫，且经常感染兽医学人员的是微小隐孢子虫。其他少见的人兽共患隐孢子虫包括犬隐孢子虫、猫隐孢子虫、火鸡隐孢子虫、鼠隐孢子虫和猪隐孢子虫。绵羊、山羊、马及有关动物似乎与牛共同易感染微小隐孢子虫，至少现在是这样。还有一些鹿的隐孢子虫，可能在今后会描述。

1. 生活史

感染性卵囊为传播阶段，直径5～8μm，其大小因种而异（图3-16，图3-17），每个卵囊包含4个子孢子，随粪便排出体外，成为感染源。

卵囊能够在外界存活几个月，除非是暴露在极端的温度下（0℃以下，65℃以上），或干燥环境或浓缩的消毒剂（5%氨水，10%福尔马林）。当被适宜的宿主采食时，卵囊就会沿着预先的缝线打开释放出4个子孢子，侵入胃腺（*C. muris*；Tyzzer，1907，1910）或小肠后段的微绒毛边缘（*C. parvum* Tyzzer，1912）。在微绒毛边缘的纳虫空泡内，隐孢子虫进行裂殖生殖、配子生殖、受精和孢子生殖。一些卵囊在体内脱囊，造成自身感染，这就解释了为什么免疫力强的宿主会出现慢性感染，而免疫缺陷的宿主会出现致死性的重度感染。

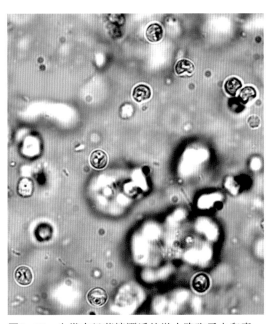

图3-16 牛粪中经蔗糖漂浮的微小隐孢子虫卵囊

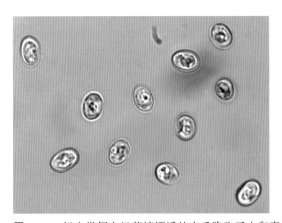

图3-17 奶牛粪便中经蔗糖漂浮的安氏隐孢子虫卵囊

2. 临床症状

哺乳类、禽类、爬行类和鱼类一般都属于隐性感染。比如，剖检1～30周龄猪，可从5%的猪肠上皮微绒毛边缘内发现隐孢子虫，但据Sanford报道，只有26%的感染猪出现腹泻（Sanford，1987），其中多数有其他致腹泻的病因或出现引起腹泻的病变。另外，由腹泻导致的虚弱也可能与感染有关（例如，在3周龄以内的犊牛体内）。尽管微小隐孢子虫通常是哺乳动物隐孢子虫病的元凶，但安氏隐孢子虫可以引起各种年龄牛的轻度腹泻，特别是青年牛。免疫受损的宿主可能会出现致死性的隐孢子虫病，就像许多艾滋病人那样（Ma和Soave，1983）。据报道，重度隐孢子虫病与猫白细胞增多病毒引起的免疫受损和阿拉伯马驹的遗传性免疫缺陷相关（Monticello等，1987）。然而对于后面一种情况，不能将隐孢子虫影响与腺病毒的并发感染截然分开（Snyder，England和McChesney，1987）。

3. 诊断

由于隐孢子虫卵囊无色透明而且很小，所以在粪便涂片上很难观察到。微小隐孢子虫大约是5μm×4.5μm（见图3-16），安氏隐孢子虫7.4μm×5.6μm（见图3-17）（Upton和Current，1985）。可选择饱和蔗糖溶液（相对密度1.33）作为浓集隐孢子虫卵囊的漂浮液。可采用第七章关于粪便的定性检查所描述的离心漂浮技术。卵囊呈微小亚球状，可能由于受到高渗溶液的渗透作用而变形。它们紧贴在盖玻片下方，所以寻找卵囊的最好焦距应集中在气泡的顶部。卵囊壁会因色差而呈现出粉红色，最好用适当的物镜来观察。在精确校正的物镜下观察，卵囊壁清晰可见。一旦发现疑似卵囊，可用高倍镜进一步证实子孢子。相差显微镜有助于观察，一些染色技术（比如亚甲基蓝染色，姬姆萨染色，碘液染色，改良抗酸染色）都可用于增加卵囊对比度，区分染色相混的酵母。然而，确诊隐孢子虫病的最大障碍在于显微工作者的经验不足和不牢靠。最好的操作方法是将1~3周龄牛犊的粪便制成涂片，置于40倍的物镜下，适当调暗亮度仔细观察直到找到隐孢子虫卵囊。如果觉得可疑的话，可在高倍镜下检查子孢子。一旦找到了卵囊，也就获得了确诊的最有力证据。严格的显微技术要付出额外的费用，尤其是当遇到光学显微镜分辨率的限制。如同所有的显微操作，科勒照明是必不可少的。还有与卵囊结合的各种荧光标记抗体也为实验室所用，不过这些方法所用的显微镜需要附带一个紫外线光源和适当的过滤装置。室内使用的几种方法可以用于检测人粪中的隐孢子虫抗原，用于检测牛的样本，虽然成本昂贵，但效果很好。

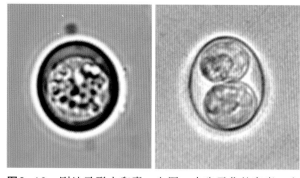

图3-18 刚地弓形虫卵囊。左图：未孢子化的卵囊；右图，孢子化卵囊

4. 治疗

尚未发现有治疗动物隐孢子虫病的特效药。对人而言，美国食品与药品监督局推荐口服硝唑尼特混悬剂，以治疗因隐孢子虫（或贾第虫）引起的腹泻。治疗犬、猫隐孢子虫病的其他药物包括巴龙霉素，150mg/kg，每天1次，连用5d；泰乐菌素，10~15mg/kg，每天3次，连用14~21d，用于猫；阿奇霉素，5~10mg/kg，每天2次，连用5~7d，用于猫。

（四）弓形虫

1. 生活史

刚地弓形虫（*Toxoplasma gondii*）是家猫和其他猫科动物的一种肠道球虫。猫是唯一的终末宿主（在其体内形成大配子和小配子），因此只有感染猫才能随粪便排出卵囊。卵囊很小（11~13μm，图3-18），包含一个母孢子，随粪便排出时无感染力。在1~5d内完成孢子化，形成两个孢子囊，每个孢子囊内含有4个子孢子。完全孢子化的卵囊对包括猫在内的几乎所有的恒温动物都具有感染性（图3-19）。所以几乎所有的恒温动物都可以作为刚地弓形虫的转续宿主（Dubey，1986a，1986b）。所谓转续宿主是指虫体在其体内可以生长或繁殖，但不能完成生活史的一种宿主。

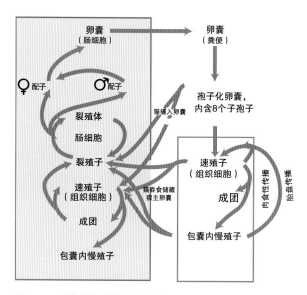

图3-19 刚地弓形虫的生活史

孢子化卵囊被宿主采食后，在肠道中破裂并释放出子孢子。这些子孢子进入肠道和相关淋巴结的细胞内繁殖，进入快速繁殖阶段，即速殖子（图3-20），扩散到所有其他组织，并侵入细胞继续繁殖。最后，在大脑、横纹肌和肝脏内形成含有慢殖子的组织包囊（图3-21），此时仍然保持活力。慢殖子基本上对所有采食的恒温动物都有感染性，其表现类似于上述子孢子的方式。长久以来，采用过碘酸-品红试剂进行染色可以区分慢殖子与速殖子，染色结果表明慢殖子含有糖原，能够抵抗胃蛋白酶消化。因而，转续宿主可以通过采食猫粪中的孢子化卵囊或其他宿主组织中的慢殖子而感染刚地弓形虫。速殖子可通过胎

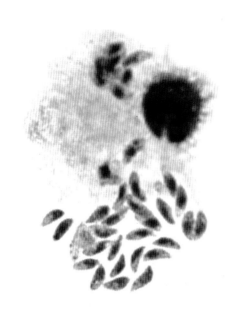

图3-20 刚地弓形虫的速殖子和自然感染猫的肺脏巨噬细胞（姬姆萨染色）

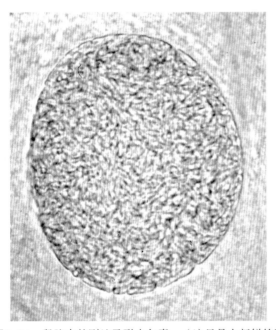

图3-21 鼠脑中的刚地弓形虫包囊。（这只是由新鲜的脑组织在盖玻片和载玻片之间挤压制成的临时标本）

盘经母体传给胎儿，不过该途径是否重要还与宿主的种类有关（Dubey，1986a，1986b）。

当猫科动物采食刚地弓形虫的组织包囊时（图3-19和图3-21），慢殖子就会侵入小肠上皮细胞进行一系列的无性繁殖，最后进行有性繁殖，以释

放卵囊而告终。猫吃了带有包囊的老鼠后，3~10d内随粪便排出卵囊，但吃了孢子化卵囊之后直到19~48d才会排出卵囊（Dubey和Frenkel，1976）。显然，在转续宿主体内形成慢殖子之前的无性繁殖阶段为进入有性生殖阶段做好了铺垫。由于该速殖子的繁殖和包囊的形成可以发生在猫的肠外组织，所以猫也可以作为转续宿主（Dubey，1986b），也会出现全身性疾病（Meier等，1957）。

2. 临床意义

像其他球虫一样，刚地弓形虫可以破坏细胞，而且速殖子的迅猛增殖，可能对宿主造成严重损害。免疫系统完好的成年人，首次感染弓形虫后会出现短暂的多种不适症状，如发烧、肌痛、淋巴结肿大、厌食和咽喉痛，根据这些症状很难确诊。对于缺乏免疫力的宿主，如胎儿、新生儿、老龄者和患有先天性或获得性免疫缺陷症的宿主来说，情况会更严重。最令人担心的是孕妇感染弓形虫后，胎儿可能会出现死亡、先天性畸形或智力发育迟缓。虽然有刚地弓形虫循环抗体的妇女不必担心自己将来出生的胎儿会出现先天性弓形虫病，但这类妇女只占有风险人群的30%。剩下70%妇女在怀孕期间必须小心避免接触猫粪和食用未煮熟的肉（Dubey，1986a，1986b）。

成年牛似乎对弓形虫病有抵抗力，而绵羊和山羊易感，往往会因胎盘炎而导致流产（Dubey，1986d，1987）。由于这种情况不会重复出现，所以流产的母羊不需要淘汰。弓形虫病在猪群中广泛流行，未煮熟的猪肉可能是人的重要感染源（Dubey，1986a，1986c）。

3. 治疗

人吃了病猫粪便中的孢子化卵囊或未煮熟的含有包囊的动物肉类都会发生弓形虫病。孕妇应该吃完全煮熟的肉，避免清理猫产生的垃圾或打扫时需戴一次性手套（Frenkel和Dubey，1972）。此外，生菜和其他新鲜蔬菜要洗净，避免接触新生的羔羊和胎膜，不要饮用未经消毒的羊奶。最大的感染风险可能是吃了未煮熟的羔羊

和散养的鸡肉，在美国买到的大部分肉类被感染的风险很低。从美国农业部的调查来看，美国超市肉类（来自698个零售肉店的牛肉、鸡肉和猪肉中，每个抽取2 094个样本）中牛肉或鸡肉都未检出弓形虫，只在7份猪肉（每份含6个样品）中发现了弓形虫（Dubey等，2005b）。

为了预防主人受到感染，猫一旦排出弓形虫卵囊就应该住院治疗，直到停止排卵囊，通常在两周以内可康复。如果发生再次感染，就会出现短时间内排出少量的卵囊。并发感染囊等孢球虫也会激发短暂性地排出卵囊。然而，一般来说，经历过弓形虫感染的猫，仍然有相当少的虫体感染。因此，感染过弓形虫或血清学阳性的猫可能比那些从未受到感染的猫更安全（Dubey，1986b）。

根据Barr博士的报道，盐酸克林霉素可以治疗猫的弓形虫病。此药可以随饲料口服，开始25mg/kg，每天2次，之后50mg/kg，每天2次。如果猫出现呕吐，立即停药一天，然后再次恢复给药，25mg/kg，至少治疗2周。猫还可以采用其他方法治疗，如肌注磷酸克林霉素12.5～25mg/kg，每天2次；口服乙胺嘧啶（0.25～0.5mg/kg）和磺胺类药（30mg/kg），每天2次；口服甲氧苄氨嘧啶和磺胺嘧啶（15mg/kg），每天2次。以上都是连用4周（Lindsay等，1997）。乙胺嘧啶会导致巨幼红细胞性贫血或白细胞减少症，如果在30d内还未见效的话就要停止给药。根据百球清对鼠弓形虫病的治疗效果（Mitchell等，2004），该药可减少猫粪中卵囊的排放。

（五）新孢子虫

犬新孢子虫（*Neospora caninum*）最初被认为是家犬的一种寄生虫（Dubey等，1988），最早是在死于多发性神经炎的同窝小犬中发现（Bjerkås，Mohn和Presthus，1984；Core，Hoff和Milton，1983）。在神经组织中所见的包囊（图3-22），其囊壁比刚地弓形虫的更厚，犬新

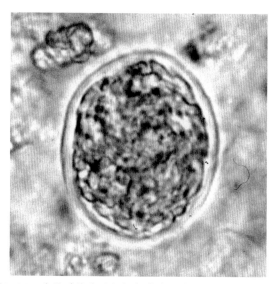

图3-22 自然感染犬脑组织匀浆中的犬新孢子虫包囊，注意囊壁比刚地弓形虫的更厚

孢子虫和刚地弓形虫被认为是顶复门中最为相似的虫体。小犬经胎盘感染后会出现后肢麻痹无力的典型症状。成年犬发作后，临床上表现为神经症状、结节性皮炎、肺炎、排粪和排尿失禁、肝炎、心肌炎和肌炎。最近发现该虫是引起全世界奶牛流产的一个重要原因（Anderson等，1991；Barr等，1997）。由该虫引起的流产比较常见，奶牛中10%～20%的流产可能由该病原所引起。妊娠中期的奶牛患该病的概率最大，此后子宫内感染的小牛有望存活。随后怀孕可能会发生流产，更典型的是产下的胎儿可能会发生先天性感染。血清学阳性的小牛最终产下的小牛也会感染而且也呈血清学阳性。血清学阳性奶牛的产奶量比血清学阴性的奶牛要低而且很可能被提前淘汰（Thurmond和Hietala，1996和1997）。

牛的新孢子虫以犬作为终末宿主（McAllister等，1998），随犬粪排出的卵囊与刚地弓形虫、哈蒙球虫的卵囊很难区分开来，但采用分子手段可以进行区别（Hill等，2001）。已经证实犬会排出卵囊（Lindsay，Dubey和Duncan，1999），不过要想定期获得犬的大量卵囊却很困难。这就难以研究其预防手段以及更充分地了解犬对环境污染的重要性。有几种免疫学和分子诊断技术可

以用来检测新孢子虫感染。牛一般不会作为刚地弓形虫的宿主，人也没有新孢子虫病例的报道。因而，此时吃了半熟的牛肉似乎不会对人产生威胁。治疗泌乳期的奶牛尤为困难，而且目前也没发现特效药。英特威公司提供了一种疫苗，有助于预防牛的新孢子虫病。

1998年在马体内发现了马新孢子虫（*N. hughesi*）（Marsh等，1998）。其鉴定是根据马、牛和犬分离株的分子差异，后来在俄勒冈州马的病料中证实了它们之间的差异（Dubey等，2001a）。

（六）哈蒙球虫

哈蒙球虫种间卵囊的形态不同，与弓形虫和新孢子虫也有本质区别。哈氏哈蒙球虫（*H. hammondi*）是猫的一种寄生虫，不像猫囊等孢球虫，它是在中间宿主猪、大鼠、小鼠、山羊、仓鼠和犬的组织内繁殖。赫氏哈蒙球虫（*H. heydorni*）是一种类似的寄生虫，它以犬、狐狸和土狼作为终末宿主，以牛、绵羊、山羊、骆驼、水牛、天竺鼠和犬作为中间宿主。虫体首先迅速增殖为速殖子，然后形成包囊，在体内缓慢增殖为慢殖子。动物组织包囊中增殖并贮存的虫体有可能落入终末宿主猫或犬的口中。由图3-23可知，只有猫粪中的孢子化卵囊对鼠有感染性，只有老鼠组织中的慢殖子对猫有感染性。因此，该虫生活史中包含了两个专一性宿主。速殖子既对猫没有感染性，也不会经胎盘传播给怀孕母鼠的后代，这一点的确很像弓形虫。

（七）肉孢子虫

肉孢子虫像哈蒙球虫一样，也有专性的二宿主生活史。不同的是，仅有性生殖和孢子生殖发生在终末宿主体内。完全孢子化的卵囊和孢子囊随宿主粪便排出体外，在外界环境中无任何发育阶段。无性生殖包括裂殖生殖和肉孢子囊的形成都是在中间宿主体内进行。肉孢子虫慢殖子与哈蒙属包囊的慢殖子有所不同，它们被终末宿主吞食后将发育成配

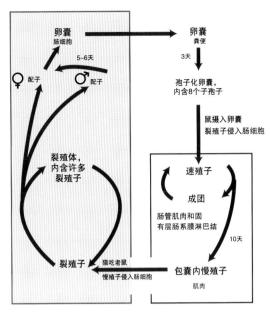

图3-23 哈氏哈蒙球虫的生活史

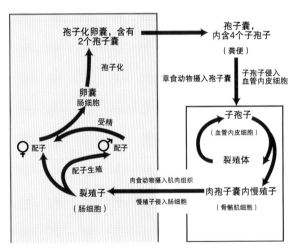

图3-24 肉孢子虫的生活史

子体而不是裂殖体。慢殖子代表发育受阻的一种情形。像孢子化卵囊内的子孢子一样，肉孢子囊中的慢殖子必须进入终末宿主体内才能进一步发育。图3-24中描述了肉孢子虫的整个生活史。

表3-1列出了几种肉孢子虫的宿主关系。正常情况下肉食动物是吃了草食动物的感染肉而感染，而草食动物是吃了肉食动物粪便中的孢子囊而感染。裂殖生殖和包囊的形成只在草食动物体内进行，而配子生殖，受精和孢子化只发生在肉食动物体内。肉孢子虫不会引起肉食动物发病，但在草食动物内皮组织中的裂殖生殖可以造成严

表3-1　部分肉孢子虫的宿主关系

中间宿主	终末宿主		
	犬	猫	人
牛	枯氏肉孢子虫	多毛肉孢子虫	人肉孢子虫
绵羊	柔嫩肉孢子虫	S.areticanis	S.medusiformis
山羊	山羊犬肉孢子虫	–	
猪	米氏肉孢子虫	猪猫肉孢子虫	猪人肉孢子虫
马	柏氏肉孢子虫	法氏肉孢子虫	马犬肉孢子虫
棉尾兔	兔肉孢子虫	–	–
小鼠	–	鼠肉孢子虫	–
黑尾鹿	S.hemionilatrantis	–	–

重的疾病甚至导致宿主死亡。

牛吞食了犬粪中孢子囊后就会感染枯氏肉孢子虫（Sarcocystis cruzi）。该病原在宿主血管内皮细胞中经历两代裂殖生殖，第一代主要发生在肠系膜动脉的内皮细胞中，第二代发生在全身毛细血管内皮细胞中。至少有一代裂殖生殖是发生在循环系统的单核细胞内。从第二代或更晚的裂殖体所释放的裂殖子进入横纹肌细胞或神经细胞内发育成肉孢子囊。肉孢子囊的形成是一个缓慢的过程，通常需要几个月。犬吃了未煮熟的带有枯氏肉孢子虫肉孢子囊的牛肉后发生感染。因此，将牛肉屑煮熟喂犬或防止犬粪污染牛的饲料都可切断传播循环。目前还无法估计亚临床的牛肉孢子虫病所导致的经济损失，但在短时间内摄入10 000个以上孢子囊就会造成临床疾病和死亡（Dubey和Fayer，1983；Frelier，1977）。牛的临床症状与感染后4~6周第二代裂殖子的释放有关，出现长期发热、贫血、淋巴结肿大、厌食、腹泻、多涎、体弱以及脱毛等症状，脱毛部位在眼周围、颈部或尾部最明显。

实验正在研究绵羊感染1万~5 000万个柔嫩肉孢子虫（S. tenella）的孢子囊的症状。感染2 500万~5 000万个孢子囊在16~19d内就会由于肠系膜动脉被第一代裂殖体阻塞而导致死亡。感染

1 000万或更少孢子囊的绵羊出现贫血、肝炎和心肌炎等症状，与第二代裂殖生殖有关。这些人工感染肉孢子虫的绵羊也会出现神经炎和脑脊髓炎的症状（Dubey，1988）。

（八）神经肉孢子虫

神经肉孢子虫（S. neurona）可引起所有年龄段和性别的马严重的神经症状。这些症状包括：蹒跚、轻瘫、跛行、共济失调、仰卧、便秘、尿失禁、出汗、肌肉萎缩和其他神经性退化症状，具体取决于病变部位（Mayhew和Greiner，1986；MacKay，1997）。马原虫性脑脊髓炎的病原已鉴定为神经肉孢子虫（Dubey等，1991）。其卵囊随负鼠粪便排出进入环境（图3-25）。最近发现负鼠随粪便排出的孢子囊除了神经肉孢子虫之外，还有其他4种已通过形态学和分子手段证实（Cheadle等，2001）。其感染的一个特征是在马的组织内通过细胞分裂形成裂殖体（图3-26，图3-27）。目前还发现猫、臭鼬和九纹犰狳可以感染神经肉孢子虫的肌肉阶段虫体（Cheadle等，2001a和2001b；Tanhauser等，2001）。还发现浣熊可能由于神经肉孢子虫感染导致心肌炎和脑炎（Hamir和Dubey，2001）。似乎一些感染马可以产生肉孢子囊（Mullaney等，2005），但仍有待证实。

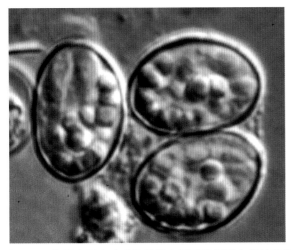

图3-25 负鼠吃了实验感染的猫肉后随粪便排出的神经肉孢子虫的孢子化卵囊（Dubey J. P. 博士惠赠）

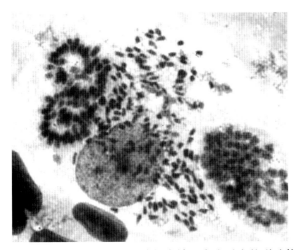

图3-26 牛鼻甲骨细胞培养物中神经肉孢子虫的裂殖体（姬姆萨染色）。培养是从自然感染马神经组织内的裂殖子开始

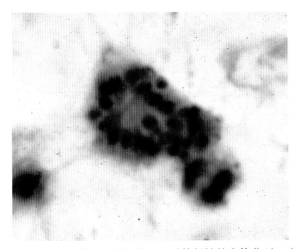

图3-27 马的神经组织切片。显示特征性的虫体花环，这在马原虫性脑脊髓炎（EPM）的病原（即神经肉孢子虫）的感染中并不罕见

[诊断]

生前诊断主要是根据临床上观察到的神经症状，不过这些症状都没有什么特征性。实验室诊断包括血清或脑脊液的蛋白印迹分析，或PCR等分子诊断方法。确诊是根据组织病理学检查证实与中枢神经系统病变相关的病原（图3-27）。

[治疗]

食品与药品监督局批准了以下几种治疗马原虫性脑脊髓炎的方案：泊那珠利，5mg/kg，连用7d；硝唑尼特，11.36mg/kg，连用5d，然后改为22.72mg/kg，连用23d。富道动物保健还提供了一种灭活疫苗。

（九）引起脑脊髓炎（Encephalomyelitis）的原虫

1. 绵羊

成年绵羊的脑脊髓炎主要由柔嫩肉孢子虫和其他肉孢子虫所引起（Dubey，1988）。

2. 牛

Dubey，Perry和Kennedy（1987）在18月龄牛体内发现脑脊髓炎病例，显然是由肉孢子虫样虫体所引起。

3. 海獭和其他水生哺乳动物的弓形虫和肉孢子虫

已有大量关于海豹、海象、水獭、海豚和海狮因感染弓形虫和肉孢子虫而出现抗体反应或严重疾病的报道（Conrad等，2005；Dubey等，2001b，2003和2005a；Honnold等，2005）。有一种滤食性有壳动物能够浓集冲入水生环境的卵囊，而它们正好也是以上那些动物的食物之一。我们面临的问题是怎样减少这些水生动物（其中一些是濒危物种）与冲入到海湾和河口的卵囊接触，这些卵囊主要来自陆地上的食肉动物。

（十）贝诺孢子虫（Besnoitia）

贝诺孢子虫（Besnoitia）含有慢殖子的包囊较大（0.5mm），寄生在牛的皮肤里，可导致牛的硬皮病，还可寄生在其他动物的各种组织内。卵囊与弓形虫的相似，随猫粪排出。

（十一）克洛斯球虫

克洛斯球虫（*Klossiella equi*）主要寄生在马肾脏上皮细胞内，鼠克洛斯球虫（*K. muris*）则寄生在老鼠肾脏上皮细胞内（图5-165），这些虫体的生活史还有待于仔细研究。在正常情况下，它们似乎都不具有致病性。然而，Anderson等（1988）在一头免疫受损的老龄矮种马体内观察到管状坏死和非化脓性间质肾炎的病变。Reinmeyer等（1983）首次在一头2岁龄去势的免疫缺陷的标准种马的尿液中发现了克洛斯球虫孢子囊。具体的发育阶段还不清楚，不过在免疫缺陷的马体内发现过虫体和与Anderson等（1988）描述的类似病变。

（十二）肝簇虫

在美国引起犬的肝簇虫病的常见病原，目前公认是美洲肝簇虫（*Hepatozoon americanum*）（Macintire等，1997；Panciera等，1997，Vincent等，1998）。而其他地方的肝簇虫病似乎是由另一种孢子虫，犬肝簇虫（*H. canis*）所引起（Smith，1996）。美洲肝簇虫的传播媒介是斑点花蜱（*Amblyomma maculatum*）（Mathew等，1998，1999），其保虫宿主是土狼（Garrett等，2005）。犬感染犬肝簇虫是由于采食带虫的血红扇头蜱（*Rhipicephalus sanguineus*）所致。

该虫的生活史中，蜱吸食了带有配子体的中性粒细胞和单核细胞的血液而感染。该病原在蜱肠道内进行有性繁殖，然后发育成含有感染性子孢子的卵囊。犬采食了这些蜱后发生感染，在各个不同组织内形成裂殖体，最后在白细胞内形成配子体。

犬肝簇虫主要引起亚临床症状，以外周血中观察到配子体为确诊依据。如果感染了美洲肝簇虫，则出现严重的疾病。犬会出现明显的中性粒细胞增多，常常会出现关节疼痛，主要由肌炎和骨膜骨增生所引起，可以从射线照片中反映出来。这些病变主要发生在四肢邻近长骨的骨干部位，不过平骨和不规则骨也常常会受牵连（Panciera等，2000）。病变偶尔还会出现在掌骨、中骨和趾骨。实验犬感染美洲肝簇虫的孢子化卵囊后，最早在32d观察到骨膜病变，出现骨原细胞肥大和增生以及在骨膜细胞层出现成骨细胞。骨质病变类似于家犬和其他哺乳动物骨细胞肥大产生的病变。

诊断美洲肝簇虫的感染，需要检查活检时收集的肌肉组织或在尸检中发现裂殖体。感染美洲肝簇虫后，可在骨骼肌中形成一个巨大的囊状物，这在世界上其他地方尚未见到。另外，在世界上其他地方犬感染犬肝簇虫后身体的许多器官都能见到裂殖体，而在美国感染的犬体内看不到。

在美国两次感染病例的报道中，一是对11只犬使用托曲珠利进行治疗，未能防止多数犬的复发；二是对3只病犬混合使用硫酸甲氧苄氨嘧啶、乙胺嘧啶和克林霉素进行治疗，也不能防止其复发（Macintire等，1997）。Macintire等（1997）推测用磷酸伯氨喹治疗非洲犬的肝簇虫病可能有效。在治疗的22只犬中，7只因慢性消瘦而被人为捕杀，6只死于该病，3只失去跟踪，6只存活，其中3只没有临床症状，另外3只出现慢性消耗性疾病症状，有时缓解，有时复发。

二、血孢子虫

（一）梨形虫病

1. 巴贝斯虫

巴贝斯虫（*Babesia*）是寄生于脊椎动物红细胞内的顶复门原虫（图3-28），红细胞是唯一可感染的宿主细胞。对巴贝斯虫而言，有性结合都发生在蜱的肠腔内，孢子生殖在蜱肠壁上皮细胞或血腔内进行。子孢子在雌蜱卵巢内繁殖，从而感染从卵内孵出的幼虫。蜱的唾液腺中存在大量的子孢子，当蜱叮咬时随之进入下一个宿主体内。

得克萨斯热（Texas fever）　双芽巴贝斯虫

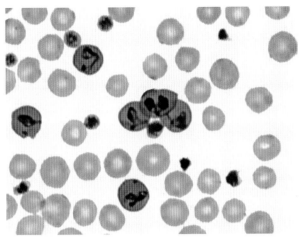

图3-28　牛的血涂片中经姬姆萨染色后的双芽巴贝斯虫

（*B. bigemina*）可引起牛的梨形虫病（bovine piroplasmosis）（得克萨斯热），该病急性阶段可表现为：高热（高达42℃）、血红蛋白尿、贫血、黄疸和脾肿大。在红细胞内出现成对的梨籽形虫体，破坏血红细胞后释放出大量的血红蛋白，出现典型的临床症状。该病主要通过一宿主蜱环形扇头蜱和微小牛蜱的叮咬而传播，梨形虫在雌蜱卵巢内繁殖，从而感染由卵孵化的蜱幼虫。老牛比小牛更易感。老牛对所有巴贝斯虫都有较强的易感性，而且去脾后易感性大大增加。

得克萨斯热曾经在美国南方流行，但1906年美国发起了以消灭环形扇头蜱为目标的牛群药浴措施，到1940年基本上消灭了此病。这次通过巨大努力取得了成功，主要是由于环形扇头蜱对牛具有高度特异性，其他哺乳动物也可作为宿主，但多数蜱是在牛身上发现。因此，当牛群都集中在一起进行药浴的时候，多数吸血蜱也随之集中起来。而微小牛蜱感染的宿主范围较广，当涉及微小牛蜱时，采用同样方法根本无法消灭此病。

2. 家畜其他巴贝斯虫

牛巴贝斯虫（*B. bovis*）、分歧巴贝斯虫（*B. divergens*）和阿根廷巴贝斯虫（*B. argentina*）都能引起世界各地牛的巴贝斯虫病。在英国，牛的巴贝斯虫病通过篦子硬蜱（*Ixodes ricinus*）来传播。每种巴贝斯虫都有一种以上的蜱作为传播媒介。其他巴贝斯虫可以感染绵羊（绵羊巴贝斯虫*B. ovis*）、马（弩巴贝斯虫*B. caballi*）和猪（陶氏巴贝斯虫*B. trautmanni*）。

犬巴贝斯虫病呈世界性分布（Lobetti，1998）。感染犬的巴贝斯虫有两种，即犬巴贝斯虫（*B. canis*）和吉氏巴贝斯虫（*B. gibsoni*）。犬巴贝斯虫是大型虫体，滋养体呈梨形，长4～5μm，典型虫体在红细胞内成对出现。吉氏巴贝斯虫较小，长3μm，通常呈圆形或椭圆形，以血红扇头蜱（*R. sanguineus*），二棘血蜱（*Haemaphysalis bispinosa*）和长角血蜱（*H. longicornis*）为传播媒介。犬巴贝斯虫现已分为3个亚种：欧洲犬巴贝斯虫犬亚种，由网状革蜱（*Dermacentor reticulatus*）所传播；北非和北美的犬巴贝斯虫沃氏亚种，由血红扇头蜱所传播；以及非洲南部的犬巴贝斯虫罗西亚种，由黎氏血蜱（*H. leachi*）所传播。幸好该病原在北美和欧洲的亚种并不会引发在非洲南部所见的暴发性疾病（Jacobson，2006）。对佛罗里达州灰犬的一项调查发现，大量灰犬（383只中46%）体内含有犬巴贝斯虫的抗体（Taboada等，1992），但多数都没有出现临床症状。如果有临床症状的话，则表现为：精神沉郁、食欲减退、贫血和脾肿大。佛罗里达州的巴贝斯虫株主要引起小犬的疾病，诊断的主要特征是贫血。美国犬如果发生疾病的话，其典型症状为贫血、厌食和昏睡。最近对673份犬的血液通过PCR检测巴贝斯虫DNA时发现，来自美国29个州和加拿大1个省的144份样本呈阳性，其中131份（91%）检出小型巴贝斯虫，即吉氏巴贝斯虫（Birkenheuer等，2005）；10份检出大型巴贝斯虫，即犬巴贝斯虫沃氏亚种；其他3份尚未找到相应的虫种。几乎所有的吉氏巴贝斯虫样本（122/132）都来自美国比特犬。10个沃氏巴贝斯虫样本中6个来自灰犬。现在我们又在加利福尼亚犬体内发现一个小型巴贝斯虫的新种，*B. conradae*，似乎与在人和野生动物体内所见的虫体有关（Kjemtrup等，2006）。该病原的致病性似乎比姬氏巴贝斯虫更强（Kjemtrup和Conrad，2006）。诊断是根据血涂片姬姆萨染色在红细胞中发现其滋养体或进行血清学诊断。当然，也可采用PCR，该技术在诊断方面，特别是针对血液寄生虫的应用越来越广泛。

3. 泰勒虫

泰勒虫（*Theileria*）与巴贝斯虫不同，它们的裂殖体是在淋巴细胞内形成，并且诱导感染的淋巴细胞进行分裂和增殖。此外，感染泰勒虫的蜱不能经卵传播。小泰勒虫（*T. parva*）是非洲牛的东海岸热的病原，寄生在红细胞、淋巴细胞和内皮细胞内，由扇头蜱（*Rhipicephalus*）和璃眼蜱（*Hyalomma*）经期间传播。东海岸热的临床特征是呼吸困难、消瘦、虚弱、粪便呈焦油状，甚至死亡。马泰勒虫（以前为巴贝斯虫）已证实在淋巴细胞内有裂殖体阶段。美国还有鹿的泰勒虫，即鹿泰勒虫（*T. cervi*），由美洲花蜱（*Amblyomma americanum*）所传播（Reichard和Kocan，2006）。

4. 胞簇虫

胞簇虫（*Cytauxzoon*）与泰勒虫不同，其裂殖体发生在脊椎动物的巨噬细胞而不是淋巴细胞。有些人倾向于将它归入泰勒属，这样似乎也很合理。然而，这个命名在描述猫的疾病和对宿主细胞的影响以及发病机理方面很有用，以至于不愿将它归为同义名。

胞簇虫病由猫胞簇虫（*C. felis*）所引起，主要发生在美国的中南部，呈散发性，但发病急，通常引起家猫的死亡（Blouin等，1984；Bondy等，2005；Jackson和Fisher，2006）。临床表现为发热、贫血、黄疸和脱水，几天内死亡。血涂片的瑞氏或姬姆萨染色可见红细胞内有许多1～2μm的虫体，细胞质呈浅蓝色，细胞核暗红色（图3-29）。在病程晚期，外周血中出现充满裂殖体的大型网状内皮细胞。组织学观察，被寄生的网状内皮细胞几乎堵塞了肺脏、脾脏和淋巴结的中、小静脉管腔（Haber和Birkenheuer，

2005；Wightman，Kier和Wagner，1977）。美洲野猫会出现虫血症，但不表现任何临床症状，可能是猫胞簇虫的天然储藏宿主（Glenn，Rolley和Kocan，1982；Kier，Wagner和Morehouse，1982）。有趣的是，在给家猫腹腔注射带虫野猫的血液后，可以导致持久的虫血症，但不表现临床症状。然而，当变异革蜱（*Dermacentor variabilis*）的若虫叮咬了一只脾切除的带虫野猫时，还可以继续蜕皮进入成虫阶段，然后再去叮咬两只脾切除的家猫，被叮咬的家猫在13～17d内死亡（Blouin等，1984），出现猫胞簇虫病的典型病变。因而，实验证明至少变异革蜱可作为猫胞簇虫的传播媒介，从天然的储藏宿主美洲野猫传给高度易感的偶然宿主家猫，并导致该虫裂殖生殖阶段的致死性感染。为了确定黑豹是否感染猫免疫缺陷病毒（Butt等，1991），在无特殊病原体的猫体内通过接种来自佛罗里达黑豹的单核细胞，却诱发了医源性的胞簇虫病。猫在接种后12d死亡，出现猫胞簇虫典型的裂殖体堵塞肺静脉的病变。最近，从大西洋中部各州的调查得知，34只感染猫胞簇虫的猫中，32只死于该病（Birkenheuer等，2006），最常见的症状是各类血细胞减少症以及黄疸。

5. 巴贝斯虫病的治疗

[犬和猫]　治疗犬巴贝斯虫病通常采用三氮脒diminazene（贝尼尔Berenil），3.5mg/kg，肌内注射；或氧二苯脒phenamidine（Ganaseg），15mg/kg，皮下注射（Lewis和Huxsoll，1977；Roberson，1977）。吉氏巴贝斯虫病不像犬巴贝斯虫病那么容易治疗（Ruff等，1973）。在日本冲绳，用三氮脒（3mg/kg，肌注，连用两天）和羟乙基磺酸戊烷脒（16.5mg/kg，肌注，连用2天）治疗犬巴贝斯虫病似乎有效，治疗吉氏巴贝斯虫病可以消除临床症状，但不能清除血液中的虫体（Farwell，LeGradnd和Cobb，1982）。以上这些药在美国临床上都没有常规使用。台盼蓝和吖啶衍生物（吖啶黄）也可用于治疗巴贝斯

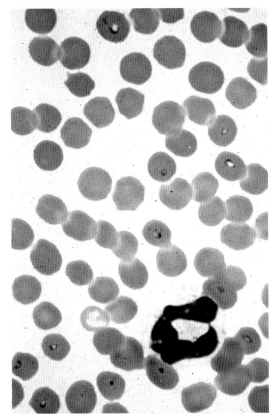

图3-29　猫血涂片的姬姆萨染色，显示红细胞内的猫胞簇虫
（Tracy W. French博士惠赠）

虫病。最近推荐联合使用阿托喹酮和阿奇霉素来治疗吉氏巴贝斯虫病（Birkenheuer，Levy和Breitschwerdt，2004）。

采用治疗牛泰勒虫病的两种药帕伐醌和布帕伐醌，治疗实验感染猫的胞簇虫病，未能防止其死亡（Motzel和Wagner，1990）。一只猫持续两天出现昏睡和食欲减退的症状，并很快发展为严重的黄疸，尿液呈暗褐色，开始用恩氟沙星治疗10d，接着改用四环素治疗5d（Walker和Cowell，1995）。恩氟沙星治疗后在猫的血液中出现猫胞簇虫，但在6～15周后采集的血样中却未见虫体。Greene等（1999）按2mg/kg两次肌注三氮脒（5只猫）或咪唑苯脲（一只猫）成功地治愈了6只猫；另一只猫在首次注射三氮脒后死亡。近来还发现有些猫在自然感染猫胞簇虫后仍能存活（Meinkoth等，2000）。最初在阿肯色州西北部和俄克拉何马州东北部18只猫的血涂片上发现

梨形虫。多数猫的临床症状与猫胞簇虫病相似，但4只猫没有症状。整个观察期间虫血症一直存在（长达154d），其间只有一只猫用咪唑苯脲治疗，所有猫都存活。笔者推测这些猫可能是感染了弱毒的虫株。

[马]　驽巴贝斯虫和马巴贝斯虫对很多抗原虫药都很敏感，但很多药在美国都没有批准用于马。治疗驽巴贝斯虫病可用二丙酸咪唑苯脲，2mg/kg，皮下注射，每天一次；用此药治疗马巴贝斯虫病，可按4mg/kg，间隔3d注射一次。

（二）疟疾

1. 疟原虫

疟原虫（*Plasmodium*）是人和其他灵长类、啮齿类、禽类和爬行类（主要是蜥蜴）动物疟疾的病原体。哺乳动物的疟疾由按蚊所传播，禽疟疾由库蚊传播，爬行动物的传播媒介尚不清楚。

[生活史]　子孢子通过蚊子叮咬进入宿主体内，侵入细胞如肝细胞内发育成滋养体，然后进行裂殖生殖。疟原虫在肝细胞内的第一次繁殖，称之为红细胞前裂殖生殖（preerythrocytic schizogony），当肝细胞破裂时释放出裂殖子进入红细胞或网状细胞内转变为滋养体，然后进行红细胞内裂殖生殖。某些疟原虫，一些裂殖子可以再次侵入肝细胞继续进行红细胞外的裂殖生殖，这就解释了为什么用氯喹、奎宁等药物消除了红细胞内的虫体后病情再次复发。感染红细胞破裂时释放出的裂殖子再次侵入其他红细胞，进行新的裂殖生殖。每代裂殖子大约经历24、48或72h，取决于疟原虫的种类。裂殖生殖以及随之发生的红细胞破坏，导致寒冷和发热的循环发作，这是某些疟疾的典型症状，尤其是人。日发疟（quotidian），间日疟（tertian）和三日疟（quartan）这些术语是指每天，在第三天（即在48h）和第四天（即在72h）反复发热。这种命名上的差异是根据适合计算时间的自然天数来确定的。最后，一些裂殖子发育成小配子体或大配子体，对蚊子具有感染力。当适宜的蚊子叮咬患有疟

疾的宿主时，被吸食的血中的小配子体和大配子体发育成熟，小配子与大配子受精形成合子。然后合子伸长形成能运动的动合子，移行到蚊子中肠的血腔内，在那里发育成卵囊。每个卵囊通过类似于裂殖生殖的出芽过程形成许多子孢子，当卵囊破裂时释放到血腔内。下次蚊子吸血时，到达唾液腺的子孢子准备感染另一个宿主，从而完成了疟原虫的整个生活史。人的疟疾的症状各种各样，诊断是以在固定染色的血涂片上发现虫体为依据。死亡通常归因于脑损伤，肾衰竭或肺出血。

[鉴定]　疟原虫的种类鉴定是根据薄血片的姬姆萨染色以及早期滋养体（呈环形，图3-30），阿米巴样晚期滋养体，裂殖体，大、小配子相当独特的形态特征的观察。此外，虫体细胞浆内血色素的颜色和分布以及感染红细胞的点彩和其他形态学改变，也要考虑进去。疟疾的诊断显然是一项专业性工作。就人疟疾而言，也可以采用类似于兽医上诊断犬恶丝虫和病毒的抗原检测方法。

[猴疟]　从灵长类动物中发现的疟原虫大约有20种，其中一些（如诺氏疟原虫*P. knowlesi*，食蟹猴疟原虫*P. cynomolgi*）通过带虫按蚊的叮咬传播给人。猴疟的诊断对于引入灵长类动物作为实验动物的实验室尤为重要（Coatney等，1971）。欧亚大陆猴也可以感染肝囊虫。

[禽疟]　禽疟是由多种疟原虫（图3-31）所引起的一种复合疾病。血变原虫和住白细胞虫（稍后介绍）也会引起禽类疟疾样感染。

2. 血变虫

血变虫（*Haemoproteus*）寄生在鸟类、乌龟和蜥蜴体内。裂殖生殖是在宿主各个器官的血管内皮细胞内进行，只有配子体是在循环系统红细胞内出现。在用甲醇固定和姬姆萨染色的血片中，配子体呈长形，有时呈马蹄状包围着红细胞的核；配子体的细胞浆含有色素颗粒，由血红蛋白的不完全消化累积而成（图3-32）。各种血变虫都是通过库蠓（*Culicoides*）、虱蝇或斑虻

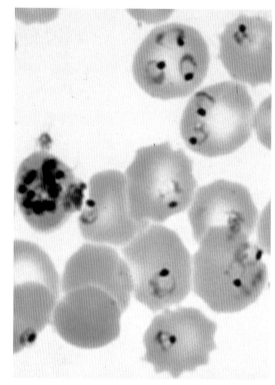

图3-30　恶性疟原虫，人疟疾，红细胞内的环形滋养体

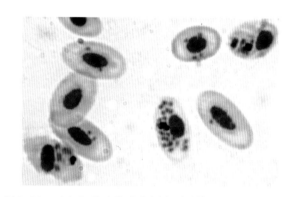

图3-31　鸡红细胞内的鸡疟原虫裂殖体（纽约大学Priscilla Maldonado惠赠标本）

（*Chrysops*）来传播，当它们吸入带有配子体的血液而感染。受精、卵囊的发育以及子孢子经唾液传播给脊椎动物，都与疟原虫的生活史相似。血变虫基本上无致病性。

3. 住白细胞虫

住白细胞虫（*Leucocytozoon*）可感染家养和野生的禽类。西氏住白细胞虫（*L. simondi*）可引起鸭和鹅的急性致死性疾病，鸡的卡氏住白

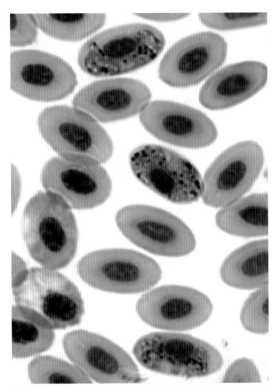

图3-32 禽类红细胞内的血变原虫（姬姆萨染色）

细胞虫（*L. caulleryi*）和火鸡的史密斯住白细胞虫（*L. smithi*）也是如此。裂殖生殖发生在宿主肝细胞和各种组织血管内皮细胞，所产生的裂殖子侵入成红细胞、红细胞、淋巴细胞和单核细胞，并在那里发育成配子体。住白细胞虫配子体

与疟原虫和血变原虫不同，它不含有色素颗粒，并且使宿主细胞严重变形（图3-33）。一些配子体呈圆形，宿主细胞核被推向一边，因此在虫体上形成一个盖。另一些配子体在宿主细胞内呈卵圆形或椭圆形，随着虫体的生长而逐渐拉长。蚋（*Simulium*）可作为中间宿主。

4. 肝囊虫

肝囊虫（*Hepatocystitis*）是欧洲大陆中低等猴、果蝠和松鼠的寄生虫。裂殖生殖是在宿主肝细胞内进行，一般需要两个月才能形成大的裂殖体，也叫裂殖子囊。这些裂殖子囊释放出的裂殖子侵入红细胞，发育成配子体。传播媒介可能是库蠓。

图3-33 红尾鹰血涂片中的住白细胞虫

第四章 蠕 虫

寄生性蠕虫属于扁形动物门（如扁虫、吸虫和绦虫）、线形动物门或线虫纲（如蛔虫）、棘头动物门（如棘头虫）和环节动物门（如分节蠕虫和蚯蚓）。虽然寄生性舌形虫目的舌形虫具有蠕虫样外观，但它属于节肢动物门（见第二章）。本章所列的蠕虫种类主要是基于以下特征：小而细长并以蠕动方式活动的动物，它们通常体软、裸露、无肢。但本章并不包括所有的蠕虫，而是将着重阐述兽医学上重要的种类。

第一节 扁形动物门

扁形动物门包括3个纲：涡虫纲（Turbellaria）、吸虫纲（Trematoda）和绦虫纲（Cestoda）。所有虫体一般都是体软、背腹扁平和雌雄同体。大多数涡虫纲虫体营自由生活，以食肉为生。在养鱼容器内发现的涡虫，常被误认为是寄生虫，但在兽医学上并没有实际意义。吸虫纲种类在兽医学上非常重要，其成虫可见于脊椎动物终末宿主的肠道、胆管、肺脏、血管或其他器官。绦虫成虫是脊椎动物的肠道寄生虫，而它们的幼虫则是某些脊椎动物或无脊椎动物的寄生虫。绦虫纲包括许多家畜重要的寄生虫，详见本节的第二部分。

一、吸虫纲

吸虫纲包括3个目：单殖目（Monogenea）、盾殖目（Aspidogastrea）和复殖目（Digenea）。单殖目和大多数盾殖目种类行直接发育，是水生和两栖动物的寄生虫。如三代虫属（*Gyrodactylus*）和指环虫属（*Dactylogyrus*）是养殖鱼类常见的皮肤和鱼鳃寄生虫。这两个目在兽医学上意义并不大，对兽医来说重要的吸虫是复殖目吸虫。

（一）复殖目

1. 生活史

复殖目的命名来源于其间接发育过程，其有性和无性发育世代寄生于不同的宿主。所有感染犬、猫、反刍动物、马和猪的吸虫都属于复殖目。其中，肝片吸虫（*Fasciola hepatica*）是该目的典型代表，其生活史见图4-1。

肝片吸虫成虫（图4-2）寄生于反刍动物和其他哺乳动物的胆管内，虫卵先随胆汁进入肠腔，然后经粪便排出体外。排出时虫卵内含有一个受精卵和一簇卵黄细胞并具有卵盖（图4-3），虫卵只有落入水中，才能在卵内发育为具纤毛的毛蚴（图4-4）。毛蚴完全被纤毛覆盖，其前端具有圆锥状突起（即头腺，用于钻入中间宿主螺体内）、一对眼点、一个脑、一套发育不全的排泄系统和一簇生殖细胞（下一代幼虫的祖代）（图

4-5）。发育完全并准备在夏季的水温下在2~4周后孵化的毛蚴会推开卵盖，逃出卵囊，游于水中，寻找合适的螺蛳（如截口土蜗）。如果在24h内找不到合适的螺蛳，毛蚴就会耗尽贮存的能量而死亡。

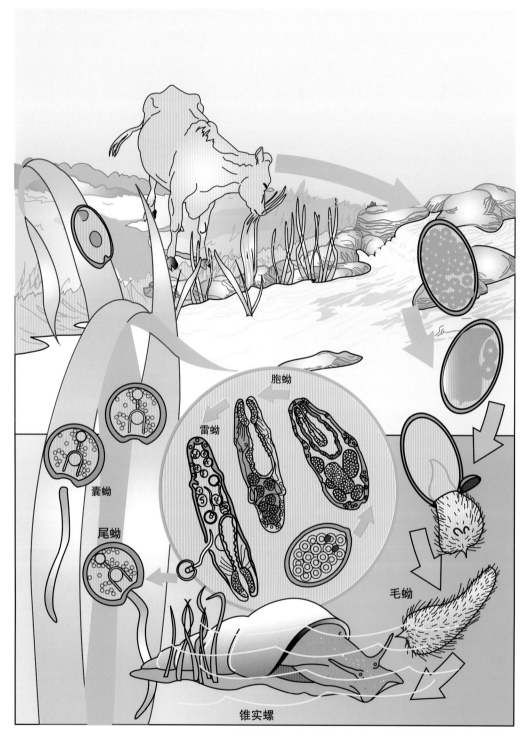

胞蚴

雷蚴

囊蚴

尾蚴

毛蚴

锥实螺

图4-1 肝片吸虫的生活史。肝片吸虫成虫产下受精卵经过总胆管和肠道离开宿主。如果这些虫卵被带到水中，根据水温不同经过数周或数月发育为毛蚴。毛蚴一孵化就寻找特定的锥实螺，在其体内发育成一代胞蚴和两代雷蚴，第二代雷蚴可产生自由游动的尾蚴，尾蚴从螺体内逸出并在多种水下物体包括水生植物上形成囊蚴。反刍兽类和其他动物摄入含有囊蚴的水生植物而感染

图4-2　肝片吸虫成虫。左为未染色标本，右为清晰的染色标本

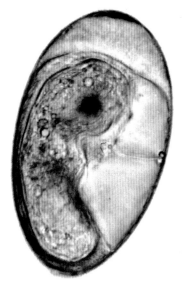

图4-4　含有完全发育的毛蚴的肝片吸虫虫卵

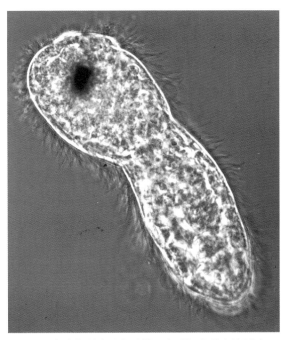

图4-5　泳动的肝片吸虫毛蚴，电子闪光的光镜照片

如果毛蚴恰巧钻入螺蛳体内，脱去纤毛，移行到生殖腺或消化腺（通常指肝脏）形成胞蚴。通过发育和重复分裂，每个生殖细胞都会形成一个胚球，每个胚球都会发育为一个雷蚴（图4-6）。

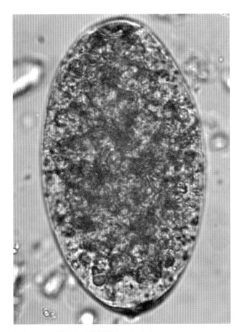

图4-3　粪便中肝片吸虫虫卵

雷蚴逐渐发育，直至胞蚴囊壁破裂便释放进入螺蛳的组织内。雷蚴具有口和消化器官，通过"吃"出一条路来穿过螺蛳组织。与胞蚴相似，雷蚴内充满着胚球，由这些胚球发育为第二代雷蚴。第二代雷蚴的胚球发育为第三种幼虫即尾蚴（图4-7）。

尾蚴如蝌蚪样，具有圆盘状体部和长长的尾部，能够游动，具有成虫的某些器官（如口吸盘、腹吸盘、口、咽、分叉的肠道和带有焰细胞

的排泄管）和未分化的原始生殖器官。位于咽旁的特殊分泌细胞，可分泌形成幼虫最后阶段的囊壁。在夏季气温下，尾蚴1～2个月内发育完全，通过产孔离开雷蚴，经螺体组织逸出，进入周围的水中。在短暂的游动之后，尾蚴在水面上短距离迁移，最后附在某些植物上结囊，脱去尾部，变成囊蚴，进入对绵羊和其他食草哺乳动物具有感染性的阶段（图4-8）。

囊蚴被宿主摄入后，囊壁在小肠内被消化。童虫钻入肠壁，穿过腹腔，到达肝脏（图8-41）。几周后虫体穿过肝实质，进入胆管发育为成虫，并于感染后约一个半月开始产卵。在适宜的环境下，肝片吸虫完成生活史需要3或4个

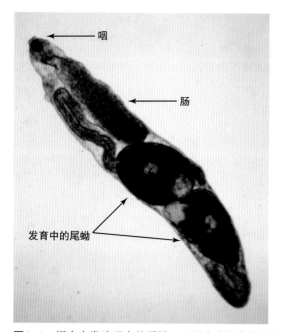

图4-6 螺内大类片吸虫的雷蚴，显示内有发育的尾蚴

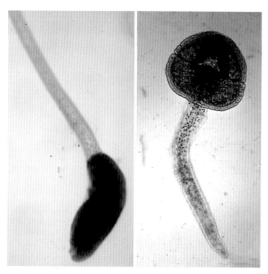

图4-7 肝片吸虫尾蚴

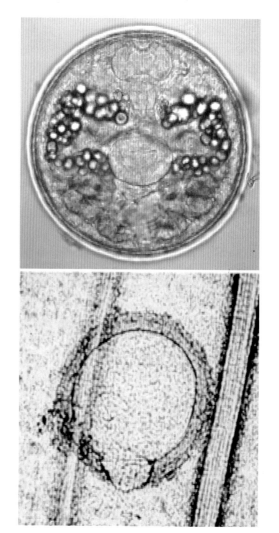

图4-8 肝片吸虫囊蚴。上为游离的囊蚴，下为植物上的包囊

月。因此，与反刍动物的大多数寄生虫不同，肝片吸虫从感染到发病需要经历较长的时间。

复殖吸虫对宿主螺具有严格的选择性，因此它们的地理分布主要受适合螺的地理分布的影响。而另一方面，其成虫似乎可以感染范围较广的终末宿主。

囊蚴阶段决定了宿主必须吃什么样的食物才能感染成虫，因此不同吸虫所采取的策略不同（图4-9）。片形吸虫和前后盘吸虫的囊蚴在植物上结囊，有利于被反刍动物放牧时摄入。隐孔吸虫、异形吸虫和后睾吸虫的囊蚴可在中间宿主（如鱼类、蜊蛄和蟹等）体内形成囊蚴，食鱼的哺乳动物可作为终末宿主。双口吸虫可在两栖动物和其他脊椎动物体内形成囊蚴，双腔吸虫在节肢动物体内形成囊蚴。分体吸虫与其他吸虫不同，没有囊蚴阶段，其尾蚴可钻入终末宿主的皮肤内。有时人类吃了污染的食品而感染吸虫[如肝片吸虫可经西洋菜进入人体，矛形双腔吸虫（*Dicrocoelium dendriticum*）可通过摄入含有囊蚴的蚂蚁而感染人体]。

2. 鉴别

吸虫成虫一般具有一套生殖器官，且雌雄同体。一般具有两个睾丸和一个卵巢，其解剖学位置具有鉴别意义。其生殖孔位于雄性和雌性生殖道的汇合处。通常雄茎可作为雄性生殖管的鉴别特征，而一排黑色的虫卵可作为雌性生殖管的鉴别特征。口吸盘在口周围，经食道连接一对盲肠。多数吸虫盲肠呈单管状囊，而片形科的肠管高度分枝。腹吸

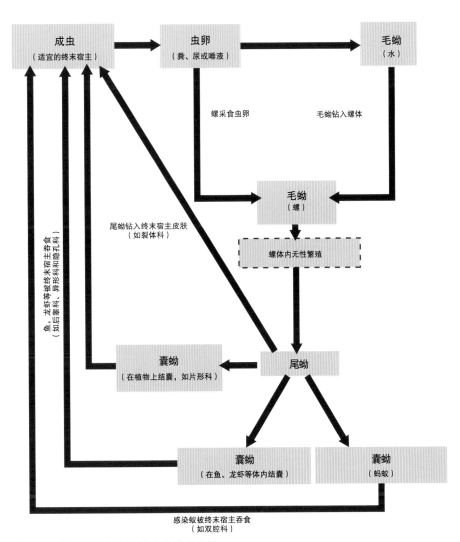

图4-9 家畜寄生吸虫生活史的某些差异

盘往往位于生殖孔附近，但异形科吸虫的腹吸盘和生殖孔都包裹在腹生殖囊内，生殖孔周围围绕着生殖吸盘。分类时最常用的解剖结构如图4-10所示。下面介绍科的鉴定标准：一般来讲，结合第七章中宿主和器官名录对吸虫进行科水平的鉴定可为实际需要提供精确的诊断。北美墨西哥北部吸虫科属鉴定最好的指南是谢尔的《北美墨西哥北部吸虫指南》（Moscow，爱达荷州，1985，爱达荷州大学出版社）。由于在特定区域内，感染家畜的吸虫种类有限，因此了解本地流行的种类非常有价值。有时只有将标本交给专家鉴定才能获得这一资料。标本应在5℃下储藏过夜，在甲醛和酒精、乙酸中固定或放在加冰的隔热容器内运送。

（二）吸虫的几个代表性科

对兽医重要的一些吸虫的地理分布和生物学特征见表4-1。

1. 需摄食植物上囊蚴而感染的吸虫

（1）片形科

[鉴别] 大型虫体，呈叶片状。口、腹吸盘距离较近，位于虫体前端。盲肠含有许多支囊，卵巢和睾丸分枝（图4-11，图4-2）。肝片吸虫和大片吸虫（*Fasciola gigantica*）寄生于食草哺乳动物和人的肝脏和胆管内，且大片吸虫主要分布于热带地区。大类片形吸虫（*Fascioloides magna*）寄生于白尾鹿的肝脏，但也可感染其他反刍动物。布氏姜片吸虫（*Fasciolopsis buski*）寄生于亚洲猪和人的小肠内，其盲肠不分支。慢性片形吸虫病的生前诊断主要是检查粪便中具卵盖的大型虫卵（图4-3）。饱和蔗糖可以漂浮虫卵，但易使虫卵变形，不过仍可辨认。相比之下，首选沉淀法检查。

[生活史] 肝片吸虫的生活史是本科的典型代表，已在前文描述过。肝片吸虫的地理分布呈世界性不连续分布。在北美，肝片吸虫分布于墨西哥湾沿岸各州、太平洋西北部、加勒比海和加拿大东部。其中间宿主为椎实螺科的淡水螺，这些螺需要中性土壤，由于中性土壤整年都相当潮

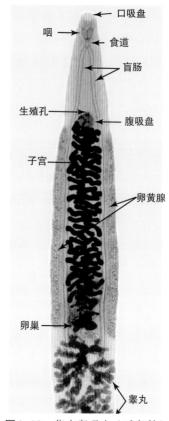

图4-10 华支睾吸虫（后睾科）

口吸盘
咽
食道
盲肠
生殖孔
腹吸盘
子宫
卵黄腺
卵巢
睾丸

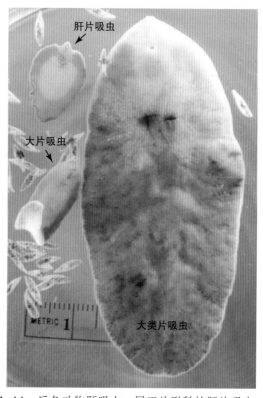

图4-11 反刍动物肝吸虫。属于片形科的肝片吸虫，大片吸虫和大类片形吸虫。周围分散的小型吸虫是矛形双腔吸虫

肝片吸虫
大片吸虫
大类片吸虫

表4-1　兽医学上一些重要吸虫的信息

科	属和种	地理分布	宿主	寄生部位	引发的疾病	成虫长度	虫卵长度	第二中间宿主	潜在期
片形科	肝片吸虫	热带和温带美国	草食哺乳动物和人	胆管	肝纤维化	3cm	120μm	囊蚴附在植物上	60d
	大片吸虫	非洲	人	胆管	肝纤维化	5cm	120μm	囊蚴附在植物上	60d
	佛氏姜片吸虫	亚洲	猪和人	肠道	肠道病变	8cm	120μm	囊蚴附在植物上	90d
	大类片吸虫	美国和欧洲	白尾鹿	肝脏（包囊）	肝炎，对白鹿和小反刍兽可致死，童虫引起的肠道损伤	10cm	120μm	囊蚴附在水生植物上	270d
前后盘科	同盘属和殖盘属	全世界	反刍动物	瘤胃		10mm	120μm	囊蚴附在水生植物上	80d
隐孔科	鲑隐孔形吸虫	太平洋北部边缘	犬和猫	肠道	传播鲑蠕虫游立次氏体在肺形成包囊	1mm	80μm	鱼	7d
	克氏并殖吸虫	美国东部	水貂、犬、猫	肺		6mm	90μm	鳌虾	30d
异形科	隐穴属	美国东海岸	鸟	肠道	肠炎	2mm	30μm	鱼	14d
	异形属	中东	犬、猫	肠道	肠炎	2mm	30μm	鱼	14d
后睾科	后睾属	亚洲和欧洲	犬、猫	胆管	很少	6mm	30μ	鱼	30d
	次睾属	美国	狐狸、猪	胆管	很少	6mm	30μm	鱼	17d
	支睾属	亚洲	犬、猫	胆管	很少	6mm	30μm	鱼	60d
双腔科	矛形双腔吸虫	纽约、魁北克、英国、欧洲、亚、加勒比海	羊、牛、猪、鹿、旱獭	胆管	慢性纤维病变	10mm	40μm	蚂蚁	80d
	法斯特偏体吸虫	哥伦比亚、美国南部	猫	胆管和胆囊	肝炎、纤维化、吸吐、黄疸、腹泻	7mm	45μm	蜥蜴	30d
双穴科	大翼形吸虫	美国北部和加拿大	犬和狐狸	肠道	很少	4mm	100μm	蛙、储藏宿主	35d
	马尔希安那囊形吸虫 美洲异形毕吸虫	美国南部	浣熊和负鼠						
裂体科	曼氏血吸虫	世界范围	人	肠系膜静脉	肝纤维化	10~20 mm，雌雄异体	55~145μm，侧棘	无、钻入皮肤	60d
	埃及血吸虫	非洲	人	膀胱静脉	侵蚀膀胱壁	10mm，雌雄异体	60μm×140μm，末端棘	无、钻入皮肤	70~84d
	日本血吸虫	亚洲	人、猫和哺乳动物	肠系膜静脉	肝纤维化	10mm，雌雄异体	58μm×85μm，无棘	无、钻入皮肤	35~42d
	牛血吸虫	非洲	牛	肠系膜静脉	肝纤维化	10mm，雌雄异体	62μm×207μm，无棘	无、钻入皮肤	42d
	马氏血吸虫	非洲	马、反刍动物	肠系膜静脉	肝纤维化	10mm，雌雄异体	60μm×80μm，末端棘	无、钻入皮肤	38d
	Bivitellobilhania loxodontae	非洲	大象	肠系膜静脉	肝纤维化	10mm，雌雄异体	71μm×87μm，无棘	无、钻入皮肤	未知
	鸟毕属	世界范围	鸟	皮肤	哺乳动物皮炎	10mm，雌雄异体	70μm×87μm，无棘，变化大	无、钻入皮肤	60d

湿，且在冬季不会太寒冷（不至于破坏虫卵及其幼虫阶段），这些条件使得寄生虫种群能够在终末宿主和环境中适应各个季节的变化。由于土壤特性在很短距离内可能变化较大，因此一块草地同时具有肝片吸虫的螺和囊蚴，而另一块牧场则可以安全放牧的情况并不罕见。小溪、池塘和沼泽地带显然是螺蛳的繁殖场所，在雨水充足的条件下，能够短暂储水的任何低洼地（如凹槽和死水沟）均可成为感染源。

在路易斯安那州，片形吸虫病的传播主要发生在2月和7月之间（Malone等，1984），而西北部各州，其传播在放牧季节逐渐出现，在11月份达到高峰（Hoover等，1984）。夏季干旱中断了墨西哥湾沿岸的传播循环，而冬季寒冷同样阻断了西北地区的循环。然而，特殊的环境可能产生意外的结果，如在干旱季节暴发肝片吸虫病。这种矛盾的现象可以解释如下：当干旱地区的牧草枯萎时，在水坑依然可见绿色植物，家畜被迫觅食平时不愿采食的水生植物。这些植物可能受到肝片吸虫囊蚴的严重污染，集中放牧可以导致家畜严重的感染。由于囊蚴对干旱有相当强的抵抗力，采食这些地区的干草也会发生感染。

大类片形吸虫是目前所知最大的吸虫之一，广泛分布于北美，其成虫见于与正常终末宿主白尾鹿胆管相通的包囊内。在牛体内这些包囊通常与胆管不相通，在山羊和绵羊体内大类片形吸虫童虫不能发育成熟，在肝脏内无目的地移行，破坏肝组织（图7-68）。因此，牛、山羊和绵羊的大类片形吸虫感染不明显，不能依靠粪便检查进行诊断。大类片形吸虫童虫无目的移行对娱乐场或宠物动物园的骆马、黇鹿、梅花鹿和其他鹿类同样可造成很大损伤，该处的感染源可能是白尾鹿。

[临床意义]　肝吸虫感染引起的临床症状取决于寄生虫的数量与发育阶段，以及是否存在诺维梭菌（*Clostridium novyi*）。急性肝吸虫病发生在近期摄入的囊蚴入侵肝脏期间。重度感染时，童虫在肝脏内移行可造成损伤，引起炎症反应，进而引起高致死性临床疾病，以腹痛和不想移动为特征。尸检可见腹腔内含有血染的渗出物，肝脏肿大质脆、被覆纤维膜，从切面可发现大量童虫。当羔羊在严重污染的沼泽地带放牧时，可引起重度损伤，导致急性肝吸虫病。

在某些病例中，导致快速致死性疾病只需要一个小小的创伤，它给梭状芽胞杆菌提供了一些损伤和缺氧的组织用于繁殖和分泌致死性毒素。即使较小的创伤和少量肝片吸虫（或泡状带绦虫幼虫）就足以为诺维梭菌提供适宜的环境。典型梭状芽胞杆菌感染的羊迅速死亡，几乎没有发病征兆。尸体剖检可见局部肝坏死和广泛的皮下出血，所以称之为"黑病"。诺维梭菌还可引起青年公羊致死性的"大头病"，但该情况的诱因是公羊争斗所引起的创伤而不是寄生虫的移行所造成的。

慢性吸虫病与胆管内的吸虫成虫有关，临床上以肝片吸虫感染的典型症状为特征。病畜表现出体重下降、渐进性衰弱、贫血、低蛋白质血症，并伴有皮下水肿，尤其是下颌腔和腹部。尸体剖检可见胆管扩张、增厚，塞满吸虫成虫。牛的胆管纤维化，进而钙化形成管状分枝样病变。Isseroff，Spengler和Charnock（1979）提供了肝片吸虫合成和排泄脯氨酸的证据，这些氨基酸至少与肝片吸虫感染引起的贫血有关。

美国农业部屠宰检验规定在肝脏发现一个吸虫即要做废弃处理。Tindall（1985）报道截止1984年10月波多黎各饲养的几乎1/3牛的肝脏都要废弃。继波多黎各之后，肝脏废弃率较高的州依次是佛罗里达、内华达州、俄勒冈州、爱达荷州、犹他州、华盛顿和加利福尼亚州。因此，肝脏废弃所造成的经济损失可能远远超过临床片形吸虫病的损失。Briskey，Scroggs和Hurtig（1994）对美国西部17个屠宰场中7个进行了牛的肝脏检查，结果在1 913份肝脏的368份样品中检测到肝片吸虫。大类片形吸虫可引起相当大的经济损失，它使牛的肝脏废弃，不能食用，它在山羊和绵羊肝脏上的破坏性移行几乎使流行区无法进行小反刍动物的生产。

[治疗和控制] 口服8.5%的氯舒隆（Clorsulon）悬液可用于治疗肝片吸虫童虫和成虫的感染，剂量为每千克体重7mg（Malone，Ramsey和Loyacano，1984；Courtney，Shearer和Plue，1985；Yazwinski等，1985）。强效害获灭（氯舒隆和伊维菌素）每千克体重2mg仅对肝片吸虫成虫有效，但氯舒隆禁用于繁殖期的奶牛，且牛在屠宰前8d内禁止使用。

阿苯达唑能清除肝片吸虫，牛的剂量为每千克体重10mg；绵羊的剂量为每千克体重7.5mg。阿苯达唑同样也不能用于繁殖期的奶牛，且牛在屠宰前27d内禁止使用。在蒙大拿州，丙硫咪唑（15mg/kg）可有效的驱除肝片吸虫成虫，降低自然感染山羊的死亡率。

其他有效的抗吸虫药物还有地酚尼太（diamphenethide）、硝羟碘苄腈（nitroxynil）、羟氯柳苯胺（oxyclozanide）、雷复尼特（rafoxanide）、三氯羟醋苯胺（triclabendazole）等，但这些药物在美国禁用。

大类片形吸虫是家养反刍动物的一个更大的难题。氯舒隆（24mg/kg）和阿苯达唑（26mg/kg）对其天然宿主白尾鹿体内的未成熟虫体和成虫均有效（Foreyt 和 Drawe，1985）。然而，一种药物必须杀灭所有的未成熟虫体才能对感染绵羊和山羊有效，因为少量童虫的存活可能会引起这些宿主死亡。对绵羊来讲，氯舒隆（15mg/kg）治疗一次性治疗大类片形吸虫囊蚴感染8周的病例没有实际效果（Conboy，Stromberg和Schlotthauer，1988），而氯氰碘柳胺（closantel）（口服15mg/kg或肌内注射7.5mg/kg）则能达到相应的治疗效果（Stromberg等，1985），但该药在美国禁用。

理论上讲，可以通过沼泽地排水或有螺区域的广泛灭螺来控制水生螺类。但是，由于吸虫的持续存在，说明灭螺措施在很多情况下是行不通的。有些地区与有螺地带通过河流相连，很难采取有效的灭螺措施。定期驱虫可以减少吸虫卵对牧草的污染。在干旱或寒冷时期，由于虫卵受到破坏和螺类感染寄生虫能力下降，此时依靠单一的驱虫措施也许能取得满意的效果。相反，当大量虫卵和感染性螺类全年都能存活时，也会发生吸虫病。

（2）前后盘科

[鉴别] 腹吸盘位于虫体后端（图4-12），而其他吸虫的腹吸盘或位于虫体腹面或缺失。属和种包括前后盘属（*Paramphistomum*）、杯殖属（*Calicophoron*）及殖盘属（*Cotylophoron*）吸虫（瘤胃吸虫），人似腹盘吸虫（*Gastrodiscoides hominis*）（人、猴和猿的小肠吸虫），以及巨盘属（*Megalodiscus*）种类（蛙的结肠和泄殖腔吸虫）。

[生活史] 鹿前后盘吸虫（*P. cervi*）的虫卵只有经牛、绵羊和山羊的粪便排出才能发育。含有毛蚴的虫卵落入水中孵化，侵入膀胱螺属、水泡螺属、土蜗属和伪琥珀螺属的螺蛳，在其体内经

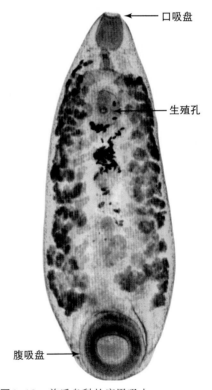

图4-12 前后盘科的瘤胃吸虫

过一个胞蚴和两个雷蚴阶段发育为尾蚴。尾蚴从螺体内逸出，在水生植物上结囊。由此可见，前后盘吸虫的生活史在哺乳动物体外部分与片形属非常相似。前后盘吸虫的囊蚴在小肠前段脱囊，经皱胃移行至瘤胃。在严重感染的情况下，移行至瘤胃的时间延长，从而导致疾病持续几个月。一旦到达瘤胃和网胃，前后盘吸虫成虫相对无害（Rolfe和Boray，1987）。

与其他在水生植物上结囊的前后盘吸虫不同，巨盘吸虫尾蚴则在蛙和蝌蚪的皮肤上结囊。蛙在摄食含有囊蚴的蝌蚪或蜕掉的内皮时受到感染。

[治疗]　2mg/kg的氯舒隆和0.2mg/kg的伊维菌素组合治疗瘤胃未成熟虫体的感染是无效的（Rolfe和Boray，1993）。20mg/kg的六氯酚治疗一次，19mg/kg的氯羟柳胺间隔3d治疗两次对前后盘吸虫童虫和成虫都非常有效，尤其是牛的杯殖吸虫（*C. calicophorum*）（Rolfe和Boray，1987）。遗憾的是，在美国这些药物均禁用于家养反刍动物。

2. 需摄食鱼、虾、蟹和其他中间宿主而感染的吸虫

（1）隐孔科

[鉴别]　生殖孔接近于腹吸盘后端，而其他吸虫的生殖孔则位于别的位置。生殖孔的位置和并列的睾丸是隐孔科的唯一共同特征。兽医上重要的隐孔科吸虫主要是肠道（侏形属*Nanophyetus*，图4-13）或肺（并殖属*Paragonimus*，图4-14和图4-15）的寄生虫。

[生活史]　鲑侏形吸虫（*Nanophyetus salmincola*）成虫寄生于太平洋西北部食鱼的肉食动物小肠。虫卵随粪便排出时没有发育，水中的虫卵大约需要3个月才能发育为毛蚴，随后自动孵出。毛蚴钻入淡水螺体内，并在螺体内由雷蚴发育为尾蚴。尾蚴从螺体内逸出后，钻入鲑鱼的皮肤并在各个组织中形成囊蚴。犬、猫、狼、狐狸、熊、浣熊或水貂可通过食用被感染的鲑鱼或鳟鱼肉而感染。鲑侏形吸虫反过来可以作为蠕虫新立克次氏体（*Neorickettsia helminthoeca*）的宿主，该立克次氏体是犬"鲑鱼中毒"的致病因素。鲑鱼中毒以出血性肠炎和淋巴结肿大为特征，可通过病人的粪便检查查出虫卵进行确诊，如不及时使用广谱抗生素治疗通常会引起死亡。

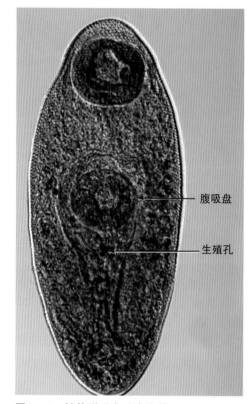

腹吸盘

生殖孔

图4-13　鲑侏形吸虫（隐孔科）

图4-14　克氏并殖吸虫。猫肺部包囊剖检时发现的成虫

克氏并殖吸虫（*Paragonimus kellicotti*）通常在肺部包囊中成对出现（图8-44）。北美的猫、犬和许多野生动物可通过食入含有囊蚴的小龙虾或通过食入近期喂过小龙虾的动物而感染。大型花瓶状虫卵（图7-36B和图8-45）经过肺部支气管移行到咽部，进入消化道，最后随粪便排出。如果虫卵落入水中，大约两周孵出毛蚴，进入仿圆口螺，在螺体内经过一代胞蚴和两代雷蚴发育为尾蚴。尾蚴离开螺体，在螯虾体内形成囊蚴。X射线诊断表明，28d内在猫的肺中形成包囊，感染后1个月可以从粪便中发现虫卵。克氏并殖吸虫感染可以出现呼吸系统疾病的症状。

[治疗] 吡喹酮，23mg/kg，每天3次，连服3d，对驱除猫和犬肺中克氏并殖吸虫非常有效（Bowman等，1991）。芬苯达唑，50mg/kg，连用10～14d，对驱除这些肺吸虫也有很好的疗效（Dubey，Miller和Sharma，1979）。阿苯达唑，25mg/kg，每天2次，连服14d，对驱除这些肺吸虫也非常有效。吡喹酮，7～38mg/kg，皮下或肌内注射，对驱除犬和狼体内的克氏并殖吸虫也有非常好的疗效（Foreyt和Gorham，1988）。

（2）异形科

[鉴别] 腹吸盘和生殖孔位于腹面生殖囊，有一个或多个生殖吸盘（位于生殖孔周围）（图4-16）。

[生活史] 横川后殖吸虫（*Metagonimus yokogawai*）和异形异形吸虫（*Heterophyes heterophyes*）是东亚地区猫、犬、猪和人的寄生虫，可通过食入含有囊蚴且未煮熟的鱼而感染。

舌隐穴吸虫（*Cryptocotyle lingua*）寄生于鸥和燕鸥，可引起犬、狐狸和水貂的严重肠炎。吞食含有囊蚴的青鲈（北大西洋的小鱼）数日后可引起发病，囊蚴位于宿主皮下组织，由宿主黑色的包囊所包裹，感染鱼的症状俗称"黑斑病"，宿主黑色的包囊并不是舌隐穴吸虫所独有，在其他各种吸虫囊蚴周围也可发现。舌隐穴吸虫在一种海螺（即玉黍螺）体内发育成尾蚴。

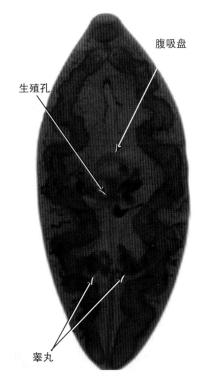

图4-15 克氏并殖吸虫

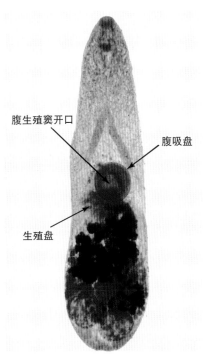

图4-16 一只来自黎巴嫩犬的异形吸虫

（3）后睾科

[鉴别] 子宫和卵巢位于睾丸之前，没有雄茎囊，生殖孔正好位于腹吸盘的前方。虫体背腹扁平，呈半透明纺锤状，可寄生于哺乳动物、鸟类

和爬行类的胆管和胰管内（图4-17，图4-10）。后睾属与双腔属容易混淆，因为它们的大小、形状以及寄生部位很相似，但是双腔吸虫卵巢位于睾丸之后。其种类包括细颈后睾吸虫（*Opisthorchis tenuicollis*）、猫后睾吸虫（*O. felineus*）、结合次睾吸虫（*Metorchis conjunctus*）、白次睾吸虫（*M. albidus*）、复合副次睾吸虫（*Parametorchis complexus*）、华支睾吸虫（*Clonorchis sinensis*）等。

[生活史] 细颈后睾吸虫成虫寄生于犬、猫、狐狸、猪和人的胆管、胰管和小肠内。含毛蚴的虫卵随宿主粪便排出后，被触角豆螺摄入，在其体内发育成雷蚴和尾蚴。尾蚴在鲤科、鲷科和斜齿鳊鱼体内形成囊蚴。终末宿主因食用这些淡水鱼而感染。

[临床意义] 后睾吸虫的宿主特异性较低，每种都能感染多种食鱼的哺乳动物。中等数量虫体感染时通常无症状，但是带有大量虫体的慢性感染可以导致严重的肝功能不全。

[治疗] 吡喹酮按100mg/kg治疗应该有效（Hong等，2003）。

3. 需摄食中间宿主节肢动物或脊椎动物而感染的吸虫

双腔科

[鉴别] 这类吸虫体表呈半透明，卵巢位于睾丸后方，常寄生于哺乳动物、鸟类和爬行动物的胆囊、胆管和胰管（图4-18，图4-19和图8-47）。

[矛形双腔吸虫的生活史] 虽然许多吸虫的生活史都与水有关，但双腔吸虫却适应于经常在干燥环境下栖息的宿主。矛形双腔吸虫成虫寄生于牛、猪、鹿、旱獭和野兔的胆管。虫卵随宿主的粪便排出，被陆地螺摄入，在其体内由母胞蚴发育成尾蚴。当尾蚴离开胞蚴时，蜗牛会在尾蚴周围分泌黏液，形成所谓的黏液球，并从蜗牛体内排出。这种黏性球显然是蚂蚁的食物，被蚂蚁吞食后在其体内发育为囊蚴。终末宿主放牧时误食了感染性蚂蚁而感染，囊蚴在小肠脱囊，经总胆管移行到更细的胆管分支。

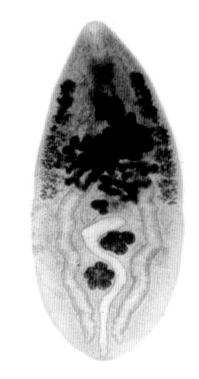

图4-17 副次睾吸虫（后睾科）

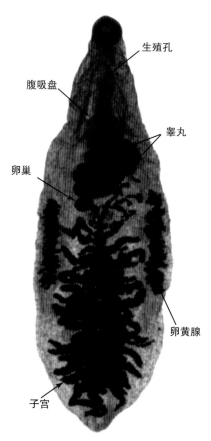

图4-18 矛形双腔吸虫（双腔科）

[临床意义]　矛形双腔吸虫在牛、羔羊或幼羊中不会引起临床症状，但这些吸虫长期寄生在体内，对肝脏产生的病理变化会日益加重。因此，老龄羊感染矛形双腔吸虫可引起渐进性肝硬化，临床表现为精神萎顿、产毛量下降、泌乳减少和过早衰老。简单地说，矛形双腔吸虫可通过缩短母羊的育龄期而降低养羊业的经济效益。

[治疗]　绵羊口服15~20mg/kg的阿苯达唑对矛形双腔吸虫成虫非常有效（Theodorides，Freeman和Georgi，1982）。

法斯特扁体吸虫（*Platynosomum fastosum*）　该虫寄生于猫的胆管和胰管，主要分布于美国东南部和加勒比海地区（图4-19）。通过食入含有囊蚴的蜥蜴、蟾蜍、壁虎和石龙子而感染，此感染通过变色龙的引种已被带到夏威夷（Chung，Miyahara和Chung，1977；Eckerlin和Leigh，1962）。

[治疗]　吡喹酮20mg/kg，可以显著减少猫粪中排出的虫卵数量（Evans和Green，1978），根据佛罗里达医师的建议，也可以加大治疗剂量，不过治疗过的猫最后会因肝脏机能障碍而死亡。因此认为外科手术去除吸虫是最好的治疗方法。此外，阿苯达唑也是可供选择的药物。

浣熊阔盘吸虫（*Eurytrema procyonis*）该虫是浣熊胰管内常见的寄生虫，有报道纽约州一只猫有两年病史，初现消瘦和呕吐的症状，可能是由胰脏纤维化和萎缩引起的（Anderson，Georgi和Car，1987）。感染猫按30mg/kg服用芬苯达唑6d后，其停止通过粪便排卵（Roudebush和Schmidt，1982）。

4. 需摄食两栖动物或脊椎动物而感染的吸虫

（1）双穴科

[鉴别]　寄生于鸟类和哺乳动物的肠道，虫体前部可分成扁平状或匙形，具口腹吸盘和黏着器；后体呈圆柱状，包含生殖器官（图4-20）。前体被肠道黏液包裹，吸虫和宿主肠上皮之间形成牢固的结合（图4-21，图8-49）。双穴科最容易与枭形科（Strigeidae）和杯叶科的种类相混淆，枭形

科虫体前部具有似杯形并具有叶状的黏着器，而杯叶科的吸虫具有球状黏着器，但是虫体不分前后体。

图4-19　法斯特扁体吸虫（双腔科）

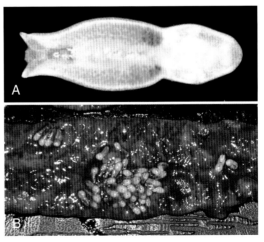

图4-20　犬翼形吸虫（双穴科）。A. 从黏膜上皮分离的活标本，显示前体和后体，前体具有一个腹沟用来包裹宿主的一些黏膜；B. 附着于肠黏膜上的吸虫

图4-21 附着于犬小肠黏膜的犬翼形吸虫（双穴科）

[翼形属生活史] 尚未形成胚胎的大型虫卵（图7-36A）随感染犬的粪便排出（图4-22），落入水中，大约两周即可发育并孵出毛蚴，钻入扁卷螺体内。毛蚴在螺体内发育成母胞蚴和尾蚴。尾蚴钻入蝌蚪皮肤，发育为中尾蚴，此阶段仅限于翼形属和密切相关的几个属。如果蝌蚪被青蛙、蛇或老鼠食入，中尾蚴则在其体内暂存并等待新的宿主犬或其他合适的终末宿主来捕获。含有中尾蚴的青蛙、蛇或鼠叫做转续宿主或储藏宿主，即幼虫在其体内可以无限期地存活但不是发育所必需的。转续宿主对寄生虫在空间和时间上的分布具有重要作用，也是连接不同食物偏好型动物的桥梁或为寄生虫寻找终末宿主扫清障碍。当犬食入转续宿主时，中尾蚴直接通过膈膜移行到达肺，并在此发育成囊蚴。数周后，囊蚴经气管移行并被吞下，在小肠内发育成熟。摄入中尾蚴后3~5周即可从粪便中排出虫卵（图4-22）。

鼠感染中尾蚴后会通过乳汁将马尔希安那翼形吸虫（*Alaria marcianae*）传给他们的幼崽，当发育成熟后，这些后代会以同样方式将该虫继续传递下去。如果母猫在哺乳期感染马尔希安那翼

形吸虫，中尾蚴在肺中不会发育成囊蚴，而是移行到乳腺感染幼崽。幼崽将作为终末宿主以完成其特有的感染过程（Shoop和Corkum，1984）。

[临床意义] 翼形吸虫成虫附着于小肠黏膜，但对宿主的伤害甚微。然而，由于中尾蚴通过肺移行，有时会无目的地移行到其他组织，引起临床疾病，如某人感染美洲翼形吸虫（*Alaria americana*）中尾蚴，最后因广泛性肺出血而死亡。调查发现此人徒步旅行时吃过未煮熟的蛙腿（Freeman等，1976）。

[治疗] 犬、猫肠道内的成虫感染可用吡喹酮和适当剂量的依西太尔（epsiprantel）进行治疗。多数病例按标准剂量治疗有效。

（2）异肉科、半尾科、枝腺科

立氏新立克次氏体引起的波多马克马热，被认为是马食用了含有多种吸虫囊蚴的石蚕蛾或蜉蝣生物而感染（Madigan等，2000）。6匹饲喂水生昆虫的马食用了石蚕蛾后，其中一匹感染了立氏新立克次氏体。肋角螺科的有脣螺蛳，可排出枝腺科典型的棒状尾蚴，通过PCR扩增检查，吸虫尾蚴和胞蚴中有立氏新立克次氏体DNA的存在。在209份吸虫样本中，有50份样本立氏新立克次氏体PCR检测为阳性（Kanter等，2000）。枝腺科的吸虫在蝙蝠中常见，因而推测螺内的尾蚴可进入多种水生昆虫幼虫体内（如石蚕蛾或蜉蝣）发育成囊蚴（图4-23）。马的感染是因为这些幼虫发育成熟后落入马的饲料或饮水中而致。

另一个难题是埃利希氏体属和立氏新立克次氏体非常接近，可从加利福尼亚北部小溪的虹鳟发现的吸虫和组织中分离到（Pusterla等，2000）。这些吸虫属于*Deropegus*（半尾科）、履口属和*Creptotrema*（异肉科）。成虫寄生于虹鳟的肠道和胆囊内。虽然半尾科的幼虫阶段主要寄生于甲壳纲，但囊蚴阶段可能见于各种水生昆虫（如石蚕蛾或蜉蝣）的幼虫期。如果感染马的话，就像蝙蝠的吸虫一样，通过食入含有这种囊蚴的昆虫成虫而感染。

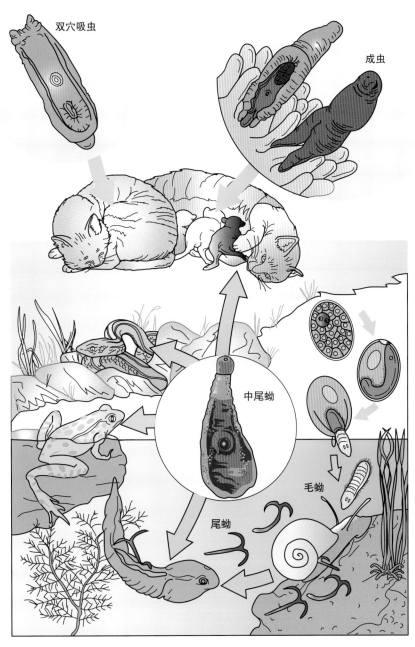

图4-22　马尔希安那翼形吸虫生活史。落入水中的虫卵发育并孵出毛蚴，进入扁卷螺体内发育为分叉的尾蚴。尾蚴钻入皮肤并进入豹（纹）蛙蝌蚪的组织中，发育为中尾蚴。如果蝌蚪被青蛙、蛇、鸟或哺乳动物摄食，中尾蚴进入这些转续宿主体内不发育。然而，当含有中尾蚴的蝌蚪或其他转续宿主被雄性或未哺乳的雌性猫食入后，中尾蚴便穿过膈肌在肺中发育为囊蚴。最后，双穴吸虫经过肺到达食道发育成熟并在小肠产卵。如果中尾蚴感染泌乳期动物，它们会移行到乳腺并随乳汁流出在幼崽体内发育为成虫。而另一些中尾蚴仍然在雌性动物体内感染其后代（Pearson，1956；Shoop和Corkum，1984）

5. 需通过钻入皮肤而感染的吸虫

分体科

分体吸虫病是由曼氏血吸虫（*Schistosoma mansoni*）、埃及血吸虫（*S. haematobium*）和日本血吸虫（*S. japonicum*）所引起，对人类的危害仅次于疟疾，尤其是在加勒比海岸、南美洲、非洲和东亚地区。许多热带地区的家畜会感染牛血吸虫（*S. bovis*）（牛和羊）、印度血吸虫（*S. indicum*）（马、牛、羊和印度水牛）、间插血吸虫（*S. nasale*）（牛，印度）、猪血吸虫（*S. suis*）（猪和犬，印度），以及马氏血吸虫（*S. matheei*）（绵羊，南非）。在日本和菲律宾，日本血吸虫是对人和动物危害严重的寄生虫。在北美，分体吸虫只有两个分离株。美洲异毕吸虫（*Heterobilharzia americana*）是浣熊、海狸鼠、野猫、兔子和犬的寄生虫，广泛分布于从佛罗里达沿海岸线到得克萨斯州，向北至少延伸到堪萨斯州。"游泳痒"是由野生水禽分体吸虫尾蚴引起的皮炎，这些吸虫包括毛毕吸虫属（*Trichobilharzia*）、澳毕吸虫属（*Austrobilharzia*）和毕哈吸虫属（*Bilharziella*），由它们钻入人的皮肤并移行所致。当然，在北美来自疫区的移民中也存在许多人的血吸虫病病例，但是人的血吸虫病不可能在美国流行，因为这里没有中间宿主螺（扁卷螺、热带螺、钉螺和水泡螺）。

[鉴别] 雌雄异体，细长的雌虫位于较粗壮雄虫的抱雌沟内（图4-24）。成虫寄生在鸟和哺乳动物消化道和尿道的静脉中。其他吸虫则是雌雄同体，寄生在组织而不是血管中。虫卵无盖，虫卵经粪便（如曼氏血吸虫、日本血吸虫）或尿液（如埃及血吸虫）排出时，卵内含有毛蚴。有些种的虫卵具有刺突，其他吸虫的虫卵有卵盖但无刺突。血吸虫虫卵可直接在水中孵化，因此当要沉淀这些虫卵时粪便必须置于0.85%的生理盐水中。毛蚴孵化技术（Goff和Ronald，1980）增加了从犬粪便中检测到美洲异毕吸虫感染的可能性。美洲异毕吸虫的虫卵呈球形，一边稍微隆起，不像曼氏血吸虫和埃及血吸虫那样带小刺。

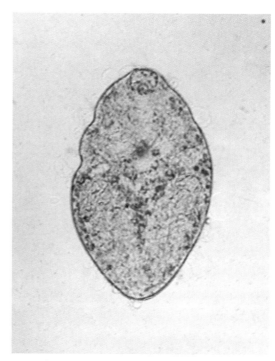

图4-23 加利福尼亚石蚕蛾中枝腺科吸虫的囊蚴（加利福尼亚大学兽医学院John E.Madigan博士惠赠）

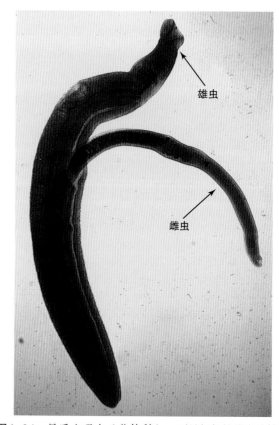

雄虫

雌虫

图4-24 曼氏血吸虫（分体科）。可见细长的雌虫从雄虫抱雌沟中伸出

[美洲异毕吸虫的生活史] 虫卵与水接触后很快孵出毛蚴，然后进入淡水螺古巴椎实螺体内，经子胞蚴发育成尾蚴。尾蚴从螺内逸出后钻入浣熊、海狸鼠、野猫、兔子和犬的皮肤，并经肺移行至肝脏。在肝脏发育一段时间后，雌雄成虫便到肠系膜静脉交配，雌虫位于雄虫的抱雌沟内（图8-50）。虫卵产于肠系膜静脉末端分支，被带到肠壁进入肠腔，随粪便排出（图8-51和图8-52）。虫卵会引起肉芽肿反应，最终阻碍它们向其他器官移行。其他血吸虫的生活史和美洲异毕吸虫基本相似。

[治疗] 治疗美洲异毕吸虫感染，可按40mg/kg芬苯达唑连续口服10d，可以完全驱除一只人工感染犬体内的虫体（Ronald和Craig，1983）。吡喹酮和依西太尔也可用于治疗美洲异毕吸虫感染。

第二节 绦虫纲

兽医上一些重要绦虫的地理分布和生物学信息见表4-2。

绦虫属于扁形动物门绦虫纲，与吸虫一样，无实质性体腔，雌雄同体。绦虫的成虫一般呈链带状，节片从前至后逐渐发育成熟。其一端能够通过附着器官或头节附着于宿主的肠壁。在完全发育的绦虫成虫中，所有的发育阶段呈线状排列，从头节开始到尾端结束。虽然从繁殖的角度看一条绦虫似乎是一个群体而不是一个个体，但所有的节片均由共同的渗透调节系统和神经系统所支配，而且虫体的运动是以节律并相互协调的方式进行，其运动借助于每个节片中两个肌纤维带的协调活动来完成。绦虫没有消化器官，所有的营养物质都是通过体壁吸收。绦虫成虫的身体非常扁平，可以说具有两个面和两个边，以此来增加单位体积最大的表面积，从而有利于虫体通过体壁吸收所需要的营养。有些绦虫可以长得很长，如牛带绦虫（*Taenia saginata*）的链体可以含有2 000多个节片，在人的小肠里可以长达3.6m

（Arundel，1972）。

绦虫纲包括14个目，其中与兽医有关的两个目是假叶目和圆叶目。假叶目只有两个属（裂头属*Diphyllobothrium*和迭宫属*Spirometra*）在兽医上具有重要意义，二者都以桡足虫作为第一中间宿主，在桡足虫体内由钩球蚴发育成原尾蚴。第二中间宿主可以是鱼类、两栖类和爬行动物，原尾蚴在其体内可发育为实尾蚴。终末宿主因食入第二中间宿主或者感染实尾蚴的转续宿主而感染。假叶目绦虫与水生动物食物链有着密切的关系。圆叶目绦虫与兽医有关的有5个科，即带科（Taeniidae）、中殖孔科（Mesocestoididae）、裸头科（Anoplocephalidae）、复孔科（Dipylidiidae）、膜壳科（Hymenolepididae）。圆叶目的大多数绦虫只需要一个中间宿主，根据科的不同，中间宿主可以是哺乳动物（带科）、节肢动物（裸头科、复孔科和膜壳科）。中殖孔科需要两个中间宿主，第二中间宿主可以是哺乳动物、禽类或者爬行动物。但是，到目前为止第二期幼虫和第一中间宿主还没有被鉴定出来。圆叶目绦虫的六钩蚴具有发育自胚膜的保护膜，与陆地生物的食物链密切相关。

几乎所有的绦虫至少需要2～3个宿主才能完成其生活史。但也不乏只在一个宿主体内完成生活史的个例，如寄生于鼠或有时寄生于人的一种圆叶目绦虫短蝠壳绦虫（*Vampirolepis nana*）。

绦虫排出含六钩蚴的虫卵。六钩蚴在中间宿主体腔或组织内发育为第二期幼虫。通常第二期幼虫对终末宿主具有感染性。然而，在某些特殊的情况下，第二期幼虫必须在第二中间宿主体内先发育为第三期幼虫，才能感染终末宿主。六钩蚴属第一期幼虫，对第一中间宿主或者只对第一中间宿主有感染性。六钩蚴由两层胚膜构成的六钩胚组成。第一期幼虫或六钩胚对第一中间宿主有感染性，在其体内发育为第二期幼虫。多数圆叶目绦虫只有一个中间宿主，第二期幼虫对终末宿主具有感染性。在中殖孔科（第二期幼虫仍

表4-2 兽医上一些重要绦虫的信息

绦虫	终末宿主	地理分布	虫卵	中间宿主	幼虫期	头节	节片	潜在期	备注
假叶目									
裂头科									
裂头属	犬、猫、人、熊、猪和海豹	寒冷气候、淡水	有卵盖 66μm×44μm	桡足虫[1];鱼类[2]	裂头蚴	有裂缝、无钩	正方形、中间有子宫孔	40d	人类可以感染成虫
迭宫属	犬、猫、猞猁和浣熊	美国、澳大利亚、亚洲	有卵盖 66μm×44μm	桡足虫[1]、蝌蚪、蛇、啮齿类[2]	裂头蚴	有裂缝、无钩	正方形、中间有子宫孔	15~30d	导致人类裂头蚴病
圆叶目									
带科									
豆状带绦虫	犬	世界范围	带绦虫卵、30μm	棉尾兔	囊尾蚴	有4个吸盘、钩呈锤形	正方形、单侧生殖孔	56d	
泡状带绦虫	犬	世界范围	带绦虫卵、30μm	主要是羊	囊尾蚴	有4个吸盘、钩呈锤形	正方形、单侧生殖孔	51d	
羊带绦虫	犬	世界范围（除美国）	带绦虫卵、30μm	主要是羊	囊尾蚴	有4个吸盘、钩呈锤形	正方形、单侧生殖孔	42~63d	
牛带绦虫	人	世界范围	带绦虫卵、30μm	牛-肌肉	囊尾蚴	在头节上没有钩	正方形、单侧生殖孔	70~84d	头节上无钩
猪带绦虫	人	世界范围	带绦虫卵、30μm	猪-肌肉	囊尾蚴	有4个吸盘、钩呈锤形	正方形、单侧生殖孔	35~84d	导致人类囊虫病
亚洲带绦虫	人	东南亚	带绦虫卵、30μm	猪、牛-肝	囊尾蚴	成虫头节无钩	正方形、单侧生殖孔	70~84d	成虫头节无钩
带状带绦虫	猫	世界范围	带绦虫卵、30μm	小鼠和大鼠	链尾蚴	有4个吸盘、钩呈锤形	正方形、单侧生殖孔	40d	
连续带绦虫	犬	世界范围	带绦虫卵、30μm	棉尾兔	多头蚴	有4个吸盘、钩呈锤形	正方形、单侧生殖孔	1~2个月	猫有多头蚴病
多头带绦虫	犬	全世界（除美国、新西兰）	带绦虫卵、30μm	主要是绵羊	多头蚴	有4个吸盘、钩呈锤形	正方形、单侧生殖孔	30d	导致人的多头蚴病
细粒棘球绦虫	犬及犬科动物	养羊地区	带绦虫卵、30μm	主要是绵羊	单房棘球蚴	有4个吸盘、钩呈锤形	虫体和节片很小、通常看不到	45~60d	导致人的单房棘球蚴病

表4-2 兽医上一些重要绦虫的信息

绦虫	终末宿主	地理分布	虫卵	中间宿主	幼虫期	头节	节片	潜在期	备注
多房棘球绦虫	狐狸，犬	全北区	带绦虫卵，30μm	小鼠和大鼠	多房棘球蚴	有4个吸盘，钩呈锤形	虫体和节片很小，通常看不到	28d	导致人的多房棘球蚴病
裸头科									
贝氏莫尼茨绦虫	牛	世界范围	正方形	地螨	似囊尾蚴	无顶突和钩	宽大于长	40d	
扩展莫尼茨绦虫	绵羊	世界范围	正方形到圆形	地螨	似囊尾蚴	无顶突和小钩	宽大于长	25~45d	
山羊莫尼茨绦虫	山羊	世界范围	正方形到圆形	地螨	似囊尾蚴	无顶突和小钩	宽大于长	尚不明确	
放射遂体绦虫	反刍动物（除丁牛）	南北美多山地区	卵小，呈长形	书虱（啮虫科）	似囊尾蚴	无顶突和小钩	具齿状缘膜	尚不明确	
大裸头绦虫	马属动物	世界范围	圆形	地螨	似囊尾蚴	无顶突和小钩	宽大于长	4~6周	难以在粪便中找到虫卵，通常看不到节片
叶状裸头绦虫	马属动物	世界范围	圆形	地螨	似囊尾蚴	有耳垂，无顶突	通常可见整个虫体	4~6周	
侏儒副裸头绦虫	马属动物	世界范围	圆形	地螨	似囊尾蚴	无顶突和小钩	宽大于长	4~6周	
复孔科									
犬复孔绦虫	犬、猫、其他猫科动物和犬科动物	世界范围	以卵袋排出	跳蚤	似囊尾蚴	4个吸盘，顶突可伸缩	节片南瓜籽形，生殖孔两侧开口	21d	儿童偶见成虫
中殖孔科									
中殖孔绦虫	浣熊，犬，猫	世界范围	卵限制在副子宫	第一仍然未知，第二为爬行类、哺乳类	四盘蚴	四个吸盘，无钩	节片南瓜籽样，小，芝麻籽样，含副子宫	20~30d	犬可感染四盘蚴，人类很少到感染

注：1为第一中间宿主，2为第二中间宿主

然是假定）和假叶目绦虫中，第二期幼虫对第二中间宿主有感染性，并能在其体内发育为第三期幼虫。中殖孔科和假叶目的第三期幼虫是终末宿主的感染性阶段。各种绦虫的第二期和第三期幼虫均有各自的名称，这将在它们各自的生活史中介绍。

从某种意义上说，幼虫发育的目的是为了在某一中间宿主体内形成一个头节，以便能被合适的终末宿主所摄入。由于在螨和黄牛这样差异如此之大的宿主体内均能达到这一目的，所以相比成虫而言，绦虫幼虫之间在大小和形状方面有相当大的差异。正是这一点使虫体的多样性取代了结构和功能的一致性。所以，在以下绦虫科的描述中，幼虫发育的细节将与生活史联系起来讨论。

当绦虫的感染性幼虫首次到达其终末宿主的肠道时，感染性幼虫身体的大部分被宿主消化掉，只剩下头节和少量未分化的组织叫做颈节。头节吸附在肠壁，从颈节开始长出节片。这些节片相互连接，形成链体。最初这些节片仍然未分化，但是卵巢、睾丸、卵黄腺和其他生殖器官在与颈节相距一定距离的节片里逐渐形成。这些生殖器官逐渐成熟，形成卵和精子，然后受精。受精卵或通过子宫孔排出，或者积聚在节片中。所以在前一种情况下末端的孕节是空的，而在后一种情况下末端的孕节则充满了成熟的虫卵。

生殖器官的解剖结构和命名对于具体的分类工作非常重要，但此处不需要强调这些，因为一个可靠的鉴定方法，通常是以宿主特性或者更易理解的形态学特征作为依据。然而，圆叶目和假叶目之间确实存在差异，这在诊断和理解他们特殊的生活史方面非常重要。

一、假叶目

假叶目绦虫仅有两个纵向浅沟样吸槽（图4-25），用于运动和附着。裂头属和迭宫属绦虫都没有钩以致吸槽的吸附能力较弱，其长链上宽大的节片和肠黏膜之间相当大的接触面积显然为

虫体的固定提供了足够的牵引力。

假叶目绦虫的节片具有子宫孔（图4-26），虫卵可以从子宫孔排出，等到节片发育成熟时，链体上末端的节片会排出虫卵。假叶目绦虫末端节片逐渐衰老，而不是继续妊娠，通常他们以短链形式离开链体，而不是单个分离。所以，假叶目绦虫感染的诊断，就是从粪便中寻找有盖的虫卵，有时这并不是一件容易的事。

假叶目绦虫的六钩蚴和它的两层膜是由有盖的卵壳所包裹（图4-27）。六钩蚴被胚膜所包裹，当它顶开卵盖游走时最外层膜仍留在壳内（图4-28）。假叶目绦虫有纤毛的六钩蚴叫做钩球蚴（coracidium）。

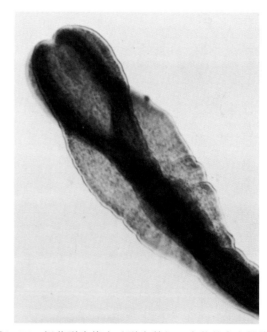

图4-25　阔节裂头绦虫（裂头科），头节的永久性染色封片

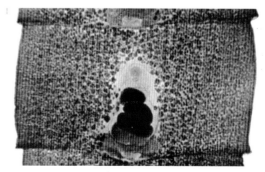

图4-26　阔节裂头绦虫成熟节片

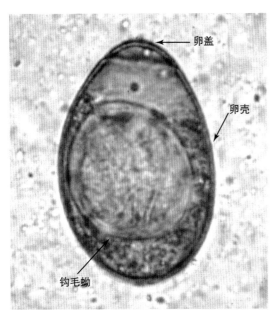

图4-27 类曼氏迭宫绦虫虫卵（裂头科）。裂头科虫卵有卵盖，其中有完全发育的钩球蚴

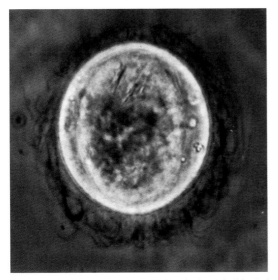

图4-28 类曼氏迭宫绦虫的钩球蚴。自由运动时相差电子闪光显微照片（Justus Mueller博士惠赠）

裂头科

1. 鉴定

阔节裂头绦虫（*Diphyllobothrium latum*）和类曼氏迭宫绦虫（*Spirometra mansonoides*）的头节有两个裂缝样的吸槽（图4-25）。成熟节片宽度大于长度（图4-29、图4-26）。子宫呈螺旋状弯曲，每边由4~8个环组成，通过生殖孔后面的

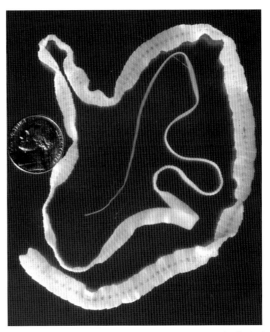

图4-29 类曼氏迭宫绦虫（裂头科），全虫标本取自于猫。注意与成熟节片相比，头节很小，而且生殖器位于整个绦虫的中央

子宫孔与外界相通。生殖系统集中于节片的中央（图4-29）。有盖的虫卵从子宫孔排出体外。

2. 生活史

与兽医相关的裂头科有两个重要的属：裂头属和迭宫属。其不同之处在于：一个是以水生生物作为中间宿主；另一个是以两栖类和陆生生物作为中间宿主。裂头属绦虫以桡足虫和鱼类作为中间宿主；迭宫属绦虫以桡足虫、两栖类、爬行类、鸟类和哺乳动物作为中间宿主。阔节裂头绦虫的生活史与假叶目其他绦虫相似，都需要两个中间宿主，第一中间宿主是桡足类，第二中间宿主是脊椎动物。而圆叶目绦虫的发育只需要一个中间宿主。当钩球蚴（有纤毛的六钩蚴）被桡足虫摄入后，可在其体腔内发育成原尾蚴（procercoid）（图4-30）。当感染性桡足虫被第二中间宿主食入时，原尾蚴可进入其肌肉组织或结缔组织，发育为裂头蚴（plerocercoid）（图4-31）。值得注意的是裂头蚴能寄生在一系列捕食类中间宿主体内，直到找到合适的终末宿主。所以，当梭子鱼食入感染阔节裂头绦虫裂头蚴的

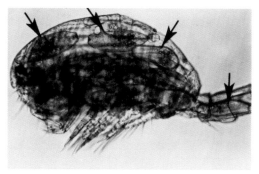

图4-30　桡足类（剑水蚤）体腔内存在3个类曼氏迭宫绦虫的原尾蚴（箭头）。此图为活体的电子闪烁显微照片

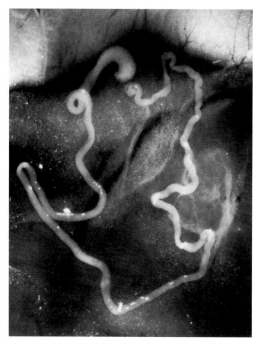

图4-31　小鼠皮下组织类曼氏迭宫绦虫的裂头蚴（照片约放大两倍，由Robert Smith博士提供，Justus Mueller博士培养）

鲦鱼时，裂头蚴会侵入梭子鱼体内，但仍然保持裂头蚴状态。然而，当人、犬或猫食入鲦鱼或梭子鱼时，裂头蚴便会发育为成虫，其潜伏期（即从感染到检测到虫体，即粪便中发现虫卵的时间）是5～6周。阔节裂头绦虫原尾蚴是在螈水蚤体内发育，其裂头蚴在鱼体内发育，其终末宿主包括人、犬、猫鼬、海象、海豹、海狮、熊、狐狸和水貂（Wardle和McLeod，1952）。

类曼氏迭宫绦虫的原尾蚴在剑水蚤体内发育，其裂头蚴可在除鱼以外的任何脊椎动物体内发育，甚至饲喂原尾蚴的小猫都可支持裂头蚴的发育，

其裂头蚴可见于猫的体壁扁平肌肉和皮下筋膜内（Mueller，1974）。自然情况下，类曼氏迭宫绦虫的中间宿主可能是水蛇，终末宿主可能是山猫。类曼氏迭宫绦虫其他终末宿主包括家猫、犬和浣熊（Mueller，1974）。生活史见图4-32。摄入裂头蚴10d后，动物粪便中开始出现虫卵。

曼氏迭宫绦虫（*Spirometra mansoni*）分布在东亚地区，以青蛙、家兔、禽类作为中间宿主发育为裂头蚴（图8-68）。先前，部分东亚地区有这样一种习俗，即将刚捕获的蛙的蛙肉敷在伤口、眼病等患处（这种行为类似以前应用生牛肉治疗与黑眼病有关的挫伤）。如果蛙的组织内存在曼氏迭宫绦虫裂头蚴的话，它将会感染人类，并在其皮下结缔组织中移行，引起人的裂头蚴病。类曼氏迭宫绦虫的裂头蚴也能引起人的裂头蚴病，Mueller和Coulston（1941）在自体实验中，将虫体植入手臂组织中，证实其裂头蚴可导致人的裂头蚴病。

阔节裂头绦虫和类曼氏迭宫绦虫通常没有犬、猫其他绦虫那么易于察觉，因为它们的节片不会脱落，而是通过成节的子宫孔连续地排出虫卵。因此，患者通常不会注意到裂头绦虫和迭宫绦虫的感染，除非整条虫体或老化的长链节片被排出。裂头绦虫是通过食入未煮熟的淡水鱼而感染。类曼氏迭宫绦虫在实验条件下可以用青蛙、老鼠作为第二中间宿主。在西拉克斯、纽约这类地区经常发现游蛇属水蛇感染类曼氏迭宫绦虫裂头蚴。

二、圆叶目

头节很小，常常不到1mm，而其成虫可以长达几米。圆叶目绦虫头节有4个呈放射状的吸盘（图4-33），这些吸盘具有吸附和运动作用。这些吸盘和周围组织非常灵活，Georgi博士观察发现豆状带绦虫（*Taenia pisiformis*）切断的头节可在培养皿中灵活的运动。每个吸盘都可以在组织上移动，固定于平皿底部。然后，头节通过组织收缩回到固定点，另一个吸盘则继续前进。在多数圆叶目绦虫头节的顶部，都有一个圆顶状突出

物，称为顶突。有时它可以缩到头节里，或者带有小钩。在带科绦虫，非伸缩性顶突具有两圈呈同心圆样的小钩。强壮的肌肉牵引着这些钩产生有节奏的爪形运动。这些顶突就像猫的爪子一样可以自由运动，但朝向离心的方向。一旦头节在肠壁内找到安全的锚定区，爪形运动就结束（图7-45）。缺少顶突的圆叶目绦虫（如裸头科，中殖孔科）则趋向于用更发达的吸盘来替代顶突。

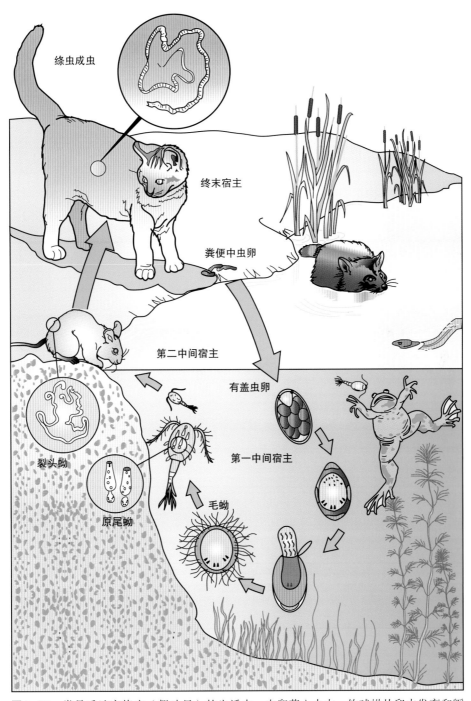

图4-32　类曼氏迭宫绦虫（假叶目）的生活史。虫卵落入水中，钩球蚴从卵内发育和孵化，直到被剑水蚤摄食。钩球蚴脱去纤毛，在剑水蚤体腔内由六钩蚴发育为原尾蚴。如果感染性桡足动物被除鱼以外的脊椎动物吞食，那么原尾蚴就会发育成实尾蚴，寄生在宿主皮下组织和体壁平滑肌内。接着实尾蚴停留在宿主体内，直到遇到猫。最后，实尾蚴在家猫或者山猫的小肠内发育为成虫

圆叶目绦虫链体上的节片具有生殖孔，可用于受精。但没有子宫孔，虫卵不能从子宫排出。因此，虫卵在节片中积聚就像一个成熟的豆荚一样。当它们到达链体末端时，这些孕节就会脱落，随粪便一起排出，或者从肛门爬出黏附在肛门周围的皮肤上。所以，圆叶目绦虫感染通常可通过鉴定宿主身上或者环境中的孕节来进行诊断。

当圆叶目绦虫的虫卵随终末宿主粪便排出时，六钩蚴就已发育完全，并且具备对中间宿主的感染性。这些六钩蚴缺乏真正的卵壳，从专业角度不应称其为虫卵，但大部分学者都这样称呼它，我们也就这样称谓。在圆叶目的某些种，六钩蚴的外膜用作保护膜，但带科六钩蚴的外膜很脆弱，通常在宿主粪便中出现时就已经脱落，而其内胚膜则具有保护作用。在裸头科中，其胚体是一种独特的梨状体（梨形器）。在带科绦虫中，它是由一层比较厚的辐射层组成。犬复孔绦虫（*Dipylidium caninum*）的虫卵群集在由子宫壁的外膜所形成的卵袋中。

绦虫幼虫的畸形发育并不罕见，在某些病例中，含绦虫幼虫的组织就像是一个恶性肿瘤。例如，Williams，Lindsay和Engelkrik（1985）曾报告犬腹膜绦虫病的致死病例，虫体从剖腹手术愈合不良的切口中流出来，从剖检动物的腹腔中发现了500mL的虫体组织，虫体无论从肉眼看还是组织学检查都十分异常以致无法鉴别，甚至与最相似的虫体标本，如科氏中殖孔绦虫（*Mesocestoides corti*）、尖头带绦虫（*Taenia crassiceps*）和多头带绦虫（*Taenia multiceps*）进行仔细比较也无法鉴别。

（一）带科

1. 带属

[鉴别]　带属绦虫成虫长为数十至数百厘米，取决于相关物种与其成熟程度。头节上有4个吸盘和一个带有两圈钩的不能伸缩的顶突（图4-33，图4-34）。节片呈矩形，单侧生殖孔沿

链体不规则地交替开口（图4-35）。孕节中的虫卵为该科中最典型的虫卵（图4-36）。是根据顶突上钩的数量、大小和成熟节片的形态鉴别属和种，也许需要专家鉴定（Verster，1969）。棘球属（Echinococcus）绦虫虫体很小、仅有几毫米长，由4～5个节片组成，顶钩和虫卵的形态与其他带科绦虫相似。

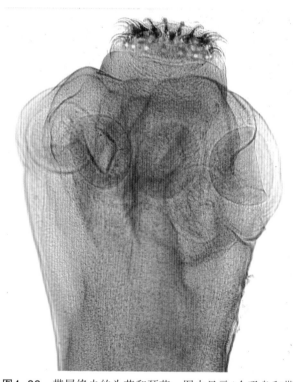

图4-33　带属绦虫的头节和颈节，图中显示4个吸盘和带钩的不能伸缩的顶突

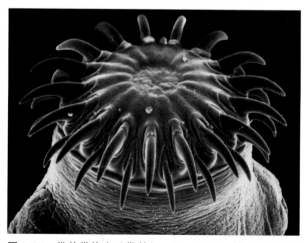

图4-34　带状带绦虫（带科）。Ronald Minor博士提供的扫描电镜照片，顶突不能伸缩，带有一排长钩和一排短钩，呈同心圆排列

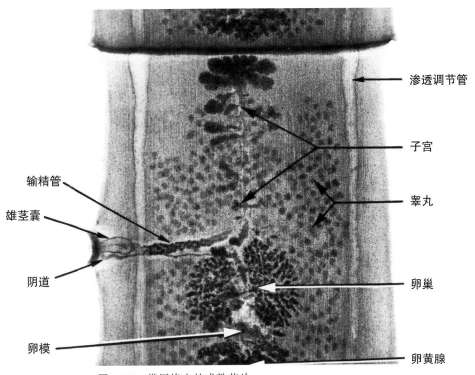

图4-35 带属绦虫的成熟节片

标注文字（图4-35）：
- 渗透调节管
- 子宫
- 睾丸
- 卵巢
- 卵黄腺
- 输精管
- 雄茎囊
- 阴道
- 卵模

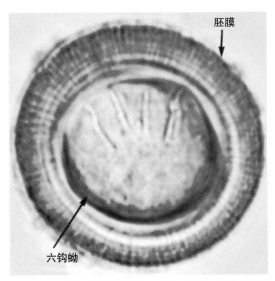

标注文字（图4-36）：
- 胚膜
- 六钩蚴

图4-36 猫的带状带绦虫虫卵，卵壳脆弱，在粪便涂片中经常脱落

带属绦虫的终末宿主十分有限，成虫寄生于小肠，犬的常见带属绦虫包括：豆状带绦虫、泡状带绦虫、羊带绦虫（Taenia ovis）、连续带绦虫（Taenia serialis）和多头带绦虫。寄生于人体的带属绦虫包括猪带绦虫（Taenia solium）、牛带绦虫（T. saginata）和亚洲带绦虫（T. asiatica）。家猫常见的带属绦虫是带状带绦虫（T. taeniaeformis）。犬科动物常见的棘球属绦虫，包括细粒棘球绦虫（Echinococcus granulosus）和多房棘球绦虫（E. multilocularis）（偶见于家猫）。在南美洲，猫科动物的棘球属绦虫是少节棘球绦虫（E. oligarthus），福氏棘球绦虫（E. vogeli）可在丛林犬和天竺鼠之间循环。在中国西藏地区，石渠棘球绦虫（E. shiquicus）可在藏狐和高原鼠兔之间循环。

[生活史] 带科绦虫的孕节（图4-37）脱落，从肉食动物终末宿主体内通过肛门排出，棘球绦虫的节片太小以至于观察不到，通常只在粪便中发现虫卵。节片爬到宿主的被毛或粪块表面，在这一过程中将排空虫卵（六钩蚴）。因此，排出后几分钟收集的节片如果有虫卵的话，则虫卵可能会很少。如果虫卵被合适的脊椎动物中间宿主（通常作为终末宿主的猎物）食入，就会孵出六钩胚，进入肠壁，移行至固定的脏器，通常是肝和腹膜，或者是骨骼肌和心肌。在这些脏器中，六钩蚴生长，形成囊体，最后分化形成对终末宿

主有感染性的幼虫。带科绦虫完全发育的幼虫包括带有一个或多个头节的充满液体的包囊（常称为囊尾蚴），周围由脊椎动物中间宿主所形成的结缔组织包囊所包裹。

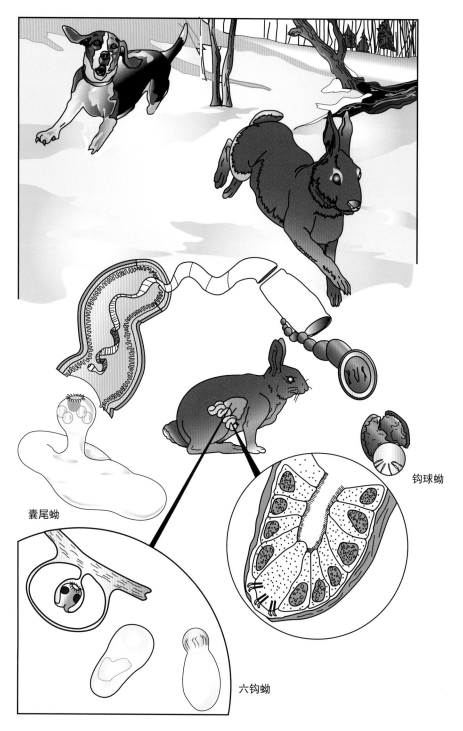

囊尾蚴

钩球蚴

六钩蚴

图4-37　豆状带绦虫（圆叶目）的生活史。豆状带绦虫的六钩蚴（虫卵）随犬的粪便排出，如果被棉尾兔食入，六钩胚孵化，侵入小肠黏膜并且移行至肝脏。接着穿过肝脏，六钩蚴继续生长，形成包囊，形成具有两圈小钩和4个吸盘的附着器官。发育完全的囊尾蚴可能仍然在肝脏，但更常在肠系膜腹腔表面形成包囊。当犬捕食感染兔，包囊被消化，暴露出头节和邻近的颈节。接着头节黏附于小肠壁，在颈节处开始形成节片

直至19世纪中叶，囊尾蚴与绦虫的关系仍无法阐明。因此，同一种虫的不同阶段会被描述和命名为不同门类的虫种。例如，猪囊尾蚴（*Cysticercus cellulosae*）曾被归为现已废弃的囊门，而它的成虫猪带绦虫则称之为现已废弃的蠕虫门。然而，幼虫阶段的旧名偶尔仍用于标识不同形态的绦虫幼虫。这种用法有助于描述病理标本，因为它可以避免"某某带绦虫囊尾蚴等"写法。然而，由于成虫和幼虫阶段的具体名称往往不同，这些附加名可能会增加不同绦虫发育之间的混淆。因此，已经在尽可能地减少使用它们。

当带绦虫的幼虫被合适的终末宿主摄食后，其包囊被消化，头节嵌入小肠黏膜，颈节开始生长出节片，并形成链体。在摄食幼虫6～9周后宿主粪便中首次出现带科绦虫的虫卵。Williams和Shearer（1982）曾观察到猫体内的带状带绦虫的潜伏期为34～80d，感染持续时间为7～34个月。

带科绦虫的第二期幼虫有4种基本类型：囊尾蚴、链尾蚴、多头蚴和棘球蚴。带属绦虫通常有囊尾蚴、链尾蚴和多头蚴，取决于具体的种类。囊尾蚴（图4-38，图4-39，图4-40和图8-60）由带一个头节的包囊组成。链尾蚴（图4-41，图8-61）已经开始伸长并分节，同时仍在中间宿主体内。多头蚴（图4-42）由具多个头节的包囊组成，且每个头节都有可能发育为成虫（图8-62）。棘球蚴由棘球属的绦虫所形成，有单房棘球蚴和泡状棘球蚴两种类型，常常带有成千上万个头节。通常情况下，带属绦虫一个六钩蚴只能发育成一个囊尾蚴。然而，粗头带绦虫（*T. crassiceps*）的无性繁殖可形成许多囊尾蚴，由宿主组织膜所包围（图8-63）。这样的结构容易被误认为是棘球蚴。许多多头蚴广泛的分支可形成非常复杂的结构，并且畸形也可造成错综复杂的结构。

[囊虫病] 泡状带绦虫（*T. hydatigena*）是犬的一种绦虫（图4-38），其囊尾蚴可通过牛、羊、猪和某些野生有蹄类动物的肝组织移行，在

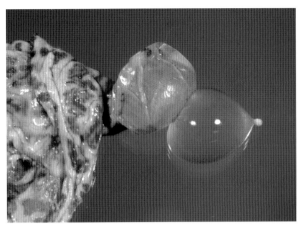

图4-38 绵羊肠系膜上泡状带绦虫的囊尾蚴

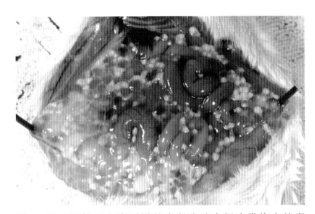

图4-39 注射10个囊尾蚴的小鼠腹腔内粗头带绦虫的囊尾蚴

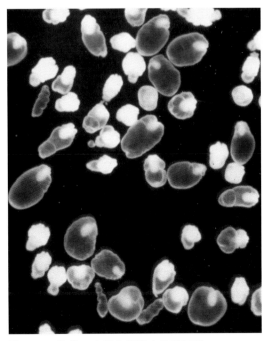

图4-40 培养皿中粗头带绦虫的囊尾蚴

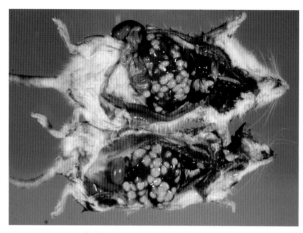

图4-41 两只感染的实验鼠肝脏中带状带绦虫的链尾蚴

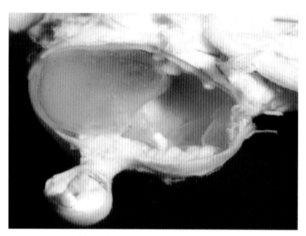

图4-42 栗鼠腋窝皮下连续带绦虫的多头蚴

腹膜形成包囊。大量感染如食入整个绦虫的节片可导致宿主急性创伤性肝炎，并且在诺维梭菌存在的情况下，即使是少量的移行幼虫也会导致突发性的"黑热病"。这种绦虫蚴的发病率较低，主要的经济损失由感染的肝脏被肉检机构废弃所引起。罕见的人囊虫病和多头蚴病也是由犬的带绦虫幼虫所引起的。

羊带绦虫是通过其囊尾蚴感染羊心肌和骨骼肌的犬的第二种带科绦虫，在澳大利亚进口的羊肉中，美国检测人员发现了最重要的病变。有一例价值为154万美元的去骨羊肉（总发货量的12.5%）不得不作为宠物食品出售或者运回澳大利亚（Arundel，1972）。在美国，此类绦虫已不存在了。虽已开发出抑制羊的囊尾蚴发育的良好疫苗，但还不能大范围地投入商业应用。

豆状带绦虫是犬的第三种带科绦虫，其囊尾蚴寄生于兔的肝脏和腹腔。该绦虫是美国犬最常见的带科绦虫。由于每只感染犬肯定吃了兔子或者兔子的部分脏器，这也意味着许多感染兔在豆状带绦虫节片脱落的地方或附近采食牧草，这很好地说明了整个感染的过程。

牛带绦虫是人的一种带科无钩绦虫，即头节上无钩。其囊尾蚴主要寄生于牛的横纹肌，特别是心肌和咀嚼肌。该囊尾蚴和成虫的结构相似，头节无钩。牛带绦虫虫卵在化粪池的恶劣环境下仍可存活。同样，在现代化城市污水处理过程中也可以找到，并且由于狩猎和露营时，户外排便是不可避免的，由于节片可以通过肛门离开宿主，因此，可以清楚地知道放牧牛场如何被虫卵所污染。当牛带绦虫的虫卵被牛食入时发育为囊尾蚴，而这些囊尾蚴并不会引起人们的注意，容易被喜欢吃半熟或者生牛肉的人所忽视。因此，牛带绦虫在美国是一种常见的寄生虫，除非肉检人员高度警惕，否则会变得更为流行。由牛囊尾蚴引起的胴体肉废弃可以造成巨大的经济损失。有时，这种损失集中在某一特定的牛群，由某一生产者独自承担。在这种情况下，由牛带绦虫所造成的经济损失不再是一个抽象的数字，而是受到直接的关注，不仅针对养殖者，而且还有兽医人员。问题是，有些人（最可能是农场或饲养场的员工）携带牛带绦虫，并且将粪便或节片排在牛的饲料附近或污染了牛的饲料。在这种情况下人们一般不愿合作，所以很难找到罪魁祸首。

亚洲带绦虫是东南亚地区（如泰国、印度尼西亚、韩国、中国台湾和菲律宾）人的带科绦虫。其囊尾蚴的头节带钩，可在猪的肝脏中发现（偶见于牛的肝脏），但不寄生于肌肉。当囊尾蚴在人体内发育为成虫时，其头节上的钩将会丢失，该虫的形态和分子结构与牛带绦虫十分相似。在保持着吃生肝脏习惯的地区，该虫给养猪业造成了巨大的经济损失。亚洲带绦虫可被视为一个单独的物种，并且已被命名为牛带绦虫亚洲亚种（*Taenia saginata asiatica*）（Fan等，1995；Hoberg等，2001）。

猪带绦虫是人的有钩绦虫。猪带绦虫的囊尾蚴与牛带绦虫和亚洲带绦虫不同，它对人的健康有严重危害。人感染猪带绦虫是因为食入未煮熟的含有猪囊尾蚴的猪肉。绦虫发育成熟后，人的粪便就含有稳定数量的虫卵，这些虫卵可能在不注重个人卫生时传入口中。当虫卵到达胃，孵出六钩蚴，钻进肠壁，并在体内四处游动逐渐发育为囊尾蚴。显然，人体内环境与猪的非常相似，能够满足囊尾蚴的发育条件。在人体内，感染的症状取决于囊尾蚴寄生的部位，最常见的部位是肌肉，还有眼睛、大脑和脊髓。在极少数情况下，犬也会感染这些囊尾蚴（图8-60）。

[链尾蚴] 带状带绦虫是家猫体内最常见的带科绦虫，其幼虫期称为链尾蚴（图4-41，图8-54，图8-56和图8-61）。链尾蚴不具有人兽共患的可能性。

[多头蚴病] 多头带绦虫（*T. multiceps*）是犬的一种带科绦虫，其幼虫期称为多头蚴，可侵入绵羊、山羊的颅腔，也可见于牛。由于幼虫囊泡的生长超过6~8个月，因此，可逐渐产生占位性神经症状，表现为失明、共济失调、转圈运动、用头撞墙和树干等等，最后感染动物卧地不起而死亡。脑多头蚴病易与细菌性脑炎（李氏杆菌病）等混淆。颅内手术是治疗脑多头蚴病的唯一方法，但是这超出了羊本身的实际价值，除非牧羊人用非常熟练的刀法进行手术。鉴于幼虫位于颅骨内，使得有些人不明白幼虫的头节是如何到达犬的胃内，但一只强壮的犬一口就能咬碎羊的头骨。控制措施正如泡状带绦虫和羊带绦虫那样，禁止犬与其他犬科动物进入羊场。遗憾的是，这几乎是不可能做到的。

连续多头绦虫是犬的另一种带科绦虫，其幼虫期为多头蚴，通常在兔的皮下组织和内脏中发育。猫的脑多头蚴病仅在个别情况下出现（Georgi，De Lahunta和Percy，1969；Hayes 和

Creighton，1978；Kingston等，1984；Smith等，1988），特征为严重的神经功能障碍，往往会致死。由于多头带绦虫已从美国消失，因此，有关的病原可能是连续多头绦虫。

2. 棘球属

[鉴别] 对兽医来说，棘球属绦虫包括两个特别重要的种，即细粒棘球绦虫和多房棘球绦虫。它们都很小（长2~8mm），成虫只有4~5个节片，其中只有末端节片是孕节（图4-43）。在细粒棘球绦虫，成节内分布着45~65个睾丸，生殖孔位于节片的中部或稍后。在多房棘球绦虫，成节内有17~26个睾丸，位于生殖孔后方，生殖孔位于节片中部稍前。注意：人感染包虫病可能是由于食入棘球绦虫的虫卵，当处理可能感染的食肉动物粪便时，务必戴手套并仔细清洗。

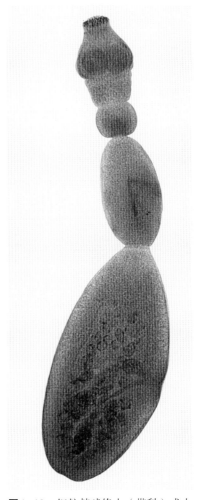

图4-43 细粒棘球绦虫（带科）成虫

细粒棘球绦虫在北美、南美、英国、非洲、中东、澳大利亚和新西兰流行。多房棘球绦虫在北欧和中欧、阿拉斯加、加拿大、美国中部到南部伊利诺斯州和内布拉斯加州（Ballard和Vande Vusse，1983）流行。

[生活史] 细粒棘球绦虫成虫寄生于犬、狼、土狼和野犬体内；它的幼虫是单房棘球蚴，寄生于绵羊、猪、牛、人、驼鹿、驯鹿和袋鼠等动物体内。种群适应性随中间宿主而不同。在绵羊体内发现的棘球蚴通常是育囊，而在牛体内发现的却是不育囊。细粒棘球绦虫亚种对中间宿主的偏好不同。比如，细粒棘球绦虫细粒亚种（*E. granulosus granulosus*）的棘球蚴寄生于绵羊和人，而细粒棘球绦虫马亚种（*E. granulosus equinus*）则寄生于马、驴和骡。棘球蚴囊壁可以向内或向外通过出芽形成子囊，整个结构因子囊生长而占据更多的空间，但它与泡状棘球绦虫相反，不发生渗透作用。棘球蚴的致病作用包括周围器官的压迫性萎缩和棘球蚴囊液流出所引起的过敏性反应。一个生发囊的破裂可使宿主的整个胸腔和腹腔遍布胚膜、头节和育囊，从而导致多个棘球蚴病。肺棘球蚴破裂可以进入支气管，其内容物可以咳出，病变可以治愈。具有完整包囊的棘球蚴最终也将死亡和退化，但这个过程较为漫长。

多房棘球绦虫是一种寄生于犬科动物的寄生虫，主要是北极地区的狐狸和狼。其幼虫阶段即泡球蚴，在田鼠和旅鼠的肝脏中发育（图8-57和图8-58）。泡球蚴的特点是以外出芽的方式不断地增殖，从而不断浸润周围组织。如同单房棘球蚴，泡球蚴内也包含许多小头节，称之为原头节，人们会因摄入多房棘球绦虫虫卵而感染。

[单房棘球蚴病] 单房棘球蚴是细粒棘球绦虫的中绦期幼虫，可以感染终末宿主犬和其他犬科动物（图4-44）。该幼虫生长非常缓慢，从直径小于30μm的六钩蚴开始，屠宰的牛、羊体内其幼虫直径很少超过几厘米。因为人的寿命较长，所以感染人的棘球蚴可以长得很大，从而挤压邻近

器官干扰它们的功能。棘球蚴囊壁被炎性结缔组织囊所包围，但是通常不被附着（图8-64）。宿主和寄生虫之间通常含有少量清澈、无色或淡黄色的囊液。含许多头节的育囊是由棘球囊壁的生发层发育而来（图4-45）。当其中的一些育囊破裂时，可释放出头节，在囊液中形成所谓的"棘球砂"（图4-46）。

内源性子囊或游离于充满囊液的囊腔，或附着于胚层。外源性子囊则不同，它们可见于棘球蚴囊膜和宿主结缔组织囊之间的空间。所谓不育囊是因为缺少原头节，往往是在牛和猪体内形成，有时候难以诊断。

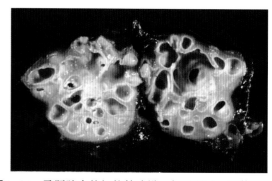

图4-44 马肝脏内的细粒棘球蚴。如图所示，即使肝脏内有20~30个包囊，该马也没有任何临床症状

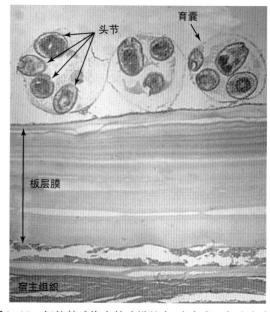

图4-45 细粒棘球绦虫棘球蚴具有3个育囊，每个育囊含有3个以上的原头节

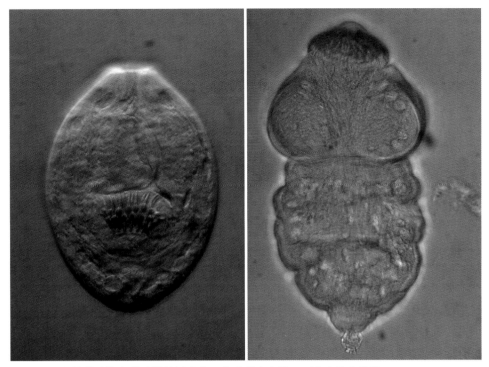

图4-46 细粒棘球绦虫棘球蚴的原头节。左边的为内陷，而右边的为外翻

[泡状棘球蚴病] 泡状棘球蚴是多房棘球绦虫的第二期幼虫（第一期幼虫是卵内的六钩胚），泡状棘球蚴包含原头节，因此，可以感染终末宿主犬、狐狸和猫（图4-47）。泡状棘球蚴可以在田鼠、旅鼠、牛、马、猪和人体内生长发育。在人体内生长的包囊通常是"不育囊"，可以变成一种增生性胚膜，从而不断地增殖并向周围组织浸润，就像恶性肿瘤一样。泡状棘球蚴感染后几年内可导致死亡。在北美出现的大量人体病例，发生在虫体进入家畜周边循环感染的地区，即通过感染犬和乡村老鼠之间的传播。在阿拉斯加圣伦劳斯岛，很多村民都感染了这种寄生虫。阿拉斯加不断报道有感染者，在美国明尼苏达州也有一例报道。近年来，在中欧已报道近600例，多数是从法国东部传到瑞士西部。由于包囊边界不明显无法用外科手术将其整个切除，因此通常比单房棘球蚴病的包囊更难治疗。患者通常用肠虫清之类药物进行长期治疗。据报道，在2 000个病例中，有408个患者存活，只有4.9%的患者被治愈。

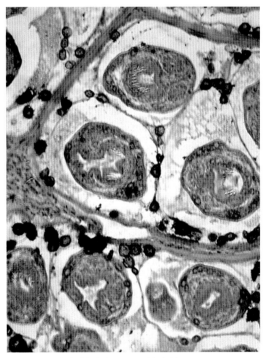

图4-47 多房棘球绦虫泡状棘球蚴

[控制] 当捕食关系在某地区野生动物种群中存在时，细粒棘球绦虫和多房棘球绦虫都倾向于建立森林循环。因此，细粒棘球绦虫是在加拿大北部森林的野生反刍动物和狼之间，以及澳大利

亚小袋鼠和澳洲野狗之间保持循环。多房棘球绦虫在各种啮齿动物和狐狸之间保持循环。这种森林循环通过家畜传染给人。食入野生动物内脏的犬成为人和家畜感染棘球蚴的直接来源。被已感染的食肉动物粪便污染的牧草也可以导致反刍动物和猪感染棘球蚴。将这些未煮熟的家畜内脏喂犬可建立牧区循环，对于多房棘球绦虫是其喂猫所致（图4-48）。

在多数情况下，人类感染的直接来源是家犬或家猫，严格的卫生管理是控制该病的第一道防线。消除威胁的进一步措施是，根据绦虫种类，定期对犬或猫进行驱虫。在建立森林循环的情况下，要采取切实可行的措施。为减少棘球蚴的感染，可将其限制在牧区循环从而方便操作。抓捕所有流浪犬，其余犬进行药物驱虫，同时禁止给犬和猫喂食未煮熟的内脏。

消灭包虫病的措施始于1864年的冰岛。最初，大约1/6或1/7的人和几乎所有年龄的屠宰牛羊都患有包虫病，大约1/4的犬感染成虫。到1900年，人的感染率急剧下降，基本上得到控制。这一措施是由哥本哈根皇家兽医与农业大学的Harald Krabbe博士设计的，包括提醒公众处理犬时必须严格遵守卫生制度，销毁所有的包囊和感染的内脏，对所有犬进行强制性驱虫（Palsson，1976）。假如没有复杂的森林循环的话，一个世纪左右就可以有效地控制包虫病。例如在澳大利亚，涉及袋鼠和澳洲犬的森林循环在任何消灭计划中都必须考虑。显然，如果犬进入袋鼠和澳洲犬感染的地区，禁止喂犬羊内脏是不能消除感染的（Herd和Coman，1975）。在美国犹他州和加利尼福亚州养羊地区，细粒棘球绦虫似乎流行最广（Loveless等，1978）。在加利福尼亚，包虫病

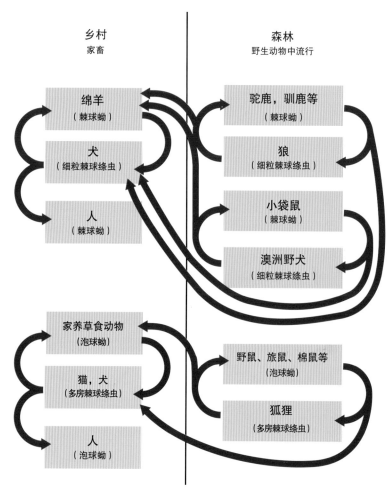

图4-48　细粒棘球绦虫和多房棘球绦虫的牧区循环和森林循环

的传播似乎与人的独特的放牧形式有关，羊群在来自西班牙与法国巴斯克牧羊人的控制下四处放牧，这些牧羊人多数都以死羊喂犬（Araujo等，1975），而不懂得棘球蚴病的流行病学知识。

已经有针对羊包虫病的疫苗，可以成功地预防绵羊的包虫病。这些疫苗目前正在世界不同地区进行田间试验，在为消灭某些地区包虫病提供新的手段方面也许还有很长一段路要走。

（二）其他圆叶目绦虫

下面所有圆叶目绦虫的第二期幼虫都是似囊尾蚴。似囊尾蚴可认为是适合进入节肢动物体内的小囊尾蚴。个体小而坚实（似囊尾蚴结实，而囊尾蚴有充满囊液的囊泡），并有一个内翻的头节。中殖孔属的似囊尾蚴尚未鉴定，在这个开明的年代，这个问题似乎匪夷所思。然而，专家仍然确信中殖孔属的似囊尾蚴肯定早于各种哺乳类、鸟类、爬行动物所发现的四盘蚴（tetrathyridium）。

1. 裸头科

[鉴别] 莫尼茨绦虫头节有4个大吸盘，无顶突，体节很宽，生殖孔在两侧开口。贝氏莫尼茨绦虫（Moniezia benedeni）、扩展莫尼茨绦虫（M. expansa）和山羊莫尼茨绦虫（M. caprae）寄生于牛、绵羊和山羊的小肠内。扩展莫尼茨绦虫节间腺位于每一节片的整个后缘，而贝氏莫尼茨绦虫仅位于节片后缘的中部区域（图4-49）。牛粪中的贝氏莫尼茨绦虫虫卵数较少，其虫卵呈正方形，内部可见梨形器，为裸头科虫卵的特征（图4-50）。

放射缝体绦虫（Thysanosoma actinioides），一种呈放射状的绦虫，见于除牛以外几乎所有反刍动物的胆总管和十二指肠。屠宰5min内结扎胆管发现，这些虫体几乎专门寄生于活体动物的肠道（Boisvenue和Hendrix，1987）。该虫的流行地区是南、北美洲的西部，特别是山区。特氏怀俄明绦虫（Wyominia tetoni）见于高山绵羊（大角羊）。放射缝体绦虫节片宽，具有雌雄两套生殖器。特氏怀俄明绦虫与放射缝体绦虫相似，但是

它的节片不具条纹。曲子宫属（Thysaniezia）、斯泰勒属（Stilesia）和无卵黄腺属（Avitellina）都是反刍兽裸头绦虫的外来虫种。

大裸头绦虫（Anoplocephala magna）和侏儒副裸头绦虫（Paranoplocephala mamillana）（图4-51）是寄生于马小肠内相对无害的绦虫，叶状裸头绦虫（A. perfoliata）（图4-52）主要寄生于盲肠，而且往往群聚在回肠回盲瓣附近，那里也是回肠壁溃疡和炎症的多发位置。这种群聚往往造成黏膜溃疡和炎症而使黏膜深层增厚和硬化，这些病理变化有时可导致持续腹泻，也可能引起回肠盲肠的肠套叠或回盲瓣附近肠壁的破裂（Barclay，Phillips和Foerner，

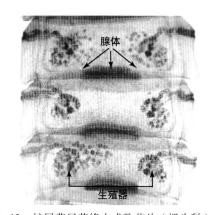

图4-49 扩展莫尼茨绦虫成熟节片（裸头科）

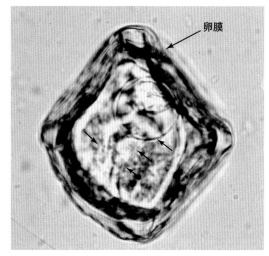

图4-50 反刍动物莫尼茨绦虫虫卵（裸头科）。梨形胚膜（箭头）是裸头科虫卵的典型特征

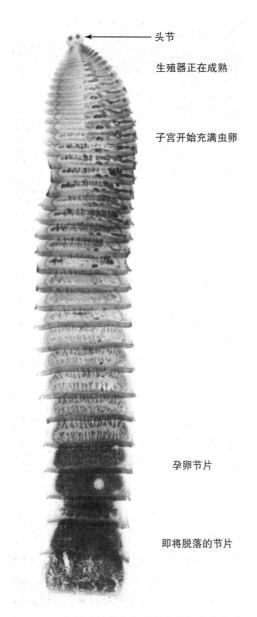

头节

生殖器正在成熟

子宫开始充满虫卵

孕卵节片

即将脱落的节片

图4-51 侏儒副裸头绦虫（裸头科）整个虫体

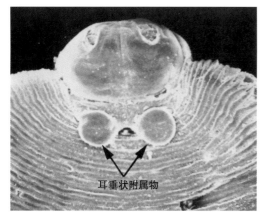

耳垂状附属物

图4-52 叶状裸头绦虫（裸头科）扫描电镜照片。头节直径约2mm，有4个大吸盘和4个突出物，即耳垂

1982；Berozaetal，1983）。Proudman和Edwards（1993）的研究表明：叶状裸头绦虫感染与马的回盲疝痛有关，而其诊断的依据是对大裸头绦虫和侏儒副裸头绦虫虫卵进行鉴别，但无论是用漂浮法或沉淀法检查，往往在已知严重感染该虫的马粪中无法证实叶状裸头绦虫的虫卵和节片，对此我们无法提供令人满意的解释。基于这个原因，已用酶联免疫吸附试验（ELISA）检查马的免疫球蛋白G（IgG）以确定是否感染此虫。在用该检测手段所进行的病例对照研究中，感染绦虫的马出现痉挛性绞痛的风险比健康马高26倍（Proudman，French和Trees，1993）。值得注意的是，马偶尔可采用伊维菌素以外的药物进行治疗（这些药有时可杀死绦虫）。

[生活史] 裸头绦虫的生活史只有几种已明了，但以节肢动物为中间宿主的那些绦虫，可在其体内发育为感染性的似囊尾蚴。据称感染是由放牧动物误食了这些感染性节肢动物所造成，自由生活的甲螨可作为牛、羊的莫尼茨绦虫、灵长类动物的伯特绦虫（*Bertiella*）、欧洲野兔的彩带绦虫（*Cittotaenia*）的中间宿主。放射缝体绦虫显然是由啮虫目啮虫科的书虱（booklice）或鸟虱（barklice）所传播。啮虫目与食毛目虱子相似，但完全是自由生活，与寄生虫的生活史没有什么关系。

[控制] 牛、绵羊、山羊体内寄生的绦虫都属于裸头科绦虫，建议牧场经常更新腐殖质表层，以破坏甲螨的生长环境，然而这种建议似乎没有什么试验依据。庆幸的是，成虫相对无致病性。侵入胆管的那些绦虫可以引起屠宰时废弃肝脏，可导致相当大的经济损失。然而，养殖户一般认为绦虫成虫相对无害，兽医要说服他们用药物驱除反刍动物体内的"大白虫"，似乎难度很大。

2. 复孔科

[鉴定] 犬复孔绦虫、倍殖孔绦虫（*Diplopylidium*）和乔伊绦虫（*Joyeuxiella*）的头节都有4个吸盘和1个可伸缩的顶突，顶突上长有几圈像

刺一样的小钩（图4-53），节片形似黄瓜籽，两侧有生殖孔。犬复孔绦虫的生殖孔位于节片的中部稍后（远离头节），每个卵袋含有5～30枚虫卵（图4-54）。中东、非洲和澳大利亚地区的倍殖孔绦虫和乔伊绦虫的生殖孔位于节片中部之前（朝向头节），每个卵袋含一个虫卵。

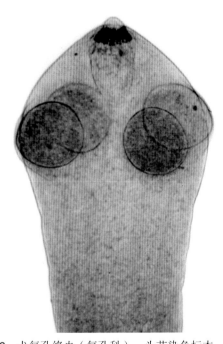

图4-53 犬复孔绦虫（复孔科），头节染色标本。虫体头节直径小于0.5mm，顶突可伸缩，上有像刺一样的小钩

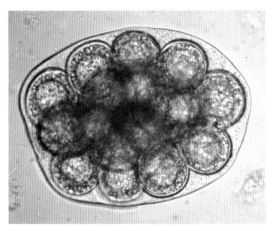

图4-54 犬复孔绦虫的卵袋

[生活史] 犬复孔绦虫在蚤（栉首蚤*Cteno-cephalides*）和虱（犬毛虱*Trichodectes canis*）体内发育为似囊尾蚴，当犬啃咬昆虫时获得感染（图4-55）。小孩也可以通过这个途径感染。倍殖孔绦虫和乔伊绦虫的似囊尾蚴可以寄生于食粪甲虫、爬虫类和小型哺乳动物体内，并以其作为第二中间宿主。

犬复孔绦虫从似囊尾蚴发育到释放节片的绦虫只需要2～3周，因此驱虫的有效期很短，除非虱子和蚤也能得到控制。据报道，处在发育中的似囊尾蚴在叮咬哺乳动物的跳蚤体内需要1d左右才能发育到感染性阶段（Pugh，1987）。

3. 膜壳科

膜壳科绦虫包含许多寄生于鸟类的绦虫和两种寄生于哺乳动物的绦虫。小膜壳绦虫（*Hymenolepis diminuta*）主要寄生于小鼠的小肠，偶见于犬，甚至人（Ehrenford，1977），其虫卵可在粪便中发现（图4-56）。该虫似囊尾蚴广泛寄生于跳蚤、甲虫和其他昆虫体内（图4-57）。短蝠壳绦虫也是啮齿动物和人的寄生虫，第二期幼虫是似囊尾蚴，寄生于跳蚤和甲虫或终末宿主的肠道黏膜。短蝠壳绦虫可以在人体或者鼠的肠道内完成整个发育过程。一些卵在肠道内孵化，而六钩胚钻入黏膜形成似囊尾蚴，然后重新进入肠腔发育为成虫。其余的虫卵随粪便排出，等待被甲虫或跳蚤摄入，在其体内发育为似囊尾蚴。因此，小膜壳绦虫需要跳蚤、甲虫或其他昆虫作为中间宿主，而短蝠壳绦虫的中间宿主可有可无。由于粪便中排出的虫卵对人有感染性，因此，实验鼠感染短蝠壳绦虫对实验人员的健康构成了一定的威胁。由于小膜壳绦虫的感染需要摄入感染性昆虫，所以人的感染几乎是不可能的，但却有发生。膜壳绦虫有3个睾丸和1个卵巢，短蝠壳绦虫头节上有一圈钩，而小膜壳绦虫头节上无钩。

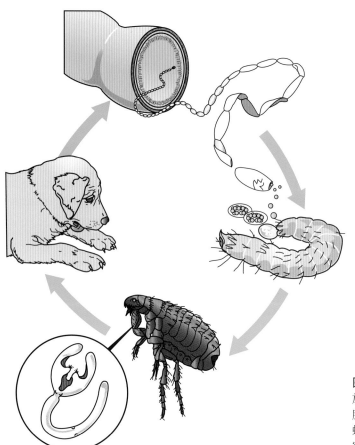

图4-55　犬复孔绦虫的生活史。孕节在移动时释放卵袋，栉首蚤幼虫摄入六钩蚴，六钩胚进入其体腔，变态时仍留在体内。栉首蚤破茧而出后，六钩蚴在2～3d内发育为似囊尾蚴。如果栉首蚤被终末宿主摄入，似囊尾蚴在小肠内发育为成虫

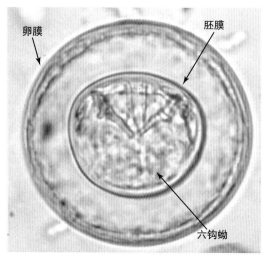

图4-56　小膜壳绦虫虫卵（膜壳科），啮齿动物常见的寄生虫

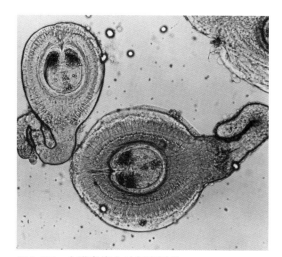

图4-57　小膜壳绦虫的似囊尾蚴

4. 中殖孔科

[鉴定]　中殖孔科绦虫的头节有4个吸盘但无钩，成节背中部有1个生殖孔，当节片成熟时虫卵蓄积于成节的一个特殊的副子宫中（图4-58）。孕节从链体分离，并将相对少的六钩蚴排到外界。

[生活史]　中殖孔属绦虫完整的生活史仍有待确定。感染终末宿主的幼虫是第三期幼虫，称为四盘蚴，寄生于哺乳动物和爬行动物的腹腔，以及鸟

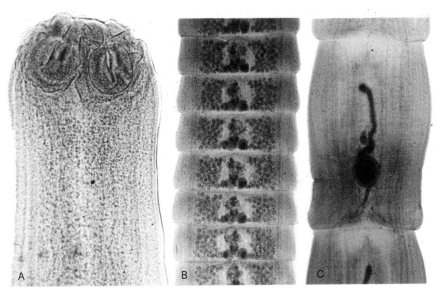

图4-58　中殖孔绦虫。A.头节，B.成节，C.孕节

类的肺部（图8-65到图8-67）。似囊尾蚴阶段据推测应先于四盘蚴，可能是由食粪甲虫体内的六钩蚴发育而来（Loos-Frank，1991）。

犬和猫中殖孔绦虫的感染是由于捕食蛇、鸟类和小型哺乳动物所致。有些人难以接受他们的宠物野蛮地使用它们长而锋利的牙齿，特别是拥有伴跑犬的运动员和养猫的素食主义者。然而，如果要预防中殖孔绦虫感染的话，就得禁止食肉动物捕食。多数带科绦虫的潜伏期大约2个月，但中殖孔绦虫感染后不到两个星期就开始排出节片，因此给人的印象是驱虫药一点都不起作用。更可怕的是，中殖孔绦虫在犬的肠道内行无性繁殖。如果这种虫体没有完全被药物驱除的话，即使没有受到进一步的感染，它也会在肠道内重新繁殖（Eckert，von Brand和Voge，1969）。

（三）绦虫成虫感染的治疗

1. 犬和猫

绦虫成虫感染对犬和猫可造成轻微的伤害或影响。的确，感染犬常常会拖着臀部坐下来，但是未感染的犬一样会这么做。毫无疑问，在会阴处活动的绦虫节片会引起瘙痒。虽然这种现象肯定是肛门瘙痒的原因之一，但是肛门扩张更常发生。通过压迫肛囊治疗肛门瘙痒比驱虫治疗效果更好。

爬到宠物尾巴或新鲜粪便中的绦虫节片会使很多顾客感到恶心，与文明的世界极不相称。为了获得持久的疗效，必须处理掉感染源，否则绦虫节片将会再次出现，顾客不会再次光顾。

有许多药物证明对犬和猫的绦虫有效。吡喹酮和依西太尔都对一个以上的属有效，但几乎不能对所有的属有效。

抗绦虫药物吡喹酮，剂量按5mg/kg口服或皮下注射，可确保清除犬和猫体内未成熟和成熟的泡状带绦虫、豆状带绦虫、羊带绦虫、带状带绦虫、细粒棘球绦虫、多房棘球绦虫、柯氏中殖孔绦虫和犬复孔绦虫（Anderson，Conder和Marsland，1978；Dey-Hazra，1976；Rommel，Grelck和Horchner，1976；Thomas和Gonnert，1978）。吡喹酮以7.5mg/kg剂量连用2d可以确保杀死猥裂头绦虫（*Diphyllobohrium erinacei*），而单剂量为35mg/kg的吡喹酮则可杀死猫体内所有的阔节裂头绦虫（Sakamoto，1977）。吡喹酮与噻吩嘧啶和苯硫氨酯联合使用也能有效地驱除细粒棘球绦虫和多房棘球绦虫。依西太尔，猫按2.75mg/kg，犬按5.5mg/kg，可有效地杀死犬复孔绦虫、豆状带绦虫和带状带绦虫。需要7.5mg/kg的剂量清除所有犬多房棘球绦虫的感染（Arru，Garippa和Manger，1990）。

芬苯达唑以50mg/kg剂量连用3d，对豆状带绦虫有效。

2. 反刍动物

在美国，对于莫尼茨绦虫的感染，芬苯达唑已被批准为牛的驱虫药，剂量为5mg/kg。在国外，芬苯达唑用于控制莫尼茨绦虫的剂量较高，为7.5mg/kg。阿苯达唑在美国也可用于治疗牛的莫尼茨绦虫感染，剂量为10mg/kg。奥芬达唑也可用于治疗牛的莫尼茨绦虫病，剂量为4.5mg/kg。

阿苯达唑对绵羊的遂体绦虫感染有效，剂量为7.5mg/kg。芬苯达唑似乎也有效，剂量为10mg/kg（Bergstrom，Taylor和Presgrove，1988），而吡喹酮也有同样的效果，剂量为40mg/kg（Martinez，1984）。

难以治疗斯泰勒绦虫（外来种）感染。吡喹酮以2.5mg/kg的剂量对绵羊的莫尼茨绦虫感染非常有效，而治疗中点无卵黄腺绦虫（*Avitellina centripunctata*）、肝斯泰勒绦虫（*Stilesia hepatica*）等，剂量应为8~15mg/kg（Bankov，1975，1976；Thomas和Gonnert，1978）。

3. 马

Lyons等（1992）发现吡喹酮按1mg/kg剂量对马的叶状裸头绦虫非常有效。Slocombe（1979）发现噻嘧啶按13.2~19.8mg/kg剂量也非常有效。给马每日喂食酒石酸噻嘧啶（2.64mg/kg）可明显减少成年马和1岁幼马体内的绦虫，多数治疗过的马无此虫感染（Greiner和Lane，1994；Lyons等，1997）。

第三节　线形动物门

线虫的体形变化不明显，解剖结构亦比较简单，但在种类鉴定和分类方面却非常困难。了解线虫独特的体腔内压对理解线虫的解剖和生理很有帮助，体腔内压高是保持虫体足够的硬度允许其快速蠕动的保证。Crofton（1966）在《线虫》一书中精确地描述了这些关系，接下来的讨论是他的一个总结。

线虫有一个相对较大的充满液体的的体腔（称为假体腔），假体腔内压不定，最高可超过周围介质半个大气压（图8-78，图8-85，图8-96和图8-98）。体表角皮含有非弹性的胶原纤维，当体内压力增加时，能引起体长的增加而直径变化很小。因此，这种非等轴的角皮和较高的内压维持了相对恒定的虫体大小。线虫没有环肌层，相反，所有的体壁肌肉组织都是纵向排列的，被皮下组织侧面的膨大即侧索分为背侧区和腹侧区。背侧区或腹侧区的肌细胞通过胞突连接各自的中央神经。因此，背侧和腹侧身体的弯曲可通过相应肌肉的独立收缩得以实现。纵向收缩可以形成线虫特有的正弦曲线形运动。

高的体腔内压对内部器官的结构和组织也有影响。由于肠腔充满食物，因此需要某种泵来对抗假体腔内压将肠管压碎的可能性，为此许多线虫都有一个发达的肌质食道。另一方面，通过肛门扩张肌（没有括约肌）的收缩来完成排便，此时消化管末端打开并将其内容物排空。

排泄系统基本由成对的单细胞腺体与颈区（环食道神经环附近）共同的中腹排泄孔和位于侧索中某些几乎贯穿全长的排泄管所组成。在蛔虫总科和相关属中，排泄系统由一个具有很大细胞核的单细胞构成，排泄孔位于神经环附近或亚腹唇的前方。

同种线虫中，雄虫比雌虫小。它们的尾端终止于由肌质肋所支撑的角皮膨大，称之为交合伞。圆线虫的交合伞最为发达，用来抓住雌虫（图4-59）。因此，圆线目被认为是"有伞线虫"，而尖尾目、蛔目和旋尾目线虫被认为是"无伞线虫"。交合刺用来扩张雌虫的阴门，它是由泄殖腔背侧壁皱褶硬化形成的角皮结构。交合刺通常是2根，但是有些种只有一根（如毛尾线虫，*Trichuris*）或者没有（如毛形线虫，

Trichinella），其大小和形态种间差异很大，常常用作鉴定的特征。许多线虫附属的泄殖腔壁硬化可以作为交合刺的向导。背侧壁上的交合刺向导称为引器，腹侧壁上的交合刺向导称为副引器。雄性主要的生殖器官由单管型复杂管道组成，因结构和功能不同分为睾丸、储精囊和输精管。输精管的末端和它强大的肌质外套称为射精管，射精管通入泄殖腔。一些雄虫有两套生殖管，但这些都不是动物寄生虫。

雌性生殖系统也是呈管状，通常有两个分支（即双管型），但可以是单子宫，甚至是多子宫型。根据结构和功能不同区分为卵巢、输卵管、子宫和阴道，通过阴门与外界相通。阴门位于腹面，可以在口端（后宫型）和尾端（前宫型）附近，或者在虫体中部（前后宫型）。阴门的位置和特殊的解剖特征在鉴定方面有参考作用（图4-60）。对于圆线虫雌虫，肌质的排卵器控制着虫卵从子宫排出。子宫末端的虫卵对线虫的鉴定很有帮助。

合理的控制措施都是根据对寄生虫的生活史和宿主与寄生虫行为的了解。线虫个体发育的基本过程见图4-61。在线虫各目中，看起来复杂多样的生活史都与此基本模式相关。当然胚胎发育是一个连续过程，伴随每次细胞分裂都会改变。在这个过程中，随机选择"单细胞"、"桑葚胚"和"蠕虫胚"阶段，它们是诊断上经常会碰到的虫卵发育阶段。蠕虫胚和第一期幼虫的区别是前者只含有作为器官原基的细胞群，而后者则显示出明显可辨的器官，如食道、肠管和排泄腺。微丝蚴就是蠕虫胚的一种，只有被蚊子吞食后才能发育为幼虫。每个幼虫期通过蜕皮将其与下一期幼虫分开，蜕皮是幼虫变态的标志，是脱去前期幼虫的角皮。

线虫的生活史也可从诊断、治疗和控制的角度进行归纳。图4-62将线虫生活史分为4个阶段（成虫期、感染前期、感染期和成虫前期），期间分为四次过渡（污染、发育、感染和成熟）。要想掌握线虫生活史的细节，综合这两方面考虑

即可。表4-3列出了在兽医上重要线虫的潜伏期。

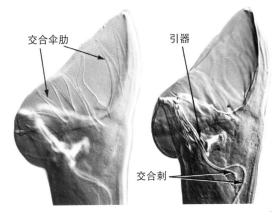

图4-59 圆线目圆线总科典型虫体有唇盅口线虫交合伞的表面（左）和矢状面（右）

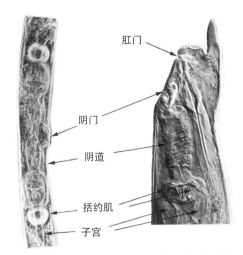

图4-60 毛圆总科（左）和圆线总科（右）代表种的排卵器（×64）

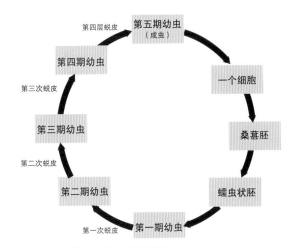

图4-61 线虫个体发育阶段和转变

表4-3 部分线虫的潜伏期

寄生虫	潜伏期	备注
有尾感器纲		
圆线目		
毛圆总科		
毛圆属	¾个月	静止期幼虫
奥斯特属	¾个月	静止期幼虫
普氏血矛线虫	1个月	
捻转血矛线虫	¾个月	
古柏属	½个月	
细颈属	¾个月	
猪圆线虫属	¾~1个月	
网尾属	1~1¼个月	
圆线总科		
盅口科	2½~4个月	静止期幼虫
普通圆线虫	6~7个月	
马圆线虫	9个月	
无齿圆线虫	11个月	
三齿属	3~6个月	
夏柏特属	1¼个月	静止期幼虫
食道口属	1½个月	静止期幼虫
有齿冠尾线虫	9~16个月	
钩口总科		
犬钩口线虫	½个月	静止期幼虫/乳汁感染
管形钩口线虫	½个月	静止期幼虫
狭头弯口线虫	½个月	静止期幼虫
卢氏弯口线虫	½个月	静止期幼虫/乳汁感染
仰口属	1½~2¼个月	
后圆总科		
锯体属	¾个月	
贺氏类丝虫	1¼个月	可能自体感染
奥氏类丝虫	6个月	可能自体感染
深奥猫圆线虫	1¼~1½个月	
原圆属	1¼~1½个月	
后圆属	¾~1个月	
缪勒属	1½个月	
薄副鹿圆线虫	2¾~3个月	多数家畜未发现
杆形目		
粪类圆线虫	1½个月	乳汁感染
乳突类圆线虫	¼~½个月	乳汁感染

续表

表4-3 部分线虫的潜伏期

寄生虫	潜伏期	备注
尖尾目		
马尖尾线虫	4~5个月	
蛔目		
猪蛔虫	2个月	
马副蛔虫	2½个月	
犊弓首蛔虫	¾个月幼虫期	乳汁感染
狮弓蛔虫	2个月	贮藏宿主
犬弓首蛔虫	1~2个月	胎盘感染，贮藏宿主
猫弓首蛔虫	2个月	贮藏宿主
旋尾目		
筒线属	2个月	中间宿主，蜣螂和蟑螂
德拉西属	2个月	中间宿主，蝇属
柔线属	2个月	中间宿主，蝇属，螫蝇属
吸吮属	¾~1个月	中间宿主，蝇属和果蝇
丝状属	8~10个月	媒介：蚊
盘尾属	10个月	媒介：蚋或吸血蠓
血管丝虫属	4½个月	媒介：牛虻
恶丝属	6½~7个月	媒介：蚊
隐匿双瓣线虫	2~3个月	媒介：蚤
无尾感器纲		
毛尾总科		
狐毛尾线虫	2½~3个月	腹泻粪便可见成虫
旋毛虫	¼~½个月	
膨结总科		
肾膨结线虫	4~5个月	尿液中排卵

*以上潜伏期均是刚出生动物感染后的月数。

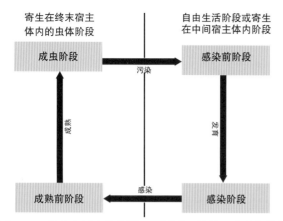

图4-62 线虫生活史的概括，强调对于诊断、治疗和控制最为重要的阶段和转变。比如这里提到的成虫前阶段是指寄生虫从进入宿主体内到性成熟所经历的所有幼虫发育阶段，成熟表示这一转变所需要的时间。同样，感染前阶段是指发育到感染阶段的所有发育阶段，发育指这一转变所需要的时间

一、圆线目

圆线目由4个总科构成：①圆线总科（Strongyloidea），马大肠内的圆线虫，以及反刍兽、猪和灵长类动物的结节虫；②毛圆总科（Trichostrongyloidea），反刍兽皱胃和小肠的毛细线虫；③钩口总科（Ancylostomatoidea），多种哺乳动物的钩虫；④后圆总科（Metastrongyloidea），肺线虫（lungworms）。线虫最重要的一个属（网尾属

Dictyocaulus）寄生于肺，也叫肺线虫，属于毛圆总科而不是后圆总科，这种例外有待解决。

（一）形态

圆线虫的口或口孔具有重要的鉴别特征，雌虫和雄虫相同，通常可以据此分类到属。圆线虫的口囊发达，底部常具齿（图4-63）。钩口线虫的口囊也很发达，但始终向背面弯曲，腹面边缘具强大的尖齿或圆形切板（图4-64）。毛圆总科口囊小，但吸血种类具齿或矛状物（图4-65）。典型的后圆线虫无口囊。

圆线目雄虫尾端有交合伞，由背叶、腹叶和侧叶组成，伞叶由肌质的肋所支撑（图4-66）。背叶含1个肋，通常居中且分支不等。每个侧叶含有1个与背叶相邻的外背肋和3个组成一组的侧肋：后侧肋、中侧肋、前侧肋。每个腹叶含2个肋。这些肋的配置和形状可用于圆线虫的分类鉴定。圆线总科和钩口总科的典型线虫，背叶和侧叶几乎同样发达（图4-67，图4-59）；毛圆总科侧叶发达（图4-66）；后圆总科交合伞较小（图4-68），其中某些线虫则完全无交合伞，如类丝虫属（*Filaroides*）（图4-69）。

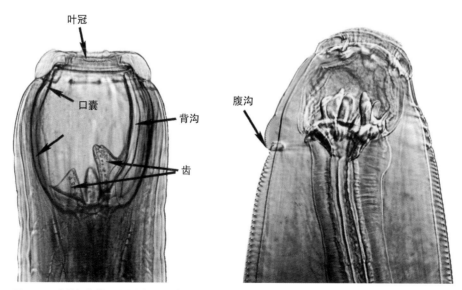

图4-63 圆线总科。左图为马圆线虫，右图为缩小三齿线虫

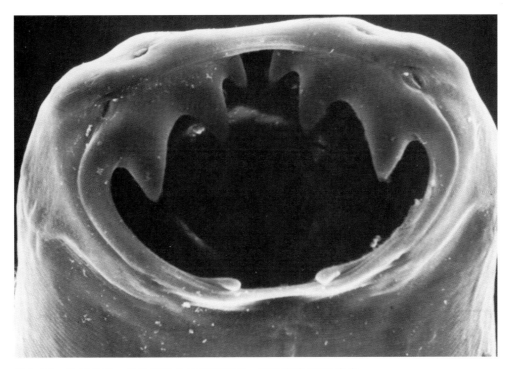

图4-64　钩口总科，犬钩口线虫口囊的背面，口孔腹缘有3对尖齿

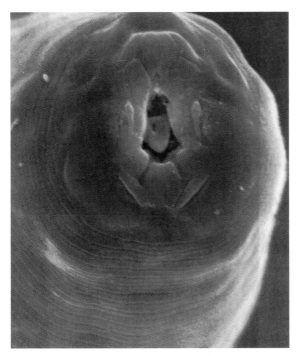

图4-65　毛圆总科，捻转血矛线虫（绵羊的胃线虫）口囊的顶面观。贪婪的吸血线虫用它的矛状齿刺入皱胃黏膜（康奈尔大学Marguerite Frongillo博士惠赠）

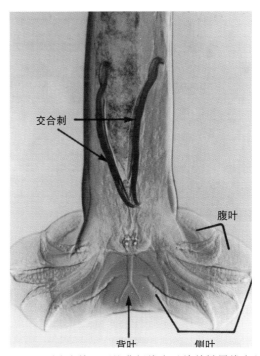

图4-66　毛圆总科。环纹背板线虫（绵羊皱胃线虫）的交合伞和交合刺

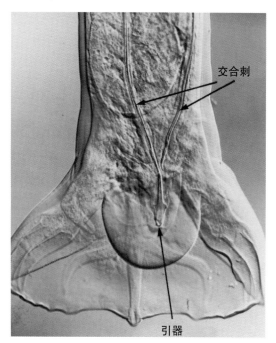

图4-67 钩口总科。浣熊钩口线虫（浣熊的一种钩虫）的交合伞和交合刺

圆线总科和钩口总科的雄虫交合刺细长且弯曲（图4-59，图4-67），而毛圆总科交合刺粗短（图4-70，图4-66），后圆总科交合刺的形态与大小差异较大，不能一概而论。

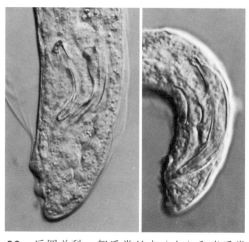

图4-69 后圆总科。贺氏类丝虫（左）和米氏类丝虫（右）雄虫的尾端，显示交合伞退化只剩下乳突。贺氏类丝虫的交合刺更短，相对于长度来说更宽，收缩肌附着的把手比米氏类丝虫更宽

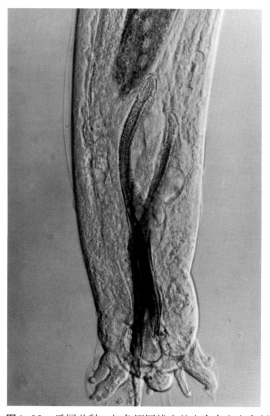

图4-68 后圆总科。红色原圆线虫的交合伞和交合刺

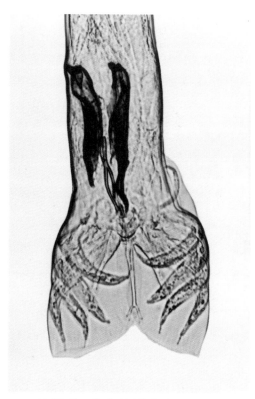

图4-70 毛圆总科。艾氏毛圆线虫（反刍兽皱胃和马胃中的一种寄生虫）的交合伞和交合刺

圆线虫子宫有两个子宫角,并具发达的肌质排卵器(图4-60)。典型的毛圆线虫和钩口线虫,阴门位于虫体中部,两个子宫角朝向相反方向(一前一后双子宫)。圆线虫和后圆线虫的阴门位于肛门附近,两个子宫角朝前(前宫型)。

(二)生活史

圆线总科、毛圆总科、钩口总科的生活史是典型的直接发育型:第一期和第二期幼虫,以及感染性第三期幼虫都是自由生活的(图4-71)。3个总科的雌虫都产典型的圆线虫虫卵(虫卵表面光滑,卵壳椭圆形,产出和随粪便排出时卵内

含有处在桑葚期的胚)。除了后圆总科某些属之外,圆线目所有种类都产出这类虫卵,因此叫做圆线虫虫卵。然而,"strongyle"这个名词表达同样的含意并经常被使用。在反刍兽中,毛圆科虫卵往往占优势,这样的虫卵叫做"毛圆线虫虫卵",即使有些虫卵可能属于宿主动物体内数量较少的圆线虫虫卵。同样,在猫和犬中,这样的虫卵经常叫做"钩虫虫卵",因为这些是宿主体内主要的圆线虫虫卵。

一般在处于发育的虫卵中,桑葚胚发育为第一期幼虫,第一期幼虫1~2d内从卵内孵出。采食后,第一期幼虫经过第一次蜕皮变为第二期幼虫。第一期幼虫和第二期幼虫都留在粪中并以细菌为食。第二次蜕皮时,第二期幼虫的角皮暂时留做感染性第三期幼虫的保护鞘,直到进入合适的宿主才脱去。大约1周内,这些披鞘的第三期幼虫开始钻出粪块并进入覆盖周围土壤和植被的水膜中。当放牧动物吞食这些披鞘幼虫后即被感染。生活史上的差异将与下面几个属结合起来讨论。

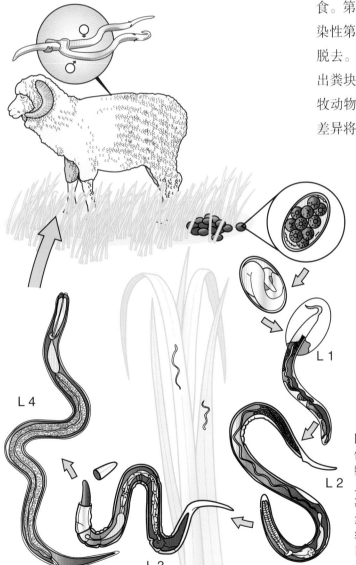

图4-71 典型圆线虫捻转血矛线虫的生活史。随粪便排出的虫卵处于桑葚期。第一期幼虫在1~2d之内孵出,以粪便中的微生物为食。蜕皮后,第二期幼虫仍然以微生物为食。然后在外界环境中开始第二次蜕皮但没有完全蜕皮,所以感染性第三期幼虫仍然包在第二期幼虫的角皮内,直到被绵羊吞食。在绵羊的皱胃中第三期幼虫脱鞘,并开始蜕皮进入第四期幼虫阶段。第四期幼虫蜕皮变为第五期幼虫或成虫阶段的快慢取决于幼虫是否进入滞育期

后圆总科的一些种可以产出不同发育阶段的虫卵，从单细胞（如猫圆线虫）到含有第一期幼虫的虫卵（如类丝虫）。但是充分的发育是在宿主体内进行，在粪便内发现的或是第一期幼虫或是含第一期幼虫的虫卵。后圆线虫从第一期幼虫发育到感染性第三期幼虫，通常需要一个软体动物或环节动物作为中间宿主，终末宿主通过食入含有感染性第三期幼虫的蜗牛、蛞蝓或蚯蚓而感染。奥氏类丝虫（*Filaroides osleri*）和贺氏类丝虫（*F. hirthi*）却是非常例外，它们都是以第一期幼虫直接感染犬。

（三）毛圆总科

在放牧的反刍兽中，毛圆线虫尤为普遍而且具有致病性。猪、马、猫和鸟也可被重要的种类寄生。反刍兽的寄生部位通常是皱胃和小肠，但网尾属例外，它是在呼吸道内发育成熟。对于实际的防控来说，将毛圆线虫鉴定到旧分类体系中属的水平就足够了（Yorke和Maplestone，1926）。

1. 毛圆属

[鉴定]　小型毛发状虫体，体长小于7mm，无头泡，无明显的口囊，交合刺短、扭曲，通常末端尖（图4-70，图4-72）。艾氏毛圆线虫（*Trichostrongylus axei*）可寄生于包括反刍兽、马和兔等多种宿主的胃或真胃中。其他种寄生于反刍兽的小肠，具有更高的宿主特异性。即使是严重感染，毛圆线虫在尸体剖检时也容易被忽视，除非对胃和小肠前6m肠段的冲洗物或刮取物仔细进行检查，最好是借助手持放大镜或立体显微镜。毛圆线虫很可能与类圆线虫（*Strongyloides*）或小型古柏线虫（*Cooperia*）相混。

[生活史]　毛圆线虫的感染性第三期幼虫可以在牧场上越冬，当春天反刍兽回到牧场时即被感染。随着天气变暖，感染性幼虫相继死亡，到夏天时越冬的幼虫基本上消失。然而，新感染的一代开始产卵并很快再次污染牧场，且会持续到秋天从而产生下一代越冬的虫体。

[临床意义]　尽管毛圆线虫感染通常无临床症状，但当大量虫体感染时（10 000~100 000或更

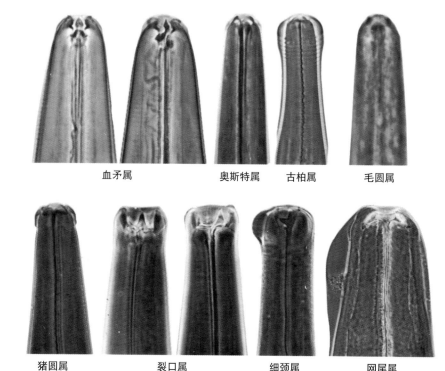

血矛属　　奥斯特属　　古柏属　　毛圆属

猪圆属　　裂口属　　细颈属　　网尾属

图4-72　毛圆总科8个属的口。裂口属是鹅和鸭而不是哺乳动物的线虫，它的口囊大，而且有齿，不是典型的毛圆线虫（选自Whitlock JH的《兽医寄生虫诊断》，1960）

多），可出现导致长期衰弱的水样腹泻，特别是处在应激状态或营养不良的绵羊、山羊和牛。起初粪便呈半固体状，随后很快变成水样，呈暗绿色（黑泻病，black scours），后腿上羊毛常被粪便沾污。一些粪便聚集成豌豆大至鸡蛋大的粪块（红果莓 dingleberries，石墨团 dags）悬挂在羊毛上，随着水样粪便继续排出和粪表面变干，粪块会增大。难闻的气味会吸引绿头苍蝇（如铜绿蝇）而导致蝇蛆病。虫卵计数很少超过每克5 000个，因为毛圆线虫很小，产卵亦少，而且粪便被大量水分稀释。剖检可见尸体消瘦，甚至在感染的小肠也无明显的病变，由于虫体很小容易被忽视。持续性腹泻足以解释毛圆线虫病所致的虚弱和消瘦。但在营养良好和未受到应激的情况下反刍兽的少量感染通常不会引起严重的疾病。因此在确定感染暴发的最终原因时，环境和畜牧业的质量也值得考虑。

2. 奥斯特属和背板属

[鉴定] 奥斯特属（*Ostertagia*）和背板属（*Teladorsagia*）按其形态特征难以区分，然而，背板属寄生于绵羊和山羊（如环纹背板线虫 *T. circumcincta*），而奥斯特属寄生于牛（如奥氏奥斯特线虫 *O. ostertagi*）。虫体通常小于14mm，呈褐色，口囊浅而宽（图4-72），交合刺短，具有二三个分叉（图4-73，图4-66），通常寄生于反刍兽的皱胃。成熟雌虫的尾端常有环纹（图4-74），处在前后宫型排卵器中的虫卵为典型的圆线虫虫卵，阴门被阴门盖所保护。

[生活史] 在北部牧场上，奥斯特属和背板属感染性第三期幼虫在越冬方面类似于毛圆属的第三期幼虫，因此在来年早期放牧时可感染反刍兽。滞育型寄生幼虫在奥斯特属种类中却发育得很好，这一点具有流行病学和病理学的重要意义。"I型"或"夏季"奥斯特线虫病通常是在放牧的青年牛中发生，虫体成熟没有经过发育停止期（如休眠或潜伏期）。与此相反，"II型"或"冬季"奥斯特线虫病通常发生在冬末，那时发

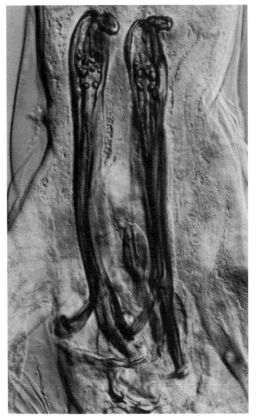

图4-73 奥氏奥斯特线虫的交合刺

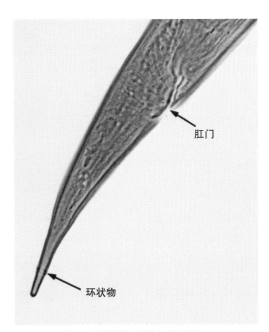

图4-74 奥氏奥斯特线虫雌虫的尾部

育受阻的幼虫，自秋季以来新陈代谢又重新变得活跃进而发育为成虫。这种习性是奥斯特线虫和某些其他毛圆线虫为了越冬所采用的普通机制的

一部分。然而，当时机不对或感染强度过大以致克服了宿主的代偿机能时就会导致冬季奥斯特线虫病。

[临床意义]　奥氏奥斯特线虫可引起青年牛的慢性皱胃炎，以严重水样腹泻、贫血和低蛋白血症（临床表现为颌下水肿）为特征。病畜营养不良和消瘦，食欲保持不变，这与皱胃中发生的病理变化似乎不相符合。胃液中酸碱度接近中性。剖检见尸体消瘦，脂肪沉积减少，出现典型的极度营养不良。瘤胃、网胃、瓣胃可能充满食物，但从贲门向前的消化道由于皱胃机能障碍而变空，动物因过度饥饿而死亡。皱胃黏膜出现特异性的"摩洛哥皮革"状外观；整个黏膜布满了灰白色、针头至豌豆大小的结节，每个结节顶端的小开口处有虫体突出于表面（图7-60，图8-76和图8-77）。在美国，奥氏奥斯特线虫是牛的最重要的寄生虫。青年牛感染大量的虫体后，日渐消瘦，几周内死亡。感染亚致死量虫体的动物不能充分的生长和发育或需要更长的时间才能发育完全。两种情况在经济上都是不利的。绵羊和山羊的背板线虫也可以引起某些地区严重的地方性疾病。

3. 血矛属

[鉴定]　体长可达30mm，寄生于反刍兽的皱胃，口囊中有一矛状小齿（图4-65）。雄虫交合伞上有一个不对称的背肋（图4-75），交合刺短，呈楔形。雌虫充满虫卵的白色子宫盘绕着充满血液的肠管，形成似理发店红白两色旋转招牌的外观。阴门位于虫体后1/4处，具形状各异的阴门盖或无。阴门盖的形状在血矛属（*Haemonchus*）的种和亚种中各不相同（图4-76）。

[临床意义]　血矛线虫病的特征是贫血。感染高峰期，捻转血矛线虫（*H. contortus*）每天可吸食羔羊1/5的循环红细胞，在持续2个月的非致死性感染过程中，平均每天可吸食1/10的循环红细胞。这些数据是通过全身放射性铁保留技术（radioiron retention technique）对100～175只羔羊群的失血进行估计得来的（Georgi 1964；

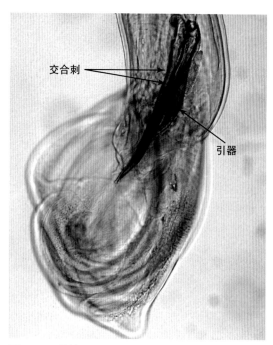

图4-75　捻转血矛线虫的交合刺

Georgi和Whitlock，1965）。捻转血矛线虫的致病性是由宿主无力补偿失血所造成的。如果失血量小且被宿主完全补偿的话，则不会导致明显的疾病。"其实，在营养正常的情况下虫体感染量不超过500是否对生长或产毛有影响还不确定"（Clunies Ross 和Gordon，1963）。然而，如果失血量超过宿主的造血能力，无论是由于虫荷过大还是由于营养不良或应激造成代偿障碍，渐进性贫血都将迅速导致死亡。血矛线虫病的主要症状是皮肤和黏膜苍白。血细胞比容小于15%，伴随严重的衰竭，气短和预后不良。测量绵羊和山羊血矛线虫病的贫血程度，以及决定动物是否需要治疗可采用FAMACHA表。该表显示了不同血细胞比容读数下动物眼睛的图像，表明哪种情况下需要治疗（Kaplan等，2004）。血浆蛋白的丢失导致全身水肿，外表常常表现为颌下水肿（瓶状下巴）。食欲一般良好，急性暴发时感染动物也许体重不下降。粪便无异常，腹泻只发生在与毛圆线虫和古柏线虫混合感染的情况下。羊群中羔羊最易感，但是大龄羊在应激状态下也可发生致死性贫血。老龄母羊在春末可被大量来自静止期

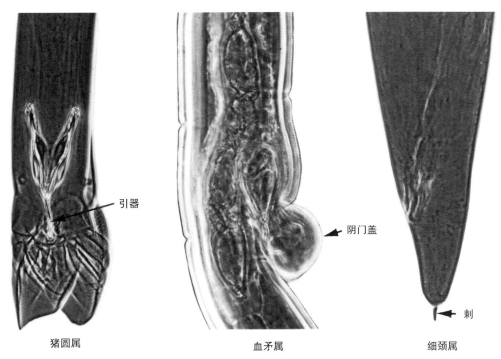

图4-76 毛圆总科的3个属（选自Whitlock JH的《兽医寄生虫诊断》，1960）

幼虫的攻击感染而致死。血矛线虫病的特征是每克粪便虫卵数（EPG）达10 000个，甚至更高。

4. 长刺属

[鉴定] 长刺线虫（*Mecistocirrus*）寄生于反刍兽的皱胃和猪的胃内，分布在东亚、印度和美国中部。与血矛线虫形态相似，但雌虫阴门靠近肛门，雄虫交合刺细而长（图4-77）。

5. 古柏属

[鉴定] 古柏线虫（*Cooperia*）寄生于反刍兽的小肠，虫体小于9mm。口区角皮有横纹，稍膨大；口囊很小；交合刺短，末端钝；交合伞背肋呈竖琴状（图4-78，图4-79和图4-72）。本属线虫易与毛圆属和类圆属线虫相混淆，因为它们的大小和寄生部位相似。

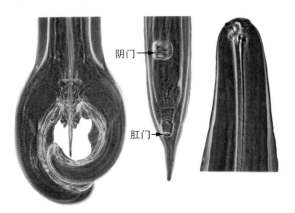

图4-77 长刺属线虫（选自Whitlock JH的《兽医寄生虫诊断》，1960）

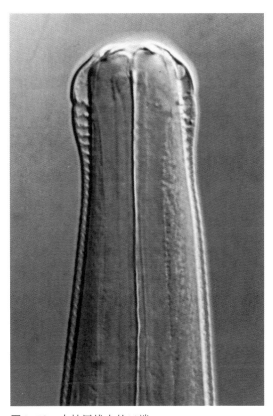

图4-78 古柏属线虫的口端

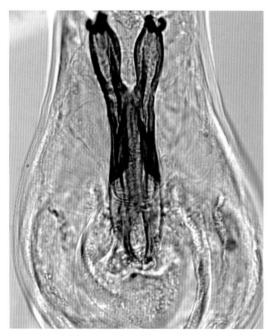

图4-79　古柏属线虫的交合刺

[临床意义]　古柏线虫的致病性与上述毛圆线虫的相似。

6. 细颈属

[鉴定]　细颈线虫（*Nematodirus*）大小差异很大，最大的虫体长为25mm。口区角皮有横纹，可能有头泡，口囊内有一个三角形背齿（图4-72）。颈部常弯曲，交合刺细长，子宫中虫卵很大，雌虫尾端有一根交合刺（图4-76）。

[生活史]　家养反刍兽细颈线虫的生活史和流行病学与多数其他毛圆科线虫大不相同。幼虫在卵壳内发育到感染性第三期幼虫，孵化取决于外界刺激，至少某些种是这样。如巴氏细颈线虫（*N. battus*）通常先经受严寒，后遇温暖的气候才孵化。这种特性使感染性幼虫在春季集中孵化，限制在每年繁殖一代，在春末引起感染和发病的高峰。因此，感染的严重性一般直接与上一年牧场的污染度呈比例，暴发的时间取决于天气是否有利于虫卵的成批孵化。然而，在牧场也观察到幼虫的第二个高峰期和随后的感染发生在秋季（Gibson和Everett，1981；Rodger，1983；McKellar等，1983；Hollands，1984；Hosie，1984）。匙形细颈线虫（*N. spathiger*）和线颈细颈线虫（*N. fillicollis*）感染性幼虫的发育和孵化不受季节限制，通常寄生于绵羊。

[临床意义]　尽管细颈线虫感染通常不发生临床疾病，但是巴氏细颈线虫可引起一种特殊的圆线虫病，其特征是严格的季节性发生和严重的腹泻。许多羔羊出现渴欲突然丧失，紧接着出现剧烈腹泻。从出现临床症状后2d到2周开始出现死亡，并持续数周，随后耐过者开始逐渐康复，死亡率可达30%。平均EPG为600，很少超过3 000。剖检见尸体脱水，肠系膜淋巴结肿大，颜色变淡，轻度卡他性肠炎，但其他损伤较小。巴氏细颈线虫计数达10 000时被认为有临床意义（Thomas和Stevens，1956）。最初在英国被报道（Crofton和Thomas，1951，1954），1985年出现在美国俄勒冈州（Hoberg，Zimmerman和Lichtenfels，1986），后来，在华盛顿、纽约、佛蒙特和马里兰州的羊粪中发现此虫（Zimmerman等，1986）。

7. 猪圆线虫属

[鉴定]　红色猪圆线虫（*Hyostrongylus rubidus*）寄生于猪的胃内，虫体长度小于9mm，有一个小的环形口领，交合刺短且有两根，引器细长（图4-72，图4-76）。凯芝济猪圆线虫（*H. kigeziensis*）寄生于山地大猩猩（Durette Desset等，1992）。

[生活史和发病机理]　红色猪圆线虫是一种典型的毛圆线虫，它的习性某种程度上与奥斯特线虫相似。成虫寄生于猪胃内，产典型的圆线虫卵，与猪的食道口线虫虫卵非常相似。在合适的条件下1周内发育为披鞘的第三期幼虫，这种幼虫对猪具有感染性。像奥斯特线虫一样，红色猪圆线虫侵入胃腺，在胃腺进行第三次和第四次蜕皮，引起卡他性或白喉性胃炎，伴有溃疡和黏性黏液。临床症状包括贫血和食欲不振，偶而带有黑便，是胃出血的迹象。猪圆线虫病主要是放牧情况下成年猪的一种寄生虫病，但是在干燥的夏季其传播明显减少（Roepstorff和Murrell，1997）。然而，在圈养条件下其传播也可发生

（Bladt Knudsen等，1994）。

[驱虫药物] 芬苯达唑、伊维菌素和多拉霉素可批准用于治疗，已显示可成功地治疗猪的红色猪圆线虫感染。

8. 壶肛属

[鉴定] 寄生于猪、猫和其他猫科动物包括美洲狮和老虎的胃内。三尖壶肛线虫（*Ollulanus tricuspis*）极小（长度小于1mm），前端卷曲，雌虫阴门位于肛门附近，尾端有3个或更多个尖；雄虫交合刺短，等长，分为2支（图4-80）。可用内窥镜检查标本进行诊断（Cecchi等，2006）。

[生活史] 三尖壶肛线虫系卵胎生（虫卵在雌虫子宫内发育和孵化），幼虫在宿主胃内发育成熟。该虫是线虫中能在一个宿主体内完成生活史的罕见例子。吞食感染宿主的呕吐物是该虫最可能的传播途径。

[临床意义] 三尖壶肛线虫可引起猫的慢性胃炎，可以致死（Hänichen和Hasslinger，1977）。慢性胃炎也曾出现在老虎和捕获的猎豹中（Breuer等，1993；Collett等，2000）。在感染猫的胃内，黏膜纤维组织和黏膜淋巴样聚合物明显增多（Hargis，Prieur和Blanchard，1983）。

[驱虫药物] 据报道，四咪唑（2.5%的制剂按5mg/kg服用）证明有效，而且无副作用（Hasslinger，1984）。

9. 网尾属

[鉴定] 网尾线虫长达80mm，白色，见于反刍兽和马的呼吸道。胎生网尾线虫（*Dictyocaulus viviparus*）寄生于牛，丝状网尾线虫（*D. filaria*）寄生于羊，安氏网尾线虫（*D. arnfieldi*）寄生于马科动物。口囊小，雄虫交合伞有退化迹象，交合刺短，色暗，呈颗粒状外观；雌虫阴门位于体中部；卵排出时含有第一期幼虫（图4-81、图4-72）。

[生活史] 成虫寄生于支气管腔中，引起慢性支气管炎，堵塞支气管腔，引起肺膨胀不全。胎生网尾线虫是在牛的肺内可发育成熟的唯一线

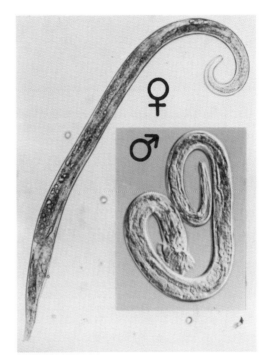

图4-80 美洲豹的三尖壶肛线虫，通常根据呕吐物中找到这种胎生线虫的成虫标本作出诊断

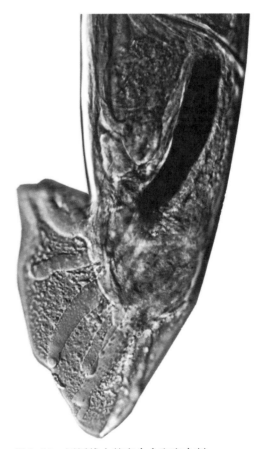

图4-81 网尾线虫的交合伞和交合刺

虫。新生卵含蠕虫型胚胎，通常随粪便排出之前就已孵化（图7-61）。自由生活阶段可能是从储存的食物中获得能量而非摄入细菌，因为它们在充气的洁净水中能发育到带双鞘的感染性阶段，并且第一期幼虫随着不断的发育小肠细胞内特征性的"食物颗粒"会逐渐减少，最后消失。在最佳条件下发育到感染性阶段大约需要5d。一旦被动物摄入，感染性幼虫沿着肠系膜淋巴结和胸导管移行，5d后到达肺（Jarrett等，1957）。感染后4周开始产卵。

[临床意义] 胎生网尾线虫的轻度感染没有明显的生理障碍，犊牛偶尔咳嗽，呼吸比正常稍快。重度感染可导致呼吸道局部或全部阻塞，根据阻塞程度出现相应的临床疾病。在食入数千条感染性幼虫后大约在第五天呼吸次数开始增多，偶尔咳嗽。在第三周，呼吸次数每分钟达100次。听诊支气管音尖锐，有捻发音。直到第四周，粪便中没有幼虫排出，诊断完全依靠病史和临床征状。在第四周，粪便内出现第一期幼虫，临床症状最为严重。呼吸次数超过每分钟100次，咳嗽频繁，可听见捻发音和尖锐的支气管音，严重气促。因为呼吸很不顺畅，犊牛不能吃东西。第五周后幸存者临床症状可以改善。

绵羊和山羊丝状网尾线虫的生活史与胎生网尾线虫相似（Daubney，1920）。然而，除非感染量很大，通常临床症状较轻。多数严重病例都伴有寄生在消化道中表现不明显却更具致病性的寄生虫感染。

安氏网尾线虫相对来说更易寄生于驴，但对马的致病性很大。在疾病流行区，安氏网尾线虫对于放牧的马和驴都有危险性。

（四）反刍兽圆线虫感染的生态学和流行病学

下面的讨论主要涉及反刍兽，因为反刍兽圆线虫的生态学和流行病学一个世纪以来一直是重点研究的课题。从绵羊中总结的经验至少在定性方面可以用于马。圆线虫典型的生活史如图4-82所示，一般适用于毛圆总科、圆线总科和钩口总科的种类。对这个归纳的重要修改，如钩虫的感染性幼虫钻入皮肤和网尾幼虫的异常发育，都不会对所描述的生态学和流行病学的关系有较大的改变。

①虫卵污染环境的比率与宿主种群的成虫感染强度呈正比。

②感染性阶段的发育和生存取决于温度和湿度等流行条件。虫种间需要的最适宜条件明显不同。

③宿主的抵抗力因年龄、活力、遗传因素、有无感染、获得性免疫（某些情况下）不同而异。

④第四期幼虫的成熟在某些还不清楚的因素影响下可被暂时终止。在某些未知刺激启动后期发育之前，发育停止的幼虫可在体内储存数月。

1. 成虫种群

虽然在适宜的环境条件下感染性幼虫可存活数周或数月，但是带虫宿主往往每年都会保持圆

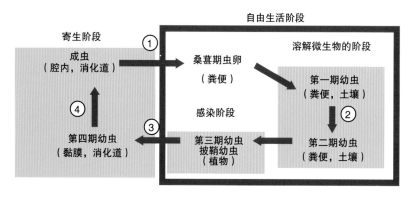

图4-82 圆线虫典型的生活史。第一阶段到第四阶段在正文中有解释

线虫的感染。以少量虫体或潜伏在组织中的幼虫等形式保持感染。圆线虫像感冒病毒和水仙花一样表现出明显的季节性。种群通常以不损害宿主又能保存虫体的方式进行调节，只有当这个调节打破时才会暴发疾病。

首次放牧期间，当犊牛、羊羔和其他幼畜吃草时吞食感染性幼虫后，很快就会感染大量的圆线虫。当植被受到致病虫种（如奥氏奥斯特线虫或捻转血矛线虫）的严重污染时，则这些幼畜和未经历过感染的宿主就会出现疾病和死亡。由于粪便中虫卵数量的相应增多和牧场的进一步污染出现感染累积。假如为幼虫发育提供足够的温度和湿度的话，牧草上感染性幼虫的数量将呈指数倍数增加，至少在放牧初期是这样的。然而，宿主现在开始对进一步感染产生抵抗力。产生的主要抵抗力是一种特殊的现象，叫做带虫免疫（premunition）。可解释为："急性感染转为慢性之后或在体内持续感染的情况下所建立的一种抵御感染的状态"（《道兰氏图解医学词典》，27版，Philadelphia，1988，Saunders）。带虫免疫的机理尚不清楚，但这种现象用一系列简单的实验就可以证实。例如，如果我们对已适度感染捻转血矛线虫的绵羊加大感染强度，首先必须采用驱虫药驱除已感染的种群，否则试验所给予的部分或全部幼虫就不能寄生。随着带虫免疫和宿主其他抵抗力的产生，圆线虫的虫荷到达一个高峰后便开始下降。一般情况下，犊牛、羊羔及其他幼畜进入第一个冬天时体内圆线虫成虫已大量减少。

如果已产生带虫免疫的宿主放牧时继续摄入感染性幼虫，结局有3种可能：幼虫被排斥，替换已有的成虫，或发育停止在第四期幼虫阶段，但成虫总量仍保持一个稳定水平。静止期幼虫（arrested larvae）（也称潜伏期幼虫，抑制期幼虫，或包囊期幼虫）保留在消化道黏膜，直到春天来临或遇到宿主繁殖周期或二者同时存在的刺激下重新开始发育。比如，在春季，可观察

到母羊、公羊及阉割公羊的粪便中虫卵数大量增加。产仔母羊任何季节在产前2周到产后8周的时间内，粪便中的虫卵量也明显增加。粪便虫卵数的"春季高峰"和"围产期高峰"主要与成年羊消化道黏膜中越冬的第四期幼虫的成熟有关（Herd等，1983）。产后2个月左右产生的大量虫卵确保感染性幼虫可在一段时间内大量存在，这时绵羊的数量不仅通过产仔得到了增加，而且也有很大比例的以前从未感染过的易感羊。围产期虫卵数的增加可通过给母羊补充蛋白质而得到抑制。

总之，犊牛、羔羊趋于携带大量虫体，而成年牛、绵羊、山羊通常感染较轻。放牧季节是圆线虫繁殖的一个高峰，无论是成年反刍兽还是正在发育的反刍兽都会发生感染，但后者更明显，致病性更强。第二个高峰发生在母畜分娩几周之后，表现为产后虫卵排出量上升。在春季，产羔母羊的虫卵排出量增加最多，阉割公羊和空怀母羊的虫卵排出量也有适当的增加。

圆线虫的生物潜能（biotic potential）或繁殖能力由受精卵的产量和传代时间（即从虫卵发育到产卵的成虫所需的时间）共同决定。正常的生物潜能的实现趋于维持稳定的虫体种群，表现出明显的周期性，但既不爆炸性增长又不消失殆尽。通常情况下任何一个虫卵到达繁殖年龄的可能性只是几千分之一，因此，虫体必须生产大量的虫卵来补偿。血矛线虫繁殖力最强，食道口属、夏柏特属、仰口属、奥斯特属、古柏属、毛圆属、细颈属繁殖力依次下降。个体繁殖率低的种类通过两种方式来补偿，一是保持较大的成虫种群（毛圆线虫和古柏线虫），二是生产对外界恶劣环境抵抗力更强的虫卵（细颈线虫）。

2. 感染性阶段的发育和存活

大多数圆线虫能够在不同温度和湿度范围内发育并保持大量的感染性幼虫。最低温度和湿度很重要，因为它们指明了在什么温度和湿度环境中存在大量的感染。最佳温度和湿度也很重要，

因为正是这段时间有利于寄生前幼虫阶段的发育和存活，圆线虫病的临床暴发通常出现在这一时期。

在完全干燥的环境中圆线虫不能完成它们的生活史，在沙漠地区圆线虫的寄生现象也相对很少。在明显干燥的条件下，也许存在足够的湿度能保证存活的微环境，但不能保证虫卵和幼虫的发育。

发育所需温度随种类而异，在不同情况下发育率随温度而改变。但线颈细颈线虫和巴氏细颈线虫及奥斯特线虫例外，它们似乎非常适应于寒冷气候。在冬季北方的牧场，多数圆线虫虫卵和幼虫的数量都会急剧下降甚至消失。这样的牧场在春季又被重新污染。细颈线虫感染性幼虫在冬季气候严酷的情况下在卵壳内存活并发育，这种气候对养牛、绵羊及山羊有利。奥斯特线虫以感染性幼虫在牧场上越冬和作为静止性幼虫在宿主体内越冬，随着气候变暖和干燥，牧场幼虫开始相继死亡。

3. 宿主抵抗力

[年龄]　宿主对圆线虫感染的抵抗力一般随着年龄的增长而增加，最明显的是牛，其次是绵羊，最后是山羊。在大量感染情况下或营养不良或遭受疾病的状态下，年龄优势则被打破。当年老母羊的牙齿脱落后且有限的乳汁偏向哺乳羔羊时，它们也许会死于圆线虫病（Whitlock，1951）。母羊牙齿和乳房的检查应该与绵羊寄生虫病调查同时进行（Love和Biddle，2000）。

[表型]　Whitlock（1955b，1958）报道了绵羊对毛圆线虫病的遗传抵抗力。一个叫紫罗兰的公羊后代与其他公羊的后代相比，体内寄生的虫体更少，并且血细胞比容减少亦轻。不幸的是，紫罗兰死于暴风雨夜晚电线电击。几年以后，当Whitlock退休并移交他的蔡氏光学显微镜时，他雕刻了一枚纪念紫罗兰的铜牌，安装在显微镜上。目前遗传抵抗力已在澳大利亚和新西兰应用，而公羊的抵抗力状态记录在内。因而，遗传抵抗力

目前正在定期地用于帮助预防绵羊与线虫有关的疾病。

[带虫免疫]　消化道中稳定的圆线虫种群的存在可抑制进一步的感染，或至少可抑制幼虫的进一步成熟。用驱虫药物将稳定的成虫种群驱除后，空出的部位将很快被静止性幼虫的成熟或新感染幼虫的连续发育所填充。对于带虫免疫来说，无论是什么理由，如生态学的或免疫学的理由，具有亚临床感染的反刍兽都不能进行驱虫治疗，除非驱虫后能提供一个无污染的环境。驱除体内稳定的虫体或已建立的感染所造成带虫免疫的丢失，将可能导致很快重复感染，或许比以前的虫荷更严重。

下面的情况佐证了这一论点。如果在暴露高峰期将羊从一个感染捻转血矛线虫的牧场转移到另一个无污染的环境中，它们将会产生比留在牧场上更为严重的感染。妨碍幼虫的流动显然在某种程度上打破了平衡。成虫对幼虫发育的限制表现为带虫免疫。也似乎是幼虫对成虫有一定的抑制作用。不管怎样，由此给出的建议是：在转移到无污染的环境之前，必须对感染捻转血矛线虫的绵羊给药驱虫，至少是在虫体快速生长的正常时期内进行驱虫。

尽管宿主免疫力通常是由带虫免疫引起的，但也可能是由于寄生虫之间的相互作用引起的。带虫免疫的生态学解释可能是亲族选择，即虫体一旦在体内寄生，便开发利用所选择的寄生部位，或在某种程度上直接控制着宿主，使其不适合来自不同种群的其他虫体的寄生。当绵羊先感染一批线虫，然后感染与第一批线虫同时成熟的其他线虫，有证据表明已有的和新感染的种群之间的遗传关系对将要发育为成虫的幼虫数量有一定影响（Ketzis等，2001）。

[自愈]　只有很少例子表明免疫力可保护宿主在原来寄生的线虫消失后可免受再次感染。Stoll（1929）报道了一个实验："两只体内无任何线虫的羊羔被限制在牧场内，任其自然重复感染，

第一批入侵体内的捻转血矛线虫幼虫经过一个夏季的发育成为一定量的成虫，随后羊羔自身将线虫排出体外并保护其在以后不受这种线虫的大量感染"。因此，这种现象叫做自愈。

Stewart（1950）在一群放牧的绵羊中，18个月内观察到7个自愈周期，证明给予大剂量的捻转血矛线虫感染性幼虫可引起相同的反应，结论是雨季之后发生的自愈现象可能归因于摄入大量的捻转血矛线虫感染性幼虫。后来他认为这种寄生虫的排斥反应与消化道黏膜的急性超敏反应有关。

皱胃和小肠黏膜水肿明显，这取决于成虫的附着部位和幼虫感染后血液中组胺升高的时间。摄入捻转血矛线虫幼虫，只在感染过捻转血矛线虫绵羊的皱胃和感染过毛圆线虫绵羊的小肠产生这种变化（Stewart，1953）。

Stewart观察到对重复感染缺乏永久保护并不一定使Stoll的观察变得无效，但在捻转血矛线虫获得消除性免疫的例子却很少。Georgi和Whitlock毫无困难地使一批自然感染并驱虫后的纽约州立大学兽医学院的羔羊重新感染了捻转血矛线虫卡尤加亚种（*H. contortus cayugensis*）。类似的结果也经常出现在世界上其他地方捻转血矛线虫的其他亚种。

自愈现象至少有一个明确的实际性后果。绵羊和山羊可能在排虫时的剧烈疼痛中死去，并且当尸检未见感染时可能混淆诊断，这时临床症状和病史才能表明是血矛线虫病。除非有证据表明贫血是由其他原因（如急性辐射病）引起的，放牧绵羊和山羊的严重贫血应该是血矛线虫病。贫血的绵羊和山羊皱胃中无捻转血矛线虫决不能排除血矛线虫病。

4. 主动免疫

在感染胎生网尾线虫的牛体内可以产生持久的消除性免疫，通过辐照幼虫疫苗的人工免疫已经取得了很大成功（见Poynter 1963年的综述）。疫苗的实际应用当然限制在网尾线虫病的流行区。虽然胎生网尾线虫感染呈全球性分布，但是临床疾病倾向于散发，常见于不列颠群岛，那里疫苗已被接受，并且有效地使用。

5. 幼虫的成熟延迟

幼虫的停止发育不仅帮助某些圆线虫连年传代下去，而且有助于在宿主体内渡过冬季（或干旱季节），而此时那些自由生活的虫体因繁殖而消耗能量，在生物学上是一个亏损的系统。正常情况下这些幼虫在来年春季发育成熟。然而，在冬季或早春时，发育停止幼虫的无规律成熟可导致圆线虫病的严重暴发。尽管具有不确定性，但了解这种暴发的原因是很重要的。

（五）反刍兽圆线虫感染的治疗和控制

处理牛群、绵（山）羊群圆线虫病暴发的第一步是确定感染源并将动物与感染源隔开。为了进行观察和护理，通常将动物限制在畜棚或畜圈，限制活动有助于防止病情自发扩大所造成的损失。不要急于治疗急性血矛线虫病病畜，也许它们立即死亡。隔离所有出现贫血、腹泻、虚弱和精神沉郁的动物以便进行治疗，防止它们被体壮的羊踩死。但不要将幼畜与母畜隔开，除非畜主可以照顾它们。

治疗性驱虫可能加快重病患畜的死亡，应该告知畜主给药可能带来进一步的损失。然而，在血矛线虫病初期，驱虫的好处应该是巨大的。尽管使用了过量的安全有效的驱虫药，圆线虫还是继续感染牛和羊。应根据对线虫的生物学及当地气候状况的全面了解来使用驱虫药。为防止感染性幼虫在牧场上积聚，进而防止圆线虫病的临床暴发，整个畜群体应该有计划地定期驱虫。当污染特别严重时，例如在盛夏和秋季温暖潮湿的气候特别有利于幼虫的发育时，可在分娩前计划性驱虫并转移到牧场。

1. 消化道圆线虫

反刍兽的驱虫药物包括芬苯达唑、阿苯达唑、伊维菌素、多拉霉素、莫西菌素、伊普菌素、左咪唑和莫仑太尔。这些药物都能在药店买到且适合各种类型的牧场及饲养管理。

皱胃线虫如血矛线虫、奥斯特线虫及艾氏毛圆线虫对驱虫药物的敏感性比小肠线虫如毛圆线虫、古柏线虫和细颈线虫更强。一般毛圆属、古柏属及细颈属都集中在小肠前1/4处，只有少数种类寄生在小肠后段。损害小肠的线虫有更大的机会重新感染小肠后段，但损害皱胃的线虫则在重新感染之前就已离开皱胃。因此，除非评价驱除小肠寄生虫药物的药效实验是建立在剖检整段小肠的基础上，否则报道的结果可能对驱虫药有利（Bogan等，1988）。

秋季或初冬的治疗应使用驱虫药物来针对未成熟的、处于发育停止阶段的奥斯特线虫（Armour，Duncan和Reid，1978；Duncan等，1976；Williams等，1977）。在美国北方温带非干旱地区，在秋季当动物舍饲时，对母羊用杀幼虫药进行治疗可防止"围产期高峰"（Herd等，1983）。

2. 抗药性

在持续的化学药物作用下，寄生虫种群通过选择、突变和灭绝来改变它们的基因组成。常见的情况是，当化学药物最需使用、使用最频繁时，寄生虫对该药的抗药性就会增加。购买的家畜也会引入耐药虫株。然而，多数驱虫药物治疗无效若不是由于感染性幼虫的持续攻击就是因为驱虫药物的选择和使用不合理（Coles，1988）。世界广大地区绵羊和山羊的捻转血矛线虫、普通毛圆线虫（*Trichostrongylus circumcincta*）、及蛇形毛圆线虫（*T. colubriformis*）已对伊维菌素、苯并咪唑、左咪唑和莫仑太尔出现抗药性。牛的寄生虫对驱虫药的抗药性产生较慢，但似乎对苯并咪唑或大环内酯类药物的抗药性也有散在发生（McKenna，1996；Vermunt，West和Pomroy，1995）。牛的案例中最典型的莫过于古柏属，但奥斯特属和毛圆属有时也会发生。

在美国，不同药物的抗药性在山羊中引起了极大的关注，但在牛和绵羊中也有抗药性的报道。美国首次报道对伊维菌素的抗药性是在安哥拉山羊的捻转血矛线虫（Craig和Miller，1990）。在得克萨斯州，也发现牛的捻转血矛线虫具有抗药性（Craig，DeVaney和Rowe，1992）。在美国南部现在在山羊中也发现血矛属和毛圆属具有抗药性（Kaplan等，2007）。在美国，山羊肠道寄生虫的抗药性现在很普遍，已发现对阿苯达唑、左旋咪唑、伊维菌素和莫西菌素均有抗药性（Mortensen等，2003）。

3. 肺线虫

临床上暴发的网尾线虫病是用芬苯达唑、伊维菌素、多拉菌素、左旋咪唑、奥芬达唑及阿苯达唑进行治疗。这些药物对网尾线虫成虫和幼虫都非常有效。

4. 成年奶牛的亚临床感染

对于成年奶牛寄生虫的治疗仍然是个具有争议的问题。Herd等（1983）对比了26次试验的产奶量，发现14次无变化，7次治疗后增多，5次对照组增多。在英国进行过一次大规模的试验，在305d的哺乳期内，检查了9 721次泌乳，发现产奶量增加42kg（Michel等，1982）。作者认为这不是成本效益的增加，而其他人则解释为成本效率（Theodorides和Free，1983）。

在新西兰的试验中，当干乳期时，47个奶牛场的5 556头奶牛中一半用奥芬达唑治疗两次（Bisset，Marshal和Morisson，1987）。在接下来为期251d的哺乳期内，被治疗的奶牛平均多产乳脂2.24kg或牛奶52.9kg。47个奶牛场中有36个奶牛场出现了增加，但是只有一个增加明显。作者注意到增加明显的奶牛曾在有高产奶牛和小牛的牧场上放牧过。

在荷兰进行过两次试验（Ploeger等，1989，1990）。第一次试验中，527头中的285头干乳期奶牛用伊维菌素治疗。在假定的305d泌乳期中，被治疗的奶牛产奶量平均增加

205kg。在这次试验中，31个牧场中17个牧场产奶量增加，同样注意到在曾经有过高产的奶牛中增加更多。第二次试验中，81个牧场1 385头奶牛中676头奶牛在产犊1周内用阿苯达唑治疗。被治疗奶牛产奶量在假定的305d泌乳期内增加133kg。81个牧场中49个牧场产奶量增加。

在澳大利亚的一次试验中，5个奶牛场498头奶牛中一半在干乳期用伊维菌素治疗（Walsh，Younis和Morton，1995）。在泌乳期的前100d中，产奶量增加74L，而整个泌乳期的产奶量是86L。所有奶牛场产奶量都有增加，但只有一个奶牛场增加明显。在曾有过高产纪录的奶牛中没观察到增加。母牛从产犊到第一次配种的时间没有差异，但是治疗牛从产犊到受孕时间缩短了2~8d。正如典型的泌乳期奶牛，在澳大利亚奶牛的粪便中很少有虫卵，产卵量与所观察的产奶量增加没有相关性（见Reinemeyer，1995综述）。

伊普菌素是一种可用于泌乳期奶牛的阿维菌素，现已在几次试验中研究它对成年奶牛的药效，试验奶牛产犊时给药。在加拿大的放牧奶牛中，治疗的确增加了产奶量，产生了经济效益（Ndtvedt等，2002）。加拿大另一个试验的繁殖数据显示奶牛从产犊到受孕的时间间隔明显缩短，但是从产犊到第一次配种的间隔不变，治疗牛中受孕的数量减少（Sanchez等，2002）。在加拿大和美国针对限制户外接触牛的2次实验中，无论在产奶量还是在繁殖参数方面，产犊时治疗都没有明显的优势（Sithole等，2005，2006）。这些研究表明当牛处在牧场持续感染的风险时，治疗可能有效，但是在多数封闭管理的牧场可能意义不大。

5. 青年牛

与成年奶牛的治疗不同，对于1岁和2岁青年牛的治疗来说，寄生虫学家一致认为是有效的（Reinemeyer，1990）。这些牛正处在遭受寄生虫严重侵犯的年龄段。被寄生的动物长得更慢，往往达不到它们最大的生长潜能。这样的表现可导致生产者觉察不到的真正的经济损失。

6. 绵羊的亚临床感染

分别给予羔羊5 000、10 000、20 000条蛇形毛圆线虫的感染性幼虫来研究适度感染对羔羊的影响，并且比较这些人工感染的羔羊与未感染对照组的增重和饲料转化率。尽管一半左右的幼虫可发育为成虫，且组平均每克粪便虫卵数（EPG）为536~2 236个，但这种程度的感染在平均日增重和饲料转化率方面没有引起明显的差异（Bergstrom，Maki和Kercher，1975）。

7. 反刍兽圆线虫感染的综合防治

关于圆线虫病的防控已经写了很多，每个方案都有支持者和反对者，还没有适用于所有情况的统一配方。

寄生现象应当被认为是家畜、圆线虫和畜主之间的一个"年轮"游戏。适宜时间内特定的活动可以使游戏有利于畜主一方，但是这些活动不能违反比赛规则，否则后果会令人失望，甚至是灾难性的。在综合防治中，成功与否的最终判断标准是净利润的增长，而不是虫体死亡数量。Whitlock（1955a）推荐买卖家畜的规模与保持适当的生产记录可以提供有效的客观测量。

防治可分为选择性抗病育种、轮换放牧及驱虫药物治疗。第一种方法使用时间最长。很久以前寄生虫就被认为是一种病原，寄生虫对弱者的生命构成危胁（或许违背了牧羊人的愿望，涉及他的最终利益）（Whitlock，1966），于是，牧羊人挑选多产的羊用于育种。在世界许多地方和某些畜牧管理体制下，存在牛、羊不依靠科学技术的帮助而发展壮大的情况。这些动物有寄生虫寄生并且能有效地控制它们。个别家畜偶尔可因寄生虫而致死，但这种损失就像个别动物偶尔被捕食者所捕获，挂在栅栏或被淹死一样，对于整个畜群的影响很小。另外，在世界上部分地区和畜牧体制下，食品和纤维的节约化生产也需要有目的性地干预，以抑制圆线虫的数量。在此情况下，尽管抗病育种只是很少一部分，但宿主抵抗力仍然是最重要的。原因是有抵抗力家畜对寄生虫种群的贡献比易感动物更少，因此它们的存在总的来说对畜群是有益的。

理论上，轮牧可防止或限制感染性幼虫的摄入，让动物在牧场上一个特定区域内放牧不超过1周时间，这样随粪便排出的虫卵来不及发育为感染性幼虫，然后直到所有的幼虫消失后才让动物回到放牧过的地方。轮牧需要在围栏建设上大量投资，往往无法严格遵守这一规则，所以，在实际操作中这个想法很难实现。然而，任何可行的轮牧计划，无疑都会提高牧场生产力；如果仅仅是轻微感染的话，还可以延长寄生虫的繁殖周期（Levine和Clark，1961）。

现代驱虫药有效且相对无毒。世界上有些地方，如果没有驱虫药的话，家畜的有效生产实际上是不可能的。在寄生虫带来严重损失的地方，驱虫药物在提高生产力方面无疑是有利的。然而，也不能忽视驱虫药物的局限性、危险性及昂贵等缺点。没有什么驱虫药可以治疗过度感染，就像任何量的排水都不能克服太大的漏洞。Crofton（1958）总结道，定期治疗临时再感染只不过是延迟寄生虫到达全面的发育阶段。他建议应在放牧早期进行集中治疗以最大限度地延迟寄生虫种群的增长，因为春季一条成虫可能是这个季节整个后代的祖先。

目前广泛认为，至少在温带气候下，能引起疾病的反刍兽毛圆线虫只有一代（Herd等，1984）。然而，Crofton的基本前提得到了Herd、Parker和McClure（1984）的支持。他们发现"春季预防性治疗就像在整个放牧季节针对性治疗一样有效，结果是增重明显提高（P<0.001）"。他们采用的预防性治疗是在春季放牧后3、6、9和12周，4次服用伊维菌素（0.02mg/kg）。我们必须承认在纽约州放牧后12周已接近秋季。

宿主抵抗力最重要的类型可能是带虫免疫。放牧畜群带虫免疫的产生可以阻止新一代幼虫的成熟，从而延长增代时间来缩短寄生虫的生长曲线。虽然应避免干扰带虫免疫的产生，但定期给药恰恰起到这样的效果。

8. 生物避难所

一种可防止羊群内捻转血矛线虫产生抗药性的方法是，只治疗那些需要治疗的动物。其余的绵羊将粪便排到虫卵污染的外界，排虫卵的虫体对已使用的或其他任何驱虫药均完全敏感。对于血矛线虫病，荷虫量与贫血之间的关系已经确定（Whitlock等，1966）。FAMACHA技术是将用眼黏膜检查贫血与需要治疗的明显贫血的羊只相结合以便减少捻转血矛线虫的荷虫量（Vatta等，2001）。因而，在比较温暖的地区，血矛线虫病一般是威胁绵羊和山羊的主要疾病，FAMACHA图表提供了容易识别需要治疗羊只的一种手段。需要注意的是，这个图表是为羊群中以血矛线虫病为主的地区设计的，在以普通奥斯特线虫或毛圆属、古柏属或细颈属线虫为主要寄生虫的地方，则不起作用。

（六）圆线总科

1. 形态

圆线总科的线虫较毛圆总科的线虫粗大，大多数有一大的口囊，囊壁通常坚硬，或薄而弯曲。圆线虫口的结构非常特殊，可用于虫种的鉴定，偶尔参考其他一些特征。当不能检查口的背面和腹面，比如制成永久标本时，必需更多地依靠其他特征。

圆线虫的口腔较大且突出于前端（图4-63）。口孔周围有一圈或两圈类似树叶状或栅栏状的构造。这些构造称为叶冠（放射冠），许多圆线虫都有叶冠。有些种背食道腺的导管通向口囊内壁隆起的嵴（背沟，图4-63），有些种无背沟（图4-83）。若有齿，则位于口囊底部，在此牙齿将切碎由于食道的吮吸动作而吸入口腔的黏膜塞子。交合伞非常发达，交合刺细长，阴门距肛门较近，多数圆线虫的子宫为前宫型。

2. 生活史

圆线总科的生活史属于典型的圆线目生活史，即它们属于具有感染性第三期幼虫的直接发育型，但某些属变化较大。例如，家禽或野鸟的比翼线虫（*Syngamus*）（张口线虫）及猪的冠尾线虫（*Stephanurus*）（猪肾线虫），以蚯蚓作为贮藏宿主。

3. 圆线科

圆线亚科

[鉴定] 圆线亚科的种类往往叫做"大型圆线虫"，主要是马属动物（包括圆线属*Strongylus*、三齿属*Triodontophorus*、食道齿属*Oesophogodontus*、盆口属*Craterostomum*）、大象（包括戴克拉斯属*Decrusia*、异冠属*Equinurbia*、漏斗型属*Choniangium*）、小袋鼠（包括大乳头属*Macropicola*和下齿属*Hypodontus*）和鸵鸟（球口属*Codiostomum*）大肠的寄生虫。马属动物圆线虫属和种的鉴定是将标本口区显微镜下的形状与第七章马属动物寄生虫的一系列描述进行比较。这些虫种有两个叶冠，由于每个叶冠的大小和数目相似，所以两个叶冠看起来是一个。

[临床意义] 普通圆线虫（*Strongylus vulgaris*）、无齿圆线虫（*S. edentatus*）和马圆线虫（*S. equinus*）是马的最具危害性的寄生虫。在盲肠和结肠内这3种线虫的成虫都能吸血。但更为重要的是它们的幼虫都要经过移行，可导致更大的损伤，特别是对马驹和1岁的马。三齿属由于口囊底部具有锋利的齿（图7-76），似乎是吸血的寄生虫。细颈三齿线虫（*Triodontophorus tenuicollis*）的群集可引起结肠黏膜的局部溃疡。

[普通圆线虫的生活史] 普通圆线虫宿主外发育通常是典型的圆线虫的发育（图4-71）。要发育到感染性阶段需要足够的湿度和8～39℃的温度。需要的时间与温度高低呈反比（如在28℃时需8～10d，在12℃时需16～20d）。在干旱地区，用拖拉机和耙散粪，通过打碎粪便并在幼虫到达抗干燥的第三期幼虫之前使之干透，可减少圆线虫幼虫的数量。然而，在比较潮湿的地区，被分散的粪便内部仍然有足够的湿度来维持幼虫发育到第三期幼虫。一旦普通圆线虫的幼虫发育到第三期，它们对寒冷和干燥就有很强的抵抗力，能在北方冬天的牧场上存活，或在干草垛里存活几个月。普通圆线虫

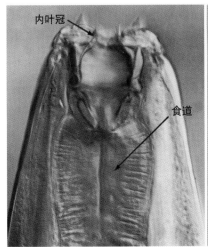

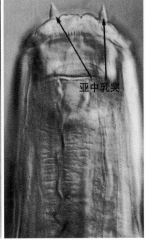

图4-83 来自非洲象的多氏缪西德线虫（圆线科：盆口属）

第三期幼虫的寿命主要取决于它们肠细胞的食物储备，幼虫活性越大，这些储备就消耗得越快。然而，无论天气怎样温暖和湿润，期望普通圆线虫自身消耗殆尽都是不明智的。任何牧场只要在一年内放过一匹马都可怀疑为受到普通圆线虫感染性幼虫的污染。

1870年，Otto Bollinger假设由寄生虫引起的血栓和栓子造成的肠动脉阻塞可能是引起大多数马疝痛的原因，不管是对于致死性的还是非致死性的疝痛都如此。从此，普通圆线虫和马疝痛之间的因果关系引起了广泛争议，在某种程度上进行过研究，尽管它的科学和实践的重要性并不相称。

Enigk（1950b，1951）详细的实验观察和谨慎的结论为下面的概括提供了基础。对于很感兴趣的读者来说，Georgi 博士发表了Enigk论文的译文（Georgi，1973）。马医和病理学科的所有学生应该学习Ogbourne和Duncan（1977）的综述。

当感染性第三期幼虫被马吞食后，幼虫就会在小肠腔内脱去外鞘，进入盲肠壁和腹部结肠壁，钻入黏膜下层并在那里进行第三次蜕皮，这一过程在感染后第七天或第八天完成。第四期幼虫离开被圆形细胞包围的角皮鞘，钻入附近缺少弹性内膜的小动脉内并在这些血管的内膜移行，并渐渐地移行到肠系膜动脉根部较大的分支。

Enigk观察到普通圆线虫不能穿过内部弹性纤维层，这样就限制它们到达内膜并有助于维持适当的移行路线。在这样的限制下，快速移行的幼虫在感染后第八天~第十四天到达结肠和盲肠动脉内，并在感染后第十一天~第二十一天到达肠系膜动脉根部（Enigk，1950b；Cuncan和Pirie，1972）。一些幼虫进出主动脉及其分支，在那里可引起重要的病变（图7-88）。然而，由于幼虫无法返回盲肠和结肠去发育，所以行至肠系膜动脉根部以外的幼虫可能会消失。

在内膜移行2~4个月之后，没有迷路或被血栓困住的第四期幼虫被血流带到肠壁浆膜下的小动脉内。已长大的幼虫会阻塞小动脉，引起动脉壁发炎并破坏小动脉。幼虫从动脉树中释放出来，然后进入周围组织，形成豌豆至蚕豆大小的结节，在此完成最后一次蜕皮。一些幼虫在返回肠壁前就完成了最后一次蜕皮。根据Duncan和Pirie（1972）的报道，感染4个月后在肠系膜根部病变处发现的多数幼虫已蜕皮为第五期幼虫，尽管仍然保留着第四期幼虫的角皮作为保护鞘。这些鞘在这些童虫回到肠壁前将会脱去。最后，这些童虫回到盲肠腔和腹部结肠发育成熟，大约在感染后6个月开始繁殖。在一匹马体内很少发现超过100或200条成虫。它们的产卵量通常占圆线虫总量的10%以下。

普通圆线虫第四期幼虫的移行可引起动脉炎、血栓形成和肠系膜动脉根部及其分支的栓塞。尽管这些病变几乎每一匹马中都不同程度的存在，而且主要的动脉分支常常被虫体完全堵塞，但是肠壁的梗死相对罕见。这种假象符合达尔文的解释。在所有的家畜中，马在供应大肠的动脉内具有最完善的动静脉交汇网络。因有迅速有效的侧支循环，结肠血管的供应特别充足（Dobberstein和Hartmann，1932）。从进化角度考虑，这可解释为普通圆线虫在其他家畜中没有直接的竞争对手，可能一直在阻塞马的肠动脉，从而永久地施加选择压。

然而，尽管有这种特殊的适应，但肠动脉阻塞偶尔确实能导致肠梗死。甚至在侧支循环期间血流的短暂减少可引起很高比例的马疝痛。此外，疝痛的原因剖检时解释为致死性肠扭转，很可能是由蠕虫性血栓和马的剧烈挣扎所引起的肠音和肠蠕动异常的结果。

幼虫回到肠腔后动脉的损伤可康复（Duncan和Pirie，1975；Pauli等，1975）。动脉的损伤可在用药将幼虫杀死之后很快康复，可以使用几种较新的抗蠕虫药包括伊维菌素（Holmes等，

1990）。在幼驹中，可用放射技术来研究蠕虫性动脉炎，通过导管将造影剂经外周动脉注入主动脉中（Slocombe等，1977）。图4-84显示了两张这样的放射图像。上面一张是通过鼻饲管给2月龄马驹注入500条普通圆线虫幼虫1个月后拍摄的X光照片。肠系膜动脉根部和回盲肠动脉肿大，通过结肠动脉的血流量大量减少，这是由于在这些动脉内缺少造影剂的缘故。下面一张是同一匹马驹用阿苯达唑治疗1个月后拍摄的X光照片。现在动脉干几乎回复到正常大小，造影剂清楚地显出了结肠动脉的轮廓，表明通过那些血管的血流大大增加（Rendano等，1979b）。

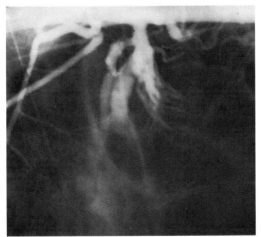
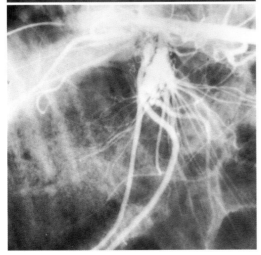

图4-84 用阿苯达唑治疗幼虫后马蠕虫性动脉炎的情况。通过动脉X线摄影法清晰可见肠系膜动脉根部的分支。上图是马感染500条普通圆线虫幼虫后1个月拍摄的，随后立即用阿苯达唑进行治疗。下图是用阿苯达唑治疗后1个月拍摄的

[无齿圆线虫和马圆线虫的生活史] 无齿圆线虫和马圆线虫的成虫比普通圆线虫大约大2倍，嗜血量可能也是它的2倍，用驱虫药很难驱除，但它们的幼虫致病性不大。无齿圆线虫和马圆线虫幼虫移行途径已由Wetzel（1940b）、Wetzel和Kersten（1956），及McCraw和Slocombe（1974，1978）做了阐明。

无齿圆线虫的第三期幼虫钻入大肠壁并通过门静脉到达肝脏。在肝实质的结节内大约经过2周蜕皮为第四期幼虫。第四期幼虫在肝组织中移行大约2个月，随着移行幼虫不断长大。幼虫通过肝韧带离开肝脏，在顶叶腹膜后组织内移行数月，最终到达盲肠底部，再进入肠腔。潜伏期通常是11个月，最短为6个月（McCraw和Slocombe，1978）。

马圆线虫的第三期幼虫和普通圆线虫第三期幼虫类似，在盲肠和结肠壁的结节内进行第三次蜕皮。大约在感染后11d，刚蜕皮的第四期幼虫离开肠壁结节，穿过腹腔，进入肝脏右侧，在活马体内与盲肠相接。这些幼虫在肝组织移行两个月或更长时间，然后进入胰脏或腹腔，在那里完成最后一次蜕皮发育为第五期幼虫。第四次蜕皮大概发生在感染后4个月。最后这些成虫钻入大肠壁，并返回肠腔进行交配。马圆线虫的潜伏期为9个月。

4. 三齿属

三齿线虫（和40种盅口线虫）的移行不会超过结肠黏膜，因此三齿线虫幼虫的致病作用比圆线属幼虫的影响要小得多。然而，在大肠的溃疡区经常可找到大量细颈三齿线虫的成虫。

盅口亚科

[鉴定] 这些"小型圆线虫"寄生于马、象、猪、有袋类和龟等大多数动物的大肠内。大约有40种盅口线虫寄生在马的盲肠和结肠，常常发现15~20种盅口线虫同时感染同一匹马。盅口线虫的口囊比圆线虫稍小。所有盅口线虫都有明显的内外叶冠，其大小和数目不同（图4-83）。

一些种类的内叶冠不明显，只有在很清晰的标本中才能见到。马盅口线虫的种类鉴定可将新鲜的或固定的清晰标本口囊的背面和侧面与第七章描绘的圆线虫和盅口线虫的显微镜照片进行比较。该处显示了所有常见的种类。

[临床意义]　自然感染马随粪便排出的虫卵中75%～100%都是来自小型圆线虫（盅口亚科），因为小型圆线虫在种类和数量方面均大大超过大型圆线虫（圆线亚科）。盅口线虫幼虫的移行不会超过盲肠和结肠黏膜，因此比起圆线虫的幼虫，它们的致病性通常要小得多。然而，大量盅口线虫静止期幼虫的感染可引起具有明显临床症状的疾病，通常在秋末、冬天或早春出现（Mirck，1977）。这种病主要表现为水样腹泻，与盲肠和结肠黏膜严重的炎症有关，通常以死亡告终。感染马出现顽固性腹泻，渐进性消瘦，严重的低白蛋白血症，有时伴有全身水肿。粪便中可能查不出虫卵，病史中可能包括定期驱虫无效（Church，Kelly和Obwolo，1986；Jasko和Roth，1984）。许多幼虫不能成功发育为成虫，当它们成熟后许多虫体随粪便排出体外。病变特征为大量幼虫嵌入黏膜，形成肉芽肿性结肠炎（图4-85）。显性杯环线虫（*Cylicocyclus insigne*）鲜红的第四期幼虫选择大肠黏膜大批入侵，这一特点十分明显。由于多数都是未成熟虫体，因此虫卵计数反而会低。驱虫药治疗对病程没有影响，尽管持续的治疗可以减少粪便中排出虫体的数量（Deprez和Vercruysse，2003）。Church、Kellly和Obwolo（1986）通过空肠、盲肠和结肠的全层活组织检查诊断出两个病例，并且采用治疗炎性反应的类固醇药物治愈了两个患畜。其中一例，每天肌注地塞米松（20mg），连续4d，之后每隔4d剂量减少4mg。第二个病例，肌注地塞米松（20mg），连续10d。两个病例中类固醇药物的治疗效果都很明显，24h内粪便的黏稠度好转，1周内血清白蛋白恢复正常水平。

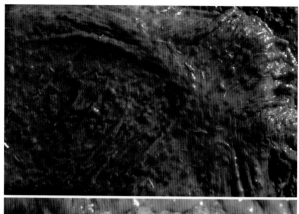

图4-85　马结肠黏膜中小型圆线虫的第四期幼虫和童虫。像这样大量入侵通常可引起严重的腹泻

日常的噻嘧啶、芬苯达唑，或以0.2mg/kg或1.0mg/kg口服伊维菌素对包裹在黏膜中的盅口线虫幼虫基本无效（Klei等，1993）。莫西菌素按0.3mg/kg或0.4mg/kg对成熟的囊内幼虫有效，但对第三期幼虫效果差（Bairden等，2006；Xiao，Herd和Majewski，1994）。芬苯达唑按10mg/kg连续治疗5d，对囊内早期第三期幼虫和囊内晚期第三期幼虫和第四期幼虫都有效。

5. 马圆线虫感染的治疗与控制

与反刍兽及其他家畜相比，马、驴和骡感染圆线虫的种类要多得多，即使一头看起来很健康的马也可能感染几十甚至成千上万的小型圆线虫（盅口亚科）。全世界养马的地方都分布有马的多数寄生虫。每种寄生虫的数量或许存在地区差异，但总的来说各种寄生虫似乎非常适应于各种不同的气候。实际上比起地理位置对马圆线虫寄生的影响，马生活的环境和它们的使役情况更能影响圆线虫的混合寄生。这与反刍兽的情况完全相反。比如两个相隔几千米但海拔高度明显不同的养羊场，可能有完全不同的寄生虫困扰，因为在不同的海拔高度牧场的生态条件有利于不同的毛圆线虫感染性幼虫的生存和发育。

对于马来说，管理情况比天气更重要。后院小马、拉车的马、表演和比赛马，以及种马各有不同的用途，因此，对于寄生虫的控制来说可能出现不同的寄生虫问题。"由于马的管理及使役情况大不相同，所以马的寄生虫的控制应该是根据马的感染状态量体裁衣，而不是制定一个统一的方案"（Craig和Suderman，1985）。

整齐的小牧场是最易受圆线虫污染的环境，在这样的围场内很少有足够的草来满足马的营养需要，每年只有几周以上草生长较旺盛，因此必须提供干草和谷物来喂养马匹。大量的粪便堆积在牧场上，大量的圆线虫感染性幼虫在其中发育并扩散到周围的牧草上。无论是什么样的草料，马匹都慢慢地将其嚼碎，这样马就很容易摄入大量圆线虫的感染性幼虫。这种情况下，解决的方法是为马匹在没有任何绿色植物的贫瘠牧场上提供它们所需要的运动和新鲜空气。然而，几乎普遍采用的"解决方案"是保持马的大量运动，并试图通过定期驱虫将寄生虫种群减少到亚临床水平。这种方案已经受到推崇，以致马的圆线虫对苯硫咪唑的抗药性比其他所有家畜都高，至少在北美是如此。

在许多马场，每隔4～8周都要对2月龄以上的马进行驱虫（Drudge和Lyons，1965）。其目的是防止牧场被圆线虫虫卵污染，这就是为什么场地上所有的马都必须治疗。哌嗪对蛔虫和蛊口线虫均有效，因此是6月龄马驹驱虫的合理选择。此后，应替换针对圆线虫有效的药物。根据流行病学资料，最重要的策略性驱虫是在春季（在产仔前后）给药。正是在这个时期由于滞育性和移行的幼虫发育成熟使成虫数量大幅度增加。成虫的繁殖力也提高，大量的幼虫

到达感染性阶段，因而对年幼的易感马产生威胁。在春季驱除这些产卵的成虫可为将要放牧的马提供更为安全的牧场（Duncan，1974）。

普通圆线虫、马圆线虫、无齿圆线虫、蛊口线虫、尖尾线虫及马副蛔虫对苯硫氨酯（非班太尔）、芬苯达唑、伊维菌素、奥苯达唑和噻嘧啶都敏感。在秋季和早春使用大环内酯类药物可控制蛔虫和胃蝇蛆。

在肠系膜动脉根部及其分支内移行的普通圆线虫幼虫对几种抗蠕虫药敏感。伊维菌素以单一剂量0.2mg/kg非常有效（Kleietal，1984；Lyons，Drudge和Tolliver，1982；Slocombe和McCraw，1980，1981；Slocombeetal，1983）。芬苯达唑可以服用单剂量30～60mg/kg或每天5次服用7.5～10mg/kg的剂量（Duncan，McBeath和Preston，1980）。奥芬达唑以10mg/kg的剂量有效（Duncan，McBeath和Preston，1980；Kingsbury和Reid，1981；Slocombe等，1986）。

[抗药性] 吩噻嗪、噻苯咪唑、坎苯达唑、甲苯咪唑、芬苯达唑、奥苯达唑及非班太尔对小型圆线虫的效果都不如以往有效（Durdge和Elam，1961；Drudge和Lyons，1965；Drudge，Lyons和Tolliver，1977，1979；Hagan，1979；Slocombe等，1977）。Drudge、Lyons及Tolliver（1979）发现5种线虫[碗状杯口线虫（*Cyathostomum catinatum*）、冠状杯口线虫（*Cyathostomum coronatum*）、细颈杯环线虫（*Cylicocyclus nassatus*）、高氏杯冠线虫（*Cylicostephanus goldi*）、长伞杯冠线虫（*C. longibursatus*）]对坎苯达唑、芬苯达唑、甲苯达唑、奥芬达唑及噻苯咪唑存在交叉耐药性。然而，所有5种线虫都对10mg/kg的奥苯达唑及2-氨基苯并咪唑敏感。在奥苯达唑重复使用14年之后的试验表明这5种线虫对其他苯并咪唑类药物都有抗药性，但对伊维菌素和哌嗪仍然敏感（Lyons等，1996）。耐药种群也可用噻嘧啶、伊维菌素或苯并咪唑与哌嗪联合使用进行

控制。这5种盅口线虫对苯并咪唑类药物抗药性的选择产生较快，尽管马的大型圆线虫和其他线虫仍然可以很快被这些药物杀死。针对不断产生的耐药性，Duncan（1982）建议任何驱虫方案都应该每隔6~12个月轮换使用不同化学结构的药物来减少耐药性虫株的产生。然而，正如Kaplan博士最近所说的，目前广为接受的观念是传统的轮换方案可能不再是最好的解决途径（Briggs等，2004）。

由于耐药性是频繁而定期地使用驱虫药物的结果，更好的做法也许是对那些粪便虫卵计数高（即每克粪便100个虫卵）的马匹进行驱虫。已经有人用马做了这样的试验（Hamlen-Gomez和Georgi，1991），研究显示有些马匹也许有感染倾向，有计划地对慢性排虫卵的马匹进行驱虫比频繁的定期驱虫更节省资源。在某些马群中，将选择性的化疗与使用1d驱虫药（如酒石酸噻嘧啶）结合起来在寄生虫的控制上可能会得到良好效果。

Coles等（1999）发现大型圆线虫也对噻嘧啶产生抗药性。圆线虫虫卵取自治疗后仍有大量虫卵的3匹马的粪便，通过培养皿法发现它们具有明显的抗药性。其中1匹马的第二次治疗对粪便虫卵计数几乎没有影响。幼虫培养到感染性阶段后可以确定，所有3匹马都在排出无齿圆线虫虫卵，其中1匹马主要排出无齿圆线虫虫卵。这是第一例报道大型圆线虫对抗蠕虫药有抗药性。

显然，马的最大优势是小型圆线虫还没有对伊维菌素产生抗药性。最近的研究表明某些种群也许存在抗药性的趋势，但仍然没有确凿的依据（von Samson-Himmelstjerna等，2007）。马的盅口线虫对阿维菌素缺乏抗药性对于寄生虫学家来说仍然是个未解之谜。可能的解释有：没有被治疗压力所选择的抗药性基因（考虑到几乎不可能被许多药物所选择）；阿维菌素按剂量使用只有很小的尾端效应（虫体周围

剂量少于治疗剂量的一段时间）；阿维菌素对于囊内幼虫无效，使它们成为完全未处理的遗漏者；或许尚未产生。我们希望永远会是这样，但即使所有的证据正好相反，马的小型圆线虫迟早会对这类化合物产生抗药性，因此，治疗前后定期进行虫卵计数以证实产品的效果是一个好办法。

[牧场管理]　Georgi博士过去常说"国王的马可能有更少的寄生虫"。原因很简单，因为粪便排出后总是马上被清理——即有足够的人力，理论上能够完全切断马常见寄生虫的生活史。这正是作为牧场清洁工的Herd提出的观点（Herd，1986）。马也通常不会在排粪的地方吃草，牧场自然分为杂草区和草坪区。有人认为这也许是多数马借此减少圆线虫幼虫摄入的一个手段，但在小牧场上不可能实现（Medica等，1996）。当被杂草占满时牧场的耕作可减少杂草，但也许将污染的粪便散布到整个牧场，增加马吞食幼虫的机会。马粪扩散前的堆积发酵可杀死其中的任何虫卵。

（七）夏伯特科

1. 食道口亚科和夏伯特亚科

[鉴定]　在虫体腹面口腔稍后处有一腹沟（图4-63）。口腔大小从小[如哥伦比亚食道口线虫（Oesophagostomum columbianum），图4-86和图4-87]到很大[如绵羊夏伯特线虫（Chabertia ovina），图4-88和图4-89]。食道口线虫是寄生于反刍兽[哥伦比亚食道口线虫，微管食道口线虫（O. venulosum），辐射食道口线虫O. radiatum和绵羊夏伯特线虫]、猪[有齿食道口线虫（O. dentatum），短尾食道口线虫O. brevicaudum]和灵长目动物[孔奴微线虫（Conoweberia）和缩小三齿线虫（Ternidens deminutus）]大肠内的寄生虫。

[临床意义]　食道口线虫也叫做结节虫，由于在部分致敏的宿主体内，寄生性幼虫被过量的

图4-86　哥伦比亚食道口线虫，口囊和食道前端背腹面观

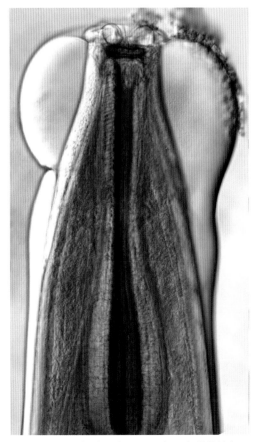

图4-87　哥伦比亚食道口线虫，口囊和食道前端侧面观

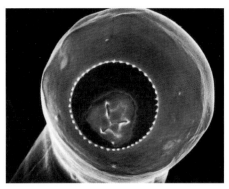

图4-88　绵羊夏伯特线虫顶面观。食道的口端，在口囊基部可见3个辐射的食道腔

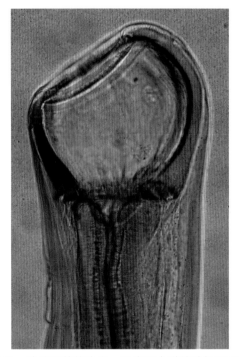

图4-89　绵羊夏伯特线虫，口囊和食道前端侧面观

炎性反应包裹起来而形成包囊。急性炎症可导致以带有恶臭，可具致死性的腹泻为特征的临床疾病。结节后来干酪性坏死或钙化，严重的可以机械性干扰肠道的正常运动。反刍兽和猪的临床症状通常与肠壁中的幼虫反应有关，与肠腔内的成虫无关。因此，临床疾病可能与非专性感染有关，诊断必须根据临床症状和剖检结果的正确解释。粪便呈水样，暗色，带恶臭。患畜明显衰弱，很快消瘦。在结节虫病暴发期间剖检可见肠管发炎，布满了充满奶酪状脓汁的活性结节，每

个结节含有一条活的幼虫（图4-90）。干酪样钙化的结节不是引起急性肠炎的原因但偶尔可以引起肠套叠或其他的机械性异常。

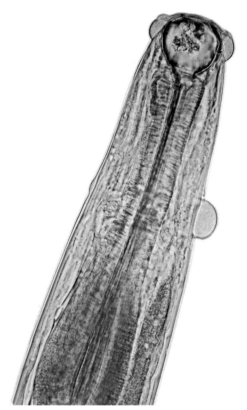

图4-90　小牛肠壁结节中的辐射食道口线虫第四期幼虫。口囊比成虫大的第四期幼虫少见

猪食道口线虫最大的影响是由正在发育的第三期幼虫在肠壁上形成结节。第四期幼虫从这些结节中出来，最早是在感染2周后，或保留几个月。结节的形成伴有卡他性肠炎、肠衣糜烂，并能最大限度地影响小猪的生长。母猪排出虫卵的高峰出现在分娩后6或7周，随后快速下降。在有利于感染性幼虫发育的环境方面这可能是一个重要的流行病学因素。

猴孔奴微线虫（*Conoweberia apiostomum*）、冠口孔奴微线虫（*C. stephanostomum*）及缩小三齿线虫对灵长类动物具有致病性，尤其是刚捕获的对运输和监禁有异常应激反应的动物（图8-83，图8-84）。冠口孔奴微线虫可引起捕获13～40d后的大猩猩急性或慢性综合征（Rousselot，Pellissier，1952）。慢性综合征表现为间歇性腹泻、黏膜苍白及粪便中存在虫卵。急性表现为厌食或进食很少，也有腹泻，但很快排出少量带血的黏液，就像人的急性阿米巴痢疾。大猩猩或躺倒，或两手抱头坐着，与人的绝望姿势相像。

[驱虫药物]　许多药物都可用于牛、羊的食道口线虫和夏伯特线虫，以及猪的食道口线虫成虫感染的治疗。

2. 冠尾科和冠尾亚科

[鉴定]　有齿冠尾线虫（*Stephanurus dentatus*）即猪肾虫，虫体粗壮（2mm×40mm），寄生于猪（有时牛）的肝脏、肾脏、肾周围组织、轴肌及脊椎管等处。口囊呈杯状，底部有6～10个三角形小齿（图4-91）。肠管盘绕卷曲，交合刺等长、较短，交合伞小。

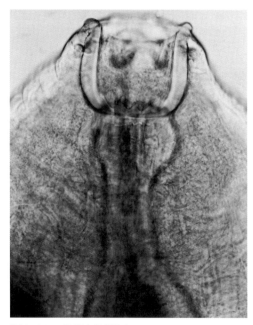

图4-91　有齿冠尾线虫

蚯蚓是其中间宿主。生活史或是直接型或是以蚯蚓作为兼性中间宿主，第三期幼虫经口或经皮肤感染，或摄入感染的蚯蚓而感染。幼虫一旦进入猪体内，便侵入肝脏内并在肝脏内移行4～9个月，造成机械性损伤。有些被组织反应性包囊所捕获，其余的移行到肾及输尿管周围的组织内。感染后9～16个月可在尿液中

出现虫卵,并可持续排卵长达3年以上。仔猪在子宫内可以感染(Batte,Harkema和Osborne,1960;Batte,Moncol和Barber,1966)。

有齿冠尾线虫幼虫在其他宿主(如牛)体内不能成功地移行,并且在猪体内常常发生迷路。由于这些幼虫的破坏,不仅肝脏和肾脏甚至腰肌也常常受到严重损伤。虽然有齿冠尾线虫幼虫在脊索内移行可引起后肢麻痹,但临床症状却不是很明显。肝脏广泛的损伤可导致消瘦和死亡。

[驱虫药物] 左咪唑和芬苯达唑可用于治疗有齿冠尾线虫的感染。伊维菌素按每天约0.1mg/kg剂量在饲料中连续添加7d也可治疗和防治有齿冠尾线虫的感染。伊维菌素以0.3mg/kg皮下注射对有齿冠尾线虫的感染有明显的效果(Becker,1986)。阿苯达唑对其成虫和幼虫都有效,但在美国不能用于猪。

3. 比翼科

比翼亚科包括寄生于鸟类的比翼属和杯口属Cyathostoma(不是Cyathostomum)和寄生于哺乳动物的兽比翼属(*Mammomonogamus*)(图7-57)。3个属的寄生虫都具有大的口囊(图4-92)且都寄生于上呼吸道。比翼属和兽比翼属的雄虫和雌虫永远交合在一起。蚯蚓是比翼线虫的储藏宿主。气管比翼线虫(*Syngamus trachea*)感染可引起美洲鸵的死亡,可用芬苯达唑成功地

进行治疗,剂量为25mg/kg(de Witt,1995)。伊维菌素治疗比翼线虫感染也非常有效。

(八)钩口总科

1. 钩口科

[鉴定] 成虫系小肠内寄生虫。一些虫种如犬钩口线虫(*Ancylostoma caninum*)可引起宿主大量的失血,而另一些虫种如狭头弯口线虫(*Uncinaria stenocephala*)吸血量却很少。新鲜的犬钩虫虫体呈暗红色,而狭头弯口线虫虫体颜色却很淡。所有钩虫都具有一个大的口囊,向背侧弯曲,所以虫体前端有点像"钩子",但是这一特征在不同种、属上有些不同,这一点可从仰口属(图4-93)和球首属(图4-94)的比较中看出。雄虫具有发达的交合伞,通常与雌虫处于交合状态,由于阴门距尾端很近,两条虫体形成T形。雌虫产典型的圆线虫虫卵,随粪便排出的卵处在桑葚期。

钩口亚科和仰口亚科区别较大。"钩口亚科只寄生于肉食动物,仰口亚科只寄生于草食动物,杂食动物两类都能寄生"(Lichtenfels,1980)。

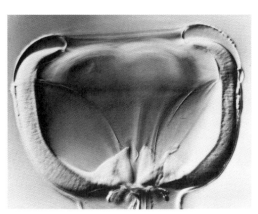

图4-92 盅口线虫口囊(比翼科)

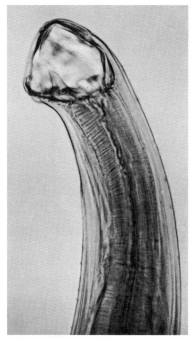

图4-93 仰口线虫

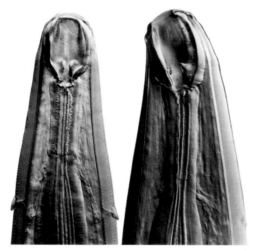

图4-94 锥尾球首线虫，猪的钩虫，背面（左）和侧面（右）（E.I. Braide博士惠赠）

钩口亚科包括钩口属（*Ancylostoma*）、弯口属（*Uncinaria*）、球首属（*Globocephalus*）和浣熊钩虫属（*Placoconus*）。

犬和猫最常见的钩虫是钩口线虫和狭头弯口线虫。钩口属种类口囊具尖锐的齿，弯口属口囊具切板（图4-95）。钩口线虫口的腹缘长有一对[巴西钩口线虫（*Ancylostoma braziliense*）]、两对[十二指肠钩口线虫（*A. duodenale*）]或三对[犬钩

口线虫、管形钩口线虫（*A. tubaeforme*）]尖齿。巴西钩口线虫在犬和猫体内发育成熟，十二指肠钩口线虫在人体内发育成熟，犬钩口线虫在犬体内发育成熟（图4-64，图4-95），管形钩口线虫在猫体内发育成熟（图4-96）。猪的锥尾球首线虫（*Globocephalus urosubulatus*）口囊腹缘既无齿也无切板（图4-94）。浣熊钩虫（*Placoconus lotoris*）的口囊形成5个分节的切板（图4-97）。

仰口亚科包括反刍兽的仰口属（*Bunostomum*）（图4-93）、人的板口属（*Necator*）、大象的层口属（*Bathmostomum*），以及大象和犀牛的纹首属（*Grammocephalus*）。

[生活史] 一般是通过感染性幼虫的摄入或幼虫钻入皮肤而发生感染，然后经过宿主组织中或多或少的广泛移行，最后在小肠内发育为成虫（图4-98，图7-44）。海狮、海豹及犬的钩虫可通过哺乳传播给新生一代；猫的钩虫似乎不存在哺乳传播途径。

[驱虫药物] 反刍兽的钩虫可用阿维菌素、左咪唑或多种苯并咪唑类药物进行治疗。猪的钩虫通常用阿维菌素治疗。猫的钩虫可用伊维菌素、赛

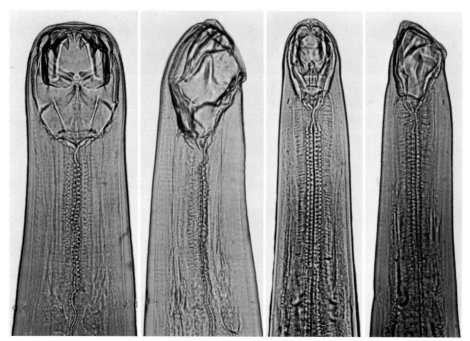

犬钩虫（*Ancylostoma caninum*）　　　狭头弯口线虫（*Uncinaria stenocephala*）

图4-95 犬钩口线虫（左）和狭头弯口线虫（右）口囊和食道的背腹面和侧面

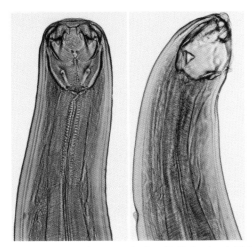

图4-96　管形钩口线虫，左侧为口的背腹面，右侧为口的侧面

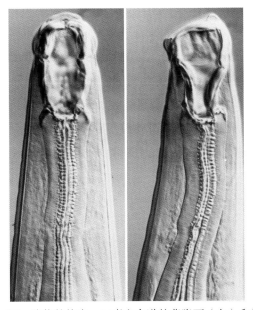

图4-97　浣熊的钩虫，口囊和食道的背腹面（左）和侧面（右）

拉菌素、莫西菌素、美贝霉素肟、噻嘧啶、艾莫德斯（emodepside）和非班太尔来治疗。犬的钩虫可用含有噻嘧啶、非班太尔、芬苯达唑、美贝霉素肟及莫西菌素的多种药物进行治疗。

在澳大利亚，人们怀疑犬的钩虫（犬钩口线虫）对噻嘧啶的治疗产生了耐药性。这是来自新西兰的首次报道，从澳大利亚进口的一只犬不能用噻嘧啶清除钩虫的感染（Jackson等，1987）。用来自这只犬粪便中的虫卵培养出的幼虫感染另外两只犬，用5倍剂量的噻嘧啶也不能清除其感染。从那以后澳大利亚就不断有噻嘧啶药效下降的报道（Hopkins和Gyr，1991；Hopkins，Gyr和Schimmel，1998）。最近，在澳大利亚的一个对照实验中噻嘧啶对实验感染犬的驱虫效果差（Kopp等，2007）。这似乎为治疗者在治疗后履行粪便检查来监测治疗效果提供了辅助依据。

2. 犬钩虫病

钩虫的临床意义是它们可引起贫血。钩虫病的严重程度不同，可以从无症状感染到急性大量失血而死亡，取决于攻毒程度和宿主的抵抗力。攻毒程度由钩虫的毒力和数量来决定。毒力依种类而定。犬钩口线虫对犬来说比巴西钩口线虫或狭头弯口线虫更具致病性，因为每条犬钩口线虫引起的失血量要大得多。钩虫感染某一宿主的数量主要取决于感染性幼虫暴露的程度。反过来说，暴露程度取决于感染宿主随粪便排出的虫卵对环境的污染程度，以及土质（以砾石和沙最适合）、温度和湿度是否适合于感染性幼虫的发育和存活。

幼犬的感染是通过哺乳途径来实现的（Kotake，1929a，1929b；Stone和Girardeau，1966，1968）。如果发生了胎盘感染，则会被哺乳感染所掩盖（Stoye，1973）。经口或皮肤感染的母犬在接下来的3次哺乳期中都会将幼虫排入乳汁中，但随着每次哺乳，幼虫数量都会下降。目前用于治疗和控制钩虫成虫的药物对组织中发育停止的幼虫都无明显疗效。在犬每月接受了伴有犬恶丝虫的预防性驱虫后，体内也许存在犬钩口线虫的静止期幼虫，因而，它们仍然可以通过母犬乳腺移行到幼犬的肠道（图4-98）。

宿主抵抗力有两方面的作用：①限制小肠中钩虫成熟的数量，宿主的年龄、带虫免疫和获得性免疫可影响这种抵抗力。不管小犬是否感染过钩虫，随着小犬的长大，其对钩虫的抵抗力都会增强。从以前感染中获得的免疫力可增加抵抗力，但是很难分清这种增加是来自年龄方面的影响还是来自体内残余钩虫对进一步感

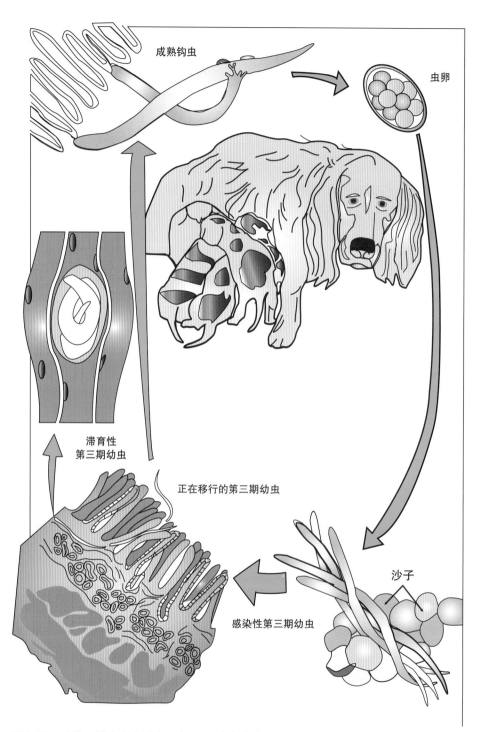

成熟钩虫

虫卵

滞育性
第三期幼虫

正在移行的第三期幼虫

沙子

感染性第三期幼虫

图4-98 犬钩口线虫的生活史。在2～8d内发育为活跃的披鞘幼虫。阴凉及排水良好的土壤和温暖潮湿的环境给这个阶段的发育和生存提供了合适条件,此阶段可经口或皮肤感染宿主。宿主吞食幼虫两周后或幼虫钻入皮肤1个月后虫卵随粪便排出体外。然而不是所有的幼虫都能发育成熟。有些幼虫侵入骨骼肌细胞(Little,1978)或肠壁(Schad,1974,1979)进入发育停止状态。后来,静止期幼虫在未知因素的刺激下重新活跃,或移行到小肠发育成熟,或者移行到乳腺并进入乳汁从而感染小犬。通常在怀孕的最后2周内发育停止的幼虫可重新被激活

染的抑制（带虫免疫）。②补偿钩虫引起的失血，这种能力受宿主造血能力和营养状态及有无其他刺激的影响。

[疾病的临床类型] 犬钩虫病可分为4种类型。最急性发生于新生犬。急性发生于青年或成年犬。慢性感染常见于成年犬，可伴有或无临床症状。

最急性感染是由感染性幼虫通过乳汁从母犬传给新生幼犬。通过哺乳途径感染，50~100条犬钩口线虫就可导致幼犬死亡。通常，幼犬第一周看起来很健康，皮毛光滑，第二周幼犬很快发病并迅速恶化。可视黏膜苍白，粪便稀软，由于钩虫存在，小肠流出的血在排出过程中部分被吸收，所以粪便颜色变暗。虫体直到感染后16d才产卵，因此，诊断必须根据临床症状。有无治疗预后都差。

新生犬最急性钩虫病的治疗效果常常不理想，必须输血来维持感染犬的生命直到驱虫药起作用。必须立即驱虫以尽快阻止血液流失。一旦无效应推迟治疗，试图通过一段时间的输血来补偿钩虫的失血是不切实际的。

将所有成年犬关在笼中饲养，定期打扫卫生和实施药物驱虫对于减弱环境中钩虫幼虫的污染程度是很重要的。如果已经有过新生幼犬死亡的情况，则应从幼犬出生7d后到断奶期间每天检查幼犬的可视黏膜，当开始出现贫血时就必须给药。另一方面，从幼犬出生2周后开始每周实施驱虫，持续3个月（Kelly，1977）。

有过流产经历的母犬应从怀孕40d起到分娩后14d，每天用50mg/kg剂量的芬苯达唑进行治疗以免再次流产（Burke和Boberson，1983；Düwel和Strasser，1978）。这种治疗对重新活跃的幼虫有效但费用昂贵。另据报道母犬用伊维菌素治疗（产前4~9d按0.5mg/kg剂量给药，10d后第二次治疗）也可防止幼犬被乳汁中的幼虫所感染（Stoye，Meyer和Schneider，1987）。采用多拉菌素皮下注射1mg/kg剂量治疗4只母犬未能预防所有幼犬经哺乳途径感染，23只幼犬中有5只（代表4窝中的3窝）受到感染（Schnieder等，1996）。

急性钩虫病是青年犬突然暴露于大量的感染性幼虫所引起的。如果感染量过大的话成年犬也会被感染。通常在感染犬的粪便中可找到许多虫卵，在感染特别严重的情况下，临床症状大约在排卵前4d出现。单一性驱虫治疗通常对于急性钩虫病和慢性钩虫感染都有很好的效果。除了提供充足的食物之外不需要采取支持疗法。

慢性（代偿性）钩虫感染通常无症状，依靠在粪便中找到虫卵及测量红细胞计数、血液中的血红蛋白或者红细胞比容的降低来进行诊断。但是偶尔钩虫与宿主之间的不完全适应也会产生慢性疾病的状态。

继发性（失代偿性）钩虫病通常使大龄犬患病。主要症状为严重贫血，通常发生于营养不良或瘦弱的犬。钩虫的确可能导致犬的死亡，但是在这种情况下认识到它们起继发作用很重要。例如，准确诊断"继发钩虫感染的营养不良"就可以进行有效的治疗。甲苯咪唑和芬苯达唑对缺乏铁和蛋白质并感染巴西日圆线虫（*Nippostrongylus brasiliensis*）鼠的疗效急剧下降（Duncombe等，1977a，1977b）。临床经验表明充足的蛋白质对有效驱除钩虫和其他寄生虫也是必需的。对于有继发钩虫病的营养不良的犬和看起来营养充足但驱虫效果很差的犬来说应该先实施支持疗法（如高蛋白的饮食，口服硫酸亚铁或注射铁离子、维生素，必要时输血），然后用合适的驱虫药进行治疗。

[静止期幼虫及顽固性成虫] 在成年犬的肠壁和骨骼肌中可发现犬钩口线虫的静止期幼虫，定期驱虫不能将其杀死。Little（1978）发现犬钩口线虫的幼虫可以从肌肉经肺不断移行到肠管。如果小肠中已经有成虫的话，这些幼虫即使有也很少发育成熟，但是当成虫被驱虫

药物驱除后，这些来自肌肉的幼虫就可以发育成熟，并在大约4周内开始产卵。然后，第二次驱虫可消灭新的成虫，反过来，又被来自肌肉的更多幼虫所替代。Schad发现如果在给犬口服之前将感染性幼虫冷冻的话，它们就会留在肠壁。当这些幼虫重新活跃时，它们就能在有成虫的情况下寄生于肠管。用抗蠕虫药驱除成虫，或用强的松进行免疫抑制都不能恢复犬钩口线虫静止期幼虫的发育（Schad，1974，1979；Schad和age，1982）。因此，静止期幼虫不仅能作为新生犬的感染源，也可与成虫一起定居肠内而污染环境。临床兽医经常碰到在长达几个月的时间内，用多种驱虫药物反复治疗却不能将钩虫驱除干净的感染病例。这种"幼虫泄露"的现象给这些顽固的案例提供了一个可以接受的解释。

[环境污染] 因为钩虫感染很常见，雌虫又可大量产卵，所以无论什么时候天气变得有利于感染性幼虫的发育和生存，它们的数量都将会大量增加。因此在温带气候下，多数钩虫病例都发生在春末、夏季和秋季，特别是温和的气候伴有充足的雨水。在管理疏忽的养犬场或宠物店，如果粪便长期不打扫而使得感染性幼虫在其中发育的话，感染程度将会很严重。没有铺柏油的地面对于寄生虫的存活特别有利，因为粪便与泥土混在一起。这不仅使卫生难以打扫，而且为虫卵提供了更为有利的培养条件，特别是当土壤透光、质地松软、排水良好的时候。

在卵中的桑葚胚发育到感染性第三期幼虫需要2~8d。23~30℃的温度和适当的湿度、通风良好的环境最为适宜。因此，钩虫幼虫在排水良好的阴凉处发育较好，而在严重积水的土壤或直接暴露于阳光和干燥的地方发育不好。钩口属的虫卵和幼虫可被冰冻破坏，而弯口属虫卵和幼虫对寒冷具有抵抗力。犬钩口线虫幼虫在温度长期低于15℃的条件下不能发育到感染性阶段。高于最适发育温度（30℃）时，幼虫很快发育到感染性阶段。在37℃（发育的最高温度）48h内可以到达感染性阶段（McCoy，1930）。因此，与弓蛔虫虫卵相比，土壤被钩虫感染性幼虫污染可看作一个暂时的问题，严寒的冻结将会解决这个问题。

人们总是在寻找杀灭土壤或牧场上幼虫的方法，但没有好的方法。在气候温和时，在沙土或黏土表面撒上浓度为0.5kg/m²的硼酸钠可杀死钩虫幼虫。这种方法可将植被与钩虫幼虫一起破坏掉，因此不适合于草坪。据报道敌敌畏可以干扰犬钩口线虫第一期和第二期幼虫的发育（Kallkofen，1971）。铺有柏油的路面、笼子等应先彻底清扫干净，然后用浓度为1%的次氯酸钠（Clorox）拖地或喷洒地面。这种方法可以杀死幼虫或至少使它们脱鞘，之后它们对干燥或其他不良环境会更敏感。大型商业养犬场大量使用底部为网格状的铁笼来喂养犬，这样可以机械性地将犬与大量的粪便分开。

在多数情况下，环境保护是通过对猫和犬的常规治疗来进行的。驱虫药物可用来减少粪便中钩虫的虫卵数，从而减轻感染性幼虫对环境的污染程度。治疗性给药可按月或定期进行，或当粪便中出现虫卵时使用。通常每月对犬恶丝虫的预防也有利于保护环境不受钩虫虫卵的污染。

3. 皮肤幼虫移行症

"匐行疹"（人的皮肤幼虫移行症）通常是由线虫幼虫移行所引起的在人的皮肤上出现的线状、弯曲的具有强烈瘙痒的红斑疹（Kirby-Smith，Dove和White，1926）。典型迁延性病例的最常见病因是巴西钩口线虫，特别是在美国东南部沿海地区（White和Dove，1926）。据报道，犬钩口线虫、狭头弯口线虫、牛仰口线虫（*Bunostomum phlebotomum*）、粪类圆线虫（*Strongyloides stercoralis*）和颚口线虫（*Gnathostoma*）偶尔也可引起散发性或实验性感染。通常在人体内发育成熟的那些线虫[十二指肠钩口线虫、锡兰钩口线虫（*Ancylostoma ceylonicum*）、美洲板口线虫（*Necator americanus*）]的幼虫可以引起短暂的匐行疹，但以前致敏过的个体可以引起典型的匐行疹。还应该注意的是，胃蝇属和皮蝇属的幼虫也可在人的皮肤内移行（James，1947），并产生临床症状，称之为皮肤幼虫移行症。有理由相信当幼虫从皮肤消失后，它们会钻入更深层组织中存在很长时间（图8-86）。

线虫幼虫能钻入皮肤确定无疑，但是任何虫种的流行病学重要性除了线虫本身具有的特点外还受很多因素的影响。比如巴西钩口线虫的病原特性与猫和犬的排粪行为有很大的关系，从下面Kirby-Smith、Dove和White（1926）围绕感染、损伤和症状情况的描述中就可看出这一点。

作者认为至少50%的匐行疹病例感染自海滩，原因可能是来自比水位线稍高的海滩大楼前面的松软潮湿的沙滩。这样的病人病变数目不一样，他们不是最广泛的感染者。有上百处病变的人肯定是在他们汗水淋淋时接触过湿砂中的感染源。比如修汽车、制砖、连接房屋下面的管道等。

最明显的损伤是沿着虫体的移行路线形成一条很细的红斑，很快可触诊到一条代表虫洞位置的稍稍隆起的线。这条线随后明显隆起，或多或少带有一些连续的水疱，有时形成大的水疱。损伤处表面干燥，最后变成硬皮。当虫体移行时，每天可移行不是一英寸到几英寸，在夜间发展更快。

对于一些病人来说由感染造成的痒感几乎难以忍受，而另一些人痒感较轻则能忍受。损害的严重程度也因人而异。

损害的严重程度与持续时间至少部分与以前感染导致的超敏反应有关。肺部可能受到损伤，但是成虫的肠道感染只发生在与人的正常寄生虫

有关的例子中。

4. 与犬钩口线虫有关的人类肠道感染

Prociv和Croese（1996）报道了来自澳大利亚亚热带的昆士兰州北部人的一系列嗜酸性粒细胞增多的肠炎病例。多数病例来自典型的郊区住宅区。在一个病人的回肠末端用结肠镜检查发现了一条犬钩口线虫的成虫，在另一个病人切除的回肠里找到了一条未知的成虫。从那以后，在澳大利亚和美国相继报道发现犬钩口线虫成虫和有临床表现，并且血清学检查呈阳性的病例（Prociv和Croese，1996；Vikram-Khoshoo等，1995）。感染表现包括腹部隐痛，伴有或无嗜酸性粒细胞增多。在多数血清学阳性的病人中未见虫体。这些病人可能赤脚在公园或院子里行走时通过皮肤感染了幼虫。这就是为什么兽医会坚持让客户带宠物的粪便来做年度检查并同客户一起实施钩虫防控措施。

（九）后圆总科

后圆线虫是哺乳动物呼吸道、血管和神经系统的寄生虫。许多种类的生活史中需要蜗牛和蛞蝓作为中间宿主。但是后圆属（*Metastrongylus*）种类是在蚯蚓体内发育到感染性阶段，欧氏类丝虫（*F.osleri*）和贺氏类丝虫（*F.hirthi*）可直接感染它们的终末宿主。交合伞基本属于圆线虫类型，但是在不同科的进化过程中交合伞有不同程度的退化。例如，后圆科（Metastrongylidae）的交合伞最为发达（图4-99），但类丝虫科（Filaroididae）退化到只剩下乳突。除了锯体科（Crenosomatidae）外，阴门在肛门附近，锯体科的阴门位于虫体中部。后圆总科线虫形态结构和生物学的多样性将做进一步说明。

1. 后圆科

后圆科只有一个属，即后圆属，所有种类都是寄生于猪的支气管和细支气管的大型白色虫体。

[鉴定] 口的侧面有一对分三叶的唇。交合

图4-99　野猪后圆线虫（*Metastrongylus apri*）

刺细长，交合伞非常发达，阴门靠近肛门（图4-99）。虫卵随感染猪粪便排出时即含有幼虫。

[生活史]　卵胎生，雌虫产含第一期幼虫的卵。这些幼虫只有被蚯蚓吞食后才能孵化或发育到感染性幼虫。然而，在艾奥瓦州尽管封闭饲养并改善卫生，猪的感染率仍然很高（50%），说明蚯蚓也许不是后圆属线虫专性的中间宿主（Ledet和Greve，1966）。

后圆线虫只有中等程度的致病性和经济重要性。曾经怀疑它们是甲型H1N1流感病毒的传播媒介，但是现在还缺乏这一方面的证据（Wallace，1977）。

[驱虫药物]　芬苯达唑、左咪唑和伊维菌素对猪肺线虫有效。

2. 原圆科

[鉴定]　原圆线虫有非常发达的交合伞、交合刺和引器，阴门位于肛门附近（图4-100，图4-68）。

[生活史]　雌虫将未分化的卵产在肺脏、血管和神经组织周围。这些虫卵在随粪便排出之前就发育为第一期幼虫。第一期幼虫被蜗牛或蛞蝓吞食后便在这些中间宿主体内发育为具双鞘的第三期感染性幼虫。这里描述的原圆线虫都是绵羊和山羊的寄生虫。

[原圆属]　红色原圆线虫（*Protostrongylus rufescens*）寄生于细支气管中，可以引起局部损伤。雄虫红褐色，与丝状网尾线虫相比，交合刺较长，呈梳子状（图4-68）。雌虫属于前宫型，

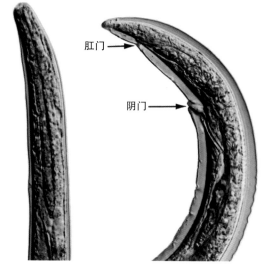

图4-100　毛细缪勒线虫雌虫

而网尾属则是双宫型。芬苯达唑预防盐已成功用于加拿大蒙大拿州散养落基山大角羊原圆属肺线虫的防治。

[缪勒属]　毛细缪勒线虫（*Muellerius capillaris*）（图4-100）细小，深埋于肺组织中或结节内，很难采到完整的标本。生前诊断并不困难，活跃的第一期幼虫通过贝尔曼法很容易从粪便中分离出来，与原圆属和网尾属不难区别（图7-61）。缪勒线虫在正常的感染水平下通常无致病性，但是严重感染可引起严重的后果，特别是山羊。

治疗：用莫西菌素（1%的注射液，按0.2mg/kg）治疗绵羊和用伊普菌素（0.5mg/kg）治疗山羊的毛细缪勒线虫感染都较成功（Geurden，Vercruysse，2007；Papadopoulos等，2004）。另外，左咪唑、芬苯达唑、阿苯达唑和伊维菌素已用于治疗绵羊和山羊的毛细缪勒线虫感染，但效果不理想。

[副鹿圆属]　薄副鹿圆线虫（*Parelaphostrongylus tenuis*）通常寄生于白尾鹿的脑膜中，很少引起发病（图4-101）。然而，在异常宿主如绵羊、山羊、美洲驼、骆驼、驼鹿、驯鹿、麋鹿、小鹿（欧洲产）和长耳鹿等宿主中，该虫可

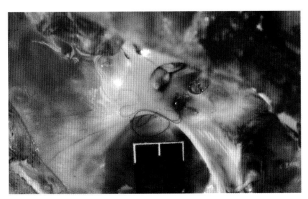

图4-101 鹿脑室中的薄副鹿圆线虫。标尺末端为2cm宽

侵入神经组织，引起严重的甚至致死性的神经病症（Baumgätner等，1985；Krogdahl，Thilsted和Olsen，1987；Mayhew等，1976；nichols等1986）（图8-93，图8-94）。因为薄副鹿圆线虫很少在这些宿主体内发育成熟，所以幼虫不随粪便排出。因此，诊断需根据与白尾鹿一起放牧的反刍兽出现神经症状来推测。至少有两例报道表明牛也可以死于薄副鹿圆线虫感染（Duncan和Patton，1998）。6匹马出现神经症状，显然与薄副鹿圆线虫病有关，在其中2匹马的神经组织中发现了虫体（Biervliet等，2004）。来自纽约洲的一匹6个月大患严重脑炎的小马，被屠宰后发现感染了一条形态与薄副鹿圆线虫一致的虫体（Tanabe等，2007）。

3. 锯体科

[鉴定] 交合伞发达，背肋大。子宫属于双宫型，具有明显的排卵器。角皮上有许多锯齿状皱褶，尤其在虫体前段（图4-102）。狐锯体线虫（*Crenosoma vulpis*）长小于16mm，寄生于狐、狼、浣熊和犬的支气管及细支气管。孔圆属（*Troglostrongylus*）寄生于猫科动物。

[生活史] 卵胎生，雌虫产第一期幼虫或含有第一期幼虫的薄壳虫卵。这些幼虫或虫卵沿气管上行，再沿消化道下行并随宿主的粪便排出体外（图7-27），在蜗牛和蛞蝓体内发育到第三期感染性幼虫。终末宿主吞食了感染的软体动物而

图4-102 熊肺中的锯体线虫

感染，潜伏期为19d（Wetzel，1940a）。

[治疗] 芬苯达唑（每天50mg/kg，连续3d）治疗拉布拉多猎犬的狐锯体线虫感染有明显效果（Peterson等，1993）。在加拿大爱德华王子岛调查了55只慢性咳嗽无发热的犬，其中15只（27.3%）感染狐锯体线虫（Bihr和Conboy，1999），用芬苯达唑治疗（每日50mg/kg，连用3～7d）可以成功治愈。美贝霉素肟的一次治疗就能清除自然感染犬体内的32条狐锯体线虫感染（Conboy，2004）。

在加拿大，大部分感染狐锯体线虫犬唯一的症状是慢性咳嗽，说明在该虫的流行地区需要仔细考虑症状上的差异。在北美洲，由于减少捕猎，狐狸会越来越多，可能该虫的感染会更普遍。

锯体线虫需要软体动物作为中间宿主，只有防止犬接触这些中间宿主才能控制本病。

4. 管圆科

管圆线虫交合伞可能有些退化，但肋的分

布符合典型的圆线虫模式，轮廓清晰；阴门近肛门处，子宫为前宫型。莫名猫圆线虫（*Aelurostrongylus abstrusus*）寄生于猫肺实质；致痹格尔特线虫（*Gurltia paralysans*）是南美洲猫的柔脑膜静脉的寄生虫；在西欧，血脉管圆线虫（*Angiostrongylus vasorum*）是寄生于狐狸和犬肺动脉树中且分布广泛的寄生虫。在北美加拿大纽芬兰首次在犬中发现该虫（Conboy等，1998）。广州管圆线虫（*A. cantonensis*）寄生于鼠的肺动脉，而哥斯达黎加管圆线虫（*A. costaricensis*）寄生于啮齿动物的肠系膜动脉。这两种管圆线虫也可引起其他哺乳动物（包括犬、灵长类和人）的疾病。有些地区将这两种管圆线虫归入副圆属（*Parastrongylus*）。

（1）莫名猫圆线虫

[生活史] 雌虫将未分化的虫卵产于肺实质的"小巢"中（图8-87）。这些小巢似乎是胸膜下灰白色的小结节。很难从组织中分离出完整的虫体，但雄虫交合刺粗壮（图4-103）。在结节的组织切片和压片中，从单细胞虫卵到孵化出第一期幼虫的所有发育阶段都有。第一期幼虫上行到达气管支气管树，然后被咽下，随后出现在猫的粪便中（图7-52）。这些幼虫非常活跃，采用贝尔曼技术容易证实。20例感染中18例检出了此虫（Willard等，1988）。只要这些幼虫进入各种蜗牛和蛞蝓体内就能进一步发育（Blaisdell，1952；Hobmaier和Hobmaier，1935）。在软体动物足部组织中进行两次蜕皮，但角皮未脱落，因此感染性幼虫被包裹在两层鞘中，其发育需要2～5周。猫通过饲喂含有第三期幼虫的蜗牛可以实验性感染，而自然感染方式可能是捕食了以蜗牛为食的储藏宿主而感染。老鼠，可能还有鸟可以作为储藏宿主，第三期幼虫只是被包裹在它们的组织内，直到被猫吞食后才能进一步发育。感染5～6周后，在猫的粪便中可出现幼虫。

莫名猫圆线虫感染通常涉及喜欢捕猎的乡

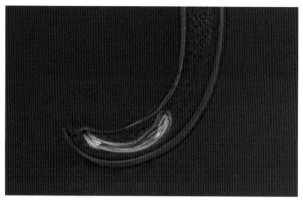

图4-103　莫名猫圆线虫，雄虫尾端，显示交合刺

村猫。防治措施是禁止猫与中间宿主接触。但是，除了各种不同的蜗牛和蛞蝓之外，我们不能指出这些中间宿主是什么。很可能猫是从老鼠和田鼠这样的转续宿主中获得感染性幼虫，但我们对莫名猫圆线虫和其他后圆线虫流行病学的了解还不够完善。

[临床意义] 尽管许多感染猫不出现临床症状，但咳嗽和厌食可能与轻度感染有关。重度感染可表现咳嗽、呼吸困难和急促，都可能致死（Blaisdell，1952）。

[治疗] Kirkpatrick和Megella（1987）曾通过非肠道途径给予伊维菌素（0.40mg/kg）成功治愈了一例莫名猫圆线虫感染，而在土耳其用此法治疗两只感染猫，只有一只猫驱除了虫体（Burgu和Samehmetoglu，2004），另一只猫治疗无效（Grandi等，2005）。在德国，局部用赛拉菌素治疗一只猫，间隔1月治疗2次，成功治愈（Reinhardt等，2004），但在意大利用此法治疗了3只猫，其中两只治疗无效（Grandi等，2005）。芬苯达唑（每天50mg/kg，连续3d）治疗一只感染猫也证明有效（Schmid和Düwel，1980），以每天50mg/kg，连续15d，治疗4只感染猫，4只均有效（Grandi等，2005）。在康复期间服用强的松（口服1mg/kg，每天2次，连续5d）可以减缓临床症状。

（2）血脉管圆线虫

[生活史] 随感染犬粪便排出的第一期幼

虫与莫名猫圆线虫相似。这些幼虫侵入多种软体动物中间宿主体内，发育为第三期感染性幼虫，但是犬管圆线虫病流行病学的实际情况还不够明确。终末宿主吞食软体动物后，幼虫移行到内脏淋巴结中，蜕皮变为成虫，然后移行到肺和肺动脉，在此成熟和生活（图8-88）。潜伏期大约为7周。

[临床意义] 血脉管圆线虫从欧洲传入加拿大的沿海省份。以前，进口犬中出现了来自爱尔兰灰犬的死亡病例，伴有大量的肺动脉血栓和血凝干扰所致的多发性皮下出血（Williams等，1985）。在一次对加拿大沿海地区犬的调查中，检查了来自新不伦瑞克、纽芬兰、新斯科舍和爱德华太子岛各省的202条犬，在来自纽芬兰阿瓦隆半岛的67条犬中只有16条犬发现了此虫（Conboy，2004）。在阿瓦隆半岛的一匹狼身上现已发现此虫（Bourque，Whitney和onboy，2005）。除了肺中虫卵和幼虫的沉积引起肺部疾病之外，这些感染还能引起以皮下出血和颅内出血为特征的血液凝固障碍（Garosi等，2005）。

[治疗] 来自纽芬兰岛被诊断为自然感染的16只犬，口服美贝霉素肟治疗4周，每周1次，剂量为0.5mg/kg。14只犬的临床症状缓解，并停止排出幼虫；1只犬出现严重症状，在治疗过程中死亡；另一只犬的临床症状改善，但治疗后没有采集到粪便样本（Conboy，2004）。丹麦50只自然感染犬中，27只犬用10%吡虫灵与2.5%莫西菌素合剂局部用药进行治疗，剂量为0.1mL/kg；另外23只口服芬苯达唑，剂量为25mg/kg，连用20d，两种治疗的驱净率分别为85.2%和91.3%（Willesen等，2007）。血脉管圆线虫也可用0.2mg/kg的伊维菌素治疗（Martins等，1993；Migaud，Marty和Chartier，1992）；或用20mg/kg的芬苯达唑治疗，每天2次，连续2~3周（Migaurd，Marty和Chartier，1992；Patteson等，1993）；或者用7.5mg/kg的左咪唑，2d后改为10mg/kg的剂量，治疗2d，如果达不到驱除效果，每种治疗方案均可重复（Bolt等，1994）。

（3）广州管圆线虫

[生活史] 第一期幼虫随感染鼠的粪便排出体外，侵入软体动物中间宿主体内，并在其中发育到感染性阶段。当软体动物被老鼠食入后，感染性幼虫移行到老鼠的脑部，并在其中蜕皮发育为长约1cm的童虫。随后童虫进入静脉并被带到心脏和肺动脉，在那里成熟和交配，接着雌虫产卵。储藏宿主包括甲壳动物和两栖动物。

[重要性] 如果人、犬或其他哺乳动物吞食了蜗牛或储藏宿主，虫体就可移行至脑部，引起嗜酸性脑膜炎和脑脊髓炎。在过去几十年中，广州管圆线虫随着非洲大蜗牛活动而传遍太平洋。感染一般是由生吃了被感染的储藏宿主（如蜗牛、蛞蝓或淡水对虾）而获得的（Alicata，1988）。来自澳大利亚布里斯班55例犬的神经管圆线虫病自然感染病例中，临床表现为上行性麻痹，包括尾部、膀胱和腰部痛觉过敏等。临床疾病可分为3个等级，1级为尾部麻痹和一侧或两侧下肢共济失调及腰肌深压有痛感。2级开始像1级一样，但尾部麻痹，很快发展为不能站立，需要人工排尿。1级和2级犬对护理和皮质类甾醇类药物的治疗效果较好。然而，当将左咪唑和甲苯咪唑用于1级和2级的治疗时，不管是单用还是与皮质类固醇联用，死亡率都是75%。显然在犬的神经管圆线虫病中应禁用驱虫药。3级的特点是发展迅速的上行麻痹及极度的疼痛。预后非常差，7条犬都实施了安乐死（Mason，1987）。

在1986年和1987年，路易斯安那州新奥尔良市发现老鼠感染了广州管圆线虫（Campbell和Little，1988），几年后，新奥尔良动物园中一只吼猴患有致命性的大脑疾病，最后诊断为广州管圆线虫感染（Gardiner等，1990）。在1995年，新奥尔良报道了一名11岁小男孩因打赌吃了蜗牛而患非致死性感染（New，Little和Cross，1995）。来自路易斯安那州巴吞鲁日的一匹袖珍马患有脑膜脑炎并实施了安乐死（Costa等，2000），尸检时发现此马感染了广州管圆线虫。自1997年起，在巴吞鲁日检查的老鼠（沟鼠）中，约1/4感染了此虫。此外，在路易斯安那州还发现狐猴、林鼠及负鼠感染了此虫（Kim等，2002），在迈阿密市一个动物园，一只白长臂猿因感染此虫而致死（Duffy等，2004）。估计猫和犬也会出现感染的情况。

[治疗]　治疗主要采用支持疗法，多用免疫抑制药物来防止对幼虫移行的剧烈反应。在澳大利亚研制了用于诊断的ELISA方法来检测感染情况，诊断后开始治疗（Lunn等，2003）。

（4）哥斯达黎加管圆线虫

哥斯达黎加管圆线虫是美洲中南部啮齿动物的寄生虫，成虫寄生在肠系膜动脉。曾报道德克萨斯州的棉鼠有过感染（Ubelader和Hall，1979）。雌虫产卵，卵在啮齿动物的粪便中发育为第一期幼虫。蜗牛是中间宿主，人一旦吃了蜗牛就能感染此虫，在右下腹可产生疼痛、发热，常常出现呕吐。最近报道感染此虫导致两只秘鲁夜猴的死亡及佛罗里达动物园一只合趾猴切除了部分小肠（Miller等，2006）。动物园周围捕猎的浣熊和负鼠也发现感染了此虫。

5. 类丝虫科

类丝虫科线虫与后圆总科其他线虫不同的是无交合伞（不要将类丝虫科与丝虫总科相混淆，丝虫总科包含蚊子传播的犬恶丝虫）。寄生在食肉动物的类丝虫科线虫以蜗牛作为中间宿主[马蒂类丝虫（*Filaroides martis*）和喙形类丝虫（*F. rostratus*）]。在加利福尼亚海狮肺中的青鱼类丝虫（*F. decorus*）以鱼作为中间宿主。在兽医上最著名的两种是犬的具有直接型生活史的类丝虫，如奥氏类丝虫（*F. osleri*）和贺氏类丝虫（*F. hirthi*）（图4-104）。某些地方将奥氏类线虫和喙形类丝虫归为奥斯勒属（*Oslerus*），或许这种分类是正确的，但是不被大家所接受。

[鉴定]　交合伞伞叶退化，只剩下乳突（图

4-96）。交合刺短，呈弓形，阴门位于肛门前方，子宫为前宫型，角皮膨大形成一个透明的鞘（图4-60）。奥氏类丝虫寄生在气管和支气管上皮的结节内，贺氏类丝虫寄生于肺实质。

（1）奥氏类丝虫

[生活史]　成虫寄生在家犬和某些野犬（如澳洲野犬）的气管和支气管的结节内（图4-105，图8-91和图8-92）。雌虫产含有第一期幼虫的薄壳虫卵，随宿主粪便排出之前已孵化（图7-27）。第一期幼虫直接具有感染性，所有5个发育阶段全部在犬的肺组织中完成。通过摄入感染犬呕吐的胃内食物、肺组织和粪便而获得感染。南非兽医Jhon Dorrington首次将雌虫的第一期幼虫喂犬成功地使犬感染了奥氏类丝虫（Dorrington，1968）。曾经推断奥氏类丝虫通过母犬在舔幼犬时将污染的唾液传给幼犬（Dorrington，1968），或澳大利亚野犬通过反哺期间的喂食传染给幼犬（Dunsmore，Spratt，1976）。

奥氏类丝虫的感染发展缓慢。饲喂幼虫后大约2个月用气管镜可观察到结节，6～7个月后用饱和硫酸锌漂浮法可在粪便中发现第一期幼虫。

[临床意义]　Milks（1916）根据3例奥氏类丝虫感染的临床表现总结如下：

唯一的共同症状是呈痉挛性发作的剧烈干咳，可能是由运动和暴露于冷空气而诱发。不像多数支气管炎病例，这种发作是由压迫喉咙而引起的。犬会咳嗽几次，最终会因呕吐而停止咳嗽。病程进展非常缓慢，不会明显影响动物的健康，除非结节数量很多以致于严重阻塞了呼吸道。

尽管奥氏类丝虫呈世界性分布，但患病率却很低。在种畜中十分顽固，能抵抗所有的驱虫方法。众所周知，在养犬场出现奥氏类丝虫将会严重影响养犬场的声誉。

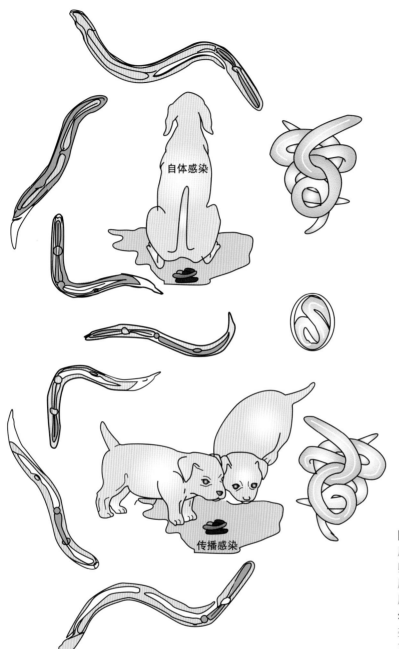

自体感染

传播感染

图4-104 贺氏类丝虫的生活史。犬肺实质中的雌虫产含有感染性第一期幼虫的虫卵。因为这些幼虫是在宿主体内释放的，所以自体感染是不可避免的而且感染的程度明显受到宿主免疫反应的控制。第一期幼虫随气管而上，进而随粪便排出，贺氏类丝虫感染主要因食粪癖传播。同类自残或反刍则提供了其他的传播途径

[治疗和控制] 判断治疗奥氏类丝虫感染疗效的标准是：①运动时咳嗽和气短消失；②用气管镜检查气管和支气管，结节消失；③粪便中幼虫停止排出。这些标准很难达到，关于各种治疗的效果意见不一。已采用的一些治疗药物包括芬苯达唑、伊维菌素和多拉菌素。曾报道用芬苯达唑（每天50mg/kg，连续7d）可防止一只感染犬的咳嗽（Lamb，1992）。用伊维菌素也曾消除了感染犬的临床症状（Boersema，Baas和Schaeffer，1989；Valet-Picavet，1991）。在来自印度的两例报告中，注射多拉菌素（0.2mg/kg）可成功治愈（Gahlod，Kolte和Kurkure，2002；Jana，2002）。

（2）贺氏类丝虫

[生活史] 与奥氏类丝虫一样，第一期幼虫具有感染性，不需要在宿主体外进行发育

（Georgi，1976a；图4-104）。笼养幼犬之间通过食入新鲜粪便中的第一期幼虫而传播，哺乳第4～5周后母犬可以通过同样的传播机制传给幼犬（Georgi等，1979b）。经口感染最快6h后第一期幼虫经肝门静脉循环或肠系膜淋巴回流到达肺。在肺组织的第一、二、六和九天内发生4次蜕皮，感染32～35d后可用硫酸锌漂浮法在粪便中检查到幼虫（Georgi，Cleveland，1977；Georgi等，1979a）（图7-27）。

[临床意义] 贺氏类丝虫很重要，因为它在犬的肺脏引起的病变可用于实验性的毒力学研究（图4-105，图8-89和图8-90）。1973年，Hirth和Hottendorf描述了商业化饲养的贺氏类丝虫感染犬的病理变化。存在于肺泡和细支气管内的这些小型肺线虫可引起局部肉芽肿性反应和其他肺部病理变化，包括类似于药物引起的和肿瘤样病变。实验犬偶尔能在肺中找到贺氏类丝虫（Bahnemann和Bauer，1994；Vajner等，2000）。

贺氏类丝虫感染通常情况下不出现临床症状，临死前诊断是根据在粪便中发现第一期幼虫（图7-27），但非常严重的感染也可通过射线检查来作出判断（Rendano等，1979a）。然而，在过度应激和免疫缺陷的动物中可以出现重度感染的致死病例（August等，1980；Craig等，1978）。曾在用氢化强的松治疗（剂量为每天4mg/kg）4个月以上的两只小猎犬体内发现贺氏类丝虫的大量感染（Genta，Schad，1984）。Georgi博士还遇到了几例犬的致死性强感染，它们靠皮质类固醇药物维持了较长时间。然而，由于这些案例发生在商业制药公司的实验室内，必须严格保密，所以具体细节不详。

[防治] 对于贺氏类丝虫感染的治疗，可口服阿苯达唑，剂量为25mg/kg，每天2次，连用5d，具有很好的效果（Georgi，Slauson和Theodorides，1978）。芬苯达唑，剂量为每天50mg/kg，连用2周，不能清除犬的感染；而后来皮下注射伊维菌素（0.05mg/kg）似乎清除了虫体感染（Bourdeau和Ehm，1992）。用伊维菌素治疗40只犬，以1mg/kg剂量一次皮下注射，或间隔1周注射2次，尸检显示减虫率分别为44.8%和74.1%（Bauer和Bahnemann，1996）。

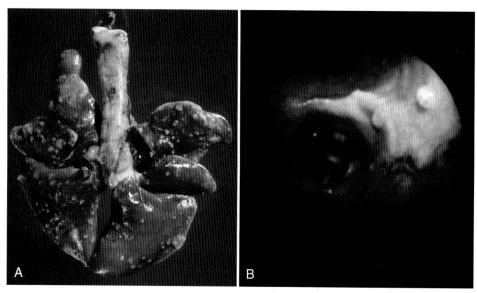

图4-105 类丝虫的病变。左图是贺氏类丝虫感染犬的肺。针对死亡虫体和正在死亡虫体的炎性反应病灶散布在肺部。活着的虫体引起极小的组织反应，由于它们很小肉眼几乎看不见。右图是犬的气管分叉附近奥氏类丝虫早期结节，通过纤维光导内窥镜拍摄的照片（James Zimmer博士惠赠）

对这些犬进行粪便检查发现只有5%～10%的犬会排出幼虫，但在肺中有虫犬的比率仍然很高。

二、小杆目

小杆目包含一大类具有杆状或小杆状食道的小型线虫，其食道由前食道球、峡部和后食道球组成（图4-106）。许多种类是土壤中自由生活的生物，或寄生在低等脊椎动物或无脊椎动物中。小杆目中最著名的是营自由生活的模式生物，叫做秀丽隐杆线虫（*Caenorhabditis elegans*）。小杆目中寄生于家畜的只有3个属：小杆属（*Rhabditis*）、微细属（*Halicephalobus*）和类圆属（*Strongyloides*）。

（一）小杆属

类圆小杆线虫（*Rhabditis strongyloides*）在腐烂的有机物中营自由生活，偶尔可引起牛、猪、犬、马、啮齿动物及人的瘙痒性充血性皮炎，这些宿主必然曾经多次接触过有线虫的环境。潮湿的草垫在由该虫引起犬的皮炎中起重要的作用，并且与芬兰11条猎犬由幼虫造成的损害有关（Saari，Nikander，2006）。同样，在以色列某奶牛场，潮湿的脏稻草也造成了大量小母牛的损伤（Yeruham和Perl，2005），诊断是基于在皮肤刮取物或组织切片中找到具杆状食道的幼虫（图4-107，图8-72）；有时也可见成虫。如果将类圆小杆线虫的幼虫在营养琼脂中培养，1～2d内它们就会发育为成虫。成虫长1～2mm，它们的后代很快就铺满培养皿。在芬兰用伊维菌素治疗大量猎犬取得了成功。

牛可发生寄生虫性外耳炎，特别是在热带，该病是由牛小杆线虫所引起的。一旦耳道感染，就会破坏耳上皮细胞而导致溃疡（Msolla，1989）。这些溃疡易使耳朵继发细菌感染，使牛处于一种慢性消耗性的状态。某些迹象表明伊维菌素对于此种感染有一定的疗效，但是一般采用多种药物进行局部治疗。

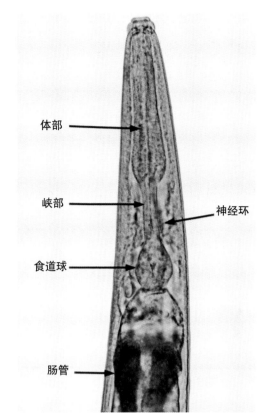

体部　　峡部　　神经环　　食道球　　肠管

图4-106　自由生活的乳突类圆线虫成虫的前端，具有典型的杆状食道

图4-107　来自营养琼脂培养的类圆小杆线虫的杆状型幼虫，由犬的急性红斑皮炎刮取物进行的培养

（二）微细属

牙龈微细线虫（*Halicephalobus gingivalis*）虫体很小（长250~450nm，宽15~20nm），具杆状食道，子宫中只有一个虫卵。尚未发现雄虫。微细属其他7种线虫显然都是在土壤、粪便和腐殖质中自由生活，但是牙龈微细线虫是马和人的高度致病性的兼性寄生虫（Anderson，Linder和Peregrine，1998；Nadler等，2003）（图8-73）。曾在一头公牛阴囊的皮肤内看见此虫。该虫第一次是在一匹马的鼻肿块中发现的（Anderson和Bemrick，1965），随后在12匹马的鼻窦和上颌骨、牙龈、颚、肾、心脏、脑、脊髓和脑膜中发现了该虫（Blunden，Khalil和Webbon，1987）。Blunden等发表的论文值得作为学生和临床医生学习的病例报告。有3人感染此虫而死（Gardiner，Koh和Cardella，1981）。首次报道的是一名5岁小孩，落入正在工作的撒粪机中，大面积受伤且被粪便严重污染，感染该虫后引起脑膜脑脊髓炎而死亡（Hoogstraten，Connor和Neafie，1976）。

（三）类圆属

类圆属就形态和生活史而言是一个异常的属。（注意不要将类圆属和类圆小杆线虫或圆线总科的英文名字相混）。

[鉴定] 微小的孤雌生殖的雌虫深埋于消化道黏膜隐窝内，特别是小肠（图8-74），无寄生性雄虫。雌虫的食道接近圆柱状，至少是虫体的1/4长（图4-108）。食道的形状是雌虫叫做"丝状虫"的原因。该部位的其他小型线虫包括毛圆总科中食道很短的线虫，以及具杆状食道的毛形属和毛细属。含胚的虫卵、杆状幼虫（因为幼虫具典型的食道前球、峡及食道后球）和第三期感染性丝状幼虫（食道长）都是最重要的诊断性阶段。兽医重要的类圆线虫中，只有寄生于犬（人类）和猫的类圆线虫虫

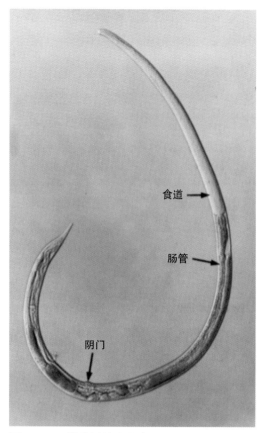

图4-108 粪类圆线虫的寄生性雌虫

卵是在排出体外前孵化的，因此在粪便中找到的是第一期幼虫而不是含胚的虫卵。在类圆线虫感染动物的粪便培养基中常常发现自由生活的成虫（图4-106，图4-108）。

寄生于家畜和人的重要的类圆线虫包括寄生于人和犬的粪类圆线虫、寄生于反刍兽的乳突类圆线虫（*Strongyloides papillosus*）、寄生于猪的兰氏类圆线虫（*S. ransomi*）、寄生于马的韦氏类圆线虫（*S. westeri*）、寄生于非洲及亚洲灵长类动物和人的福氏类圆线虫（*S. fuelleborni*）、寄生于美洲灵长目动物的卷尾猴类圆线虫（*S. cebus*）、寄生于鼠的鼠类圆线虫（*S. ratti*）和委内瑞拉类圆线虫（*S. venezuelensis*）。在澳大利亚和印度寄生于猫的是猫类圆线虫（*S. felis*），在美国东南部，猫偶尔感染肿胀类圆线虫（*S. tumefaciens*），可能是山猫天然寄生的，可引起结肠的纤维性

病变。因此，所有的家畜都可被某种类圆线虫寄生，许多野生哺乳动物和鸟类也是如此（Little，1996a，1966b）。

[生活史] 类圆线虫是家畜寄生虫中唯一具有自由生活和寄生生活世代交替的寄生虫。寄生性雌虫通过有丝分裂型孤雌生殖而产出虫卵，由这样的虫卵孵出的幼虫称为同型后代，有别于自由生活的有性繁殖的异型后代。外界环境中同型杆状幼虫可以通过2次蜕皮发育到感染性丝状幼虫，或通过4次蜕皮发育为自由生活的雌虫和雄虫，所有阶段都具有杆状食道。如果第三期丝状幼虫进入合适的宿主（通常经皮肤进入），就会通过第三次和第四次蜕皮发育为丝状寄生性雌虫。自由生活的雄虫和雌虫通过交配产出异型杆状幼虫，而绝大多数幼虫只能发育到感染性丝状幼虫（Basir，1950；Triantophyllou和Moncol，1977）。类圆线虫的生活史如图4-109所示。

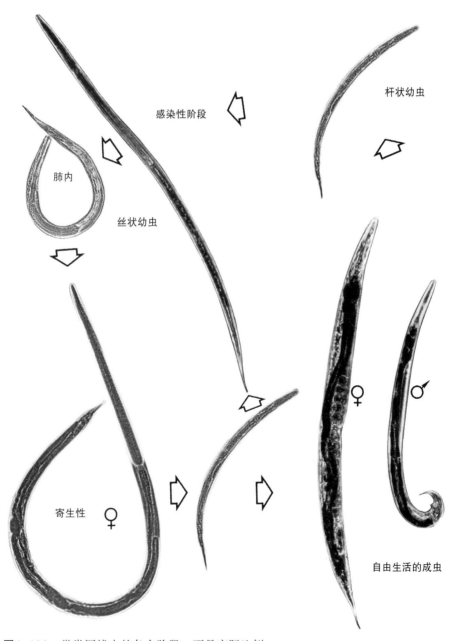

感染性阶段

杆状幼虫

肺内

丝状幼虫

♀ ♂

寄生性 ♀

自由生活的成虫

图4-109 粪类圆线虫的各个阶段，不是实际比例

类圆线虫在哺乳动物中的主要传播途径似乎是经乳腺传播。犬、马、猪和反刍兽都是如此。初次感染建立之后，剩余的幼虫就会移行到更深的组织，然后由那些组织将后代输送到初乳和乳汁中，乳腺传播对于疾病的发生和控制具有重要意义。

[临床意义] 在所有家畜中，多数动物的类圆线虫感染都没有临床症状。当发生疾病时，通常限制于遭受严重感染的新生幼畜。另外就是免疫缺陷或免疫抑制的动物。

[犬] 粪类圆线虫（*S. stercoralis*）的感染可能无症状，或者引起轻重不一的临床疾病。严重的病例出现支气管肺炎和严重的水样或黏液性腹泻症状，易与幼犬的一般病毒病相混淆。在大量感染的情况下，小犬的肺部可能出现由移行幼虫突破肺泡毛细血管而造成的淤血和瘀斑。潜伏期大约为1周。在犬舍经常会出现这些虫体，幼犬的感染可能会威胁生命（Dillard，Saari和Anttila，2007）。

人的粪类圆线虫感染呈慢性经过（Gill等，2004），可以持续几十年，或由于在病人的消化道内发育到感染性丝状幼虫而影响一生。这些感染性幼虫可经肠壁（体内自身感染）或肛门周围的皮肤（体外自身感染）重新侵入宿主体内。自体感染与极度的慢性感染有关，部分与散播性超度感染的暴发有关，由于细胞免疫抑制而使病人抵抗力下降。粪类圆线虫的高度感染已经引起许多人死亡，那些人中有些患免疫缺陷疾病或正在进行免疫抑制性治疗或为器官移植进行免疫抑制（Dwork，Jaffe，Lieberman，1975）。虫体甚至移行到捐赠的器官中（Pater，Arvelakis，Sauter，2008）。当犬免疫被抑制时也可发生自体感染（Schad，Hellman，Muncey，1984）。粪类圆线虫能够进行体内自体感染，可能像家畜中其他类圆线虫一样部分是由于幼虫而不是虫卵所引起的。

粪类圆线虫是一种人兽共患的寄生虫，可感染人和犬。Galliard（1951）用19株人源粪类圆线虫轻易地使犬产生了持久感染，其中11株来自法属印度支那（越南）不同地区感染的欧洲人，8株来自东京（越南北部）当地人，但他发现犬感染了来自西印度和非洲的虫株是很难治疗的。犬在人的粪类圆线虫感染中的流行病学作用实际上已有记载，有一例报道犬的粪类圆线虫可以自然传播给人（Georgi，Springkle，1974）。最近在巴西对养犬场内犬和工人所做的调查中发现有些犬已被感染，但没有一个工人被感染，尽管一些工人用ELISA检查对粪类圆线虫的抗体呈现血清学阳性反应（Goncalves等，2007）。在养犬场感染往往被忽视，且通过哺乳途径和幼虫钻入皮肤保持感染，如果诊断出感染的话，就应考虑养犬场的员工有潜在的人兽共患的风险。

[马] 像其他类圆线虫一样，韦氏类圆线虫在排出的粪便中很快发育成感染性丝状幼虫，通常经皮肤或口腔黏膜进入宿主体内。韦氏类圆线虫虫卵几乎只有在哺乳期和刚断奶的幼驹中才能发现。感染的母驹不能排虫卵，尽管其是经乳腺感染的感染源（Lyons，Drudge和Tolliver，1969，1973）。在幼驹出生后10d至2周内开始随粪便排出虫卵。经常在幼驹出生后第九天到第十三天内发生腹泻，巧合的是在这期间母驹开始出现产后的第一次发情。Dey-Hazra和Batke（1974）用确凿的证据证明这种所谓的驹热痢是由韦氏类圆线虫所引起的，与母马乳汁化学组成的任何改变没有关系。马驹的重度感染可持续10周；轻度感染持续时间可能要延长2~3倍。偶尔在1岁小马或更大一点的马中出现很轻的感染，这些感染也许代表着经皮肤感染（Enigk，Dey-Hazra和Batke，1974）。使用伊维菌素可以明显地减少许多马场的感染，最近在对肯塔基州良种马的调查中发现感染率只有1.5%，而在几十年前同一个地区的感染率高达90%以上（Lyons和Tolliver，2004）。

[反刍兽] 乳突类圆线虫长期被认为是一种典型的共栖生物，只有当大量感染时才能引起明显的疾病。在最近的一篇关于20世纪60年代末和70年代初的一系列研究的报道中发现，甚至很轻的感染也可引起山羊严重的疾病（Pienaar等，1999）。在这些研究中，89只山羊感染不同数量的乳突类圆线虫，有些羔羊每次感染2 000~5 000只幼虫，3次感染后便死亡。尽管6~12月龄的山羊也会死于感染，但最易感的年龄段为6周到6月龄。感染75 000幼虫后一般在9~30d期间出现死亡。临床症状包括脱水、食欲不振、消瘦、虚弱、萎靡不振、腹泻、贫血、呼吸急促和粪便异常。实验山羊中没有一只出现发热症状。感染后第四十三天出现神经症状，在死亡的山羊中22%的山羊大脑和脊髓中都有组织病理学损伤。6%的山羊出现由肝破裂引起的突然死亡。另外的研究（Nakamura等，1994）显示，将孤雌生殖的活雌虫注射到易感羔羊的十二指肠后，羔羊立即出现持续性窦性心动过速的症状，最后由于心脏骤停而死亡。因此，由上述成虫的影响，以及山羊不同组织中的许多病变可知，乳突类圆线虫的致病性可能比以前所认识的更强。

[猪] 兰氏类圆线虫雌虫深埋在小肠黏膜之中，排出的虫卵经皮肤或口腔黏膜感染宿主后2~3d内，卵内幼虫发育为感染性丝状幼虫。随后幼虫可在6d之内经过气管移行途径而发育成熟或者经体壁移行途径发育为静止期幼虫而聚集在脂肪组织，特别是在乳房的脂肪组织中。气管移行和幼虫的成熟通常出现在猪崽中，某些情况下也可出现在年龄更大的猪中。小母猪倾向于将幼虫储存在脂肪组织中并随以后的初乳和乳汁排出。在初乳和乳汁中的第三期幼虫比直接感染猪的第三期幼虫更"高等"，因为它们形态稍大且生殖导管原胚更长、更宽、更明显，而且它们在猪崽中成熟只需2~4d而不是

6d。兰氏类圆线虫病流行病学的关键就是通过哺乳途径传播。出生就与母猪分开且由人工饲养的猪崽不会感染此虫，但是由母猪哺乳喂养的小猪在出生2~4d后就可排出虫卵（Moncol和Batte，1966）。因此最初通过哺乳而导致的感染会使母猪和小猪的生活环境遭到污染，由此增加了寄生于小猪的成虫数量并且恢复了母猪组织中静止期幼虫的数目以便感染下一代猪崽（Moncol，1975）。

仔猪类圆线虫病表现为急性肠炎，具有血痢、迅速消瘦、厌食、贫血和发育障碍等症状。可能造成死亡，但从经济学观点，相比存活猪的生长迟缓而言，其经济损失要小。

[治疗] 伊维菌素可用于几乎所有类圆线虫感染的治疗，包括犬及人的类圆线虫（Lindo等，1996；Mansfield和Schad，1992）。治疗人的药品名为Stromectol（每片药含有3mg的伊维菌素）。试验感染粪类圆线虫的犬，用剂量为0.8mg/kg的伊维菌素治疗，不能清除组织中的幼虫（Mansfield和Schad，1992）。兰氏类圆线虫、乳突类圆线虫和韦氏类圆线虫的感染同样也可用伊维菌素治疗（在一些案例中也用其他的阿维菌素）。在母马分娩时使用伊维菌素治疗可防止小马驹感染（Ludwig等，1983）。猪的类圆线虫感染也可用左咪唑治疗。马的韦氏类圆线虫可用奥苯达唑治疗（15mg/kg）。

三、尖尾目

尽管尖尾目以马尖尾线虫（*Oxyuris equi*）命名，但大多数尖尾线虫（蛲虫）比马尖尾线虫更小。马尖尾线虫是马常见的大型蛲虫。蛲虫食道有个近球形的且直接连着肠道的食道球，在食道球的腔内通常有一个瓣膜（图4-110）。雄虫（有时雌虫或二者）有一长而尖的尾部，故名尖尾线虫。所有蛲虫都寄生于宿主大肠，具有严格的宿主特异性。

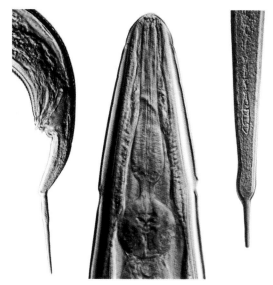

图4-110　安比瓜钉尾线虫（*Passalurus ambiguus*）（兔的蛲虫）。雄虫尾端（左）、口端（中）和雌虫尾端（右）

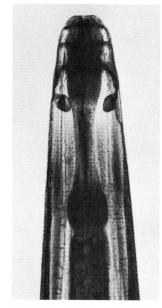

图4-111　马尖尾线虫前端，显示食道球

1. 马尖尾线虫

马尖尾线虫成虫（图4-111，图7-75）主要寄生于小结肠中，偶尔也可在大结肠中发现虫体。孕卵雌虫（虫体长40～150mm）不是简单的将虫卵产在粪便中，而是顺着结肠和直肠而下移行到肛门外并将虫卵聚集成团产到肛门的皮肤及其周围。这些卵团由包含8 000～60 000个虫卵的灰黄色黏液组成。在4～5d内虫卵发育到感染性阶段，在这期间黏液会变干、破裂并呈鳞片状从肛门皮肤上脱落下来。这些鳞片含有大量的感染性虫卵，附着在食槽、水桶、墙壁等处，从而污染马厩等环境。最好用纸巾或一次性布料擦洗马的会阴部，因为任何非一次性物品（如海绵或毛巾）都会不可避免地受到虫卵的严重污染。然后，当马使役后将这些海绵或毛巾用作口套或被用来清洗马嚼子时，马尖尾线虫就会乘机感染。潜伏期为5个月。

严重感染第三期幼虫和第四期幼虫（图4-112）可导致盲肠和结肠黏膜发炎，表现为腹部不适。然而，马的最常见的症状是由成虫在肛门周围皮肤产卵时所引起的肛门瘙痒症。为

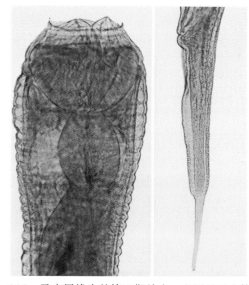

图4-112　马尖尾线虫的第四期幼虫。左图显示虫体前端食道峡临时性口囊状结构，使虫体能吸附于黏膜，右图显示尾端

了减轻瘙痒，病马可在食槽或墙壁等处持续性摩擦尾部，以致尾部毛凌乱、脱落，甚至形成擦痕。

[治疗]　马尖尾线虫容易控制。所有马的抗蠕虫药对幼虫和成虫都有很好的效果。伊维菌素似乎仍然有效（Klei等，2001）。还可以每天用酒石酸噻嘧啶来控制。

2. 胎生普氏线虫

胎生普氏线虫（*Probstmayria vivipara*）是一种细小的蛲虫（长小于3mm），产感染性幼虫，因此能够在宿主大肠内完成其生活史（图4-113）。

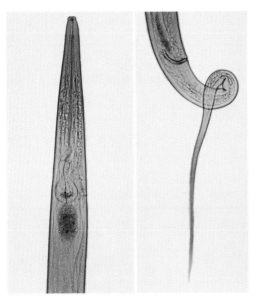

图4-113 胎生普氏线虫雄虫的前端（左）和尾端（右）

3. 斯克里亚宾线虫

绵羊斯克里亚宾线虫（*Skrjabinema ovis*）和山羊斯克里亚宾线虫（*S. caprae*）分别寄生于绵羊和山羊，长8~10mm，对宿主无害。

4. 蠕形住肠线虫

蠕形住肠线虫（*Enterobius vermicularis*）是人和猿的一种小型蛲虫（最长为13mm），尽管现代人吃熟食且经常洗手，但是在人群中仍然有广泛的分布（图7-105）。感染率最高为40%，依年龄和种族而定。白人小学生的感染率和感染强度最高。孕卵雌虫通过肛门移行并将虫卵粘附在肛门周围皮肤上。数小时内虫卵发育到感染性阶段，可经污染的手重新感染宿主，或通过床上用品或其他污染物感染其他人，或通过空气中的粉尘而传播。

有肛门瘙痒和失眠的儿童可怀疑为感染。

通过观察雌虫在肛门周围皮肤上的产卵行为或发现虫卵而作出诊断。最好是立刻用一段玻璃胶粘住肛门皮肤，撕下玻璃胶后将其贴在一张载玻片上用于显微镜检查。常规的粪便检查几乎找不到蠕形住肠线虫和许多其他蛲虫的虫卵（如尖尾线虫）。对兽医来说重要的是蠕形住肠线虫只寄生于人和猿（猿还有其他住肠线虫寄生），而从不寄生于猫或犬。偶尔医生会对家庭宠物开驱虫药或使其安乐死来帮助防治蛲虫。处理这种情况需要准确判断。

猿感染了住肠线虫后通常无症状。然而，在黑猩猩中有蛲虫成虫引起致死性溃疡性肠炎的报道，这些成虫大量可侵入肠黏膜下层，甚至可侵入肠系膜淋巴结（Holmes，Kosanke和White，1980；Keeling和McClure，1974；Schmidt和Prine，1970），涉及的住肠线虫有人类住肠线虫（*E. anthropopitheci*）（猿的天然寄生虫）和人的蠕形住肠线虫。

四、蛔目

蛔虫是人所共知的感染家畜的肠道大型线虫。在家畜中发现的虫体长自几厘米至几十厘米不等。口有3片唇，1片背唇，2片亚腹唇（图4-114），雄虫尾部常弯向腹面。有些属有颈翼，使虫体前端呈箭头形，故有弓首属（*Toxocara*）和弓蛔属（*Toxascaris*）之称。

不同属的蛔虫发育到感染性阶段仅在细节上有所不同。卵壳内的单细胞发育到感染性阶段需要几天至几周不等，取决于虫体的种类和外界温度。有许多属寄生于水生脊椎动物（如鱼、鳄鱼、鸟类、海洋哺乳动物），这些蛔虫最初都有自由游动的幼虫阶段，而且需要多种中间宿主。寄生于家畜的蛔虫通过改变典型的生活史模式已经适应了陆地生活。因此，家畜蛔虫的生活史属直接发育型，在宿主体内需要或不需要移行，或经胎盘或乳腺途径感染。对陆地环境的另一种适应就是产生了能够抵抗外界恶劣环境的卵壳。蛔虫虫卵对化学和物理伤害具有很强的抵抗力。蛔虫流行病学方面最重要的一个因素就是它的虫卵在土壤中可存活数年。不同属蛔虫在宿主体内的发育模式明显不同。然而，对于陆地蛔虫来说，现在几乎一致认为它们对陆地环境的部分适应，表现为前两次蜕皮是在卵壳中进行，以致于从卵内孵出的幼虫是第三期幼虫。

（一）鉴定

蛔虫成虫具有严格的宿主特异性。猪蛔虫（*Ascaris suum*）感染猪，马副蛔虫（*Parascaris equorum*）感染马，犊弓首蛔虫（*Toxocara vitulorum*）感染牛，犬弓首蛔虫（*T. canis*）感染犬，猫弓首蛔虫（*T. cati*）感染猫。猫和犬还可感染第二种蛔虫，即狮弓蛔虫（*Toxascaris leonina*），要将它与猫和犬各自的弓首蛔虫相区别（图7-39，图7-42）。

蛔虫卵卵壳较厚，随粪便排出时只含有一个单细胞，通常具有明显的特征，可以鉴定到种（图7-8至图7-10，图7-25，图7-52，图7-71和图7-91）。

（二）蛔属

猪蛔虫是猪的一种普遍存在并且具有致病性的寄生虫。成虫长约30cm，白色至乳白色，有蛔虫典型的3个唇片（图4-115，图4-114）。猪蛔虫在形态上长期认为与人蛔虫（*Ascaris lumbricoides*）难以区分，当代许多学者认为它是不同的种。然而，人蛔虫可以在猪体内发育成熟，猪蛔虫也可在人体内发育成熟。但是这2种蛔虫通常有各自的生活史，甚至当人和猪密切生活在一起时，猪蛔虫还是在猪体内生活，人蛔虫在人体内生活（Anderson，1995；Anderson，Romero-Abal和Jaenike，1993）。

尽管两种蛔虫的虫卵会孵化，它们的幼虫会在多种宿主中广泛移行，但是污染土壤或贴

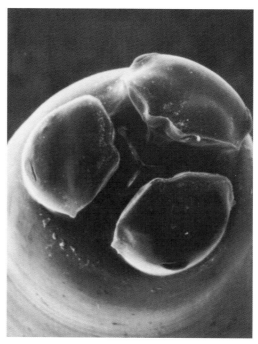

图4-114 猪蛔虫的唇和口

图4-115 猪蛔虫，从自然感染猪收集的成虫

在乳房皮肤上的感染性虫卵是猪蛔虫病流行病学的关键因素。感染性虫卵在胃和小肠中孵化（图4-116），释放出感染性幼虫（Geenen，Bresciani和Boes，1999），感染性幼虫钻入盲肠和结肠壁向肝脏前行，通过肝门静脉在几小时内到达肝脏（Murrell等，1997）。在肝脏移行数天后经后腔静脉、心脏和肺动脉到达肺部毛细血管。这时，幼虫可留在血液中随血液循环带到全身组织，或暂时留在肺毛细血管中，

然后穿过血管壁进入肺泡。对于猪蛔虫来说，它更有可能进入肺泡内，因为幼虫会上行至支气管树和气管内而到达咽部，幼虫在咽部被吞入食道中，然后再一次进入小肠发育为成虫。

在经过各种组织的移行过程中，幼虫起初只造成机械性损伤，但是很快就会产生超敏反应，宿主对随后的入侵表现出嗜酸性粒细胞增多的过敏性炎症反应。猪肝脏中的炎症发展形成纤维化的所谓"乳斑"病变（图7-92），肉检人员将这种肝脏判为不适合人类食用的废弃食品。

在肺中早期移行造成的损伤也属于机械性损伤，随着超敏性的产生，在肺出血后可出现肺充血、水肿和嗜酸性粒细胞浸润。在小猪中，广泛肺损伤可导致严重的呼吸短促，呼吸快而浅，可听见呼吸声且伴有咳嗽，可出现死亡。在挪威的一篇报道称，有40头买来的育肥猪被关在一间高度污染的房间里，最后由于猪蛔虫移行导致的急性呼吸疾病而死亡或被杀掉，这就显示出有必要继续保持对猪蛔虫感染的警觉性（Gjestvang，2005）。

猪蛔虫成虫感染对小肠的损害较幼虫移行引起的损害要小得多，但是对猪的损害还是不能忽视。猪蛔虫可引起腹泻，但是最重要的影响是夺取宿主大量的营养，影响猪的正常生长。严重感染的猪不能增重而成为僵猪。偶尔出现如胆管阻塞和肠壁穿孔等症状，是由蛔虫的移行所导致。

蛔虫病的临床诊断常常依靠临床症状和剖检结果，因为主要的病变发生在潜伏阶段。在一群育肥猪中，若出现严重的呼吸困难和广泛的肺出血瘀斑及水肿可将其诊断为急性蛔虫病。应将肺组织切碎并置于贝尔曼装置中来检查移行的幼虫。较少的急性病例表现为呼吸困难、不同程度的营养不良和间质性肺炎病变。慢性蛔虫病表现为生长迟缓、消瘦、粪便中出现大量虫卵、慢性间质性肺炎及肝脏纤维化的病变，这种猪已无经济价值。

驱虫

猪蛔虫在经济学上是猪最重要的线虫，尽管猪蛔虫对哌嗪、敌敌畏、芬苯达唑、左咪唑、伊维菌素和酒石酸噻嘧啶具有敏感性，但是它仍然影响着养猪业的经济效益。仅用药物显然不能有效地控制猪蛔虫的感染。在母猪被送到保育栏的前2周用肥皂和热水清洗母猪可极大地减少母猪对小猪的污染。在保持清洁卫生的前提下，在仔猪断奶时再次用肥皂和热水清洗小猪可保护小猪不被猪蛔虫感染。在猪食中持续加入酒石酸噻嘧啶可防止猪蛔虫在体内移行和寄生。酒石酸噻嘧啶是唯一被批准使用的药物，它可将感染性幼虫在小肠孵出后立即杀死。

总之，防治工作应针对小猪出生前几周的预防。母猪分娩前使用驱虫药物，分娩时保持场地清洁和分娩后防止小猪接触已污染的土壤可防止小猪早期感染。另一种方法是将猪转移到一个新的无线虫的繁育基地（Epe和Blomer，2001）。该方法包括：使用轻度感染的猪；在转移前两周用伊维菌素治疗，转移当天用干净的拖车将猪送到一个消过毒的场地，在场地上先用高压喷雾器冲洗猪10min，再用Venno Oxygen[2-（2-

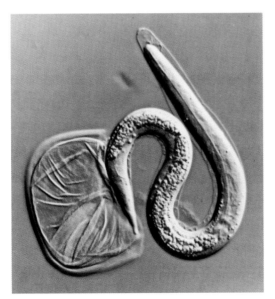

图4-116 猪蛔虫人工孵化的感染性幼虫，带有前一阶段的角皮

丁氧基乙氧基）乙醇和一种非离子活性剂（乳化剂中的异十三醇乙氧基化物，氯磺化石蜡油）的混合物]清洗10min；用另一辆干净的拖车将猪送到繁育基地；再用2%Neopredisan溶液清洗猪。处理后的4、6和10周共检查1 203份粪便样品，全都为阴性。

（三）副蛔属

马副蛔虫是马的一种大型蛔虫，长可达2英尺，具有特征性的唇（图4-117，图4-118）。马副蛔虫在流行病学和幼虫移行途径上都与猪蛔虫相似。当感染性虫卵被马驹吞食后，孵出幼虫，幼虫钻入小肠壁，随肝门静脉带到肝脏。在肝组织中移行之后，幼虫进入肝静脉，经后腔静脉、心脏和肺动脉入肺并进入肺泡。在肺完成一次蜕皮后，随气管支气管树黏液上行，随后经食道和胃回到小肠，并在小肠完成最后一次蜕皮，发育为成虫。

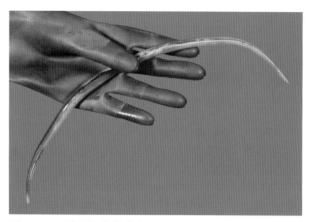

图4-117 马副蛔虫的成虫

幼虫入侵首先引起机械性损伤，除了点状出血外很少观察到其他病变。然而，由于宿主对此虫抗原敏感，组织中出现嗜酸性白细胞和其他炎性细胞的浸润。对肝脏和肺脏造成的损伤最终会愈合，但是小马在本应快速生长阶段遭受感染，一岁阶段就会留下功能减退的痕迹，并且永远不能恢复。

在马副蛔虫感染的流行病学中，有较强抵抗力的感染性虫卵是一个关键性的因素。在污染的土壤中，这些虫卵聚集在一起成为感染源。它们也可通过具黏性的卵壳附在母马的乳房和奶头上等待幼驹的出生。

成虫的重度感染可引起中等程度的肠炎，通过干扰宿主对营养物质的消化和吸收引起宿主生长缓慢。蛔虫病可引起宿主消瘦，体型矮小，体力和抵抗力下降，毛发暗淡无光，皮肤干燥变硬，腹部较正常体型比例要大很多。在马的小肠中找到半桶马副蛔虫虫体并不稀罕，大量的虫体可与宿主竞争营养，偶尔造成肠壁

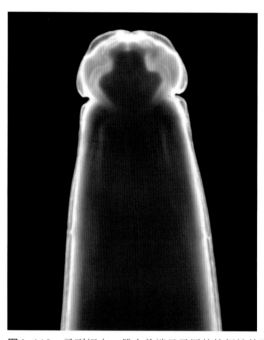

图4-118 马副蛔虫，雌虫前端显示唇的特征性外形

穿孔，引起腹膜炎而死亡。给重度感染的马使用麻痹虫体的药物（如噻吩嘧啶、哌嗪和伊维菌素）偶尔可引起肠阻塞或肠梗阻（Cribb等，2006；Schusser，Kopf和Prosl，1988）。

1. 控制

马副蛔虫厚厚的卵壳可保护虫卵不受极端温度和紫外线照射的损害，且能抵抗干燥和大多数化学消毒剂。马副蛔虫感染的流行病学与圆线虫差异很大，圆线虫具有自由生活的感染性幼虫。因此，为有效控制马副蛔虫而进行的马厩清扫包括每周应该清除所有的粪便和垫草，

用高压清洁器和气雾器将马厩所有表面彻底打扫干净。许多养马人认为此法费时、费力，所以便依靠驱虫药物来抑制虫卵的产生及其对环境造成的污染。然而，由于马副蛔虫虫卵能在外界存活很长时间，所以虫卵污染趋于逐渐聚集，因此至少在母马分娩前对马厩和母马乳房及奶头彻底清洗是很有必要的。

2. 驱虫药物

哌嗪化合物（100mg/kg）、芬苯达唑（10mg/kg）、噻嘧啶（6.6mg/kg）、伊维菌素（0.2mg/kg）、莫西菌素（0.4mg/kg）和其他一些驱虫药物对马副蛔虫的肠内阶段都很有效。酒石酸噻嘧啶作为饲料添加剂可用来防止马的蛔虫感染。

在过去几年中有过马副蛔虫对伊维菌素和莫西菌素产生耐药性的报道。这些报道来自美国、加拿大和欧洲（Boersema，Eysker和Nas，2002；Craig，Diamond和Ferwerda，2007；Hearn和Peregrine，2003；von Samson-Himmelstjierna等，2007；Schougaard和Nielsen，2007；Slocombe，de Gannes和Lake，2007；Stoneham和Coles，2006）。在所有的试验中，大环内酯类药物都没有清除这些感染。为了清除感染，必须使用酒石酸噻嘧啶或芬苯达唑（有一例需要使用2倍剂量才能清除）（Craig，Diamond和Ferwerda，2007）。大环内酯类药物似乎对圆线虫和类圆线虫感染都非常有效。

（四）马驹圆线虫、蛔虫和类圆线虫感染的发展

大约60年前，Ann F. Russell（1948）在她的研究中发现来自7种不同纯种马的26匹马中虫群组成出现了连续性改变。她每周从4周龄到6月大的马（有几例1岁以上）中采集粪样，对这些马进行粪便虫卵计数和粪便培养中感染性幼虫的鉴定。这些研究反映了在没有使用驱虫药的情况下所发生的情况。结果是虫卵曲线

可能仍然是一样的，唯一不同的是现在每克粪便的虫卵数会更少，或许不会在粪便培养中找到普通圆线虫的幼虫。然而，在马的寄生虫学中这两张图表和它们的注释仍然是最好的初级读本。

在图4-119中，绘制了韦氏类圆线虫、马副蛔虫和圆线科的虫卵计数与宿主年龄的关系。图中韦氏类圆线虫感染在宿主生命初期达到高峰，然后迅速下降到一个很低的水平，最后在约5月龄时消失。这与我们现在所知的韦氏类圆线虫的哺乳传播完全吻合。

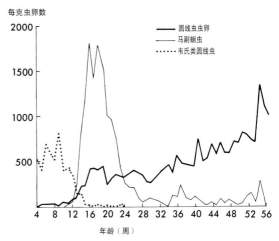

图4-119　马副蛔虫、圆线虫和韦氏类圆线虫的虫卵平均数，克粪便虫卵数。每周对26匹马驹的观察所获得的数据。（Russell，1948；Evans JW，Barton A和Hintz HF等：The horse，New York，1977，WH Freeman）

马副蛔虫虫卵最初大约在12周龄时出现，随后虫卵计数迅速上升到一个高峰，其后又迅速下降，但是维持在一个较低的水平上，而不是完全消失。延迟12周才出现马副蛔虫虫卵且与马副蛔虫的潜伏期几乎一致，从这一点我们可推断马在出生后不久就已感染。因此，给怀孕母马使用驱虫药物，仔细清洗母马乳房和乳头，以及彻底清洗幼马盒是防止马驹感染的正确措施。各年龄段马的低水平持续感染和虫卵对外界环境的强大抵抗力使马副蛔虫成为一种较难控制的寄生虫。

图4-119中显示的第三个最重要的曲线代表第一年圆线虫的虫卵计数逐渐增加。要解释这种现象，就必须考虑普通圆线虫、无齿圆线虫和一些小型圆线虫的相对丰度，这一点通过粪便培养和感染性幼虫的鉴定来确定。这些结果在图4-120中做了描绘，该图显示小型圆线虫的虫卵在各种年龄的幼马中总是占多数，约为粪便中圆线虫虫卵总数的80%~100%。考虑到圆线虫6~11个月的潜伏期以及盅口线虫在马体内的优势，情况也是如此。因此，普通圆线虫和无齿圆线虫的虫卵在12周龄前的幼马粪便中数量都较少。Russell（1948）在所研究的26匹马中每一匹都发现有这种现象，并解释为由食粪癖引起。幼马食粪可能与盲肠和结肠接种消化纤维素所需的有益菌的正常过程有关，但也为寄生虫的入侵提供了机会。

正如图4-119和图4-120所示，圆线虫虫卵的数量稳定增加，普通圆线虫和无齿圆线虫的虫卵分别在6月和11月龄时准时出现。这清楚地表明幼马一出生就可感染圆线虫，而且还会持续感染。因为幼马对这些寄生虫的易感性比成年马更强，所以最好的措施就是直接避免幼马过多暴露在有虫卵污染的环境里，特别是幼马出生后的前几个月。

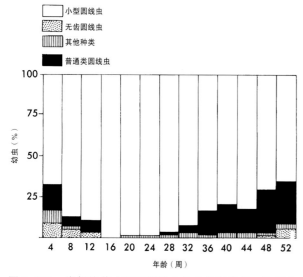

图4-120　粪便培养中不同圆线虫幼虫的百分率。数据来源于每周对26匹马的观察（Russell，1948；Evans JW，Barton A和Hintz HF等：The horse，New York，1977，WH Freeman）

（五）弓蛔属

狮弓蛔虫是气候寒冷地区犬、猫的一种寄生虫。成年雌虫可达10cm甚至更长。狮弓蛔虫卵发育很快，通常大约一周内即可到达感染性阶段。如果虫卵被啮齿动物或其他非终末宿主吞食，幼虫孵出并侵入肠壁，在肠壁内发育1周后进入其他组织，在组织中形成包囊，并且仍然停留在感染性阶段。当感染性虫卵或感染的啮齿动物被犬、猫或其他终末宿主吞食，幼虫侵入小肠黏膜，在那里发育并蜕皮，然后返回肠腔发育为成虫。因而，犬、猫通过吞食感染性虫卵或组织中含有感染性幼虫包囊的啮齿动物而获得感染（图4-121）。

狮弓蛔虫卵发育到感染性阶段仅需1周，而弓首线虫需要4周（图7-9）。狮弓蛔虫虫卵的快速发育合理解释了幼犬即使关在卫生良好的笼子里，仍然会发生持续性感染。狮弓蛔虫的生活史中，感染性幼虫的快速发育以及用老鼠作为储藏宿主的能力，使这种蛔虫往往成为动物园中猫科动物和犬科动物的一种威胁。

（六）弓首属

成虫寄生在各种哺乳动物的小肠。虫体前端有3片大唇，在食道和肠管连接处有腺状食道球（胃）。有颈翼，虫卵表面凹凸不平。犬弓首蛔虫和猫弓首蛔虫是分别寄生于犬和猫体内的两种最常见的寄生虫。犊弓首蛔虫在发展中国家犊牛体内也很常见，在美国从犊牛的粪便中偶尔可发现虫卵。其他弓首蛔虫寄生于大象、河马、蝙蝠、灵猫、鼠类、长鼻浣熊和猫鼬等。

1. 犬弓首蛔虫

犬弓首蛔虫在幼犬出生后几个月即可发现。成虫长10~15cm，虫体乳白色（图7-43），新鲜虫体通过角皮观察时内部生殖器官为白色。当虫体随粪便排出时，其肠管呈现灰色或黑色，比活虫颜色稍深。成年犬感染后可以发现随粪便排出虫卵。

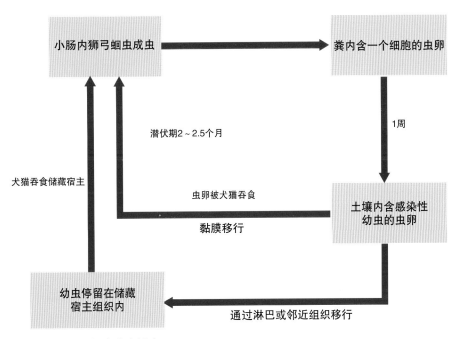

图4-121　狮弓蛔虫的生活史

[临床意义]　幼犬经胎盘重度感染犬弓首蛔虫可引起严重的腹部不适。患犬表现连续狂吠不止，站立或行走时后肢呈现奇特的劈叉姿势。在粪便或呕吐物中可发现数量相当惊人的童虫和成虫。虫体感染时的刺激、移行、缠绕成团等因素可引起犬的肠阻塞或肠破裂，从而导致死亡。偶尔可导致胆管或胰管阻塞。

[生活史]　线虫幼虫需在体内经过复杂的移行过程，这不仅与它们本身固有的能力以及各种理化因素的影响有关，还取决于入侵宿主的适应性。如果犬弓首蛔虫卵在犬的胃中孵出，幼虫侵入肠壁，通过与猪蛔虫同样的移行途径到达肺部毛细血管。不同的是，犬弓首蛔虫倾向于滞留在血液循环中而不是进入肺泡，尤其是当宿主是成年犬时。如果幼虫未能进入肺泡，则通过肺静脉返回心脏，然后，通过体循环带到肾脏或其他组织中，在那里形成包囊，但不进一步发育。

幼虫进入肺泡至关重要，它决定着幼虫是否经气管移行并能发育到性成熟阶段，或者个别犬经体循环停留在感染性幼虫阶段。在刚出生的幼犬身上，幼虫经气管移行的可能性大。然而，当幼犬1～2月龄时，在个别犬中新孵出的幼虫发育为成虫的可能性很小，目前尚不确定。在幼犬发育过程中，其幼虫经体循环的可能性越来越大，发育停滞的感染性幼虫在组织中不断累积。

幼虫经体循环移行也能说明感染性幼虫在其他各类储藏宿主组织中累积的现象，这些宿主包括啮齿动物、绵羊、猪、猴、人类及蚯蚓等（图7-51，图8-99）。犬吞食了含有感染性幼虫的鼠类，则看不到经体循环的移行，某些情况下至少在消化道发育为成虫（Sprent，1958）。鼠类不仅储存幼虫而且也改变它们。在储藏宿主体内移行和包囊化以及利用食物链中猎物—捕食者的关系是肉食动物蛔虫流行病学的一般模式。猫弓首蛔虫和狮弓蛔虫都是以这种方式进行传播，某些野生肉食动物的蛔虫也是如此，如寄生于浣熊的贝利斯蛔虫。

成年犬也可感染犬弓首蛔虫。美国曾对避难所犬的粪便进行全国性普查，发现7岁龄的犬感染率最低，但仍超过5%（Blagburn等，1996）。表明成年犬可反复感染，即使定期驱虫后一次摄入100～200个的感染性虫卵，也可重复感染犬弓首蛔虫（Dubey，1978；Fahrion等，2008；Maizels和Meghji，1984）。尚无研究报道在储藏宿主体内的幼虫是否比感染性虫卵内的幼虫在成年犬体内发育得更好。

从兽医学的角度看，尽早发现母犬体内的感染性幼虫对控制该病至关重要（图7-50）。幼虫经母犬胎盘可感染全部胎儿。在孕期的最后3个月，停止发育的幼虫重新恢复活力，并且从母犬子宫移行到幼犬体内（Fulleborn，1921）。分娩后，少数有活力的幼虫可经乳汁排出，这是一种次要的感染方式。犬弓首蛔虫的生活史见图4-122。

[治疗]　由于幼犬可经胎盘感染，除非采取严格的措施，否则幼犬都可能被感染。幼犬在2周龄开始使用噻嘧啶，每隔2周投放一次药物，直至幼犬长至3月龄。幼犬也可定期使用哌嗪复合物（110mg/kg），该药针对消化道内蛔虫是安全和高效的，因此，适合驱除到达围产期感染犬肠道内并在其中发育的犬弓首蛔虫。然而，哌嗪类产品禁用于6周龄以下的幼犬。德国拜耳生产的内虫逃（由苯硫氨酯，吡喹酮，双羟萘酸噻嘧啶组成）是一种用于年龄大于3周龄且体重超过1kg幼犬的驱虫药。美贝霉素肟（有或无氯芬奴隆）是一种用于年龄大于4周龄且体重1kg幼犬的驱虫药。超过6周龄的幼犬可用芬苯达唑、伊维菌素与哌嗪盐一起进行治疗。7周龄幼犬，可在局部使用莫西菌素和吡虫啉进行治疗。8周龄时可用伊维菌素与双羟萘酸噻密啶和吡喹酮制剂进行治疗。

常见的问题是，按照美国疾病预防控制中心指南每月对犬恶丝虫进行过预防的犬是否也需要每隔2周进行治疗（www.cdc.gov/ ncidod/dpd/parasites/ascaris/prevention.htm）。具体措施是："在蛔虫和钩虫常见地区，幼犬以及它们的母亲都应该在适当的驱虫年龄（如第二、四、六、八周龄）进行预防性治疗，有些要求延长至12周龄，甚至每月进行驱虫直到6月龄。对于蛔虫单独的防治，可以从幼犬2.5~3周龄开始，每隔2周治疗1次，至少3次"。在英国的一项研究中，将104条来自3个养犬场的被犬弓首蛔虫感染的幼犬分为2组，分别在其2周龄时开始给予治疗。一组使用含氯芬奴隆的美贝霉素肟（商品名为Sentinel）驱虫，每月1次，直至幼犬长到26周龄为止；另外一组使用苯硫氨酯、噻嘧啶和吡喹酮（商品名为内虫逃），每隔1周进行驱虫直至12周龄，然后当26周龄时再用1次（Schenker等，2006）。两组幼犬所排出的虫卵数量差别很小，第一组幼犬排出的虫卵稍微少一些，阴性粪样多一些。关于这个问题有两点需要考虑：第一，根据美国疾病预防控制中心的建议，为了更好控制该病，对幼犬采取每月驱虫一次的防治措施也许是最好的。第二，切记每月驱虫一次的药物经过美国食品和药品监督管理局（FDA）检验对宠物是安全的；而其他产品仿佛是在每次有感染迹象时进行一次试验。所以，这仍然是一个复杂的问题。

在繁殖过程中，母犬在犬弓首蛔虫流行病学中起了很重要的作用，因为母犬是最好的传染源，不用通过污染的土壤传播。应该向畜主建议，即使是没有摄入感染性虫卵，母犬对幼犬传播犬弓首蛔虫的行为可能会重复1~2次。畜主应意识到，带着一窝小犬的母犬从产后3周开始其周围的环境存在大量的虫卵，在这期间采取驱虫和卫生措施最有效，而不是在母犬产后1个月出现严重感染时才进行驱虫。以下原因可以解释这一点（Sprent，1961）：一些复活的幼虫未能在幼犬的肠道内寄生而随粪便排出体外，哺育的母犬为了保持犬窝的清洁吃了这些粪便，使这些被排出的幼虫获得了第二次发育成熟的机会。

[对静止期幼虫的治疗]　"无犬弓首蛔虫犬"的说法意指犬体内即无成虫也无幼虫寄生。然而，即使想在很小的幼犬体内检查出极少的静止期幼虫几乎是不可能的，因此，"无犬弓首蛔虫"的状态只不过是天方夜谈。培育无犬弓首蛔虫犬所需要采取的措施超过了商业培育所能承受的成本。

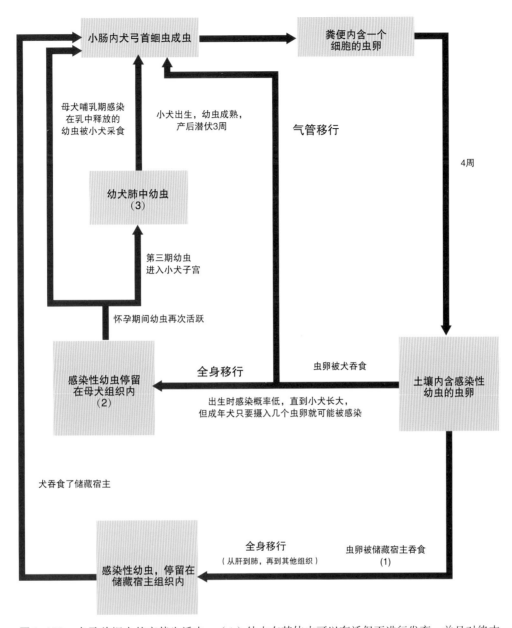

图4-122 犬弓首蛔虫的交替生活史。（1）幼虫在其体内可以存活但不进行发育，并且对终末宿主保持感染性的任何宿主都是储藏宿主。包括啮齿动物、羊、猪、猴、人、蚯蚓和成年犬在内的任何一种都可以作为犬弓首蛔虫幼虫的储藏宿主。（2）滞育的感染性幼虫在公犬组织中也被发现，但据推测不具有流行病学的重要性。（3）通过胎盘进入幼犬体内的幼虫，在胎儿体内蜕皮一次，但直到出生后才进一步发育[Sprent 重新绘制：Observations on the development of *Toxocara canis*（Werner，1782）in the dog，Parasitology 48:184，1958]

Griesemer 和Gibson（1963）在不使用驱虫药的情况下，将母犬与子犬在铁丝笼内隔离饲养，并剥夺母犬哺乳，几代之后获得了无犬弓首蛔虫的幼犬，在几次妊娠过程中通过胎盘的幼虫显然被消灭了。

感染犬弓首蛔虫和犬钩口线虫的母犬每天使用芬苯达唑，从母犬妊娠的第四十天开始直到哺乳期的第十四天，用量为50mg/kg。这样它们生下的幼犬就没有这两种寄生虫的感染（Duwel 和Strasser，1978）。Burke和Roberson（1983）对母犬采取同样的措施，幼犬体内蛔虫减少89%，钩虫减少99%。给药时间与这些静止期幼虫在妊娠母犬体内的激活和移行相一致。

对试验感染母犬在妊娠期间使用伊维菌素可显著减少幼犬出生后犬弓首蛔虫的数量（Shoop等，1988）。在母犬妊娠第二十天和第四十二天用药，剂量为1.0mg/kg，或者在其妊娠第三十八、四十一、四十四和四十七天用药，剂量为0.5mg/kg，都可以使接受治疗的母犬所产下的幼犬体内寄生虫数量显著减少，用药剂量超过了伊维菌素用于预防犬恶丝虫的剂量。

2. 猫弓首蛔虫

猫弓首蛔虫比犬弓首蛔虫稍小，雌虫长达12cm，颈翼非常发达（图4-123，图7-56）。新鲜虫体庞大的颈翼使虫体前端呈现眼镜蛇样外观。在猫的呕吐物里发现虫体之后，通常由畜主将虫体送给医生。如果医生无法鉴定虫体，通常会从头端之后剖开1/3的虫体，在显微镜下寻找更为熟悉的弓首蛔虫卵。当然，只有当获取的虫体是雌虫时才能发现虫卵。

[生活史]　猫弓首蛔虫的移行与犬弓首蛔虫有很大不同：①猫弓首蛔虫不会经胎盘感染；②虫卵感染后，幼虫经气管移行的比例很高（图

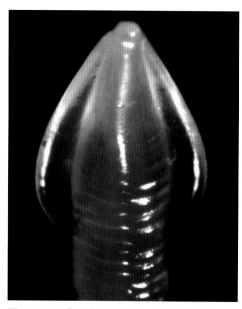

图4-123　猫弓首蛔虫头端，显示颈翼发达

4-124）。经乳腺感染被认为是小猫重要的感染途径（Swerczek，Nielsen和Helmbolt，1971）。然而，最近的研究表明，经乳腺感染在慢性感染的猫身上并不发生，如果母猫在妊娠后期发生急性感染的话，则有感染发生（Coati，Schnieder和Epe，2004）。对于成年猫来说，至少是那些捕食性好的猫，感染的储藏宿主无疑是重要的感染源。无论是妊娠期间急性感染猫体内的幼虫，还是储藏宿主体内的幼虫，在猫体内的移行以及在储藏宿主体内的滞育，似乎在某种程度上满足了幼虫的移行特性，虽然小部分幼虫可以像以前那样移行，但多数幼虫在胃壁逗留后（即黏膜移行）发育为成虫（Sprent，1956）。

[治疗]　小猫不会经乳腺或胎盘从母猫那里感染钩虫或蛔虫，这意味着小猫的早期治疗不像小犬那么重要。在美国用于2周龄猫的唯一药物就是噻嘧啶，当与吡喹酮配成制剂（Drontal）时，用药的年龄要求是4周龄，体重要求680克。各种哌嗪类制剂也常用于小猫的治疗，就像对犬的驱虫一样。很多药品要求6周龄以下的猫禁用。用于猫的其他产品对小猫也要慎重，有些产品在6周龄（伊维菌素和美贝霉素肟）、8周龄（司拉克丁）、9周龄（emodepside和吡喹酮）时开始给药，其中一些也有体重限制。

（七）关于蛔虫的环境控制

1. 土壤污染

弓首属和弓蛔属虫卵对恶劣环境有较强的抵抗力，在外界环境中可保持数年的感染性，尤其是在排水不畅的黏土和淤泥中，因此虫卵在淤泥和污秽的垃圾中的累积随时构成对放养犬的威胁。幼小的猎犬遭受频繁而严重的蛔虫感染，合理的解释可能因猎犬被长期关在犬舍里，污染的土壤导致了其反复的感染。感染性虫卵抵抗力强，最有效的措施就是使用混凝土和沥青板做地面。这种地面上犬粪积累的时间不超过1周，圈养犬摄入感染性虫卵的概率降低。另一种清除污染

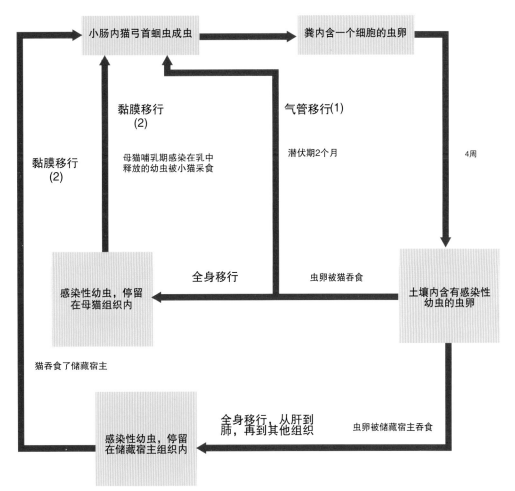

图4-124　猫弓首蛔虫的交替生活史。（1）吞食感染性虫卵导致明显感染的可能性在猫的生活中仍然是很大的。（2）已经在储藏宿主包括母猫体内移行的幼虫，通过黏膜移行来满足它们组织营养的需要。只有在母猫妊娠后期急性感染的情况下，似乎才会发生经乳腺传播。这些交替的流行病学重要性取决于环境的类型，合适的储藏宿主，以及猫的性别和习性〔Coati N，Schnieder 重新绘制：Vertical transmission of Toxocara cati Schrank 1788（Anisakidae）in the cat，*Parasitol Res* 92: 142，2004；Sprent JFA: The life history 和 development of *Toxocara cati*（Schrank，1788）in the domestic cat，*Parasitology* 46:54，1956；Swerczek TW，Nielsen SW，Helmbolt CF: Transmammary passage of *Toxocara cati* in the cat，*Am J Vet Res* 32:89，1971〕

土壤的最好方式就是在犬舍铺上新鲜的碎石。

2. 犬舍污染

所有的地面首先必须物理清洗。高压水洗是非常有效的，便宜的移动装置也十分令人满意。木质或铁质结构用任何设备都难以清洗干净。地面清洗后，用1%次氯酸钠溶液擦洗或喷雾（每3 785cm³凉水加3杯次氯酸钠），以破坏蛔虫卵的蛋白质外膜，使它们无法黏附，可以被冲走。初步清洗是绝对必需的，因为任何残留的有机物都

可以中和次氯酸钠，致使其无法破坏虫卵。注意没有什么药物可以直接杀灭蛔虫卵。上述方法不能杀死蛔虫卵，只是降低它们的黏附性而已。高温可杀灭蛔虫卵。笼子和垫草在60℃（140°F）以上5min可以杀灭所有的蛔虫卵，但是对于不同的犬舍结构，多数情况下很难达到这个温度。

3. 储藏宿主

老鼠和其他小型储藏宿主在弓首属和弓蛔属蛔虫感染的流行病学中可能起重要的作用，尤

其是对捕食性的猫而言。如果解剖你的猫所抓获的家鼠、田鼠、鼹鼠、鼩鼱或者蛇，在其体内很可能发现弓首蛔虫幼虫形成的包囊。在英格兰农村的一项调查发现，15%的棕鼠体内检出弓首蛔虫的幼虫（Webster和Macdonald，1995）。在农村，除了将猫和犬关在家里，对其感染源无计可施。啮齿动物被犬舍或猫窝内丰富的食物所吸引，并不会害怕凶猛的食肉动物，老鼠为了食物愿意冒生命危险。关于啮齿动物对关在建筑物或室外围栏中的犬和猫传播蛔虫和其他寄生虫所起的作用，目前报道的很少。但是公认的事实是，控制啮齿动物方面的投入将减少部分控制寄生虫感染的费用。

（八）人的弓首蛔虫病（内脏幼虫移行症）

犬粪的广泛分布和犬弓首蛔虫卵的流行使Fulleborn（1921）对人体出现含有这种寄生虫幼虫结节的病理意义感到疑惑。这些结节主要发生在肝脏、肺脏、肾脏和大脑。Beaver 等（1952）认识到犬弓首蛔虫幼虫的移行可导致3岁以下儿童的嗜酸性粒细胞增多（超过50%）、局限性肺炎和肝肿大，并将这种情况称为内脏幼虫移行症。当3～13岁儿童出现可怕的后遗症时，幼虫可导致肉芽肿性视网膜炎。至少有36例报道，由于犬弓首蛔虫引起的肉芽肿性视网膜炎被误诊为成视网膜细胞瘤而导致儿童眼球不必要的手术摘除。

典型的流行情况是，幼儿吞食了犬弓首蛔虫感染性虫卵严重污染的泥土。这种泥土可能是犬习惯性排便的地方，并且在母犬以及它的幼犬所在的犬舍里污染更为严重。城市公园里的土壤也可受到犬弓首蛔虫感染性虫卵的严重污染（Dubin，Segall和Martindale，1975；Woodruff和Burg，1973）。不洁的饮食常由饮食缺乏或情绪不定所致，尽管常被看作是不良饮食习惯的表现（即异食癖），但即使营养良好、习惯良好的孩子可能也不愿意扔掉拿在手中的美食。禁止儿童在犬经常排便的地方玩耍，禁止用犬粪给菜园施肥。

世界各地的人感染后绝大多数都没有特征性的症状。像其他转续宿主一样，幼虫可在灵长类动物的组织中存活至少10年（Beaver，1966）。最近在美国一项6岁儿童（20 395人）的血清学调查显示，大约13.9%的儿童血清反应呈阳性，由于这些幼虫的生物学特性（Won等，2007），很可能意味着他们当前已被感染。作为人的感染源，猫弓首蛔虫的重要性比犬弓首蛔虫要小，对一些患者可以进行血清学诊断（Petithory和Beddock，1997；Virginia等，1 991），但是血清学不能区别是什么种的感染。除了环境中的感染性虫卵，人类没有其他的传染源。在美国由于人体内缺少其他常见的肠道寄生虫，所以与其他寄生虫发生交叉反应的抗体可能极少。因而，人类的感染似乎是由于吞食了土壤中的虫卵所致，这些虫卵随犬和猫的粪便排出后在土壤中发育为含胚胎的虫卵。这意味着兽医有责任鉴定和消除每一次犬弓首蛔虫和猫弓首蛔虫的感染，向公众提供关于人弓首蛔虫病流行和防治的客观科学资料。

儿童感染猫弓首蛔虫成虫的案例也有报道（Eberhard和Alfano，1998），但认为这些小孩可能吞食了垃圾盒中完整的成虫。

（九）非人类宿主的内脏幼虫移行症

在兽医方面，不应该忘记除了人类和其他灵长类动物以外，其他宿主由于犬弓首蛔虫（和猫弓首蛔虫）幼虫在组织中移行也能引起移行症。猫感染猫弓首蛔虫后，其肾脏和肝脏的嗜酸性粒细胞增多，可见大量的嗜酸性肉芽肿，在肺部可见肺血管严重的内侧肥大（Parsons等，1998）。很多其他宿主也可发生犬弓首蛔虫病，包括羊、猪、乌龟等（Parsons，Bowman和Grieve，1989）。犬弓首蛔虫和猫弓首蛔虫的幼虫可引起猪的肝脏白斑病，与猪蛔虫引起的病变相似（Roneus，1966）。

贝利斯蛔虫

在北美野生动物常见的种类有寄生于浣熊的

浣熊贝利斯蛔虫（*Baylisascaris procyonis*），寄生于臭鼬的柱状贝利斯蛔虫（*B.columnaris*），寄生于旱獭的平滑贝利斯蛔虫（*B.laevis*）。浣熊被引进欧洲后，在那里繁殖相当成功，与此同时浣熊的线虫也在欧洲出现。浣熊贝利斯蛔虫可在包括人在内的各种宿主体内引起特别严重的内脏幼虫移行症（Kazacos，2001），并且人畜互传在欧洲也开始出现（Kuchle等，1993）。与弓首属幼虫不同的是，浣熊贝利斯蛔虫的幼虫移行时可以长大。相同的是它们也喜欢侵入中间宿主的中枢神经系统，因为移行时仍然在不断地生长发育（图8-100），所以即使大脑中出现1～3条浣熊贝利斯蛔虫都可以致死。这种特性使这类寄生虫对100多种动物都具有致病性，其中包括土拨鼠、兔子、松鼠、鸡、火鸡、鹧鸪、鸽子、澳洲鹦鹉、欧石鸟、食火鸟、鹌鹑以及人类等（Kazacos，2001；Kazacos等，1983；Myers，Monroe和Greverse，1983；Roth等，1982）。不幸的是人的病例继续在发生（Pai等，2007；Park等，2000），所以兽医工作者应认识到不管是被关起来的浣熊还是森林里的浣熊对人类构成的威胁都是应当重视的。多数对犬弓首蛔虫有效的驱虫药都可以用来治疗浣熊贝利斯蛔虫感染（Bauer和Gey，1995）。

浣熊粪便污染的干草、秸秆、饲料以及垫料常常是感染性虫卵（图4-125）的来源。在恶劣的天气里，干草棚和阁楼等可能是孩子们玩耍的地方，但是这些地方应该事先检查以确保没有浣熊在里面筑巢。在地面上觅食的鸟类如斑鸠、鸽子、知更鸟等，当它们吞食了浣熊干粪里未消化的种子时，风险特别大（Evans和Tangredi，1985）。

犬是成虫的宿主。通过使用驱蛔灵并鉴定随粪便排出的成虫和童虫，Greve和O'Brien（1989）诊断出一条5个月大的拉布拉多猎犬（放养）和一条6个月大的金毛猎犬感染浣熊贝利斯蛔虫成虫。在明尼苏达州、印地安那州、密歇根州以及爱德华王子岛等地区犬粪中也发现该虫的虫卵（Conboy，1996；Kazacos，2001）。自然感染浣熊贝利斯蛔虫成虫的犬可以使用美贝霉素肟进行治疗（Bowman等，2005）。该虫虫卵比犬弓首蛔虫和狐毛首线虫（*Trichuris vulpis*）虫卵稍小（图4-126）。

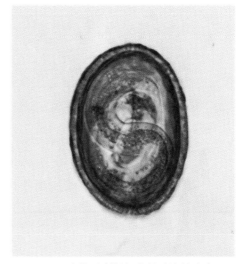

图4-125 浣熊贝利斯蛔虫的感染性虫卵

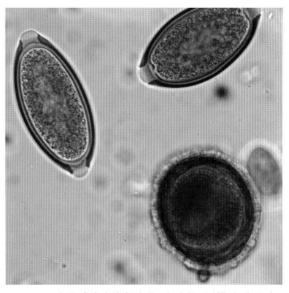

图4-126 自然感染犬粪便中的1个浣熊贝利斯蛔虫虫卵和2个狐毛尾线虫虫卵

五、旋尾目

旋尾目包括两个亚目：驼形亚目（Camallanina）和旋尾亚目（Spirurina）。两个亚目的成员都需要节肢动物，如甲壳动物或昆虫作为中间宿主发育到感染性阶段。终末宿主通常是吞食了感染的节肢动物或以这类节肢动物为食的转续宿主而感染。旋尾亚目包括丝虫总科（Filarioidea）的虫体，其中间宿主是吸血性的节肢动物，吸血时感染或再次吸血时传播此虫。

（一）驼形亚目

龙线属

驼形亚目兽医上重要的只有一个属，即龙线属（*Dracunculus*），寄生于食肉动物和人的皮下组织（图4-127，图7-49）。雌虫很长，可达120cm，雄虫较小，可达40mm。当雌虫受精后，肛门和阴门萎缩，在位于虫体前端的宿主皮肤形成浅表溃疡。当水湿润溃疡时，雌虫伸出体外，并露出一段子宫，然后突然释放一大群幼虫（图4-128）。雌虫慢慢移到开口处等待下一次湿润的机会。

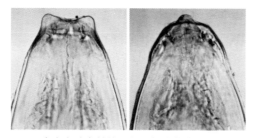

图4-127 来自犬腋窝结缔组织的标志龙线虫。左：头端侧面；右：头端背腹面

感染人的是麦地那龙线虫（*Dracunculus medinensis*）。为消灭该虫，大规模的国际合作使其正趋于灭亡。据报道在非洲9个国家一年只有10 000例感染（Hopkkins等，2007）。从人身上拔出麦地那龙线虫的原始技术是抓住虫体并用棍子慢慢地将它卷起来。绕虫需要几天时间，因为如果在缠绕过程中虫体破裂的话，可引发严重的反应。现代医疗首选外科切除。

美国的兽医需要注意标志龙线虫（*D. insignis*），该虫可寄生于北美浣熊以及其他肉食动物，包括犬和猫（图8-108）。在美国，蛇和鳄龟体内也报道过龙线虫。在该属的生活史中，幼虫从慢慢伸出体外的雌虫体内释放出来，如果被桡足纲动物剑水蚤吞食则具有感染性。幼虫在剑水蚤体内发育大约3周，终末宿主饮水时吞食了剑水蚤而感染。蛙类似乎是标志龙线虫的转续宿主（Eberhard和Brandt，1995）。犬吞食蛙类后感染的机会增加。

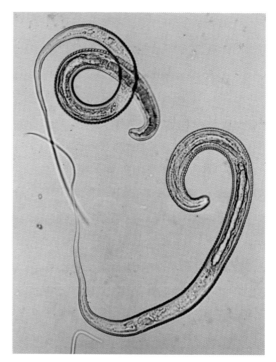

图4-128 标志龙线虫的第一期幼虫

（二）旋尾亚目

旋尾亚目包括10个总科，其中6个是家畜的寄生虫。旋尾线虫的口以及周围构造非常特别。将标本与本节的图解进行比较就能鉴定到属。丝虫科例外，它们中大部分口都很简单。

1. 颚口总科

颚口线虫（*Gnathostoma*）在口孔周围有环形的口领（图4-129）。成虫见于野生或家养肉食动物的胃壁囊状结节内。虫卵以一至二个细胞阶段排出，在水中发育至第二期幼虫。幼虫孵出，只有当被桡足类动物（剑水蚤）吞食后才能发育为第三期幼虫。许多两栖类动物、蛇类以及鱼类都可以作为转续宿主，将颚口线虫从剑水蚤传给终末宿主。颚口线虫幼虫在终末宿主的肝脏和其他器官中移行可造成损伤。含有棘颚口线虫（*G. spinigerum*）的囊状结节可以破溃使虫体进入腹腔，导致死亡。被人吞食的棘颚口线虫幼虫能四处移行但不能发育成熟。

前端嵌入黏膜中生活（图7-55）。在犬体内成虫大多喜欢聚集于十二指肠前段。犬和猫的感染常常与它们的呕吐有关，内窥镜检查时可看见成虫（Jergens和Greve，1992）。

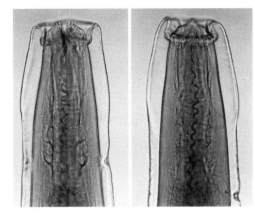

图4-130　泡翼线虫。左：前端背腹面；右：前端侧面

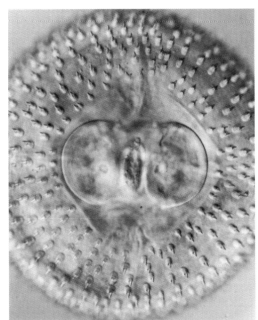

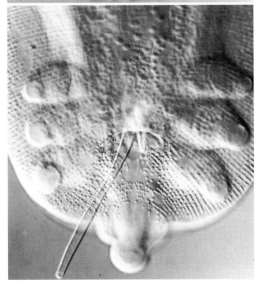

图4-129　颚口线虫雄虫的口端（上）和尾端（下）

2. 泡翼总科

[鉴别]　泡翼线虫（*Physaloptera*）寄生于肉食动物的胃中。口侧面有假唇，由口领所包围（图4-130，图4-131）。虫体呈白色或淡红色，

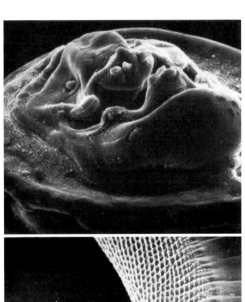

图4-131　泡翼线虫雄虫的口（上）和尾端（下）

[生活史] 雌虫产含幼虫的小型虫卵，卵壳较厚。卵内幼虫在各种食粪甲虫、蟋蟀和其他昆虫体内发育为感染性阶段。幼虫还可以以各种冷血脊椎动物作为转续宿主。

[治疗] 犬可以用芬苯达唑治疗，用量为50mg/kg，连用3d（Jergens和Greve，1992）。感染猫可以用伊维菌素治疗，用量为0.2mg/kg（Gustafson，1995），也可以使用噻嘧啶，用量为5mg/kg，隔3周用一次，连用两次（Santen，Chastain和Schmidt，1993）。在艾奥瓦州对29条犬和6只猫泡翼线虫感染进行治疗后的总结是，使用噻嘧啶治疗，用量为20mg/kg，如果呕吐症状未停止的话可以重复一个疗程（Campbell和Graham，1999）。作者认为在他们所遇到的病例中使用不同的驱虫药（芬苯达唑，噻嘧啶，吡喹酮和非班太尔）似乎都有效，但是某些病例需要加大使用剂量或者延长治疗时间。

3. 吸吮总科

（1）肺旋线虫科

肺旋线虫寄生于野生肉食动物的肺脏，偶尔也可寄生于犬和猫。代表属是肺旋线虫属（*Pneumospirura*）和后吸吮属（*Metathelazia*）。

（2）吸吮科

吸吮线虫（*Thelazia*）（图4-132）寄生于家畜泪囊和结膜囊内，在北美有寄生于马的泪吸吮线虫（*Thelazia lacrymalis*），寄生于牛和马的斯氏吸吮线虫（*T. skrjabini*），寄生于牛的大口吸吮线虫（*T. gulosa*），寄生于犬、猫和其他哺乳动物的加利福尼亚吸吮线虫（*T. californiensis*）。在肯塔基州的调查发现将近一半的马感染泪吸吮线虫（Lyons等，1986）。在北美吸吮线虫对牛和马的危害很小，但是需要治疗的偶发病例也许在上升。

[生活史] 雌虫排出含幼虫的薄壳虫卵，这些幼虫在秋家蝇体内发育为感染性幼虫。东方面蝇黑边家蝇可作为日本牛吸吮线虫的中间宿主（Shinonaga等，1974）。在过去几年里主要在中国和意大利对犬和人的欧亚吸吮线虫结膜吸吮线虫（*T.callipaeda*）进行了大量的研究，发现它的传播媒介是果蝇科的果蝇（Shen等，2006）。加利福尼亚吸吮线虫的传播媒介是夏厕蝇和本杰明厕蝇。果蝇可能解释了在美国西部发生的眼病与蚊虫进入眼睛有关（Kirschner，Dunn和Ostler，1990）。

[治疗] 皮下或肌内注射0.2mg/kg的多拉菌素可治疗和控制牛的吸吮线虫感染。感染牛用四咪唑按12.5～15mg/kg剂量皮下注射，可迅速的康复。左咪唑以5mg/kg剂量皮下注射，或者配成1%的水溶液滴眼也有效（Aruo，1974；corba，Scales和Froyd，1969；Vassiliades等，1975）。犬的结膜吸吮线虫感染通过皮下注射伊维菌素0.2mg/kg（Rossi和Peruccio，1989）或者直接向每个眼睛滴1～2滴1%莫西菌素（Lia等，2004），或者向犬颈背部局部应用莫西菌素（2.5%）与吡虫啉（10%）合剂（使莫西菌素剂量达到2.5～6.5mg/kg）（Bianciardi和Otranto，2005），都能成功地治愈。Brooks，Greiner和Walsh（1983）通过向眼结膜囊内滴一滴0.125%的地美溴铵（胆碱酯酶抑制剂），随后用灭菌盐水冲洗，成功地治愈了由吸吮线虫引起的塞内加尔鹦鹉的结膜炎。

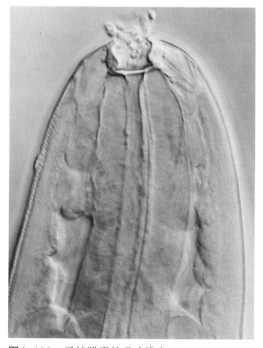

图4-132 马结膜囊的吸吮线虫

4. 旋尾总科

筒线虫寄生于牛和其他有蹄动物。虫体角皮上覆盖着疣状隆起（图4-133），尤其是虫体前端。虫体在宿主的食道黏膜[美丽筒线虫（*Gongylonema pulchrum*）]或瘤胃黏膜[多瘤筒线虫（*G. verrucosum*）]中形成明显的有规律的回旋状（图4-134）。含第一期幼虫的虫卵通过宿主的粪便排出，如果被食粪甲虫或蟑螂吞食，则在一个月内发育为感染性阶段。终末宿主吞食了感染的昆虫而感染。筒线虫通常无害。

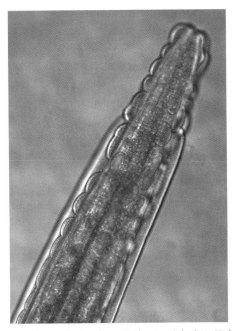

图4-133　美丽筒线虫虫体的前端，显示角皮上的隆起

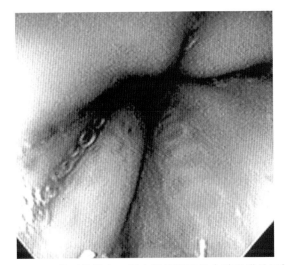

图4-134　美丽筒线虫。用内窥镜所见的食道黏膜处回旋状虫体（纽约伊萨卡康奈尔大学兽医学院Thomas Divers博士惠赠）

狼旋尾线虫（*Spirocerca lupi*）是一种寄生于犬科动物的寄生虫，见于食道壁或胃壁的纤维性结节内（图8-103至图8-105）。虫卵很小（12μm×30μm），随粪便排出时，已形成蠕虫形胚胎（图7-25，图8-105）。如果虫卵被食粪甲虫吞食，则发育为感染性阶段，能够感染犬和各种转续宿主，包括蜥蜴、鸡、小鼠等。当感染性幼虫被犬吞食，幼虫经内脏动脉和主动脉的血管外膜移行至食道壁和胃壁。一些虫体移行过程中出现迷路，从而在异位处形成包囊，但是生殖的成虫通常见于囊状结节，通过瘘管与食道或胃相通。慢性感染可引起吞咽困难、呕吐、食道瘤、主动脉瘤或破裂、继发性骨关节病等。

对于犬的治疗，目前选择的药物是多拉菌素，每隔1周皮下注射0.2mg/kg或0.4mg/kg，一共注射4~6次，也可每月追加1次（皮下注射0.4mg/kg）直至症状消失，或者口服6周（每天0.5mg/kg）（Berry，2000；Lavy等，2002）。这些治疗似乎都有效，食道病变都明显消失。

旋尾科还包括寄生于猪的似蛔属（*Ascarops*）和泡首属（*Physocephalus*）（图4-135），寄生于灵长类动物的链咽属（*Streptopharagus*）线虫。

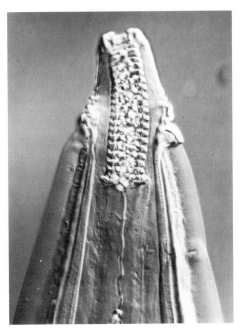

图4-135　六翼泡首线虫

5. 柔线总科

[鉴定] 大口德拉希线虫（*Draschia megastoma*）、蝇柔线虫（*Habronema muscae*）和小口柔线虫（*H.microstoma*）寄生于马的胃内，成虫位于胃壁褶缘附近。大口德拉希线虫长13mm，口囊呈漏斗形；而蝇柔线虫较大，长22～25mm，口囊呈圆柱状（图4-136）。蝇柔线虫左交合刺比右交合刺长5倍，而小口柔线虫2个交合刺仅有2倍的差距。大口德拉希线虫刺激宿主形成纤维性结节，在虫体寄生的结节内充满奶油状的脓液（图7-74）。柔线虫与结节无关。

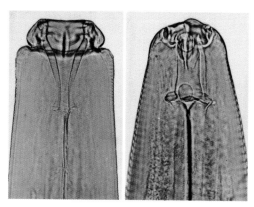

图4-136 大口德拉希线虫和蝇柔线虫

[生活史] 虫卵排出后不久幼虫从很小的虫卵中孵出（图7-71），幼虫或虫卵都可能出现在粪便中。如果幼虫被蝇蛆（大口德拉希线虫和蝇柔线虫为家蝇，小口柔线虫为厩螫蝇）吞食，则在1周多一点的时间内发育为感染性第三期幼虫。感染性幼虫移行至苍蝇头部，聚集在下唇处。当苍蝇飞落到温暖而潮湿的表面，比如宿主的口鼻部、眼结膜、皮肤伤口等处时，幼虫便更换宿主。那些被吞下的幼虫可以完成其生活史，而那些进入伤口的幼虫可能发育停滞。然而，从兽医角度看这些幼虫是极为重要的，因为它们引发了伤口处的肉芽肿。

[临床意义] 尽管德拉希属和柔线属种类不是胃内重要的寄生虫，但它们的幼虫与持续性的皮肤肉芽肿有关，这种肉芽肿称为胃线虫皮疹或

其他各种俗名（佛州马蛭病、夏疮等）。这些肉芽肿在小伤口和易于保持润湿的皮肤上产生。放牧的马眼角附近的皮肤受到蝇的刺激也许会流泪，该区域对这些幼虫也很有吸引力。典型的皮肤柔线虫病病变特征是，在苍蝇活动季节迅速出现肉芽肿，随后在肉芽组织内出现钙化结节和德拉希属或柔线属线虫幼虫而不能愈合。出现强烈瘙痒，继发性损伤可能是由瘙痒引起的。柔线虫性结膜炎通常出现包含钙化灶的溃疡性结节，并且位于内眦附近。这种结节可以磨损眼角膜，需要手术切除以防止或缓解角膜炎的发生（Underwood，1936；Rebhun等，1981）。

[治疗] 伊维菌素和莫西菌素可以用来治疗德拉希属和柔线属线虫成虫的感染。伊维菌素适用于治疗德拉希属和柔线属线虫幼虫引起的夏疮。在美国虽然感染的例子很少，但仍然有发生。1988年1月至2002年6月，加利福尼亚大学戴维斯兽医院接诊了参加马术的12 720匹，其中有63匹马感染（Pusterla等，2003）。这些马中7匹采用外科手术、56匹采用伊维菌素治疗。眼结膜上的硬块必须切除，以防损伤眼角膜。

6. 丝虫总科

犬恶丝虫（*Dirofilaria immitis*）是兽医学上最重要的丝虫。丝虫科还包括热带地区人的一些最重要的线虫。班氏吴策线虫（*Wuchereria bancrofti*）和马来布鲁丝虫（*Brugia malayi*）可引起急性淋巴管炎和慢性的班氏丝虫病，旋盘尾丝虫（*Onchocerca volvulus*）可引起盘尾丝虫性眼炎。

丝虫虫体细长，呈乳白色，一般寄生于组织间隙和各种体腔内，有时也寄生于血管系统和淋巴系统。它们没有明显的角皮装饰或唇，几乎没有口囊。雄虫尾部通常呈螺旋形弯曲。所有的丝虫都是通过吸血昆虫传播的，在昆虫体内微丝蚴可以发育至感染性的第三期幼虫。微丝蚴可以在终末宿主的血液内循环[如吴策属、布鲁属、恶丝属、双瓣属（*Dipetalonema*）和丝状属（*Setaria*）]或聚集于皮下结缔组织[如盘尾属和油

脂属（*Elaeophora*）]。在上述两种情况下摄入微丝蚴，当昆虫在终末宿主体上吸血时，将感染性幼虫注入宿主体内。

（1）恶丝虫属

[鉴别]　该属种类都寄生于肺动脉，雄虫长12～20cm，雌虫长25～31cm，大型（长达30cm）白色虫体，表面光滑（图4-137）。犬和犬的近亲是自然宿主，但也可感染猫（Calvert和Mandell，1982；Dillon等，1982）和雪貂。仅需5条犬恶丝虫成虫就能致死雪貂（Campbell和Blair，1978；Miller和Merton，1982；Moreland，Greiner和Parrott，1984）。人的感染可以造成称之为"铜钱病变"的放射性变化，常常误诊为肿瘤，导致不必要的胸部外科手术（Theic，2005）。

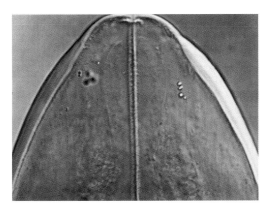

图4-137　犬恶丝虫头端

[生活史]　生活史如图4-138所示，可能需要许多不同种类的蚊子作为中间宿主。现在由蚊子传播的人类疾病比如疟疾和丝虫病一般叫做热带病，而不久以前疟疾在美国伴随每一个夏天均有发生。当媒介蚊的种群密度降至传播所需的水平以下时，疟疾也就消失了。随着农用洼地的排水、道路的建设以及主动的灭蚊行动，蚊子的数量随之减少。恶丝虫仍然呈地方性流行，甚至向已消除疟疾的地区扩散，可能是由于该虫对蚊子的选择不太严格。蚊虫的控制对公众和大多数兽医来说是一场看不见的战争，它在预防人类疾病方面起着重要作用，并且在降低恶丝虫感染水平

方面比其他方法发挥着更重要的作用。

当犬被感染蚊叮咬后，犬恶丝虫的生活史就开始了。在Abraham（1988）所写的一篇优秀的综述中对其作了详细的总结。微丝蚴（图4-139）随着雌蚊吸血而摄入体内，在蚊体内发育为感染性的第三期幼虫。当蚊虫再次吸血时，第三期幼虫离开蚊子的口器进入叮咬的伤口，并侵入皮下（图4-140）。在感染后3d内进入伤口的第三期幼虫蜕皮变为第四期幼虫。此时新生的第四期幼虫长约1.5mm。第四期幼虫在皮下结缔组织和胸腹部的肌肉组织内定居2～3个月。Orihel（1961）报道感染后第四期幼虫发育到成虫需要60～70d。Lichtenfel等（1985）报道感染后50～58d第四期幼虫发生蜕皮。

当它们蜕皮变为童虫时虫体长约12～15mm。虫体进入犬体内70d后开始进入肺动脉和心脏（Katani和Powers，1982）。当虫体最先进入右心室和肺动脉时，长为24～40mm（Orihel，1961）。感染后大约85～120d，虫体可长达3.2～11cm（Kume和Itagake，1955）。

受精的雌虫在犬感染后120d内出现，感染后6个月体内含有发育成熟的微丝蚴（Orihel，1961）。在随后的几周内外周血液中一般看不见微丝蚴。因此，潜伏期（即从感染到血液中首次出现微丝蚴）可长达6～9个月。一旦虫体开始产生微丝蚴，他们可以持续产蚴长达5年。微丝蚴在犬体内随血液循环，并能生活2年半以上（Underwood和Harwood，1939）。

当蚊子叮咬感染犬时被感染。微丝蚴在蚊子中肠停留1d后，进入马氏管，在那里侵入主要的细胞胞浆中。在适宜的条件下，感染后约5d，它们重返马氏管。感染后约10d微丝蚴蜕皮变为第二期幼虫，感染后约13d蜕皮变为第三期幼虫。具感染性的第三期幼虫移行至蚊子头部和喙部的空隙内，在那里等待机会进入新的犬科动物宿主体内。

[临床意义]　犬恶丝虫是北美家畜最重要的丝虫。成虫一般寄生于肺动脉，严重感染时可见

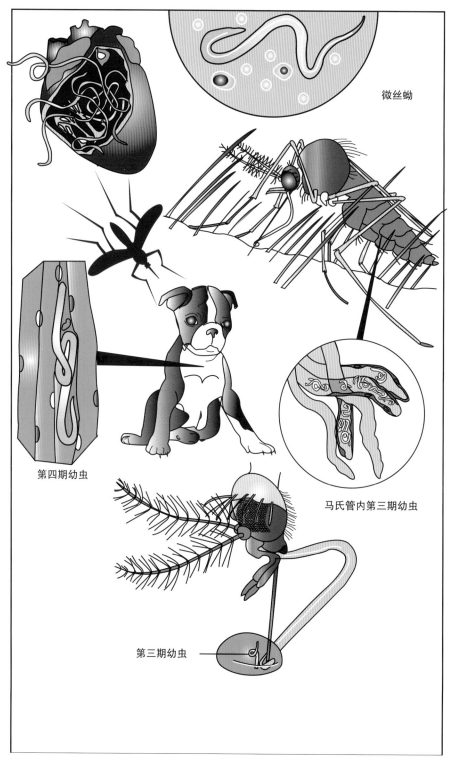

微丝蚴

第四期幼虫

马氏管内第三期幼虫

第三期幼虫

图4-138　犬恶丝虫生活史。成虫可生存并产微丝蚴长达5年。微丝蚴随血液循环，可被吸血蚊所摄食。大约一半的北美蚊都是可能的中间宿主，但是重要的媒介只有几种。幼虫在马氏管内发育，然后具感染性的三期幼虫移行至唾液腺。当蚊子叮咬犬时，三期幼虫进入叮咬的伤口中。在感染蚊叮咬犬后3d内，三期幼虫蜕皮变为四期幼虫。四期幼虫在结缔组织内停留几月，大约在感染后的2～3个月蜕皮为童虫。最后一次蜕皮后童虫（五期）经静脉循环移行至肺动脉。到达右心室后，童虫发育成熟并在感染后的6～9个月内产生微丝蚴

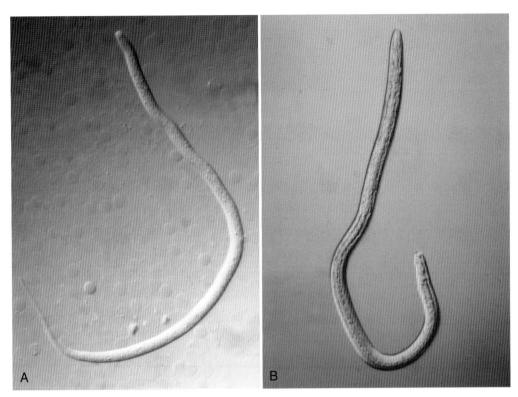

图4-139 犬恶丝虫。A：未染色标本中的微丝蚴（红细胞轮廓可见）；B：来自蚊的第三期幼虫

图4-140 犬恶丝虫的第三期幼虫，从感染蚊喙端伸出

于右心室。尸检时犬右心室内虫体可能比活体时更常见，因为血压下降导致流向肺动脉的血流停止。当死去的虫体流入肺深部，在那里可能堵塞肺动脉分支并引起梗死。该病在美国各地都有流行（Rothstein，1963）。犬恶丝虫的感染在亚特兰大和墨西哥湾沿岸地区特别多见，那里海岸盐沼地蚊子很普遍，在一些地区，检查未采取预防措施的犬发现有一半已被感染。在密西西比河和它的主要支流俄亥俄河以及密苏里河流域，其

流行也呈上升趋势。在美国中西部和中北部感染率较低。在美国西部存在犬恶丝虫的流行与传播（Bowman等，2007）。在加拿大南部也发生了犬恶丝虫的传播（Klotins等，2000；Slocombe 和 Villeneuve，1993）。在美国犹他州犬恶丝虫病上报到州兽医办公室。

感染后6～7个月的潜伏期内，没有任何症状，恶丝虫的发育和移行也不引起症状。疾病显露期，就是在血液中发现微丝蚴，这时候开始出现临床症状。通常看来，恶丝虫对宿主造成的损伤包括成虫对血管、心室以及瓣膜的机械性阻塞，进行性肺动脉内膜炎以及阻塞性纤维化所导致的肺动脉高压、右心衰竭（Adock，1961）。肺动脉内皮发生明显的绒毛样增生，使血管表面看起来好像铺了厚厚的一层绒毛（图4-141）。死去的成虫对较细的动脉分支反复地形成栓塞以及产生炎症反应，最终导致对血管的永久性损伤。然而，微丝蚴对毛细血管的堵塞在丝虫病的发病机理中也可能起作用。

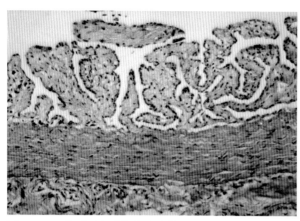

图4-141 犬恶丝虫感染犬肺动脉的组织切片（苏木精-伊红染色），显示血管内皮出现绒毛样增生

Jackson 等（1966）发现没有临床症状的犬体内平均藏匿有25条成虫，大约50条虫体就可引起中等到严重的恶丝虫病。急性肝功能衰竭的犬在其腔静脉和右心房内大约有100条虫体。患典型丝虫病的犬易于疲劳，咳嗽并且精神倦怠。右心代偿不全导致慢性静脉充血，并伴随肝硬化和肝腹水。肺栓塞导致急性呼吸困难发作，在此期间来自破裂血管的血液和虫体可以咳出。后腔静脉的阻塞可引起患病动物突然倒地，并在随后的几天内因肝功能衰竭而死亡。可以从颈静脉实施外科手术除去腔静脉栓塞（Jackson等，1977；Jackson，von Lichenberg和Otto，1962）。

根据美国兽医的调查（12 173个诊所的报告），在美国2004年超过250 000只犬检出犬恶丝虫阳性（Guerrero，Nelson和Carithers，2006）。与2001年调查（244 000条阳性犬）相比有上升，可能比实际感染情况偏低。在美国大约有50 000 000条犬，这意味着每年大约有0.5%的犬诊断为感染。犬恶丝虫病是一种可预防的疾病。

[诊断] 感染犬恶丝虫的犬，可通过检测各种抗原和在血液中找到微丝蚴进行诊断。大约在第三期幼虫接种后5个月血液中出现抗原。在正常的病程中，大约在犬被感染蚊叮咬后6个半月，犬恶丝虫首次出现在循环血液中。因此，在相当长的潜伏期内，从感染犬的血样中检不出微丝蚴。

对幼犬而言，即使在高流行地区未加防护，

在6个月之前很少查出犬恶丝虫的感染。因此，6月龄以上的犬应每月预防一次。如果在预防开始前已发生感染，那么在预防性治疗6个月后就应该检查而不是等一年之后才检查。

对于没有采取预防性治疗的成年犬而言，应首先对它们进行检查，可以检查抗原，证实是否呈犬恶丝虫阴性。作者和其他研究者均已发现，个别犬抗原检测阴性，但微丝蚴数目很高（每毫升约50 000～100 000条）。因此，如果成年犬来自犬恶丝虫高度流行地区，或者当地流行情况不清楚的话，最好要在显微镜下检查一滴血看看有无微丝蚴。在这种情况下没有必要采用集虫法检查，因为发现抗原呈阴性并且微丝蚴的数量很高，要确保预防性给药时微丝蚴的死亡不会对犬产生反应。如果在北美犬的血液中发现微丝蚴的话，他们最有可能是犬恶丝虫或隐匿双瓣线虫（*D. reconditum*）。感染隐匿双瓣线虫的犬抗原呈阴性，一般微丝蚴的数量很少（这2种微丝蚴的区别将在第七章讨论）。

如果犬采取全年预防的话，每年都应该进行一次检查。在全年的预防中，任何时间均可以进行检测，在这种情况下，对于刚出生的幼犬也应该采取全年的预防性措施。犬恶丝虫检测正好成为年度检查的一部分。务必记住大环内酯类产品是抗蠕虫药，犬恶丝虫也会有抗药性。由于犬恶丝虫的生活史相当长，似乎不可能产生抗药性，但是风险依然存在。只有对采取预防措施的犬进行定期检查，保持警惕，以鉴别和防止抗药性虫株的传播。

对于一年中只有部分月份采取预防性措施的犬，在每年开始治疗之前必须再次检查。但是，当被检测的犬几乎肯定是阴性时很可能有许多假阳性的结果存在（Peregrine，2005）。在这种情况下，必须记住当对未感染犬（按规定所有进行预防的犬都应该没有感染）进行大规模抗原检查时，无论检查多么可靠，都将会有假阳性结果的存在（99.9%的敏感性和特异性意味着每1 000个检测结果中有1个假阳性）。因此，如果进行过预防的犬被检出犬恶丝虫阳性，应该复检一次，假如仍然呈阳性，应仔细检查临床症状，以寻求支持诊断的依据。治疗的犬将要接受大剂量的砷，因此开始对治疗有恐惧是很合理的。

[治疗] 各种不同的驱虫药可用来对付犬恶丝虫的3个不同阶段：肺动脉和右心室的成虫，血液循环中的微丝蚴，通过组织移行到达心脏的幼虫。对于明显的犬恶丝虫感染的治疗包括首先使用砷制剂去除成虫，然后使用伊维菌素或美贝霉素肟以消除血液循环中的微丝蚴。针对组织中移行幼虫的药物可用来预防。

美拉索明二氢氯化物已准许用于治疗犬恶丝虫的成虫感染。对轻度到中度感染的犬肌内注射2次，2.5mg/kg，间隔24h。如果有必要，4个月后可重复治疗1次。感染更严重的犬经过2次治疗后间隔1个月应再进行1次同样的肌内注射。美拉索明二氢氯化物治疗似乎比以前静注硫乙砷胺钠更有效，治疗后高血压和血栓的严重程度没有任何增加（Rawlings等，1993）。

使用砷制剂治疗后，虫体在几天或几周内慢慢死亡，并随着肺动脉带到肺，在那里寄居下来并暂时阻碍血液循环。最终死亡虫体通过吞噬作用被清除。如果虫体同时快速被杀死的话，治疗的危险性可能比虫体本身更大。然而，即使虫体缓慢死亡，在砷制剂治疗后的4～6周内肺也会严重受损，在这段时期内犬不应受到应激。治疗后犬偶发呕吐、发烧、以及呼吸困难，如果这些反应持续发生，应停用砷制剂，可以使用一些支持疗法，服用激素类药物，并让动物休息。

驱除成虫后，对于血液循环中微丝蚴的清除，犬可以给予伊维菌素进行治疗（0.05mg/kg），而低剂量的伊维菌素（0.006mg/kg）具有预防作用，或者使用美贝霉素肟，预防剂量为每千克体重0.5mg。这些药物没有标明其使用方法，但是由于驱除血液中微丝蚴药物的匮乏，所以美国犬恶丝虫协会也将这些治疗方法列入推荐之内。

有些被推荐的方法如让感染犬连续几年全年使用伊维菌素治疗可以驱除成虫（2005准则对犬恶丝虫感染的诊断、预防和管理指南，美国恶丝虫协会）。作者个人意见是：在这种情况下，每月使用的药物需遵循食品药品管理局的要求，只有在成虫感染清除之后才对犬实施每月治疗的方案。如果有明显症状的犬每月使用阿维菌素进行预防，那么其中大约10%～20%，甚至更多的犬（取决于选择的产品），微丝蚴将在它们的血液中循环长达一年，也许更长（Bowman等，1992；Bowman和Torre，2006a，2006b）。如果想起草一个筛选微丝蚴抗药性的方案，就需要选择微丝蚴多的犬并给它连续几个月服用伊维菌素，以便大多数微丝蚴能够产生"抗药性"。保守的做法是仅对无虫犬给予阿维菌素进行预防性治疗。

恶丝虫和许多其他丝虫是共生性沃尔巴克体属（*Wolbachia*）细菌的宿主。这类细菌经卵传播，从雌虫传给后代（Kozek，1977）。这些细菌也存在于犬恶丝虫、旋盘尾丝虫以及引起人淋巴丝虫病的种类。据推测如果这些共生菌为丝虫存活所必须，或者它们的裂解产物对线虫有毒的话，它们就可以作为化学治疗的靶标。奥氏盘尾丝虫（*O.ochengi*）感染的牛可以使用四环素清除结节内的成虫（Langworthy等，2000）。遗憾的是，其对犬恶丝虫的治疗效果不是很明显。但是有研究表明，使用强力霉素对犬进行长期的治疗，可以阻止少数微丝蚴在蚊体内发育（McCall，2007）。强力霉素可能对虫体有直接的影响，而不是通过沃尔巴克体属细菌起作用（Smith 和Rajan，2000），但是无论什么原因，这似乎是对犬提供强力霉素治疗最好的理由，可杀死成虫，防止死虫周围肺部可能的继发感染，阻止残余微丝蚴的继续传播直至使用阿维菌素来杀灭。

[预防] 目前对犬恶丝虫感染的预防需要对所有被感染蚊叮咬的犬每月口服或局部使用大环内酯类驱虫药或者每隔6个月注射一次大环内酯类长

效制剂（莫西菌素）。进行预防性治疗时多数犬每月给药一次。莫西菌素长效注射性预防犬恶丝虫目前在美国并不可行。

有一系列阿维菌素或大环内酯类药物，当每月定期给犬用药时，可杀死不到30日龄的任何丝虫。这些药物包括伊维菌素、美贝霉素肟、赛拉菌素和莫西菌素。尽管这些药物按预防恶丝虫的剂量使用本身对内寄生虫有作用，但仍然要与其他抗内寄生虫药物或抗外寄生虫（主要是跳蚤）药物结合使用。医师可以从各种不同的药物中选择既能给犬提供犬恶丝虫的保护又能治疗或控制各种内、外寄生虫的药物，为生活在特殊地理环境或具有特别生活方式的宠物制订一个有用的方案。

经常被提及的问题是：是否应该对犬恶丝虫进行全年预防，6个月的预防，或者在循环传播可能少于6个月的地区预防时间甚至更短。Slocombe博士和他的同事（Slocombe等，1995）以及Knigh和Lok博士（1995）提出了美国和加拿大犬恶丝虫传播平均起止日期的等值线。等值线基于以下模型：蚊子的平均寿命，蚊子每年第一次和最后一次吸血的时间，摄入的微丝蚴在不同的温度下发育到第三期幼虫所需的时间，以及不同国家气象站收集的温度资料。因此，通过检查提供的等值线图，就可以确定发生感染地区的传播周期。Knight和Lok博士（1995）的模型显示在美国大陆可能没有什么地方发生全年传播。因此，在加拿大部分地区可以给予3个月的治疗，在佛罗里达可以给予10个月的治疗，从南到北不同地点随着感染起止日期而不同。最近在佛罗里达和路易斯安那州所做的工作支持这一模型，全年一共对109 597只蚊子进行了犬恶丝虫DNA的PCR检测（Watts等，2001），在佛罗里达的盖恩斯维尔，或者路易斯安那州的巴吞鲁日在12月和翌年1月、2月和3月份均未发现感染蚊。

应用这个模型的实际优势是减少不需要防治地区的不必要的防治。如果应用这个模型的话，必须考虑其他因素。首先，小气候的变化（大片的水域可以稳定温度，腐烂的肥料或植物可以提高温度，加热的工业废水，吸热的天然或人造表面）可使等值线内某些地区蚊子的吸血时间变长，或许要长得多。另外，在北美某些很冷的地方有几种蚊子是以成虫越冬，感染性幼虫可以在滞育的雌蚊体内越冬。第二，许多犬可能随主人一起旅游，一年之中可能越过等值线，多数病犬可以看兽医，要想发现所有的病例并开始预防性治疗也是不可能的。第三，在没有犬恶丝虫传播期间，用于控制感染或者与抗肠道蠕虫药联合使用的药物使顾客不想对宠物进行治疗。犬弓首蛔虫、狮弓蛔虫和狐毛尾线虫即使在一年中最冷的月份，只要土壤中含有感染性虫卵，都能够传播。据了解犬钩口线虫在身体的隐蔽部位可以定期地移回肠道，并在那里发育。最后，要想同时预防犬恶丝虫和控制跳蚤的话，就必须考虑全年预防。在一个家庭中，很可能是温度适宜于跳蚤在全年内循环，即使是在夏天它们危害显得更严重。

采用现有的产品，在兽医的照料下，任何犬没有理由感染恶丝虫。因此，当医师为一个客户制定预防计划时，有必要考虑所在的区域，客户情况以及宠物出现的可疑行为。然而，在为客户设计特殊方案时，记住客户间的交流也很重要，如果建议背后的理由没有说清的话，当所有的客户和宠物没有受到同等对待时，将会出现难题。

[猫心丝虫] 犬恶丝虫感染猫的情况日益受到重视。1995年，美国恶丝虫协会首次公布了猫心丝虫（犬恶丝虫）感染的诊断和防治指南（www.heartwormsociety.com）。关于恶丝虫感染，猫与犬主要有以下几点不同。第一，猫体内的成虫非常少，主要以微丝蚴的形式存在。因此，血液集虫法检查常常不可靠，并且没有足够的循环抗原用于各种不同的抗原检测试验。抗原抗体检测对猫是可以使用的。抗体只是显示接触过虫体，如果猫感染的虫体很少的话也许抗原呈阴性。第二，由于犬恶丝虫童虫在肺中移行，即使不造成明显的感染，猫也可能产生严重的疾病，这种综

合征叫做HARD心丝虫相关的呼吸疾病（Blagburn和Dillon，2007）。第三，在猫体内心丝虫可能异位移行，导致突然的死亡。第四，在病情稳定的情况下对猫可以采取驱成虫治疗方法。第五，外科手术摘除虫体可以作为候选方法。现在有些药物可以每月局部注射或口服来预防恶丝虫或其他内寄生虫感染，这些药物包括伊维菌素，美贝霉素肟，赛拉菌素，含吡虫啉的莫西菌素。正如使用在犬身上的药物一样，这些药物作用谱稍有不同，兽医可以选择最适合的药物进行治疗。

（2）丝状属

唇乳突丝状线虫（*Setaria labiatopapillosa*）（图4-142）和马丝状线虫（*S. equina*）（图4-143）分别是寄生于牛和马浆膜内的大型白色虫体，通过蚊子在宿主间传播。血涂片检查可见微丝蚴（图7-73），在腹部手术或屠宰间或尸检桌上可能会发现成虫（图4-144）。移行的丝状属幼虫偶尔可侵入中枢神经系统，引起严重的神经症状，特别是当它们进入非正常寄生的宿主体内。

在马眼房前部有时可观察到活动的成虫。Jemellka（1996）曾描述从一匹患有角膜浑浊和视力障碍的马眼房前部通过外科手术取出一条长4.38cm的指形丝状线虫（*S. digitata*）成虫。

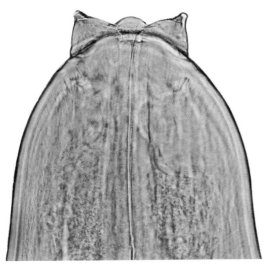

图4-142　唇乳突丝状线虫头端

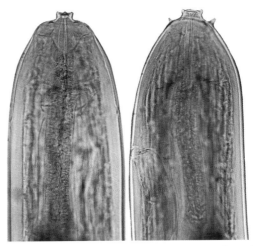

图4-143　马丝状线虫头端背腹面（左）和侧面（右）

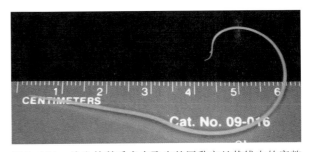

图4-144　从牛外科手术中取出的唇乳突丝状线虫的完整虫体

（3）盘尾属

盘尾线虫（*Onchocerca*）成虫虽然很大，但很容易忽略，因为它们杂乱地盘绕在深部结缔组织中。它们一旦被发现很难分离出完整的虫体，因此标本瓶内总是装着虫体的许多中间部分和很少的虫体末端。

颈盘尾丝虫（*O. cervicalis*）寄生于马的项韧带内（图8-111，图8-112），微丝蚴（图7-73）广泛分布于真皮和其他结缔组织内，包括眼结膜，该虫通过库蠓传播。在纽约汤普金斯县对放牧马的随机调查中，12匹马中8匹马查出颈盘尾丝虫，在一块重约15mg的皮肤活检标本中有1～3 000只微丝蚴（Georgi，1976b）。微丝蚴可引起强烈的搔痒性皮炎，俗称蛇皮癣、夏疮等。

在北美的牛中，喉瘤盘尾丝虫（*O. gutturosa*）寄生于结缔组织，主要是项韧带；而脾盘尾丝虫（*O. lienalis*）寄生于脾和瘤胃之间的结缔组织内。这两种丝虫偶尔也见于其他结缔组织。两种微丝蚴均寄生于真皮内（图7-73）。牛的盘尾丝虫中间宿主是蚋和蠓。

微丝蚴治疗 Herd和Donham（1983）采用伊维菌素肌内注射，0.2mg/kg，成功治愈了40匹马由颈盘尾丝虫微丝蚴引起的皮炎，秃头症和瘙痒症。用药24h后，4匹马出现腹部水肿。然而，这种对死虫的反应随后几天内就会消失，治疗后2～3周内所有马的临床症状都会明显的改善。注射0.3～0.5mg/kg莫西菌素也可以消除马血液中的微丝蚴（Monahan等，1995）。

（4）副丝虫属

副丝虫病（夏季出血症）仅发生在北美，由马的多乳头副丝虫（*Parafilaria multipapillosa*）和牛的牛副丝虫（*P.bovicola*）所引起。这些虫体寄生在皮下和肌肉结缔组织内，当它们性成熟时，产生豌豆大的结节，通过细小的孔流血。血液似汗滴流出，干燥后形成棕色的硬皮。虫卵和微丝蚴可见于这种结痂内，但决不会出现于血循环中。主动出血仅发生在白天，特别是当马暴露于阳光之下。Baumann（1946）报道感染马一旦被牵回马厩，体表就会立刻停止流血，当他们再次被牵回到阳光下又开始流血。他还观察到在凉爽的天气很少发生流血。Baumann观察的病变情况暗示部分副丝虫适应了吸血蝇的习性。该蝇在温暖的天气活动，并避开阴凉处。有证据表明多乳突副丝虫在前须黑角蝇（*Haematobia atripalpis*）肥胖的身体内发育（Gnedina和Osipov，1960）。

在菲律宾、印度、突尼斯、摩洛哥、前苏联、卢旺达、罗马尼亚、保加利亚、南非和瑞典等地，牛副丝虫可引起牛皮肤出血和类似淤血的病变（Bech-Nielsen，Sjogren和Lundquist，1982）。皮下病变导致牛在屠宰时巨大的损失。在南非有3种传播媒介：鲁索家蝇（*Musca lusoria*），法氏家蝇（*Musca fasciata*），还有一种未知的种类。在那里可能全年发生传播（Nevill，1975，1985）。这些在粪便中滋生的家蝇吞食了血液中的第一期幼虫，其皮肤伤口可能是由位于皮下组织的马副丝虫雌虫所造成的。幼虫在苍蝇体内发育为第三期幼虫，当感染蝇舔食牛的泪腺分泌物时可将幼虫注入牛的眼睛（Nevill，1975）。

（5）双瓣属

双瓣线虫（*Dipetalonema*）的成虫常见于猴子的腹腔（图4-145）。

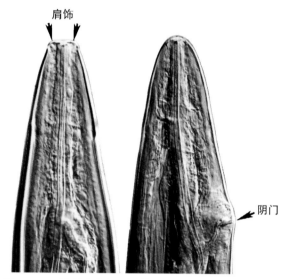

图4-145 猴子腹腔的双瓣线虫。左：头端背腹面；右：头端侧面

隐匿双瓣线虫（*D. reconditum*）是犬科动物的寄生虫，正如其名，由于虫体很小，通常数量也很少，而且位于结缔组织内难以察觉而很少被人发现。隐匿双瓣线虫被一些人归入棘唇属（*Acanthocheilonema*）内，而另一些人则认为是双瓣属的一个亚属。另外，该虫微丝蚴相当常见（图7-38），并且容易与犬恶丝虫的微丝蚴混淆。隐匿双瓣线虫对犬不致病。它的临床意义就在于其微丝蚴常常与犬恶丝虫的微丝蚴混淆（Lindemann，Evans和McCall，1983）。

[生活史] 隐匿双瓣线虫在猫蚤（*Ctenocephalides felis*）和有刺异端虱（*Heterodoxus spiniger*）体内发育至感染期，随血液进入的微丝蚴发育至第三期幼虫大约需要7～14d。当进入犬体内，第三期幼虫发育至成虫需要2～3个月（Farnell和Faulkner，1978；Lindermann和MaCall，1984）。

[诊断]　隐匿双瓣线虫成虫很小，通常不引起病变，但是在非常瘦弱的尸体中，通过立体显微镜扫描动物的四肢和背部筋膜，可能会发现虫体（Nelson，1962）。大约90%的成虫位于皮下组织，仅有小部分可能见于腹腔（Mello，Maia和Mello，1994）。通常随血液循环的微丝蚴不多，但是偶然也能观察到大量的微丝蚴。此时由于许多微丝蚴的存在，以为它们的成虫是犬恶丝虫而感到不安。隐匿双瓣线虫与犬恶丝虫微丝蚴的区别在于前者虫体更为细长，头端不尖，头钩要大得多（两种微丝蚴的区别详见第七章）。

Patton和Faulkner（1992）发现在田纳西州东部805条微丝蚴阳性犬中大约50%的微丝蚴是隐匿双瓣线虫，并且告诫医师在进行犬恶丝虫驱虫治疗前应做出正确的诊断。多数用于犬恶丝虫感染诊断的抗原检测试验都可以用来鉴别这两种虫体的感染。

（6）血管丝虫属

施氏膜脂丝虫（*Elaeophora schneideri*）微丝蚴寄生于鹿、麋鹿以及家养绵羊的动脉内。在新墨西哥州、亚利桑那州和科罗拉多州海拔6 000英尺（1 828m）的夏季牧场对绵羊的头部和面部的调查中发现，它们可以引起湿疹，渗出性皮炎并形成结痂。长达120mm的成虫见于颈动脉，髂骨动脉以及肠系膜动脉。虻是循环发育的中间宿主。

（7）冠丝虫属

斯氏冠丝虫（*Stephanofilaria stilesi*）成虫（长不到6mm）和微丝蚴很小，见于牛腹部皮肤损伤部位，其感染性幼虫在骚扰血蝇体内发育。

在印度，阿萨麦冠丝虫（*S.assamensis*）可引起一种严重的皮炎称为脊背痛。病变也可以在身体的其他部位发生，但主要发生部位是脊背，颈部和四肢。

六、嘴刺目

嘴刺目线虫与前面所讲的其他线虫明显不同。最早的分类将嘴刺目列入线形动物门无尾感器纲内。至此所讨论的其他目，包括圆线目、杆形目、尖尾目、蛔目和旋尾目，都属于有尾感器纲。这里所讨论的嘴刺目与有尾感器纲主要有两点不同。它们没有尾感器，肛门位于末端，所以虫体后端看起来就像被剪断的管子，交合刺如果有的话，只有一根。这类寄生虫的第一期幼虫都有一个口针。对有尾感器纲而言，终末宿主几乎总是被第三期幼虫感染，或者通过牧草，或者虫卵，或蚊子传播。对于毛形超科线虫，终末宿主总是通过吞食第一期幼虫而感染，即使在有储藏宿主的情况下。在膨结总科线虫中，终末宿主的感染与有尾感器纲很相似，最相似的地方是感染性阶段为第三期幼虫。在新的分类中，无尾感器纲将取代嘴刺纲，有尾感器纲将取代色矛纲。因此在单词的书写上将有明显的变化。20年前，有尾感器亚纲即尾感器纲，无尾感器亚纲即无尾觉器纲。

另外一种线虫也包含在这一节内，即*Haycocknema perplexum*，属于Robertdollfusidae科，与毛形总科有关，少数寄生于哺乳动物。

（一）膨结总科

膨结属

肾膨结线虫（*Dioctophyme renale*）是食肉动物、猪和人的大型肾虫，也是线虫中最大的虫体之一（图4-146）。水貂是主要的终末宿主。雌虫可长达1m，直径有1cm，虫卵（68μm×44μm）呈褐色，卵壳厚，两端有卵塞。雄虫稍小（不到400mm），后端有一个钟形的交合伞和一根交合刺。虫卵以一或两细胞阶段随尿液排出，在水中经过1个月以上发育为第一期幼虫。含幼虫的虫卵对环节动物具有感染性，在其体内发育为感染性的第三期幼虫。如果感染的环节动物被鱼或蛙吞食，幼虫可以侵入这些转续宿主体内，但不能发育。然而，如果感染的环节动物（或转续宿主）被犬吞食，幼虫就可以发育成熟，完成整个生活史（Karmanova，1968）。在犬体内，肾膨结线虫可见于右肾的骨盆，或游离于腹腔，寄生于腹腔一般不致病。

图4-146 在巴西从犬腹腔内剖检发现的3条肾膨结线虫，图中的直尺长30cm（Suzanne Wolfson博士惠赠）

（二）毛线总科

毛线总科包含一些家畜常见的寄生虫。这个总科的成员通过它们的杆状食道来区分，该食道由一系列称为杆状细胞的腺细胞围绕在毛细管周围所组成（图4-147）。该总科有5个属：毛形属（*Trichinella*），毛尾属（*Trichuris*），毛细属（*Capillaria*），毛体属（*Trichosomoides*），似毛体属（*Anatrichosoma*）。这5个属中除了毛形属之外都能产卵，卵的两端有卵塞。同样，所有属的雄虫除了毛形属之外都有一根交合刺，或至少有一个交合刺鞘，常常为刺状。

1. 毛形属

[鉴别] 旋毛虫（*Trichinella spiralis*）成虫细小，深埋在猪、食肉动物和人的小肠黏膜内（图8-115）。雄虫长1.4~1.6mm，无交合刺及鞘，并且在泄殖孔外侧有两个小的呈耳状的交配叶。雌虫长3~4mm，阴门位于食道中部，肛门位于尾端。雌虫可将早期幼虫直接产在宿主肠黏膜内（图4-148）。

[生活史] 掠食为许多寄生虫的进化提供了有效的通道。在大部分情况下，幼虫寄生于宿主的组织包囊内，性成熟的成虫习惯寄生于肉食动物的消化道内。因此，在多数情况下肉食动物通过吞食猎物而感染，宿主因吞食了肉食动物随粪便排出的感染性虫卵而感染。然而，在旋毛虫独特的生活史中，成虫和幼虫先后寄生在同一宿主体内，细小的成虫位于小肠微绒毛之间，他们所产的幼虫卷曲在横纹肌的包囊内（图8-116）。从这个意义上说，旋毛虫要想完成生活史，捕食者必须变成猎物。

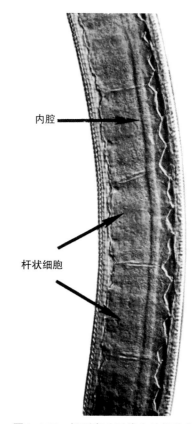

内腔
杆状细胞

图4-147 长颈鹿毛尾线虫的部分食道

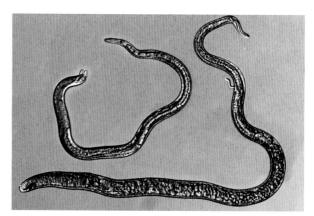

图4-148 人工感染鼠小肠的旋毛虫雄虫（左）和雌虫（右），早期幼虫正在从雌虫阴门排出（Judy Appleton博士惠赠）

在宿主消化酶的作用下，包囊内旋毛虫的第一期幼虫被释放出来（图7-93），侵入肠黏膜，经2d后发育至性成熟。大约5d后，雌虫开始产出早期幼虫（图1-149），进入淋巴管，然后进入血液循环，随血流带到全身各处肌肉内（Ali Kahn，1966）。然后这些早期幼虫进入横纹肌细胞内，与肌纤维的纵轴平行，很容易被忽视。2～3周后发育为第一期幼虫，并呈螺旋状蜷曲，或者像脆饼样包裹在包囊内，具有感染性（图4-150，图7-93和图8-116）。含有死幼虫的旧包囊则被钙化。

旋毛虫感染的肠道（成虫）阶段的持续时间在不同的宿主略有不同，在犬体内一周以上多一点，在人体内可持续3～4个月。为了缓解入侵幼虫的组织反应常采用的免疫抑制疗法，可延长雌虫的寿命。幸好还有许多驱虫方法可以采用。几乎所有的哺乳动物都能实验感染旋毛虫，但是肉食动物和杂食动物可能更多的是自然感染，通过

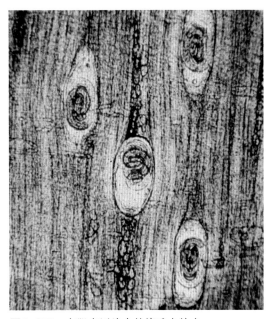

图4-150　在肌肉压片中的旋毛虫幼虫

捕食、嗜食同类或吃腐肉而感染。包囊内的幼虫对外界环境包括极度腐败都有很强的抵抗力。

[临床意义]　人类旋毛虫病通常是由于吃了生的或未煮熟的猪肉或熊肉所引起。在美国，人的旋毛虫病的爆发常涉及户外野餐的人群，吃了生的香肠，或来自当地屠宰猪未熟的烤肉，或未煮熟的熊肉。在伊里诺伊州的一次野餐中，一个荷兰与德国的大家族内50个成员中有23人发病，旋毛虫幼虫来源于自制的香肠，而香肠是美国农业部检验过的猪肉（Potter等，1976）。偶尔，个别人喜欢吃全生的碎肉，这种习惯在喜爱牛肉的人中比喜爱猪肉的人更普遍。然而，汉堡包中通常含有相当多的碎肉，这是否是人们感染的原因还不得而知。在法国和欧洲其他国家，旋毛虫病的暴发可追溯到食用马肉，似乎马更愿意吃一些肉屑，给它们喂碎肉也比人们所想的更为常见（Murrell等，2004）。

据估计，平均每克体重吞食5条旋毛虫的人就会致死，猪是10条，鼠类是30条（Chandler和Read，1961）。人旋毛虫病患者可以出现眶周水肿、肌痛、肠胃炎、结膜炎、瘙痒、皮疹，嗜酸性粒细胞增多通常超过20%。

家畜临床旋毛虫病是由于成虫对肠黏膜造

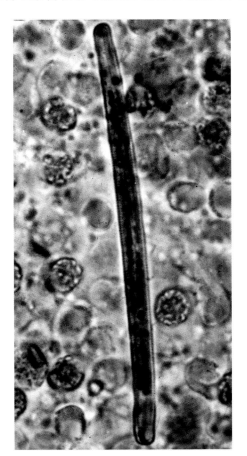

图4-149　通过Knott 技术证实的猫血液中旋毛虫的早期幼虫

成的损伤和幼虫侵入骨骼肌引起宿主的反应所造成的。在马萨诸塞州乡村的一只猫发生旋毛虫的感染，引起了猫短暂的出血性肠炎，在此期间粪便中可见旋毛虫成虫，在血液中可出现早期幼虫（图4-149）。幼虫侵入肌肉的阶段没有临床症状，但嗜酸性粒细胞增多可持续3个月（Holzwreth和Georgi，1974）。第二个病例是一只3月龄的小猫，可谓是典型的幼虫侵入肌肉阶段：小猫无助地躺在地上，四肢伸展，触摸时疼痛，流涎，呼吸无力，不断地吼叫（Hemmert-Halswick和Bugge，1934）。关于犬和猫旋毛虫病的病例报道很少，但问题是可能常被忽视和误诊。

[治疗] 旋毛虫感染在犬和猫体内很少发生，但是由于它们经常摄入未煮熟的碎肉或猎物，并且犬有食腐肉的嗜好。显而易见，犬和猫的旋毛虫感染事实上非常普遍。治疗方法仍处于试验之中。人工感染旋毛虫的犬和猫使用阿苯达唑治疗，50mg/kg，每天2次，连用7d，治疗后肌肉幼虫的数目有所减少（Bowman等，1993）。

[控制] 适当煮熟的旋毛虫一般没有危害，但是在烤箱内短暂加热不能保证烘烤的大量肉块内部的寄生虫被杀死，除非内部温度能够全部达到77℃。煮熟的新鲜猪肉切面应该是白色，任何发红的肉都应该返回烤箱或平底锅内重新烹饪。在微波炉内快速烹饪的一些方法中温度在77℃，甚至82℃并不能杀死所有包囊内的旋毛虫，显然是由于肉块加热不一致（Kotula等，1983），甚至在微波炉里烘烤看起来很好的烤肉也可能含有活的幼虫（Zimmermann，1983）。

将猪肉冰冻几周（即在-15℃冰冻20d）一直被认为可杀死旋毛虫。但是这种方法并不适用于栖息于森林的近似种，本地毛形线虫（*Trichinella nativa*），该虫见于熊和全北区的野生动物，它可以耐受-20℃储存6个月（Pozio等，1992）。在公众喜欢生猪肉制品的国家（如德国），肉检包括所有胴体膈肌压片中旋毛虫的显微镜检查。在美国，替代传统的做法是劝说公众新鲜猪肉要彻底

煮熟，要求快餐食品的厂家根据特别要求煮熟或冷冻以确保杀死旋毛虫。

2. 毛尾属

[鉴别] 毛尾线虫的成虫只寄生于哺乳动物，而毛细线虫的成虫可寄生于哺乳动物或其他脊椎动物。成虫呈鞭状，前端细长，呈毛发状，并且嵌入大肠肠壁内（图8-113）；后部粗短，游离于肠腔内（图4-151，图7-47和图8-114）。虫卵呈腰鼓形，并且每端都有一个明显的卵塞，随粪便排出时仅含有一个细胞（图4-152，图7-25，图7-52，图7-58和图7-91）；雄虫有一根交合刺，并具有交合刺鞘（图4-153）。

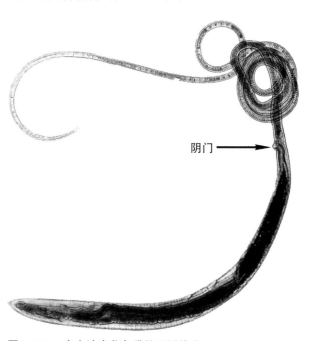

阴门

图4-151　来自波多黎各猫的毛尾线虫

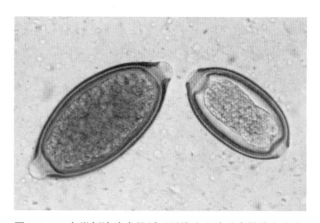

图4-152　犬粪便涂片中的狐毛尾线虫和波氏真鞘线虫虫卵

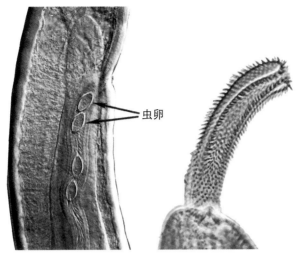

图4-153　异色毛尾线虫。左：雌虫阴道内可见4个虫卵；右：雄虫交合刺鞘伸出

[生活史]　虫卵随粪便排出时仅含有一个细胞，不具有感染性。在虫卵内发育为感染性第一期幼虫大约需1个月时间，但并不孵出，除非被合适的宿主所吞食。感染性虫卵抵抗力很强，所以处在污染环境里的动物治疗后仍然有可能再次感染。一旦虫卵被吞食，所有的发育过程都将在肠上皮细胞内完成（即没有肠外移行）。狐毛尾线虫在犬体内的潜伏期少于3个月，在牛体内大约3个月，在猪内大约45d。

[临床意义]　多数犬鞭虫感染都没有什么症状，但是重度感染可引起正常排便期间交替性腹泻。腹泻时排出的粪便常常含有许多黏液，并带有血迹。毛尾线虫感染在北美猫中很少发生，并不重要（图4-151，图7-52）。

反刍动物可以频繁的感染，但是偶尔会被他们各自的毛尾线虫所致病。个别小牛严重感染异色毛尾线虫（*Trichuris discolor*）可能会发生盲肠的大量出血，有时死亡（Georgi，Whitlock和Flinton，1972）。这样的病例可能是单独发生，而且很少。当诊断出牛鞭虫感染的病例时，同群的其他牛可能没有任何临床症状。临床感染的牛可能有某种特殊的习惯，有利于吞食土壤中的异色毛尾线虫虫卵，或者是受到出血性素质的影响而加重了虫体对盲肠壁造成的损伤。

小猪严重感染猪毛尾线虫（*T. suis*）可引起卡他性肠炎，出现腹泻、脱水、厌食和生长迟缓等临床症状（Batte等，1977）。试验表明，在给予抗生素的情况下，吞食猪毛尾线虫虫卵而感染的猪比单纯感染鞭虫的猪病变明显减轻（Mansfield和Urban，1996）。作者推测猪的坏死性增生性结肠炎复杂的发病机理可能与蠕虫诱发机体对细菌黏膜免疫的抑制有关。猪毛尾线虫感染的控制取决于将猪与感染性虫卵的来源隔开，这个污染源通常是土壤和污秽的畜舍。

[治疗和控制]　肉牛的毛尾线虫感染可以使用伊维菌素、伊普菌素、或者多拉菌素浇泼治疗，5mg/10kg，或者注射多拉菌素，0.2mg/kg。治疗绵羊毛尾线虫，可以灌服伊维菌素，0.2mg/kg。

治疗猪毛尾线虫感染可以每餐饲喂敌敌畏，11.2～21.6mg/kg；也可使用芬苯达唑（9mg/kg，饲喂3～12d）。

狐毛尾线虫感染性虫卵可在土壤里存活很长时间，与污染土壤接触的犬治疗后可重复感染。能否持久消除这些寄生虫取决于将病畜与虫卵隔开。然而，很大的可能是忽略了对卫生的重视。如果发育中的幼虫比成虫对驱虫药抵抗力大的话，随之而来的是，一次驱虫后幸存的幼虫成熟后可再次引起明显感染。犬最常见的肠道线虫只需要几周时间就能发育成熟，所以对那些第一次治疗后未受到影响的虫体在2或3周后进行第二次驱虫。狐毛尾线虫不同于其他的线虫，它需要3个月才能发育成熟，所以需要每月用药，重复3次，来杀灭成熟的虫体并防止它们污染环境。

在美国，治疗狐毛尾线虫感染首选药物是芬苯达唑、美贝霉素肟、苯硫氨酯（在内虫逃内含有吡喹酮，双羟萘酸噻嘧啶）和莫西菌素（在优势多内含有吡虫啉）。猫毛尾线虫感染的病例较少，必须通过试验来确定用药，因为没有专门用于这类感染的药物，尽管芬苯达唑和苯硫氨酯可能适合。

3. 毛细线虫

毛细线虫已被分类学家分为许多属（Moravec，1982；Moravec，Prokopic和Shlikas，1987）。毛细线虫包括很多寄生在脊椎动物体内的寄生虫，虽然不是所有工作在这一领域的分类学家都同意已做出的部分或全部划分，但形态和生活史方面的差异似乎说明这种划分比较合理。因为毛细属确实很大，所以已被细分为许多小属[如真鞘属（Eucoleus）、肝居属（Hepaticola）、斯毛细属（Skrjabinocapillaria）、绳状属（Thominx）等]，对大多数人来说还不熟悉，我们还不能区分不同属的成虫。

成虫一般与宿主的表皮有联系，兽医很难用肉眼分辨虫体。除非虫体寄生于非洲爪蟾皮肤（Wade，1982）或者狐狸额窦时（Supperer，1953），才能发现寄生于表皮的虫体。因此多数感染的病例只能见到虫卵随粪便排出。在犬和猫体内发现的虫体种类主要属于以下3个属：①寄生于气管的真鞘属；②寄生于肠道的昂科塞卡属（Aonchotheca）；③寄生于膀胱的梨线属（Pearsonema）。寄生于鼠类和其他宿主肝脏的虫体归为贝母属（Calodium）。辨别这些毛细线虫的虫卵比较容易，似乎这种划分还是有用的。

[鉴别]　成虫较小，尽管不呈鞭状，但在某些方面与毛尾属的种类相似，虫体部分嵌入黏膜内（如支气管、消化道和膀胱）或埋入组织内（如肝脏，图8-117）。虫卵与毛尾属的种类仅有细微的差别，Campbell（1991）对此描述的非常详细。

[鼻毛细线虫病]　波氏真鞘线虫[Eucoleus（Capillaria）boehmi]是寄生于狐狸鼻窦黏膜的寄生虫（Supperer，1953）。人们忽视了Supperer的研究，并且在很长一段时间内，认为寄生在鼻窦和副鼻窦的毛细线虫与寄生在支气管的毛细线虫是同一种（即肺真鞘线虫（Eucoleus aerophilus）]。通过显微镜仔细观察虫卵表面可以区分波氏真鞘线虫与肺真鞘线虫虫卵。波氏真鞘线虫虫卵表面布满顶针样的小穴，而肺真鞘线虫虫卵表面则是网状花纹，在吻合处有脊状突起（Supperer，1953）。另外，波氏真鞘线虫虫卵随粪便排出时已经是分裂的多细胞虫卵（图4-152），而肺真鞘线虫虫卵随粪便排出时仍然是单细胞。曾有一只犬重复治疗1年也很难治愈的鞭虫感染，其排泄物中发现的是波氏真鞘线虫虫卵，而不是狐毛尾线虫，重复治疗失败的原因也就清楚了。

[支气管毛细线虫病]　肺真鞘线虫的生活史可以是直接型，或需要蚯蚓作为兼性中间宿主。犬猫感染后除了轻微的咳嗽，很少有其他症状。但是兽皮场的狐狸感染后可能引起疾病。Hanson（1933）描述了狐狸的发病情况：有隐形的、慢性的气喘，发出嘎嘎声，伴有阵咳和虚弱，生长不良，毛皮不良，严重感染时因支气管肺炎而死亡。犬和猫轻度感染很普遍。诊断是根据在粪便或气管黏液内鉴定出相当饱满的、两极常常不对称的虫卵（图7-25，图7-52和图7-58）。然而，犬和猫很少会发生像狐狸那样的严重感染，捕获的狐狸一般关在地坑内。

[肠毛细线虫病]　普氏昂科塞卡线虫（Aonchotheca putorii）寄生于熊、刺猬、浣熊、猪、美洲野猫以及其他各类鼬科动物小肠内，偶见于家猫，几乎没有危害或危害很小。然而，虫卵与猫的其他毛细线虫存在鉴别诊断问题（Greve和Kung，1983）。

反刍动物也可寄生几种毛细线虫，主要是Aonchotheca的种类（Pisanu和Bain，1999），这些毛细线虫对宿主都不致病。

[肝毛细线虫病]　肝毛细线虫[Calodium（Capillaria）hepaticum]成虫寄生于鼠类、麝鼠、土拨鼠和其他啮齿动物的肝脏内，并有许多偶然宿主，包括人。雌虫所产的虫卵堆积在肝组织（图8-117），虫卵因缺乏充足的氧气不能发育，直至宿主被其他动物吞食，或死亡后裂解。只有到那时虫卵才能发育为感染性的第一期幼虫。

[泌尿系统毛细线虫病]　皱襞梨线虫（Pearsonema plica）成虫将其前端缠绕在一起，

进入膀胱或尿道等黏膜内，主要寄生于犬、猫、狐狸和狼。虫卵随尿液排出时仅含有一个细胞，经过1个多月发育为第一期幼虫，但并不孵出，除非被转续宿主蚯蚓所吞食。终末宿主吞食组织内含有第一期幼虫的蚯蚓而感染，大约在2个月之后首次在尿液中出现虫卵。Enigk（1950a）认为皱襞梨线虫感染可引起小狐狸生长受损，而犬和猫似乎可以耐受适度的虫体寄生而不带来任何不便。猫梨线虫（*P. feliscati*）是一种寄生于猫膀胱的寄生虫，其生物学特性与皱襞梨线虫相似（图7-52）。

[治疗] 毛细线虫病无论是鼻内、支气管内还是肠道内感染通常都没有临床症状。不过，在粪便或尿液或支气管拭子中发现毛细线虫卵，兽医通常不得不治疗。治疗这些感染目前还没有特效的药物。Evinger、Kazacos和Cantwell（1985）报道单独口服伊维菌素，0.2mg/kg，成功治愈了鼻毛细线虫病。Kirkptrick和Nelson（1987）报道单独皮下注射伊维菌素，0.2mg/kg，成功治愈了边境小猎犬的泌尿系统毛细线虫病。

4. 毛体属

粗尾毛体线虫（*Trichosomoides crassicauda*）寄生于鼠类的膀胱。细小的雄虫生活于配偶的子宫内（图4-154，图8-120）。感染通常在断奶前由母鼠传给子鼠。实验感染鼠可以使用伊维菌素皮下注射，0.2mg/kg，或者口服3mg/kg进行治疗（Findon和Miller，1987；Summa等，1992），家养宠物鼠也可采用同样方法（Bowman，Pare和Pinckney，2004）。

5. 似毛体属

似毛体线虫长约25mm × 0.2mm，类似毛细线虫，寄生于非洲猴鼻道鳞状上皮和美洲负鼠的口腔黏膜内。雌虫在这些腔窦内产具两极的卵，虫卵大小约76μm × 58μm。含胚的虫卵通过再生和脱壳的正常过程到达体表。生前诊断根据在鼻腔拭子或皮肤活检中发现虫卵（图7-104，图8-118和图8-119）。皮肤似毛体线虫（*Anatrichosoma cutaneum*）可引起猴四肢关节的皮下结节和水肿以及手掌和脚底的匐行性水泡。

图4-154 粗尾毛体线虫雌虫子宫内的雄虫（左），S.H.Weisbroth提供了这个标本，并描述了使用微孔过滤方法在鼠尿液中发现的粗尾似毛体线虫虫卵（右）

6. *Haycocknema perplexum*

在塔斯马尼亚的3个人身上发现了*H. perplexum*，成虫和幼虫都寄生在肌纤维内，可引起严重的疾病（Spratt，2005）。它属于Muspiceoidea总科的Robertdollfusidea科。对这类虫体还了解很少，它们寄生于老鼠和蝙蝠的皮下组织，鹿科动物的眼前房，鹰的大脑，袋鼠和小袋鼠的门静脉、心内静脉以及心外膜淋巴管，树袋熊和刷尾负鼠的肺动脉，驯鹿耳朵的皮下毛细血管（Spratt等，1999）。

从爱尔兰进口到瑞士的一匹14岁的马出现咬肌萎缩和严重的慢性肌炎，均由许多未成熟和成熟的雌虫所引起（Eckert和Ossent，2006）。作者认为此次感染是由于类似*Haycocknema*的某些线虫所引起，但不排除*H. gingivalis*致病的可能性，因为许多线虫发生了退化。试图分离毛形属和*Halicephalobus*属的DNA，但没有扩增结果。

第四节　其他蠕虫

棘头虫和水蛭与线虫无关，它们相互之间也没有关系。将它们放在一起是为了符合逻辑和方便。

一、棘头动物门

棘头虫是很小的一个门，专门寄生于脊椎动物的消化道（图4-155至图4-157）。雌雄异体，虫体通常呈白色，原位寄生时呈扁平状，放在水中时几乎呈圆柱状，这是制作鉴定标本必不可少的第一步。产生的渗透性肿胀促使可伸缩的带刺的附着器官或吻突伸出体外，因此可以确定棘的形状和数量，从而对标本作出鉴定（图4-156）。一旦吻突（和雄性交合伞）伸展很好的话，标本就可固定在热的酒精甲醛乙酸溶液（简称AFA）中（85%乙醇85份，常规福尔马林10份，冰醋酸5份）。在此强调这些技术细节，因为除非标本制备的好，否则即使是专家也无法鉴定。

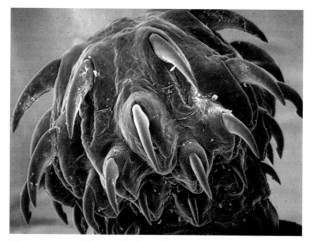

图4-156　蛭形巨吻棘头虫吻突

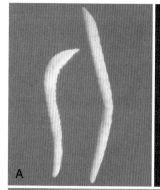

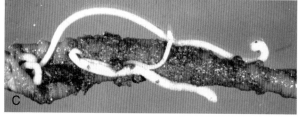

图4-157　硕大巨吻棘头虫，两个成虫（左），前端具吻突（右），犬小肠内的成虫（下）

1. 鉴别

棘头虫是由一个躯体和一个可伸缩的带刺吻突所构成，虫体利用吻突附着于宿主的肠壁，没有消化道，营养物质通过体壁吸收。

2. 生活史

当虫卵排出时，它就含有完全发育成熟的幼虫称为棘头蚴（图4-158）。如果该虫卵被适宜的节肢动物中间宿主所吞食，棘头蚴就会通过棘头体（图4-159）发育到具有感染性的棘头

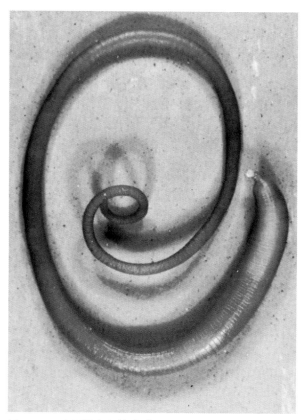

图4-155　蛭形巨吻棘头虫（自然大小的3/4）。典型的虫体呈白色，但固定后拍照呈黑色

囊（图4-160）。假如储藏宿主摄入感染性的节肢动物，棘头囊可以在脊椎动物储藏宿主体内重新结囊，甚至可以在正常的终末宿主体内重新结囊，而不能发育成熟。例如，秀丽前睾棘头虫（*Prosthenorchis elegans*）成虫寄生于猴的肠腔，而该虫的棘头囊可以在腹膜包囊化。

3. 巨吻棘头虫属

蛭形巨吻棘头虫（*Macracanthorhynchus hirudinaceus*）是猪小肠的寄生虫（图4-155）。虫体白色，扁平，体表有横纹，因此有时会被误认为是绦虫。雄虫长约10cm，而雌虫可达35cm。在金龟子、蜣螂或水龟子体内经过大约3个月可发育为棘头蚴，对猪有感染性。猪因吞食甲虫的幼虫蛴螬而获得感染，但感染的甲虫成虫也是棘头囊的来源。潜伏期为2~3个月。猪也许不表现临床症状，也许出现腹泻、消瘦、伴有急性腹痛，取决于吻突嵌入肠壁深度。

[治疗]　目前，尚无特效药治疗猪的巨吻棘头虫病。可以试用苯并咪唑类驱虫药，饲料内添加伊维菌素（按体重0.1或0.2mg/kg维持7d），可以100%驱除猪体内的蛭形巨吻棘头虫（Alva-Valdes等，1989），多拉菌素以0.3mg/kg也能很好地驱除猪体内的蛭形巨吻棘头虫（Yazwinski等，1997）。

硕大巨吻棘头虫（*Macracanthorhynchus ingens*）（图4-157），甚至比蛭形巨吻棘头虫还要大，它是浣熊（北美浣熊）和黑熊（美洲黑熊）的一种寄生虫，以山蛩属千足虫作为中间宿主。犬偶尔吃了感染的千足虫也可感染。千足虫会分泌一种强有力的防御性分泌物。为了食用千足虫，浣熊通过旋转千足虫来耗尽它的防御性分泌物，而犬却不会这样做。犬的感染可用伊维菌素治疗（Pearce等，2001）。

4. 前睾棘头虫

前睾棘头虫（*Prosthenorchis*）长达55mm，寄生于灵长类动物，呈粉红色。以蟑螂和一些甲虫作为中间宿主，在猴体内可以成功的繁殖。当猴吃了

图4-158　硕大巨吻棘头虫虫卵，内含棘头蚴

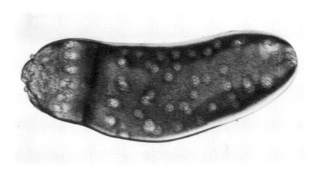

图4-159　千足虫体内硕大巨吻棘头虫的棘头体

图4-160　上为硕大巨吻棘头虫感染性的棘头囊，从破裂的千足虫体内可以发现

含有前睾棘头虫棘头囊的蟑螂时，它们就会感染。

前睾棘头虫感染可出现慢性和急性综合征。慢性病程的特点是持续数月的水样腹泻，随之虚弱、逐渐消瘦，死亡前1d左右食欲仍然正常。急性病程持续不到1d，是由于其吻突造成的肠壁穿孔引起急性细菌性腹膜炎所致。

治疗笼养绒猴（长须柽柳猴）的秀丽前睾棘头虫感染，采用芬苯达唑（20mg/kg，连用7d）能有效地驱除这些寄生虫（Demidov等，1988）。

5. 念珠棘头虫

念珠棘头虫（*Moniliformis*）是野生啮齿动物的常见寄生虫，以蟑螂作为中间宿主。最大的长度达32cm，身体的假分节使人们误认为是绦虫。

6. 钩棘头虫

犬钩棘头虫（*Oncicola canis*）（图4-161），长度小于14mm，寄生于犬、狼和其他犬科动物。以穿山甲作为棘头囊的储藏宿主。

二、环节动物门

蛭纲

水蛭（Leeches）是环节动物门（Annelida）的掠夺性或寄生性蠕虫，该门包括自由生活的蚯蚓。水蛭有末端吸盘，用于运动和吸附，像尺蠖那样盘曲运动，通常呈暗黑色。吸血性水蛭借助自身强大的吸盘固定在皮肤或口咽黏膜上，刺穿表皮，然后吸血。分泌一种唾液酶即水蛭素，充当抗凝剂，确保丰富的血流供应。在一些聚居地，地表水富含吸血性水蛭。当人或动物不小心饮用时，它们就会趁机吸附在口腔黏膜或咽喉黏膜上。它们在这些地方寄生可导致严重的疾病，如咳嗽或梗死。

感染可持续数周，有时会造成死亡。治疗方法是机械性清除水蛭。

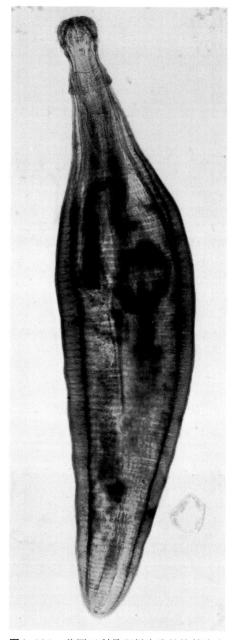

图4-161 美国亚利桑那州小狼的钩棘头虫

第五章　媒介传播的疾病

媒介传播的疾病是指由节肢动物或其他媒介生物传播的病原所引起的一类广泛的传染性疾病。通常由感染昆虫或蜱的吸血来传播，脊椎动物摄入媒介昆虫或伤口被节肢动物粪便内病原所污染也可发生感染。不管以何种方式传播，媒介对于疾病的传播都至关重要，它们至少参与部分寄生生活，作为动物的感染源。

一个世纪以来，节肢动物传播的疾病在兽医学上一直占有重要的地位，特别是在兽医寄生虫学方面。1889年，Theobald Smith博士、Frederick Kilborne博士和Cooper Curtice博士共同对牛的德克萨斯热病原进行了研究，发现双芽巴贝斯虫是由扇头蜱（牛蜱）传播的，然后据此在美国设计并成功实施了一项消灭计划（Logue，1995）。他们首次发现并证实了节肢动物传播病原体，这为阐明其他许多媒介与病原之间的关系铺平了道路。近年来，在兽医学以及公共卫生方面关于媒介传播疾病的相对重要性和多样化的了解迅速增多，尤其是在北美发现了许多新的媒介。

兽医和内科医生遇到媒介传播疾病的频次明显增多，归因于几个因素，包括：由于扩散到新的地域或新的媒介入侵导致媒介种群数量增加，栖息范围变广，野生的储藏宿主增多，近期的生物地理以及气候变化都对媒介种群有利（Gratz，1999）。然而，媒介传播疾病意识的提高还可能由于检测方法的改进，由分子生物学技术替代了传统的微生物学方法，提高了对这些病原的检出率。事实上，在本章讨论的几种生物仅仅是依靠核酸序列，还有待于分离培养。

节肢动物几乎可以传播各类病原，包括病毒、立克次氏体与其他细菌、原虫和蠕虫。其中许多是通过吸血进入宿主体内，但媒介传播病原体绝不限于循坏系统，从初始感染到建立寄生生活、引起疾病，几乎可以在任何器官或系统内进行。节肢动物可作为病原的机械性传播媒介，它们依靠污染的口器保持短暂的感染。也可作为真正的生物性传播媒介，长期保持虫体感染，在许多情况下甚至可以成为某一病原生活史的必需部分。当存在长期进化关系时，生物性媒介与病原密切相关，当它们从幼虫蜕变为成虫时可以保持经期间传递或经卵传递，由母体传给子代。此外，一些病原体也可通过节肢动物之间的性接触或叮咬同一脊椎动物宿主在媒介种群之间水平传播。

一般而言，节肢动物通过叮咬带虫的脊椎动物保虫宿主获得感染。因此活跃的媒介种群和带虫的保虫宿主系统使这类病原在自然界保存了下来。在某些系统中脊椎动物仅仅短暂地受到感染，相反，病原在慢性感染的节肢动物中保存下来，或经卵传递给节肢动物的下一代。在这些系统中，感染的节肢动物可以感染脊椎动物的扩充宿主，造成短暂感染，从而感染剩下的媒介种群。在其他系统中，脊椎动物保虫宿主的感染是靠那些不以家畜或人为生的节肢动物来传播。在这些情况下，就需要有一个专门的节肢动物作为媒介桥梁，将病原从野生动物保虫宿主传给伴侣动物、家畜或人。

随着不断的进化，媒介与其所传播病原之间的关系也越来越密切。能够作为某一病原有效的生物性传播媒介的节肢动物往往限制于一种或几种密切相关的生物，是这类病原的主要媒介。然而，在某些情况下，还发现其他一些次要媒介至少能够传播同一病原的某一菌株。虽然这些次要媒介传播能力较弱，但在地区性传播方面可能很重要，可能使某些病原更容易扩散，或使其能够不断侵入新的地区。同样，特定的节肢动物可以感染并能够传播几种不同的病原体。暴露于一个带有几种不同病原的媒介种群时，容易造成并发感染，从而加重动物的病情（Thomas等，2001）。

病原的传播率是指单位时间内新增感染动物的数量。对于媒介传播疾病来说，媒介特性、保虫宿主和病原本身，都会影响其传播率。除了一些直接变量如媒介动物的寿命和活动范围以及在保虫宿主体内的寿命和感染持续性以外，媒介、保虫宿主和病原体之间的相互作用都会影响到某一媒介传播疾病病原体的最终传播率。例如，病原在媒介动物体内发育到感染性阶段所需的外潜伏期，将直接影响到媒介动物在获得病原后如何快速地将其传播出去，外潜伏期的长短与环境温度有关。同样，脊椎动物保虫宿主发生显性感染，并感染下一个媒介所需的内潜伏期，将影响到媒介种群的感染率（Reisen，2002）。

作为有效的保虫宿主，特定的脊椎动物不仅必须具有易感性，能够感染具有传播能力的媒介动物，而且还必须与媒介具有共同的环境，允许与其频繁接触。例如，保虫宿主和传播媒介必须在同一栖息地活动，而且必须在特定时间的同一时刻发生感染和传播。没有生态上频繁的相互影响，即使某一地区拥有足够的脊椎动物保虫宿主、节肢动物媒介和病原体，媒介传播的疾病也不可能持续下去。

第一节　节肢动物传播的病毒

许多重要的病毒都是由节肢动物传播的（表5-1）。节肢动物生物性传播的病毒通常称之为虫媒病毒，主要包括披膜病毒科（Togaviridae）、黄病毒科（Flaviviridae）、布尼亚病毒科（Bunyaviridae）及呼肠孤病毒科（Reoviridae）。蚊子是最常见的虫媒病毒的传播媒介。目前已知的虫媒病毒中多数都是人兽共患的，野鸟和野生啮齿类动物以及某些家畜都可以充当保虫宿主和扩充宿主（amplifying hosts）来感染蚊子，给动物和人带来感染的风险。兽医和公共卫生方面其他重要的虫媒病毒可通过吸血蠓（库蠓）传播，或通过蚤、蚊或蜱机械性传播。

一、马脑炎

马脑炎或许是最常见的经蚊子传播的兽医病毒病。该病毒属于披膜病毒科，包括东方马脑炎病毒、西方马脑炎病毒、委内瑞拉马脑炎病毒几个血清型，分别称为EEE、WEE、VEE病毒。VEE病毒的血清型可进一步细分为地方型或流行型。EEE病毒和WEE病毒主要存在于雀形目鸟类保虫宿主和专性嗜鸟血蚊子体内。然而，当鸟类携带病毒传播给马和人时，就会暴发疫情。地方型VEE病毒主要存在于啮齿动物保虫宿主体内，由库蚊所传播。对流行型VEE病毒的维持周期了解不多，但似乎涉及禽类保虫宿主、大量媒介蚊和扩充宿主马。马一旦感染就会产生很高的病毒血症，在暴发期间为感染蚊子提供现成的病毒来源。疫苗可用来保护马免受马脑炎病毒的感染（Tabamo 和 Donahue，1999；Weaver等，2004）。

二、黄病毒

其他重要的蚊媒兽医病毒病包括由黄病毒引起的疾病，如日本脑炎和西尼罗河病毒病，西尼罗河病毒和日本脑炎病毒都可在禽类保虫宿主和蚊媒中循环传播。马、人和少量犬感染西尼罗河病毒可以导致发热，严重情况下可以发展为脑炎甚至死亡。这种病毒最初见于非洲，于1999年传到北美，现已传遍美国。马不能作为蚊子感染西尼罗河病毒的来源。可用疫苗来保护马免受西尼罗河病毒感染引发的严重疾病（Dauphin和Zientara，2006）。日本脑炎在亚洲暴发，通常流行于猪以及马和人，猪已被证明是该病毒的扩充宿主（Wu，Huang和Chien，1999）。

三、布尼亚病毒

由布尼亚病毒所引发的疾病[如里夫特裂谷热（Rift Valley fever）]也是虫媒病毒病。裂谷热流行于非洲地区，布尼亚病毒在蚊子和反刍动物保虫宿主之间保持着循环。该病曾出现过大流行，有数十万反刍动物和人感染。虽然裂谷热是人兽共患病，人主要通过与感染动物的直接接触或通过蚊子叮咬而感染，但人通常表现为发病率高和死亡率低的特征（Gerdes，2004）。

表5-1　兽医重要的虫媒病毒病

疾病	病因	病毒科	媒介	储藏宿主	感染动物种类
马脑炎	东方马脑炎病毒	披膜病毒科	蚊	燕雀	马、鸟、犬、猪、人
	西方马脑炎病毒	披膜病毒科	蚊	燕雀	马、人
	地方性委内瑞拉马脑炎病毒	披膜病毒科	蚊	啮齿类(主要)、鸟、负鼠、蝙蝠	马、人马、人
	流行性委内瑞拉马脑炎病毒	披膜病毒科	蚊	鸟、马	
西尼罗病毒病	西尼罗病毒	黄病毒科	蚊	鸟	马、人、犬
日本脑炎	日本脑炎病毒	黄病毒科	蚊	鸟、马、猪	马、猪、人
裂谷热	裂谷热病毒	本雅病毒科	蚊	反刍动物	牛、山羊、绵羊、人
蓝舌病、流行性出血性疾病	呼肠孤病毒流行性出血病病毒	呼肠孤病毒科	库蠓	反刍动物	绵羊、山羊、鹿
非洲马病	非洲马病毒	呼肠孤病毒科	库蠓	野马、马	马、骡、驴
科罗拉多蜱传热	科罗拉多蜱热病毒	呼肠孤病毒科	革蜱	啮齿动物	人
蜱传脑炎综合征（羊跳跃病、波瓦桑脑炎、俄罗斯春夏季脑炎、鄂木斯克出血热）	蜱传脑炎病毒	黄病毒科	硬蜱、革蜱、血蜱	各种动物	人、绵羊、牛、马、犬、猪及其他
非洲猪瘟	非洲猪瘟病毒	非洲猪瘟病毒科	钝缘蜱厩螫蝇	蜱、野猪、猪	猪
黏液瘤病	黏液瘤病毒	痘病毒科	蚤、蚊、蚋	兔和野兔	欧洲兔
马传染性贫血	马传染性贫血病毒	逆转录病毒科	刺蝇、斑虻	马	马和其他马科动物
禽痘	禽痘、金丝雀痘、鸽痘病毒	痘病毒科	蚊、蚤	鸟	鸟

四、呼肠孤病毒

蓝舌病和流行性出血性疾病（epizootic hemorrhagic disease，EHD），是由呼肠孤病毒科的相关病毒所引起的，并通过吸血蠓[库蠓 *Culicoides*）传播给反刍动物。变翅库蠓（*C. variipennis*]是北美蓝舌病病毒和流行性出血性疾病病毒的主要媒介。在澳大利亚短跗库蠓（*C. brevitarsis*）更为重要，在欧洲南部、非洲和中东地区拟蚊库蠓（*C. imicola*）是主要的媒介。目前世界范围内蓝舌病毒血清型有25种以上，EHD血清型至少有10种。尽管许多反刍动物都易感，但蓝耳病最常见于绵羊，偶见于山羊，牛则罕见（Barratt-Boyes 和 MacLachlan，1995）。病变特征为口腔内部、口鼻周围、蹄冠、脚趾之间发生溃疡性病变。严重情况下，由于胸膜腔积液、出血导致呼吸困难，出现发绀，舌头变蓝。出血也是EHD的突出表现，在北美鹿的感染和发病最为常见。牛、羊对EHD病毒也很易感，但反刍动物中多数感染似乎表现为亚临床症状。茨城病毒（Ibaraki virus），为EHD病毒成员，确实引起了牛的发热性疾病，出现口腔溃疡、横纹肌和骨骼肌萎缩（Inaba，1975）。

非洲马瘟（AHS）病毒属于呼肠孤病毒科，并由库蠓所传播，在马之间通过拟蚊库蠓和非洲库蠓（*C. bolitinos*）传播。在非洲撒哈拉以南，该病毒可引起马和其他马科动物严重的，甚至致死性的疾病。在中东和欧洲南部均暴发了该病，流行期间出现干旱后大雨的天气。其他蚊虫的机械性传播也可发生本病。犬可以感染非洲马瘟病毒，但在流行病学上不起作用。感染马出现发热，接着出现呼吸窘迫或面部浮肿。在易感马群中，非洲马瘟病毒感染的死亡率为50%～95%。骡和驴发病较轻，死亡率低，斑马的死亡较为罕见（Mellor 和 Hamblin，2004）。

五、蜱传播的病毒

病毒也可通过蜱传播。例如，引起人科罗拉多蜱传热的科罗拉多蜱热病毒，它是通过安氏革蜱（*Dermacentor andersoni*）从啮齿类保虫宿主传给人。该病在美国西部和加拿大最为常见，在被蜱叮咬后4～5d，感染者会发生非特异性流感样发热疾病，发热往往呈两相性。人畜类似的疾病包括在蜱传性脑炎复合症中由黄病毒引起的疾病，如跳跃病（louping ill）、波瓦森脑炎（Powassan encephalitis）、森林脑炎[俄罗斯春夏脑炎（Russian spring-summer encephalitis）及鄂木斯克出血热（Omsk hemorrhagic fever），所有这些都是通过硬蜱，包括硬蜱属、革蜱属和血蜱属的蜱所传播的（Dumpis，Crook和Oksi，1999；Emmons，1988）。有些学者怀疑跳蚤亦可传播TBE复合病毒，但这些关系尚未确定。跳跃病主要是绵羊的疾病，但牛、马、猪和人也可以感染。感染者出现发热、渐进性神经症状，绵羊常常表现为步态异常（Gritsun，Nuttall和Gould，2003）。波瓦森脑炎最早见于美国西部、加拿大西部和前苏联人群，而森林脑炎、俄罗斯春夏脑炎和鄂木斯克出血热则常见于欧洲和亚洲北部人群（Gritsun，Nuttall和Gould，2003）。所有哺乳动物对森林脑炎病毒均易感，人通过食入未经高温消毒的奶制品特别是山羊奶制品而感染（Dumpis，Crook和Oksi，1999）。

非洲猪瘟（ASF）病毒，目前和其他类似非洲猪瘟病毒属于非洲猪瘟病毒科，在猪之间可直接或间接传播，也能在钝缘蜱（*Ornithodoros*）体内经期间传递和经卵传递维持数年，无论软蜱何时叮咬都可以将病毒传播给猪（Plowright，1981）。吸血蝇包括厩螫蝇（*Stomoxys calcitrans*）也能机械性传播该病毒（Mellor，Kitching和Wilkinson，1987）。猪感染后会导致高热、厌食、出血并迅速死亡，强毒株的致死率接近100%（Mebus，1988）。弱毒株可引起慢性非洲猪瘟，可以导致感染猪体重下降、呼吸困难和淋巴结肿大（Mebus，1988）。非洲猪瘟仍无有效的治疗方法和疫苗。

六、病毒通过节肢动物的机械性传播

病毒通过节肢动物的机械性传播也常发生。虽然通过针头接种的医源性传播（iatrogenic transmission）可以致使传播发生，但对于一些疾病的病原体来说，节肢动物媒介的存在大大加速了病毒的转移。例如，兔的黏液瘤病毒是通过许多吸血昆虫包括蚊子和跳蚤在兔与兔之间机械性传播。病毒可以在跳蚤体内存活数月并保持感染力。在美洲，当地兔感染时仅发生轻微的纤维瘤，但是当病毒传播到欧洲兔时，则出现严重的常常是致死性感染，表现为高病毒血症、皮肤病灶逐步扩大，以致于在澳大利亚和欧洲试图将该病毒用于兔群的生物控制。然而，随着时间的推移，欧洲兔群对黏液瘤病毒株产生了抵抗力，使控制工作大大受挫（Kerr和Best，1998）。

马传染性贫血病毒是经节肢动物机械性传播的另一个例子。通过吸血昆虫（尤其是虻和斑虻）使马之间的感染容易扩散。这些大型吸血昆虫可引起叮咬刺激和疼痛，马的防御活动使得蝇的吸血频繁中断，但蝇又很快回到同一匹马，或同一地点附近的其他马身上完成吸血过程，从而造成机械性传播（Issel等，1988）。多数感染马并不出现临床症状，但一些马发生急性感染，可导致高热，甚至在2～3周内死亡。另一些马可发生慢性疾病，伴随有间歇性发热、精神萎靡、贫血和点状出血。不管是否出现临床症状，几乎所有感染马都能幸存下来，成为感染源（Coggins，1984）。广泛采用琼脂免疫扩散试验来鉴别这些带毒者，使其与未感染的马匹隔离，从而防止其传播。

禽类包括家禽、金丝雀、鸽子及各种野生鸟类的痘病，是由各种禽痘病毒引起的，这些病毒可通过蚊子机械性传播或者通过与感染鸟与幼鸟的直接接触而感染。其感染也与家禽身上禽角头蚤（*Echidnophaga gallinarum*）的存在有关（Gustafson等，1997）。该病毒感染可诱发无毛区皮肤（嘴、蜡膜及腿）产生皮肤增生性病变，往往发展为出血。有时，由于吸入或食入污染物后感染，在口腔或呼吸道内形成病变。其感染可导致生长缓慢和产量下降，多数感染的动物能够存活，但严重的口腔或呼吸道病变往往会导致死亡。在野鸟中，腿、脚或眼周的大病灶影响活动或视力，导致相互捕食或饿死。一旦产生病变就无法治疗，但疫苗可以预防该病。

第二节 媒介传播的立克次氏体

立克次氏体是指立克次氏体目内大量的专性细胞内革兰氏阴性菌。目前主要分为立克次氏体科和无形体科，立克次氏体科包括立克次氏体属（*Rickettsia*）、东方体属（*Orientia*）和柯克斯体属（*Coxiella*）；无形体科则包括无形体属（*Anaplasma*），埃里希体属（*Ehrlichia*）、沃尔巴克体属（*Wolbachia*）和新立克次氏体属（*Neorickettsia*）。2001年对无形体科的系统分析作出了许多分类学的改变，尤其是属（Dumler等，2001）。这些微生物的生存与其在动物之间的传播依赖于无脊椎动物的传播媒介。蜱是立克次氏体最常见的传播媒介，但一些立克次氏体，如沃尔巴克体属和新立克次氏体属则利用蠕虫作为媒介（表5-2）。

许多立克次氏体很早就被确认为动物和人类疾病的病原体。近年来，不断有证据表明其作为病原体的意义和重要性（表5-2）。不同种类的立克次氏体在其主要传播媒介、在自然界保持感染源的重要储藏宿主和感染细胞类型方面有些不同，但都对四环素类抗生素敏感。因此，四环素特别是强力霉素被认为是人医和兽医立克次氏体感染时的首选药（Raoult和Drancourt，1991）。迄今为止，除了波托马克马热外，尚无广泛使用的疫苗能有效地防止立克次氏体的感染。因此，严格控制和避免接触蜱及其他媒介仍然是预防该病的最好方法。

表5-2　兽医重要媒介传播的立克次氏体病

疾病	病因	传播媒介	储藏宿主
洛基山斑点热	立氏立克次氏体	革蜱	啮齿动物
流行性斑疹伤寒	普氏立克次氏体	人虱	人、飞松鼠
地方性斑疹伤寒、鼠型斑疹伤寒	斑疹伤寒立克次氏体	印鼠客蚤及其他蚤	啮鼠类、其他哺乳动物
鼠斑疹伤寒样疾病	猫立克次氏体	猫栉首蚤	负鼠
立克次(氏)体痘	螨立克次氏体	脂刺螨	啮齿动物
Q热	伯纳特柯克斯体	花蜱及其他蜱	各种哺乳动物
恙虫病	恙虫病东方体	纤恙螨	啮齿动物
牛无形体病	边缘无形体	革蜱	牛
犬无形体病	嗜吞噬无形体	硬蜱	啮齿动物、反刍兽
	血小板无形体	血红扇头蜱	犬
犬埃立克体病	犬埃立克体	血红扇头蜱	犬
	艾文埃立克体	美洲花蜱	犬、白尾鹿
	查菲埃立克体	美洲花蜱	白尾鹿
心水病	反刍兽埃立克体	花蜱	反刍动物
鲑鱼中毒	蠕虫新立克次氏体	住鲑小吸虫	鲑鱼
波托马克马热	立氏新立克次氏体	俄勒冈刺囊吸虫	蝙蝠、石蚕蛾

一、立克次氏体科

1. 洛基山斑点热

在美洲立克次氏体科中最著名的是立氏立克次氏体（*Rickettsia rickettsii*），它是引起洛基山斑点热（Rocky Mountain Spotted Fever）的病原体。该病原在啮齿动物储藏宿主和扩充宿主之间传播，并通过蜱传给犬和人。在北美，革蜱是其最重要的传播媒介，在蜱的种群内可经卵或经期间传递保持感染，因此也可作为病原的蓄积库（McDade和Newhouse，1986）。在墨西哥、美国中部和南部，血红扇头蜱和卡延花蜱（*Amblyomma cajennense*）被认为是重要的传播媒介，并涉及在美国西南部暴发的人和犬的洛基山斑点热（Demma等，2005）。

啮齿动物被广泛认为是立氏立克次氏体最重要的储藏宿主和扩充宿主，但血红扇头蜱所有生活史阶段都喜欢在犬体上吸血，该蜱在一些地区可以传播感染给犬和人，表明其他脊椎动物在保持感染源方面也发挥着作用。其他作为立氏立克

次氏体的媒介蜱包括美洲花蜱（*A. americanum*）和野兔血蜱（*Haemaphysalis leporispalustris*），但需要进一步证实。由于各种密切相关的立克次氏体，例如康氏立克次氏体（*R. conorii*）或日本立克次氏体（*R. japonica*）的存在，血清学检测可以发生交叉反应，因此了解立氏立克次氏体的流行病学较为困难（Brouqui等，2007）。

感染立克次氏体可以引起严重的热性疾病，也有猫的洛基山斑点热报道，但最常见于犬和人。该病原感染并损伤机体内皮细胞，导致渐进性坏死性血管炎，血小板减少也较为常见。患者发烧3～4d后往往在前臂、手腕和脚踝处特异性出现非瘙痒的疹（斑）（Thorner等，1998）。在一些犬身上可能出现点状或瘀斑状出血，但皮疹并不明显。在欧洲和非洲，康氏立克次氏体经蜱传播可引起相对较轻的马赛热。许多有潜在公共卫生重要性的蜱传斑疹热的立克次氏体，包括帕氏立克次氏体（*R. parkeri*）和安氏立克次氏体（*R. amblyommii*）（Azad 和 Beard，1998），有待于进一步研究。

2. 其他立克次氏体

其他影响公共卫生的重要立克次氏体包括伤寒立克次氏体（*R. typhi*），由跳蚤传播引起地方性或鼠型斑疹伤寒；普氏立克次氏体（*R. prowazekii*），引起人的流行性斑疹伤寒，主要通过体虱在人与人之间传播。这两种微生物都能引起人的类似斑疹热的疾病。另外，伯氏柯克斯体（*Coxiella burnetii*）可引起人和各种动物的Q热，经蜱传播，但人的多数病例被认为是吸入污染灰尘中的病原而感染（Terheggen和Leggat，2007）。螨也可以传播一些立克次氏体，包括螨立克次氏体（*R. akari*），引起立克次氏体痘，人的一种非致死性的发热疾病，主要发生在市区。还有恙虫病东方体（*Orientia tsutsugamushi*），在亚洲和澳洲引起恙虫病（Boyd，1997；Chattopadhyay和Richards，2007）。

二、无形体科

无形体科包括很多病原体，如边缘无形体（*Anaplasma marginale*）和犬埃立克体（*Ehrlichia canis*），不仅是多年来兽医学上公认的重要病原，而且也是近年来被发现的重要人兽共患病原体。不同种类的无形体倾向于感染不同的细胞类型，且通过不同的储藏宿主和传播媒介在自然界循环，但都可用强力霉素进行治疗。并且除了新立克次氏体（*Neorickettsia*）和沃尔巴克体（*Wolbachia*）外，主要经硬蜱传播。一些血液传播的立克次氏体可以通过吸血蝇或继代接种引起直接的机械性传播。

1. 无形体

边缘无形体（*A. marginale*）可以引起牛的贫血和发热，通过革蜱和扇头蜱（牛蜱）在奶牛之间传播，也可以通过吸血昆虫（如虻）在牛之间机械性传播（Ewing，1981；Hawkins，Love和Hidalgo，1982）。其桑葚胚在急性感染牛的红细胞内容易发现（图5-1）。另外，血小板无形体（*A. platys*）可以感染犬的血小板。虽然尚未得到

证实，但这种微生物被认为是由血红扇头蜱传播给犬，可以引起体内循环血小板减少的轻微热性疾病，混合感染时病情加重。边缘无形体和血小板无形体都不是人兽共患的，但嗜吞噬细胞无形体（*A. phagocytophilum*）能够感染各种脊椎动物包括人，它是由啮齿类储藏宿主经硬蜱传播的。这种微生物最初被称为马埃立克体（*Ehrlichia equi*），北美人的粒细胞埃立克体病（human granulocytic ehrlichiosis，HGE）的病原体以及欧洲的嗜吞噬细胞埃立克体（*E. phagocytophila*），嗜吞噬细胞无形体的各种菌株均能引起人、马、犬和反刍动物的急性发热性疾病（Dumler等，2005），称为粒细胞无形体病（granulocytic anaplasmosis），在欧洲反刍动物中，称为蜱热（tick-borne fever）。

2. 埃立克体

兽医学和公共卫生方面重要的埃立克体，包括犬埃立克体（图5-2），引起犬的单核细胞埃立克体病；埃文埃立克体（*Ehrlichia ewingii*）（图5-3），主要感染中性粒细胞；以及查菲埃立克体（*Ehrlichia chaffeensis*），引起人的单核细胞埃立克体病，也在犬体内报道过。上述三种病原体都是人兽共患的，人被蜱叮咬后可以感染（Parola，Davoust和Raoult，2005）。

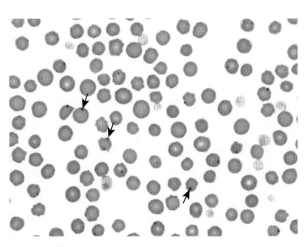

图5-1　箭头所指为牛红细胞内的边缘无形体（俄克拉何马州立大学K. Kocan惠赠）

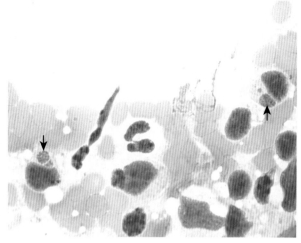

图5-2 箭头所指为循环性单核细胞内犬埃立克体的桑葚胚（俄克拉何马州立大学E. Johnson惠赠）

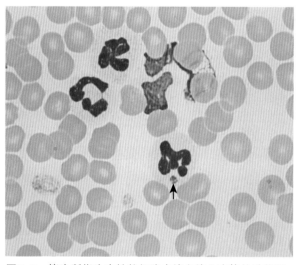

图5-3 箭头所指为中性粒细胞内埃文埃立克体的桑葚胚

犬埃立克体可引起犬严重的发热性疾病，其特征是血小板减少、淋巴结肿大、眼病及出血性素质。慢性感染可以引起消瘦、骨髓发育不全而致血细胞减少。该病原在犬体内储存，通过血红扇头蜱在犬与犬之间传播。变异革蜱（*Dermacentor variabilis*）也被证实能够传播犬埃立克体（Johnson等，1998）。

埃文埃立克体感染引起犬的疾病似乎不太严重，但在美国南部一些地区，犬的埃文埃立克体感染比犬埃立克体更为普遍（Liddell等，2003）。尽管涉及其他蜱，但该病原是由美洲花蜱传播的，犬和鹿都可以作为媒介蜱的感染源（Anziani，Ewing和Barker，1990；Yabsley等，2002）。

犬的查菲埃立克体感染也会发生，但似乎很少出现明显的临床症状。但在美国南部的许多地区，由该病原感染引起的人类单核细胞埃立克体病被认为是最常见的蜱传播的疾病。查菲埃立克体在自然循环中，以美洲花蜱作为传播媒介，以白尾鹿作为主要的储藏宿主（Lockhart等，1997）。

3. 心水病

反刍兽埃立克体（*E. ruminantium*）（旧称反刍兽考德里氏体*Cowdria ruminantium*）是另一种埃立克体，可引起非洲和加勒比地区反刍动物的心水病（Heartwater）或考德里氏体病，在这些地区病原微生物和媒介蜱都已引进并定居下来。该病原由各种花蜱传播，可引起犬和人的疾病（Allsopp和Allsopp，2001；Allsopp，Louw和Meyer，2005）。各种野生反刍动物包括大羚羊和牛羚都可以作为反刍兽埃立克体的储藏宿主。一旦被吸血蜱叮咬，病原体即通过感染蜱侵入动物的血管内皮细胞进行繁殖而导致以血管炎为特征的发热疾病，急性病例常用的病名为心包积液。尽管在美洲大陆心水病的流行周期尚不为人所知，但本病时有发生，当地蜱和野生动物可以作为传播媒介和储藏宿主（Burridge等，2002；Uilenberg，1982）。据报道，最近从美国南部采集的美洲花蜱中发现类似反刍兽埃立克体的微生物，可以引起山羊的疾病，并涉及一例人的感染（Loftis等，2006）。

4. 新立克次氏体

新立克次氏体属成员在立克次氏体病原中比较独特，它们由吸虫传播而非节肢动物传播，因此，其感染与食入鱼类或其他中间宿主有关，而不是蜱或其他外寄生虫的侵袭。蠕虫新立克次氏体以犬和其他肉食动物的鲑侏形吸虫作为媒介，可以引起鲑鱼中毒病。立克次氏体侵入吸虫的组织，随着后代通过螺蛳到达中间宿主鲑鱼体内。当犬食入了这样的鱼，它便感染了吸虫和立克次氏体，随之发生一种高度致死性疾病，通常称之为鲑鱼中毒（salmon poisoning）。其特征是严重的胃肠炎、淋巴结肿大和高热，死亡前出现短暂体温降低。病犬表现厌食和体重快速减轻。尽管包括人在内的许多脊椎动物可以感染鲑侏形吸虫，但由蠕虫新立克次氏体引起的鲑鱼中毒似乎仅出现于犬和野犬。犬的鲑鱼中毒常见于太平洋西北地区，那里吸虫媒介可以自然循环。不过，犬的蠕虫新立克次氏体病在巴西已有报道（Headley等，2006）。

立氏新立克次氏体（*N. risticii*）可以引起波托马克马热，也称为马的单核细胞埃立克体病，在北美的许多地区零星散发，在欧洲也曾报道过。马匹通过摄入寄生俄勒冈刺囊吸虫（*Acanthatrium oregonense*）（蝙蝠的一种吸虫）囊蚴的石蚕蛾而被感染（Pusterla等，2003）。其感染可以导致严重的急性发热性疾病，出现精神萎靡、厌食、脱水、流产、腹泻和蹄叶炎等症状。这种病原主要见于单核细胞。尽管还没有新立克次氏体感染人的报道，但与此相关的腺热新立克次氏体（*N. sennetsu*），在日本和马来西亚被确认为腺热的病原体，其生活史和自然循环（maintenance cycle）尚不清楚（Rikihisa，2006）。

5. 沃尔巴克氏体

沃尔巴克氏体（*Wolbachia*）一直被认为是与多种蠕虫和节肢动物共生（Fenn等，2006），并发现与几种丝虫密切相关，如犬恶丝虫（*Dirofilaria immitis*），引起犬恶丝虫病的病原体（Sironi等，1995）。有证据表明，沃尔巴克氏体在犬恶丝虫感染中能引起炎症，消除它们似乎可以减少犬恶丝虫的繁殖和存活（Genchi等，1998；Kramer等，2005）。了解沃尔巴克氏体在丝虫存活和致病机理中的作用是目前正在研究的一个领域。

第三节　媒介传播的其他致病菌

除了立克次氏体以外，节肢动物也可传播其他几种病菌。其中一些病菌能给宠物或家畜的主人带来严重后果，主要包括疏螺旋体属（*Borrelia*）、巴尔通体属（*Bartonella*）、支原体（*Mycoplasma*）和耶尔森菌属（*Yersinia*）（表5-3）。

表5-3　兽医重要的其他虫媒细菌病

疾病	病原	主要媒介	储藏宿主
莱姆病	伯氏疏螺旋体；欧洲还有阿氏疏螺旋体和伽氏疏螺旋体	黑脚硬蜱，其他硬蜱	鼠和其他啮齿动物
禽螺旋体病	鹅疏螺旋体	波斯锐缘蜱	波斯锐缘蜱
蜱传回归热	各种疏螺旋体	钝缘蜱	啮齿动物
虱传回归热	回归热（疏）螺旋体	人体虱	人
牛莱姆病	泰氏疏螺旋体	扇头蜱	牛
战壕热	五日热巴尔通体	人体虱	人
猫抓病	汉氏巴尔通体，卡氏巴尔通体	蚤（猫栉首蚤）	猫
犬巴尔通体病	各种巴尔通体	疑似蜱	未知
猫血巴尔通体病	猫血巴尔通体，猫小型血巴尔通体	疑似蚤	猫
犬血巴尔通体病	猫血巴尔通体	血红扇头蜱	犬
兔热病	土拉弗朗西斯菌	各种虱、蚊子	兔，其他哺乳动物
鼠疫	鼠疫耶尔森氏杆菌	印鼠客蚤、其他蚤	啮齿动物
牛传染性角膜结膜炎	牛莫拉菌	秋家蝇	牛

一、疏螺旋体

在美国最常见的节肢动物传播的细菌是伯氏疏螺旋体（*B. burgdorferi*），在北美可引起莱姆疏螺旋体病或莱姆病，据报道每年仅美国就有20 000多病例。在欧洲，人和犬的疏螺旋体病主要由伯氏疏螺旋体（*B. burgdorferi*）、伽氏疏螺旋体（*B. garinii*）或阿氏疏螺旋体（*B. afzelii*）所引起。自然界中伯氏疏螺旋体在啮齿类储藏宿主和硬蜱属媒介之间循环。在美国东部最重要的媒介是肩突硬蜱（*Ixodes scapularis*），而在西海岸肩突硬蜱则与多数感染有关。其他硬蜱可以自然传播伯氏疏螺旋体，但很少在人和犬身上吸血（Oliver等，2003）。鹿是成蜱的重要宿主，因此可在某一地区内保持大量的蜱群，但鹿并不是伯氏疏螺旋体主要的储藏宿主（Telford等，1988）。

在北美，莱姆病的传播流行似乎主要局限于东北部、中西部地区上游以及西部海岸。在马里兰州或弗吉尼亚州以南的东部地区则尚未证实伯氏疏螺旋体内源性感染（一种在当地或本土的感染传播，与输入的相反）的实验室确诊病例，在美国南部如果发生莱姆病则比较少见（Wormser等，2006）。犬的感染与人的相似，在发表的调查结果中，非疫区的多数阳性犬都有到疾病流行区旅游的经历（Duncanetal，2004）。然而，非流行区大量的犬均为抗体阳性。

莱姆病患犬最常见的症状是发热、食欲减退、关节疼痛和淋巴结肿大。肾脏感染虽然不常见，但由此引起的蛋白质丢失可能会导致水肿、体重减轻、呕吐和腹泻。人的急性感染特征是头痛、发热、肌肉和关节疼痛，在大约70%的患者中，会出现不断扩大的圆形皮疹（直径大于5cm），称为移行性红斑（erythema migrans），在蜱叮咬时发生或为继发病变，移行性红斑在犬身上不易察觉。如果在急性阶段不治疗的话，人可能会发展成慢性弥散性疾病，可能导致关节炎、心脏炎或神经系统疾病，但心脏和神经系统疾病是否与犬感染伯氏疏螺旋体有关尚不确定（Littman等，2006）。

由疏螺旋体引起的其他疾病

由疏螺旋体引起的其他疾病主要包括禽螺旋体病、回归热（relapsing fever）和牛莱姆疏螺旋体病。

[禽螺旋体病] 是由鹅疏螺旋体感染火鸡、鸡、鹅、野鸡等鸟类所引起的的疾病。感染鸟出现发热和发绀。经过软蜱如锐缘蜱等相关蜱的粪便传播给鸟，也可在软蜱种群中经卵传递长期保持感染（Zaher，Soliman和Diab，1977）。

[蜱传回归热] 是由大量软蜱传播的疏螺旋体，如赫姆斯疏螺旋体（*B. hermsii*）、特氏疏螺旋体（*B. turicata*）和扁虱疏螺旋体（*B. parkeri*）所引起的，每种都是由相应的钝缘蜱所传播（Barbour 和 Hayes，1986）。该病目前分布于亚洲、欧洲、非洲和美洲。在北美，美国西部人群中本病最常见（Dworkin，Schwan和Anderson，2002）。

[虱传回归热] 是由回归热疏螺旋体所引起的，通过人体虱（*Pediculus humanus*）传播，只感染人，该病在饥荒、战争或大规模迁移时甚为流行，动物并不作为储藏宿主（Raoult和Roux，1999）。

[牛莱姆病] 是泰氏疏螺旋体（*B. theileri*）感染牛、羊和马所引起的一种相对较轻的疾病。通过扇头蜱包括牛蜱亚种来传播。该病也叫做蜱螺旋体病，在非洲、大洋洲、北美中南部均有报道（Smith等，1985）。

[其他疏螺旋体] 还包括米氏疏螺旋体（*B. miyamotoi*）和龙氏疏螺旋体（*B. lonestari*）（图5-4），它们也是经硬蜱传播的感染蜱和哺乳动物的螺旋体。

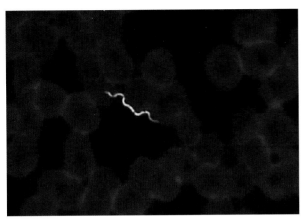

图5-4　白尾鹿血涂片中类似回归热的疏螺旋体（龙氏疏螺旋体）

二、巴尔通体

　　一些虫媒传播的巴尔通体也能感染人、犬和猫而致病。如战壕热，是以脾脏明显肿大为特征的中度至重度热性疾病，由五日热巴尔通体所引起，经感染的人体虱传播给人，因第一次世界大战期间士兵大量患病而得名。该病不是人兽共患病，储藏宿主是人，而不是动物（Maurin 和 Raoult，1996）。与此相反，猫抓病是由汉氏巴尔通体（B. henselae）和克氏巴尔通体（B. clarridgeiae）引起的人兽共患病，人们经常受到菌血症的猫或者携带病原的猫牙齿或爪子导致的咬伤或抓伤而感染。

　　具有免疫力的人感染后通常会导致自限性以局部淋巴结肿大为特征的轻度发热疾病。猫抓病的病原尚不知是否经节肢动物传播给人，但汉氏巴尔通体可以通过跳蚤和直接接触由感染猫传给正常猫，尤其是小猫。因此，控制跳蚤是限制猫菌血症的重要途径（Foil等，1998；Foley等，1998）。除了巴尔通体能在免疫人群中引起发热性疾病外，五日热巴尔通体（B. quintana）和汉氏巴尔通体也能够诱导免疫缺陷者发生致命性杆菌性血管瘤病（Koehler等，1997）。

　　近年来，五日热巴尔通体和汉氏巴尔通体，以及其他巴尔通体，如文氏巴尔通体伯格霍夫亚种（B. vinsonii subsp. berkhoffii）和伊丽莎白巴尔通体（B. elizabethae），也在不断地被确认为犬的致病菌。它们与犬的心内膜炎、心肌炎和肉芽肿性淋巴结炎密切相关（Kelly等，2006；Morales等，2007）。负责将巴尔通体传播给人的节肢动物，尚未得到证实，但蜱的作用不可忽视。这些巴尔通体未来可能会成为犬的重要的虫媒致病菌。有报道称人类感染相关疾病与某些犬源巴尔通体有关（如文氏巴尔通体伯格霍夫亚种）。但人的传播途径尚不明确，感染犬通过咬伤或抓伤直接传给人可能是一个潜在的传播途径（Chomel等，2006）。

三、支原体

　　其他重要的虫媒菌病原包括嗜血支原体（旧称血巴尔通体），在血涂片染色中可见附着在红细胞表面小的多形性细菌。猫血支原体（M. haemofelis）被广泛认为是通过跳蚤传播给猫，但还有待于实验证实（Woods，Wisnewski和Lappin，2006）。犬血支原体（M. haemocanis）经蜱（血红扇头蜱）传播给犬，可以经期间传递和经卵传递在蜱群中保持感染（Seneviratna等，1973）。猫感染猫血支原体和有关的猫小型血支原体（M. haemominutum）后也许不出现临床症状，但猫血支原体可引起轻重不等的临床症状，如贫血、脾肿大、淋巴结肿大、黄疸和呼吸困难。并发免疫抑制性病毒感染如猫白血病病毒导致的免疫功能受损的猫，更容易发病。但是在没有并发猫白血病病毒感染的猫中也能见到（Harrus等，2002）。脾脏完好的犬感染犬血支原体而患病则比较罕见。

四、兔热病

　　节肢动物在传播致病菌中起着非常重要的作用，在生物恐怖主义如兔热病和鼠疫的病原菌传播中也具有潜在作用。在北美，土拉弗朗西斯氏菌（Francisella tularensis），即兔热病（Tularemia）的致病菌，可通过直接接触被感染的动物尸体，尤其是兔子而获得感染。但经蜱和蚊蝇叮咬传播也是重要的感染途径。许多蜱如革蜱属、花蜱属、硬蜱属和血蜱属可能与自然界动物之间感染的传播有关。此外，蚊子也涉及土拉弗朗西斯菌一些变种的传播（Petersen和Schriefer，2005）。发生临床疾病的动物最常见于猫，可能是在摄入被感染的猎物之后（Woods等，1998）。尽管土拉弗朗西斯菌可能通过感染猫的咬伤或抓伤直接传播给人，但非常罕见。

五、鼠疫

鼠疫（Plague）是由鼠疫耶尔森氏菌（*Yersinia pestis*）通过跳蚤在动物和人之间传播的疾病。在北美鼠疫耶尔森氏菌的感染较为少见，但在美国西部传播的自然焦点是在跳蚤和草原犬鼠之间保持循环（Anderson和Williams，1997）。患病动物可能出现发热、淋巴结肿大，猫对本病似乎特别易感（Gage等，2000）。感染猫可以直接通过咬伤和抓伤，或者通过气雾菌作为感染源。猫也是跳蚤的供血动物，可以经跳蚤将感染传播给人。跳蚤的控制和防止摄入猎物，是预防猫和犬感染鼠疫的关键。

六、细菌通过节肢动物的机械性传播

除了保持生物基本功能和传播疾病的作用之外，节肢动物还可以作为细菌的重要机械性传播者。例如牛莫氏杆菌（*Moraxella bovis*），可引起牛的传染性角膜结膜炎（即红眼），在面蝇（秋家蝇*Musca autumnalis*）的存在下容易传播，该蝇能在同一牧场的动物之间有效地搬运病菌（Gerhardt等，1982）。该病常见于夏季和初秋的放牧牛，另外，当面蝇大量繁殖并暴露于紫外光下时，就是感染的高峰期（Lepper和Barton，1987）。疫苗和抗生素能有效的防治该病，但控制面蝇仍然是防止牛群感染牛莫氏杆菌的关键措施。

第四节　媒介传播的原虫和蠕虫

除了病毒和细菌性病原之外，许多寄生性原虫和蠕虫也能通过媒介传播（表5-4，表5-5）。吸血昆虫可以传播几种重要的寄生原虫和蠕虫，包括引起内脏和皮肤利什曼病的利什曼原虫（图5-5），枯氏锥虫和其他锥虫病的病原

表5-4　兽医重要的媒介传播的原虫病

疾病	病因	主要媒介	储藏宿主
锥虫病（那加拿病、昏睡病、苏拉病、卡特拉斯病）	各种锥虫	采采蝇	各种哺乳动物包括人
恰加斯病	枯氏锥虫	锥蝽	啮齿动物，其他中小型哺乳动物，家犬
利什曼病（内脏利什曼病，皮肤利什曼病，黏膜皮肤利什曼病）	利什曼原虫	白蛉	啮齿动物，其他小型哺乳动物，家犬
组织滴虫病	火鸡组织滴虫	鸡异刺线虫	各种鸟，尤其是隐性携带者，如野鸡、鸡
肝簇虫病	犬肝簇虫	血红扇头蜱、	家犬
	美洲肝簇虫	斑点花蜱	家犬，其他野生动物
巴贝斯虫病（德克萨斯牛热、牛巴贝斯虫病、马梨形虫病、犬巴贝斯虫病）	各种巴贝斯虫	扇头蜱、革蜱、硬蜱	每种有不同的哺乳动物
东海岸热	小泰勒虫	扇头蜱	非洲水牛
胞簇虫病	猫胞簇虫	变异革蜱	山猫

表5-5　兽医重要的媒介传播的蠕虫病

疾病	原因	主要媒介	储藏宿主
复孔绦虫病	犬复孔绦虫	猫栉首蚤和毛虱	犬和猫
眼线虫病	吸吮线虫	蝇	各种哺乳动物
柔线虫病	柔线虫	蝇	马
沼泽癌、夏季溃疡	胃线虫		
恶丝虫病	犬恶丝虫	蚊	犬、野犬
盘尾丝虫病	盘尾丝虫	库蠓，蚋	马、牛
丝虫病	丝状线虫	蚊	牛、马
副丝虫病，夏季出血	多乳头副丝虫	角蝇	马
	牛副丝虫	蝇	牛
脉脂线虫病，头痛病	施氏脉脂丝虫	虻	长耳鹿
牛蠕虫皮炎，顶溃疡	斯氏冠丝虫	烦扰角蝇，逐畜家蝇	牛
	阿萨姆冠丝虫		

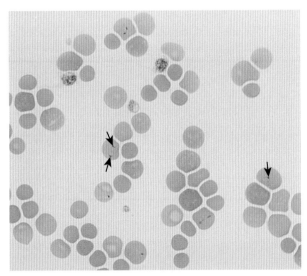

图5-5　犬红细胞内吉氏巴贝斯虫（箭头）（俄克拉何马州立大学R. Allison惠赠）

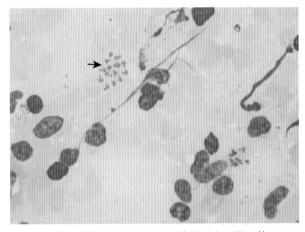

图5-6　箭头所指为巨噬细胞内利什曼原虫无鞭毛体

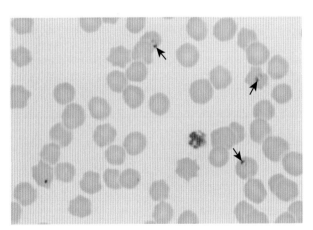

图5-7　箭头所指为猫红细胞内猫胞簇虫裂殖子（俄克拉何马州立大学M. Reichard惠赠）

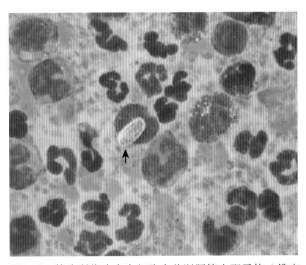

图5-8　箭头所指为犬白细胞内美洲肝簇虫配子体（俄克拉何马州立大学E. Johnson惠赠）

体，以及犬恶丝虫。同样，蜱在传播原虫感染中起着十分重要的作用，其感染可以引起宿主严重的甚至是致死性的疾病。包括巴贝斯虫（图5-6）和猫胞簇虫（图5-7）、小泰勒虫和肝簇虫（*Hepatozoon*）（图5-8）感染所引起的疾病。

犬复孔绦虫需要跳蚤和毛虱将其传播给犬和猫。尽管通过控制媒介种群可以减少这些寄生虫的感染，但仅控制媒介并非是预防动物感染或发病的有效手段。这些病原及其所引起的疾病在第三和第四章做了论述。

第六章　抗寄生虫药物

抗寄生虫药对寄生虫的毒性比对宿主更强。药物对寄生虫与宿主毒性的差别，有时很小，有时很大，但绝对不会没有差别。因此，应用抗寄生虫药物时宿主往往要承担一定的风险。实际上，解释抗寄生虫药对宿主的毒性作用有时比解释药物的杀虫机理更容易。

第一节　药物的研发

开发一种杀虫剂或抗蠕虫药大致要经历以下几个阶段：首先是发现药物之前，需要对上千种化合物进行筛选。就一种抗蠕虫药来说，筛选步骤是：对某些常见寄生虫进行体内实验，以证实其驱虫活性，常见寄生虫是啮齿动物的类细旋线虫（*Nematospiroides dubius*）、巴西日圆线虫（*Nippostrongylus brasiliensis*）、管状线虫（*Syphacia obvelata*）或微小膜壳绦虫（*Hymenolepis nana*），家禽的鸡蛔虫（*Ascaridia galli*）或鸡异刺线虫（*Heterakis gallinarum*）。其次是进行体外检测，对大量有价值的化合物做快速筛选（Londershausen，1996）。最后还要进行大鼠和小鼠的毒性实验，以便对哺乳动物的毒性进行初步评估。

活性筛选试验和初步毒性研究可以大大减少候选药物的数目，可以将那些对特定动物或某些寄生虫预测价值不大的药物剔除。寄生虫的不同种群或虫株及其宿主对抗寄生虫药有时具有一定的选择性，蛔虫对哌嗪类药物很敏感，而钩虫对这类药物却有相当的耐受性。使用有机磷类杀虫剂时，牛和犬的多数品种都能耐受，但婆罗门牛、格雷伊猎犬和惠比特犬使用该类药物时很可能引起中毒死亡。要想获得这些必要信息，只有将驱虫药在特定的动物或寄生虫方面进行实验。

当制药公司向食品和药物管理局（FDA）提出新兽药申请时，必须提交完整的资料，包括药物的化学组成、制造工序和定量检测方法等，还必须提交在新药的安全性和疗效方面取得的全部实验结果和已发表的有关报告。用于食品动物的药物，必须同时附上药物的组织残留、母体化合物以及主要代谢产物的排泄途径和排泄速率等方面的资料，还必须测定持续时间最长的组织残留物的化学结构和残留量。如果这种物质与已知的化学致癌物具有相似性，那么就需要在大鼠或小鼠体内进行两年的毒性试验。

国家环保署（EPA）需要一份新药的环境危害分析。新药对植物的毒性，对鱼类及其他低等动物的影响也需要进行充分研究，对产品使用人员的任何潜在影响也必须进行彻底分析。工人安全也要有明确的指导，产品使用说明书上应包括操作时需要采取的一些安全措施（例如，手套、安全眼镜）。在一种新型抗蠕虫药或杀虫剂获批之前，必须进行对照实验，包括药物使用后实验动物的剖检和体内残留虫体数的测定。这些验证性实验必须在几个独立的实验室进行，田间实验需在美国的不同地区进行。

法规要求包装标签上要标明必要的注意事项，并且要告知使用者已经发现的所有不良反应。药物进入市场6个月后以及此后一定的间隔期，生产商需要向FDA报告新出现的任何不良反应，并且将此添加到产品的标签上，或者从市场召回产品。因此，药物的标签（或包装说明书）是驱虫药最客观和最通用的信息来源之一。

在新产品开发的早期，药物分子通常只用一个代码标识，例如，S-147。这是为了将成千上万的潜在产品区分开来，避免逐个命名的麻烦。一旦产品的活性和安全性得到证实，就要给它一个非专利（普通）名称，在科学文献中广泛使用以便识别该药分子，这时S-147就变成美贝霉素肟（milbemycin oxime）。随着产品开发进程的继续，营销人员会启用一个商品名，用于注册商标和特定的剂型。此时，美贝霉素肟就变成了Interceptor。

一个药物分子的不同剂型或在不同国家可以有几个不同的商品名。例如，美贝霉素肟以商品名Interceptor销售，主要用于控制内寄生虫；以商品名MilbeMite销售，主要用于治疗耳螨；与氯芬奴隆（lufenuron）配伍后的复方药以商品名Sentinel销售。商品名主要用在产品的广告宣传和推销上。本书主要采用药品的普通名来区别产品，对一些商品名也会提及。

驱虫药的抗药性

定期对寄生虫种群使用抗寄生虫药，虫体可以通过抗药性表型的选择，不可避免地导致抗药性种群的产生，最终使曾经有效的驱虫药不再有效，必须换用另一种药物。

遗憾的是，对于耐药性虫株，即便更换药物也可能失败，特别是所换药物为先前所用药的同类物时。这种现象的频繁发生告诫我们，应该深入研究控制寄生虫感染的更好方法，而不是简单而盲目地更换使用药物。

抗寄生虫药物方面的文献资料十分庞杂，出于经济性和可读性考虑，我们试图列出很少的参考文献，而这些参考资料将指导兽医工作者去获取这些药物的更多信息。

值得注意的是，当用药后发现了问题或出现了不良反应，应该及时通报。美国防止虐待动物协会（ASPCA）的国家动物毒药控制中心是一个非常专业的机构，拥有最全面的专业咨询数据库。药品生产商也要为调查和处理药品的任何不良事件提供帮助。

第二节　杀虫药

1972年，美国环保署颁布了美国联邦环境杀虫剂管理法（FEPCA），法案就各州、州与州之间杀虫剂的分发、销售和使用作出了明确规定。该管理法甚至提到对滥用杀虫剂必须给予处罚。各州政府也制定了比FEPCA更为严格的标准。

在美国，杀虫剂的使用者承担着一定的法律责任，他们必须清楚当下允许使用哪种化学杀虫剂，使用这些杀虫剂时必须严格按照包装标签上适应症和用法说明执行。关于杀虫药的最新信息应从杀虫剂协调员、专职的家畜昆虫学家、或由州农业推广服务机构和州立农学院指派的推广兽医师那里收集。

杀虫剂的种类很多，不同杀虫剂的化学结构、生物活性和毒性方面的多样性可能超出了所要对付的昆虫、蜱和螨的种类和数量。因此，在使用杀虫剂之前，对每种杀虫剂包装上的标签必须仔细地阅读和理解，标签会提供最权威和最新的产品使用信息（Bayley，2007）。另外，还有一些讨论杀虫剂的化学性质、作用模式和毒性方面非常好的综述性文章（Coats，1982；Fest 和 Schmidt，1982；Hassall，1982；Hayes 和 Laws，1991；Plapp，1991；Ware，1983；Ware，1986）。近来，杀虫剂抗性行动委员会（IRAC）

根据杀虫剂的作用机制制定了所有已知杀虫剂的抗性管理应用原则（IRAC，2007）。

杀虫剂的超剂量使用或毒性问题是一个复杂的论题，没有列入本章的讨论范围，但本章涉及一些中毒动物处理方法的简单评述。

一、植物性杀虫剂

植物性杀虫剂（Botanic Agents）源自植物，为植物的某一部分（如花、叶、茎、根）或其提取物所组成的各种配方。植物精油往往被用作昆虫引诱剂或驱避剂。植物性杀虫剂，尤其是天然除虫菊酯类对动物和植物的各种害虫具有很好的毒杀作用，而且在环境中残留时间很短，对动物的毒性很低。拟除虫菊酯为人工合成的类似除虫菊样化合物，具有卓越的杀虫活性和击倒能力。

（一）鱼藤酮

鱼藤酮（rotenone）是源自某些植物根部的一种杀虫剂。最初，南美洲的土著人用来麻痹鱼类，使鱼浮于水面以便轻松地抓获。在19世纪，它首次用于防治食叶毛虫。鱼藤酮是鱼藤根、立方根和其他几种豆科灌木中的杀虫成分，它作为线粒体呼吸酶的抑制剂而发挥作用。鱼藤酮不溶于水，易溶于酒精、丙酮、四氯化碳、氯仿等有机溶剂，遇光或空气易分解。鱼藤酮的口服半数致死量（LD_{50}）在大鼠是133mg/kg，小鼠为350mg/kg。但对鱼类有毒性。鱼藤酮常被单独或协同应用于Goodwinol软膏或多种耳螨液中，是杀虫剂的主要活性成分。鱼藤酮被制成软膏、溶液或洗发香波，用于防治猫和犬的各种节肢动物寄生虫，包括局灶性蠕形螨病以及寄生于猫、犬和兔子的犬耳痒螨（*Otodectes cynotis*）。

注意事项：4周内的幼猫和哺乳期的幼犬不能用鱼藤酮产品治疗。鱼藤酮对猪、鱼和蛇有毒性，不能用于这些动物。犬、猫舔食被毛上的鱼藤酮可能会出现呕吐。鱼藤酮对大鼠有致癌性。

（二）除虫菊酯

除虫菊类植物白花除虫菊（*Chrysanthemum cinerariaefolium*）的花序中含有6种相关的杀虫活性物质（除虫菊素Ⅰ和Ⅱ、瓜菊酯Ⅰ和Ⅱ和茉莉菊酯Ⅰ和Ⅱ），称为除虫菊酯（Pyrethrins）。除虫菊酯遇到阳光、空气和潮湿环境能快速进行生物降解，易溶于煤油，不溶于水。除虫菊酯对大鼠经口的LD_{50}为200～1 500mg/kg，取决于产品的纯度；大鼠经皮肤的$LD_{50} > 1 800$mg/kg。除虫菊酯可能会引起鼠的吸入性肺炎，但定期使用气雾剂不会对家畜产生任何毒副作用。由于除虫菊酯对鱼类有毒性，不应在鱼池附近使用除虫菊酯气雾剂。但定期对垂钓用鱼和其他野生动物使用几乎没有危害。

除虫菊酯通过干扰节肢动物神经膜钠、钾离子的转运，使突触处和轴突的神经传递受损而发挥作用（Kahn，2005），能迅速击倒节肢动物，使之麻痹和死亡。残留的除虫菊酯有时可作为驱避剂。除虫菊酯通常与某种杀虫增效剂联合使用，如胡椒基丁醚或N-癸基双环庚基二羧基亚胺（N-octyl bicycloheptene dicarboximide），可使其杀虫效果提高10～20倍（Plapp，1991）。虫体的混合功能氧化酶能解救除虫菊酯类杀虫剂对昆虫的毒性，而杀虫增效剂对这种酶有毒（Kahn，2005）。

由于天然的除虫菊酯具有安全和迅速击倒的作用，被广泛应用于家庭或农业领域。美国环保署批准使用的天然除虫菊酯比其他任何杀虫药都要多。许多商用杀虫剂已制成气雾剂、雾剂、洗发香波和薄雾剂，都含有除虫菊酯和增效剂（如Aurimite、Mita-Clear、Mycodex Pet Shampoo和Synerkyl）。

除虫菊酯气溶胶、喷雾剂和粉剂可控制马的面蝇、虻、家蝇、厩蝇、蚊、跳蚤、虱和蜱。除虫菊酯已注册用于肉牛、泌乳期奶牛、乳品仓库和贮奶间等。除虫菊酯不属于长效杀虫剂，必须定期和重复使用。除虫菊酯的抗药性在家蝇和一些牛蜱方面有过报道。

注意事项：除虫菊酯不能用于小于4周龄的幼猫和哺乳期的幼犬。该药毒性最强的成分通常是溶剂，因此，如遇到动物误食该药，但无法让动物呕吐的话，可使用活性炭和其他支持疗法。如果皮肤接触药物，动物要用优质的洗涤剂进行清洗。

（三）拟除虫菊酯

拟除虫菊酯（Pyrethroids）是人工合成的类似除虫菊酯样物质，这类新型化合物比植物源性除虫菊酯具有更强的效力和击倒能力。拟除虫菊酯可以生物降解，但是对光线和空气相对稳定，因此，可以每隔一周或两周应用，以发挥其优良的防治昆虫效果。

温度越低，拟除虫菊酯的杀虫效力越大。拟除虫菊酯的杀虫效力与温度呈负相关。拟除虫菊酯对神经细胞功能具有先刺激后抑制的作用，最终导致虫体麻痹。飞行中的昆虫被快速击倒是肌肉迅速麻痹的结果。拟除虫菊酯对哺乳类动物毒性低，但有些拟除虫菊酯杀虫剂对皮肤黏膜有刺激性。它们对鱼类有毒性。

对拟除虫菊酯化学方面的研究已经发现了许多新产品。理解和掌握这类药物的最好方式就是按代来划分。第一代的代表是右旋反式烯丙菊酯，是一种人工合成的瓜菊酯Ⅰ，为天然除虫菊酯的单一成分。第二代拟除虫菊酯包括胺菊酯、苄呋菊酯和苯醚菊酯，它们比天然的除虫菊酯对昆虫具有更强的效力和击倒能力，但暴露在空气或阳光下容易分解。第三代拟除虫菊酯比前两代杀虫效力稍高，并具有一定的耐光性，完全暴露在日光下，几天也不会分解，其代表是氰戊菊酯和氯菊酯。第四代拟除虫菊酯的代表为氯氰菊酯和氟胺氰菊酯。

第五代是最新的拟除虫菊酯杀虫剂，其代表为β-氟氯氰菊酯，为氟氯氰菊酯的异构体，其杀虫效力比前几代更高，且遇光更稳定。但随着

杀虫效力的提高，尤其是在环境中残留时间的延长，带来的问题是昆虫抗药性的产生。事实上，昆虫对人工合成的拟除虫菊酯类杀虫剂的抗药性已有报道（Plapp，1991）。下面将按照代次对家畜常用的拟除虫菊酯类杀虫剂进行详细描述。

1. 第一代拟除虫菊酯类杀虫剂

第一代人工合成的拟除虫菊酯[右旋反式丙烯菊酯，（D-trans-allethrin）]是天然除虫菊酯瓜菊酯Ⅰ的化学合成品，其杀虫效力和稳定性不比天然除虫菊酯高，遇空气和光线易降解。第一代拟除虫菊酯（右旋反式丙烯菊酯）为几种光学异构体的混合物，对哺乳动物毒性低，丙烯菊酯对大鼠的LD_{50}高于920mg/kg，右旋反式丙烯菊酯已制成洗发香波（Hartz Advanced Care 2 in 1）用于驱除犬、猫体表的跳蚤。

2. 第二代拟除虫菊酯类杀虫剂

第二代拟除虫菊酯类杀虫剂是从天然除虫菊酯向前迈出的第一步，其击倒能力比天然除虫菊酯提高了10～50倍，但在阳光下并不比天然除虫菊酯更稳定。

（1）苯醚菊酯（Phenothrin） 苯醚菊酯是近来用于驱除宠物跳蚤的第二代拟除虫菊酯杀虫剂，其大鼠的急性口服LD_{50}为5 000mg/kg，经皮肤接触的LD_{50}高于10 000mg/kg。苯醚菊酯已制成一系列非处方的浇泼剂产品，用于驱除犬和猫的跳蚤（Hartz Advanced Care 3 in 1）。该产品制成的浇泼剂每30d使用一次可用于治疗和控制跳蚤和蜱。苯醚菊酯与昆虫生长调节剂烯虫酯（methoprene）联合使用，能高效地阻断犬、猫跳蚤的生活史（Hartz Advanced Care 4 in 1），药品标签上声称该产品应用后具有防水性。

（2）苄呋菊酯（Resmethrin） 苄呋菊酯是第二代人工合成的拟除虫菊酯，该产品与除虫菊酯增效剂无任何显著的协同作用。非常重要的是，苄呋菊酯对哺乳动物毒性低，其大鼠的急性口服LD_{50}为4 240mg/kg，该药对昆虫具有卓越的击倒效果，可用作苍蝇的驱避剂，也可用于圈舍和

房屋喷雾（Formula F-500）来控制跳蚤、蚊子、蠓虫和其他昆虫。

（3）胺菊酯（Tetramethrin） 胺菊酯是最初在日本开发的一种第二代拟除虫菊酯杀虫剂，其大鼠的急性口服LD$_{50}$大于2 500mg/kg。胺菊酯与醚菊酯（etofenprox）联合喷雾使用可杀死外界环境中飞翔和爬行的昆虫（Vet-Kem Siphotrol Outdoor Fogger）。同其他喷雾剂一样，必须按照说明书使用，不要将药物喷到食物上，也不要接近指示灯和明火，人不要留在室内，灭虫结束后应彻底通风。胺菊酯也被用作反向气雾剂用于控制跳蚤、蜱和地毯的各种甲虫。

3. 第三代拟除虫菊酯类杀虫剂

第三代人工合成的拟除虫菊酯类杀虫剂于20世纪70年代开始应用，对光稳定是这类杀虫剂的最大特点，首次兼具高效和光稳定性两大特点。

（1）氰戊菊酯（Fenvalerate） 氰戊菊酯是第一个被成功商业化的第三代拟除虫菊酯产品，具有高效和光稳定特点，其大鼠的急性口服LD$_{50}$为451mg/kg，对兔的急性经皮肤LD$_{50}$为2 500mg/kg。氰戊菊酯对鱼类有很强的毒性。可制成长效杀虫活性的制剂，牛的Ectrin耳标可用于防治奶牛和肉牛的角蝇、面蝇、海湾花蜱和有刺耳蜱，并可作为防治虱、厩蝇和家蝇的辅助手段。

（2）氯菊酯（Permethrin） 氯菊酯为第三代拟除虫菊酯产品，对多种昆虫具有很高的杀虫活性和快速击倒作用。其大鼠的急性口服LD$_{50}$大于4 000mg/kg，同氰戊菊酯一样，氯菊酯对鱼类有很强的毒性，遇光稳定，在农作物叶上的残效期可持续4~7d。注册的各种氯菊酯配方可用于防治残留在动物住所（挤奶房、肥育栏、马厩、鸡舍、猪舍和其他动物饲养房）的家蝇、厩蝇和粪便滋生的蝇。

氯菊酯是在动物体及其周围应用最普遍的拟除虫菊酯类杀虫剂，动物用的有喷雾剂、药浴剂、洗发香波、耳标、浇泼剂和粉剂等多种剂型，可用于犬、猫、马、牛和猪等动物。氯菊酯也已制成浓缩剂（Proticall）直接用于犬。氯菊酯与吡虫啉和烯虫酯联合使用（见后面复方制剂部分），可用于防治全身的跳蚤成虫。氯菊酯环境喷雾剂（Defend、Ectrin和Expar）可广泛用于家畜和宠物周围环境中跳蚤、蜱和蝇类防治。

4. 第四代拟除虫菊酯类杀虫剂

第四代人工合成的拟除虫菊酯类杀虫剂比前几代产品的杀虫效力更强，持续时间也更长。这类药物的代表是氟氯氰菊酯、氯氰菊酯、溴氰菊酯和λ-氯氟氰菊酯，已制成了很多剂型。

（1）氟氯氰菊酯（Cyfluthrin） 氟氯氰菊酯为第四代拟除虫菊酯类杀虫剂，其大鼠的急性口服LD$_{50}$为500mg/kg，该产品已制成浇泼剂（CyLence），可用于防治肉牛和奶牛（包括哺乳期的母牛）的角蝇、面蝇、毛虱和血虱。其1%的粉剂或可湿性粉剂已批准用于控制畜舍周围和食品加工场所飞翔和爬行的昆虫。

（2）氯氰菊酯（Cypermethrin） 氯氰菊酯为第四代高效拟除虫菊酯类杀虫剂，其大鼠的急性口服LD$_{50}$为4150mg/kg，该药获批的产品有用于马的灭蝇洗液（Repel-X）和灭蝇喷雾剂（Endure）。

（3）溴氰菊酯（Deltamethrin） 溴氰菊酯为第四代拟除虫菊酯杀虫剂，其大鼠的急性口服LD$_{50}$为31~139mg/kg，兔的急性经皮LD$_{50}$高于2 000mg/kg。溴氰菊酯已制成环境喷雾剂（Annihilator）、可湿性粉剂，可用于防治宠物窝棚及其居住场所的多种有害昆虫。该药也可用于犬的除蚤项圈（Novation）。

（4）高效氯氟氰菊酯（λ-cyalothrin） 高效氯氟氰菊酯为第四代拟除虫菊酯杀虫剂，其雄性大鼠的急性口服LD$_{50}$仅为79mg/kg。该产品有用于肉牛和犊牛的浇泼剂（Saber），可驱除牛的虱和角蝇。已制成的环境喷雾剂（Grenade）可用于家畜栏舍及其饲养环境中昆虫的防治。高效氯氟氰菊酯也可与有机磷类嘧啶磷联合使用，由两者加工制成的驱虫耳标（Double Barrel VP）对牛角蝇和面蝇的防治期分别达5个月和4个月以上。

该驱虫耳标也获准用于肉牛和非泌乳期奶牛及犊牛。

5. 第五代拟除虫菊酯类杀虫剂

第五代拟除虫菊酯类杀虫剂是迄今研发的最前沿的拟除虫菊酯类药物，其药效更强，持续时间更长。现今，这类药物仅作为杀虫耳标使用。

高效氟氯氰菊酯（β-cyfluthrin）为氟氯氰菊酯的异构体之一，生产商称其为第五代拟除虫菊酯杀虫剂，由其制成的驱虫耳标（CyLence Ultra）已获准用于防治肉牛的面蝇、角蝇、海湾花蜱和有刺耳蜱。驱虫耳标的药效可以保持5个月之久。同其他杀虫耳标一样，连续使用一种药物可以导致昆虫抗药性的产生。为了有助于延缓抗药性的产生，应该按季节轮换地使用不同类型的杀虫剂。驱虫耳标在蝇类活动季节结束后或屠宰前必须去掉。

二、氨基甲酸酯和有机磷酸酯

氨基甲酸酯（Carbamates）和有机磷酸酯（Organophosphates）是最常用的杀虫剂，人们需要注意这类药对动物的毒性（Hayes 和 Laws，1991）。这类杀虫剂通过抑制神经系统一种重要的酶——乙酰胆碱酯酶（AChE）发挥其杀虫作用。氨基甲酸酯和有机磷酸酯杀虫剂可通过与AChE结合使其失去活性，导致神经突触处乙酰胆碱的累积，以突触毒性而发挥毒性功能（Ware，1983）。

乙酰胆碱的累积主要会导致乙酰胆碱的毒蕈碱样效应，产生急性中毒症状，其主要作用于自主效应器官（症状有瞳孔缩小、流泪、流涎、呕吐、腹泻、频繁排尿、呼吸困难、心动过缓和低血压）和烟碱神经肌肉连接处（导致迅速的无意识性肌肉抽搐和震颤，并随之出现严重虚弱和麻痹）（Brunton，2006）。通常由于呼吸衰竭而死亡。

许多有机磷类杀虫剂均会表现出慢性神经毒性，引起脊髓和外周神经（如坐骨神经）长轴突的变性，阿托品是氨基甲酸酯和有机磷类中毒

的首选解毒药。有机磷类中毒也可用解磷定（2-PAM）解毒，但该药禁用于氨基甲酸酯类中毒。

氯磷定的主要作用是恢复乙酰胆碱酶的活性，使累积的乙酰胆碱分解，从而使神经突触和神经肌肉接头恢复正常机能。氯磷定的作用期短，因此常常需要重复用药（Buck，1991）。对氨基甲酸酯和有机磷中毒的严重病例，需要采用人工呼吸。

氨基甲酸酯类和有机磷类杀虫剂，尤其是有机磷类，不应该与其他的胆碱酯酶抑制剂或杀虫剂联合使用，因为这些化学物质能使胆碱酯酶蓄积量不断增多。有机磷类药物不能用于锐目猎犬（如灵梗、惠比特犬）和某些品种的牛（如克安尼那牛、夏洛来牛、德国黄牛、西门塔尔牛和婆罗牛），因为上述品种的动物对这类药物有特异性反应。对遭受皮蝇属幼虫侵袭的牛，使用有机磷类杀虫剂可能会引起宿主-寄生虫反应。

（一）氨基甲酸酯类

氨基甲酸酯类（Carbamates）通过两个步骤使胆碱酯酶失活，首先是形成一个可逆性的氨基甲酸酯-胆碱酯酶复合物，然后胆碱酯酶被氨基甲酸酯化并失活，最终氨基甲酸酯解离下来，释放出最初的胆碱酯酶。但是，解离下来的氨基甲酸酯不能与其他胆碱酯酶分子结合（Hayes 和 Laws，1991）。解毒剂是阿托品，氯磷定（2-PAM）禁用于氨基甲酸酯中毒。

1. 胺甲奈（Carbaryl）

胺甲奈的商品名叫西维因（Sevin），是使用最普遍的氨基甲酸酯类杀虫剂，1956年被引入并成为第一个成功商业化的氨基甲酸盐。胺甲奈对哺乳动物的毒性低，雌性大鼠的口服LD_{50}为500mg/kg，但对蜜蜂的毒性很高。该产品最常用于防治小动物跳蚤和蜱的侵扰。

[犬和猫] 胺甲奈可单独或与增效剂联合使用。成年犬和猫用含0.5%～1%胺甲奈产品（Mycodex with carbaryl）进行洗涤，可防治跳

蚤、虱和蜱的侵扰。也可使用含2%～5%胺甲萘的流动性粉剂（Adams flea and tick dust），将这种粉剂洒在动物体表，然后经摩擦进入体内。但是，很多地区的跳蚤和蜱对胺甲萘已经产生了抗药性。

[注意事项] 不能将含有胺甲萘的产品与其他胆碱酯酶抑制性化合物同时使用，4周龄内的幼犬和猫不应使用含胺甲萘的产品。仔细阅读标签中产品的其他特殊限制说明。如果动物出现中毒症状，可使用阿托品解毒。氯磷定禁用于氨基甲酸酯类中毒的解救。

2. 灭多威（Methomyl）

灭多威是1966年引入的杀虫剂，其杀虫效力强于胺甲萘，对哺乳动物的毒性也很强。大鼠口服的LD_{50}为17mg/kg。已经证实，灭多威具有广谱的杀虫活性，对危害蔬菜和农作物的很多害虫有效。该药作用迅速，蝇类接触或食入灭多威会很快死亡。灭多威是一种速效诱蝇毒饵（Blue Streak Fly Bait）杀虫剂的主要成分。

注意事项：灭多威对鱼类和蜜蜂有毒性。使用灭多威需要远离家畜，一旦发生中毒，用阿托品进行解救。

3. 残杀威（Propoxur）

残杀威是1959年就开始使用的氨基甲酸酯类杀虫药，它的击倒作用强，残效期可长达几周。残杀威对鸟类和蜜蜂有毒性，但可用于家畜及其周围环境。其大鼠口服的LD_{50}为100mg/kg。残杀威是用于防治体表寄生虫泡沫剂中的活性成分。该药常被用做犬和猫的除蚤项圈（Bansect，Scratchex）。烯虫酯是一种昆虫生长调节剂，残杀威与烯虫酯等可组成多种杀虫方剂（Sergeant's Double Duty，Vet-Kem Breakaway），残杀威是其中的主要成分。

（二）有机磷类杀虫剂

有机磷类杀虫剂（Organophosphates）通过使乙酰胆碱酯酶失活而发挥突触毒性。失活的过程分为两步，首先有机磷类与乙酰胆碱酯酶可逆性结合，随后磷酸盐不可逆地结合使乙酰胆碱酯酶磷酰化。一旦发生不可逆性结合，乙酰胆碱酯酶将不能再生，所以组织必须合成新的酶。氯磷定能逆转第一步反应并使酶重新恢复活性，因此，一旦发现中毒，立即使用氯磷定解毒最有效（Buck，1991）。

用于动物体或其周围环境的有机磷杀虫剂很多，这些药物名录可列出一长串。这种药物名录让人难以记忆，根据其化学结构可分为脂肪族衍生物、苯基衍生物和杂环衍生物三类。脂肪族衍生物是最早开发的一类有机磷药物，具有一个简单的线性结构，没有复杂的环状结构。由于其结构简单，所以在动物体或环境中能迅速分解。苯基类衍生物是第二类有机磷类杀虫剂，在化学结构中含有一个苯环，因此其作用的持续性较脂肪族衍生物长。杂环衍生物是最后一类有环状结构的有机磷类药物，其环状结构中的一个碳原子被氧、氮或硫替代，这类杀虫剂是残留最长的有机磷类杀虫剂。

有机磷中毒是常见的医疗急救事故，需要用活性炭和洗浴来减少药物的吸收。氯磷定能逆转药物与乙酰胆碱酯酶的结合，阿托品能减轻乙酰胆碱过量所表现的临床体征（Kahn，2005）。

过去使用的许多有机磷类杀虫剂，由于新产品而失去了市场份额，或由于不能在美国环保署重新登记，已经从市场上消失。本书所列的药物名录要比前一版本少许多。

1. 脂肪族衍生物

脂肪族衍生物（Aliphatic derivatives）是很早问世的第一个商业化有机磷类杀虫剂，其中的敌敌畏和乙硫磷迄今仍用于动物。脂肪族衍生物是简单直链脂肪酸结构，所以很容易分解。

敌敌畏（Dichlorvos） 敌敌畏（DDVP）是20世纪60年代初开发的脂肪族有机磷杀虫剂，其大鼠的急性口服LD_{50}大约为50mg/kg。敌敌畏的独特性是其具有很强的挥发活性，这就使得敌敌畏成为密闭空间中选用的一种优质杀虫剂，敌敌畏也是最早用于除蚤项圈的杀虫剂。敌敌畏的触杀剂、内吸剂和熏剂都具有快速击倒的杀虫作用，但几乎没有残效性，在中性水介质中的半衰期约为8h，在哺乳动物体内能迅速水解。敌敌畏缓释剂对猪的重要寄生线虫有很强的驱杀活性（见驱蠕虫药）。

牛：敌敌畏的浓缩剂可用水或柴油稀释成1%的浓度，按每头30~60mL的剂量对肉牛和奶牛进行喷雾，可用于防治面蝇、角蝇、厩蝇、家蝇、蚋和蚊。该药也可作为室内喷雾剂使用。

食品动物在屠宰前一天不能用敌敌畏治疗。涉及有机磷类杀虫剂的规范用药，可参阅先前的叙述。

2. 苯基衍生物

苯基衍生物（Phenyl derivatives）的结构中含有一个苯环，其结构比脂肪族衍生物更复杂，属于第二大类有机磷类杀虫剂。因为化学结构与脂肪族衍生物不同，所以在环境中可以持续很长的时间。这类药物的代表是杀虫威。

杀虫威（Tetrachlorvinphos） 杀虫威是具有苯基的有机磷类药物，对哺乳动物毒性低。杀虫威的大鼠口服LD$_{50}$为4 000~5 000mg/kg。用杀虫威制成的喷雾剂、粉剂和除虫项圈可防治犬、猫的跳蚤，其连续口服剂可用于马蚊、蝇的控制。

犬和猫：杀虫威有一系列的喷雾剂、粉剂和项圈（Hartz Advanced Care 2 in 1）类产品，可用来防治犬、猫及其环境中的跳蚤和蜱，也可与昆虫生长调节剂烯虫酯制成复方制剂，对跳蚤生活史各个阶段的防治效果更好（Hartz Advanced Care 3 in 1）。

马：该产品已制成蝇活动期连续服用的制剂（Equitrol），可用来防治厩蝇和家蝇。要想获得最好的效果，马厩里所有的马都要口服这种产品，从春季蚊蝇出现前开始使用，一直持续到蚊蝇消失。

3. 杂环衍生物

杂环衍生物（Heterocyclic derivatives）是有机磷类杀虫剂中最新的一类，它们在化学结构上

都含有一个环状结构，其环上至少有一个原子是氧、氮或硫，杂环可能由3、5或6个原子组成。杂环衍生物是持效期最长的有机磷类杀虫剂，在动物上应用广泛。杂环类的代表性药物有毒死蜱、蝇毒磷、二嗪农、亚胺硫磷和甲嘧硫磷。

（1）毒死蜱（Chlorpyrifos） 毒死蜱（Dursban）在环境中具有一定的稳定性，适合用于防治蚊幼虫、蝇类幼虫、火蚁和白蚁。大鼠的急性口服LD$_{50}$为163mg/kg，兔的急性经皮肤LD$_{50}$为2 000mg/kg。

毒死蜱制成的药浴剂和洗发香波仅用于犬跳蚤和蜱的防治。有报道称，该药使用一次即可杀死跳蚤，并可保护犬免受跳蚤再次侵扰达1月以上。为了更有效的控制跳蚤，对犬的寝具和休息场所也应该喷洒药物。对怀孕母犬和小于10周龄的幼犬建议不要用毒死蜱。

（2）蝇毒磷（Coumaphos） 蝇毒磷（我国已禁用，译者注）是杂环衍生物中对哺乳动物毒性相对较低的有机磷杀虫剂。小鼠对蝇毒磷很敏感，其口服LD$_{50}$为55mg/kg，而大鼠的口服LD$_{50}$为90~110mg/kg。蝇毒磷在碱性条件下水解慢，但在牛的肝脏会迅速降解。蝇毒磷的乳化浓缩剂（Co-Ral）或粉剂可用于动物及其圈舍来控制大多数节肢动物寄生虫。

牛：蝇毒磷的喷雾，撒粉或擦背可防治牛虱、角蝇、面蝇和蜱。蝇毒磷可用于肉牛和哺乳期牛，宰杀前无停药限制。

蝇毒磷也可与二嗪农联合制成耳标，获准用于防治角蝇、海湾花蜱和刺耳蜱，也可作为面蝇防治的辅助手段，这类耳标已获批用于肉牛和非泌乳期奶牛。

猪：蝇毒磷喷雾剂（Co-Ral）可通过喷雾直接用来防治猪虱。

马：蝇毒磷喷雾于马体表可以防治蝇、虱和蜱等外寄生虫。

（3）二嗪农（Diazinon） 二嗪农是相对安全的杂环类有机磷杀虫剂，具有良好的安全记录。其杀虫谱很广，过去几十年里一直用来杀灭各

种害虫。二嗪农的大鼠口服LD_{50}为300～400mg/kg，兔的急性经皮肤LD_{50}为4 000mg/kg。

二嗪农通常用于除蚤项圈（Preventef）来驱除犬和猫的跳蚤和蜱的侵袭。二嗪农也被用在耳标里（Patriot），用于防治肉牛和非哺乳期牛的角蝇、海湾花蜱和刺耳蜱感染，也可作为防治面蝇、厩舍蝇和家蝇、虱子的辅助手段。这类耳标冬季使用可以防治虱。

（4）亚胺硫磷（Phosmet）　亚胺硫磷是久经考验的杂环类有机磷杀虫剂，已注册用于防治多种有害昆虫。其雄性大鼠的口服LD_{50}为147～316mg/kg，兔的急性经皮肤LD_{50}为3 160mg/kg。

牛：亚胺硫磷制剂（Del-Phos Emulsifiable Liquid）可用于肉牛和非哺乳期奶牛的虱、白花革蜱、孤星花蜱、海湾耳蜱、角蝇和疥螨的防治。该制剂可通过喷雾或背部摩擦给药，经喷雾治疗的牛只允许在用药3d后屠宰。该药不能用于病牛或3月龄以内的犊牛，也不能用于产后28d内的乳牛。

猪：亚胺硫磷喷雾剂（Del-Phos Emulsifiable Liquid）已注册用于防治猪的虱和疥螨感染，猪在用药后1d可以屠宰。该药不能用于病猪或直接用于保育猪。

三、脒类化合物

脒类化合物（Formamidines）是一类新的很有发展前景的杀螨剂，能有效驱除牛蜱及猪和犬的螨等。双甲脒是章鱼胺能激动剂（IRAC，2007；Salgado，2007）。在美国，双甲脒获准用于犬、牛和猪。

1. 双甲脒（Amitraz）

在美国，双甲脒是获准用于动物的唯一脒类化合物。双甲脒的大鼠急性口服LD_{50}为800mg/kg，兔的急性经皮LD_{50}大于200mg/kg。在犬皮肤上使用0.025%的双甲脒溶液，能产生暂时性镇静、降低直肠温度和提升血糖的作用。双甲脒按每

日0.25mg/kg口服，连用90d，犬仍有很好的耐受性，但是按照1～4mg/kg的剂量可观察到持续性的高血糖症。临床研究发现，犬使用后暂时性镇静是最常见的副作用。

[犬]　Mitaban含有19.9%的双甲脒，稀释成0.025%的溶液可用于治疗犬的全身性蠕形螨病，每小瓶含10.6mL，与7.6L的温水混合，治疗3～6次，每次间隔14d。建议要连续性治疗，直到皮肤刮取物中没有活的螨虫为止，一般经过2次成功的治疗或6次用药就看不到活的螨虫。在Mitaban包装的说明书中规定，双甲脒不能用于局灶性蠕形螨病和疥疮的治疗。双甲脒对妊娠母犬和小于4月龄幼犬的安全性问题尚未进行评估。Mitaban原液具有可燃性，在进行稀释或在犬上用药时需要带上手套。

双甲脒也可用于犬的项圈，除蜱项圈（Preventic）能杀死犬体表的蜱，并持续3个月有效。由于项圈中含有足量的双甲脒，一旦被犬吞入会引起疾病。项圈必须要带得松紧合适以免松开被犬食入。双甲脒除虫项圈不能用于病犬、康复期犬和小于12周龄的幼犬。该药对跳蚤无效，因此必须用其他手段控制跳蚤。近期获批的含有双甲脒和氰氟虫腙复方制剂（ProMeris）可用于防治犬的蜱和跳蚤，关于该复方制剂的更多资料，可参见氰氟虫腙部分。

[牛和猪]　12.5%的双甲脒乳油（Taktic EC）可用于驱除肉牛、奶牛和猪的蜱、螨和虱。用于驱除牛的蜱和虱时，该产品按每升水添加2mL进行稀释，可喷雾或药浴。对于疥螨病，在用药7～10d后必须第二次给药。牛屠宰前无需禁药，用药后奶牛的牛奶不必禁用，猪在屠宰前3d内不能用药。

注意事项：马属动物不能用双甲脒治疗，用药后可能发生致死性的结肠阻塞。

2. 新烟碱类

新烟碱类（Neonicotinoids）是近期刚出现在美国兽医市场上的不同于以往的新型杀虫剂，

这类杀虫剂通过与烟碱型乙酰胆碱酯酶受体结合而发挥作用。它们代表着现今用于家畜害虫防治的最新和最有发展前景的化合物（Tomizawa 和 Casida，2005）。

（1）呋虫胺（Dinotefuran）　呋虫胺是一种新型的烟碱类杀虫剂，对跳蚤具有极好的驱虫效果。由呋虫胺制成的复方浇泼剂中含有4.95%的呋虫胺、0.44%吡丙醚（pyriproxyfen）和36.08%的氯菊酯。呋虫胺能击倒跳蚤，吡丙醚可阻断跳蚤的生活史，氯菊酯具有驱除蜱（如鹿的肩突硬蜱、犬的血红扇头蜱、变异革蜱和斑点花蜱）和蚊[尖音库蚊（*Culex pipiens*）、三列骚扰蚊（*Ochlerotatus triseriatus*）和埃及伊蚊（*Aedes aegypti*）]的活性。一次局部用药6h内可杀死96%的跳蚤，防治跳蚤、蜱和蚊的有效期至少为30d。该产品不能用于猫。

（2）吡虫啉（Imidacloprid）　吡虫啉是一种氯代烟酰类杀虫剂，可与烟碱型乙酰胆碱受体不可逆性结合，该受体只有一个亚型，很显然该亚型是昆虫神经功能不可缺少的，但在药理学和组织分布方面与已知的哺乳动物烟碱类受体不同（Griffin，Krieger和Liege，1997；Liu和Weller，1996；Londershausen，1996）。吡虫啉的大鼠急性口服LD_{50}为450mg/kg。含9.1%吡虫啉的皮肤浇泼剂（Advantage）可用于犬、猫、幼犬和幼猫跳蚤的防治，该产品在实验室和田间试验均对跳蚤有很好的防治效果（Arther等，1997；Cruthers和Bock，1997；Cunningham和Everett，1997；Hopkins，1997；Hopkins等，1997）。虽然药签上推荐在宠物洗澡后要重复用药，但犬用洗发剂洗涤后也有效（Cunningham等，1997a）。安全性试验显示，按说明书推荐的方法用药不用担心安全性问题（Griffin，Hopkins和Kerwick，1997）。吡虫啉产品对小于7周龄的幼犬、小于8周龄的猫仔和病弱动物不宜使用。

吡虫啉可与一种人工合成的拟除虫菊酯杀虫剂氯菊酯制成复方制剂，已注册的复方制剂（K9

Advantix）可用于防治犬的跳蚤、蜱和蚊的侵袭。浇泼剂可每30d使用一次。该产品不能用于7周龄内的幼犬，也不能用于猫。

最新开发的吡虫啉复方制剂（Advantage Multi）含有防治外寄生虫的吡虫啉和防治犬恶丝虫等内寄生虫的莫西霉素，该产品已获准用于犬和猫，更多的信息参见本章的复方制剂部分。

（3）烯啶虫胺（Nitenpyram）　烯啶虫胺是一种新烟碱类杀虫剂，具有作用方式独特、口服吸收迅速、对犬和猫低毒的特点，因而，一次口服给药就能达到快速击倒跳蚤的效果（Schenker等，2003）。研究发现，口服给药后30min内就能驱杀跳蚤。犬在4h内、猫在6h内即可达到90%的驱杀效果。烯啶虫胺的半衰期短，能快速从体内清除，犬和猫每天用药也不会导致生物累积。

烯啶虫胺可制成片剂（Capstar），每小片含11.4mg，标签注明可用于猫和体重11kg的犬。大片含57mg，可用于体重11~57kg的犬。如此宽的剂量范围就是该药安全系数非常高的最好证明。

烯啶虫胺不宜用于体重小于1kg或者小于4周龄的犬、猫，受到跳蚤严重骚扰的宠物用烯啶虫胺治疗后可能出现抓挠现象，这通常是由于死亡跳蚤对机体的影响而并不是药物的副作用（Chatellier，2001；Dobson等，2000；Dryden等，2001；Schenker，2000；Schenker，Luempert和Barnett，2000；Schenker，Luempert和Barnett，2001；Schenker等，2000；Schenker等，2001；Witte和Luempert，2001；Witte等，2000a；Witte等，2000b）。

（4）多杀菌素（Spinosad）　多杀菌素具有spinosyn的结构，是一种非细菌性四环大环内酯。尽管它不是真正意义上的新烟碱类杀虫剂，但也是通过激活昆虫的烟碱型乙酰胆碱受体而发挥作用（IRAC，2007；Salgado，2007）。多杀菌素的受体结合位点具有独特性，与其他新烟碱类、苯吡唑类（fiproles）、美贝霉素类、阿维菌素类和环戊二烯类杀虫剂的位点不同。多杀菌素治疗过的昆虫因运动神经元的激活表现出非随意性肌肉收缩和颤抖，长时间接触会导致跳蚤的麻痹和死亡。多杀菌素对跳蚤和脊椎动物宿主具有选择性毒性，这与跳蚤和宿主的烟碱受体存在敏感性差别有关（Snyder等，2007）。不论是在实验室还是在临床上，多杀菌素均有很宽的安全范围。一般认为多杀菌素可存在于泌乳犬的乳汁中。对哺乳母犬的安全性研究显示，给予母犬高剂量（4.4×）的多杀菌素能增加同窝幼犬中昏睡、虚弱和脱水的比例。

在澳大利亚，多杀菌素可用于防治绵羊的麻蝇和虱（Kirst等，2002）。该药对犬具有口服吸收快和低毒的特点。对犬的研究表明，口服给药后30min内对53%的跳蚤具有驱杀效力，4h内驱杀效果达100%。一次单剂量口服多杀菌素可持久保护动物免受跳蚤侵扰，在用药后21d的驱虫率为100%，30d达96%（Snyder等，2007）。

多杀菌素可制成适合肉牛口味的咀嚼片剂（Comfortis），有5种大小的咀嚼药片，所有药片的最低目标剂量是30mg/kg。该产品在犬每30d重复用药一次，可用于预防和控制犬的跳蚤侵扰。2008年，美国食品及药品管理局发出关于Comfortis与高剂量伊维菌素联合治疗严重蠕形螨感染的安全警告，指出有些犬用这种方法治疗后发生了伊维菌素中毒。生产商建议，犬使用了高剂量的伊维菌素则不应再用Comfortis。

四、新型杀虫剂

1. 苯甲酸苄酯（Benzyl Benzoate）

苯甲酸苄酯杀虫剂的作用方式还不清楚，该药能驱除大多数外寄生虫，但仅用于犬疥螨的治疗。苯甲酸苄酯制成的36%洗液（Mange Treatment），可用于治疗疥螨病。治疗皮肤局部感染，每7d使用一次。也有制成29%的制剂（Happy Jack Sardex II）用于疥螨的防治。对于全身性疥螨和蠕形螨的治疗，首先要将全身的被毛剪短，给犬洗澡，清洗体表所有的痂皮，在犬体表潮湿时使用除螨的洗液。苯甲酸苄酯没有残留效力，因此，直到病情痊愈前需要每7d重复用药一次。该产品不宜用于12周龄以下的犬、妊娠期和哺乳期的母犬。含有苯甲酸苄酯的产品不能用于猫。如果要采取药浴，要用无刺激性的软膏保护患犬眼睛。

2. 氟虫氰（Fipronil）

氟虫氰为苯吡唑类杀虫剂，该药是GABA（氨基丁酸）门控氯离子通道的高效颉颃剂（Gant等，1996；IRAC，2007；Tomlin，2000）。大鼠的急性口服LD_{50}为100mg/kg。在防治犬和猫的跳蚤方面，已有大量的文献阐述氟虫氰的作用机制、临床效果和安全性。该药制成的0.29%喷雾剂（Frontline Spray）已获准用于犬、猫、幼犬和幼猫。即便是宠物洗澡后，这种喷雾剂对驱除跳蚤仍有效（Jeannin等，1994；Postal等，1994；Tanner等，1996），对蜱和疥螨病也有效（Curtis，1996；Hunter，Keister和Jeannin，1996a；LeNain等，1996）。喷雾剂不能用于幼犬和小于8周龄的小猫。

氟虫氰制成的浇泼剂（Frontline Top Spot）可方便犬和猫的使用，这类剂型能使药物穿过皮脂扩散和少量经皮肤全身性吸收而发挥效果（Birckel等，1996；Weil等，1997）。猫用产品的驱蜱效果达30d，驱杀跳蚤的效果长达45d。犬用产品的驱蜱效果至少达30d，驱杀跳蚤的效果长达90d（Hunter，Keister和Jeannin，1996b；Cunningham等，1997b；Cunningham等，1997c；Postal等，1996a；Postal等，1996b）。该产品具有驱除猫毛虱的效力，即使雨淋或洗澡后也有效（Everett等，1997）。按照产品说明书推荐方法用药，在实验室和实际使用中均不必担忧安全性问题（Arnaud和Consalvi，1997a；Arnaud和Consalvi，1997b；Consalvi等，1996）。小于10周龄的幼犬和小于8周龄的小猫不宜使用。用药时应带上橡胶手套。有报道称氟虫氰对耳螨也有效（Vincenzi和Genchi，1997）。

当前，氟虫氰与昆虫生长调节剂烯虫酯联合制成的一种方便的浇泼剂，以商品名Frontline Plus在市场上销售。对于犬和猫，该产品驱杀跳蚤、蜱和毛虱的效果达30d，该产品为杀成虫剂和昆虫生长调节剂组成的复方制剂，对跳蚤不同发育阶段的幼虫和成虫均有活性，从而能阻断虫体的生活史。该产品不宜用于小于8周龄的幼犬和小猫。

3. 氰氟虫腙（Metaflumizone）

氰氟虫腙属于缩氨基脲类杀虫剂，这种杀虫剂与神经元轴突和树突的电位差依赖性钠离子通道结合，阻碍神经元膜上的钠离子流动（IRAC，2007；Salgado和Hayashi，2007；Takagi等，2007）。氰氟虫腙具有极低的哺乳动物毒性，其大鼠的口服LD_{50}大于 5 000mg/kg（Hempel等，2007）。获批的含量为18.53%局部给药剂（ProMeris）专供猫用，要在跳蚤出现前用药，每月使用一次来防治跳蚤种群的侵袭。药物活性成分广泛分布于猫的全身皮肤和被毛，跳蚤通过与其直接接触而发挥作用（DeLay等，2007a；Dryden等，2007）。该药一次单剂量给药能有效驱除跳蚤的成虫并能预防跳蚤产卵达7周以上（Holzmer等，2007）。按许可剂量5次重复使用对猫和8周龄大小的小猫安全（Heaney 和 Lindahl，2007）。欧洲大规模的临床研究发现，该产品对猫和小猫每30d用药一次对跳蚤有很高的驱杀效力（Hellmann等，2007a）。

氰氟虫腙也有犬专用的局部给药剂（专供犬的ProMeris），该产品含14.24%的氰氟虫腙和14.24%双甲脒，其中氰氟虫腙对跳蚤有击倒作用，而双甲脒具有驱蜱活性。该产品需要在犬接触跳蚤之前用药，每月一次用于防治跳蚤和蜱（鹿蜱，即肩突硬蜱；褐色犬蜱，即血红扇头蜱；美洲犬蜱，即变异革蜱；孤星蜱，即美洲花蜱）（Rugg和Hair，2007；Sabnis，Zupan和Gliddon，2007）。氰氟虫腙可广泛分布于犬的全身皮肤和被毛，跳蚤与其直接接触而发挥作用（Dryden等，2007b）。一次单剂量给药能有效驱除跳蚤的成虫并能预防跳蚤产卵达6周以上，驱蜱效果也达4周以上（Rugg等，2007）。按许可剂量重复使用3～5次对血液尿素氮（BUN）、血糖、白细胞、中性粒细胞和单核细胞数量可产生轻微而短暂的影响。推荐用量对成年犬和8周龄的幼犬安全。欧洲大规模的临床研究发现，该产品每30d用药一次，对成年犬和幼犬的跳蚤和蜱有很强的驱杀效力（Hellmann等，2007b）。尽管该产品没有获准用于治疗螨病（犬蠕形螨和疥螨），但已有报道称犬用氰氟虫腙产品对螨病是有效的（Fourie等，2007a；Fourie等，2007b）。

五、驱避剂（Repellents）

驱避剂可阻止害虫靠近用药区域或使害虫接近后迅速离开。在此领域内研究最广泛的是保护人免受昆虫的侵扰。一般来说，这类产品容易挥发，对宿主动物几乎没有毒性（Hayes和Laws，1991）。

1. 驱蚊胺（DEET）

驱蚊胺是N，N-二乙基-3-甲基苯甲酰胺或N，N-二乙基-m-甲苯酰胺的官方非专利药名。其大鼠口服LD_{50}是2 000mg/kg，可用于驱避蚊、蚋、苍蝇、跳蚤、蜱和恙螨。为了持续保护宿主免受害虫侵扰，需要频繁使用。

2. 丙蝇驱（Di-N-propyl isocinchomeronate）

丙蝇驱是一种相对安全的昆虫驱避剂，大鼠的口服LD_{50}为5 200～7 200mg/kg。该药的专利商品名是广为大家熟知的MGK驱避剂326。该药经常与其他驱避剂、杀虫剂或增效剂配伍成复方制剂用于宠物和家畜。

六、昆虫生长调节剂

在驱杀昆虫历史上具有重要意义的方面是昆虫生长调节剂（insect growth regulators，IGRs）的问世，本章包含的大量杀虫剂表明，昆虫问题不仅是对家畜健康和福利的威胁问题，从事这方面工作的人都知道，问题远不止这些。大多数杀虫剂的主要问题是仅对叮咬和骚扰宿主的成虫有驱杀效果。

完全应用杀成虫药来控制昆虫的成虫种群，往往是行不通的。用药者试图阻止成虫的泛滥，但往往就像用手指在堤坝堵漏一样无济于事。昆虫生长调节剂提供了一条杀灭生长发育阶段未成熟昆虫的途径，这样可以阻断昆虫的生活史，使人们从昆虫烦扰中真正地解脱出来。典型的昆虫生长调节剂是保幼激素的类似物，能与未成熟昆虫的保幼激素受体结合，阻碍幼虫进入下一个发育阶段。 烯虫酯（Methoprene）和吡丙醚（pyriproxyfen）是最著名的保幼激素类似物。

昆虫生长调节剂是最安全最有效的产品，原因在于哺乳动物宿主没有保幼激素和保幼激素受体（Londershausen，1996）。因此，昆虫生长调节剂对宿主动物不会产生任何生物学影响，这类产品在安全性上具有一个重要的边际效应，合理使用昆虫生长调节剂，能大幅减少强毒性杀成虫药的使用，随之而来的是，与单独用杀成虫药的昆虫防治方案相比，使用昆虫生长调节剂对宿主和环境要更加安全。

1. 灭蝇胺（Cyromazine）

灭蝇胺是昆虫生长调节剂中对付污蝇（如家蝇、小家蝇、厩螫蝇、水虻）的唯一产品，对其他目大多数有益昆虫没有影响。灭蝇胺能阻断蝇类幼虫的新表皮形成，干扰蝇幼虫从一期幼虫向二期幼虫的蜕皮，导致蜕皮期的虫体死亡（IRAC，2007）。

[马]　将灭蝇胺制成2.12%的饲料添加剂颗粒（Solitude IGR），可用于马。该产品作为日粮的一部分每天按照每匹马300mg添加，已注册用于驱除马体及其周围环境（如马棚、谷仓、运动场、赛马场）的家蝇、厩螫蝇。不要使产品污染水、食物或饲料，也不能直接用于水中。

[禽]　灭蝇胺可制成饲料预混剂（Larvadex 1% Premix）或浓缩液（Larvadex 2 SL），已获准用于笼养蛋鸡和肉鸡，每吨饲料的添加量为450g。灭蝇胺通过禽体随粪便排出，在粪便中起到控制污蝇发育的作用。在污蝇的其他繁殖地，如饲料散落处、死禽堆放处、贮粪处，可用该产品进行表面喷洒来防治蝇类幼虫。

2. 除虫脲（Diflubenzuron）

除虫脲不是真正意义上的昆虫生长调节剂，它不能与保幼激素受体结合，但为了简便起见也在此介绍。除虫脲是几丁质合成的抑制剂，它能干扰几丁质的沉积，从而阻止旧表皮的脱离，导致幼虫或蛹死亡。除虫脲也能阻止虫卵的孵化。实验动物的急性和慢性毒性研究均证明，动物对除虫脲有很好的耐受性。

[马]　除虫脲可制成0.24%的饲料预混剂（SimpliFly，Equitrol II）用于驱杀马的厩舍蝇和家蝇。用该产品每天连续饲喂马可防治粪便中的污蝇幼虫。除虫脲的添加剂量是每45kg体重的马每天6.8mg。不要用于准备屠宰的马。

[牛]　除虫脲可与一种人工合成的拟除虫菊酯类氯菊酯联合制成5%浇泼剂。该产品按45kg体重3mL的剂量直接用于防治肉牛和奶牛的虱。牛按照许可量给药可以立即屠宰或泌乳。该产品对水生无脊椎动物有毒性，故不要污染水源。

3. 氯芬奴隆（Lufenuron）

氯芬奴隆是通过抑制几丁质生物合成来发挥作用的一种昆虫生长调节剂（IRAC，2007）。氯芬奴隆可获准用于防治犬和猫跳蚤（Program），宠物应大于或等于4周龄，每30d给犬和猫口服1次。氯芬奴隆也可制成注射剂，每6个月注射一次来控制跳蚤。该药具有很强的亲脂性，因此药物可以滞留在宠物的脂肪组织，并由此持续地重新分布到血液至少30d。成蚤采食时食入氯芬奴隆，药物经卵巢传递到蚤卵。大多数接触了氯芬奴隆的卵不能孵化，即便孵化出幼虫也会在首次蜕皮时死亡。药物对未成熟幼虫的作用认为是干扰了几丁质的合成和沉积。氯芬奴隆是一种方便而有效的宠物跳蚤杀虫剂。已知该药对宠物均安全，也包括繁殖期的犬和猫。氯芬奴隆与美贝霉素肟配伍成复方制剂（Sentinel），已获准用于犬跳蚤和内寄生虫控制。更多的资料详见本章后面的复方制剂部分。

4. 烯虫酯（Methoprene）

烯虫酯是一种昆虫生长调节剂，对哺乳动物的毒性低，其大鼠口服LD$_{50}$为34 600mg/kg。烯虫酯是真正意义上的昆虫生长调节剂，是保幼激素的类似物，通过阻止幼虫发育而发挥作用，最终导致幼虫死亡（IRAC，2007）。烯虫酯对紫外光敏感，遇光会降解。

烯虫酯是商业上非常成功的驱杀跳蚤药物，可单独使用或与其他杀成虫剂联合使用，制成多种类型的产品，用于防治跳蚤和其他害虫。烯虫酯能杀死跳蚤的卵和幼虫。单独的烯虫酯产品在这部分介绍，复方产品在本章随后的杀成虫药部分介绍。

烯虫酯可制成口服的饲料预混剂和盐砖（Altosid），用来控制牛的角蝇。在角蝇活动季节，可用于肉牛、干乳和哺乳期的奶牛来防治蝇类骚扰。屠宰前或泌乳时没有休药期。不要使产品污染水面。

5. 吡丙醚（Pyriproxyfen）

吡丙醚是昆虫生长调节剂，是一种保幼激素的类似物（IRAC，2007）。昆虫幼虫分泌的保幼激素可引起幼虫蜕皮并进入一个幼虫期，但幼虫蜕皮期间保幼激素缺乏会使虫体成熟。保幼激素类似物的实际效果是干涉由幼虫到蛹和蛹到成虫的发育过程（Nylar Technical Bulletin，1997）大鼠的急性口服LD$_{50}$大于5 000mg/kg，证明其安全范围很宽。该产品在地毯上使用驱杀跳蚤的效果达100%，有效期可达6个月以上（Nylar Technical Bulletin，1997）。吡丙醚是杀虫剂家族中又一个重要的补充。

吡丙醚可制成多种多样的产品，单独使用或与其他杀成虫剂联合使用可防治跳蚤和其他有害昆虫。单一吡丙醚产品在这部分介绍，复方产品在本章随后的杀成虫药标题下介绍。

注册的吡丙醚是1.3%的浓缩剂（EctoKyl IGR，OmniTrol IGR），在宠物居所和周围环境喷雾可杀灭跳蚤的幼虫和虫卵。一次用药的药效持续期为7个月。吡丙醚也可制成0.01%的即用型喷雾剂（HouseSaver），该药说明书标示其室内喷雾可用于防治跳蚤的幼虫和虫卵。

吡丙醚可制成5.3%的stripe-on制剂（Bio Spot），标签显示可直接用于猫来防治跳蚤的卵。一次使用防治期达3个月。该药不宜用于小于12周龄的小猫。

昆虫生长调节剂还可与其他类型的杀虫药，包括杀成虫剂和增效剂一起制成一系列产品，用于犬、猫及其周围环境来防治跳蚤和其他寄生虫。

七、增效剂

增效剂（synergists）自身没有毒性，也不能直接杀死昆虫。它们与杀虫剂一起使用可增强杀虫活性。增效剂最常与除虫菊酯类合用，使除虫菊酯类药物的杀虫效力提高10~20倍（Plapp，1991）。其作用方式是抑制昆虫的多功能氧化酶——这类酶可使外源性物质发生代谢变化，杀虫剂能杀灭昆虫，但昆虫体内的这种酶能抑制杀虫剂对虫体的破坏。增效剂通常以其化学名称列在标签上，这会给使用者带来不便。

1. 增效胺（N-Octyl Bicycloheptene Dicarboximide）

增效胺能抑制微粒体对杀虫剂的解毒作用，使杀虫剂最大限度的发挥毒性。增效胺又名MGK 264。该药已注册用于肉牛、奶牛、绵羊、山羊、马、猪、犬和猫以及农用房屋和动物舍来防止昆虫的烦扰。该产品常与增效醚和杀虫剂一起制成气雾剂、压缩喷雾剂和自流粉。

2. 增效醚（Piperonyl Butoxide）

增效醚为一种淡黄色液体，易溶于酒精、苯、甲烷和其他有机溶剂。

增效醚对动物非常安全，大鼠的口服LD$_{50}$约为7 500mg/kg。增效醚对氯化烃类、氨基甲酸酯类、有机磷类、尤其是除虫菊酯类和鱼藤酮等杀虫剂都有增效作用。由于增效醚能抑制昆虫微粒体酶对杀虫剂的降解，从而增强杀虫剂的活性（IRAC，2007）。含有增效醚的大量产品都是增效剂和除虫菊酯类、拟除虫菊酯类、胺甲奈或双甲脒杀虫剂的联合应用。

第三节　抗原虫药

这部分主要讨论一些获准的和未获准但可合法买到的抗原虫药的生物学活性。对于任何抗原虫药，在用药前必须阅读标签或包装说明书上的信息，按其指导用药。至于每种药物更详细的信息，读者应该详细地查阅一些综述性文章（Barr，2006；Campbell和Rew，1985；Lindsay 和Blagburn，2001；Schillhorn van Veen，1986；Snyder，Floyd和DiPietro，1991；Speer，1999）。

一、非磺胺类药

1. 阿苯达唑

阿苯达唑将在苯并咪唑类抗蠕虫药中做更详细的介绍。该药放在本节是为了讨论其抗贾第虫（Giardia）活性。研究资料表明，阿苯达唑治疗犬贾第虫病的有效率达100%（Barr等，1993）。该研究中所给剂量是25mg/kg，每天2次，连用4次。遗憾的是，近来有证据显示阿苯达唑可引起犬和猫明显的副作用。

同其他苯并咪唑类药物一样，阿苯达唑能很好地吸收（大约50%的生物利用度）并在肝脏中产生活性代谢产物——阿苯达唑亚砜和阿苯达唑砜。这些活性代谢产物能与虫体微管蛋白结合，从而阻止微管的形成和干扰细胞分裂。还有证据表明，苯并咪唑类药物能抑制延胡索酸还原酶，这种酶能影响线粒体的功能，使寄生虫的能量丧失而导致死亡。阿苯达唑能引起贾第虫滋养体的结构改变，包括损害吸盘和虫体内的微管细胞骨架，但不损害鞭毛（Lindsay和Blagburn，

2001）。宿主体内药物及其代谢产物主要从尿中排泄。

已经证明阿苯达唑具有致畸性，因此限制在妊娠动物上的应用。犬按每天50mg/kg两次用药可引起厌食症，猫按每天100mg/kg用药可引起体重减轻、中性粒细胞减少和精神迟钝（Plumb，2005）。临床应用时，已知该药对犬和猫有毒性（Meyer，1998；Stokol等，1997）。已报道的毒性包括脊髓抑制（贫血、白细胞减少、血小板减少）、流产、致畸、厌食、抑郁、共济失调、呕吐和腹泻，建议兽医人员对于犬和猫要谨慎使用。阿苯达唑可制成含量为113.6mg/mL的口服混悬剂和糊剂（Valbazen）。

2. 氨丙啉（Amprolium）

氨丙啉的抗球虫活性与其类似物硫胺素有关，因为硫胺素和氨丙啉化学结构相似，氨丙啉可竞争性参与虫体硫胺素的吸收而发挥作用（United States Pharmacopeia，1998）。若饲料中添加过量的硫胺素，氨丙啉的抗球虫效果就会受到很大影响。氨丙啉对球虫的第一代裂殖体最有效，因此对球虫病的预防效果强于治疗效果。

[肉鸡、蛋鸡和火鸡]　氨丙啉可通过添加到鸡的日粮或饮水中来防治球虫病。氨丙啉饮水给药按0.0125%的浓度连用2周（严重暴发时按0.025%给药），然后再按0.006%比例用药2周。

[牛]　氨丙啉可制成9.6%的灌服液（Corid Oral Solution）、20%的可溶性粉剂（Corid Soluble Powder）或饲料添加剂（Corid 25%），治疗由牛艾美耳球虫和邱氏艾美耳球虫引起的牛球虫病，可按照10mg/kg的剂量，灌服、饮水或混入配合饲料给药，连续使用5d。预防牛艾美耳球虫和邱氏艾美耳球虫引起的球虫病，在球虫暴露期，推荐用法为每天5mg/kg，连用21d。其他艾美耳球虫对氨丙啉也敏感。但药物标签显示仅对牛艾美耳球虫和邱氏艾美耳球虫有效。牛按照每天50mg/kg的剂量使用没有副作用。动物在宰前24h不应给药治疗。

[绵羊和山羊] 氨丙啉按照55mg/kg剂量每天使用2次，连用19d可保护羔羊免受球虫危害（USP，1998）。

[猪] 由猪等孢球虫引起的猪球虫病有时会成为一个难题。即使没有球虫卵囊排出，5～10日龄仔猪也会死亡。尽管氨丙啉没有获批，但其使用对猪球虫病有一定的预防作用（USP，1998）。

[犬] 治疗犬球虫病需要使用获批的专供小动物用的方剂。治疗犬的标准剂量为100～200mg/kg，每天经犬粮或水口服给药（Plumb，2005）。治疗按每加仑（3.8L）水中加入30mL的9.6%氨丙啉，并作为犬的唯一饮水水源（Smart，1971）。或者在足量的日粮中混入1.25g 20%氨丙啉粉供4只幼犬服用（USP，1998）。氨丙啉经食物或经水给药7d为一个用药周期，但不能同时经两种途径用药。在幼犬运输之前或母犬产仔之前，可将氨丙啉连用7d，来预防或治疗球虫病。

[猫] 氨丙啉按60～100mg/kg的剂量控制球虫感染，可通过直接口服用药（Dubey和Greene，2006）。因为猫的味觉敏感，所以与犬相比，猫通过食物或饮水给药的效果不大可靠。

3. 克林霉素（Clindamycin）

克林霉素当前被认为是治疗犬、猫弓形虫病的首选药物（Dubey和Lappin 2006）。从化学结构看，克林霉素是林可霉素的同类物。药物口服给药后组织吸收良好（90%），在除中枢神经系统外的其他组织都具有广泛的分布。克林霉素能快速的通过胎盘并与血浆蛋白质发生广泛性结合。药物在肝脏代谢，主要经胆汁和尿液排泄。克林霉素通过与细菌（或寄生虫）核糖体的50S大亚基结合并阻断转肽反应而发挥作用（Brunton，2006）。据报道，接受克林霉素治疗的动物有时会出现胃肠机能紊乱，已报道的人伪膜性肠炎是由难辨梭状芽胞杆菌（*Clostridium difficile*）过度生长引起的，严重者甚至会引发死亡。

克林霉素按15～22mg/kg口服或肌内注射，每天2次，连用4～8周，能有效治疗犬的全身性弓形

虫感染（Dubey和Lappin，2006；Greene，Cook和Mahaffey，1985）。猫全身性感染的治疗也可用克林霉素口服或注射给药，按12.5～25mg/kg的剂量，每天2次，连用2～4周。这样用药也能有效防止卵囊的排出（Lappin等，1989）。对患有肺脏弓形虫病的猫要谨慎使用。实验感染猫注射用药会出现个别死亡（Plumb，2005）。

克林霉素有多种兽用制剂（Antirobe）：片剂含量有25、75或150mg不等，口服液含量为25mg/mL。同样的克林霉素制剂也可用于人（Cleocin）：包括75和150mg的口服胶囊，15mg/mL小儿口服悬液和含量为150mg/mL的注射液。

4. 氯羟吡啶（Clopidol）

氯羟吡啶是吡啶类抗球虫药，对离子载体类有抗性的虫株具有一定的活性。该药作用于球虫的子孢子阶段，可使进入宿主细胞的子孢子不能发育。该药不溶于水，但可作为饲料添加剂使用（Coyden 25）。该产品在雏鸡饲料添加量为0.0125%或0.025%。该产品不能用于产蛋母鸡、大于16周龄的鸡或5d内将屠宰的鸡（Lindsay 和Blagburn，2001）。

5. 癸氧喹酯（Decoquinate）

癸氧喹酯是获准用于防治鸡、牛、绵羊和山羊艾美耳球虫感染的抗球虫药。癸氧喹酯能杀灭球虫生活史中的子孢子阶段，能破坏球虫线粒体细胞色素体系的电子转运（Plumb，2005）。癸氧喹酯主要是用来预防球虫病，而不是治疗球虫病。

研究表明，癸氧喹酯对小牛和老龄牛的牛艾美耳球虫和邱氏艾美耳球虫感染引起的球虫病具有预防作用。在球虫的感染性卵囊暴露期，按照每天0.5mg/kg的剂量（敌球素，Deccox）添加于饲料中，至少连用28d。在青年绵羊和山羊，按同样的剂量给予癸氧喹酯可预防艾美耳球虫感染。

注意事项：癸氧喹酯禁用于产蛋鸡、繁育动物或泌乳期的牛、绵羊和山羊。添加有癸氧喹酯的配合饲料必须在加工后7d内用完。皂土不能用于添加癸氧喹酯的饲料中。

6. 咪唑苯脲（Imidocarb）

咪唑苯脲为芳香双脒类抗原虫药，通过抑制敏感虫体的核酸代谢而发挥作用。咪唑苯脲对治疗细胞内感染的虫媒性病原体尤其有效，包括巴贝斯虫、血巴尔通氏体、埃立克体、肝簇虫（*Hepatozoon*）和胞簇属（*Cytauxzoon*）虫体（Plumb，2005）。获批的产品（Imizol）是12%的咪唑苯脲注射液，可用于治疗犬的巴贝斯虫病。犬的注射剂量为6.6mg/kg，两次用药应间隔14d。该药不能作静脉注射。咪唑苯脲的安全性在幼犬、繁殖犬、妊娠犬和哺乳期犬尚未证实。

7. 拉沙菌素（Lasalocid）

拉沙菌素是与莫能菌素相似的一种离子载体药，由链霉菌发酵产生。同其他离子载体类药物一样，药物与钠离子和钾离子形成复合物，致使虫体表膜对离子的通透性改变，并使线粒体的功能受到抑制。滋养体阶段对拉沙菌素最敏感（Guyonnet，Johnson和Long，1990）。在离子载体类药物中，拉沙菌素毒性最小。已获准在牛、绵羊、兔和家禽中使用，用于控制球虫感染并能提高饲料效率。拉沙菌素禁用于马属动物，可能会引起致死性反应。

[牛]　牛用的有拉沙菌素干的或液体饲料添加剂（Bovatec）。药物与圈养牛的配合饲料或放牧牛的补充饲料混合，给药剂量为每天每千克体重1mg（每头牛的最大剂量为360mg）。该药对牛艾美耳球虫（*E. bovis*）和邱氏艾美耳球虫（*E. zuernii*）有效，在球虫暴露期可连续混料用药，但肉用小牛禁用。

[绵羊]　拉沙菌素添加在配合饲料饲喂圈养绵羊，日粮中拉沙菌素的最终量为每吨全价料20~30g，最终达到每只绵羊每天15~70mg的剂量。该剂量能有效防治绵羊的绵羊艾美耳球虫、

槌形艾美耳球虫（*E. crandallis*）、类绵羊艾美耳球虫（*E. ovinoidalis*）、小艾美耳球虫和错乱艾美耳球虫。可在球虫暴露期全程添加。

[兔]　拉沙菌素已获准用于兔，预防由斯氏艾美耳球虫引起的兔球虫病，药物在兔配合日粮中的使用量为每吨饲料113g。

[禽]　拉沙菌素已获准用于肉鸡、火鸡，可预防由柔嫩艾美耳球虫、毒害艾美耳球虫、堆形艾美耳球虫、布氏艾美耳球虫、变位艾美耳球虫、巨型艾美耳球虫、火鸡和缓艾美耳球虫、孔雀艾美耳球虫和腺艾美耳球虫引起的球虫病。也获准用于感染石鸡的赤足石鸡艾美耳球虫（*E. legionensis*）的预防。球安（Avatec）与肉鸡和火鸡的配合饲料按每吨68~113g的比例混合。石鸡每吨饲料添加量为113g。至少应在宰前3d停药。

8. 甲硝达唑（Metronidazole）

硝基咪唑类抗生素的用途广泛，具有广谱的活性，对毛滴虫、阿米巴和贾第虫有效，也对厌氧球菌和杆菌有效。硝基咪唑的原型是甲硝哒唑，是治疗贾第虫感染的首选药物。硝基咪唑类其他药物（异丙硝哒唑、磺甲硝咪唑、尼莫唑、奥硝唑和苄硝唑）已用于控制贾第虫感染，但目前仅有甲硝达唑和磺甲硝咪唑在美国使用。没有一种硝基咪唑类药物获准用于动物。由于这类药物能引起实验室啮齿动物发生肿瘤，美国FDA（食品药品管理局）强烈反对这类药在食品动物上使用。

甲硝哒唑（Flagyl）的胃肠道吸收好，蛋白结合率低，体内分布广泛。甲硝哒唑进入靶细胞后，与原虫的DNA相互作用，引起DNA的双螺旋结构丧失和DNA链破坏（USP，1998）。该药主要在肝脏代谢，药物总量的50%在人的肝脏转化而排泄。因为药物间的相互作用，使用甲氰咪胍或镇静安眠剂的患者需要调整剂量。高剂量使用甲硝哒唑可出现毒性，神经毒性包括共济失调、眼球震颤、抽搐、发抖和虚弱等（Dow等，1989；USP，1998）。

许多研究证明，甲硝哒唑能有效治疗贾第虫病（Barr，2006；Boreham，Phillips和Shepherd，1984；Kirkpatrick和Farrell，1984；Watson，1980；Zimmer，1987；Zimmer和Burrington，1986），但其疗效达不到100%。犬可以按15～30mg/kg的剂量，每天一次或两次口服，连续治疗5～7d（Barr，2006）。猫可按10～25mg/kg的剂量，每天一次或两次口服，连续治疗5～7d（Barr，2006）。市场销售的产品（Flagyl）为片剂，含量为每片250和500mg。也有注射用制剂，但考虑到贾第虫的滋养体通常寄生在肠腔中，用注射剂的疗效并不可靠。

9. 莫能菌素（Monensin）

莫能菌素是由肉桂地链霉菌（*Streptomyces cinnamonensis*）的发酵产物产生的一种抗生素，具有抗球虫活性，可用于牛、山羊、禽和鹌鹑。该药与宿主和虫体的钠、钾形成离子载体，当虫体的线粒体膜受影响时，导致钾和钠离子透过膜。马和珠鸡饲喂添加莫能菌素的饲料会引起死亡。

[牛] 莫能霉素作为饲料添加剂（Rumensin）可用于牛的促生长和预防球虫病。防治由牛艾美耳球虫和邱氏艾美耳球虫引起的球虫病，应按10～30g/t饲料的添加量，达到每天每头360mg的剂量。该药在球虫感染期或可能发生球虫病时必须连续添加。莫能霉素禁用于肉牛犊。

[山羊和绵羊] 莫能霉素已获准用于山羊（Rumensin）来预防圈养山羊的槌形艾美耳球虫、克氏艾美耳球虫（*E. christenseni*）和雅氏艾美耳球虫（*E. ninakholyakimovi*）感染。药物在配合日粮中的添加量是20g/t。该药不能用于泌乳期的山羊。莫能霉素尚未批准在绵羊中使用，但有权威学者指出，该药按每天每千克体重1mg经饲料给药对绵羊球虫病有效（McDougald和Roberson，1988；Schillhorn van Veen，1986）。

[禽] 莫能霉素（Coban）用于肉鸡和小母鸡可预防由毒害艾美耳球虫、柔嫩艾美耳球虫、堆形艾美耳球虫、布氏艾美耳球虫、变位艾美耳球虫和巨型艾美耳球虫引起的球虫病，每吨配合料中可添加90～110g。该药也获准用于火鸡，按每吨饲料54～90g的剂量添加，可预防腺艾美耳球虫、火鸡和缓艾美耳球虫和孔雀艾美耳球虫的感染。北美鹑按每吨饲料73g的剂量添加，可预防由分散艾美耳球虫（*E. dispersa*）和利特艾美耳球虫（*E. lettyae*）引起的球虫病。

10. 那拉霉素（Narasin）

那拉霉素是由金色链霉菌（*Streptomyces aureofaciens*）产生的离子载体类抗球虫药，其结构与盐霉素相似（Lindsay和Blagburn，2001），是仅用于肉鸡上的饲料添加剂（Monteban）。每吨饲料的药物添加量为54～72g，可预防由毒害艾美耳球虫、柔嫩艾美耳球虫、堆形艾美耳球虫、布氏艾美耳球虫、变位艾美耳球虫和巨型艾美耳球虫引起的球虫病。宰杀前无休药期。该药不宜用于产蛋鸡。成年火鸡、马、小型马摄食该药会致命。

11. 尼卡巴嗪（Nicarbazin）

尼卡巴嗪为人工合成的抗球虫药，对柔嫩艾美耳球虫、堆形艾美耳球虫、巨型艾美耳球虫、毒害艾美耳球虫和布氏艾美耳球虫引起的盲肠和小肠球虫病有预防功效。其作用机制尚不清楚（Lindsay和Blagburn，2001）。该产品制成的25%饲料添加剂（Nicarb），获准以0.0125%的比例用于肉鸡的饲料中。该产品禁用于4d内屠宰鸡或产蛋鸡。尼卡巴嗪对治疗球虫病无效，对幼鸡的生长有抑制作用（Lindsay和Blagburn，2001）。

12. 硝唑尼特（Nitazoxanide）

硝唑尼特是一种噻唑类抗原虫药，作用谱广，对多种内寄生虫、原虫和病毒病均有效（Craig等，2003；Fox和Saravolatz，2005）。在人医上该药（Alinia）获准用于治疗幼儿和成人的贾第虫和隐孢子虫感染。该药对马的神经住肉孢子虫（*Sarcocystis neurona*）有治疗效果，该虫可引起马的原虫性脑脊髓炎（EPM）（Gargala，

Delaunay和Pitel，2001）。由硝唑尼特制成的即用型糊剂（Navigator）可以每天使用，连用28d，用药程序是先按25mg/kg使用5d，随后按50mg/kg使用23d。因为硝唑尼特具有广谱的抗菌活性，经口给药可破坏胃肠道的微生物菌群，这种影响的发生率与给马口服抗生素后的结果没有差异。药物的活性成分能引起虫体死亡，所以使用硝唑尼特糊剂后马原虫性脑脊髓炎复发恶化的比率低于1%。

硝唑尼特糊剂（Navigator）的用量应根据马的准确体重来决定。该药使用后可引起体温骤升、暂时性厌食和神经状态的暂时性恶化。这些影响可能是中枢神经系统虫体死亡引起的反应。该药不宜用于小于1岁的马，以及患病或体弱马。

近期的研究表明，密集训练会使青年马原虫性脑脊髓炎发病风险增高，使用硝唑尼特有预防EPM的效果，该研究的给药量是11.36mg/kg，每周用药2d（Easter，2007）。

13. 泊那珠利（Ponazuril）

泊那珠利是获准用于治疗由神经住肉孢子虫引起的马原虫性脑脊髓炎（EPM）的抗原虫药（Marquis）（Freedom of information summary for Marquis，2001；Lech，2002）。

该产品的验证剂量为5和10mg/kg，获准使用剂量为5mg/kg，每天口服，连用28d。在药物治疗的临床研究中，由主治兽医作出的判断为54%的EPM患马临床症状至少改善了一个等级，而按10mg/kg给药，58%的EPM患马临床症状至少改善了一个等级。在7匹马的小范围研究中，用5mg/kg剂量口服治疗，所有7匹马的症状均得到改善。安全性试验证明，按10mg/kg或更大剂量给药可产生暂时性粪便松软（Furr和Kennedy，2001；Furr等，2001；Furr等，2006；Kennedy，Campbell和Seizer，2001）。

14. 氯苯胍（Robenidine）

氯苯胍是一种类似胍类的化学合成的抗球虫药，是一种经历球虫抗药性虫株发展史的老牌抗球虫药，但今天仍可用于具有离子载体类抗药性虫株的治疗。氯苯胍制成的饲料添加剂（Robenz）仅用于肉鸡，该产品按每吨饲料30g的添加量给予，可用于预防由变位艾美耳球虫、布氏艾美耳球虫、柔嫩艾美耳球虫、堆形艾美耳球虫、巨型艾美耳球虫和毒害艾美耳球虫引起的球虫病。该药禁用于产蛋母鸡或5d内宰杀的鸡。如果不按休药期停药，肉和蛋会有一种难闻的味道（Lindsay和Blagburn，2001）。

15. 盐霉素（Salinomycin）

盐霉素是进入美国市场的第三种离子载体类抗球虫药，为白色链霉菌（Streptomyces albus）的发酵产物，主要作用于球虫的子孢子阶段。盐霉素作为一种饲料添加剂（Bio-Cox）使用，主要用于肉鸡、小母鸡和鹌鹑，按每吨饲料40～60g（鹌鹑每吨饲料50g）的添加量，可用于预防由柔嫩艾美耳球虫、毒害艾美耳球虫、堆形艾美耳球虫、巨型艾美耳球虫、布氏艾美耳球虫和变位艾美耳球虫引起的鸡球虫病，以及由分散艾美耳球虫和莱泰艾美耳球虫引起的鹌鹑球虫病。盐霉素禁用于产蛋鸡，宰杀前无休药期。该药对成年火鸡或马饲喂可能有致死性。

16. 森杜霉素（Semduramicin）

森杜霉素是由玫瑰红马杜拉放线菌（Actinomadura roseorufa）发酵产生的离子载体类抗球虫药。作为饲料添加剂使用的森杜霉素产品（Aviax）仅用于肉鸡。按每吨饲料22.7g的添加量，用于预防由柔嫩艾美耳球虫、堆形艾美耳球虫、巨型艾美耳球虫、布氏艾美耳球虫和毒害艾美耳球虫和变位艾美耳球虫引起的球虫病。产蛋鸡和5d内宰杀的肉鸡禁用。

二、磺胺类药物

磺胺类药物（Sulfonamides）可用于治疗小动物球虫病，治疗大动物球虫病也非常有效，但缺乏这方面的研究资料，周效磺胺（sulfamethoxine）和磺胺胍（sulfaguanidine）

抗球虫的两个关键研究支持它们的应用。然而，在美国这两种药都不再使用（Boch等，1981；Correa等，1983）。有经验的临床医生很容易用现有的磺胺类药物来替代它们并获得满意的治疗效果（Dubey，1993）。在美国常用的磺胺药和强效磺胺类药物有：磺胺氯哒嗪（Vetisulid）、磺胺二甲氧嘧啶（Albon）、磺胺二甲氧嘧啶+奥美普林（Primor）、磺胺嘧啶+乙胺嘧啶（ReBalance）、磺胺嘧啶+甲氧苄氨嘧啶（Tribrissen）、磺胺二甲基嘧啶+磺胺甲噁唑+甲氧苄氨嘧啶的复方制剂（Bactrim，Septra）和磺胺喹噁啉。

磺胺类药物是对氨基苯甲酸（PABA）的结构类似物，因而可与PABA竞争二氢叶酸合成酶，阻碍二氢叶酸的合成，叶酸是RNA和DNA合成所必需的。磺胺类药物通过减少蛋白质的合成、代谢和病原体的生长而发挥抑制作用。已经研发出了大量磺胺类药物，但大多数磺胺药随着时间的流逝已经退出市场。药物间的最大差别是它们的溶解性、药效持久性和对病原体的活性。要讨论的磺胺类药物所有3个方面的性能都比较理想，即溶解充分，每天给药1~2次或随饲料添加，而且它们的作用谱广。磺胺类药物主要对球虫裂殖体有效，因此，要想有效阻断球虫的生活史，需要延长治疗时间（USP，1998）。

二氨基嘧啶增效剂（甲氧苄氨嘧啶、奥美普林、乙胺嘧啶）与磺胺类药物配合，通过阻断叶酸合成的下一步（二氢叶酸还原酶）而发挥作用。这类药物是二氢叶酸还原酶的高度选择性抑制剂，通过阻断叶酸合成而使药物活性显著增强，是药物增效的经典案例。

磺胺类药物呈弱酸性，在胃肠道能够很好地被吸收（磺胺喹噁啉除外），在机体内分布广泛。磺胺二甲嘧啶和磺胺甲基异噁唑具有很强的血清蛋白结合力，从而可以减弱机体的清除和延长药物的半衰期，药物经过肝脏代谢后由肾脏排除。甲氧苄氨嘧啶、奥美普林和乙胺嘧啶在胃肠道吸收良好，分布广泛，随后被羟基化由泌尿道排出。

磺胺药在兽医临床上具有很长的用药史，可引起动物一系列的毒性和异质性反应。磺胺药最常见并可避免的毒副作用是在泌尿道发生结晶，形成次级结晶尿、血尿，导致泌尿器官的阻塞。最近人医的多篇综述表明，现代制剂中提高磺胺药的溶解性能可大大降低结晶尿形成的风险，不过，这仍然需要在磺胺药治疗期间确保动物能摄入足够的水，并发生适当的水合作用（Cribb等，1996）。人医文献还表明，磺胺类药物可能有直接的肾毒性（Cribb等，1996）。据报道，磺胺药治疗也可引起造血功能障碍（如血小板减少和白细胞减少）。尤其是用磺胺喹噁啉治疗幼犬球虫病时，有时会出现低凝血酶血症、大出血甚至死亡（Patterson和Grenn，1975）。

人和动物经常出现的异质性反应是一种免疫介导的现象，包括过敏反应、药物性发热、风疹、非化脓性多发性关节炎、局灶性视网膜炎和肝炎。值得庆幸的是，当磺胺类药物按照推荐剂量使用，且用药期不超过两周时，这些毒性反应发生的比率很低（USP，1998）。

目前，有4种磺胺类药物可用于小动物医疗，它们是磺胺二甲氧嘧啶、磺胺二甲氧嘧啶+奥美普林、磺胺嘧啶+甲氧苄氨嘧啶和磺胺甲基异噁唑+甲氧苄氨嘧啶。可用于家畜的是磺胺二甲基嘧啶和磺胺喹噁啉。磺胺嘧啶和乙胺嘧啶制成的复方制剂（ReBalance）获准用于治疗马属动物的EPM。

1. 磺胺二甲氧嘧啶（Sulfadimethoxine）

磺胺二甲氧嘧啶是一种吸收快、持续作用时间长的磺胺药，该药在犬体内不能乙酰化，以原型的形式从尿液排出。磺胺二甲氧嘧啶获准用于治疗犬、猫、牛、鸡和火鸡的球虫病，也用于马腺疫的治疗。该药安全范围宽，犬按每天160mg/kg多次口服，连用13周未见中毒症状。犬按16g/kg单剂量一次口服仅有腹泻的症状（Bayley，2007）。

所有用磺胺药治疗的动物都需要摄入足够的水，这点很重要，这样可以防止动物脱水和产生结晶尿。在球虫病治疗期间也要给予足够的营养。磺胺二甲氧嘧啶已制成40%注射剂（Albon），125、250和500mg的片剂（Albon），5%的适口的悬浮液（Albon），12.5%口服液（Albon）、口服丸（Albon）和缓释丸（Albon SR）。

[犬和猫]　该药推荐使用的首日首剂量为55mg/kg，可口服给药、皮下或静脉注射给药，随后按27.5mg/kg的剂量每天一次口服，连用12～21d。很显然，球虫是肠道寄生虫，口服给药会更有效。

[牛和马]　该药推荐的首日使用剂量为55mg/kg，可口服给药、皮下或静脉注射给药，随后按27.5mg/kg的剂量每天一次口服，连用4d。给牛使用缓释丸时，每100千克的体重口服一粒12.5g的缓释丸，最后一次用药后60h（5次挤奶）内的奶要废弃。屠宰前7d内禁用。获批药物标签上的准确用量和休药期信息值得商榷，因为用药量和休药期因药物剂型的不同会存在差异。

[禽]　肉鸡、小母鸡和火鸡球虫病的治疗，可将磺胺二甲氧嘧啶混于饮水中口服给药。常用剂量为鸡按0.05%、火鸡按 0.025%，连用5d。该药禁用于16周龄以上的鸡和24周龄以上的火鸡。屠宰前5d内禁用药物。

2．磺胺二甲氧嘧啶＋奥美普林（Sulfadimethoxine with Ormetoprim）

磺胺二甲氧嘧啶与奥美普林是一个非常合理的配伍，这种配伍可以通过阻断叶酸合成过程中连续的两个步骤而增强药物的作用。奥美嘧啶为二氨基嘧啶增效剂，具有很低的哺乳动物毒性。使用的片剂中磺胺二甲氧嘧啶和奥美普林（Primor）的含量分别为100/20、200/40、500/100或1 000mg/200mg。片剂是按每一片药中有效成分的总量命名的，如 Primor120含有100mg磺胺二甲氧嘧啶和20mg的奥美普林。该药在犬推荐的首日口服治疗剂量为55mg/kg，随后按每天27.5mg/kg的剂量一次口服，连用14～21d，但不

要超过21d（Bayley，2007）。

需要提及的是，在最近治疗犬球虫病的研究中使用了这种复方药。该研究在犬日粮中分别按32.5mg/kg或66mg/kg的剂量连续23d给药，随后进行卵囊感染试验，结果发现按 66mg/kg的高剂量组效果更好，也没有产生任何不良反应（Dunbar和Foreyt，1985）。

家禽可用该复方药物的饲料添加剂（RofenAid 40）治疗，鸡饲料中按 0.0125%的磺胺二甲氧嘧啶和0.007 5%奥美普林，火鸡按 0.006 25%磺胺二甲氧嘧啶和0.003 75%奥美普林，鸭分别按0.05%和0.03%、石鸡分别按0.012 5%和0.007 5%的用量给药。屠宰前5d内禁用，产蛋禽（供人食用）不宜使用该药。

3．磺胺嘧啶＋乙胺嘧啶（Sulfadiazine with Pyrimethamine）

磺胺嘧啶和乙胺嘧啶（ReBalance）联合使用是一个非常合理的复方制剂，已获批用于治疗马属动物由神经住肉孢子虫引起的马原虫性脑脊髓炎（EPM）。市场上提供的口服混悬剂每毫升含250mg磺胺嘧啶和12.5mg的乙胺嘧啶。允许使用的口服剂量是每100kg体重8mL，每天用药一次。其疗程取决于机体对治疗的临床反应，但通常的疗程是90～270d。

在治疗期间应该密切关注马神经机能的恶化（治疗风险），这种情况往往发生在治疗的前5周，有些马可发生贫血、白细胞减少症或骨髓机能抑制。需要指出的是，在马的日粮中补充叶酸会干扰药物治疗效果。

4．磺胺嘧啶＋甲氧苄氨嘧啶（Sulfadiazine with Trimethoprim）

磺胺嘧啶和甲氧苄氨嘧啶配伍成一种增效磺胺，已在兽医临床上实际使用了许多年。该药是多年来唯一获批用于动物的增效磺胺制剂。甲氧苄氨嘧啶是二氨基嘧啶的增强剂，其哺乳动物毒性很低。

制药厂建议，有明显的肝实质损害、恶血质或对磺胺类药物敏感的动物，不要使用该产品（Bayley，2007；Plumb，2005）。马可用口服糊剂（Tribrissen）治疗，该制剂每克含333mg的磺胺嘧啶和67mg的甲氧苄氨嘧啶，获批的使用剂量为每68kg体重用5g糊剂，每天给药一次，连用5~7d。马用注射剂每毫升含有400mg的磺胺嘧啶和80mg的甲氧苄氨嘧啶（Tribrissen 48% injection）。

5. 磺胺二甲基嘧啶（Sulfamethazine）

磺胺二甲基嘧啶钠可经水（Sulmet）或口服药丸（Sulfa-Max，Sulmet）给药，用于防治牛、猪、鸡、和火鸡的球虫病。常用剂量是首日首次按237mg/kg的用量，随后每天按123mg/kg，连用4d（总共治疗5d）。牛用的有一种缓释丸（Sustain III），3d能释放32.1g磺胺二甲基嘧啶。牛每90kg体重用一丸。在磺胺药治疗期间，动物应给予大量的饮水。食品动物要按照推荐的休药期执行。

6. 磺胺甲基异噁唑+三甲氧苄氨嘧啶（Sulfamethoxazole with Trimethoprim）

磺胺甲基异噁唑和三甲氧苄氨嘧啶的复方制剂是获批用于人的药物（Bactrim，Septra），至今还没有获准在动物上使用。因为该复方产品与兽医上使用的增效磺胺药具有相似性，而且通常价格比较低，所以该药在兽医上被广泛使用。这种贴着人用标签的药物对动物的恰当用量存在一定的争议，但许多临床兽医按照与磺胺嘧啶相同的剂量使用也能取得满意的临床效果。

磺胺甲基异噁唑与三甲氧苄氨嘧啶可按5:1的比例制成复方片剂和小儿用混悬剂。现用的单倍量片剂中磺胺甲基异噁唑与三甲氧苄氨嘧啶的含量分别为400mg和80mg，双倍量片剂分别为800mg和160mg。小儿用混悬剂中磺胺甲基异噁唑与三甲氧苄氨嘧啶的每毫升含量分别为40mg和8mg。犬和猫针对细菌性感染和球虫病的用量为30mg/kg，每日一次或两次，连用14~21d，该剂量也可用于严重的球虫感染。

7. 磺胺喹噁啉（Sulfaquinoxaline）

磺胺喹噁啉是获准用于鸡、火鸡和牛球虫病预防和治疗的磺胺类药物，该药在胃肠道不易被吸收。磺胺喹噁啉可通过饮水给药（Sul-Q-Nox）。按照药物标签的提示用药，牛的用量为每天13mg/kg，鸡的用量为每天10~45mg/lb。火鸡的用量为每天3.5~45mg/lb。牛需要连续用药3~5d，鸡和火鸡为2~3d。每天药要配成新鲜的水溶液。该药禁用于泌乳期的牛或肉用小牛，宰前10d内禁用。

第四节　抗蠕虫药

本书前一版发行后发生了一些变化（Bowman，2003），最显著的变化就是伊维菌素使用得更广泛，并出现了其他大环内酯类药物。制药企业已经停产了许多用过的抗蠕虫药，如敌敌畏（Task胶囊）和乙胺嗪（Filaribits）。为节约篇幅，这些药物不再赘述，要想了解这些停产药品的相关信息请参阅该书以前的版本。

本书没有对抗蠕虫药物的疗效、药动学、作用机制和药理学方面进行详尽的阐述，书中罗列的少数重要参考资料，可以帮助兽医师更好地理解药物的作用机制（Martin，1997）。如果想要获得抗蠕虫药更详尽资料，应阅读两本优秀的著作（Arundel等，1985；Campbell和Rew，1985）。经FDA批准、市场流通的兽药产品可以在兽药产品汇编（Bayley，2008）中查找。

胃肠道寄生虫是兽医师必须应对的最常见的寄生虫（Blagburn等，1996）。在寄生虫流行情况的研究中，Blagburn和同事检查了来自美国50个州和哥伦比亚特区的6 000多份犬粪样，结果表明，全国范围内犬内寄生虫仍然普遍存在，36%的被检粪样感染蛔虫中的犬弓首蛔虫，钩虫中的犬钩口线虫或毛尾线虫中的狐毛首线虫。更出人意料的是，来自美国西南部的粪样有52%为阳性，其中至少有一种重要线虫的感染。这些虫体不仅危害犬的健康，而且有些也是人兽共患病的病原体。

许多研究都集中在抗蠕虫药的作用机制方面，这将对研发新的治疗药物有所裨益，有几篇文章阐述了在此领域的重要研究（Londershausen，1996；Martin，1993；Martin，1997）。现有许多研究资料阐述了对药物作用机制的新观点，这将在很大程度上改变对药物作用机制的认识。

在此将已获FDA批准并且在市场上仍然能够买到的抗蠕虫药，按照它们的通用名进行归类，分组介绍。

一、大环内酯类

大环内酯类（Macrocyclic Lactones）抗寄生虫药对人和动物寄生虫病的控制具有革命性意义，伊维菌素是其中最知名的药物，这类药物还包括阿维菌素（Avermectins）和美贝霉素（Milbemycins）两大类。大家普遍认为，大环内酯类药物是迄今为止研发的效果最好、毒性最低的抗寄生虫药物。这类药物都是链霉菌发酵产生的抗生素，其结构相似，都具有大环样结构。最初认为药物是通过干扰GABA（γ-氨基丁酸）介导的神经传递而发挥作用，现在认为这类药物与谷氨酸门控氯离子通道具有高亲和力，通过与之结合发挥作用（Arena等，1991；Martin，1993；Martin，1997；Shoop，Mrozik和Fisher，1995；Vercruysse和Rew，2002；Wolstenholme和Rogers，2005）。大环内酯类与谷氨酸受体结合可引发氯离子涌入，使寄生虫神经元超极化，阻碍了正常动作电位的启动或传导，最终导致靶寄生虫麻痹和死亡。

大环内酯类药物彻底改变了寄生虫病的治疗。总体上说，这类药物具有高效、低剂量的特点，并且对宿主动物非常安全，真正具有广谱的驱线虫和节肢动物活性。在药品商业流通上，大环内酯类药物具有压倒性的竞争优势，很多传统的药物，曾作为大环内酯类药的竞争者，很快退出了常用药物的行列，最终停产，这些药物成了"大环革命"的牺牲品。

尽管大环内酯类有以上优势，但也有缺点。这类药物对绦虫和吸虫无效，价格相对较高。伊维菌素在美国的专利保护期已过，这就允许一般的竞争者进入这一市场，可使伊维菌素治疗的费用降低。

关于这类产品的文献资料很多，其中有一些非常优秀的综述，且通俗易懂（Bennett，1986；Campbell，1989；Shoop，Mrozik和Fisher，1995；Vercruysse和Rew，2002）。

1. 多拉菌素（Doramectin）

多拉菌素是阿维链霉菌突变株的发酵产物，其抗虫谱与阿维菌素B_1相似，而该药从体内排除的半衰期为伊维菌素的2倍（Shoop，Mrozik和Fisher，1995；Friis和Bjoern，1997）。

[牛]　多拉菌素（通灭，Dectomax；通灭浇泼剂，Dectomax Pour-On）具有广谱的抗牛寄生虫活性，按0.2mg/kg的剂量皮下注射或按0.5mg/kg剂量外用时，能有效驱除牛棕色胃虫中的奥氏奥斯特线虫（Ostertagia ostertagi）和竖琴奥斯特线虫（O. lyrata），捻转胃虫中的普氏血矛线虫（Haemonchus placei），小型胃线虫中的艾氏毛圆线虫（Trichostrongylus axei）和长刺毛圆线虫（T. longispicularis），蛇形毛圆线虫（T. colubriformis），小肠线虫中的肿孔古柏线虫（Cooperia oncophora）、点状古柏线虫（C. punctata）、栉状古柏线虫（C. pectinata）和茹拉巴德古柏线虫（C. surnabada），钩虫中的牛仰口线虫（Bunostomum phlebotomum），肠线虫中的乳突类圆线虫（Strongyloides papillosus），结节虫中的辐射食道口线虫（Oesophagostomum radiatum），毛尾属线虫；肺线虫中的胎生网尾线虫（Dictyocaulus viviparus）；眼虫中的吸吮属（Thelazia）线虫，牛皮蝇幼虫中的牛皮蝇（Hypoderma bovis）和纹皮蝇（H. lineatum），螨类中的牛痒螨（Psoroptes bovis）、疥螨（S.

scabiei）；吸血虱中的牛血虱（*Haematopinus eurysternus*）、牛颚虱（*Linognathus vituli*）和水牛盲虱（*Solenopotes capillatus*）（Eddi等，1993；Gonzales等，1993；Goudie等，1993；Hendrickx等，1993；Jones等，1993；Kennedy和Phillips，1993；Logan等，1993；Moya-Borja等，1993a；Reinemeyer 和Courtney，2001a；Vercruysse等，1993；Weatherley等，1993；Wicks等，1993）。值得一提的是多拉菌素具有抗嗜人锥蝇蛆（*Cochliomyia hominivorax*）的活性，而其他大环内酯类药物却没有（Moya-Borja等，1993b）。多拉菌素注射剂在屠宰前35d应停药。多拉菌素制成的浇泼剂对牛虱（*Damalinia bovis*）和牛足螨（*Chorioptes bovis*）也具有驱杀效果。牛在屠宰前30d禁用注射剂，屠宰前45d禁用浇泼剂。

[猪] 多拉菌素注射液（通灭，Dectomax）也获准用于猪，注射剂量为0.3mg/kg，对大型线虫中的猪蛔虫（*Ascaris suum*），结节虫中的有齿食道口线虫（*Oesophagostomum dentatum*）、四刺食道口线虫（*O. quadrispinulatum*），小型胃线虫中的红色猪圆线虫（*Hyostrongylus rubidus*），肠线虫中的兰氏类圆线虫（*Strongyloides ransomi*），猪肾虫中的有齿冠尾线虫（*Stephanurus dentatus*），肺丝虫中的后圆属（*Metastrongylus*）线虫，螨类中猪疥螨和吸血虱中的猪血虱（*Haematopinus suis*）有效（Arends，Skogerboe和Ritzhaupt，1997a；Arends，Skogerboe和Ritzhaupt，1997b；Lichtensteiger等，1997；Logan，Weatherley和Jones，1997；Saeki等，1995；Stewart，Fox和Wiles，1996a；Stewart，Fox和Wiles，1996b）。猪在屠宰前24d内禁用。

2. 伊普菌素（Eprinomectin）

伊普菌素是第二代大环内酯类药物，由发现伊维菌素的同类链霉菌产生的阿维菌素B₁合成而来。有文章对发现伊普菌素的定向研究进行了精彩的描述，值得每位对药物研发过程有兴趣的科学家阅读（Shoop等，1996a）。伊普菌素是由阿维链霉菌的发酵产物合成而来，具有极其广谱的活性，制成了方便使用的浇泼剂。最特殊的是伊普菌素在肉和乳中无残留。因为药物不能进入乳汁中，因此伊普菌素已成为唯一可用于泌乳期奶牛的大环内酯类药物（Shoop等，1996b）。

[牛] 伊普菌素（Eprinex）是获批使用的皮肤浇泼剂，剂量为0.5mg/kg，对牛的所有常见线虫有效，包括捻转胃虫中的普氏血矛线虫，棕色胃虫中的奥氏奥斯特线虫、竖琴奥斯特线虫和细刺奥斯特线虫，小肠线虫中的肿孔古柏线虫、点状古柏线虫和茹拉巴德古柏线虫，小型胃线虫中的艾氏毛圆线虫和长刺毛圆线虫，蛇形毛圆线虫，肠细颈线虫中微黄细颈线虫（*N. helvetianus*），结节虫中的辐射食道口线虫，钩虫中的牛仰口线虫，肠线虫中的乳突类圆线虫，肺线虫中的胎生网尾线虫和毛尾属虫体（Cramer，Eagleson和Farrington，1997；Gogolewski等，1997b；Reid，Eagleson和Langholff，1997；Yazwinski等，1997）。伊普菌素浇泼剂的疗效不受被毛长度、雨水和天气的影响（Gogolewski等，1997a）。毫无疑问，伊普菌素也对许多外寄生虫有效，包括牛皮蝇幼虫中的纹皮蝇和牛皮蝇；吸血虱中的牛颚虱、牛血虱、水牛盲虱，牛毛虱（*D. bovis*），螨类中的牛足螨（*C. bovis*）和疥螨；对角蝇中骚扰血蝇也有效（Eagleson，Holste和Pollmeier，1997；Eagleson等，1997；Thompson等，1997）。

3. 伊维菌素（Ivermectin）

伊维菌素是第一个商品化的大环内酯类药物。阿维菌素是由阿维链霉菌的发酵液分离而来，它的抗螨虫活性的发现源于用放线菌液治疗*N. dubius*感染的小鼠。伊维菌素对许多线虫和节肢动物寄生虫有效，对犬恶丝虫幼虫有特效，但对其成虫效果不佳。对寄生于牛肠道的细颈线虫，如微黄细颈线虫敏感性最低，文献报道称驱虫效力仅为85%。牛、羊、马推荐使用剂量为0.2mg/kg，猪为0.3mg/kg。迄今为止，文献报道称伊维菌素可用于驱除多种宿主动物300种以上的寄生虫。

对妊娠期大鼠、小鼠和兔子在母毒（maternotoxic）剂量或接近该剂量会导致胎儿畸形，伊维菌素按4倍推荐剂量使用对妊娠牛、羊和犬的胎儿不会产生致畸作用。虽然伊维菌素对水生动物毒性高，但它可与土壤黏合从而降低伊维菌素的浓度，对环境质量不会产生影响。伊维菌素对小鼠急性口服的LD_{50}从11.6mg/kg到87.2mg/kg不等，对大鼠为42.8~52.8mg/kg。为期14周的研究表明，按0.4mg/kg的剂量使用对大鼠无毒副作用。

先前认为伊维菌素通过干扰GABA介导神经传递来发挥作用，现在认为它与谷氨酸门控氯离子通道具有高度亲和力（Martin，1993；Shoop，Mrozik和Fisher，1995）。伊维菌素可与谷氨酸受体结合，引发氯化物流入，使虫体神经元发生超极化，阻碍正常动作电位的启动或传导，导致靶寄生虫麻痹和死亡。伊维菌素通过同样的方式抑制节肢动物神经肌肉接头处的信号传导，导致线虫和节肢害虫麻痹死亡。

[马] 伊维菌素（Eqvalan糊剂或液体剂型）对马的寄生线虫和节肢动物寄生虫具有广谱的驱虫活性，口服剂量为参照体重使用为0.2mg/kg。伊维菌素用于治疗和预防大型圆线虫，包括马圆线虫（*Strongylus equinus*）的成虫，普通圆线虫（*S. vulgaris*）在动脉的移行期幼虫和成虫，无齿圆线虫（*S. edentatus*）的成虫和组织移行期虫体；三齿属（*Triodontophorus*），包括短尾三齿线虫（*T. brevicauda*）、锯齿三齿线虫（*T. serratus*）和锐尾盆口线虫（*Craterostomum acuticaudatum*）的成虫；小型圆线虫，包括对苯并咪唑类化合物有抗药性的种类，如冠环属（*Coronocyclus*）线虫包括冠状冠环线虫（*C. coronatus*）、大唇片冠环线虫（*C. labiatus*）、小唇片冠环线虫（*C. labratus*）；盅口属（*Cyathostomum*）的成虫和第四期幼虫，包括碗形盅口线虫（*C. catinatum*）、碟状盅口线虫（*C. pateratum*）；杯环属（*Cylicocyclus*），包括突出杯环线虫（*C. insigne*）、细口杯环线虫（*C.*

leptostomum）、鼻形杯环线虫（*C. nassatus*）和短口囊杯环线虫（*C. brevicapsulatus*）；双冠属线虫（*Cylicodontophorus*）；杯冠属（*Cylicostephanus*），包括小杯杯冠线虫（*C. calicatus*）、高氏杯冠线虫（*C. goldi*）、长伞杯冠线虫（*C. longibursatus*）和微小杯冠线虫（*C. minutus*）；杯状彼杜洛线虫（*Petrovinema poculatum*）；马尖尾线虫（*Oxyuris equi*）的成虫和第四期幼虫；马副蛔虫（*Parascaris equorum*）的成虫和幼虫；毛圆线虫中艾氏毛圆线虫的成虫；胃线虫中蝇柔线虫（*Habronema muscae*）成虫；胃蝇中肠胃蝇（*Gasterophilus intestinalis*）和鼻胃蝇（*G.. nasalis*）的幼虫；肺线虫中安氏网尾线虫（*Dictyocaulus arnfieldi*）的成虫和第四期幼虫；韦氏类圆线虫（*Strongyloides westeri*）；柔线虫（*Habronema*）和德拉希线虫（*Draschia*）引起的夏季溃疡；颈盘尾丝虫（*Onchocerca cervicalis*）引起的微丝蚴性皮炎。治疗马偶尔会因虫体抗原的大量释放而发生水肿。

伊维菌素按推荐剂量3倍给药时，马可表现出良好的耐受性。妊娠母马在体内胎儿的器官形成期经口以每千克体重0.6mg剂量给药，仍能产出正常的健康马驹。按0.6mg/kg的剂量对种公马的性行为和精液质量均无影响。伊维菌素可用于各年龄段的马，包括妊娠期各阶段母马及繁殖用公马。

[牛] 伊维菌素（害获灭，Ivomec）制成含量为1%（10mg/mL）注射液，皮下注射给药量为0.2mg/kg。伊维菌素经皮下给药的效果极佳，对棕色胃虫中的成虫和幼虫，如奥氏奥斯特线虫（包括滞育期虫体）、竖琴奥斯特线虫，捻转胃虫中的普氏血矛线虫，小型胃线虫中的艾氏毛圆线虫，蛇形毛圆线虫，小肠线虫中的肿孔古柏线虫、点状古柏线虫、栉状古柏线虫，结节虫中的辐射食道口线虫，钩虫中的牛仰口线虫，细颈线虫中的微黄细颈线虫，钝刺细颈线虫成虫，乳突类圆线虫和肺线虫中的胎生网尾线虫效果极好。伊维菌素注射剂对牛皮蝇和纹皮蝇（第一、二、

三期幼虫）具有很强的驱虫活性；注射用伊维菌素对吸血虱，如牛颚虱、牛血虱、水牛盲虱和螨虫，如牛痒螨、疥螨的疗效良好，但对毛虱的效果不稳定。对导致夏季出血的牛副丝虫的成虫以及眼丝虫露德西吸吮线虫（*Thelazia rhodesi*）的成虫和幼虫效果很好。伊维菌素吸收后在组织中分布广泛，粪便中存在的伊维菌素能抑制嗜粪幼虫的发育。伊维菌素体内代谢较慢。

伊维菌素用量高达1.2mg/kg时，牛仍有很好的耐受性，高剂量可引起注射局部暂时性肿胀。按8mg/kg注射后可引起牛在24h内卧地不起，死亡3头。怀孕母牛在人工授精后7~56d给予0.4mg/kg的伊维菌素无不良反应，其所产的犊牛无畸形。公牛用0.4mg/kg的伊维菌素后对其繁殖性能和精液品质未发现任何不良影响。牛注射伊维菌素的停药期为35d。该药不能用于繁殖期、泌乳期的奶牛及肉用犊牛。伊维菌素注射后会使牛皮蝇蛆快速死亡，由此可能引发牛急性食管炎以及脊髓出血而致牛后驱轻瘫。

伊维菌素也可制成牛用浇泼剂，每毫升含5mg的伊维菌素，使用剂量为0.1mL/kg。浇泼剂用于驱除棕色胃虫中的奥氏奥斯特线虫，捻转胃虫中的普氏血矛线虫，小型胃线虫中的艾氏毛圆线虫，蛇形毛圆线虫，小型肠线虫如肿孔古柏线虫、点状古柏线虫和茹拉巴德古柏线虫，肠道的乳突类圆线虫成虫，结节虫中的辐射食道口线虫，毛尾线虫属虫体，肺线虫中的胎生网尾线虫，牛皮蝇幼虫中的牛皮蝇和纹皮蝇，螨类中的牛疥螨，吸血虱中的牛颚虱、牛血虱和水牛盲虱，毛虱中的牛毛虱和角蝇中的骚扰血蝇。食品动物在屠宰前48d内禁止使用浇泼剂，伊维菌素在牛乳方面的停药期尚未确定。该药不要用于繁殖期泌乳牛和肉用犊牛。

[绵羊] 伊维菌素（害获灭，Ivomec）使用剂量为0.2mg/kg，获批用于预防和治疗绵羊捻转血矛线虫的成虫和第四期幼虫、普氏血矛线虫成虫，棕色胃虫中的普通奥斯特线虫，小型胃线虫中的艾氏毛圆线虫，蛇形毛圆线虫，古柏线虫中的肿孔古柏线虫的成虫、柯氏古柏线虫、结节虫中的哥伦比亚食道口线虫和微管食道口线虫的成虫，肠细颈线虫中的巴氏细颈线虫和钝刺细颈线虫，乳突类圆线虫的成虫，绵羊夏伯特线虫的成虫，毛尾线虫中的绵羊毛首线虫成虫，肺线虫中丝状网尾线虫成虫和羊狂蝇的各期幼虫。药签上注明绵羊在屠宰前11d内禁用。

美国以外地区采用伊维菌素注射液治疗痒螨病。许多研究报告显示伊维菌素对苯并咪唑类有抗性的血矛属、毛圆属、奥斯特属线虫有很高的驱虫活性。尽管近来有证据表明在绵羊和山羊出现了伊维菌素抗药性虫株，美国药典（USP）专文告诫要取消将山羊伊维菌素口服液作为日常用药，以延缓抗药性虫株的产生（USP，2006）。未经批准的绵羊和山羊皮下注射剂量为0.2mg/kg。

[猪] 猪可用1%伊维菌素注射液（Ivomec）颈部皮下注射，剂量为0.3mg/kg。研究表明，该药可用于防治猪蛔虫成虫和第四期幼虫、红色猪圆线虫、结节虫、兰氏类圆线虫（包括体内幼虫）、后圆属肺丝虫的成虫和猪血虱和猪疥螨。母猪在分娩前7~14d注射伊维菌素可预防兰氏类圆线虫经母乳传播。实验表明，伊维菌素对猪肾虫即有齿冠尾线虫成虫和第四期幼虫有良效。猪在屠宰前18d内禁用。短期研究表明，猪注射伊维菌素量达30mg/kg不会产生致命的后遗症，但会出现嗜睡、共济失调、呼吸困难和其他中毒症状。母猪妊娠第1个月内，按0.6mg/kg剂量给予伊维菌素无中毒反应，所产的仔猪无致畸现象。公猪按0.6mg/kg的剂量对其繁殖性能和精液质量无不良影响。

伊维菌素也可作为饲料预混剂（猪用害获灭预混料）混料给药，按照每天每千克体重0.1mg的剂量混料，最多连续用药7d。已获批用于治疗猪蛔虫、大型胃线虫（如圆形似蛔线虫）、小型胃线虫（如红色猪圆线虫）、食道口线虫、有齿冠尾线虫、兰氏类圆线虫、后圆属肺丝虫、吸血虱（如猪血虱）

来控制前文提及的所有寄生虫，此外，还对以下虫体有效：小肠线虫中的栉状古柏线虫（*C. pectinata*）和匙形古柏线虫（*C. spatulata*）的成虫，钩虫中的牛仰口线虫的成虫，肠道细颈线虫中的微黄细颈线虫的成虫和第四期幼虫，螨虫中的牛足螨，吸血虱中的牛血虱，毛虱中的牛毛虱和角蝇中的骚扰血蝇（Morin等，1996；Vercruysse等，1997a）。莫西菌素浇泼剂可用于肉牛和乳牛，无宰前停药和弃奶时间的限制，治疗后任何时期的肉、乳均可食用。该药不要用于肉牛犊和反刍前期的犊牛。

[绵羊]　1%莫西菌素口服液（Cydectin）获准用于绵羊，经口灌服剂量为0.2mg/kg，能有效驱除捻转胃虫中的捻转血矛线虫，棕色胃虫中的普通奥斯特线虫、三叉奥斯特线虫，小型胃虫中的艾氏毛圆线虫、蛇形毛圆线虫、玻璃毛圆线虫（*T. vitrinus*），古柏属中的柯氏古柏线虫（*C. curticei*）、肿孔古柏线虫，结节虫中的哥伦比亚食道口线虫、微管食道口线虫，肠道细颈线虫中的巴塔细颈线虫（*N. battus*）、尖刺细颈线虫、钝刺细颈线虫的成虫和第四期幼虫（Craig等，1992）。绵羊在屠宰前7d内禁用莫西菌素口服液。莫西菌素不能用于供应人奶的泌乳羊。美国药典专门撰文警示，为了延缓山羊寄生虫抗药性的产生，反对将莫西菌素口服液作为山羊的日常用药（USP，2006）。

[犬]　莫西菌素对犬的恶丝虫和胃肠道线虫疗效极佳，莫西菌素制成的缓释剂Proheart 6在注射后6个月内能一直保持治疗水平。2001年，Proheart 6获准在美国用于犬恶丝虫的预防以及犬钩虫幼虫和成虫的治疗（Blagburn，Paul等，2001；Lok，Knight等，2001；McCall，Supakorndej等，2001）。

2004年，FDA注意到该药使用后发生的不良反应，要求生产商召回Proheart 6，报道的不良反应包括过敏、肝病、自身免疫性溶血、抽搐和死亡。在2002年，按指定药量给药每10 000次，不

良反应的发生接近5.2例（FDAH，2008）。由厂商对此进行的大量研究发现，一种残留溶剂的混合物是引起不良反应的元凶，销售在美国以外的产品，由于残留水平低，早期生产的药物相对安全。2008年，由生产商和FDA共同制定的"风险最小化行动计划（RiskMAP）"，允许该药重新进入美国市场（FDAH，2008）。RiskMAP要求执业兽医在使用该药之前要完成网上培训，培训的主要内容包括让兽医知道哪些患犬适合于治疗和血样的预处理，做好完整的病例记录，并承诺要迅速报告出现的不良反应。RiskMAP也要求宠物主人在注射该药之前签署一份同意书，其主要内容与用于人类的其他重要救命药的方案相似。

生产商表示，通常情况下犬对Proheart 6有良好的耐受性，该药不能用于有病、体弱或体重不足的犬以及有体重减轻史或接种疫苗一个月内的犬。对有过敏史的犬慎用Proheart 6，个别犬在注射部位会出现轻度短暂性的肿胀或瘙痒。尽管用药犬很少发生变态反应、消化道反应、血液学和神经性反应，但偶尔也会出现。

Proheart 6作为对犬恶丝虫重要的预防性药物，在RiskMAP下重新进入市场，能否被执业兽医师和患犬所接受尚需时间验证。

6. 赛拉菌素（Selamectin）

赛拉菌素是一种新型的体内外寄生虫杀虫剂，由多拉菌素半合成修饰改造而来（Bishop等，2000）。该药是第一个具有抗犬体内外寄生虫活性的大环内酯类药物，对柯利牧羊犬无毒性。

[犬和猫]　赛拉菌素外用液（Revolution）是专用于犬、猫的体表制剂，获准用于6周龄以上的犬和8周龄以上的猫，每30d的最小剂量为6mg/kg。赛拉菌素外用液可以用于防治多种外寄生虫，包括猫栉首蚤（*Ctenocephalides felis*）和犬耳痒螨（Boy等，2000；McTier等，2000a；McTier等，2000b；Shanks等，2000a；Shanks等，2000b；Six等，2000a）。该药获准用于防治犬的疥螨和

美洲犬蜱（*D. variabilis*）（Jernigan等，2000；Shanks等，2000c）。药物在预防犬、猫的恶丝虫方面尤其突出（Boy等，2000），但不能清除微丝蚴。虽然未获批准，但赛拉菌素对犬弓首蛔虫也有效（USP，2006）。该药也可用于防治猫的管形钩口线虫和猫弓首蛔虫（McTier等，2000b；Six等，2000b）。赛拉菌素外用液使用方便、药效确凿、对犬和猫安全范围广（Krautmann等，2000；Novotny等，2000）。

二、苯并咪唑类

苯并咪唑类（Benzimidazoles）药物是多年来广泛用于多种动物的一大类广谱驱虫药，有多篇精彩的综述性文章（Campbell，1990；Lacey，1990；Loukas和Hotez，2006；Martin，1997；McKellar和Scott，1990）讨论了这类抗蠕虫药的历史、作用方式和抗虫谱。

噻苯咪唑是发现的第一种苯咪唑类药物。30多年前，噻苯咪唑的面世标志着抗寄生虫药的一大进步。该药进入市场之初，就显示出真正的广谱性和对宿主动物的高度安全性，从那以后，相继发现了几种对苯并咪唑类药物有抗性的寄生虫。

人们为了搞清楚苯并咪唑类药物抗寄生虫作用的机理付出了巨大的努力，传统的观点认为苯并咪唑类药物能与微管蛋白分子结合，从而抑制微管的形成，干扰细胞分裂（Frayha等，1997；Martin，1997；Reinemeyer 和 Courtney，2001a）。苯并咪唑类药物对线虫微管蛋白的亲和力要比哺乳动物微管蛋白高得多，从而产生了抗寄生虫的选择性活性。有证据表明，苯并咪唑类药物也能抑制延胡索酸还原酶，阻断线粒体功能，使寄生虫失去能量，最终死亡。

苯并咪唑类药物难溶于水，因此大多需要经口给药。总的来说，这类药物对马和反刍动物更有效，因为这类动物具有让药物缓慢通过的盲肠和瘤胃。这类药物按剂量分次服用往往能延长药物与寄生虫的接触时间，提高药效。苯并咪唑类药物中有两个主要药物（阿苯达唑和奥芬达唑）已被发现能致畸，因而限制了其在妊娠动物上的使用。

为简便起见，非班太尔（febantel）也在本节介绍，非班太尔为苯并咪唑类前体驱虫剂，并非苯并咪唑类药，但其在体内能代谢为苯并咪唑，因此该药与其他苯并咪唑药物在药效和作用机制方面相似。

1. 阿苯达唑（Albendazole）

阿苯达唑是最新的苯并咪唑类药物，具有更广谱的驱蠕虫活性，按照药物说明书给药对牛安全范围广。

阿苯达唑的抗虫谱广，对家畜、伴侣动物和人的胃肠道线虫、肺线虫（包括滞育期幼虫）、绦虫、寄生于肝和肺的吸虫均有很好的驱虫效果。阿苯达唑（肠虫清，Zentel）在国外用于治疗人的肠道蠕虫感染、棘球蚴病和囊尾蚴病。

[牛] 牛用阿苯达唑有口服的糊剂和混悬剂（Valbazen），按10mg/kg剂量给药，用以防治多种内寄生虫的成虫和幼虫，包括捻转胃虫中的捻转血矛线虫和普氏血矛线虫，棕色胃虫中的奥氏奥斯特线虫，艾氏毛圆线虫的成虫和滞育的第四期幼虫，蛇形毛圆线虫，肠道细颈线虫中的钝刺细颈线虫和微黄细颈线虫，小肠的点状古柏线虫、肿孔古柏线虫和茹拉巴德古柏线虫，钩虫中的牛仰口线虫，结节虫中的辐射食道口线虫，肺线虫中的胎生网尾线虫，绦虫如贝氏莫尼茨绦虫和扩张莫尼茨绦虫，肝吸虫中的肝片吸虫的成虫（Bogan 和Armour，1987；Prichard，1986；Prichard，1987）。

阿苯达唑对健康牛和感染牛单一和重复给药的安全性评估表明，在一次给药剂量达到75mg/kg时能很好的耐受，对妊娠初期7～17d的母牛给药剂量为25mg/kg时具胚胎毒性。母牛在妊娠初期第21d后用药，其受孕率与对照组相当，所有母牛都产出了正常的犊牛。

在美国，牛经阿苯达唑治疗后27d内不能屠宰，阿苯达唑也不能用于繁殖期泌乳奶牛，药物说明书中警示，该药不能用于妊娠初期45d内的怀孕母牛。

[绵羊]　FDA批准绵羊用的为11.36%的阿苯达唑口服液（Valbazen），该药的灌服剂量为7.5mg/kg，可用于防治肝吸虫，如肝片吸虫和大片吸虫成虫，常见的扩张莫尼茨绦虫，放射缝体绦虫（*Thysanoma actinioides*），棕色胃虫如普通奥斯特线虫、马氏马歇尔线虫（*Marshallagia marshalli*），捻转胃虫中的捻转血矛线虫，小型胃虫如艾氏毛圆线虫，细颈线虫中的钝刺细颈线虫、尖刺细颈线虫，肿孔古柏线虫，蛇形毛圆线虫，结节虫如哥伦比亚食道口线虫，大口肠虫如绵羊夏伯特线虫和肺线虫中丝状网尾线虫（McKellar 和Scott，1990）。在国外，阿苯达唑按15mg/kg的剂量，可用于治疗小型肝吸虫中矛形双腔吸虫。据报道，绵羊对阿苯达唑的最大耐受剂量约为37.5mg/kg。

母羊在妊娠初期第10～17d内，阿苯达唑用11mg/kg以上的剂量可能引起胎儿骨骼畸形。但有报道，对数千只绵羊给药后并无不良影响。

注意事项：按推荐剂量给药，并注意观察，尤其是对妊娠第1个月的母羊在治疗期间更应仔细观察。不要在母羊怀孕初期30d内或公羊迁出后30d给药。绵羊屠宰前7d内应停药。

[犬和猫]　阿苯达唑未获准用于犬和猫，犬以50mg/kg剂量，每天2次会出现厌食。猫按100mg/kg的剂量，每天1次，连用14～21d会引起体重减轻、嗜中性白细胞减少和精神迟钝（Plumb，2005）。对贺氏类丝虫（*Filaroides hirthi*）感染的治疗，按25～50mg/kg的剂量，每天2次，连用5d（Georgi，Slauson和Theorides，1978）；狐膀胱毛细线虫（*Capillaria plica*）的治疗，按50mg/kg的剂量，每天2次，连用10～14d（Brown和Barsanti，1989）；该药对肺吸虫中克氏并殖吸虫（*Paragonimus kellicotti*）的治疗剂量为25mg/

kg，每天2次，连用21d。相同的剂量对猫并殖吸虫的感染也有效（Plumb，2005）。虽然阿苯哒唑对上述不常见的虫体有效，但用伊维菌素和吡喹酮治疗也很方便，且同样有效。阿苯达唑可用于犬贾第虫感染的治疗，其剂量为25mg/kg，每天2次，用药2d（Barr等，1993）。最近有证据表明，该药可能会导致犬、猫发生再生障碍性贫血，所以使用时应谨慎（Plumb，2005）。

2. 非班太尔（Febantel）

非班太尔属苯并咪唑类的前体药物，能在体内转变为芬苯达唑和奥芬达唑而成为真正的抗寄生虫药物（McKellar和Scott，1990）。该药在小鼠、大鼠和犬的急性口服中毒剂量大于10 000mg/kg，按每天150mg/kg的剂量服药6d，在犬、猫可出现暂时性流涎、腹泻、呕吐和厌食症状。

非班太尔没有单独使用的制剂，而是将非班太尔与吡喹酮和噻嘧啶制成复方制剂，这些将在复方药物部分讨论。

3. 芬苯达唑（Fenbendazole）

芬苯达唑是商业上成功的苯并咪唑类药物，被广泛用于各种家畜。该药对大鼠和小鼠口服LD_{50}高于10 000mg/kg。芬苯达唑对小鼠、绵羊和牛无胚胎毒性或致畸作用，对兔胎儿有毒性但不致畸。观察给药后大鼠和小鼠一生的情况，未发现药物的致癌作用。犬在为期6个月的毒性试验中，4mg/kg及以下剂量未见任何影响。

芬苯达唑进入机体后至少转化为两个活性代谢产物，奥芬达唑亚砜和奥芬达唑砜。在反刍动物，药物能经过肠肝循环以延长其有效血药浓度（USP，1998）。

芬苯达唑具有广谱的驱虫活性，对牛、绵羊、山羊和马的胃肠道线虫、肺线虫和绦虫均有效，也能有效的驱除犬、猫和多种动物园动物的多种寄生蠕虫。在美国，芬苯达唑获准用于控制马、牛、犬和动物园动物的寄生蠕虫感染。

[牛]　芬苯达唑可制成多种剂型，包括混悬液、预混剂、颗粒剂、膏剂、驱虫砖和由动

物自由采食的矿物质补充料（Panacur，Safe-Guard），对奶牛和肉牛按5mg/kg的剂量口服或拌料给药，可用于预防和治疗捻转胃虫中的捻转血矛线虫和普氏血矛线虫成虫和幼虫、棕色胃虫中的奥氏奥斯特线虫、小型胃虫中的艾氏毛圆线虫、钩虫中的牛仰口线虫、细颈线虫中的微黄细颈线虫、小肠线虫中的点状古柏线虫和肿孔古柏线虫、蛇形毛圆线虫、结节虫中的辐射食道口线虫和肺线虫中胎生网尾线虫（Yazwinski等，1985；Yazwinski等，1989）。芬苯达唑可用10mg/kg的剂量驱除肉牛的贝氏莫尼茨绦虫和在体内发育停滞的奥氏奥斯特线虫第四期幼虫，该剂量不能用于乳牛。在国外，推荐剂量为7.5mg/kg，并声明该药对毛尾线虫、类圆线虫和毛细线虫及其虫卵有效。牛的最大耐受剂量约为2 000mg/kg。芬苯达唑对牛无胚胎毒性或致畸作用，不损害公牛的繁殖力（Muser和Paul，1984）。已经证明，芬苯达唑按10mg/kg剂量一次口服，能有效防治犊牛的贾第虫感染（O'Handley等，1997）。

注意事项：牛宰前8d内禁用芬苯达唑，繁殖期奶牛不能用10mg/kg剂量的芬苯达唑，泌乳奶牛按5mg/kg的剂量治疗时，无需废弃所产的牛奶。该药不能用于肉用犊牛。

[马] 芬苯达唑有悬浮液、颗粒剂或膏剂（Panacur），按5mg/kg剂量经口给药，可用于防治马的大型圆线虫，如普通圆线虫、无齿圆线虫、马圆线虫和三齿属线虫，小型圆线虫（如盅口属、冠环属、杯冠属和双冠属线虫）和马蛲虫。驱除马副蛔虫的推荐剂量为10mg/kg，该剂量用于妊娠母马、公马和马驹很安全。对普通圆线虫第四期幼虫的防治可采用每天10mg/kg剂量，连用5d，但该用量未获批准（Lyons，Tolliver和Drudge，1983；Leneau，Haig和Ho，1985）。

[猪] 芬苯达唑获准用于猪的为一种饲料添加剂（Safe-Guard），总用量为9mg/kg，分3~12d拌料给药，可以驱除猪蛔虫成虫和幼虫；小型胃虫中的红色猪圆线虫、结节虫中的有齿食道口线虫和四刺食道口线虫、猪毛尾线虫、猪肾虫中的有齿冠尾线虫、肺丝虫中的野猪后圆线虫和复阴后圆线虫（Biehl，1986）。猪按推荐剂量给药无休药期限制。

[犬] 芬苯达唑颗粒剂（Panacur）以50mg/kg的剂量混入犬的日粮中，连续给药3d，可用于驱除蛔虫中的犬弓首蛔虫和狮弓蛔虫、钩虫中的犬钩虫和狭头弯口线虫、毛尾线虫中的狐毛首线虫和绦虫中的豆状带绦虫（Bowman，1992；Burke和Roberson，1978；Burke和Roberson，1979；Roberson和Burke，1982；Reinemeyer，2000）。芬苯达唑只准许用于6周龄以上的犬。采用50mg/kg连续治疗几周，对肺吸虫（*P. kellicotti*）效果显著（Dubey等，1979）。芬苯达唑是安全的，对贾第虫感染犬按50mg/kg剂量给药时无任何明显的禁忌症（Barr，2006）。

[猫] 芬苯达唑目前还未批准用于猫。该药按50mg/kg剂量口服给药，连续3d，可有效驱除猫弓首蛔虫和管形钩口线虫的成虫。对猫肺丝虫（*Aelurostrongylus abstrusus*）和肺吸虫（*P. kellicotti*）的治疗期需要14d（Bowman，1992；Plumb，2005；Roberson和Burke，1980）。

[山羊] 10%的芬苯达唑混悬液（Safe-Guard）可用于山羊，推荐的一次口服剂量为5mg/kg，能有效驱除捻转血矛线虫和普通奥斯特线虫。有些血矛线虫对芬苯达唑已产生了明显的抗药性。该药禁用于羊奶供人食用的奶山羊。屠宰前6d内禁药。

[绵羊] 在国外，芬苯达唑按5mg/kg剂量经口给药，用于驱除绵羊胃肠道线虫的成虫及幼虫、绦虫和肺线虫。有些血矛线虫对芬苯达唑已产生了明显的抗药性。芬苯达唑被FDA获准用于治疗落基山大角羊肺丝虫中原圆线虫感染。

[动物园动物] 芬苯达唑粒剂（Panacur）是FDA批准的少数用于动物园动物的驱虫药，可用于狮、虎、猎豹、美洲狮、美洲豹、豹、大灰熊、北极熊和美洲黑熊。推荐剂量为10mg/kg

口服，连续3d给药，用于驱除上述动物的蛔虫、钩虫、绦虫感染。由于涉及的宿主种类以及在每种宿主动物体内的寄生虫种类繁多，因此要列出其实际所能驱除的寄生虫名录相当麻烦。总的来说，芬苯达唑可防治的动物寄生虫包括：蛔虫如猫弓首蛔虫、狮弓首蛔虫、转移贝利斯蛔虫（*Baylisascaris transfuga*），钩虫属的犬钩虫，绦虫如泡状带绦虫、克氏带绦虫（*T. krabbei*）、带状带绦虫。药物说明书要求，狩猎动物在狩猎期或狩猎期前14d不能使用该药（Bayley，2007）。

动物园动物按100mg/kg（推荐用量的10倍）的剂量进行安全性测试，结果出现轻度的厌食症和大便稀薄的症状，使用该剂量对动物的繁殖性能无影响。

芬苯达唑（Safe-guard）也被FDA批准用于大型野生动物和狩猎动物，包括野猪、大角羊中加拿大盘羊、羚羊亚科的羚羊和黑斑羚、弯角羚亚科的旋角羚和长角羚、羊亚科的欧洲盘羊和高鼻羚羊。在这些动物饲料中反刍动物按2.5mg/kg、猪按3mg/kg、大角羊10mg/kg的剂量喂服，连用3d。药物说明书要求，狩猎动物在狩猎期或狩猎期前14d不能使用（Bayley，2007）。

4. 奥芬达唑（Oxfendazole）

奥芬达唑是美国批准用于牛的广谱苯并咪唑类驱虫药。在反刍动物体内代谢为奥芬达唑砜和芬苯达唑，但其主要的抗蠕虫作用仍源于母体药物（Marriner和Bogan，1981）。比格犬的口服LD_{50}超过1 600mg/kg，大鼠和小鼠的口服LD_{50}超过6 400mg/kg。

[牛] 奥芬达唑混悬液（Synathic）按2.5mg/kg剂量灌服，获准用于肉用牛和非泌乳期的牛。该药能有效驱除肺线虫如胎生网尾线虫，捻转胃虫中的捻转血矛线虫和普氏血矛线虫，小型胃线虫中的艾氏毛圆线虫，棕色胃虫如奥氏奥斯特线虫，结节虫如辐射食道口线虫，钩虫中的牛仰口线虫，小型肠道线虫中的点状古柏线虫、肿孔古柏线虫和麦氏古柏线虫（*C. mcmasteri*），绦虫中

的贝氏莫尼茨绦虫（Todd和Mansfield，1979）。

治疗后7d内的牛不能屠宰。因为尚未制定乳方面休药期，因此，奥芬达唑不要用于繁殖期乳牛。

5. 奥苯达唑（Oxibendazole）

奥苯达唑是一种广谱苯并咪唑类药物，能有效驱除对苯并咪唑有抗药性的小型圆线虫（Drudge，Lyons和Tolliver，1979）。该药对豚鼠、仓鼠、兔的急性口服LD_{50}大于10 000mg/kg，小鼠的急性口服LD_{50}大于32 000mg/kg。牛、绵羊、小型马按600mg/kg的剂量一次口服均表现出良好的耐受性，大鼠和犬按每日30mg/kg的剂量，连续给药3个月未见不良反应。该药在大鼠、小鼠、绵羊、牛、马未发现致畸性和胚胎毒性。

[马] 奥苯达唑糊剂或混悬液（Anthelcide EQ）按10mg/kg的剂量口服给药，可用于防治马的大型圆线虫如普通圆线虫、无齿圆线虫、马圆线虫、三齿属线虫，小型圆线虫如盅口属、杯环属、杯冠属、双齿属、辐首属线虫，蛔虫中马副蛔虫，以及马蛲虫（Drudge等，1981a；Drudge等，1981b；Drudge等，1985）。该药治疗韦氏类圆线虫的剂量必须提高到15mg/kg（DiPetro和Todd，1987）。奥苯达唑对胃蝇幼虫无效，但能高效驱杀对苯并咪唑有抗药性的盅口线虫（Drudge等，1981a；Drudge等，1981b；Drudge等，1985）。

6. 噻苯达唑（Thiabendazole）

噻苯达唑发现于1961年，标志着从此真正进入了广谱驱蠕虫药的时代。作为首个使用的苯并咪唑类药物，噻苯达唑十分安全，它的大鼠急性口服LD_{50}为3 100mg/kg。噻苯达唑可用于绵羊、山羊、牛、马、猪和其他动物，能有效驱除线虫成虫和某些线虫的幼虫，并能抑制线虫卵的胚胎形成。该药对真菌和螨类也有效。由于药物的安全范围广，噻苯达唑可用于各年龄段的动物，对妊娠和体弱的动物也可使用。噻苯达唑曾经有很多专有名称的各种剂型（悬浮液、丸剂、糊剂、营养砖、催肥丸）。但在美国市场上只

有一种剂型，即用于耳朵的噻苯达唑复方制剂（Tresaderm），该制剂对犬和猫的耳痒螨有效。

三、咪唑并噻唑类

四咪唑（驱虫净）发现于1966年，为首个咪唑并噻唑类药物（Imidazothiazoles）。实际上，四咪唑是两个旋光异构体的消旋混合物，只有其中的左旋异构体（左旋咪唑）具有驱虫活性，后来将活性左旋异构体发展为左旋咪唑。在这类驱虫药中，目前只有左旋咪唑仍在市场上使用。

咪唑并噻唑类药物具有烟碱激动剂活性，通过干扰神经肌肉系统导致虫体痉挛和麻痹（Coles，1977；Coles等，1975；Martin，1993）。无脊椎动物寄生虫的烟碱型乙酰胆碱受体是神经功能活动的基础，但在哺乳动物体内该受体的生理机能和分布不同（Londershausen，1996）。咪唑并噻唑类药物也能干扰虫体延胡索酸还原体系，该体系在线粒体能量生成中发挥重要的作用（Arundel等，1985；Behm和Bryant，1979）。

左旋咪唑（Levamisole）

左旋咪唑（Levasole）可经口给药（如丸剂和灌服剂）或注射给药，用于牛、绵羊、猪的胃肠道线虫和肺线虫的防治。磷酸左旋咪唑液（13.6%或18.2%）是牛的皮下注射剂。

左旋咪唑对大鼠、小鼠的口服LD_{50}分别为480mg/kg和210mg/kg。有些绵羊按80mg/kg剂量口服四咪唑可引起死亡。该药的皮下注射比口服给药毒性更大。低剂量给药时可能出现胆碱能中毒的特征，如舐唇、流涎、流泪、摇头、共济失调、肌肉震颤。按推荐剂量用药时，动物偶尔会出现口鼻起沫、舐唇。按治疗剂量的2倍给药时，犊牛会表现出高度警觉、流涎、摇头、肌肉震颤。

[牛]　盐酸左旋咪唑有经口给药的灌服剂和丸剂，也有注射剂（Levasole），该药对牛体内以下线虫具有很高的驱虫活性，包括捻转胃虫如普氏血矛线虫、棕色胃虫如奥氏奥斯特线虫、小型胃

线虫如艾氏毛圆线虫和长刺毛圆线虫、小肠线虫中的肿孔古柏线虫和点状古柏线虫、肠道细颈线虫如钝刺细颈线虫、钩虫中的牛仰口线虫、结节虫中的辐射食道口线虫和肺线虫中的胎生网尾线虫（Baker和Fisk，1972；Curr，1977；Lyons等，1972；Lyons等，1975；Seibert等，1986）。左旋咪唑对奥斯特线虫滞育型第四期幼虫疗效不佳。磷酸左旋咪唑在牛的口服剂量为8mg/kg，皮下注射剂量为6mg/kg。

注意事项：在磷酸左旋咪唑注射部位可能会发生轻微的一过性反应。牛在药物注射后7d内或口服给药后2d内禁止屠宰。为避免药物在乳中残留，左旋咪唑不能用于繁殖期奶牛。

[绵羊]　按8mg/kg的剂量经口给予左旋咪唑灌服剂或丸剂（Levasole），可用于驱除捻转血矛线虫、艾氏毛圆线虫、普通奥斯特线虫、蛇形毛圆线虫、柯氏古柏线虫、钝刺细颈线虫、羊仰口线虫、哥伦比亚食道口线虫、绵羊夏伯特线虫和丝状网尾线虫（Callinan和Barton，1979；Craig和Shepherd，1980）。左旋咪唑也对血矛属、细颈属、仰口属、食道口属、夏伯特属和网尾属线虫的未成熟虫体有效。

注意事项：左旋咪唑虽有很好的安全范围，但即便按推荐剂量用药，绵羊偶尔也会出现副作用（如舐唇、流涎、高度警觉、肌肉震颤等），体况虚弱的绵羊对其毒性更加敏感。羊在屠宰前72h内禁止给药。

[猪]　左旋咪唑（Levasol）经饮水给药能驱除猪蛔虫、食道口线虫、兰氏类圆线虫、后圆属的肺线虫。

注意事项：断奶仔猪到出栏猪应整夜禁食后服用左旋咪唑。繁殖期的猪给药前不必禁食。该药在屠宰前3d内禁用。用药后猪偶尔会发生流涎或口吐白沫。感染肺线虫成虫的猪，用药后由于麻痹的虫体需从支气管排出，可能会引起猪发生呕吐或咳嗽的症状。

[负鼠]　左旋咪唑还未批准用于负鼠，但该

药是国家负鼠协会（National Opossum Society，NOS）控制负鼠内寄生虫的备选药物之一。NOS对体重超过200g负鼠皮下注射的推荐剂量为6mg/kg（NOS，2007）。

四、四氢嘧啶类

四氢嘧啶类（Tetrahydropyrimidines）主要有噻嘧啶、甲噻嘧啶和允许在美国以外地区使用的多种酚嘧啶盐。这些药物都能作为烟碱激动剂干扰虫体神经肌肉系统，引起虫体肌肉收缩和痉挛麻痹（Aubry等，1970；Eyre，1970；Martin，1993；Martin，1997）。体外试验表明，噻嘧啶的作用比乙酰胆碱强100倍以上。无脊椎动物寄生虫的烟碱型乙酰胆碱受体是神经功能所必需的，但该受体在哺乳动物上的生理功能和分布似乎不同（Londershausen，1996）。

在反刍动物体内，这些药物能迅速转化为无活性代谢物，因此，这类药物对反刍动物的用药量高于单胃动物（Campbell和Rew，1985）。

1. 噻嘧啶（Pyrantel）

噻嘧啶是所有四氢嘧啶类药物中应用最广的。酒石酸噻嘧啶为白色粉末，可溶于水，供马和猪使用的有粉剂和丸剂。大鼠、犬和猪对酒石酸噻嘧啶的口服吸收好，血液峰值出现在用药后2~3h内。药物在体内代谢迅速，并通过尿液排出体外。

双羟萘酸噻嘧啶为黄色粉末，不溶于水，可制成即用型的混悬剂供犬和马使用，或犬用片剂。固体形式的噻嘧啶盐很稳定，但溶于水或悬浮在水中会发生光降解，使其药效降低。双羟萘酸噻嘧啶的肠道吸收很差。

[犬] 双羟萘酸噻嘧啶有适口的混悬剂、咀嚼片剂或片剂（Nemex），可用于驱除犬和幼犬感染的蛔虫如犬弓首蛔虫和狮弓蛔虫，钩虫如犬钩虫和狭头钩虫（Bradley和Conway，1978；Clark等，1991；Jacobs，1987a；Klein，Bradley和Conway，1978；Linquist，1975；Todd等，

1975）。该药的推荐剂量为5mg/kg，可口服给药或拌入少量犬粮中服用。对体重低于2.25kg的犬，给药剂量要提高到10mg/kg。双羟萘酸噻嘧啶对哺乳期和断奶的幼犬、妊娠母犬、种用公犬和感染犬恶丝虫的犬服用都很安全。该药对犬的口服LD$_{50}$高于690mg/kg。犬按每天94mg/kg的剂量连用90d，没有引起任何形态学改变。双羟萘酸噻嘧啶可与有机磷类药物或其他抗寄生虫和抗微生物药物配伍使用。

[马] 马用双羟萘酸噻嘧啶为糊剂或焦糖味混悬剂（Strongid Paste，Strongid T），按噻嘧啶6.6mg/kg的剂量给药，用于驱除大型圆线虫，如普通圆线虫、无齿圆线虫和马圆线虫，马蛲虫，马副蛔虫和盅口亚科的线虫，包括对苯并咪唑类有抗性的虫体（Lyons，Drudge和Tolliver，1974）。噻嘧啶按13.2mg/kg剂量，一次口服给药，对叶状裸头绦虫有98%的驱虫效果，但该剂量未获批准（Craig等，2003；Lyons等，1986）。

酒石酸噻嘧啶（Strongid C）按2.6mg/kg剂量，每天连续喂服用于预防普通圆线虫的幼虫移行，并能防治马的大型圆线虫如普通圆线虫、无齿圆线虫和三齿属线虫的成虫，小型圆线虫如盅口属、双冠属、杯环属、杯冠属和盂口属（Poteriostomum）线虫的成虫和幼虫，马蛲虫和马副蛔虫的成虫与幼虫（Cornwell和Jones，1968；Drudge等，1982；Lyons，Drudge和Tolliver，1975）。噻嘧啶对各个年龄段的马和小型马，包括哺乳期、断奶期和妊娠母马都很安全，可与杀虫剂、镇静剂、肌肉松弛药和中枢神经系统抑制剂合用。

[猪] 酒石酸噻嘧啶（Banminth 48）以96g/t比例添加进全价料中作为唯一饲料，一次给药，可有效预防猪蛔虫和食道口属结节虫的移行或组织期虫体。添加在饲料里连用3d，可以驱除猪蛔虫的成虫和第四期幼虫。酒石酸噻嘧啶也可以按800g/t的比例混入配合饲料中，按40kg体重采食

1kg饲料的比例（每40lb体重采食1lb饲料），到91kg以上体重饲喂2.3kg饲料，给药1d，用以治疗猪蛔虫和结节虫感染。噻嘧啶是唯一获批可连续给药用于预防猪肝脏上"乳斑"的抗蠕虫药，该药通过杀灭猪肠腔中猪蛔虫卵孵化出的幼虫而发挥作用（Biehl，1986）。

注意事项：屠宰前24h内禁药。噻嘧啶遇光会降解，所以包装袋开封后要立即使用。酒石酸噻嘧啶不能混入含有皂土的饲料。噻嘧啶和哌嗪在药理作用上互为颉颃剂，二者不可同时使用。

[牛、绵羊和山羊] FDA并未批准酒石酸噻嘧啶用于牛、绵羊、山羊，但该药按25mg/kg的剂量使用，可有效驱除捻转血矛线虫，棕色胃虫如奥氏奥斯特线虫、普通奥斯特线虫，小型胃线虫如艾氏毛圆线虫，蛇形毛圆线虫，细颈线虫中的巴氏细颈线虫和钝刺细颈线虫；小肠线虫中的古柏属虫体和仰口属钩虫（Arundel等，1985；Campbell和Rew，1985；Reinemeyer和Courtney，2001a）。

2. 酒石酸甲噻嘧啶（Morantel Tartrate）

甲噻嘧啶是噻嘧啶的3-甲基衍生物。酒石酸甲噻嘧啶可用于控制牛和山羊的胃肠道线虫。其急性口服LD_{50}在雄性小鼠为437mg/kg，雄性大鼠为926mg/kg。

[牛] 酒石酸甲噻嘧啶（Rumatel）混入配合饲料中按每千克体重9.7mg的剂量，可用于驱除牛的血矛属、奥斯特属、毛圆属、古柏属、细颈属线虫和结节虫如辐射食道口线虫的成虫（Anderson和Marais，1975；Conway等，1973；Ciordia和McCampbell，1973）。该药对上述线虫幼虫的驱虫活性不一。甲噻嘧啶对泌乳奶牛给药无需考虑休药期，用药治疗后14d内禁止屠宰，用药期间可同时进行免疫接种、药物注射和使用外寄生虫杀虫剂等，相互间无影响。

[山羊] 酒石酸甲噻嘧啶（Rumatel）混入配合饲料中按每千克体重9.7mg的剂量，可用于驱除山羊捻转血矛线虫、普通奥斯特线虫和艾氏毛圆线虫的成虫。山羊在用药后30d内禁止屠宰。

五、环缩肽类

Emodepside

Emodepside是美国批准的首个环缩肽类（Cyclic depsipeptides）抗动物寄生虫药，能与寄生线虫的突触前蜘蛛毒素亲和蛋白受体结合，导致虫体弛缓性麻痹而死亡（Harder等，2005）。Emodepside对哺乳动物急性毒性低或为中等毒性，大鼠的口服LD_{50}大于500mg/kg，经皮肤给药时LD_{50}达2 000mg/kg以上。对大鼠和兔的研究表明，Emodepside可影响胎儿的发育，怀孕或计划怀孕的妇女要避免直接接触本药，触摸药品时要戴一次性手套。该药制成的猫用皮肤浇泼剂（滴即乐，Profender）中含1.98%的Emodepside和7.94%的吡喹酮，预充式涂药器最低给药量为每千克含3mg的Emodepside和12mg的吡喹酮，活性成分能迅速经皮肤吸收后进入全身循环，然后作用于胃肠道靶寄生虫。该药能有效驱除猫弓首蛔虫的成虫和第四期幼虫，管形钩口线虫的成虫、未成熟虫体和第四期幼虫，犬复孔绦虫和带状带绦虫（Altreuther等，2005a；Charles等，2005；Reinemeyer等，2005）。用该药的浇泼剂滴即乐进行大规模的临床研究证明其驱虫效力很高（Altreuther等，2005b）。

六、哌嗪

哌嗪（Piperazine）通过阻断神经递质γ-氨基丁酸（GABA）的传导而产生神经肌肉阻滞，大量数据表明，线虫和昆虫这种受体与哺乳动物的γ-氨基丁酸（GABA）亚型相类似，但它们与脊椎动物也有显著差别（Londershausen，1996；Martin，1997）。哌嗪对各种动物都十分安全，但抗虫谱较窄（Reinemeyer和Courtney，2001a）。

哌嗪的多种盐类（如己二酸盐、盐酸盐、硫酸盐、一水化合物、柠檬酸盐、二盐酸盐）可作为猪、禽、马、犬和猫的驱蠕虫药。每种不同盐中哌嗪碱的量差别很大，己二酸盐、柠檬酸盐、磷酸盐、二盐酸盐中哌嗪含量分别为37%、35%、42%和50%（USP，1998）。驱虫活性取决于在胃肠道中游离哌嗪碱的数量。哌嗪在胃肠道被迅速吸收后并可很快随尿液排出体外，实际上在24h内几乎能完全排出。肝肾功能不全的动物慎用哌嗪类药。哌嗪可能对肠蠕动功能不足的动物无效，因为被药物麻痹的蠕虫会在随粪便排出之前恢复活力。使用哌嗪药后偶尔可出现共济失调、腹泻和呕吐等不良反应。

哌嗪可制成片剂、溶液、可溶性粉剂等，并有很多商品名（Pipa-Tabs，Tasty Paste）。药物几乎无毒性，大鼠口服LD_{50}为4.9 g/kg，鸡为8 g/kg，各个年龄段的动物均可使用。

[犬和猫]　哌嗪要按45～65mg/kg口服给予哌嗪碱（USP，1998），也有文献报道可用更高剂量（100～250mg/kg）（English和Sprent，1965；Jacobs，1987a；Jacobs，1987b；Sharp，Sepesi和Collins，1973）。该药能有效驱除犬弓首蛔虫、猫弓首蛔虫和狮弓蛔虫的成虫。

[马]　马按110mg/kg的剂量口服哌嗪碱对马副蛔虫有效，剂量为220～275mg/kg时对普通圆线虫、马蛲虫和多种小型圆线虫也有很好的疗效（Downey，1977；Gibson，1957；Poynter，1955a；Poynter，1955b；Poynter，1956）。马驹应该在8周龄时首次给药，必要时每4周给药一次。

[牛、山羊、绵羊]　哌嗪碱的用量为每千克体重110mg，一次口服，可预防结节虫（食道口线虫）和牛新蛔虫（Reinemeyer和Courtney，2001a；USP，1998）。因该药的抗虫谱窄，所以很少用于反刍动物。

[猪]　哌嗪按110mg/kg的剂量饮水给药，能有效驱除猪蛔虫和结节虫（Biehl，1986）。

[鸡和火鸡]　哌嗪按32mg/kg的剂量经饲料和饮水给药，连用2d，对鸡蛔虫很有效，但对寄生于盲肠的鸡异刺线虫无效（Reinemeyer和Courtney，2001a；USP，1998）。

七、有机磷酸酯类

敌敌畏（Dichlorvos）

敌敌畏是有机磷杀虫剂（Organophosphates），该药能使乙酰胆碱酯酶磷酸化。正常情况下，释放到突触后接头的乙酰胆碱可以被乙酰胆碱酯酶清除。当乙酰胆碱酯酶失活时，乙酰胆碱在突触后接头蓄积，引起连续地去极化，最终致虫体麻痹（Fest和Schmidt，1982；Hart和Lee，1966；Lee和Hodsden，1963）。通常情况下，有机磷农药的毒性与其使宿主的乙酰胆碱酯酶的失活有关，这种毒性最好用解磷定（2-PAM）和阿托品解救（Nelson，Allen和Mozier，1967；Smith，1986；Woodard，1957）。

敌敌畏是一种对多种体内外寄生虫有效的有机磷杀虫剂，药物在哺乳动物体内能迅速降解，其对大鼠的急性口服LD_{50}为80mg/kg，未做成制剂的敌敌畏对犬的LD_{50}为28～45mg/kg，但做成制剂后的敌敌畏（树脂化）毒性较低，其LD_{50}达387～1262mg/kg。妊娠小鼠、大鼠、兔、母猪、母马、母犬、蜂王给药后无不良反应。

[猪]　猪用敌敌畏为聚氯乙烯树脂颗粒（Atgard），按每千克体重12.5～21.6mg的剂量混入日粮饲喂（非谷物类或颗粒料），能有效驱除公猪、断奶仔猪、育肥猪、后备母猪、母猪感染的猪蛔虫、猪毛尾线虫、食道口属的结节虫和圆形似蛔线虫的成虫（Arundel等，1985；Biehl，1986）。为了获得最佳效果，母猪和后备母猪应在分娩前不久给药，并在断奶前再次用药。敌敌畏拌料给药时，同时给药的猪群最好大小相近（如同一窝猪），采食时注意观察，使每头猪都均匀地吃到饲料中投放的药物，不必预先让猪禁食。用药期间不要更换饲料。母猪分娩前给以推荐剂量8.8倍的敌敌畏树脂酸盐无不良反应。按推荐剂量给药时，宰前无休药期。

注意事项：敌敌畏不能与其他胆碱酯酶抑制剂、驱绦虫药、抗丝虫药、肌肉松弛药、吩噻嗪镇定剂或中枢神经系统抑制剂同时使用，阿托品和解磷定（2-PAM）为有机磷中毒的解毒剂。

八、异喹啉酮

异喹啉酮（Isoquinolones）以两个结构类似的驱绦虫药为代表，即吡喹酮和伊喹酮，是至今美国获准使用的最安全、最高效的一类抗绦虫药。药物作用于肌肉神经接头和虫体皮层，首先导致虫体瞬间收缩和麻痹（Andrews等，1983），其次是破坏具有保护作用的虫体皮层，产生致死性的空泡变性（Arundel等，1985；Frayha等，1997）。药物通过对虫体的麻痹和对皮层损害的联合效应对绦虫产生极佳的驱杀效果。

1. 吡喹酮（Praziquantel）

吡喹酮是美国允许使用的首个异喹啉酮驱绦虫药，具有广泛的抗蠕虫活性，对绦虫和血吸虫的成虫和幼虫具有显著驱除效果，且对动物十分安全。大鼠能耐受每日给药量达1 000mg/kg连用4周，犬能耐受180mg/kg的剂量连用13周，犬和猫的不良反应包括暂时性的厌食、腹泻、共济失调、嗜睡。高剂量用药的典型症状是呕吐和流涎。口服给药具有很好的生物利用度、很高的蛋白结合性和显著的首过效应。该药在肾脏和肝脏能被迅速代谢，半衰期约为2h，约80%的药物通过尿液排出，剩余的通过胆汁随粪便排出。吡喹酮既不会导致胚胎毒性、畸胎、突变和致癌作用，也不会影响实验动物的繁殖性能。

[犬、猫] 吡喹酮（Droncit）按2.5～7.5mg/kg的剂量口服或皮下注射，可用于驱除下列绦虫：犬复孔绦虫、带状带绦虫、豆状带绦虫、泡状带绦虫、绵羊带绦虫、科特氏中殖孔绦虫（Mesocestoides corti）、细粒棘球绦虫、多房棘球绦虫、迭宫属绦虫、阔节裂头绦虫、猬裂头绦虫（Diphyllobothrium erinacei）和乔伊绦虫（Joyeuxiella pasqualei）（Andersen，Conder和

Marsland，1978；Andersen，Conder和Marsland，1979；Gemmell，Johnstone和Oudemans，1977；Gemmell，Johnstone和Oudemans，1980；Kruckenberg，Meyer和Eastman，1981；Thakur等，1978；Thomas和Gonnert，1978；USP，1998）。不论是皮下还是肌内注射给药，剂量高疗效也就好。吡喹酮不适合用于4周龄以下的幼犬和幼猫。

[绵羊、山羊和鸡] 尽管尚未获批，但吡喹酮可用于无卵黄腺绦虫、斯泰勒绦虫（Stilesia）、莫尼茨绦虫、漏斗状带绦虫、节片戴文绦虫和有轮赖利绦虫的感染。绵羊和山羊的治疗剂量为10～15mg/kg，鸡的剂量为10mg/kg（Reinemeyer和Courtney，2001b）。

[马] 吡喹酮虽然没有获批单独用于马，但可用于叶状裸头绦虫感染。马的治疗剂量为1.25mg/kg（Craig等，2003）。在马吡喹酮已获准与大环内酯类联合使用。吡喹酮与非班太尔、噻嘧啶或伊维菌素等抗蠕虫药可组成复方制剂，这在随后的复方制剂部分将有更详细的介绍。

2. 伊喹酮（Epsiprantel）

伊喹酮（Cestex）是美国允许使用的第二种异喹啉酮类驱绦虫药，在小鼠和大鼠急性毒性研究表明，伊喹酮的口服最低致死剂量超过5 000mg/kg。猫按2.75mg/kg的剂量，犬按5.5mg/kg的剂量，一次口服伊喹酮的膜衣片能有效驱除下列绦虫：犬复孔绦虫、带状带绦虫、豆状带绦虫和泡状带绦虫（Corwin等，1989；Manger和Brewer，1989）。猫和犬分别对100和200mg/kg的药量均能很好的耐受。该药与消炎药、杀外寄生虫药和其他抗蠕虫药同时使用无不良反应。伊喹酮在犬猫消化道很少吸收，往往以药物原形随粪便排出。

注意事项：伊喹酮对妊娠犬猫是否安全有待观察，该药不能用于7周龄以下的幼犬和幼猫。

九、砷制剂

重金属类如砷和锑是历史上有代表性的一类

驱蠕虫药，如今这类药已经在很大程度上被更安全更有效的抗寄生虫药所取代，允许用于家畜的目前仅限于一种驱除犬恶丝虫成虫的药物，其疗效取决于砷盐和巯基酶之间的反应（Ledbetter，1984；Gilman等，1990）。寄生虫因酶系统的失活而导致死亡。砷对人和动物有毒，使用砷制剂时需谨慎。

美拉索明（Melarsomine）

盐酸美拉索明（Immiticide）是美国唯一的兽用含砷化合物，对犬恶丝虫成虫的疗效为92%～98%（Dzimianski等，1992；Keister，Tanner和Meo，1995；Keister等，1992；Miller等，1995a；Rawlings等，1993）。该药的肌注剂量为2.5mg/kg，两次注射间隔3h或24h。药物在注射部位吸收快，肌注后平均2.6min就有一半药物被吸收，血药浓度高峰出现在注射药物后8min，并迅速分布于多种组织中。药物的原形和氧化砷代谢产物可能随胆汁排泄经粪便迅速排出，砷酸的代谢产物随尿迅速排出，因此，在体内不会有明显的生物累积（Keister，Tanner和Meo，1995）。

临床研究表明，即使有心丝虫病临床症状的犬，对美拉索明治疗仍有很好的耐受性（Case等，1995；Miller等，1995a；Vezzoni，Genchi和Raynaud，1992）。

十、其他抗蠕虫药

这里所讲的其他抗蠕虫药是将几种不同类别的药物集中在一起。这些药物有些虽然是很古老的化合物，但还没有失去利用价值，有些则具有独特的功效，目前仍是商业使用的药物。

1. 氯舒隆（Clorsulon）

氯舒隆是一种苯磺酰胺化合物，对牛的肝片吸虫成虫和幼虫效果很好，由氯舒隆制成的牛和绵羊用灌服剂（Curatrem）的给药量为7mg/kg，一次给药对肝片吸虫的驱除效果达到99%以上（Campbell和Rew，1985；Kilgore等，1985；Wallace等，1985）。鉴于还未确定该药在乳牛上

的休药期，该药不能用于泌乳期奶牛。屠宰前7d内禁用，再次给药时机的选择取决于牛在放牧时感染寄生虫的风险模式。

氯舒隆可以与伊维菌素联合用药，欲了解更多信息，可参阅复方制剂部分。

2. 双氯酚（Dichlorophene）

双氯酚（Happy Jack驱绦虫片）是氯化二苯类似物，对哺乳动物低毒，大鼠的口服LD$_{50}$为2 690mg/kg，犬的急性口服LD$_{50}$为1 000mg/kg。双氯酚具有抑菌、杀真菌和驱绦虫的特性，能阻断虫体线粒体的电子传递的磷酸化过程。因为双氯酚在宿主胃肠道吸收少，所以对宿主相对安全（Arundel等，1985；Lovell等，1990）。

双氯酚口服给药可用来驱除犬感染的犬复孔绦虫和豆状带绦虫（Reinemeyer和Courtney，2001b）。经过整夜禁食后，犬按220mg/kg的剂量口服双氯酚片剂或胶囊。用药后，绦虫会被杀死、消化，并以无法辨认的形态排出体外。经双氯酚治疗的动物偶尔会发生呕吐或腹泻。

十一、广谱复方制剂

兽医工作者一直在寻找抗虫谱更广的抗寄生虫药。广谱驱虫药具有两个明显的优势：第一，用药方便，广谱药可以避免对多种寄生虫混合感染的动物一次服用多种药物；第二，即使诊断失误，仍然可以放心，因为广谱药能驱除动物所感染的多种寄生虫。例如，对一只来源于动物收容所的幼犬，一种能同时有效驱除蛔虫和钩虫的药物要比一种只能驱除蛔虫的药物给幼犬提供更好的保护。

广谱药物有两种获得方法：发现一种广谱的单一化学药物（任务艰难）或联合几种可配伍的药物制成具有理想抗虫谱的产品。

本部分讨论复方制剂，多数情况下，药物的配方可以进行调整，用药方案与前面所叙述的单一药物不同，其毒性和作用机理在前面已经做了叙述。

1．伊维菌素和氯舒隆（Ivermectin and Clorsulon）

由氯舒隆和伊维菌素组成的注射剂（Ivomec Plus）获批可用于牛。复方制剂中的氯舒隆，扩大了伊维菌素的抗虫谱，使复方药对肝片吸虫有效。该产品按每50kg体重1mL的剂量在牛的肩胛后部作皮下注射，对牛每千克体重的用药量为伊维菌素0.2mg和氯舒隆2mg。该复方产品能有效驱除棕色胃虫如奥氏奥斯特线虫和竖琴奥斯特线虫；普氏血矛线虫，小型胃线虫如艾氏毛圆线虫和蛇形毛圆线虫，古柏线虫中的肿孔古柏线虫、点状古柏线虫和栉状古柏线虫，钩虫中的牛仰口线虫，肠道细颈线虫如微黄细颈线虫和钝刺细颈线虫，结节虫中的辐射食道口线虫，肺线虫中的胎生网尾线虫，肝片吸虫，牛皮蝇幼虫中的牛皮蝇蛆和纹皮蝇蛆，吸血虱中牛颚虱、牛血虱、水牛盲虱和螨虫中牛痒螨和牛疥螨。牛在屠宰前49d内禁用，由于该药在牛乳中休药期尚未确定，不要用于繁殖期的泌乳奶牛，也不要用于肉用犊牛。

2．伊维菌素和吡喹酮（Ivermectin and Praziquantel）

含伊维菌素和吡喹酮的两种复方口服糊剂（Equimax和Zimectrin Gold）被获准用于马，吡喹酮的添加拓宽了伊维菌素的抗虫谱，使药物对叶状裸头绦虫有效。Equimax糊剂是按伊维菌素0.2mg/kg和吡喹酮1.5mg/kg的剂量经口给药。复方药Zimectrin Gold是按伊维菌素0.2mg/kg和吡喹酮1mg/kg的剂量口服给药。

这两种复方药均可用于预防和治疗马的叶状裸头绦虫；大型圆线虫中的马圆线虫成虫，普通圆线虫的成虫、动脉内和移行期幼虫，无齿圆线虫的成虫和组织移行期幼虫和三齿属线虫（包括短尾三齿线虫、锯齿三齿线虫和锐尾盆口线虫）的成虫；小型圆线虫，也包括对苯并咪唑类有抗药性的小型圆线虫，如冠环属线虫（包括冠状冠环线虫、大唇片冠环线虫和小唇片冠环线虫）、盅口属线虫（包括碗形盅口线虫和蝶状盅口线虫）的成

虫和第四期幼虫、杯环属[包括显形杯环线虫（*C. insigne*）、细口杯环线虫（*C. leptostomum*）、鼻形杯环线虫（*C. nassatus*）和短口囊杯环线虫（*C. brevicapsulatus*）]、双冠属、杯冠属[包括小杯杯冠线虫（*C. calicatus*）、高氏杯冠线虫（*C. goldi*）、长伞杯冠线虫（*C. longibursatus*）、微小杯冠线虫（*C. minutus*）]和杯状彼杜洛线虫（*P. poculatum*）；马蛲虫的成虫和第四期幼虫；马副蛔虫的成虫和第四期幼虫；艾氏毛圆线虫的成虫；马胃线虫，如蝇柔线虫的成虫；马蝇幼虫，如肠胃蝇和鼻胃蝇；肺线虫，如安氏网尾线虫的成虫和第四期幼虫；韦氏类圆线虫；由皮肤柔线属和德拉希属线虫的第三期幼虫引起的马夏疮，由颈盘尾丝虫的微丝蚴引发的皮炎。治疗马偶尔会因寄生虫抗原的大量释放而发生水肿反应。

5月龄的马驹对口服推荐剂量10倍的Zimectrin Gold表现出了良好的耐受性，该药在妊娠母马、繁殖期种公马和5月龄以下的马驹上仍没有试验数据。另外，Equimax糊剂已获准用于4周龄大的马驹、繁殖期种公马以及繁殖期、妊娠期和泌乳期的母马。肉用马禁用上述药物。

3．伊维菌素和双羟萘酸噻嘧啶（Ivermectin and Pyrantel Pamoate）

犬用伊维菌素和双羟萘酸噻嘧啶的复方药可制成调味块或片剂（Heartgard-30 Plus，Iverhart Plus和Tri-Heart Plus）。由于伊维菌素对犬恶丝虫的预防量对胃肠道寄生虫无效，与双羟萘酸噻嘧啶配伍后制成的复方制剂就能有效驱除这些重要的胃肠道线虫。复方制剂中各组分的靶剂量为伊维菌素为0.006mg/kg，双羟萘酸噻嘧啶为5mg/kg。犬每30d口服给药可以预防犬恶丝虫，并能预防和治疗犬蛔虫如犬弓首蛔虫和狮弓首蛔虫和钩虫如犬钩虫、巴西钩虫、狭头钩虫（Clark等，1992a）。在犬恶丝虫的流行季节，要每月给药一次。最近研究表明，经伊维菌素治疗后，犬恶丝虫成虫无法使产出的微丝蚴保持一个可检水平，因此应该用抗原检测证明恶丝虫成虫感染的存在（Bowman等，1992）。安全性

试验表明，犬对伊维菌素和双羟萘酸噻嘧啶的复方制剂具有良好的耐受性（Clark，Pulliam和Daurio，1992）。该药不能用于6周龄以下的犬，已感染恶丝虫的犬也禁用。

4．伊维菌素、双羟萘酸噻嘧啶和吡喹酮（Ivermectin，Pyrantel Pamoate and Praziquantel）

专用于犬的为伊维菌素、双羟萘酸噻嘧啶和吡喹酮联合制成的片剂（Iverhart Max），在上面提到的二元复方中增加了吡喹酮，使其抗虫谱拓宽到了绦虫。复方制剂中各组分的靶剂量为伊维菌素0.006mg/kg，双羟萘酸噻嘧啶为5mg/kg，吡喹酮为5mg/kg，每30d口服给药一次用于预防犬恶丝虫，预防和治疗蛔虫如犬弓首蛔虫和狮弓首蛔虫，钩虫，如犬钩虫、巴西钩口线虫和狭头钩虫和绦虫如犬复孔绦虫和豆状带绦虫。在恶丝虫流行期，需要每月给药一次。最近的研究表明，经伊维菌素治疗后，犬恶丝虫成虫无法使产出的微丝蚴保持一个可检水平，因此应该用抗原检测证明恶丝虫成虫感染的存在（Bowman等，1992）。该药不能用于8周龄以下的犬，已感染恶丝虫的犬禁用。

5．美贝霉素肟和氯芬奴隆（Milbemycin Oxime and Lufenuron）

美贝霉素肟与氯芬奴隆（Sentinel）的二元复方制剂获准可用于犬，复方药中各组分的最小剂量参照为美贝霉素肟0.5mg/kg，氯芬奴隆10mg/kg，每30d用药一次，能有效预防恶丝虫。该产品也可以杀灭犬钩虫；有效地驱除和控制蛔虫（犬弓首蛔虫、狮弓首蛔虫）和毛尾线虫（狐毛尾线虫）并能防治跳蚤的侵扰。该药不能用于4周龄以下或体重在1kg以下的幼犬。该复方药也获准与烯啶虫胺（Capstar）同时使用以快速击倒跳蚤。

6．莫西菌素和吡虫啉（Moxidectin and Imidacloprid）

由吡虫啉和莫西菌素组成的一种新型复方药（Advantage Multi），其中用吡虫啉来防治外寄生虫，用莫西菌素防治内寄生虫。该药已获准用

于犬和猫。

Advantage Multi是一种局部外用药，设计的用药量为参照吡虫啉10mg/kg，莫西菌素2.5（犬用）或1mg/kg（猫用）。该产品在犬获准用于预防犬恶丝虫，治疗和预防犬钩虫、狭头钩虫的成虫和幼虫，犬弓首蛔虫和狮弓首蛔虫的成虫和幼虫，以及毛尾线虫中狐毛首线虫（Arther等，2005）。专供猫的Advantage Multi也获准用来预防猫的犬恶丝虫感染，治疗和预防猫的管形钩口线虫、猫弓首蛔虫的成虫和幼虫感染。该产品还能有效地杀灭跳蚤成虫，防治猫栉首蚤的侵扰，驱除和控制犬耳痒螨感染。

犬用产品不能应用于猫，犬用产品还没有7周龄以下或体重低于1.36kg犬的测试资料，也没有对繁殖期、妊娠期、泌乳期的犬进行测试。犬在给药前要检查是否有恶丝虫感染。犬用产品不能有效驱杀犬恶丝虫的成虫，也不能彻底清除微丝蚴。犬能很好地耐受使用量的5倍剂量。要确保犬不要舔食用药部位的药物，犬食入该药后可能会出现精神沉郁、流涎、瞳孔散大、共济失调、气喘和全身性震颤等严重反应。

猫用产品不能用在小于9周龄或体重低于1kg的猫，9周龄的猫能很好地耐受常规剂量5倍的药量，猫一次给予10倍剂量会出现轻微而短暂的唾液分泌过多。应避免经口摄入药物，猫口服或舔食到用药部位的药物可表现出多涎、颤抖、呕吐、食欲减少等症状。

7．莫西菌素和吡喹酮（Moxidectin and Praziquantel）

获准用于马的有两个含莫西菌素和吡喹酮的复方口服糊剂（ComboCare和Quest Plus），复方药中吡喹酮的加入使伊维菌素的抗虫谱拓宽到了叶形裸头绦虫，该药的经口给药量参照为莫西菌素0.4mg/kg，吡喹酮2.5mg/kg。

这两个复合制剂均可用于预防和治疗马的叶形裸头绦虫，大型圆线虫（包括普通圆线虫的成虫和移行期幼虫，无齿圆线虫的成虫和移行的组

织期幼虫，以及短尾三齿线虫和锯齿三齿线虫的成虫）小型圆线虫的成虫如盅口属线虫（碗形盅口线虫和碟状盅口线虫）、杯冠属线虫（小杯杯冠线虫、高氏杯冠线虫、长伞杯冠线虫和微小杯冠线虫）、杯环属线虫（显形杯环线虫、细口杯环线虫和鼻形杯环线虫）、冠环属线虫（冠状冠环线虫、大唇片冠环线虫、小唇片冠环线虫和头似辐首线虫（*Gyalocephalus capitatus*），马副蛔虫的成虫和幼虫，马蛲虫的成虫和幼虫，艾氏毛圆线虫的成虫，蝇柔线虫，以及肠胃蝇和鼻胃蝇的幼虫。该药似乎对包囊化的小型圆线虫有特效，莫西菌素复方药对低于6月龄的马安全，但对配种期、妊娠期和哺乳期的母马以及配种期公马的有何影响还没有实验验证。

8. 噻嘧啶和吡喹酮（Pyrantel and Praziquantel）

由吡喹酮和噻嘧啶组成的二元复方制剂有已获准用于犬（Virbantel）和猫（拜宠清Drontal）的2个产品。犬用产品（Virbantel）用药量为吡喹酮5mg/kg，双羟萘酸噻嘧啶5mg/kg，单剂量一次给药用于驱除多种绦虫如犬复孔绦虫、豆状带绦虫，钩虫如犬钩口线虫、巴西钩口线虫和狭头钩虫，以及蛔虫如犬弓首蛔虫和狮弓首蛔虫。

猫用产品（拜宠清）参照用药量为吡喹酮5mg/kg，双羟萘酸噻嘧啶20mg/kg。单剂量一次给药用于驱除感染猫的犬复孔绦虫和带状带绦虫，钩虫中管形钩口线虫，以及蛔虫中猫弓首蛔虫。该药不能用于体重小于0.68kg或4周龄内的幼猫。

9. 噻嘧啶、吡喹酮和非班太尔（Pyrantel, Praziquantel and Febantel）

美国使用的是由非班太尔、吡喹酮和噻嘧啶（拜宠清Drontal Plus）组成的三元复方制剂，该复方产品设定的用药量为非班太尔25～35mg/kg，吡喹酮5～7mg/kg，双羟萘酸噻嘧啶5～7mg/kg。犬单剂量一次给药可驱除绦虫中的犬复孔绦虫、豆状带绦虫和细粒棘球绦虫，钩虫中的犬钩虫、狭头钩虫，蛔虫中的犬弓首蛔虫和狮弓首蛔虫和毛尾线虫中的狐毛首线虫（Bowman和Arthur，1993；Cruthers，Slone和Arthur，1993）。该复方药按剂量一次口服就能有效驱除多种线虫，而单独使用非班太尔需按剂量服用3d才对单胃动物线虫有效。该复方药不能用于妊娠犬、体重低于1kg或小于3周龄的幼犬。

第七章 寄生虫学诊断

对繁忙的兽医工作者来说，花费较多精力对寄生虫进行准确鉴定是非常必要的。传统分类体系主要是利用寄生虫的寄生部位和宿主特异性，并根据其在自然感染宿主体表或体内的习惯性寄生部位来进行分类，但要认识到使用该分类体系难以鉴别异常病例。当遇到疑难问题或需要对某一寄生虫进行准确鉴定（如需要发表）时，必须求助于详尽的形态学研究，最好由公认的专家进行鉴定。

由于形态分类的目的不同于应用寄生虫学，因此本章中所用的诊断类别并不一定遵循特定的分类学命名。分类学家试图以某种方式（至少按自己的习惯）将生物进行分门别类，以便更好地反映它们之间的种系发育关系。然而，临床医生和临床寄生虫学家需要最好的诊断方案，并不一定遵循特定的分类方案。例如，将疑似几十种犬绦虫的一个虫卵鉴定为带科绦虫虫卵而不是豆状带绦虫（*Taenia pisiformis*）虫卵，因为这类虫卵在科以下的鉴定实际上是不可能做到的。幸运的是，这个科的所有虫体除棘球属之外，其感染性幼虫都是在脊椎动物中间宿主体内发育，均适用于同一种驱虫治疗方法。因此，诊断为"带科"就足以达到有效治疗和控制的要求。有时可将蠕虫鉴定到门即可，例如猪的棘头虫几乎肯定是蛭形巨吻棘头虫（*Macracanthorhynchus hirudinaceus*）。然而，在某些情况下种的鉴定

则是必须的。例如，区分犬弓首蛔虫（*Toxocara canis*）和犬狮弓蛔虫（*Toxascaris leonina*），从动物寄生虫控制和公共卫生角度考虑均非常重要。

遗憾的是，在实际工作中存在着许多重要的差别，甚至超出传统分类学的最低分类水平。例如，许多线虫存在着种内差异，但仍归于同一个种，然而它们在致病性、抗原性以及对药物的敏感性等方面可能存在明显的差异。因此，必须探索更多的实用标准。

第一节 粪便检查

一、定性粪便检查

（一）直接涂片

直接涂片法是将少量粪便捣碎涂布于一滴生理盐水中，该方法简单、快速。门诊检查时，许多小动物从业者通常将黏附在直肠温度计上的粪便直接涂在载玻片上，并加盖玻片以提高光学效果、抑制液体流动并防止沾污显微镜的物镜。利用盐水（而不是水）是为了防止原虫滋养体的溶解，因为当渗透压改变时虫体容易变形。由于制成的混悬液必须稀薄到足以允许显微观察的程度，故只能检查少许粪便，该方法的唯一缺点就是检出率低。阴性结果不可靠，但阳性结果与其

他更有效的浓集技术获得的结果一致。实际上，当处理脆弱的虫体如线虫幼虫和原虫滋养体时，它们会受漂浮液的影响而变形或被破坏，或者相对密度大的虫卵在漂浮液中无法漂浮，在此情况下涂片法比浓集法更具优势。新鲜粪便的直接涂片可以观察到阿米巴、鞭毛虫、线虫幼虫等虫体的运动。因此，浓集技术应该是作为补充而不是替代直接涂片法，但在实际操作中，通常采用其中一种方法作为常规的检测方法。

（二）粪便中寄生虫抗原的检测

利用各种抗原捕获免疫试验来检测粪便中的抗原（粪抗原）越来越普遍。寄生虫粪抗原的检测，特别是贾第虫和隐孢子虫的检测方法已有较长时间了。目前，常规的检测犬、猫粪便中贾第虫囊壁抗原的方法是爱德士SNAP *Giardia* Test，许多实验室利用类似的平板试验对送检样品进行检测。

为了将危险的细粒棘球绦虫和多房棘球绦虫虫卵与豆状带绦虫及其他带科绦虫虫卵区分开来，则需要研制检测这些寄生虫粪抗原的酶联免疫吸附试验（ELISA）。该方法的建立使某些实验室检测寄生虫抗原成为可能，有可能区分细粒棘球绦虫和多房棘球绦虫，并与其他带科绦虫种类和其他肠道寄生虫及病原体区分开来（Deplazes等，1999）。从而也表明这类抗原试验可用于犬棘球绦虫病实验性感染的追踪和疗效的监测（Jenkins等，2000）。目前，该方法已用于犬群中细粒棘球绦虫和多房棘球绦虫的检测，以及此类疾病控制效果的监测。

关于通过粪抗原诊断牛毛圆线虫病的有效性，目前正在进行研究。用初筛牛或其他反刍兽的药敏试验已证实粪抗原具有较高的实用性。粪抗原捕获ELISA用于牛实验性感染奥氏奥斯特线虫的结果非常理想，在感染过程中粪抗原水平升高（Agneessens，Claerebout和Vercruysse，2001）。遗憾的是在感染早期，ELISA值与剖检查到的虫体数量并不完全一致，但有某种程度的相关性。近期研究发现用ELISA检测绵羊寄生的环纹背板线虫（*Teladorsagia circumcincta*）也取得了预期的效果，且粪便样品热处理可使交叉反应减至最小（Johnson，Behnke和Coles，2004）。完全有理由相信粪抗原ELISA检测技术的应用将越来越普遍，正如检测贾第虫一样成为一种常规方法。

（三）聚合酶链式反应（PCR）

在几种原虫检测中，选择不同的遗传标记检测粪便中不同寄生虫已成为常规技术。其中，应用最为普遍的是目前检测贾第虫和隐孢子虫的多种技术（O'Handley等，2000；Xiao等，2001）。这些技术的迅速发展得益于对不同水源性人兽共患病中寄生虫的溯源。最近，不同毛圆线虫的检测工作已开始进行（Schnieder，Heise和Epe，1999；Zarlenga等，2001）。一旦这些工作与定量试验相结合，采用粪便中提取的DNA，就可以确定反刍动物体内不同虫体的相对虫荷。反向线点杂交法（reverse line blot hybridization method）也于最近用于马圆线虫的鉴定，如果该方法能应用于宿主粪便以及对它们各自寄生蠕虫的检测，将会成为多数家畜感染诊断的一个强有力的工具（Traversa等，2007）。

（四）虫卵和包囊的漂浮浓集

所有的漂浮技术均是利用寄生虫与相关食物残渣之间浮力的差异。如果将粪便混于水中，虫卵和粪渣将沉淀下来，这样便可以去除上清液中的脂肪以及溶解的色素。然后将此沉淀物重悬于密度介于虫卵和碎粪渣之间的溶液中，虫卵将浮于上层而碎粪渣将沉于下层。基于漂浮原理的技术可以有效用于检测线虫、绦虫卵和一些原虫包囊，但是不能用于检测某些吸虫卵，且可使原虫滋养体和某些线虫幼虫变形并使原虫包囊难以辨别。硫酸锌（相对密度1.18）对于漂浮原虫包囊和线虫幼虫来说优于蔗糖，原因是硫酸锌使包囊和幼虫皱缩变形的速度比蔗糖慢。

粪便搅匀并不意味着就能得到精确的结果。重视其基本原理要比实际操作步骤更为重要。可行的操作程序总结如下：

①用压舌板和纸杯将约一茶勺的粪便与足量的水混合使其形成半固体的混悬液。

②在第二个纸杯上放置两层纱布，将粪悬液全部倒入其中，再将含有固体粪渣的纱布放回第一个纸杯中丢弃。

③捏住第二个纸杯的边缘形成一个倾倒口，然后将滤液转移至15mL离心管中。

④离心3min，弃去含有脂肪和溶解色素的上清液。

⑤加入高浓度的蔗糖溶液（相对密度1.33）至离心管顶部约1cm处，利用玻璃棒搅拌使沉淀物重悬。加盖，反转4次以上使其充分混匀。尽管蔗糖溶液的黏性会阻碍混合，但必须将溶液与沉淀物充分混匀。

⑥离心5min，不必取下离心管，用铁丝环轻轻地蘸取含有虫卵和包囊的表层液膜。然后转移至载玻片上，加盖玻片。或选择另一种方法：在第⑤步完成之后，加饱和蔗糖溶液至离心管口边缘，在管口加盖玻片，离心之后，垂直提起盖玻片并将它及其黏附的蔗糖液膜置于载玻片上。这种方法不适用于固定弯头离心机。

⑦将载玻片置于100倍显微镜下进行检查。为避免遗漏或视野重叠，开始时可沿盖玻片的一边从一个角到另一个角检查。接着变换视野宽度继续检查，操作时可通过集中观察视野里或视野边缘附近的某一个目标，然后根据这个目标利用显微镜上的调节旋钮精确地切换视野。随着技术的熟练，检查可以在50倍镜下进行，这样可以节省时间。当然，对很小的目标如贾第虫包囊和隐孢子虫卵囊，必须在高倍镜下检查，甚至还需在油镜下进一步确认。

重力可以代替离心力，但由于力量很弱，因此需要较长时间。许多商业化生产的一次性粪便分析试剂盒便是基于重力原理而设计的，也获得了满意的结果。如果用硝酸钠溶液（相对密度1.20）作为漂浮溶液，制作的玻片样本10min内即可检查完毕。而饱和蔗糖溶液需要在15~20min才能检查完毕，原因是蔗糖黏性较大。但使用硝酸钠的一个缺点是载玻片必须及时检测，否则可能由于渗透压破坏虫体形态而使虫体很难辨认，或者由于硝酸钠的结晶可能使显微镜视野模糊不清。

（五）粪便沉淀技术

与直接涂片法相似，沉淀技术主要适用于检测比重太大或太脆弱以致无法用上述漂浮法检查的虫体。沉淀法在检查虫体数量上比直接涂片法更敏感，且由于除掉了大量的粪渣，使其载玻片更容易观察。沉淀法特别适用于检查吸虫卵、棘头虫卵，以及阿米巴、纤毛虫和福尔马林固定的贾第虫包囊。然而，沉淀法在检测多数线虫卵和包括隐孢子虫在内的球虫卵囊方面远不及饱和蔗糖漂浮法敏感；在检测新鲜的贾第虫包囊和类丝虫幼虫时不及硫酸锌（相对密度1.18）漂浮法敏感；在检测类圆线虫、猫圆线虫、网尾线虫和其他线虫活幼虫时没有后续描述的贝尔曼技术（Baermann technique）敏感。遗憾的是目前尚没有一种最好的技术可以用来满足所有的检测目的。然而，考虑到处理病原体的极端多样性，目前可用的检测技术十分匮乏而且粗糙。

任何情况都不推荐使用福尔马林-乙醚法，主要是由于乙醚可以对人体造成严重的危害。而福尔马林-乙酸乙酯法则是更为安全且较好的一种方法。福尔马林可以保存粪便、阻止或减缓绝大多数寄生虫的发育、除去样品的气味。乙酸乙酯可以除掉脂肪、色素，以及干扰显微观察的其他物质。下述操作步骤来源于Faler（1984）：

①将大约一茶勺的粪便与10mL的水或中性福

尔马林溶液充分混匀。

②用滤茶器或双层粗棉布过滤混合物。

③转移滤液至一个15mL离心管中。

④1 500~2 000r/min离心1~2min。

⑤弃去上清液。

⑥将沉淀重悬于10mL的水或福尔马林溶液中，重复第④和第⑤步的操作直至上清液变清。

⑦将沉淀重悬于10mL的水或福尔马林溶液中，添加3mL分析纯乙酸乙酯。

⑧加塞，剧烈晃动离心管30s。

⑨去掉塞子，2 000r/min离心1min。

⑩倾去上清液，取出部分沉淀置载玻片上进行镜检。

注意事项：为了增加漂浮技术的敏感性，在检测多数线虫卵以及球虫卵囊时至少需将一半的沉淀物用于显微镜检查。

（六）贝尔曼技术浓集线虫幼虫

贝尔曼技术是利用多数线虫幼虫由于重力作用而不能移动的特点。线虫幼虫在植物的水膜上做垂直运动，在表面张力作用下将正弦式蠕动转化成有效的运动。相对而言，线虫幼虫在一个没有表面张力的水体内会逐渐下沉。典型的贝尔曼装置见图7-1。将粪便样品（5~15g）捣碎，放置于一个滤茶器或包裹于粗棉布内，然后在漏斗里加入温水。温热可以刺激幼虫的活力，许多幼虫就会来到粪团的表面并分开，向下流至弹簧夹处。在严重感染情况下，大约1h左右幼虫便可移至水滴中。但是当只有少量幼虫存在时，必须将贝尔曼装置放置过夜再进行观察。如果取一滴以上的水进行检查，有必要对样品进行离心，去上清，然后用吸管吸取一滴沉淀物进行检测。目前，许多学者对该技术进行了优化和改良，但其基本原理相同。

奥氏类丝虫（*Filaroides osleri*）和贺氏类丝虫（*F. hirthi*）的感染性第一期幼虫嗜睡，不能从粪团里游出。因此，贝尔曼技术对类丝虫属线虫

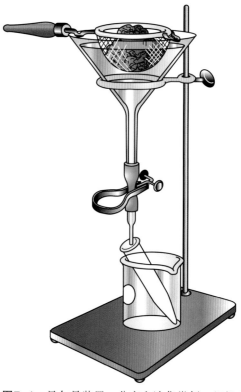

图7-1 贝尔曼装置。分离和浓集粪便、组织碎片和土壤样品中线虫幼虫。样品置于一滤茶网的兜中、或包裹在粗棉布内，浸于漏斗内的温水中。线虫幼虫不能克服向下的重力，而下沉于螺旋夹处，这样线虫幼虫便可回收于少量水中。根据幼虫的种类以及感染程度，需要数分钟至几小时的时间

幼虫无效，需要借助硫酸锌（相对密度1.18）作为悬浮剂的漂浮浓集技术进行临床检查。

（七）线虫幼虫的培养

圆线虫属虫卵的鉴定需要培养至感染性幼虫。成型好的马粪和绵羊粪便正好含有适量的水分，仅需在带盖的广口瓶中放置少许的粪块，广口瓶用0.1%碳酸钠溶液冲洗以阻止霉菌生长，并将该瓶置于抽屉或暗处，室温下放置7~10d即可培养成功。广口瓶的瓶壁应该总是覆盖着液滴，如果培养过程中水分被蒸发，可以加几滴水或碳酸钠溶液。当孵育后广口瓶重新见光时，很快会发现幼虫在位于瓶壁的液滴内蠕动。

性状类似的牛粪也可以进行培养，不需要进一步加工。但是牛粪通常含水量大，培养时需要

加入蛭石或沙子来产生水蒸气但不是湿培养。

不同种类的线虫具有不同的孵化、发育和生存的最佳条件，因此所有的粪便培养技术基本上都是定性的。最终从培养物中收获的各种第三期幼虫的相对丰度并非简单对应于培养开始时粪便中存在的圆线虫虫卵的相对丰度。捻转血矛线虫（*Haemonchus contortus*）和多乳头类圆线虫（*Strongyloides papillosus*），无论哪一种出现在粪便中，在培养中其幼虫均占优势。另外，虽然毛圆属（*Trichostrongylus*）和古柏属（*Cooperia*）线虫培养的幼虫数量较少，但其临床的重要性不容忽视。

鉴定粪类圆线虫（*Strongyloides stercoralis*）丝状幼虫时，只需要将犬粪放在广口瓶内室温下培养。继代的丝状幼虫于培养后24～48h出现，但是如果所研究的分离株主要或完全是世代交替，96h后方可出现大量的丝状幼虫。

当培养瓶壁上液滴内观察到幼虫的蠕动时，便可用少量的水冲洗瓶壁，收集冲洗液，离心浓集幼虫。如果倾倒时只是一次简单的反转离心管，随着上清液丢失的幼虫会很少。通过凝集而存留在少量水中的含幼虫沉淀物，可以用吸管转移至显微镜载玻片上观察。

营养琼脂平板可以为从粪便分离并用上述技术浓集的某些线虫卵或幼虫提供极好的生长条件。例如，对于从犬粪便中通过贝尔曼技术浓集的杆状线虫幼虫，将幼虫置于含有少量水的琼脂表面室温孵育。如果放入的是类圆线虫幼虫，在2d内便可见到聚集的感染性丝状幼虫或杆状成虫。

幼虫的鉴定通常需要将其杀死使之处于伸展状态。这可以通过在加片之前对检测的水滴进行适当的加热便可以实现。具体操作是在载玻片下面放置一根点燃的火柴，从上面观察幼虫停止了运动并且已经伸展。由于类圆线虫容易复活，因此有必要进行二次加热。当然，要注意避免过度加热，以防止幼虫变形。另外一种加热方式是在盖玻片周围加一滴卢戈氏碘液，既可以使幼虫伸展又可以对幼虫进行染色。

任何时候实时测量都是非常关键的。必需支撑住盖玻片，否则将会挤压幼虫而使其变形。用凡士林封住盖玻片四周可以避免这种情况的发生，而且可以阻止水分蒸发。可按如下操作迅速便捷地封住盖玻片：在左手掌跟部抹一层凡士林，接着用右手的拇指和食指握住盖玻片的边缘，将盖玻片的每边从凡士林膜上拖过使盖玻片的四周均匀地涂上一层凡士林。

（八）球虫卵囊的孢子化培养

将少量粪便或浓集的卵囊悬液与1%的重铬酸钾混合，在培养皿中形成浅浅的一层。卵囊在孢子化过程中需要很多空气，因此培养液必需浅以利于氧气扩散，但注意勿使培养液干涸，必要时可以补充重铬酸钾溶液。室温条件下培养2～4d后可以完全孢子化，但是某些球虫卵囊完成孢子化需要数周。

（九）测微法

在某些时候，用装有带刻度的目镜测微尺的显微镜对寄生虫长度进行测量，可为诊断提供一个非常有效的手段。物镜测微尺是一个带有1或2mm刻度，每个刻度再分成10μm（0.01mm）单位的玻璃载玻片。目镜测微尺就是刻有任意单位标尺的玻璃圆片。圆片可以放入显微镜的目镜内，标尺可以用来比较在显微镜视野里物体的线性长度。

例如，我们可以确定某种虫卵的长宽比例。然而，为了测量虫卵的绝对长度，必须首先校准每个物镜放大倍数下目镜测微尺对应于物镜测微尺的刻度。

①将10倍物镜聚焦于物镜测微尺刻度上。

②旋转目镜至目镜刻度和物镜刻度平行。

③通过调节机械平台使它们的零刻度对齐（图7-2）。

④找出两个刻度完全重叠且超过1/2长度的任

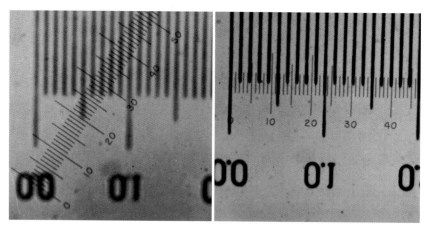

图7-2　目镜测微尺校准。左图，物镜测微尺刻度焦点失调，且目镜测微尺刻度大约离对准线翻转了约1/8。右图，通过旋转目镜，刻度已平行，物镜刻度已聚焦，且通过显微镜调节载物台物镜零刻度线和目镜零刻度已对齐。需注意的是，0.17mm（170μm）等同于40个目镜刻度，因此在该放大倍数下，每一个目镜刻度等于4.25μm。一个卵囊目镜测量为9×5.5即表示长和宽为38.2μm×23.4μm

何一点。物镜长度与目镜到达该点刻度数之比为以后目镜测微尺在10倍物镜下获得绝对数值提供的转化系数。在图7-2中，目镜刻度40正好对应于物镜测微尺的170μm刻度，因此，每一刻度相当于4.25μm。

⑤对所有放大倍数的物镜可重复上述校准步骤。

注意事项：对于可调整镜筒长度的显微镜以及在二次放大过程中出现其他来源的变化，每次测量时要调节到同一状态。否则必须重新进行校准。对于某些双筒显微镜，瞳孔间距的不同变化都可改变管长，这一点作为误差来源很容易被忽视。

二、粪便定量检测

（一）稀释虫卵计数

下面介绍的Cornell-McMaster稀释虫卵计数法，主要是基于Stool（1923和1930）、Gordon和Whitlock（1939）、Whitlock（1941）及Kauzal和Gordon（1941）等学者的研究工作。

简言之，粪便样品称量后按照1g样品加15mL水的比例与水充分混合。取0.3mL的悬液并与计数室内等体积的饱和蔗糖溶液混合。寄生虫虫卵在介质中漂浮后停留在计数室盖玻片的下面。在这种情况下，0.02g样本中所有虫卵均位于显微镜视野同一焦距平面，而此处的粪渣相对较少。此时虫卵数乘50便是每克粪便中虫卵数的估计值。

1. 材料要求

①称量样品的天平敏感度至少要达到0.1g。

②搅拌装置（图7-3）组成如下：高度和直径比大约为2∶1的250～300mL量筒（图7-3中量筒是从500mL塑料量筒的300mL刻度处锯开所得）以及带有搅拌器的手持电钻。搅拌器是用一根铜棒作柄，用一条旧内管来搅拌。搅拌器柄可以通过固定在量筒上带孔橡皮塞自由滑动。

③计数室（图7-4）。两个切成窄条的厚玻片将两个载玻片分开，用双氢氯噻嗪黏固剂粘合。上下层玻片应稍微错开以便于样品注入计数室。清洗计数室时，可以用流动的冷水冲洗。

④1mL的禽结核菌素注射器。将针头接口处去掉以免被粗碎片堵塞。

⑤饱和蔗糖溶液。向沸水中加入蔗糖颗粒并不断搅拌，直至不再溶解为止。冷却后，加入几

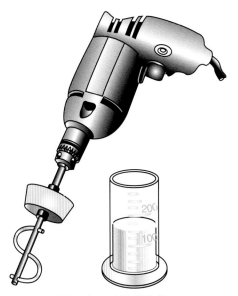

图7-3　制备粪便悬液的搅拌装置

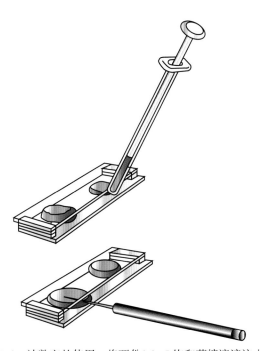

图7-4　计数室的使用。将两份0.3mL饱和蔗糖溶液注入计数室，再向每份蔗糖溶液中加入0.3mL的粪便悬液，并用解剖针充分混匀

粒石炭酸晶体以阻止霉菌生长。室温下相对密度至少应该是1.31。

⑥纸杯、压舌板和解剖针。

2．步骤

①称量10g粪便置于纸杯中（除去纸杯重量），在刻度量筒内加入150mL水。如果粪便少于10g，则水的体积按1∶15的比例相应减少。

②将粪便与水彻底混合。借助手持搅拌器仅需几秒钟便可混匀。

③（可选）悬液可通过滤茶器过滤，除去粗渣，以免干扰显微镜检查。在检测马的粪便时通常需要这一操作，但是此操作会降低虫卵计数，因此，如果可能应尽量避免。

④分别将0.3mL饱和蔗糖溶液加入两边的计数室内（图7-4）。

⑤摇匀粪便悬液，取两份0.3mL悬液分别将其注入计数室的蔗糖溶液内。

⑥用解剖针将样品和蔗糖溶液完全混合，静置15min。

⑦利用低倍显微镜对每个室内所有虫卵进行计数。通过气泡的存在可以很快找到含有虫卵的焦距。注意计数位于暗区边缘的虫卵。

目前，针对该技术使用刻度计数室进行了许多改进，以解决计数室光线暗区边缘的虫卵难以计数问题。遗憾的是，这种计数室通常难以在市场上买到。

下面介绍另一种可供选择的方法，该方法利用一个电动搅拌托盘、一个磁性搅拌棒、一个100mL烧杯，以相对密度为1.2的硫酸镁（泻盐）作为漂浮剂，采用预先标有刻度的计数板（Advanced Equine Products，5004 228th Ave. SE，Issaquah，WA 98029）进行计数。

①将烧杯置于天平上，除去其重量，然后于烧杯中称取4g粪便样品。

②添加约10mL硫酸镁溶液，用敷药棒或压舌板尽可能将粪便打碎以便充分混匀。

③添加硫酸镁溶液至60mL体积，加入搅拌棒，中等速度搅拌5min。

④用一载玻片作上划线标记，在移液器的尖端和管筒中间刻上标记，折断尖端使管口内径变

宽（注意：巴氏管曾引起多例实验室事故，使用时应小心）。

⑤用移液器从搅拌的烧杯里吸取粪便样品，注入刻度计数板的两个计数室内。

⑥静置5min使虫卵漂浮至表面，用10倍物镜记录两个计数室网格内的所有虫卵。

⑦每克粪便虫卵数的计算方法为：两个计数室虫卵总数乘50。

（二）浓集虫卵计数

在寄生虫轻度感染定量时，浓集虫卵计数法要比稀释虫卵计数法更可靠（见之后的统计学处理）。当然，可以方便计数的虫卵数量有限，因此必须选择最适合感染水平的计数方法。实际工作中的解决方案如下：

①称量10g粪便于纸杯中（除去杯重），用量筒加入150mL水。如果粪便不足10g，可减少水的用量以保持1∶15的比例。

②将粪便与水彻底混匀。借助手持搅拌器仅需几秒钟便可混匀。

③（可选）悬液可通过滤茶器过滤，除去粗渣，以免干扰显微镜检查。在检测马的粪便时通常需要这一操作，但是此操作会降低虫卵计数，因此，如果可能的话应尽量避免。注：以上步骤和稀释虫卵计数法一样。

④吸取15mL（相当于1g固体粪便）混匀的粪便悬液，转移至一个15mL离心管内。

⑤离心3min，弃去含有脂肪和溶解色素的上清液。

⑥加饱和蔗糖溶液（相对密度1.3）至距离心管顶端1cm处，用敷药棒将沉淀重悬，盖上盖子，反转混匀4次以上。

⑦添加饱和蔗糖溶液至离心管管口边缘，在上部置一盖玻片。

⑧离心10min。不能用固定角度的离心机，离心时离心管必须保持水平。

⑨离心完毕，垂直移走盖玻片并将它和黏附其上的蔗糖液膜放在载玻片上。

⑩在50倍和100倍镜下检查载玻片，计数虫卵数。为避免遗漏或视野重叠，开始检查时沿盖玻片一边从一个角到另外一个角。接着变换视野宽度继续检查，可以通过集中注意位于或靠近视野边缘的某一个目标，然后根据这个目标利用显微镜上的机械平台调节进行视野切换。

用此方法对虫卵进行计数，所提供的数据为每克粪便中虫卵的最低估计数值。这个估计值可以通过如下操作来提高：增加一滴饱和蔗糖溶液至离心管中，在上边加盖第二个盖玻片，重复第⑦步至第⑩步操作。如果在第一个盖玻片上虫卵数太多，难以计数，则可用小份样品重复上述步骤，或者稀释后进行虫卵计数。可能是由于浓集时使用两次蔗糖溶液的缘故，在检测艾美耳球虫卵囊时浓集方法比稀释方法更为有效。

（三）虫卵计数数据的解读

1. 统计学思考

如果能使寄生虫虫卵在粪便悬液中均匀分布，就能在所有样品中获得同样数量的虫卵。然而，当混合悬液时，虫卵不是均匀分布而是随机分布的，且无论混合多久也是如此。从完全混合的悬液中取出的部分样品，实际上相当于从随机分布中取出的部分样品，而且可以预见在重复取样时所计数的虫卵数量也不同。

当相对少量的物体在空间上随机分布时（或相对不频繁的事件在时间上随机分布时），每个样品体积发现的目标数量（或在每一个样品时间间隔内事件发生次数）遵循泊松分布（Poisson distribution）。150mL的粪便悬液中可以容纳超过10亿的虫卵，然而即使在急性捻转血矛线虫病，虫卵的数量也很少超过50万。这就意味着每个虫卵只占单位体积的1/2 000，实际上不超过一个体积将含有一个虫卵。因此，从混合好的粪便悬液中取样进行虫卵计数符合规定要求，即相对少量目标在空间上随机分布，并且可以预测在每个样

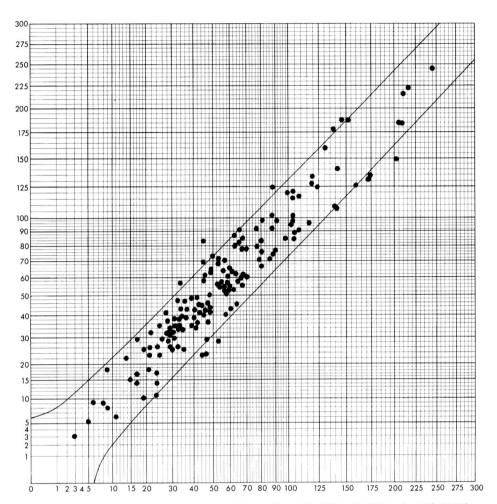

图7-5　151次重复计数虫卵绘图。根据理论计算，落在对角线外的点不超过8个。更好的混匀、取样和计数可提高该图质量

品体积中的虫卵计数遵循泊松分布。

平均值和变量在泊松分布里是相等的。这一点可以转化为实际优势，因为它提供了一个标准，通过这个标准可以评价技术的可靠性。如果一系列抽样计数的变量显著高于平均值，那么就可以推断在混合、取样或计数中存在粗心大意的问题。另一方面，当样品的变量远低于平均值，就会得出数据来源不可靠的结论。卡方分析为检验重复的虫卵计数如何更好地符合泊松分布提供了一个客观的算法（Hunter和Quenouille，1952），但是很少有从业者愿意为这个必要的计算再费心。图7-5展示了一个简易的替代方案。图中的对角线围成一个区域，平均而言，代表重复虫卵计数95%的点将落入这个区域，表明样品采集和计数是适当的。图中的容许边界接近平行而不是分散叉开，正如预期的结果一样，平均值和变量等均符合泊松分布，因为坐标轴有平方根刻度。泊松变量的平方根转换使所有的变量成为一个常数，但是这个变量值非常小。在图7-5中的151对虫卵计数中，有19对（13%）位于95%区域的边界上或之外，这几乎是其3倍还多，因此，可以得出该技术还需要改进的结论。

2. 应用

原则上，虫卵计数技术可以应用于任何宿主任何一种寄生虫的显性感染。然而，在实际应用时，该技术在评估反刍动物和马体内圆线虫感染时最为有效。在一般的饲养管理条件下，除非它们在近期接受过有效驱虫药的治疗，这些家畜通常会经粪便不断排出圆线虫虫卵。因此，问题不是这些动物是否感染了圆线虫，而是感染的程度有多高。

（四）环境污染率的确定

大多数控制放牧家畜圆线虫感染的策略主要依靠定期使用驱虫药来抑制虫卵的产生，以此来减少牧草的污染。遗憾的是，当寄生虫种群重复接触驱虫药物几年后，它们就会对这些药物及其化学同源物产生抗药性。驱虫药的应用越频繁，抗药性的产生就越快。为了减缓或停止抗药性的产生，只有在确实需要降低草场严重污染的情况下才应该使用驱虫药。该策略可以通过对动物群体中一些代表性样本实施定期的虫卵计数来实现。当虫卵产量处于低水平时，治疗可以延迟，使用驱虫药要充分考虑牧草的范围和生产力、载畜量、宿主品种和易感性、饲养管理的目标等因素。如不考虑这些因素，畜群需要治疗的每克粪便虫卵数将无法确定。例如，在捻转血矛线虫适宜的气候条件下，载畜量低、临床正常的放牧绵羊，每克粪便含有1 000个虫卵可能是合适的临界值。然而，对于在围场饲养的繁殖母马及身边的马驹，这个临界值最好不超过100个虫卵。在这两个例子中，临界值应该根据获得的效果和管理实践的显著改变来调整。

（五）临床疾病的诊断

虫卵计数高（比如绵羊和山羊每克粪便超过5 000个虫卵或牛每克粪便超过500个虫卵）容易解释，表明这些动物感染了许多有繁殖力的活虫。然而，虫卵计数高并不一定代表宿主发生临床寄生虫病，因为健康、营养状态好的宿主往往能够支撑或抵消非常大量的寄生虫种群对宿主的损耗。虫卵阴性表明宿主未感染或感染了无繁殖力的蠕虫（比如正在发育的或滞育的幼虫及不孕的成虫）。在冬季牛奥斯特线虫病的早期阶段以及新生幼犬急性钩虫病时，虫卵计数阴性特别典型。这些事实使一些人对粪便定量分析产生了怀疑，这些人要求简单明了的事实。然而，对于熟悉宿主和寄生虫生物学的人来讲，虫卵计数为研究宿主和寄生虫之间的相互作用提供了宝贵的视角。

第二节　虫卵、包囊和幼虫的一般鉴定

一、寄生虫与假寄生虫比较

在临床上，首先必须学会区分寄生虫和表面看起来相似但不相关的物体，比如气泡、花粉颗粒、毛发、植物纤维、脂肪滴和真菌孢子。假寄生虫的鉴定有时可说明宿主近期饮食的异常。例如，在犬粪中发现了扩展莫尼茨绦虫（*Moniezia expansa*）虫卵，那么就知道该犬最近吃了绵羊的粪便，因为扩展莫尼茨绦虫是绵羊的寄生虫，从来不在犬体内寄生。实际上，因为扩展莫尼茨绦虫是绵羊体内真正的寄生虫，当其在犬粪中发现时应称为欺骗性寄生虫而不是假寄生虫，但是这种差异可能有点过于学术化。在临床实践中，如果犬或猫的粪便中发现一个无法鉴定的目标，应给它们洗肠并限制活动24～36h，并再做一次粪便检查。如果该虫体仍然存在，有可能就是寄生虫；但如果该虫体消失了，表明它可能是假寄生虫。不要试图去鉴定显微镜视野里所有的物体，而要学会辨别真正的寄生虫，并忽视分散其中的不相关物体，这样做效率可能会更高。然而，某些常见的物体通常形状也很规则。这些常见的假寄生虫如图7-6所示。

在做寄生虫学检查时，粪便样品应该新鲜，注意不要被土壤或垫料污染。如果粪便不新鲜，

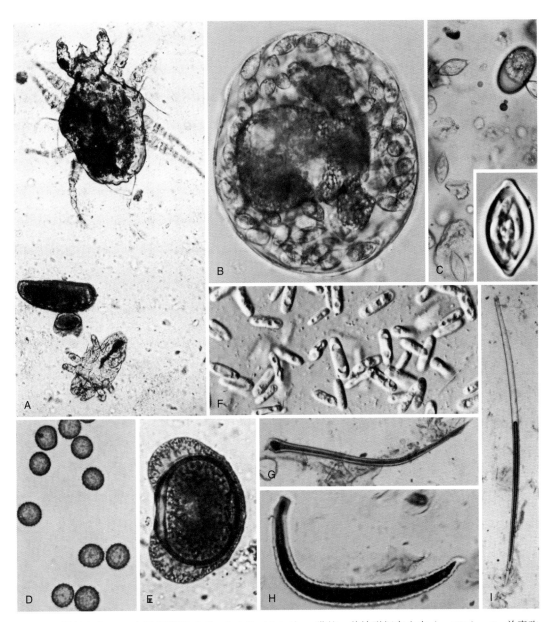

图7-6 假寄生虫。A. 布氏姬螯螨（*Cheyletiella blakei*），猫的一种蛛形纲寄生虫（×108）；B. 单囊孢虫属（*Monocystis*），蚯蚓的一种原虫；C. 犬粪便中的单囊孢虫属和艾美耳属卵囊（×425），插图为孢子化的单孢虫属卵囊（×1000）；D. 玉米黑粉菌孢子（×630）；E. 松树花粉（×425）；F. 点滴复膜酵母（*Saccharomycopsis guttulatus*），兔的正常消化道酵母（×425）；G. 植物茸毛（×168）；H. 植物茸毛（×63）；I. 植物茸毛（×63）

单细胞会发育成桑葚胚，幼虫会孵化，卵囊会开始孢子化。当然，鉴定出发育阶段而不是经常遇到的那些阶段是有可能的，但需要更精湛的技术。被土壤或垫草污染有可能带来干扰，因为粪便样品可能会被自由生活的线虫或节肢动物所污染。而对于一份新鲜未被污染的粪便样品，可能经常还要通过在粪便培养中观察后期发育来进行更详细的鉴定。

二、线虫卵

线虫的虫卵内含有一个受精的合子，在虫卵进入子宫之前，卵子在输卵管和受精囊处与变形虫样的精子发生受精。线虫卵的固有卵壳是光滑、均质、透明的几丁质膜。一个内脂质层（卵黄膜）以及一个狭窄充满液体的空间并有膜与胚胎相隔。依据寄生虫种类的不同，虫卵排出时合子可能处于单细胞阶段，或经历数次分裂，或已经发育到完全成形的第一期幼虫。在某些情况下，第一期幼虫在虫卵尚在宿主体内时已经孵化并随粪便排出体外。

不同目和超科的线虫虫卵具有各自的特征。因此，根据虫卵通常可以鉴定出蛲虫、蛔虫、旋尾线虫、杆状线虫、圆线虫或毛形线虫等。一般来说，线虫虫卵最大直径为30~100μm，但有些线虫的虫卵（如细颈属）长度可达200μm。

（一）蛲虫卵

反刍动物、马属动物以及灵长类动物的蛲虫卵具有一个相当厚且无色的卵壳，观察时可见其内含有幼虫。绝大多数蛲虫卵一边较平。马的大型蛲虫即马尖尾线虫（Oxyuris equi）虫卵一端似乎有一个卵盖。除非另有资料证明，蛲虫是不感染犬和猫的，因此在犬和猫粪便中发现蛲虫可以考虑为假寄生（图7-7）。

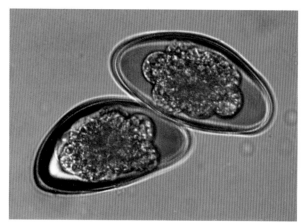

图7-7 来自一只松狮蜥的蛲虫虫卵

（二）蛔虫卵

家畜的蛔虫卵一般卵壳厚，形状为椭圆形至球形。某些蛔虫卵如鹰的前盲囊线虫（Porrocaecum）

虫卵具有一个明显的卵盖（图7-8）。随粪便排出时，卵内一般含有一个单细胞。某些虫卵如弓蛔属（Toxocara）、副蛔属（Parascaris）和蛔属（Ascaris）的虫卵，在几丁质卵壳表面覆盖一层雌虫分泌的蛋白质外膜，该蛋白质层可能是光滑的，如弓蛔属虫卵（图7-9）；也可能是粗糙的，如副蛔属的虫卵（图7-71）；或者呈现均匀而独特的图案，如弓蛔属虫卵（图7-10）。某些虫卵随粪便排泄过程中会被鞣化，呈现暗褐色，如蛔属和副蛔属。这些物质有时可从卵壳上脱落，此时虫卵将呈现光滑的外壳。在粪便中有时会发现未受精的蛔虫卵，它们的形状没有受精的虫卵规则。蛔虫卵一般较大，直径约为80~100μm。

（三）旋尾线虫卵

粪便中旋尾线虫虫卵至少有两种基本类型。一种是以泡翼线虫（Physaloptera）和旋尾线虫（Spirocerca）为代表的虫卵形态，大约30μm长，虫卵外边包裹一层厚而无色的卵壳，内含一个胚胎。这些虫卵是由陆生食粪昆虫传播（图7-11）。另一类型是以柔线属（Habronema）和德斯属（Draschia）为代表的虫卵，具有非常薄的卵壳，可因其内部的幼虫而变形。这类线虫卵及其所含幼虫是典型的经双翅目昆虫传播的旋尾线虫，双翅目

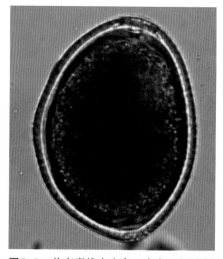

图7-8 前盲囊线虫虫卵，来自一红尾鹰

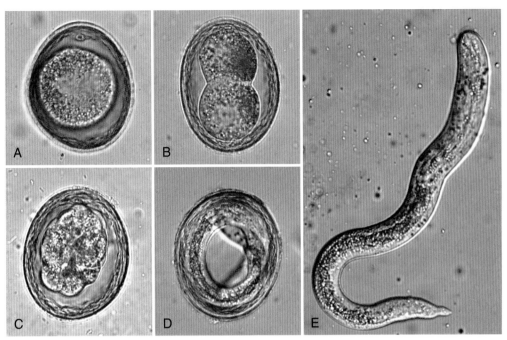

图7-9　狮弓蛔虫虫卵发育过程。A. 新鲜粪便中发现的典型单细胞阶段，卵壳层以反向箭头标示；B. 双细胞阶段；C. 桑葚胚阶段；D. 卵壳内感染性幼虫；E. 体外人工孵化的感染性幼虫。正常情况下蛔虫卵被宿主摄入后才会孵化（×425）

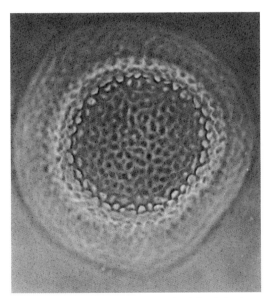

图7-10　犬弓首蛔虫虫卵表面，经柏来斯溶液（Berlese solution）处理后蛋白质层呈明显的蜂窝状（相差×660）

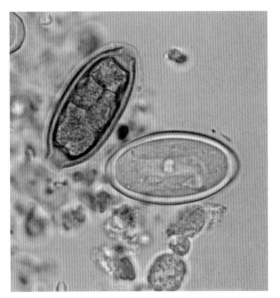

图7-11　鸭的四棱线虫和毛细线虫虫卵

昆虫因蝇蛆在粪便上采食而感染。旋尾线虫中丝虫为卵胎生，产出的是微丝蚴而不是虫卵。

（四）杆状线虫卵

家畜粪便中发现的杆状线虫卵有两种类型。

一种类型是土壤线虫的欺骗性虫卵，它们被宿主摄入体内，甚至是侵入粪块的自由生活的食粪线虫所产出的虫卵。第二种类型是类圆线虫孤雌生殖的雌虫所产的虫卵（图7-12）。在北美的家畜中，一般只有犬和人的粪类圆线虫（*S.*

stercoralis）可以产幼虫。其他类圆线虫，如澳大利亚、东南亚猫的猫类圆线虫（*S. felis*）以及寄生于野生动物的各种类圆线虫也随粪便排出幼虫。马、猪和反刍动物所排出的类圆线虫虫卵是典型的小型虫卵，具有一薄的无色卵壳，内含幼虫。在陈旧的粪便中，这些小型虫卵不超过50μm，这也是与发育的圆线虫虫相卵区分的最佳标准之一。

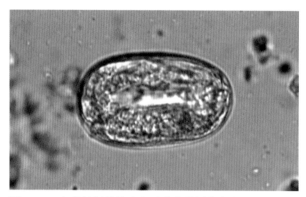

图7-12　山羊的杆状线虫卵（乳头类圆线虫）

（五）圆线虫卵

圆线虫、毛圆线虫以及钩口线虫雌虫产出的虫卵卵壳非常薄，呈椭圆形，内含一个桑葚胚，在宿主粪便中也可发现同一发育阶段的虫卵（图7-13，图7-14和图7-15）。鉴于大多数临床兽医和寄生虫诊断学家的习惯叫法，在本书中将这些虫卵统称为"圆线虫"虫卵。后圆线虫虫卵也是薄壁椭圆形，但是不同的雌虫在宿主组织中所产的发育阶段不同，从单个细胞（例如缪勒属（*Muellerius*））到即将孵出的第一期幼虫[例如，类丝虫属（*Filaroides*）]。甚至当出现在粪便时，虫卵已由单个细胞发育到第一期幼虫，并且有些可能已经孵出幼虫。因此，在宿主粪便中发现了含幼虫的虫卵[例如，后圆属（*Metastrongylus*）]或第一期幼虫，均表明是后圆线虫感染。

诊断困境

除了少数种类外，圆线虫卵仅仅依靠显微镜检查或显微测量要想鉴定到属是不可能的（图7-58）。细颈线虫（*Nematodirus*）虫卵因其个体

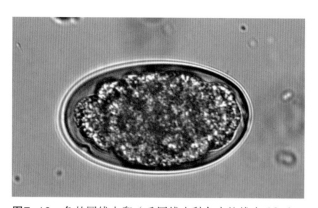

图7-13　兔的圆线虫卵（毛圆线虫科兔尖柱线虫*Obeliscoides cuniculi*）

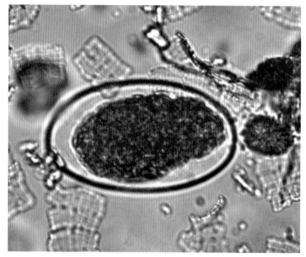

图7-14　大猩猩的圆线虫卵（圆线虫科食道口线虫），虫卵用福尔马林固定过，其桑葚胚似乎有点收缩

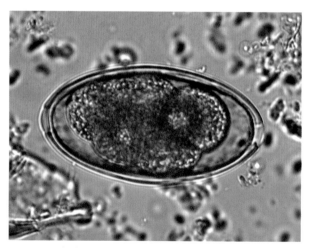

图7-15　乌鸦的圆线虫卵（圆线虫科比翼线虫）

较大而突出容易识别，牛仰口线虫虫卵有黏性表面可集聚一些碎片。除此以外，其他虫卵看起来都非常相似。如果动物的个体价值不大或者动物的群体

很大，那么为了建立准确的诊断而剖检少量的动物也是无可非议的。当然，贵重动物的主人不愿剖杀自己的动物也是可以理解的，这就必须依靠幼虫的鉴定（参见圆线虫感染性幼虫的鉴定部分）。当情况紧急不容许耽搁时间进行必要的培养时，则临床症状应该清晰，足以提供合理准确的诊断。

（六）毛形线虫卵

毛尾线虫（*Trichuris*）和毛细线虫的虫卵都具有典型的褐色卵壳，两端有卵塞，呈长形或桶状。由于毛尾线虫只寄生于哺乳动物，因此当在其他脊椎动物体内发现这些虫卵时，首先想到的是这些虫卵应该是毛细线虫卵。毛尾线虫卵一般卵壳光滑，而毛细线虫卵具有各种各样的表面装饰（如凹面、粗糙面和小波浪线）。与毛尾线虫卵不同的还有毛细线虫卵的两个卵塞可能不在同一直线轴上（图7-16）。然而，在用药物治疗但没有完全清除所有雌虫的情况下，毛尾线虫卵可能会发生高度变形。毛尾线虫和毛细线虫虫卵随粪便排出时都处于单细胞状态或分裂的早期阶段。这与类毛体属（*Anatrichosoma*）和毛体属（*Trichosomoides*）虫卵中含有发育完全的幼虫是不同的。犬的毛细线虫卵比狐毛尾线虫（*Trichuris vulpis*）卵小很多，狐毛尾线虫卵的长度大约为80μm。但是，在其他哺乳动物宿主中则并非如此。

图7-16　鸭的毛细线虫卵

三、线虫幼虫

粪便中的线虫幼虫参照所寄生的宿主比较容易鉴定，因此针对每种宿主进行讨论是合适的。首要的目标是必须搞清楚它们是什么，不要与毛发、线或植物纤维等相混淆。常见的问题是将发现的假寄生现象误认为线虫幼虫。大多数人看到如图所示的形状时都会认出它是线虫幼虫（图7-17），重要的是不要忘记去寻找它们。家畜粪便中发现的线虫幼虫长度一般在300μm左右。特别要注意观察幼虫的口囊和食道的相对长度、尾部的结构以及生殖原基的大小和位置。如果粪便陈旧或是从土壤里采集的样品，可能有许多线虫幼虫出现，这些幼虫可能是从已发育的虫卵中孵化出来的，也可能是从土壤中或侵入粪块中的食粪线虫发育而来的。在这种情况下，鉴定过程会更加困难。

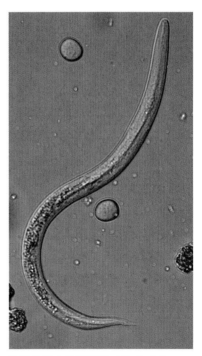

图7-17　负鼠粪便中的棘圆属（*Dide-lphostrongylus*）幼虫（后圆科）

四、吸虫卵

脊椎动物的吸虫卵一般呈金黄色到暗褐色，一端有卵盖（图7-18）。虫卵最大长度为

20~200μm。一些吸虫卵随粪便排出时，其内含有一个完全成型的毛蚴，而另一些吸虫卵则含有大量正在发育的细胞。对于吸虫卵的鉴定，必须注意虫卵的大小和形状，虫卵内是否含有毛蚴，卵盖呈简单的帽状或位于卵壳的凹陷或边缘位置，卵壳上是否有与卵盖对应的结构，如突起或小棘。血吸虫虫卵没有卵盖，随粪便排出时即含有完全发育的毛蚴，在卵壳的一端常具有不同类型的刺突，因不同的种类而异。吸虫卵的密度大，在一些较轻的漂浮溶液中不能与线虫卵一起漂浮。而在蔗糖溶液中，吸虫卵通常会破裂，呈现一空的褐色卵壳，并可能在其一侧塌陷。在处理血吸虫时，必须注意要用盐水而不是纯水去洗涤粪便，因为纯水会诱发毛蚴孵化，使虫卵难以寻找和鉴定。

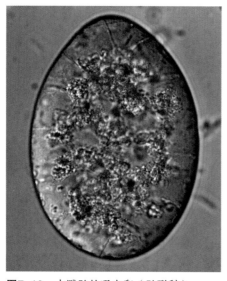

图7-18 大雕鸮的吸虫卵（鸮形科）

五、绦虫卵

某些绦虫卵通常随粪便排出（如裂头属），而其他更多的绦虫则是以节片形式排出（如带属）。对于后者，在收集之前，节片就可能从粪便中爬走了，使得通常难以在粪便里发现虫卵或卵袋。绦虫卵内发育的幼虫具有6个小钩（3对）（图7-19，图7-20），但假叶目的裂头绦虫和迭宫绦虫虫卵随粪便排出时尚未发育到幼虫阶段。由于这两种绦虫的虫卵也具有卵盖，因此，

最初可能会与吸虫卵相混淆，甚至在观察了大量的虫卵和图片之后，这样的混淆仍然存在。圆叶目绦虫卵随粪便排出时含有6个小钩，这一特征有助于将其鉴定为绦虫卵（图7-20）。圆叶目绦虫卵的卵壳变化很大。例如，带科绦虫的虫卵呈褐色，壳厚；复孔绦虫虫卵的卵壳薄；而裸头属各种绦虫的虫卵形态古怪，呈正方形至圆形（图7-19）。绦虫卵在不同的漂浮溶液中表现不一致，因此即使存在也很难证实。饱和蔗糖溶液对带科绦虫虫卵的漂浮效果非常好，但对于可能遇到的其他许多绦虫卵则并非如此。

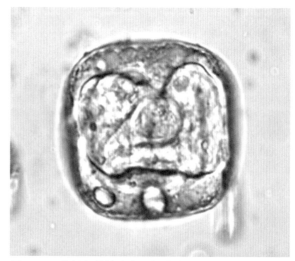

图7-19 大猩猩的绦虫卵（裸头科）

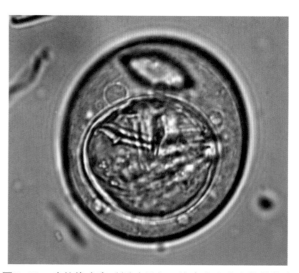

图7-20 鸡的绦虫卵（圆叶目）。注意虫卵内六钩蚴的小钩。虫卵下方可能是被蚯蚓摄入的单孢虫属孢子囊

六、棘头虫卵

　　棘头虫的虫卵呈长形，卵壳由三层组成（图7-21）。如果可以看到其内幼虫，往往可以鉴定幼虫一端出现的棘，以此作出诊断。某些棘头虫的虫卵在粪便中通常呈暗褐色（如巨吻棘头虫），可能以蛔虫卵类似的方式被鞣化，因为当虫卵离开雌虫时卵壳是清亮的。并非所有的棘头虫虫卵都是褐色的，很清亮的虫卵也许难以观察，尤其是在并不以找到它们为目的的情况下。野生动物宿主能感染多种棘头虫，因此，必须建立相应的技术对不同棘头虫的感染进行鉴别诊断。

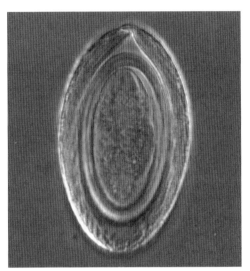

图7-21　浣熊的硕大巨吻棘头虫虫卵。注意卵壳有许多层，内含棘头蚴

七、舌形虫卵

　　在美国，在蛇和鸥的粪便中通常可以发现一些非常典型的舌形虫虫卵。在全球其他一些地方，也可在犬和其他宿主粪便内发现舌形虫。舌形虫卵是典型的大型虫卵，直径为100～200μm，有一层薄的外壳包裹，状如正在发育中的螨。发育中的幼虫通常与卵壳有相当大的空间隔开。在鉴定中，常遇到的困难是难以确定它是舌形虫卵还是摄入的螨卵。在粪便中发现自由生活的螨以及在动物宿主理毛时摄入寄生性螨是常见的现象。在虫卵内发育的舌形虫具有典型的4～6个小

爪，此特征有助于鉴别螨虫和舌形虫（图2-124，图8-10）。

八、原虫包囊和卵囊

　　原虫的包囊和卵囊最大直径为4～30μm，一些特别大的包囊如小袋纤毛虫（*Balantidium*）和布克斯顿纤毛虫（*Buxtonella*）（图7-22）大小可达40～60μm，留氏艾美耳球虫（*Eimeria leuckarti*）和马库沙里艾美耳球虫（*E. macusaniensis*）厚壁型卵囊（图7-23）长度可达80μm。在硫酸锌和蔗糖溶液中，贾第虫（*Giardia*）包囊非常清楚，整体形态类似于阿米巴包囊，不过后者轮廓更圆。在许多漂浮溶液中，贾第虫包囊呈卵圆形，囊壁向内塌陷但保持完整性。而塌陷的阿米巴包囊看起来似一侧深凹的乒乓球。隐孢子虫（*Cryptosporidium*）的卵囊非常小，可在接近盖玻片的液面观察到，在蔗糖漂浮中比在硫酸锌溶液中更容易见到。在蔗糖溶液中卵囊呈透明的粉色球体，而在硫酸锌溶液中则清亮。等孢球虫（*Isospora*）和艾美耳球虫（*Eimeria*）的卵囊在蔗糖溶液中漂浮效果都很好，可呈现皱缩清晰的囊壁以及中央的胚孢子。许多艾美耳球虫卵囊具有卵膜孔和极帽，具有这些结构则很容易辨认。而有些艾美耳球虫的卵膜孔可能难以辨认。弓形虫（*Toxoplasma*）的卵囊大小近似于贾第虫包囊。如果显微镜聚光器的光栅没有关闭，通过视野的光线太亮，许多较小的原虫将消失在背景中而无法辨认。

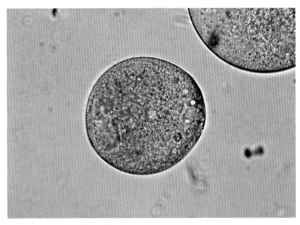

图7-22　牛粪便内的纤毛虫包囊（*Buxtonella sulcata*）

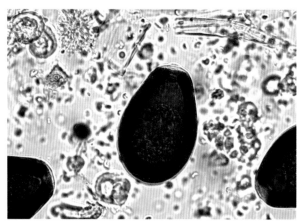

图7-23　美洲驼的球虫卵囊[马库沙里艾美耳球虫（*Eimeria macusaniensis*）]

第三节　疥癣的皮屑检查

在刮取皮肤碎屑进行疥癣病诊断时，必须考虑病变的性质以及螨的寄生部位（图7-24）。

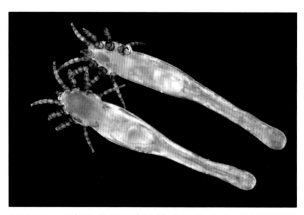

图7-24　北部海熊的细直喘螨（*Orthohalarachne attenuata*）

寄生于皮肤深层的螨（如疥螨*Sarcoptes*和蠕形螨*Demodex*）可引起轻度的表皮增生，检查时可将一手术刀片在矿物油里蘸一下，用食指和拇指紧紧捏住患病皮肤，使刀片与皮肤形成合适的角度，轻轻刮取皮肤直到渗出血液为止。虽然有时需要对动物进行局部麻醉，但多数动物不会抗拒深刮。刮下的皮屑多数会黏在手术刀片的矿物油上，可将皮屑转移至载玻片上检查螨虫。

对于表皮明显增生和脱落的病变以及由虱和寄生于浅表皮肤的螨[如足螨（*Chorioptes*）]引起

的病变，可用软膏罐的盖子作为刮刀，将碎屑刮入罐中。在实体显微镜下或手持放大镜检查皮屑以便找到爬行的虱和螨。用尖头镊或解剖针蘸取黏性贝氏液（Berlese solusion），将螨虫黏附后转移至载玻片上，在复合显微镜下做进一步研究。贝氏液的组成如下：水合氯醛200g、树胶30g、丙三醇20g、蒸馏水50mL，混合后煮沸5～15min，用棉纱布过滤。贝氏液可以使样本变得清晰，固定后可制成永久标本。但是，水合氯醛目前规定只作为麻醉剂用，而不同的阿拉伯树胶质量良莠不齐，因此，目前很难获得好的贝氏液。甘油是一种非常好的临时固定剂。5%的氢氧化钠或氢氧化钾溶液也可以用作临时固定剂，由于其可以消化表皮和毛发，因此，有助于使显微镜视野里的碎屑变得清晰。

如果刮取物含有大量碎片，通过体视显微镜或手持放大镜检查没有发现虱或螨虫时，可以按如下步骤操作：

①在一个大烧杯（500～1 000mL）中，加入1倍体积的皮屑和10倍体积的5%氢氧化钾溶液，盖上表玻璃或漏斗以回流冷凝物，加热直至毛发或表皮鳞屑溶解，可能需要将混合物煮沸，但注意不要煮干。谨防碱液溅出！

②冷却。

③转移至一离心管，离心，倾出上清液，重悬沉淀于水中，再次离心。这些步骤可去除干扰泡沫。倾去上清液。

④将沉淀转移至培养皿中，用体视显微镜或10倍放大镜检测螨虫及其虫卵，或者按第⑤步操作处理。

⑤向离心管内加入饱和蔗糖溶液，再次离心。使用铁丝环或玻璃针挑取蔗糖溶液上部的螨虫，转移至载玻片上并置于复合显微镜下观察。

耳螨可以借助棉拭子将其从外耳道掏出。在日光或靠近白炽灯下将棉拭子置于黑色背景下，几分钟内即可看到蠕动的白色耳痒螨（*Otodectes*）。

第四节　尸体剖检规程

生前诊断有时会疏漏一些严重或致死性的寄生虫病。例如，患急性钩虫病的幼犬在排出虫卵之前就可能失血致死。当羊群暴发疾病时，剖检几只病羊常常可为诊断提供最为经济有效的手段。绵羊感染圆线虫时，各种原发和继发的病原往往会产生令人混淆的临床症状，此时，可以通过蠕虫鉴定和计数的方法来解决这一问题。

剖检结果必须与病史和临床症状相结合才能做出确诊，寄生虫病的诊断更是如此。例如，对于急性血矛线虫病的诊断，不仅要依据在皱胃中发现大量的捻转血矛线虫（*H. contortus*），而且要有临床贫血的症状。如果没有贫血，就不应该诊断为血矛线虫病。事实上，捻转血矛线虫有时会放弃一个濒死的宿主，因此，在剖检时发现组织苍白和水肿，但未发现虫体，正确的诊断仍然是血矛线虫病。

一、剖开尸体

将反刍动物尸体左侧向下平置，以方便取出瘤胃。其他动物的尸体同样可以从容易着手的任何一侧进行操作。但是，应该采取一个固定的位置，这样就会对各种器官的位置和正常形态产生一个印象，以便能快速注意到任何异常。沿颌下间隙到会阴的中线切开皮肤，从一侧剥离皮肤，包括与它相连的表面胸肌和上肢，从而暴露胸廓。切除中轴肌肉周围的肋骨和胸骨附近的肋软骨。在这个过程中，割断与膈膜相连的附件，去除肋架。沿着正中线切开腹壁，小心避免刺破内脏。将切口扩大到耻骨边缘并剥离翻开腹壁。劈开耻骨联合或切断髋关节的韧带，并剥离翻转下肢。

二、胸部内脏

切开下颌间肌、舌骨和其他附件，剖开舌、喉头、气管及食管。拉出气管和食管，这样有助于取出心脏和肺脏。找到附件（大动脉、腔静脉、奇静脉及各种韧带）的连接处并切断，取出胸腔中的内脏。切开气管、支气管及细支气管、心房和心室、大动脉、腔静脉、肺主动脉及小动脉，仔细检查内容物和内壁，肉眼检查是否有寄生虫。实际上，对于非常小的后圆线虫肉眼很难看到，如毛细缪勒线虫（*Muellerius capillaris*）、深奥猫圆线虫（*Aelurostrongylus abstrusus*）和贺氏类丝虫（*F. hirthi*）等。但可以通过对虫体引起的浅灰色胸膜下结节的压片检查来发现虫体。贝尔曼法常用于检查肺线虫幼虫（如缪勒属和猫圆属），但由于贺氏类丝虫的幼虫极不活跃，采用贝尔曼法分离难以从组织中自行游出，所以该方法不适宜于检测贺氏类丝虫。

三、腹腔内脏

在腹膜上可检查囊尾蚴、四盘蚴、舌形虫包囊和棘头虫童虫。在马腹膜壁层下缘通常可发现无齿圆线虫（*Strongylus edentatus*）幼虫。检查肝脏表面是否有蛔虫、带科绦虫和片形属吸虫幼虫移行的痕迹，检查肾脏是否有弓蛔属幼虫包囊。马的胰腺是马圆线虫幼虫的嗜好部位。在贲门、幽门、回盲连接处做双结扎以隔离胃、大肠和小肠。这些区域可为一些特殊寄生虫提供不同的寄生环境，将全部肠道内容物混合收集会失去有价值的诊断信息。每次剖开一个部位，仔细拨开食物并检查黏膜确保小型虫体不会漏检。肉眼足以看到犬、猫、马、猪的大部分寄生虫，但有少数重要虫种形态纤细（如类圆属和毛形属）。刮取小肠黏膜并检查刮取物中的小型线虫、球虫及其类似物等。

寄生于反刍动物的大部分线虫是比较小的，所以必须仔细检查以免漏检。足以致死小母牛的寄生虫种群也许被粗心的剖检人员完全疏忽。下面的技术可实现从大部分食物和黏膜碎片中浓集和分离蠕虫的目的，稍加努力，即可对寄生蠕虫的数量进行估计。

①将某一器官的所有内容物（皱胃内容物易于取出，先从皱胃开始）转移至一个桶中，并擦洗或轻轻刮去黏膜以确保蠕虫完全转移。

②加入几千毫升温水，与内容物混匀后静置5min，使蠕虫和一些密度较大的内容物沉降至底部，然后小心地倒去上清。重复操作几次，直至底部沉淀物主要为蠕虫和一些粗渣。

③将少量沉淀物转移至培养皿中，用透射光检查，最好用放大镜和体视显微镜观察。如果是从刚死亡不久的动物尸体内获得的蠕虫，虫体在温水中非常活跃，很容易发现，将虫体用镊子轻轻地取出以便进一步检查。

小肠虽然很长，但只用较短时间就可完成。可用1L水灌洗反刍动物小肠前6m肠段，即可收集多数重要的寄生线虫。在6m未剖开的小肠幽门端插入一个漏斗，灌一烧杯水进去，沿着肠管揉捏，从另一端收集内容物，然后按照上述步骤②和③进行操作。

步骤②常用的替代方法是用筛子剧烈冲洗沉淀，筛孔要小到足以留住虫体，但大到足以滤下水和细小碎片。翻转筛子，从背面冲洗使虫体和粗渣转移到收集容器中。如果时间不够或检查沉淀的仪器缺乏，可将沉淀保存在10%福尔马林溶液中以备之后检查。在试图分离和检查寄生虫之前，要确保将保存的沉淀物再次筛洗以去除福尔马林溶液。

因为在绵羊、青年牛和马体内几乎总能找到寄生虫，所以在对随后剖检结果的评价时，必须依赖于寄生虫的丰度及其特征。为得到蠕虫数量的估值，可用步骤③a代替步骤③，操作如下：

③a将冲洗过的沉淀转移到一个有刻度的量筒中，加水至1L。这样，该器官中所有的蠕虫都悬浮在1L水中。

④充分搅拌混悬液，并取出50mL。

⑤将50mL中的小部分倒入一平皿中，计数所有虫体。如此计数下去直到50mL全部做完。将所得虫体数乘20，得到的就是该器官蠕虫总数的估计值。蠕虫计数必须根据其他剖检结果进行解释，尤其是尸体的营养状态以及与虫体有关的特征性病变。如果动物出现严重的持续性腹泻，那么致病性病原应该归咎于毛圆线虫（*Trichostrongylus*）或古柏线虫（*Cooperia*）。营养良好的羔羊尸体，直肠内粪便成型，毛圆线虫数量即使达到10 000，这只能提示应该进一步查找死亡的病因。只要尸体出现了贫血症状，其致病性病原应该归咎于血矛线虫（*Haemonchus*）。患奥斯特线虫病的牛在饲喂充足的情况下也能逐渐消瘦。这些牛即使食欲不会丧失，但会出现吸收障碍，也能导致在饲喂充足的条件下因饥饿而死。事实上，奥斯特线虫是罪魁祸首，而不是饲养员的过失。

第五节　犬寄生虫

一、粪便中的虫体阶段

犬的常见内寄生虫感染通常可以根据粪便中虫卵、包囊或幼虫的显微镜检查来诊断。当需要进行种类鉴定而仅根据显微镜观察不能确定时，则必须采用显微测量或粪便培养。

（一）线虫卵

犬的一些寄生线虫卵如图7-25和图7-26所示。

新鲜粪便中虫卵的胚胎发育阶段随线虫种类而不同，这一点提供了诊断标准。在新鲜的粪便中，弓首蛔虫、狮弓蛔虫、毛尾线虫、毛细线虫包括肺真鞘线虫（*Eucoleus aerophilus*）和帕特尔毛细线虫（*Aonchotheca putorii*）的虫卵内仅含一个单细胞。钩口属或弯口属虫卵以及犬鼻道真鞘线虫（*Eucoleus boehmi*）均已发育为桑葚胚。许多旋尾线虫虫卵含有第一期幼虫，类圆线虫和类丝虫属的虫卵在粪便中已经孵化出第一期幼虫。典型线虫卵的发育特征详见图7-9。

用气管拭子从呼吸道黏液获得肺真鞘线虫

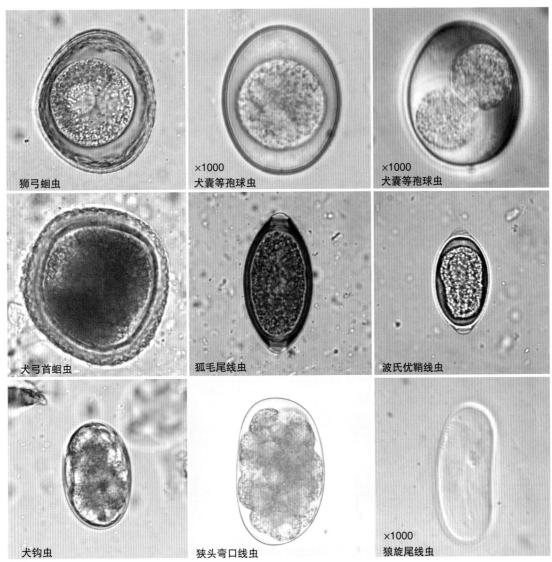

图7-25　犬的一些寄生线虫虫卵（×425，除犬囊等孢球虫和狼旋尾线虫为×1000之外，标尺为100μm，最小单位为10μm）。在新鲜粪便中，狮弓蛔虫虫卵无色，呈亚球形或椭圆形，卵壁光滑，脂质层明显，内含一个或两个细胞。犬囊等孢球虫是一种球虫卵囊，此处的照片（×1000）表明其与狮弓蛔虫卵容易混淆。二者的区别在于大小不同，且狮弓蛔虫虫卵无脂质层。在新鲜粪便中犬弓首蛔虫虫卵棕黄色，呈亚球形，卵壳有均匀一致的凹点，内含一个卵细胞。狐毛尾线虫及毛细线虫虫卵均呈柠檬状，两端具塞。狐毛尾线虫虫卵长度平均大于75μm，而毛细线虫卵平均小于75μm

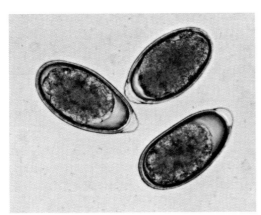

图7-26　犬的棘颚口线虫（Gnathostoma spinigerum）虫卵（×400）。该犬的主人为一宠物店老板，有时给犬喂死的热带鱼，犬可能是由于吃了这些鱼而感染这种外来寄生虫的

315

卵一般需要麻醉。如果在新鲜粪便中查到皱襞梨线虫（*Pearsonema plica*）虫卵说明该样品已被尿液污染。尿液样品中可能也含有肾膨结线虫（*Dioctophyme renale*），但这种线虫卵比皱襞梨线虫虫卵要大得多，而且卵壳更为粗糙。肾膨结线虫虫卵排出时一般处于两个细胞阶段。钩口属和弯口属线虫虫卵表面光滑，无色透明，卵壳椭圆形，内含一个桑葚胚。犬钩口线虫虫卵平均小于65μm，而狭头弯口线虫虫卵平均长度大于70μm。这两种线虫混合感染时，因不同大小的虫卵同时存在而易于鉴别。1910年，Gomes de Faria首次描述了巴西钩口线虫（*Ancylostoma braziliense*），其虫卵大小是32μm×65μm。特别注意：由于犬的食粪特性，草食动物的圆线虫虫卵常常误入犬的粪便当中，也许会与钩虫卵相混。旋尾目线虫虫卵通常卵壳光滑，内含幼虫。其中最重要的是狼旋尾线虫，所产虫卵非常小（大小30μm×12μm），呈圆筒状，两端钝圆。

（二）线虫幼虫

如果犬粪新鲜，没有被土壤或外来有机物污染，在显微镜视野内发现运动的幼虫或者是粪类圆线虫，或者是下述后圆线虫之一：奥氏类丝虫（*Filaroides osleri*）、贺氏类丝虫（*F. hirthi*）、环体线虫（*Crenosoma* sp.）或血脉管圆线虫（*Angiostrongylus vasorum*）。后圆线虫幼虫的食道比类圆线虫第一期幼虫的杆状食道要长。幼虫尾部可能有像类丝虫属线虫那样的纽结，或者像管圆属线虫那样的背棘，而类圆属和环体属线虫第一期幼虫的尾部逐渐变细（图7-27）。

如果样品不新鲜，钩虫幼虫也许已经发育孵出。它们的形态有点像类圆线虫的杆状幼虫，但口囊较长、生殖原基较小（图7-27）。假如仍然有疑虑，可将粪便幼虫培养到感染性阶段。钩虫的感染性披鞘幼虫室温下孵育5～7d才开始出现，而同型的类圆线虫丝状幼虫早在24～36h就已经出现，异型的丝状幼虫大约在4d内出现。类圆线虫丝状幼虫体型细长，食道很长，尾端呈锯齿或平截状（图7-28）。如果粪便被土壤或其他有机物污染，那么粪便中自由生活线虫及其幼虫与这些寄生线虫很难区分。在这种情况下，最好的解决办法就是直接从犬的直肠采粪。

（三）绦虫节片

圆叶目绦虫脱落的节片往往可以在感染犬（或猫）的会阴部或新鲜粪便中见到。临床上手持放大镜检查即可鉴定。畜主有时将皱缩的可疑物送来鉴定，实际上是脱水的绦虫节片（图7-29A）。如果将这些节片浸泡在水中，它们将恢复原先的基本形状（图7-29B）。如果仍存疑问，可以将"复原的"节片放在两个载玻片之间压平并用胶带缠紧，然后可以通过节片中虫卵的形状和类似孕节中一些器官的结构（如生殖孔、子宫分支或卵袋、副子宫）（图7-29，图7-30至图7-33）对节片进行鉴定。带科绦虫孕节大致为矩形，每个节片有单侧生殖孔并含有典型的带科绦虫虫卵（图7-29，图7-30，图7-33A）。复孔绦虫节片有点像黄瓜籽形，每个节片两侧均有生殖孔，虫卵聚集在卵袋中（图7-31，图7-33D）。中殖孔绦虫节片背侧有一生殖孔，虫卵聚集在位于节片中央的副子宫内（图7-32），新鲜节片有点像芝麻子。

（四）绦虫卵

对于大多数绦虫而言，虫卵的分裂、原肠胚形成和胚胎发生都是在成虫的子宫中完成的。常见圆叶目绦虫卵均是如此。至于假叶目绦虫虫卵，卵细胞由卵黄细胞包围，直到离开子宫进入外界环境才开始形成胚胎。

1. 圆叶目绦虫虫卵

带科绦虫虫卵呈球形或亚球形，胚膜有辐射状条纹，内含一个具有3对小钩的胚胎（六钩蚴oncosphere或六钩胚hexacanth embryo）（图4-36和图7-33A）。如果胚钩看不清，可用针尖按压盖玻片使胚膜破裂（图7-33B和C）。棘球绦虫虫

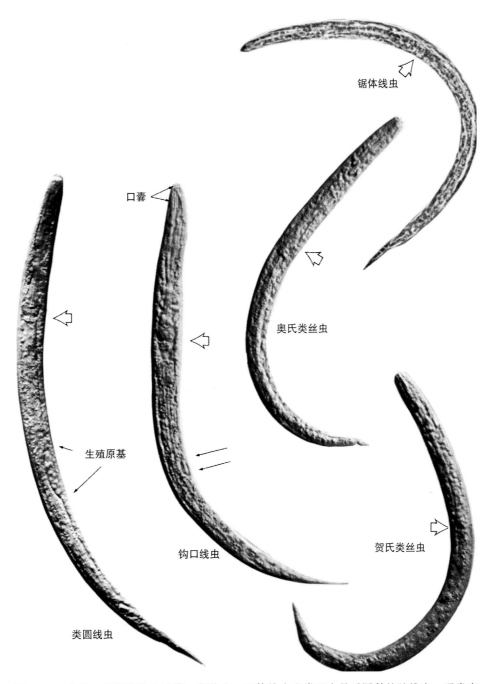

锯体线虫

口囊

奥氏类丝虫

生殖原基

钩口线虫

贺氏类丝虫

类圆线虫

图7-27　犬的一些寄生线虫的第一期幼虫。环体线虫和类丝虫是后圆科的肺线虫，通常在粪便培养中不发育。类圆线虫和钩口线虫的第一期幼虫可以通过其生殖原基相对大小以及口囊相对长度的差异来区分。类圆线虫和钩口线虫在粪便培养中均可发育到感染性阶段（图7-28）

卵严重危害人类健康，与带绦虫卵无法区分。因此，在棘球绦虫流行区犬粪中发现带科绦虫卵时要立即使用抗蠕虫药治疗，在粪便操作和处理过程中要特别小心。囊宫科（Dipylidiidae）绦虫卵为球形或亚球形，没有辐射状胚膜，含六钩胚，包裹在卵袋内。

复孔绦虫每个卵袋内虫卵数多达29个（图7-33D）。约优克斯属（*Joyeuxiella*）和双孔属（*Diplopylidium*）绦虫的卵袋中仅有一个虫卵。中殖孔属绦虫虫卵为卵圆形，卵壳薄，内含一个六钩蚴。

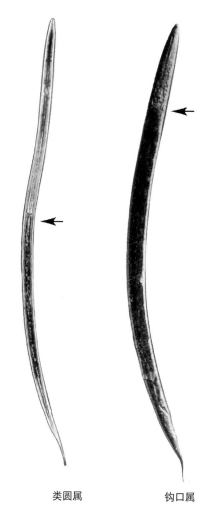

类圆属　　　　　钩口属

图7-28 类圆线虫和钩口线虫的感染性第三期幼虫。类圆线虫感染性幼虫食道很长，尾端似乎呈锯齿状（实际上是由双侧翼的4个小突起组成）。钩口线虫感染性幼虫通常包裹在第二期幼虫的鞘内，图中所见稍微延伸到第三期幼虫尾部之外。箭头所指为食道和肠道结合部

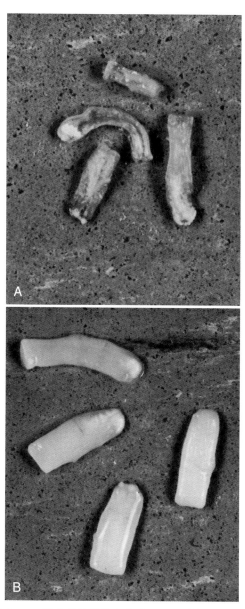

图7-29 A. 脱水的带科绦虫节片；B. 经水浸泡过夜之后同样的节片

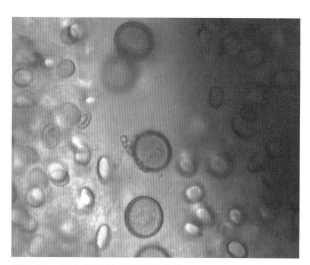

图7-30 压片制备的带科绦虫节片

2. 裂头绦虫虫卵

裂头科绦虫虫卵通过虫体许多节片的子宫孔持续不断地向外排出，并且任何脱落的节片均可独立排出。裂头属和迭宫属绦虫虫卵为卵圆形，一端有卵盖，另一端为小的钮扣状结构（图7-34A），常常与某些吸虫卵不易区分（图7-34）。

图7-31　犬复孔绦虫节片

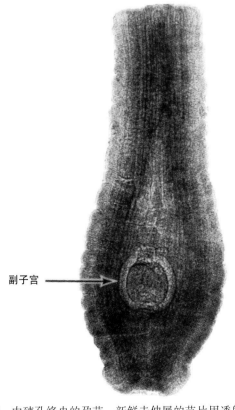

副子宫

图7-32　中殖孔绦虫的孕节。新鲜未伸展的节片用透射光观察

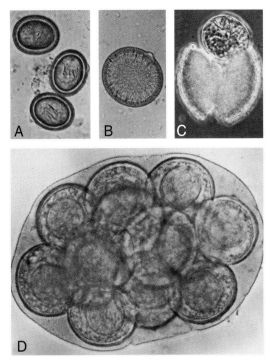

图7-33　绦虫卵。A. 3个带科绦虫卵；B. 带科绦虫卵，未见钩；C. 带科绦虫卵左侧胚膜破裂六钩蚴逸出；D. 复孔绦虫卵袋（×400）

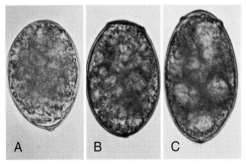

图7-34　有卵盖的虫卵。A. 裂头绦虫卵；B和C. 未鉴定的虫卵，从其突出的卵盖推测为并殖吸虫虫卵，但该虫卵较小（图7-36B）。该图说明裂头绦虫卵与某些吸虫卵不易区分

（五）棘头虫虫卵

棘头虫虫卵有一个较厚的外壁和一个较薄的内壁，内含一个胚胎，称之为棘头蚴（acanthor）。巨吻属棘头虫虫卵外表面有华丽的图案（图7-35）。

319

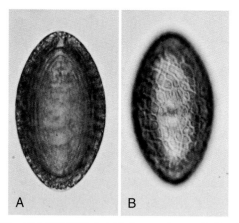

图7-35 硕大巨吻棘头虫虫卵（×400）。A. 聚焦于棘头蚴；B. 聚焦于卵壳表面

（六）吸虫虫卵

多数复殖吸虫卵一端有卵盖，虫卵内胚胎发育阶段与吸虫种类有关（图7-36）。另外，分体吸虫虫卵没有卵盖，卵内含有发育成熟的毛蚴，遇水后很快就会孵化。许多分体吸虫虫卵一端有尖锐的刺突，但并非全部如此。如果犬近期食用了吸虫感染的组织，如双腔吸虫或片形吸虫感染的绵羊肝脏或双士吸虫（*Hasstilesia*）感染的家兔内脏，犬粪中出现无数的吸虫卵可能会导致误诊。

（七）球虫卵囊和孢子囊

1. 囊等孢球虫

囊等孢球虫（*Cystoisospora*）、哈蒙球虫（*Hammondia*）和新孢子虫（*Neospora*）卵囊均无色，呈卵形或椭圆形，囊壁光滑，没有卵膜孔和极帽。随宿主粪便排出时卵囊中仅含有一个孢子体（图7-25）。卵囊在室温条件下2～4d内完成孢子化过程。囊等孢球虫完全孢子化的卵囊含有2个孢子囊，每个孢子囊中含有4个子孢子（图7-37A）。因为犬有食粪特性，所以各种球虫卵囊，尤其是草食动物的艾美耳球虫，在犬粪中是最常见的欺骗性寄生虫。如果可疑的艾美耳球虫有卵膜孔和极帽或其他显著特征，则无诊断意义（图7-37B）。但是很多难以与囊等孢球虫区分，

艾美耳球虫和囊等孢球虫的区别则要通过粪便培养使卵囊孢子化。艾美耳球虫的孢子化卵囊含有4个孢子囊，每个孢子囊中含有2个子孢子（图7-37C）。

囊等孢球虫、哈蒙球虫和新孢子虫的种类鉴定需要测量卵囊的大小。感染犬的球虫卵囊大小如下：犬囊等孢球虫为32～42μm×27～33μm，俄亥俄囊等孢球虫为19～27μm×18～23μm，波氏囊等孢球虫（*Cystoisospora burrowsi*）为17～22μm×16～19μm，赫氏哈蒙球虫（*Hammondia heydorni*）为10～13μm×10～13μm（Trayser和Todd，1978），犬新孢子虫为11.7μm×11.3μm（Lindsay，Upton和Dubey，1999）。

2. 肉孢子虫

肉孢子虫（*Sarcocystis*）卵囊在宿主体内孢子化，囊壁脆弱易于破裂，所以在粪便中常见的是含有4个子孢子的孢子囊（图7-54D）。孢子囊大小为11～28μm×7～13μm，但根据孢子囊的大小无法鉴定到种（Dubey，1976）。常见肉孢子虫的宿主关系见表3-1。

（八）阿米巴

溶组织内阿米巴（*Entamoeba histolytica*）是人类的严重病原，在犬粪便中可能以滋养体或包囊的形式出现，滋养体多出现在腹泻的粪便中，而包囊则出现在成形的粪便中。溶组织内阿米巴滋养体直径为10～30μm，细胞核中含有核周染色质和小的中央内体。滋养体表现为阿米巴样运动，常摄入红细胞。成熟的包囊直径为10～20μm，具有4个细胞核。

结肠内阿米巴（*Entamoeba coli*）滋养体直径为20～30μm，细胞核内含有一个相对较大的偏心内体，滋养体内看不到红细胞。在包囊中可以见到细胞核多达8个。

齿龈内阿米巴（*Entamoeba gingivalis*）是一种口腔寄生虫，寄生于人和犬。在口腔刮片中只能看到直径5～35μm的滋养体。

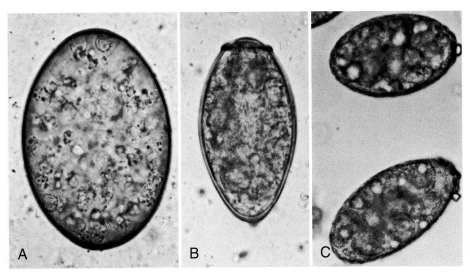

图7-36 吸虫卵（×400）。A.翼形吸虫卵；B.克氏并殖吸虫卵；C.鲑侏形吸虫卵

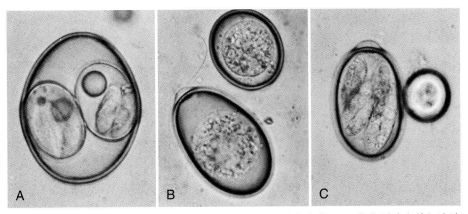

图7-37 球虫卵囊（×1000）。A.犬囊等孢球虫孢子化卵囊；B.艾美耳球虫单细胞阶段；C.艾美耳球虫的孢子化卵囊。犬囊等孢球虫的孢子化卵囊含有2个孢子囊，每个孢子囊含有4个子孢子。艾美耳球虫的孢子化卵囊含有4个孢子囊，每个孢子囊含有2个子孢子。犬囊等孢球虫的未孢子化卵囊见图7-25

（九）鞭毛虫

贾第虫（*Giardia*）滋养体为梨形，两侧对称，长度小于21μm。两个核中间有一较大的内体，看起来像一对眼睛（图7-94）。贾第虫包囊直径不到12μm，为椭圆形，含有4个核。

毛滴虫属（*Trichomonas*）和其他相近属不形成包囊，在粪便（常常是腹泻）中只能见到单核的滋养体。

（十）纤毛虫

结肠小袋纤毛虫（*Balantidium coli*）滋养体为卵圆形，一端有胞口，直径为20~150μm，内部有一个大核、一个小核、两个伸缩泡和包涵体，被覆多列纤毛（图3-8）。包囊为球形或卵圆形，直径为40~60μm，有两层囊膜（图3-8）。

二、血液中微丝蚴的固定与鉴定

检测犬血液中微丝蚴最简单的方法是在载玻片上加一滴含有肝素的静脉血液，加盖玻片后在低倍和高倍显微镜下观察。微丝蚴的运动会引起邻近红细胞的晃动。一般情况下，如果在一滴血中发现5~10个微丝蚴，则病原可能是犬恶丝虫。如果在一滴血中发现的微丝蚴数量较少，那么可能是心丝虫或其他的丝虫感染。在

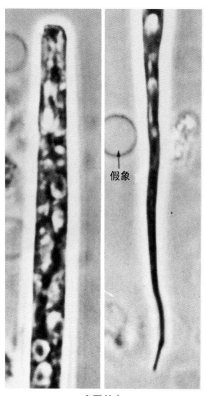
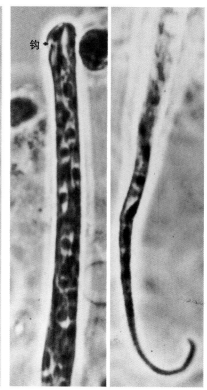

犬恶丝虫　　　　　　　　　　隐匿双瓣线虫

图7-38 犬恶丝虫和隐匿双瓣丝虫的微丝蚴（×2000）。鉴别特征说明见正文中叙述

北美洲，除犬恶丝虫之外其他丝虫只有隐匿双瓣丝虫（*Dipetalonema reconditum*）（Newton和Wright，1956，1957），但是在世界其他地区也许有其他丝虫需要重视。下面介绍能准确鉴别犬恶丝虫和隐匿双瓣丝虫微丝蚴的方法，其敏感度比直接涂片法大约高15倍。

1. 诺特改良技术（Knott，1939）

①用注射器抽取静脉血液，注射器内含有适量抗凝剂，如乙二胺四乙酸（EDTA）或肝素。

②针管中吸入1～2mL空气并摇动注射器使血液和抗凝剂混合，以便推动气泡沿针筒前后移动。避免时间过长和过热。注意避免长时间在较热的环境中保存，在进入第③步前立即再次混匀。

③将1mL血液转移到15mL离心管中，加入10mL 2%福尔马林溶液，加盖后颠倒并晃动摇匀。注意：当提交血液样品到实验室鉴定微丝蚴时只要完成步骤1、2、3，制备后邮寄即可。

④静置2～3min。

⑤离心5min，弃上清。用吸水纸吸去离心管边缘的水滴。

⑥向沉淀中加入0.1%亚甲蓝，混匀后将染色的沉淀置于载玻片上显微镜观察。

尚有其他微丝蚴浓集技术，但一般优先选择诺特技术，因为该方法已标准化、价廉，并包括提交实验室检测的最佳样品制备技术。本方法中福尔马林溶液的质量和浓度是关键。2%福尔马林是指2mL 37%的甲醛储存液（即福尔马林）和98mL蒸馏水混合。该溶液在贮存中易于变性，因此应定期配制。

2. 微丝蚴的鉴别

犬恶丝虫微丝蚴宽为6～7μm，而隐匿双瓣丝虫微丝蚴宽度则小于5.6μm。长度测量是很烦琐的工作，且缺乏可靠的鉴定标准。用上述技术固定时，隐匿双瓣丝虫微丝蚴的尾部就像卵巢切除术的牵引钩一样弯曲。犬恶丝虫微丝蚴前端逐渐变细，而隐匿双瓣丝虫微丝蚴前端则保持不变。用上述诺特技术制备的样品中隐匿双瓣丝虫微丝蚴的头钩（图7-38），用任何一种现代的标准复合显微镜在×40目镜下均可观察到，不必采用厚抹片或特殊染色去观察。起初需要一些耐心，随着技术的熟练，证明头钩是鉴别这两种丝虫最快、最简单和最可靠的标准。

三、犬的寄生虫宿主器官清单

刚地弓形虫（*Toxoplasma gondii*）以细胞内外的速殖子或包囊（图8-35）中缓殖子的形式寄生于任何宿主的任何器官。犬新孢子虫（*N.caninum*）可寄生于类似的部位（图3-22，图8-36）。

（一）消化系统

1. 口腔

[原虫] 鞭毛虫纲犬口腔毛滴虫（*Trichomonas canistomae*），见于牙龈缘周围，无致病性。

2. 食道和胃

[线虫] 旋尾科狼旋尾线虫（*Spirocerca lupi*），见于食道壁纤维性结节中，偶见于胃（图8-103至图8-105）。幼虫穿过动脉或大动脉的外膜移行至胃壁和食道。与胃和食道腔相通的结节中含有成虫包囊。包囊也可见于其他部位。一般为慢性感染，引起的症状主要是吞咽困难、呕吐、食管骨肉瘤、主动脉瘤（很少破裂）和肺性骨关节病。

旋尾目稀泡翼线虫（*Physaloptera rara*）和包皮泡翼线虫（*Physaloptera praeputialis*）成虫（图4-130，图4-131）体前端埋入胃腺黏膜。宿主感染后一般无症状，或可能有呕吐或厌食现象。

旋尾目棘颚口线虫（*Gnathostoma spinigerum*）在北美相对少见（图4-129），成虫在胃壁结节中形成包囊。幼虫经肝和其他器官移行对这些器官造成损伤。含成虫的结节破裂进入腹腔可以引起急性疾病。

3. 小肠

[线虫] 蛔科犬弓首蛔虫（*Toxocara canis*）和狮弓蛔虫（*T. leonina*）在食道和小肠之间有一个憩室（图7-39），而弓蛔虫则没有（图7-40）。在体视显微镜下透照新鲜的样品，以及在复合显微镜下观察固定清晰的样品可见到憩室。要确定憩室的有无可仔细观察大的固定样品。弓蛔属雄虫尾部为指状（图7-41），而弓首蛔虫雄虫尾部逐渐变细（图7-42）。弓蛔属与弓首属可通过虫卵比较来区别（图7-25）。在已有的诊断技术中，不要满足于比较一本书中的几张显微图片，根据表面印象做出诊断的人常将犬囊等孢球虫卵囊混淆为弓蛔属虫卵，前者大小不足后者的一半。在图7-25中，狮弓蛔虫卵（×425）和犬囊等孢球虫卵囊（×1 000）并列在一起说明很容易犯这样的错误。用目镜测微尺或更简单的方法，即观察脂质层的有（弓蛔属明显）或无（囊等孢球虫），即可解决这一问题。小肠蛔虫可引起胀气并影响小肠蠕动和消化（图7-43）。症状表现为黏液性腹泻、呕吐、腹胀、消瘦及生长不良等。狮弓蛔虫感染致病力弱，严重感染时仅出现腹泻和呕吐。

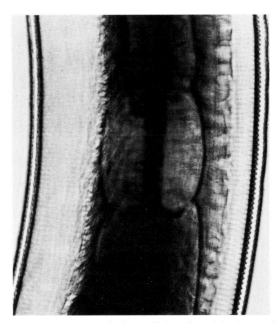

图7-39 弓首蛔虫，食道和肠管之间有一憩室（×108）

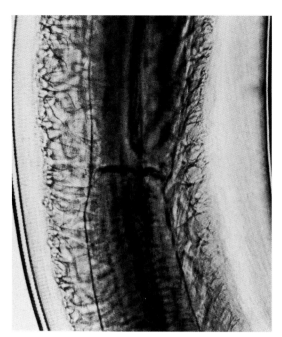

图7-40　弓蛔属食道和肠管之间无憩室（×108）

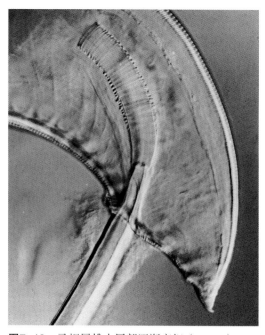

图7-42　弓蛔属雄虫尾部逐渐变细（×168）

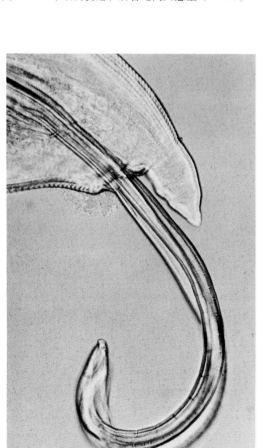

图7-41　弓首蛔虫雄虫尾部为指状（×108）

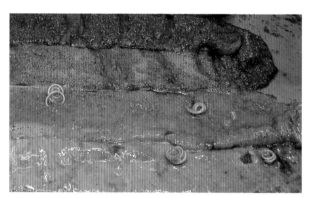

图7-43　剖检时犬肠道内的犬弓首蛔虫

浣熊贝利斯蛔虫（*Baylisascaris procyonis*）是浣熊的一种线虫，在犬体内可观察到成虫。因为摄入含胚的虫卵可致毁灭性的人兽共患病，因而是危险的寄生虫，可以威胁生命。虽然发病相当少，但病例时有发生。当完全发育成熟时，虫体比犬弓首蛔虫和狮弓蛔虫要大。浣熊贝利斯蛔虫卵较小，卵壳表面粗糙，与上述常见的两种犬蛔虫虫卵相比，该虫卵更显深褐色（图4-125）。感染犬一般无任何临床症状。

钩口科犬钩口线虫（*Ancylostoma caninum*）、巴西钩口线虫（*A. braziliense*）和狭头弯口线虫

（*U. stenocephala*）的成虫通过口囊吸附在黏膜上，除非尸体冷却或死亡于巴比妥中毒，在此类情况下许多样品未见虫体吸附现象。犬钩口童虫深藏在黏膜中并破坏肠黏液（图7-44），严重感染的潜伏期阶段可造成肠系膜淋巴结出血。犬钩口线虫成虫呈红色，而巴西钩口线虫和狭头弯口线虫呈灰白色。然而，犬钩口线虫成虫在固定后红色很快褪去，但显微镜下检查口囊可以对其种类进行鉴定：犬钩口线虫口囊腹侧有三对尖齿，巴西钩口线虫有一对尖齿，而狭头弯口线虫为一对圆形切板而不是尖齿（图4-95）。犬钩口线虫的吸血量比犬的其他钩虫要多得多。哺乳期幼犬可由于经母乳传播发生急性感染，这种感染可引起死亡。感染的幼犬黏膜发白，可排出含血液的消化不全的稀软粪便。

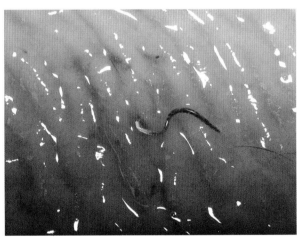

图7-44 犬钩虫雌虫附着在寄生部位的肠黏膜

小杆科粪类圆线虫（*S. stercoralis*）的细小（2.2mm）孤雌生殖的寄生雌虫（图4-108）可见于肠黏膜的刮取物中。临床症状表现不一，从无到水样腹泻。

毛形科旋毛虫（*Trichinella spiralis*）的小型成虫穿过十二指肠黏膜并产出幼虫进入肠黏膜（图4-148），可出现呕吐或轻度腹泻。

［绦虫］ 带科的豆状带绦虫（*Taenia pisiformis*）、泡状带绦虫（*T.hydatigena*）、羊带绦虫（*T. ovis*）、多头带绦虫（*T.multiceps*）和连续带绦虫（*T. serialis*）的成虫（图4-33～图4-35，图4-37，图7-45）一般不会引起明显的临床症状。

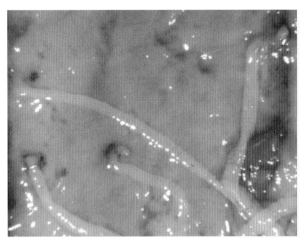

图7-45 豆状带绦虫的前端，三个头节的吸附部位

带科细粒棘球绦虫（*E. granulosus*）和多房棘球绦虫（*E. multilocularis*）的成虫（图4-43）一般不引起明显临床症状。

囊宫科犬复孔绦虫（*Dipylidium caninum*）、双孔绦虫（*Diplopylidium*）和约优克斯绦虫（*Joyeuxiella*）一般不会引起明显临床症状（图4-55，图7-31，图7-33和图7-46），感染幼犬可能导致肠道阻塞。

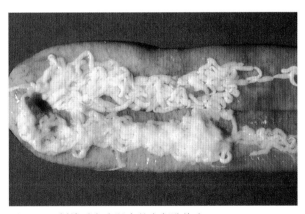

图7-46 剖检时犬小肠中的犬复孔绦虫

中殖孔科中殖孔绦虫（*Mesocestoides*）感染一般无临床症状（图4-58和图7-32）。

裂头科阔节裂头绦虫（*Diphyllobothrium latum*）。感染一般无临床症状（图4-25；图4-26和图7-34A）。

［吸虫］ 双穴科美洲翼形吸虫（*Alaria americana*），

5mm；阿里萨木翼形吸虫（*A.ari-saemoides*），10mm；犬翼形吸虫（*A. canis*），3.2mm；密歇根翼形吸虫（*A. michiganensis*），1.9mm（图4-22）。

杯叶科具附中冠吸虫（*Mesostephanus appendiculatum*）（1.8mm）和长囊中冠吸虫（*Mesostephanus longisaccus*）（1mm）与双穴科吸虫形态相似，均有一个发达的球形吸附器官，但其区别在于虫体不分前后部。

棘口科斯氏棘隙吸虫（*Echinochasmus schwartzi*）（2.1mm）虫体纤细，环绕口吸盘有一圈领状小棘。

异形科缺茎吸虫（*Apophallus venustus*），1.4mm；舌隐穴吸虫（*Cryptocotyle lingua*），2.2mm；长帕吉吸虫（*Phagicola longa*），1.2mm。犬摄入鱼类并感染舌隐穴吸虫，可能有严重的肠炎。

斜睾吸虫（*Plagiorchis*）虫体小，1.2mm，呈纺锤形，体表具棘，吸盘发达，生殖孔在腹吸盘前方。

隐孔科鲑侏形吸虫（*Nanophyetus salmincola*），长1.1mm（图4-13）；鼬锡叶吸虫（*Sellacotyle mustelae*）（0.4mm），分别为卵圆形和梨形，体表具棘，吸盘发达。鲑侏形吸虫是蠕虫新立克次氏体（*Neorickettsia helminthoeca*）的宿主，可引起犬的鲑鱼肉中毒。症状包括出血性小肠炎和淋巴结肿大。

[棘头虫] 犬棘头虫（*Oncicola canis*）属小型虫体，呈纺锤形（图4-161）。硕大巨吻棘头虫（*Macracanthorhynchus ingens*）属大型虫体（图4-155和图7-35）。犬由于摄入千足虫而感染，主要临床症状为腹泻。

[原虫] 鞭毛虫：犬贾第虫（*Giardia canis*）（图7-94）寄生于犬的小肠，显微检查小肠黏膜的刮取物可观察到滋养体。幼犬一般会出现呕吐和腹泻，其他感染犬的症状有或无，但可能会周期性排出恶臭的软粪，粪便中可排出包囊但没有临床症状。

球虫：顶复门的犬囊等孢球虫（*Cystoisospora canis*）、俄亥俄囊等孢球虫（*C. ohioensis*）、波氏囊等孢球虫（*C. burrowsi*）、赫氏哈蒙球虫（*H. heydorni*）和犬新孢子虫（*N. caninum*）卵囊随粪便排出时均含一个孢子体（图7-25）。在宿主组织切片或肠道黏膜刮取物中也可观察到裂殖体、配子体和卵囊。它们破坏宿主的肠细胞，幼龄动物和免疫受损的动物最易感。主要临床表现是腹泻，粪便常常呈水样，但也可能含有血液或黏液。

顶复门枯氏肉孢子虫（*Sarcocystis cruzi*）、羊犬肉孢子虫（*Sarcocystis ovicanis*）、猪肉孢子虫（*Sarcocystis miescheriana*）、马犬肉孢子虫（*Sarcocystis bertrami*）、费氏肉孢子虫（*Sarcocystis fayeri*）和赫米利拉特兰肉孢子虫（*Sarcocystis hemionilatrantis*）（表2-1和图7-54）的有性生殖阶段在黏膜中完成，通常无临床症状。

顶复门犬隐孢子虫（*Cryptosporidium canis*）在肠上皮细胞刷状缘有微小的虫体发育阶段，没有组织切片将难以看到。绝大多数感染发生在6月龄以下免疫受损的犬。

4. 盲肠和结肠

[线虫] 毛尾科狐毛尾线虫（*T. vulpis*）（图7-25，图7-47，图8-113，图8-114，图4-151和图4-153）。少量感染时见于盲肠，当重度感染时，可发现虫体前端侵入结肠和直肠的黏膜。感染后多数犬无临床症状，少数犬有以便血为特征的大肠腹泻，排便时出现黏液和努责。中老年犬腹泻造成等渗液丢失引起低血钠、代谢性酸中毒和高血钾，从而导致脱水或假性肾上腺皮质功能减退。

[原虫] 溶组织内阿米巴（*E. histolytica*）和结肠内阿米巴（*E. coli*）是包囊型阿米巴。溶组织内阿米巴滋养体可能含吞噬的红细胞。在美国，犬似乎很少感染这种寄生虫。

毛滴虫（*Trichomonas*）和人五毛滴虫

图7-47　狐毛尾线虫后端在盲肠黏膜上，前端嵌入肠黏膜内

（*Pentatrichomonas hominis*）是不形成包囊的黏膜鞭毛虫。检查黏液即可发现，在水中将崩解，所以需要准备生理盐水。

结肠小袋纤毛虫（*B. coli*）（图3-8）可引起犬的结肠炎，但这种病例非常少见。

5.肝脏和胰脏

[线虫]　蛔科的犬弓首蛔虫（*Toxocara canis*）和狮弓蛔虫（*T. leonina*）有时会误入胆总管或胰管，导致其堵塞或破裂。

毛线超科的肝毛细线虫[*Calodium*（*Capillaria*）*hepaticum*]（图8-117）常见于犬的肝脏，剖检死犬偶尔会发现。

[线虫幼虫]　蛔科的犬弓首蛔虫（*Toxocara canis*），其幼虫包囊广泛分布在成年犬体内，尤其是骨骼肌和肾脏，也见于肝脏。

类丝虫属种类（*Filaroides* species）。

[吸虫]　后睾科的猫后睾吸虫（*Opisthorchis tenuicollis*）、麝猫后睾吸虫（*O. viverrini*）、华支睾吸虫（*Clonorchis sinensis*）、白次睾吸虫（*Metorchis albidus*）和古铜次睾吸虫（*M. conjunctus*）均寄生于胆管（图4-10），这些寄生虫感染通常无症状，荷虫量大时可导致严重的肝功能障碍。

分体科美洲异毕吸虫（*Heterobilharzia*

americana）的虫卵由于肉芽肿性反应被包裹在组织中。肝脏的肉芽肿损伤可能与肝脏酶活性的升高有关。用生理盐水冲洗肝脏血管系统可获得大量成对的吸虫。临床症状无特异性，可能包括厌食、嗜睡、体重下降和腹泻。

（二）腹膜和腹腔

1.绦虫蚴

中殖孔绦虫的四盘蚴（图8-65至图8-67）由于无性繁殖而大量感染可引起宿主腹泻、腹胀、疼痛和虚弱等症状。

2.线虫

毛线超科的肾膨结线虫（*D. renale*）是大型红色虫体，长度可达1m，寄生于腹腔或肾盂（图4-146）。除了有些成虫偶尔在腹腔寄生外，肾膨结线虫的第三期幼虫穿过腹腔进入肝脏，并在肝脏蜕皮发育到第四期幼虫。第四期幼虫在进入肾小囊之前仍需再次穿过腹腔进入肾小囊。引起宿主浆液纤维蛋白性或慢性纤维蛋白性腹膜炎。

（三）呼吸系统

1.鼻道

[线虫]　毛线超科的波氏真鞘线虫[*Eucoleus*（*Capillaria*）*boehmi*]可引起宿主打喷嚏。

[节肢动物]　中气门亚目犬类肺刺螨（*Pneumonyssoides caninum*）（图7-48，图8-8）。临床表现为逆向性喷嚏、慢性鼻漏、鼻过敏和鼻出血等。鼻腔炎症可能导致宿主嗅觉丧失。

舌形动物门的锯齿状舌形虫（*Linguatula serrata*）（130mm长）吸血，是鼻腔和副鼻窦的蠕虫样寄生虫，可引起鼻出血、炎症和呼吸困难等症状。

2.气管和支气管

[线虫]　后圆总科的欧氏类丝虫（*F. osleri*）（图4-105和图7-27）寄生于靠近气管分支的结节中，可引起宿主呼吸困难。

后圆总科的狐环体线虫（*Crenosoma*

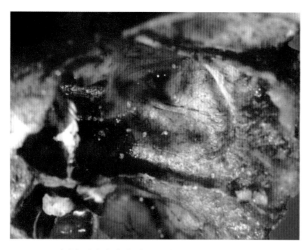

图7-48 剖检时犬鼻旁窦内的犬类肺刺螨（Pneumony-ssoides caninum）（John M. King博士惠赠）

vulpis）（图4-102，图7-27）为一种小型线虫（16mm），寄生于支气管和细支气管的黏膜内，引起的最典型症状为慢性咳嗽、呼吸困难和运动耐力差等。

毛线总科的肺毛细线虫[Eucoleus（Capillaria）aerophilus]可导致宿主咳嗽。

3. 肺脏

[线虫] 后圆总科的贺氏类丝虫（F. hirthi）和米氏类丝虫（Filaroides milksi或Andersonstrongylus milksi）（Georgi，1975），（图4-69，图7-27，图8-89和图8-90）。绝大多数犬无临床症状，但免疫受损犬可出现严重的致死性肺炎。

丝虫总科的犬恶丝虫（D. immitis）（图4-137和图7-38）是大型蠕虫（30cm），可引起犬肺梗死。

[线虫幼虫] 线虫幼虫的移行可引起组织斑点性出血、局灶性坏死和肺组织炎症。此类病变应该通过压片和用贝尔曼技术检查。组织学标本中线虫幼虫的鉴定可参考第八章。

后圆总科的血脉管圆线虫（A. vasorum）虫卵和幼虫均可引起呼吸道病变，症状轻重不同。犬感染后由于充血性心力衰竭、肺损伤或凝血异常可能会出现运动耐力差，体重下降，皮下水肿。

小杆目的粪类圆线虫（S. stercoralis）丝状蚴（图7-28）是迁移性幼虫，在肺实质移行时也会造成瘀斑和瘀点性出血。

钩口总科的犬钩口线虫（Ancylostoma caninum）、巴西钩口线虫（A. braziliense）和狭头弯口线虫（U. stenocephala）见图7-28。

蛔虫总科的犬弓首蛔虫（Toxocara canis）（图7-51）幼虫在犬体内移行时可引起肺炎。

盘尾科的犬恶丝虫（D. immitis）微丝蚴。

[吸虫] 隐孔科的克氏并殖吸虫（Paragonimus kellicotti）（图4-14，图4-15和图7-36B）寄生于充满虫体的包囊中，包囊是由虫卵周围大范围的肉芽组织所形成。该虫可引起宿主严重的肺功能不全。

（四）血管系统

1. 肺动脉、右心脏和腔静脉

[原虫] 顶复门的刚地弓形虫（T. gondii）寄生于肌肉组织。

血鞭毛虫的枯氏锥虫（Trypanosoma cruzi）无鞭毛体寄生于心肌，由于侵入心肌，发育繁殖和细胞破裂可引起急性心肌炎。临床症状为虚弱、运动耐力差、晕厥、淋巴结肿大、黏膜苍白、神经症状、左右心衰，在心电图（ECG）上表现为QRS波群下降并在临床上表现为心脏传导阻滞。慢性感染发展为心肌肥大，犬表现为虚弱、运动耐力降低、昏厥、室性心动过速和猝死。

[线虫] 丝虫总科的犬恶丝虫（D. immitis）（300mm）寄生于右心室，右心房和肺动脉，很少寄生于腔静脉（图4-137，图7-38）。成虫寄生于肺动脉，引起心脏、肺脏、肝脏和肾脏的特征性症状。重度感染的情况下，虫体可侵入心脏右侧并导致充血性心力衰竭和腹水。临床表现咳嗽、运动耐力下降、呼吸困难、晕厥、肝肿大、听诊有心肺杂音等。若虫体堵塞腔静脉时，可引起腔静脉综合征。

后圆总科血脉管圆线虫（*A. vasorum*）
（25mm），比犬恶丝虫小的多，寄生于肺动脉
分叉处，随粪便排出的第一期幼虫与猫圆线虫
（*Aelurostrongylus*）（图7-52）相似。犬感染后
由于充血性心力衰竭、肺损伤或凝血异常可能会
出现运动耐力降低、体重下降和皮下黏膜水肿。

蛔虫总科的犬弓首蛔虫（*Toxocara canis*）幼
虫寄生于心肌中。

2. 肠系膜和门静脉

[吸虫]　裂体科美洲异毕吸虫（*Heterobilharzia
americana*）（图4-24和图8-50）。虫卵穿过肠黏膜
并在肝脏引起肉芽肿反应。

3. 血液

[线虫微丝蚴]　丝虫总科的犬恶丝虫（*D.
immitis*）和刚强恶丝虫（*D. reconditum*）见图7-38。

[原虫]　顶复门的犬巴贝斯虫（*Babesia canis*）
（图3-28）仅在剖检时制备的血涂片中见到。犬
巴贝斯虫病的临床表现为黏膜苍白、黄疸、血红
蛋白血症和血红蛋白尿、精神沉郁、虚弱、高
热、食欲减退及脾肿大。

血鞭毛虫的枯氏锥虫（*T.cruzi*）锥鞭体在血
涂片中罕见，心肌组织学检查可见无鞭毛体（图
8-17）。

（五）骨骼肌

1. 原虫

顶复门的犬新孢子虫（*N. caninum*）（图
2-20），主要引起6月龄以下的幼犬发病，表现中
风症状，下肢的症状比胸腔严重，表现为进行性
肌萎缩。

2. 线虫幼虫

毛形总科的旋毛虫（*T. spiralis*）（图4-150，
图7-92和图8-116），通常不引起犬的临床症状。

钩口总科的犬钩虫（*A. caninum*）幼虫出现于
肌纤维的空泡中，宿主反应轻微或没有明显症状
（图8-86）。

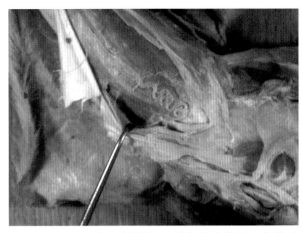

图7-49　1966年解剖课上解剖犬发现的标志龙线虫
（*Dracunculus insignis*）

（六）结缔组织

1. 原虫

顶复门的美洲肝簇虫（*Hepatozoon
americana*）可引起肌炎和骨膜增生，这些病变在
X线照片中明显可见。虫体在肌肉中可形成大的包
囊，引起肌肉萎缩、感觉过敏和不喜动等症状。

2. 线虫

丝虫总科的刚强恶丝虫（*D. reconditum*）
（32mm）（图4-145），感染无临床症状。

丝虫总科的犬恶丝虫（*D. immitis*）（300mm）
移行期和异位移行的成虫见图4-135。

旋尾目的标志龙线虫（*Dracunculus insignis*）
（360mm）（图4-127，图4-128，图7-49和图
8-108）可引起宿主皮下结节，并伴发脓皮病和局灶
性红斑。幼虫有很长的尾部，可从结节中伸出。

3. 昆虫幼虫

黄蝇科的黄蝇属（*Cuterebra*）（30mm）（图
2-31，图2-32，图8-1和图8-2）幼虫移行到皮肤
发育为蝇蛆。幼虫寄生的皮肤很敏感，并出现引
流孔。在瘘管处可见幼虫的气孔伸出，并且可以
从此处取出幼虫。

丽蝇科的嗜人锥蝇（*Cochliomyia hominivorax*）
（17mm）见图2-12和图2-19。

丽蝇科的丝光绿蝇（*Phaenicia sericata*）、

黑花蝇（*Phormia regina*）和新陆原伏蝇（*Protophormia terraenovae*）（17mm）见图2-12和图2-19。

麻蝇科的警觉污蝇（*Wohlfahrtia vigil*）和北美污蝇（*Wohlfahrtia opaca*）见图2-19。

（七）泌尿生殖系统

1. 肾

[线虫]　毛形总科的肾膨结线虫（*D. renale*）为体长达1m的大型红色虫体，寄生于肾盂或腹腔（图4-146）。右肾较易感，临床表现为右肾增大、血尿、泌尿道感染，即使两个肾均被感染也罕见肾衰竭。

[线虫幼虫]　蛔虫总科的犬弓首蛔虫（*Toxocara canis*）（图7-50和图7-51）幼虫在肾脏中可形成结节病变，但一般不引起临床症状。

钩口总科的犬钩虫（*A. caninum*）幼虫可侵入肌细胞。

2. 膀胱

[线虫]　毛形总科的皱襞毛细线虫[*Pearsonema*（*Capillaria*）*plica*]（60mm）寄生于膀胱上皮细胞，但一般不引起临床症状。如果虫体数量很多时，可引起犬尿频、排尿困难、血尿和痛性尿淋沥等症状。

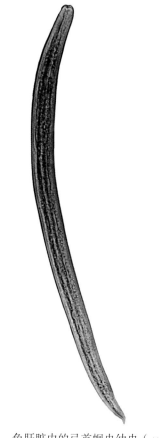

图7-51　兔肝脏内的弓首蛔虫幼虫（×250）

（八）神经系统

大脑和脊髓

[原虫]　顶复门的犬新孢子虫（*N. caninum*）（图3-22）感染老龄犬，可引起中枢神经系统疾病，如抽搐和颤抖。若寄生于小脑可导致运动障碍。

[线虫]　蛔虫总科的贝利斯蛔虫（*Baylisascaris*）幼虫偶尔可引起犬神经疾病（Thomas，1988）。

（九）眼

[线虫]　蛔虫总科的犬弓首蛔虫（*Toxocara canis*）偶见于视网膜（Hughes，Dubielzig和Kazacos，1987）。

丝虫总科的犬恶丝虫（*D. immitis*）（图4-137和图7-38）有时误入眼前房或硬膜外腔。

旋尾目的加利福尼亚吸吮线虫（*Thelazia*

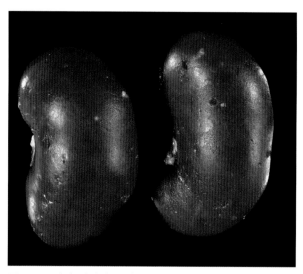

图7-50　犬肾脏内犬弓首蛔虫引起的病变

californiensis）（19mm）（图4-132）偶见于结膜囊和泪腺管。

（十）皮肤和被毛

1. 昆虫

[双翅目成虫] 虱目的犬颚虱（*L. setosus*）见图2-39。

食毛目的犬啮毛虱（*Trichodectes canis*）见图2-47。

食毛目的刺状刚毛袋鼠虱（*Heterodoxus spiniger*），在头沟内隐藏着棒形的角，头部前端边缘很尖，喜好温暖气候。

蚤目的犬栉首蚤（*Ctenocephalides canis*）、猫栉首蚤（*Ctenocephalides felis*）、人蚤（*Pulex irritans*）和禽角头蚤（*Echidnophaga gallinacea*）见图2-52、图2-53、图2-54和图2-56。

2. 蛛形纲

硬蜱科的血红扇头蜱（*Rhipicephalus sanguineus*）、变异革蜱（*Dermacentor variabilis*）、安氏革蜱（*Dermacentor Andersoni*）、美洲花蜱（*Amblyomma americanum*）、斑点花蜱（*Amblyomma maculatum*）和其他种类见图2-69、图2-70和图2-74至图2-90。

疥螨科的疥螨（*Sarcoptes scabiei*）（图2-102和图8-3）经常引起动物背部脱毛，皮肤病灶为淡红色，附有淡黄色痂皮。由于剧痒会引起动物的严重自残。

痒螨科的耳痒螨（*Otodectes cynotis*）（图2-111），继发感染可引起耳炎。

蠕形螨科的犬蠕形螨（*Demodex canis*）（图2-115和图8-6）寄生于犬的蠕形螨数量很少，一般不引起疾病。蠕形螨病是局部疾病，常见于面部，在眼、嘴周围出现脱毛和鳞屑。全身性蠕形螨病可引起大的红色鳞状斑疹，在头、腿和躯干连成一片，也可能出现毛囊炎和疖病，还会出现全身性淋巴结肿大，继发细菌感染可引起炎症和渗出。

肉食螨科的雅氏姬螯螨（*Cheyletiella yasguri*）（图2-116）。一般不引起临床症状，偶尔出现轻微的皮炎。

3. 线虫幼虫

小杆目的类圆小杆线虫（*Rhabditis strongyloides*）（图4-107和图8-72）。幼虫可引起瘙痒性充血性皮炎。其幼虫通常在腐烂的有机物中营自由生活，因此典型病变分布在与地面接触的部位，如足和胸腹部。

第六节　猫寄生虫

一、粪便中的虫体发育阶段

猫的寄生虫有些与犬的相同[如*T. leonina*、*Eucoleus*（*Capillaria*）*aerophilus*、*D. caninum*和*P. kellicotti*]，偶尔可以与其他动物发生交叉感染。在世界其他地区，由于犬和猫摄食鱼类可以感染许多吸虫，但猫体内最常见的寄生虫（图7-52至图7-54）与犬体内寄生的种类不同，例如猫弓首蛔虫（*Toxocara cati*）、管形钩口线虫（*Ancylostoma tubaeforme*）和猫囊等孢球虫（*Cystoisospora felis*）。

（一）线虫卵和幼虫

猫体内最常见的寄生线虫是猫弓首蛔虫和管形钩口线虫。在美国东南部比例较高的钩虫卵可能是巴西钩口线虫（*A. braziliense*）。猫可以感染狮弓蛔虫（*T. leonina*），但与以前相比目前已很少见。猫的假寄生现象是捕食而不是食粪的结果。例如：沉积在啮齿动物肝脏的肝毛细线虫[*Calodium*（*Capillaria*）*hepaticum*]虫卵，可能出现在捕食此类啮齿动物的猫粪中（图8-117）。猫的鞭虫感染常激发激烈的争论，因为北美猫体内的罕见现象违背了人们长期以来认为其根本不存在的观念。争论除了使肺和膀胱毛细线虫病鉴别诊断复杂化之外，在任何情况下都没有

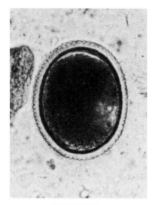
猫弓首蛔虫

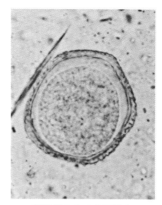
猫弓首蛔虫（未受精）

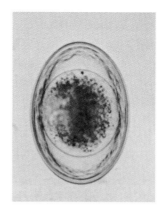
狮弓蛔虫

肺毛细线虫

猫毛细线虫

普托氏毛细线虫

毛细线虫

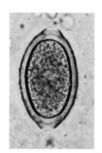
毛尾线虫

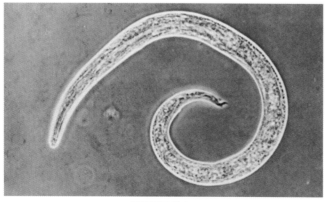
深奥猫圆线虫

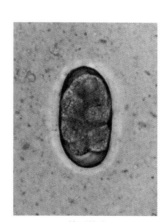
管型钩虫

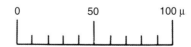

图7-52 猫体内的寄生线虫。猫弓首蛔虫卵比犬弓首蛔虫卵更纤细（图7-25）。狮弓蛔虫是犬和猫共有的一种寄生虫，图中的虫卵来自老虎。北美猫体内的毛尾线虫相当罕见，毛尾线虫图中的左图的毛尾线虫卵是在波多黎各岛一只猫的粪便中发现的，该猫剖检时发现3条雌虫；右图中的虫卵来自纽约州的一只猫，推定为毛尾线虫虫卵，因为它与狐毛尾线虫（*Trichuris vulpis*）最为相似（只不过小一点）（图7-25）。深奥猫圆线虫（*Aelurostrongylus abstrusus*）幼虫根据其尾部特殊的形状可作出鉴定

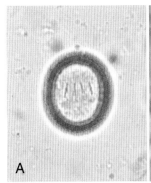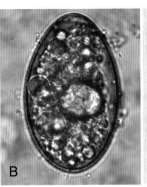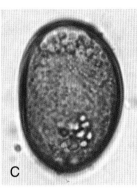

图7-53　猫体内寄生的扁形动物门虫卵。A.带状带绦虫（*Taenia taeniae-formis*），该虫卵胚膜有放射状条纹，内含发育成熟的六钩蚴；B.类曼氏迭宫绦虫（*Spirometra mansonoides*），该虫卵有卵盖，内含一个未发育的胚胎；C.法斯特平体吸虫（*Platynosomum fastosum*），该虫卵也有卵盖，内含完全发育的毛蚴

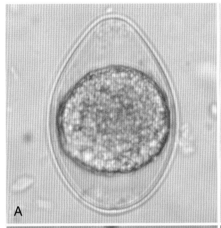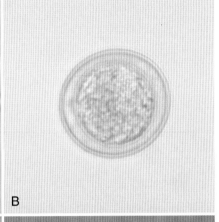
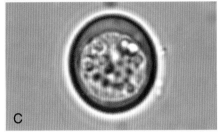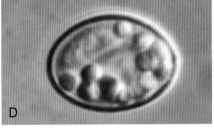

图7-54　猫的球虫卵囊。A.猫囊等孢球虫（×1 000）；B.芮氏囊等孢球虫（*Cysto-isospora rivolta*）（×2000）；C.刚地弓形虫（×2000）；D.肉孢子虫（×2000），图中卵囊壁破裂孢子囊逸出，比弓形虫卵囊稍大，但呈卵圆形而不是亚球形，含4个子孢子

什么实际意义。猫可以感染毛细线虫，最为常见的是寄生于呼吸系统的肺真鞘线虫（*Eucoleus aerophilus*）和寄生于胃和小肠的帕特尔毛细线虫（*A. putorii*）。

（二）绦虫卵和节片

　　猫是4种绦虫最常见的宿主，此外，也可以感染阔节裂头绦虫（*D. latum*）和其他一些罕见的绦虫。在北美洲，猫体内最常见的4种绦虫是曼氏迭宫绦虫（*Spirometra mansonoides*）、带状带绦虫（*Taenia taeniaeformis*）、犬复孔绦虫（*D. caninum*）和中殖孔绦虫（*Mesocestoides*）。迭

宫绦虫虫卵为褐色，长圆形，有卵盖。带状带绦虫虫卵为近球形。使用垫料盘的猫，人们时常注意到猫排出的绦虫节片，矩形节片为带科绦虫节片，黄瓜子状节片为犬复孔绦虫节片，小芝麻粒状节片为中殖孔绦虫节片。猫也可以感染棘球绦虫（*Echinococcus*），但可能不如犬易感。

（三）吸虫卵

　　全世界的猫可以感染近100种或更多的吸虫（Bowman等，2002）。这些吸虫寄生于口腔、肠道、胰脏和胆管、鼻前庭、肺脏和血管等部位。所有寄生于这些部位的虫体均能找到进入粪

便的途径。除裂体科吸虫外，绝大多数吸虫的虫卵均有卵盖。一些虫卵从体内排出时已经胚胎化（法斯特平体吸虫 *Platynosomum fastosum*），另一些虫卵（例如 *P. kellicotti*）则由卵黄细胞包裹着受精卵。有些虫卵相当大，如翼形吸虫（*Alaria*），而另一些吸虫的虫卵非常小，如后殖吸虫（*Metagonimus*）。

（四）囊等孢子虫、哈蒙球虫、贝诺孢子虫和弓形虫

感染猫的囊等孢球虫与感染犬的囊等孢球虫完全不同。最大的卵囊是猫囊等孢球虫（*Cystoisospora felis*），中等大小的卵囊是芮氏囊等孢球虫（*Cystoisospora rivolta*），有几个种属卵囊较小，包括蜥蜴贝诺孢子虫（*Besnoitia darlingi*）、华氏贝诺孢子虫（*Besnoitia wallacei*）、杰氏贝诺孢子虫（*Besnoitia jellisoni*），以及刚地弓形虫（*T. gondii*）和哈氏哈蒙球虫（*Hammondia hammondi*）等。详细测量有助于鉴别大型卵囊。但遗憾的是最重要的弓形虫仍然与哈蒙球虫混淆。直到最近这个难题才得以解决，为了安全起见，长度小于14μm的卵囊应判为弓形虫（图7-54，表7-1）。

表7-1　猫寄生虫的卵囊大小

种类	卵囊大小（μm）
猫囊等孢球虫	38~51 × 27~39
里沃他囊等孢虫	21~28 × 18~23
达氏贝诺孢子虫	11~13 × 11~13
华氏贝诺孢子虫	16~19 × 10~13
刚地弓形虫	11~13 × 9~11
哈氏哈蒙球虫	11~13 × 10~12

1. 肉孢子虫

肉孢子虫属（*Sarcocystis*）卵囊在宿主体内孢子化，其囊壁脆弱易破，所以在粪便中常见的是大小为9~12μm × 7~12μm含有4个子孢子的孢子囊（图7-54）。通过显微测量很难区分肉孢子虫属的不同种类。

2. 隐孢子虫

猫隐孢子虫（*Cryptosporidium felis*）卵囊在饱和蔗糖溶液中漂浮得最好。由于其卵囊直径仅为5μm，所以必须在高倍镜下检查载玻片。隐孢子虫卵囊一般位于盖玻片之下的焦距平面（即气泡的顶部）（图3-16）。

二、猫的寄生虫宿主器官清单

刚地弓形虫（*Toxoplasma gondii*）以细胞外或细胞内速殖子或以包囊内缓殖子形式寄生于任何宿主的任何组织内（图3-21，图8-35）。形成卵囊的有性生殖阶段（图7-54）仅发生在猫科动物的肠黏膜内。

（一）消化系统

1. 口腔

[原虫]　鞭毛虫类的猫口腔毛滴虫（*Trichomonas felistomae*）寄生于猫牙龈缘，主要见于感染猫免疫缺陷病毒（FIV）、猫白血病病毒（FeLV）、猫传染性腹膜炎（FIP）或患牙龈炎的病猫。该虫不具致病性。

2. 胃和食道

[线虫]　旋尾目的棘颚口线虫（*G. spinigerum*）（图4-129），虫体头部附着于胃黏膜，可引起胃壁穿孔。

旋尾目的包皮泡翼线虫（*P. praeputialis*）和稀泡翼线虫（*Physaloptera rara*）（图7-55，图4-130和图4-131），成虫体前端嵌入胃黏膜，内窥镜可以诊断，可引起呕吐。

毛圆总科的三尖壶肛线虫（*Ollulanus tricuspis*）（1mm）（图4-80）寄生在感染猫的胃壁，引起慢性胃炎，导致猫呕吐、厌食、体重下降，甚至死亡。

毛线总科的帕特尔毛细线虫[*Aonchotheca*（*Capillaria*）*putorii*]（图7-52），通常不引起临床症状。据报道该虫可引起幽门后部穿孔。

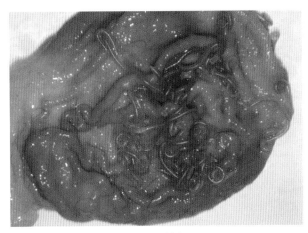

图7-55 猫胃中寄生的包皮泡翼线虫

3. 小肠

[线虫] 蛔虫总科的猫弓首蛔虫（*T. cati*）（图4-123，图7-39至图7-42，图7-52和图7-56）。除非重度感染，一般情况下不引起临床症状。

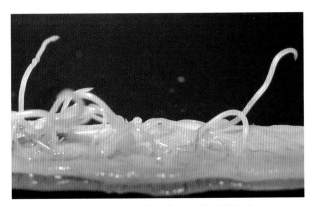

图7-56 剖检发现的猫肠道内寄生的猫弓首蛔虫

蛔虫总科的狮弓蛔虫（*T. leonina*）（图4-123，图7-39至图7-42和图7-52），其感染一般无临床症状。

钩口总科的管形钩口线虫（*A. tubaeforme*）（图4-95，图4-96，图4-98和图7-52），一般不引起临床症状。但猫可能有体重下降、再生障碍性贫血、松散的柏油样粪便等症状。有时甚至由于肠黏膜严重失血而引起死亡。

钩口总科的巴西钩口线虫（*A. braziliense*）（图4-95，图4-96，图4-98和图7-52）引起的失血比管形钩口线虫少。试验感染的小猫红细胞参

数不受影响。

钩口总科的狭头弯口线虫（*U. stenocephala*）（图4-95，图4-96，图4-98和图7-52）感染猫的病例在美国极罕见。小杆目的猫类圆线虫（*Strongyloides felis*）在澳大利亚常见（Speare和Tinsley，1987）（5mm）。

毛线总科的旋毛虫（*T. spiralis*）（图4-148）可引起轻度的胃肠不适，如呕吐和腹泻，或许有血便。

帕特尔毛细线虫[*Aonchotheca*（*Capillaria*）*putorii*]（图7-52）可寄生于胃和小肠。

[绦虫] 带科的带状带绦虫（*T. taeniaeformis*）（图4-34和图4-36）不引起临床症状。

带科的多房棘球绦虫（*E. multilocularis*）（图4-43）不引起临床症状。

囊宫科的犬复孔绦虫（*D. caninum*）（图4-53，图7-5和图7-33）不引起临床症状。

中殖孔科的线中殖孔绦虫（*Mesocestoides lineatus*）（图4-58，图7-32）不引起临床症状。

裂头科的类曼氏迭宫绦虫（*S. mansonoides*）（图4-27，图4-29）可引起腹泻、呕吐或消瘦。

[吸虫] 双穴科的马尔希安那翼形吸虫（*Alaria marcianae*）（5mm）（图4-20，图4-22）不引起临床症状。

异形科的有嵴缺茎吸虫（*A. venustus*）（1.4mm）不引起临床症状。

异形科的长帕吉吸虫[*P. longa*（1.2mm）]不引起临床症状。

杯叶科的米氏中冠吸虫（*Mesostephanus milvi*）（1.8mm）一般不引起临床症状。

[棘头虫] 钩棘头虫（*Oncicola*）（图4-161）一般不引起临床症状。

[原虫] 球虫类的猫囊等孢球虫（*Cystoisospora felis*）、芮氏囊等孢球虫（*Cystoisospora rivolta*）、贝诺孢子虫、哈氏哈蒙球虫（*Hammondia hammondi*）和刚地弓形虫（图7-54）发育阶段寄生于肠上皮细胞，可引起肠炎，可能有轻度腹泻。

多毛肉孢子虫（*Sarcocystis hirsuta*）、柔嫩肉孢子虫（*S. tenella*）、猪猫肉孢子虫（*S. porcifelis*）和牛猫肉孢子虫（*S. leporum*）（表2-1，图7-54）的有性生殖阶段寄生在肠上皮细胞。

猫贾第虫（*Giardia felis*）（图3-6）滋养体可见于肠上皮细胞，在黏膜刮取物中可检测到。猫感染贾第虫通常无临床症状，但可能会出现腹泻。

顶复门的猫隐孢子虫（*Cryptosporidium felis*）（图3-16）无性和有性繁殖阶段寄生于肠上皮细胞的顶端，只有通过组织切片才能见到。其感染通常无临床症状，但有时会引起严重腹泻。

4. 大肠

[线虫]　小杆目的肿胀类圆线虫（*Strongyloides tumefaciens*）（5mm）在大肠可形成大的肿瘤样结节，腹部触诊可检查到坚实的纤维性结肠。

毛线总科的风铃草毛尾线虫（*Trichuris campanula*）和有齿毛尾线虫（*T. serrata*）（外来虫种，南美洲）（图4-151，图7-52）。

5. 肝脏、胆囊、胆管和胰管

[线虫]　毛线总科的肝毛细线虫[*Calodium*（*Capillaria*）*hepaticum*]见图8-117。

蛔虫总科的犬弓首蛔虫（*Toxocara canis*）幼虫和肉芽肿见图8-99（Parsons等，1988）。

[吸虫]　后睾科的细颈后睾吸虫（*O. tenuicollis*）和猫后睾吸虫（*O. felineus*）（30mm）寄生于胆囊和胆管，可能由于门静脉持久性纤维化而诱发宿主肝硬化、胆囊炎，发展到水肿和腹水。

后睾科的白次睾吸虫（*Metorchis albidus*）（4.6mm）和结合次睾吸虫（*M.conjunctus*）（6.6mm）寄生于胆管，可引起黄疸、胆管性肝炎、腹水和消瘦。

后睾科的伪猫对体吸虫（*Amphimerus pseudofelineus*）（22mm）寄生于胆囊和胆管，引起厌食、体重下降、呕吐和黄疸。

后睾科的复合副次睾吸虫（*Parametorchis complexus*）（10mm）寄生于胆管。

后睾科的华支睾吸虫（*Clonorchis sinensis*）（亚洲）（图4-10，图4-17）寄生于胆囊和胆管，偶尔寄生于胰管，引起渐进性肝硬化。

双腔科的法斯特扁体吸虫（*P. fastosum*）（优美平体吸虫，*Platynosomum concinnum*）（8mm）适宜于热带气候，寄生于胆囊和胆管，可导致宿主厌食、体重下降、呕吐、精神抑郁、黏液性腹泻、黄疸和肝肿大。

双腔科的普塞利阔盘吸虫（*Eurytrema procyonis*）（3.3mm）（图4-19，图7-53）寄生于胆囊、胆管和胰管，可引起宿主肝硬化、胰腺萎缩和纤维化。

（二）呼吸系统

1. 鼻腔、气管和支气管

[线虫]　毛线总科的肺毛细线虫[*Eucoleus*（*Capillaria*）*aerophilus*]见图7-52。

比翼科的兽比翼线虫（*Mammomonogamus*）（图7-57）寄生于鼻孔和咽部，有些种类寄生于中耳。

2. 肺脏

[线虫]　后圆总科的深奥猫圆线虫（*A. abstrusus*）（9mm）（图7-52，图8-85）寄生于细支气管末端和肺泡。主要症状与沉积在组织中的

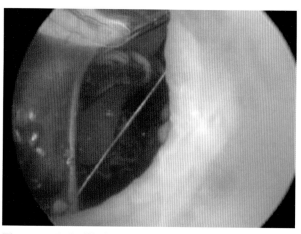

图7-57　通过耳镜检查发现的猫中耳内寄生的耳兽比翼线虫（*Mammomonogamus auris*）。（Edgar Tudor博士惠赠）

发育虫卵有关。荷虫量大的猫可能出现支气管肺炎并表现出张口的腹式呼吸。

[吸虫]　隐孔科的克氏并殖吸虫（*P. kellicotti*）和其他并殖吸虫见于美国以外地区（图4-14，图4-15和图7-36B），寄生于结节中，典型特征为成对或多个寄生于包囊中。动物一般无症状，但其感染有时会引起呼吸性窘迫甚至死亡。

（三）血液循环系统

1．心脏

[线虫]　丝虫总科的犬恶丝虫（*D. immitis*）（图4-137，图4-138和图8-109）寄生于动脉血管，猫体内虫体很少，虫体移行可引起症状。

蛔虫总科的犬弓首蛔虫幼虫，可引起肉芽肿（Parsons等，1988）。

2．肠系膜静脉

[吸虫]　分体科的日本血吸虫（*Schistosoma japonicum*）在东南亚国家的猫体内寄生。

3．血液

[原虫]　猫胞簇虫（*Cytauxzoon felis*）（梨形虫）（图3-29）可见于许多器官的血管中，裂殖子寄生于红细胞，裂殖体寄生于巨噬细胞。猫表现为贫血、精神抑郁、厌食、脱水、发热、黄疸和肝脾肿大等。

[线虫微丝蚴]　丝虫目的犬恶丝虫（*D. immitis*）（图7-38）在猫体内产生微丝蚴很少，在世界其他地方，猫可以感染其他丝虫。

（四）骨骼肌

[线虫幼虫]　毛形总科的旋毛虫（*Trichinella spiralis*）见图4-150、图7-92和图8-116。

（五）结缔组织

[昆虫幼虫]　双翅目的黄蝇属（30mm）（图2-32，图8-1和图8-2）幼虫在体内移行时经过结缔组织。

（六）泌尿生殖系统

1．肾脏

[线虫]　蛔目的犬弓首蛔虫（*Toxocara canis*）幼虫可引起肉芽肿（Parsons等，1988）。

2．膀胱

[线虫]　毛线总科的皱襞毛细线虫[*Pearsonema*（*Capillaria*）*plica*]（60mm）和猫毛细线虫（*Pearsonema feliscati*）（32mm）见图7-52。

（七）神经系统

1．线虫

丝虫目的犬恶丝虫（*D. immitis*）成虫会误入脑膜和脑室内（图4-137，图4-138）。

2．昆虫幼虫

双翅目黄蝇属（30mm）（图2-32，图8-1和图8-2）幼虫移行通过脊髓和大脑，临床症状很大程度上依赖于移行途径。报道的临床症状有抽搐、前庭症状、失明、痴呆、转圈、方向感丧失，甚至死亡等。

（八）眼

[原虫]　球虫目的刚地弓形虫（*T. gondii*）可引起宿主虹膜炎、眼色素层炎、视网膜脱落、虹膜睫状体炎、角膜后沉着、散瞳症、瞳孔不均和瞳孔反射迟缓等。

（九）皮肤和被毛

1．昆虫

[双翅目昆虫的成虫]　食毛目的*Felicola subrostratus*见图2-48。

蚤目的猫栉首蚤（*Ctenocephalides felis*）、犬栉首蚤（*Ctenocephalides canis*）和禽角头蚤（*Echidnophaga gallinacea*）见图2-53和图2-54。

2．昆虫幼虫

双翅目黄蝇属（30mm）（图2-32，图8-1和

图8-2）幼虫在体内移行后穿透猫的皮肤并形成皮下蝇蛆，通过蝇蛆的皮孔常可见第三期幼虫和气门。

3. 蛛形纲

革蜱属（*Dermacentor*）种类、野兔血蜱（*Haemaphysalis leporispalustris*）以及硬蜱科的硬蜱属（*Ixodes*）见图2-75至图2-79、图2-82和图2-86至图2-88。疥螨科的猫背肛螨（*Notoedres cati*）和疥螨（*S. scabiei*）见图2-100A和图2-102至图2-105。痒螨科的耳痒螨（*O. cynotis*）见图2-101A和图2-111。里斯托夫螨科的猫皮毛螨（*Lynxacarus radovskyi*）见图2-114。肉食螨科的布氏姬螯螨（*Cheyletiella blakei*）见图2-116。蠕形螨科的猫蠕形螨（*Demodex cati*）见图2-115。恙螨科的华顿氏新恙螨（*Neotrombicula whartoni*）和美洲无前恙螨（*Walchia americana*）见图2-119和图2-120。华顿氏新恙螨为鲜红色恙螨，可见于猫的外耳道。美洲无前恙螨正常为灰松鼠的寄生虫，可引起猫严重的广泛性皮炎（Lowenstine，Carpenter和O'Connor，1979）。

第七节　反刍动物的寄生虫

一、粪便中的虫体阶段

1. 线虫卵

在反刍动物粪便中，除了多种圆线虫虫卵以外，还可发现类圆属、毛尾属、毛细属线虫的虫卵（图7-58）。反刍动物粪便中圆线虫虫卵除了巴氏细颈线虫（*Nematodirus battus*）等外均难以鉴定到属或种。当需要特异性诊断时，需要将粪便中的虫体阶段培养至感染性阶段。

下述反刍动物线虫的虫卵在图7-58中无相应图片。牛弓首蛔虫（*Toxocara vitulorum*）虫卵与犬弓首蛔虫虫卵相似，呈亚球形，表面呈均一的麻点状，随粪便排出时内含单细胞。注意：猪蛔虫潜伏性感染偶尔报道于绵羊和牛。猪蛔虫虫卵

（图7-64）与牛弓首蛔虫虫卵很容易区分。筒线属（*Gongylonema*）虫卵卵壳厚，两极有卵盖，内含蠕虫形胚。羊斯克里亚宾线虫（*Skrjabinema ovis*）为典型的蛲虫型虫卵，其一边稍平坦（图7-67）。

2. 圆线虫感染性幼虫的鉴定

反刍动物粪便培养中感染性第三期幼虫的鉴定有一定难度但并非不可能实现。通常有两个以上的属同时存在，最好通过载玻片的低倍镜检查确定到底有多少属，并对相似形态的幼虫进行分类，确定某些特征突出的种类。例如，类圆属（*Strongyloides*）幼虫比其他虫体更为细长，缺鞘，有一长圆柱状食道和平截的尾端。图7-59中所绘的两种大小，其中大的为标准大小。Georgi博士在一次培养中同时发现这两种大小的虫体。同样，仰口属（*Bunostomum*）线虫因虫体较小可以与其他圆线虫披鞘幼虫区分开来。其他属的披鞘幼虫可以根据它们尾鞘延伸长度（鞘伸出幼虫尾端以外的长度）进行分类：短的为毛圆属（*Trichostrongylus*）和奥斯特属（*Ostertagia*），中等大小的为血矛属（*Haemonchus*）和古柏属（*Cooperia*），长的为食道口属（*Oesophagostomum*）和夏伯特属（*Chabertia*），见图7-59和图7-60的图解。在这些类群中，根据显微测量以及某些形态特征的观察进一步进行鉴定，比如毛圆属的尾部结节、古柏属的"椭圆形虫体"、食道口属和夏伯特属肠细胞的数量和形状。奇怪的幼虫也许难以鉴定，但是培养物中优势种的鉴定并非难事。鉴定步骤如下：

在载玻片上放一滴幼虫悬液，通过缓缓加热或加一滴卢戈氏碘液（5g碘结晶、10g碘化钾溶解于100mL蒸馏水）使虫体松弛，用凡士林封住盖玻片以防幼虫变形。开始不要用高倍镜而是用低倍镜检查载玻片，初步确定有多少种幼虫存在。接着，挑选每个种类的代表在高倍镜下检查。虫体的各种测量对于属或种的鉴定也是必需

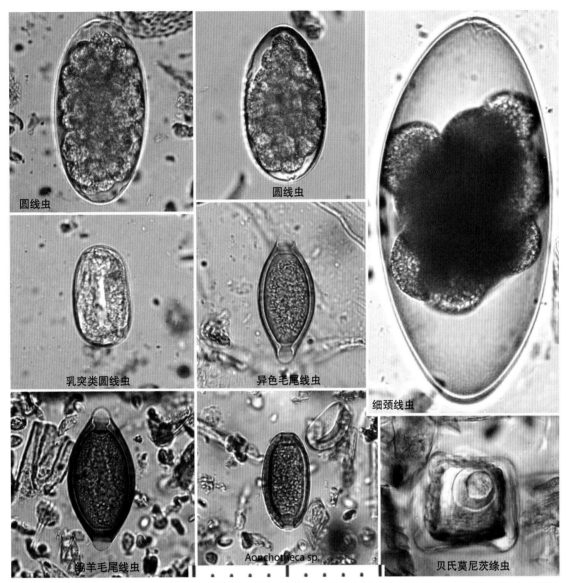

圆线虫 圆线虫

乳突类圆线虫 异色毛尾线虫 细颈线虫

绵羊毛尾线虫 Aonchotheca sp. 贝氏莫尼茨绦虫

图7-58 反刍动物常见的寄生虫虫卵。圆线虫卵呈椭圆形，卵壳光滑，内含桑葚胚。尽管细颈线虫虫卵很大，但有些种类比图中所显示的要小得多。马氏马歇尔线虫卵（未显示）也很大，但与细颈属虫卵相比，其两侧更平行，两端较钝。乳突类圆线虫卵比圆线虫卵稍小，在新鲜粪便中内含一杆状蚴。孵育时，幼虫很快孵出并发育为感染性丝状蚴（图3-62），或自由生活的雄虫和雌虫，后者占优势。反刍动物的毛尾线虫卵长度超过60mm；而毛细线虫卵不足60mm。莫尼茨绦虫卵含一个梨形器，内含六钩蚴。遂体属绦虫虫卵（未显示）集聚于子宫囊内

的。表7-2中绵羊和牛的数据分别来自Dikmans和Andrews（1993）和Keith（1953）。除了其他注释，肠细胞数一般为16。大括号内的类群外观相似，鉴别时更要关注与其他类群之间的比较。

3. 肺线虫幼虫

胎生网尾线虫（*Dictyocaulus viviparus*）是牛的唯一肺线虫。在北美，丝状网尾线虫（*D. filaria*）、红色原圆线虫（*Protostrongylus rufescens*）和毛样缪勒线虫（*M. capillaris*）为绵羊和山羊常见的肺线虫。鉴别诊断主要根据宿主粪便中第一期幼虫的形态特征（图7-61）。网尾线虫幼虫耐受力强，可以用康奈尔-麦克马

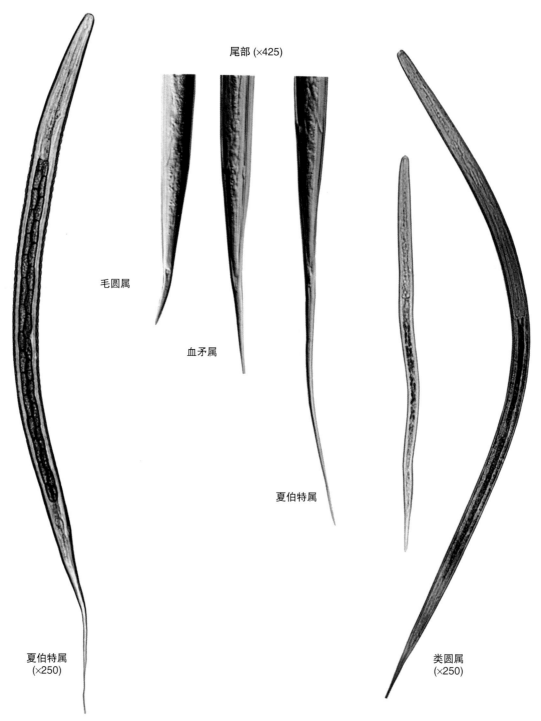

尾部 (×425)

毛圆属

血矛属

夏伯特属

夏伯特属
（×250）

类圆属
（×250）

图7-59　绵羊线虫的感染性第三期幼虫。图中显示在同样放大倍数下不同大小类圆线虫的感染性幼虫

斯特虫卵计数法（Cornell-McMaster eggcounting technique）进行计数，但操作要迅速以免幼虫出现渗透性皱缩。对于肺线虫感染的定性诊断，选择贝尔曼幼虫分离法更为敏感。

4. 绦虫卵

牛粪便中发现的绦虫卵均来自裸头科的一些种类（图4-50，图7-19）。贝氏莫尼茨绦虫（*Moniezia benedeni*）虫卵的卵壳相当厚，形似立

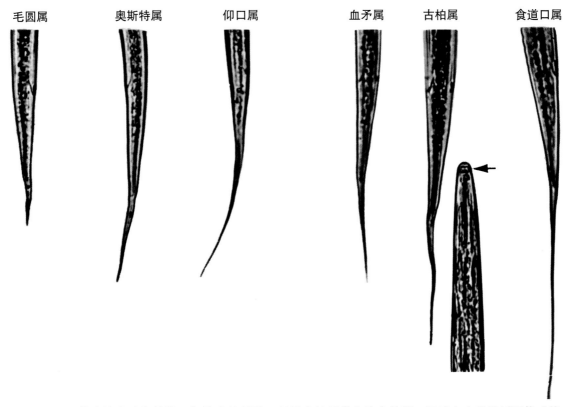

毛圆属　奥斯特属　仰口属　　血矛属　古柏属　食道口属

图7-60　牛体内线虫感染性第三期幼虫的尾端，以及古柏属线虫幼虫前端，显示突出的椭圆形体（箭头所示），表示环绕口囊的一束纤维的截面图（×350）（引自 Whitlock JH:The diagnosis of veterinary parasitisms，Philadelphia，1960，Lea & Febiger）

方体。而其他裸头科绦虫多数虫卵的卵壳似乎相当薄（比较清晰透明），在各种漂浮溶液中容易变形。几乎在所有的情况下，细心观察虫卵都可以发现内含六钩蚴的梨形器。

5. 吸虫卵

吸虫卵也许无法在常用的饱和蔗糖溶液中漂浮。浓集时最好通过筛网过滤以除去粗粪渣，然后离心洗涤物，在沉淀中可发现虫卵。福尔马林-乙酸乙酯沉淀技术也适用于吸虫卵检查。吸虫卵的卵盖有时难以看到。当可疑时，用铅笔尖压住盖玻片。在此压力下吸虫的卵盖将会打开（图7-62B）。

肝片吸虫（*Fasciola hepatica*）虫卵大（达150μm）并有卵盖，内含致密的卵黄细胞（图7-62A）。大片吸虫（*Fasciola gigantica*）（非洲、夏威夷群岛、菲律宾和印度）虫卵类似于肝片吸虫，但是更大（超过150μm）。大类片吸虫

（*Fascioloides magna*）正常情况下为鹿的一种寄生虫，虫卵类似肝片吸虫，但在感染的反刍家畜粪便中不常见，因为在牛体内虫卵沉积在含成虫的肝包囊内，而该吸虫在绵羊和山羊体内不能发育成熟。前后盘吸虫（皱胃吸虫）的虫卵较大，容易和片形属吸虫虫卵混淆（图7-62）。矛形双腔吸虫（*Dicrocoelium dendriticum*）虫卵小（50μm），不对称，浅黄褐色，含一毛蚴（图7-62C）。胰阔盘吸虫（*Eurytrema pancreaticum*）（远东地区）虫卵类似于矛形双腔吸虫。血吸虫的虫卵无卵盖，内含一完全发育的毛蚴，具小棘。

6. 反刍动物球虫

在健康的反刍动物粪便中常可发现大量的艾美耳球虫卵囊。甚至笼养的实验羔羊也可以感染球虫。尽管健康动物时常感染球虫，但球虫完全可以引起牛、绵羊和山羊的严重疾病。有时候，在卵囊

表7-2 寄生于绵羊和牛体内圆线虫感染性第三期幼虫的大小

属（广义的）*	测量（μm）			形态学特征
	全长	鞘尾端†	鞘延伸‡	
类圆线虫				
绵羊	574～710	鞘		食道长度至少为幼虫尾端长度的1/3（图5-33）
牛	524～678	无		
毛圆线虫				
绵羊	622～796	76～118	21～40	尾端有一小结节
牛	619～762	83～107	25～39	
奥斯特属				
绵羊	797～910	92～130	30～60	
牛	784～928	126～170	55～75	
血矛属				
绵羊	650～751	119～146	65～78	鞘结节在尾尖；前端逐渐变细
牛	749～866	158～193	87～119	
肿孔古柏线虫				
绵羊	804～924	124～150	62～82	食道前端有2个明显的椭圆形体
牛	809～976	146～190	79～111	
古柏线虫				
绵羊	711～850	97～122	35～52	食道前端有2个明显的椭圆形体
牛	666～866	109～142	47～71	
细颈属				
绵羊	922～1118	310～350	250～290	培养少于2周时很难发现虫体；尾端分叉，具棒状突起；具8个肠细胞
牛	1095～1142	296～347	207～266	
仰口属				
绵羊	514～678	153～183	85～115	小型虫体，尾鞘长
牛	500～583	129～158	59～83	
食道口属				
绵羊	771～923	193～235	125～160	16～24个三角形肠细胞
牛	726～857	209～257	134～182	
夏伯特属				
绵羊	710～789	175～220	110～150	24～32个矩形肠细胞

*大括号内类群在形态上相似，鉴别时要更加注意。
†肛门至鞘末端。
‡幼虫末端至鞘末端。

随粪便排出之前便出现严重的临床症状。临床球虫病的诊断不仅基于对粪便中卵囊的鉴定（图7-63和图7-64），而且要考虑病史和临床症状。

图7-63展示了寄生于绵羊的9种艾美耳球虫的未孢子化和孢子化卵囊。山羊有极为相似的球虫卵囊，但是不会交叉感染，可能都是不同的种。

绵羊和山羊艾美耳球虫的相应种类如表7-3。绵羊所列的球虫种类见图7-63中说明。阿赫沙塔艾美耳球虫（*Eimeria ahsata*）、巴库艾美耳球虫（*E. bakuensis*）和槌状艾美耳球虫（*E. crandallis*）主要是卵囊大小不同，其大小有所重叠，因此这三种很难区分。所以，这3个种在表7-3中被列入"阿赫沙

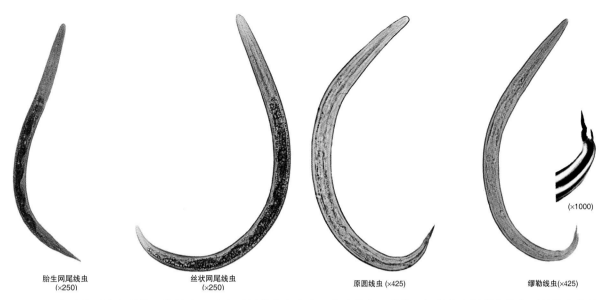

胎生网尾线虫
(×250)

丝状网尾线虫
(×250)

原圆线虫 (×425)

缪勒线虫(×425)

(×1000)

图7-61　反刍动物肺线虫的第一期幼虫。胎生网尾线虫为牛唯一的肺线虫，其第一期幼虫为新鲜牛粪中可见的寄生性线虫唯一的幼虫。注意突出的颗粒。绵羊丝状网尾线虫的第一期幼虫大，尾端钝圆，在其口端有一"纽扣"状结构，同样也具有突出的颗粒。红色原圆线虫幼虫相当粗壮，尾部呈圆锥形，无棘。毛样缪勒线虫幼虫尾部形状独特，具有背棘（插图）（译者注：此图比原图整体缩小1倍）

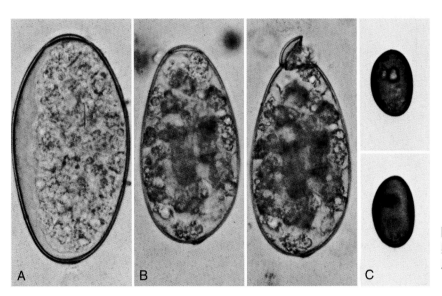

A

B

C

图7-62　反刍动物的一些吸虫虫卵（×425）。A. 肝片吸虫；B. 前后盘吸虫(左和右)；C.矛形双腔吸虫（上和下）

表7-3　绵羊和山羊相应的艾美耳球虫

阿赫沙塔群	阿氏群	浮氏群	Absheronae群
阿赫沙塔艾美耳球虫*， 巴库艾美耳球虫*， 槌状艾美耳球虫	阿洛尼氏艾美耳球虫* 家山羊艾美耳球虫 克里斯坦森氏艾美耳球虫*	浮氏艾美耳球虫 羊艾美耳球虫	*E. absheronae* 山羊艾美耳球虫，羊艾美耳球虫
错乱艾美耳球虫	*E. kocharii**	*E. ovinoidalis*	尼柯雅氏艾美耳球虫
颗粒艾美耳球虫	约奇艾美耳球虫	小型艾美耳球虫 苍白艾美耳球虫	艾丽艾美耳球虫 * 苍白艾美耳球虫

*这些种最有可能与球虫病临床症状有关。

343

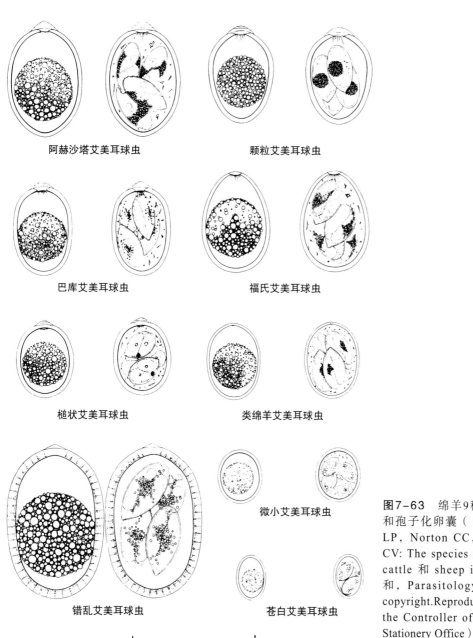

阿赫沙塔艾美耳球虫　　　　　颗粒艾美耳球虫

巴库艾美耳球虫　　　　　福氏艾美耳球虫

槌状艾美耳球虫　　　　　类绵羊艾美耳球虫

错乱艾美耳球虫　　　　　苍白艾美耳球虫

微小艾美耳球虫

40 μm

图7-63　绵羊9种艾美耳球虫的未孢子化和孢子化卵囊（×1 000）（引自 Joyner LP，Norton CC，Davies SFM，Watkins CV: The species of coccidian occurring in cattle 和 sheep in the southwest of Engl 和，Parasitology 56:533，1966. Crown copyright.Reproduced with permission from the Controller of Her Britannic Majesty's Stationery Office）

塔群"（*Ahsata* group），相应的山羊球虫被列在"阿氏群"（*Arloingi* group）。羊艾美耳球虫（*E. caprovina*）、阿巴艾美耳球虫（*E. absheronae*）和山羊艾美耳球虫（*E. caprina*）与福氏艾美耳球虫（*E. faurei*）的卵囊非常相似，因此我们也把这些种归入一个非正式的复合群（见表中星号表示这些种最可能引起球虫病的临床症状）。

7. 隐孢子虫

隐孢子虫卵囊最好用饱和蔗糖溶液来浓集。

由于微小隐孢子虫（*Cryptosporidium parvum*）和牛隐孢子虫（*C. bovis*）直径仅5μm，因此载玻片必须在高倍镜下扫描检查。隐孢子虫卵囊一般位于紧接盖玻片下方的焦距平面（换言之，在气泡的顶部）（图3-16）。牛可感染三种隐孢子虫：微小隐孢子虫和牛隐孢子虫寄生于小肠，安氏隐孢子虫（*C. andersoni*）寄生于皱胃。安氏隐孢子虫卵囊比微小隐孢子虫的大，直径大约7μm，呈椭圆形（图3-17）。

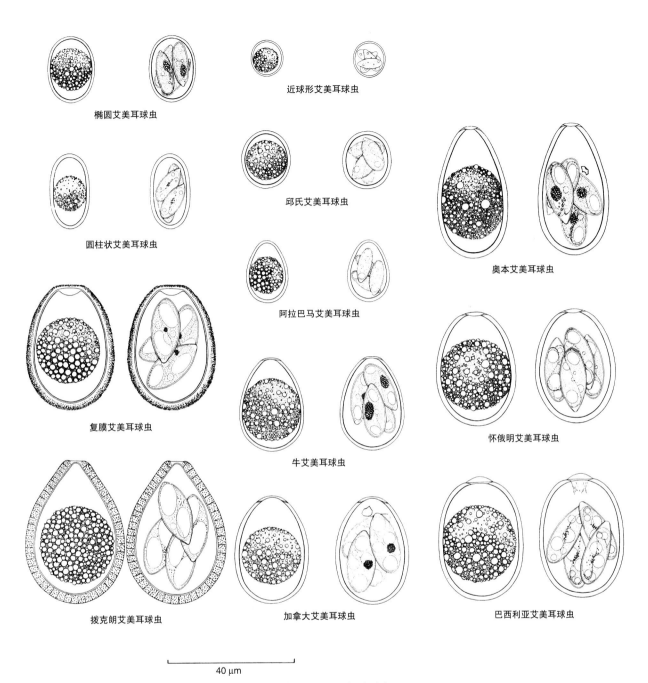

椭圆艾美耳球虫

近球形艾美耳球虫

圆柱状艾美耳球虫

邱氏艾美耳球虫

奥本艾美耳球虫

阿拉巴马艾美耳球虫

复膜艾美耳球虫

怀俄明艾美耳球虫

牛艾美耳球虫

拔克朗艾美耳球虫

加拿大艾美耳球虫

巴西利亚艾美耳球虫

40 μm

图7-64　牛12种艾美耳球虫的未孢子化和孢子化卵囊（×1 000）（引自Joyner LP，Norton CC，Davies SFM，Watkins CV: The species of coccidia occuring in cattle 和 sheep in the southwest of Engl和，Parasitology 56:536，1966. Crown copyright. Reproduced with permission from the Controller of Her Britannic Majesty's Stationery Office）

8. 其他原虫

牛、羊以及其他反刍动物可作为其他原虫的宿主。在牛、羊和其他反刍动物粪便中，最常见的原虫是阿米巴包囊，与这些宿主之间为共生关系。另外，贾第虫有时也可见于反刍动物的粪便中，其中有些种类可引起临床症状，有些则无。牛也是共生性原虫有槽布克斯顿纤毛虫（*Buxtonella sulcata*）的宿主，其粪便中的包囊与猪的结肠小袋纤毛虫（*B. coli*）包囊非常相似。

二、反刍动物的寄生虫宿主器官清单

刚地弓形虫以细胞内或细胞外速殖子或包

囊内的缓殖子形式可以感染任何宿主的任何组织（图8-35）。

（一）消化系统

1. 口、食道和贲门

[原虫] 顶复门的肉孢子虫包囊可见于舌和食道的肌肉（图8-32，图8-33）。

[绦虫幼虫] 带科的带绦虫囊尾蚴可寄生于舌肌（图4-38，图8-60）。

[昆虫幼虫] 双翅目皮蝇科的纹皮蝇（*Hypoderma lineatum*）寄生于食道壁。

[线虫] 旋尾目的美丽筒线虫（*Gongylonema pulchrum*）（150mm）、多瘤筒线虫（*Gongylonema verrucosum*）（100mm）（图4-133，图4-134和图7-105）在食道（*G. pulchrum*）或瘤胃（*G. verrucosum*）黏膜出现整齐的正弦型图案。

[吸虫] 前后盘科殖盘殖盘吸虫（*Cotylophoron cotylophorum*）、鹿同盘吸虫（*Paramphistomum cervi*）、滑睪同盘吸虫（*P. liorchis*）以及微槽同盘吸虫（*P. microbothroides*）（图4-12）。

2. 皱胃

[原虫] 球虫目的吉氏艾美耳球虫（*Eimeria gilruthi*）巨型裂殖体（图8-27）。

顶复门的安氏隐孢子虫通常无临床症状。

[线虫] 圆线目毛圆总科的捻转血矛线虫（*H. contortus*）、普氏血矛线虫（*H. placei*）、似血矛线虫（*H. similis*）、指形长刺线虫（*Mecistocirrus digitatus*）、奥氏奥斯特线虫（*Ostertagia ostertagi*）、野牛奥斯特线虫（*O. bisonis*）、环纹（背板）奥斯特线虫[*Ostertagia（Teladorsagia）circumcincta*]、奥氏奥斯特线虫（*O. orloffi*）、三叉奥斯特线虫（*O. trifurcata*）、竖琴奥斯特线虫[*O.（Grosspiculagia）lyrata*]、西方奥斯特线虫[*Ostertagia（Grosspiculagia）occidentalis*]、达维奥斯特线虫[*Ostertagia（Telodorsagia）davtiani*]、大疱性奥斯特线虫[*Ostertagia（Pseudostertagia）*

bullosa]、马歇尔长刺线虫（*M. marshalli*）和艾氏毛圆线虫（*Trichostrongylus axei*）（图7-65，表7-4）。这些寄生虫可引起贫血、腹泻、皱胃炎等，取决于具体种类。

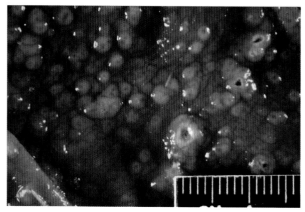

图7-65 奥氏奥斯特线虫引起的牛皱胃病理变化

3. 小肠

[线虫] 蛔虫总科的犊弓首蛔虫（30cm）虽然在发展中国家很常见，但在美国极少见。它具有一个食道憩室，所产虫卵呈亚球形，卵壳表面有类似于犬弓首蛔虫样的麻点。猪蛔虫（*A. suum*）在反刍动物中罕见，缺食道憩室，虫卵呈椭圆形，卵壳表面具乳头状突起。

圆线目毛圆总科的柯氏古柏线虫（*Cooperia curticei*）、野牛古柏线虫（*C. bisonis*）、肿孔古柏线虫（*C. oncophora*）、莐形古柏线虫（*C. pectinata*）、点状古柏线虫（*C. punctata*）、匙形古柏线虫（*C. spatulata*）、西方古柏线虫（*C. occidentalis*）、蛇形毛圆线虫（*Trichostrongylus colubriformis*）、长刺毛圆线虫（*T. longispicularis*）、山羊毛圆线虫（*T. capricola*）、透明毛圆线虫（*T. vitrinus*）、贺氏细颈线虫（*Nematodirus helvetianus*）、钝形细颈线虫（*N. spathiger*）、尖刺细颈线虫（*N. filicollis*）、异常细颈线虫（*N. abnormalis*）、鞍带细颈线虫（*N. lanceolatus*）和巴塔细颈线虫

（*N. battus*）重度感染时，典型症状为腹泻（表7-4）。

表7-4　皱胃和小肠的线虫		
属	长度（mm）	图片
皱胃		
血矛线虫属	14～30	4-72，4-75
长刺属	43	4-77
奥斯特属	7～9	4-66，4-72
艾氏毛圆线虫	7	4-70，4-72
小肠		
古柏属	6～16	4-72，4-78
毛圆属	6～7	4-70，4-72
细颈属	20～25	4-72，4-76

钩口总科的牛仰口线虫（*B. phlebotomum*）（牛）和羊仰口线虫（*B. trigonocephalum*）（绵羊）（25mm）（图4-93）重度感染可导致幼畜贫血。

小杆目的乳突类圆线虫（*S. papillosus*）（6mm）（图4-109）大量寄生时可导致腹泻和贫血。

毛形总科的牛毛细线虫[*Aonchotheca*（*Capillaria*）*bovis*]和短毛细线虫[*Aonchotheca*（*Capillaria*）*brevipes*]（图7-58）。

圆线总科食道口线虫的第三期和第四期幼虫见图4-90。

[绦虫] 裸头科的扩展莫尼茨绦虫（*M. expansa*）和贝氏莫尼茨绦虫（*M. benedeni*）（图4-49，图4-50，图7-58和图7-66）通常无临床症状。

裸头科的放射遂体绦虫（*Thysanosoma actinoides*）和特氏怀俄明绦虫（*Wyominia tetoni*）感染时无临床症状。

裸头科的曲子宫属（*Thysaniezia*）、斯泰绦虫属（*Stilesia*）、无卵黄腺属（*Avitellina*）绦虫为反刍动物外来的裸头科绦虫。

[原虫] 球虫目的艾美耳球虫（图7-63，图7-64，图8-20至图8-24），根据感染的种类不同，

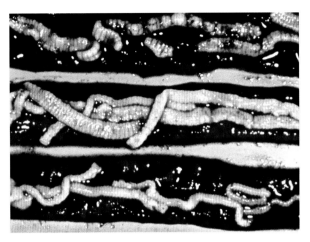

图7-66　剖检时发现的牛肠道内的贝氏莫尼茨绦虫

可以导致出血性腹泻的严重肠炎、肠黏膜的湿片检查可观察到发育阶段虫体。

顶复门的微小隐孢子虫、牛隐孢子虫和安氏隐孢子虫感染时，微小隐孢子虫是引起30日龄内犊牛腹泻的原因之一（图3-16，图3-17）。

鞭毛虫类的贾第虫（图7-94）可引起幼畜，甚至成年动物的腹泻。

4. 盲肠和结肠

[线虫] 圆线总科的辐射食道口线虫（*Oesophagost-omum radiatum*）（牛）、哥伦比亚食道口线虫（*O. columbianum*）（绵羊和山羊）、微管食道口线虫（*O. venulosum*）（绵羊和山羊）和绵羊夏伯特线虫（*Chabertia ovina*）（绵羊和山羊）（18～22mm）见图4-86至图4-90。牛的辐射食道口线虫、羊的哥伦比亚食道口线虫的第四期幼虫可见于肠壁脓肿（图4-90）。

毛形总科褪色毛尾线虫（*Trichuris discolor*）（52mm，牛）以及羊毛尾线虫（*T. ovis*）（70mm，绵羊和山羊）（图7-58）可能与临床腹泻有关。

尖尾目的绵羊斯克里亚宾线虫（*Skrjabinema ovis*）和山羊斯克里亚宾线虫（*Skrjabinema caprae*）（8～10mm）感染通常无临床症状（图7-67）。

[原虫] 球虫目的艾美耳球虫（图7-63，图7-64和图8-20至图8-24）。牛内阿米巴（*Entamoeba bovis*）和寄生于反刍动物大肠内的

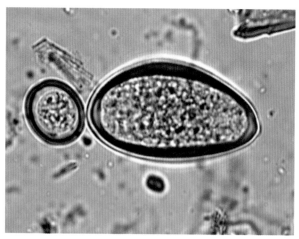

图7-67　山羊粪便中的山羊斯克里亚宾线虫卵和艾美耳球虫卵囊（×400）

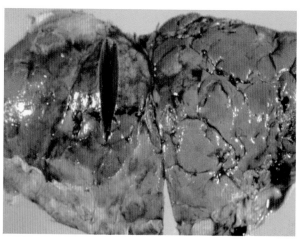

图7-68　绵羊感染大类片吸虫致死的肝脏，显示典型的病变和黑色"吸虫色素"的沉积

其他一些阿米巴原虫被认为是非致病性寄生虫或与宿主共生。大肠纤毛虫（*B. sulcata*）在大肠内寄生，与牛为共生关系（图7-22）。

5. 肝脏

[线虫]　蛔目的猪蛔虫（*A. suum*）极罕见，偶尔寄生于绵羊和牛的肝胆管。

圆线虫总科的有齿冠尾线虫（*Stephanurus dentatus*）（图4-91）未成熟幼虫可以移行并穿过牛的肝脏，引起严重的创伤。

[绦虫]　裸头科的放射遂体绦虫（*T. actinoides*）和特氏怀俄明绦虫（*Wyominia tetoni*）有时可见于反刍动物的肝胆管，它们在动物死亡后不久移行至此。快速结扎胆管，在小肠中可发现此虫。

[绦虫幼虫]　带科的细粒棘球绦虫（*E. granulosus*）和多房棘球绦虫（*E. multilocularis*）棘球蚴（图4-44至图4-48，图8-57，图8-58和图8-64）引起的临床症状很大程度上取决于包囊所寄生的部位。

带科的泡状带绦虫（*T. hydatigena*）囊尾蚴（图4-38）。

[吸虫]　片形科的肝片吸虫（*Fasciola hepatica*）、大片吸虫（*F. gigantica*）和大类片吸虫（*F. magna*）（图4-1至图4-9，图7-62A和图7-68）。肝片吸虫（30mm）呈地方性流行，见于美国西部和毗邻墨西哥湾诸州、夏威夷群岛、波多黎各，以及加拿大不列颠哥伦比亚省及其东部省份。

大片吸虫（75mm）在夏威夷群岛和非洲呈地方性流行。大类片吸虫（100mm）流行于整个北美地区，此吸虫的终末宿主一般是白尾鹿。大类片吸虫在反刍动物体内所产生的移行虫道和病变有着明显的标记，即大量黑色"吸虫色素"的沉积，对于小型反刍动物具有致死性。

矛形双腔吸虫（*D. dendriticum*）（欧洲，亚洲，非洲和南美洲）已经传入北美，发生于纽约州中部和太平洋西北部，可导致慢性肝纤维素化。

双腔科的胰阔盘吸虫（*E. pancreaticum*）（亚洲和巴西）（图4-18，图7-62C）。

6. 腹膜和腹腔

[线虫]　丝虫目的唇乳头丝状线虫（*Setaria labiato-papillosa*）（图4-142）为大型白色丝虫，偶尔发现于牛的腹腔。

[绦虫幼虫]　带科的泡状带绦虫（*T. hydati-*

gena）幼虫（图4-48）呈囊泡状，在其头节之后有一细长的"颈"。

[舌形虫若虫]　舌形虫目的锯齿状舌形虫（*L. serrata*）（图2-123）幼虫可见于反刍动物腹腔的内脏，在非洲最常见。

（二）呼吸系统

1. 鼻腔和副鼻窦

[昆虫幼虫]　狂蝇科的绵羊和山羊的羊狂蝇（*Oestrus ovis*）幼虫（图2-22）寄生于鼻窦，根据发育阶段不同其大小差别很大（10~20mm）。

2. 气管和支气管

[线虫]　毛圆总科的胎生网尾线虫（*Dictyocaulus viviparus*）（80mm）是牛的唯一寄生于肺脏的线虫，大量寄生时可导致严重的呼吸困难。

毛圆总科的丝状网尾线虫（*D. filaria*）（100mm，绵羊和山羊）（图4-72，图4-81和图7-61）可引起宿主的呼吸困难。

后圆总科的红色原圆线虫（*P. rufescens*）（50mm，绵羊）见图4-68和图7-61。

比翼科的喉兽比翼线虫（*Mammomonogamus laryngeus*）（图3-91）的雌雄虫呈交配状态，呈地方性流行，发现于波多黎各岛和加勒比诸多岛屿。这些蠕虫具有大的圆线虫样口囊。

3. 肺脏

[线虫]　后圆总科的毛样缪勒线虫（*M. capillaris*）（图3-100，图5-35）。

哥伦比亚食道口线虫（*O. columbianum*）幼虫（误移行）（图4-90）。

[绦虫幼虫]　带科的细粒棘球绦虫（*E. granulosus*）（图4-44，图4-45和图8-64）幼虫在肺组织寄生时，其棘球蚴包囊长的很大。

（三）血管系统

1. 心脏

[绦虫幼虫]　在美国，带科的牛带绦虫（*Taenia saginata*）囊尾蚴寄生于牛的肌肉。

在美国，带科绵羊带绦虫（*T. ovis*）囊尾蚴在绵羊的多种肌肉内寄生，但现在认为是外来的寄生虫。

2. 动脉

[线虫]　丝虫目的施氏血管线虫（*Elaeophora schneideri*）（绵羊）流行于美国西部地区。

丝虫目的牛血管丝虫（*Elaeophora poeli*）（牛）为非洲和亚洲的外来性寄生虫。

丝虫目的圈形盘尾丝虫（*Onchocerca armillata*）（牛）为非洲和亚洲外来性寄生虫。

3. 静脉

[吸虫]　裂体科的血吸虫（图4-24）均为外来寄生虫。

日本血吸虫（*S. japonicum*）发现于亚洲，具有广泛的哺乳动物宿主范围。在牛、绵羊和山羊寄生的种类有牛血吸虫（*S. bovis*）（非洲、亚洲、欧洲南部）、鼻腔血吸虫（*S. nasalis*）、羊血吸虫（*S. matthei*）、印度血吸虫（*S. indicum*）、梭形血吸虫（*S. spindale*）和土耳其斯坦血吸虫（*S. turkestanica*）（亚洲）。

4. 淋巴结

[舌形虫]　锯齿状舌形虫（*Linguatula serrata*）见图2-123。

5. 血液

[线虫微丝蚴]　丝虫目的唇乳突丝状线虫（*S. labiatopapillosa*）。

[原虫]　在美国的梨形虫，如双芽巴贝斯虫（*Babesia bigemina*）、牛巴贝斯虫（*B. bovis*）、分歧巴贝斯虫（*B. divergens*）、阿根廷巴贝斯虫（*B. argentina*）、小泰勒虫（*Theileria parva*）、环形泰勒虫（*T. annulata*）和突变泰勒虫（*T. mutans*）（图3-29）基本上均为外来寄生虫。

血鞭毛虫泰氏锥虫（*Trypanosoma theileri*）（牛）和羊虱锥虫（*T. melophagium*）（绵羊）（图3-2），在血涂片上很难见到这些虫体，然而在血培养中很容易观察到。

[立克次氏体]　边缘无形体（*Anaplasma*

marginale）、温氏附红细胞体（*Mycoplasma wenyonii*）和羊附红细胞体（*Mycoplasma ovis*）。

（四）骨骼肌和结缔组织

1. 绦虫蚴

带科的牛带绦虫（*T. saginata*）囊尾蚴常见于牛的咬肌、舌肌、心肌和膈肌部位，头节具4个吸盘，但无小钩。

带科的泡状带绦虫（*T. hydatigena*）（图3-29）囊尾蚴有时见于骨骼肌，但在肝脏或腹膜更常见。

带科的绵羊带绦虫（*T. ovis*）囊尾蚴为豌豆大小的小囊泡，可见于心脏、食道，以及心外膜和胸隔膜下方，在美国为外来寄生虫。

2. 昆虫幼虫

皮蝇科的牛皮蝇（*Hypoderma bovis*）和纹皮蝇（*H. lineatum*）（图2-22），幼虫在北方气候环境下在牛体内越冬，牛皮蝇寄生于脊椎管内而纹皮蝇寄生在食道周围组织。

3. 线虫

丝虫目的喉瘤盘尾丝虫（*Onchocerca gutturosa*）、脾盘尾丝虫（*O. lienalis*）、牛盘尾丝虫（*O. bovis*）和吉氏盘尾丝虫（*O. gibsoni*），盘尾丝虫成虫寄生于绵羊的结缔组织，而微丝蚴寄生于真皮。在澳大利亚的牛体内，吉氏盘尾丝虫在牛的胸部可形成结节，则胸部肌肉需要广泛的修割。曾在当地超市购买的咸牛肉中发现了吉氏盘尾丝虫。

4. 原虫

顶复门的肉孢子虫包囊（表2-1，图8-32）寄生于肌肉。

（五）泌尿生殖系统

原虫

鞭毛虫类胎儿毛滴虫（*Tritrichomonas foetus*）见图3-4和图3-5。

顶复门的刚地弓形虫（*T. gondii*）见于流产绵羊的胎盘。

顶复门的犬新孢子虫（*N. caninum*）见于流产牛的胎盘。

（六）神经系统

脑、脊髓、脑膜

[原虫] 顶复门的肉孢子虫样病原体见于牛的大脑（Dubey，Perry和Kennedy，1987）。

[线虫] 后圆科的薄副麋圆线虫（*Parelaphostrongylus tenuis*）（图8-93，图8-94）成虫一般见于白尾鹿。幼虫和童虫通过脊髓和大脑移行进入绵羊和山羊体内，引起瘫痪。牛的感染少见但已有报道。

[绦虫幼虫] 带科的多头带绦虫（*T. multiceps*）寄生于绵羊和山羊的大脑，引起"蹒跚病"（图4-42，图8-62），为外来性病原体，推测在北美已不再发生。

[昆虫幼虫] 皮蝇科的牛皮蝇（*H. bovis*）幼虫寄生于牛的脊椎管。

（七）眼

[线虫] 旋尾目的加利福尼亚吸吮线虫（*Thelazia californiensis*）（绵羊）、大口吸吮线虫（*T. gulosa*）（牛）、斯克里亚宾吸吮线虫（*T. skrjabini*）（牛）寄生于结膜囊及泪管（图4-132），可能与结膜炎和肉芽组织增生有关。

（八）皮肤和被毛

1. 昆虫

[双翅昆虫成虫] 蝇科的秋家蝇（*Musca autumnalis*）、厩螫蝇（*Stomoxys calcitrans*）、骚扰血蝇（*Haematobia irritans*）（图2-13，图2-14和图2-15）成虫在牛体停留相当长时间，不采食时厩螫蝇则更可能离开牛体。

舌蝇属（*Glossina*）种类（非洲）见图2-16。

虱蝇科的羊虱蝇（*Melophagus ovinus*）（图2-17）蛹和成虫可见于羊毛。

皮蝇科的牛皮蝇（*H. bovis*）和纹皮蝇（*H. lineatum*），以及牛虻盘旋在牛体周围将虫卵粘在牛毛上，这种情况很少见到。虻科昆虫（图2-10，图2-11）停留在牛体的时间仅够采食。

2. 双翅昆虫幼虫

皮蝇科的牛皮蝇（*H. bovis*）和纹皮蝇（*H. lineatum*）（30mm）（图2-22）一般沿着牛的背部在皮下形成蝇蛆。

丽蝇科和麻蝇科（图2-12，图2-18和图2-19）的蝇蛆对反刍动物、新生胎儿以及长时间卧倒并沾有污物的动物是严重的害虫。

3. 虱目

牛血虱（*Haematopinus eurysternus*）、牛尾血虱（*H. quadripertusus*）、瘤突血虱（*H. tuberculatus*）、牛颚虱（*Linognathus vituli*）、水牛盲虱（*Solenopotes capillatus*）（牛）、绵羊颚虱（*L. ovillus*）、足颚虱（*L. pedalis*）和卵形颚虱（*L. oviformis*）（绵羊）和狭颚虱（*L. stenopsis*）（山羊）见图2-36，图2-38和图2-40。

4. 食毛目

牛毛虱[*Damalinia*（*Bovicola*）*bovis*]（牛）、绵羊毛虱（*Damalinia ovis*）（绵羊）、山羊毛虱（*Damalinia caprae*）、缘毛虱（*Damalinia limbatus*）和羊毛虱[*Damalinia*（*Holokartikos*）*crassipes*]（山羊）见图2-45。

5. 蚤目

禽角头蚤（*Echidnophaga gallinacea*）见图2-54。

猫栉首蚤（*Ctenocephalides felis*）可引起犊牛的严重病痛，曾报道可引起犊牛、羔羊和绵羊的死亡，主要发生于热带地区（图2-53）。

6. 蛛形纲

[后气孔亚目硬蜱科]　美洲花蜱（*Amblyomma americanum*）、卡延花蜱（*A. cajennense*）、斑点花蜱（*A. maculatum*）、无饰花蜱（*A. inornatum*）（墨西哥）、椭斑花蜱（*A. oblongoguttatum*）（美国中南部）和彩饰花蜱（*A. variegatum*）（从美国输入至加勒比，消除工作正在进行）见图2-69。

具环牛蜱（*Boophilus annulatus*）和微小牛蜱（*B. microplus*）见图2-84。具环牛蜱被认为是外来寄生虫，一旦发现于牛体应及时报告。

安氏革蜱（*Dermacentor Andersoni*）、白革蜱（*D. albipictus*）、西方革蜱（*D. occidentalis*）、棕色革蜱（*D. nigrolineatus*）、变异革蜱（*D. variabilis*）和马耳革蜱[*Dermacentor*（*Otocentor*）*nitens*]见图2-86至图2-88。

库氏硬蜱（*Ixodes cookie*）、太平洋硬蜱（*I. pacificus*）、肩突硬蜱（*I. scapularis*）见图2-70、图2-75和图2-78。

[后气门亚目软蜱科]　多刺耳蜱（*Otobius megnini*）（图2-73）幼虫和若虫寄生于耳。

皮革钝缘蜱（*Ornithodoros coriaceus*）和 *Ornithodoros turicata*（图2-72）只有采食时才爬到动物身上。

[无气门亚目]　疥螨（*S. scabiei*）（图2-100和图2-102）可引起严重的皮炎，特别是牛。

牛足螨（*Chorioptes bovis*）见图2-101、图2-109和图2-110。

绵羊痒螨（*Psoroptes ovis*）（图2-100，图2-107和图2-108）在美国大部分地区已根除，但该螨或其他非常相似的螨又在美国西南部的美洲驼、多种野生绵羊和牛的身体上出现。

[前气门亚目]　牛蠕形螨（*Demodex bovis*）、绵羊蠕形螨（*D. ovis*）和山羊蠕形螨（*D. caprae*）（图2-115，图8-7）在山羊和牛的皮肤上可引起很大的病变，每头动物可寄生数千螨虫。

生疥螨科（Psorergatidae）的牛生疥螨（*Psorobia bos*）（牛）和绵羊生疥螨（*Psorergates ovis*）（绵羊和山羊）为反刍动物疥螨。

恙螨科（图2-118至图2-120）恙螨，为自由生活成螨的幼虫，可引起严重的瘙痒，常寄生于耳内。

[非中气门亚目] 耳恙螨（*Raillietia auris*）（牛）和山羊恙螨（*Raillietia caprae*）（山羊）。耳螨虫见图2-96。

7. 原虫

球虫目贝氏贝诺孢子虫（*Besnoitia besno-iti*）为外来寄生虫。

8. 线虫

丝虫目的斯氏冠丝虫（*Stephanofilaria stilesi*）（6mm）成虫很小，寄生于腹部腹侧皮肤，为外来寄生虫。

丝虫目的牛副丝虫（*Parafilaria bovicola*）成虫寄生于皮下组织，可引起牛的"夏季出血"，为外来寄生虫。

丝虫目的喉瘤盘尾丝虫（*O. gutturosa*）、脾盘尾丝虫（*O. lienalis*）和牛盘尾丝虫（*O. bovis*），微丝蚴见于牛的真皮。

丝虫目的施氏膜脂丝虫（*E. schneideri*）微丝蚴可见于皮肤，常寄生于头部。

杆形目的类圆小杆线虫（*Rhabditis strongy-loides*）（图4-107，图8-72），如果动物在潮湿的垫草或垫料中歇息，其幼虫偶尔可进入动物的毛囊。

第八节　马的寄生虫

一、粪便中的虫体阶段

马的肠道寄生虫是一个独特的类群，球虫仅有2种，即顶复门的微小隐孢子虫（*C. parvum*）和留氏艾美耳球虫（*E. leuckarti*）（图7-69）；涤虫3种裸头科绦虫，即大裸头绦虫（*Anoplocephala magna*）、叶状裸头绦虫（*A. perfoliata*）和侏儒副裸头绦虫（*Paranoplocephala mamillana*）（图7-70）。线虫是马最大的寄生虫群体（图7-71），包括1种蛔虫，即马副蛔虫（*Parascaris equorum*）；2种蛲虫，即马尖尾线虫（*O. equi*）和胎生普氏线虫（*Probstmayria*

图7-69　留氏艾美耳球虫的未孢子化（左）和孢子化（右）卵囊（×425）

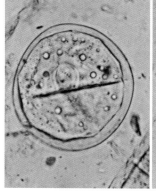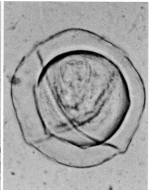

图7-70　大裸头绦虫（左）和叶状裸头绦虫（右）虫卵（×425）。六钩蚴包裹在梨形器内。侏儒副裸头绦虫虫卵仅有上述两种虫卵的3/4大小

vivipara）；1种杆状线虫，即韦氏类圆线虫（*Strongyloides westeri*），3种柔线科线虫，包括蝇柔线虫（*Habronema muscae*）、小口柔线虫（*Habronema microstoma*）和大口德拉希线虫（*Draschia megastoma*）；1种毛圆总科的线虫，即艾氏毛圆线虫（*T. axei*），以及圆线总科的多种圆线虫。虽然马不感染钩虫和鞭虫，但54种圆线虫足以对马造成极大影响。圆线虫呈世界性分布，同一马可同时自然感染12种以上。因此，马圆线虫卵的诊断难度尤为突出。然而，圆线虫的鉴别诊断可以通过粪便培养进行（图7-72）。

马粪便采用糖溶液漂浮时，多数寄生虫相对易于识别。马副蛔虫虫卵呈黄褐色，卵壁厚，呈亚球形，表面粗糙，内含单细胞。卵壳外蛋白层常部分或完全脱落，卵壳外露部分光滑而清晰。圆线虫卵的鉴别诊断尤为困难，需要借助粪便培

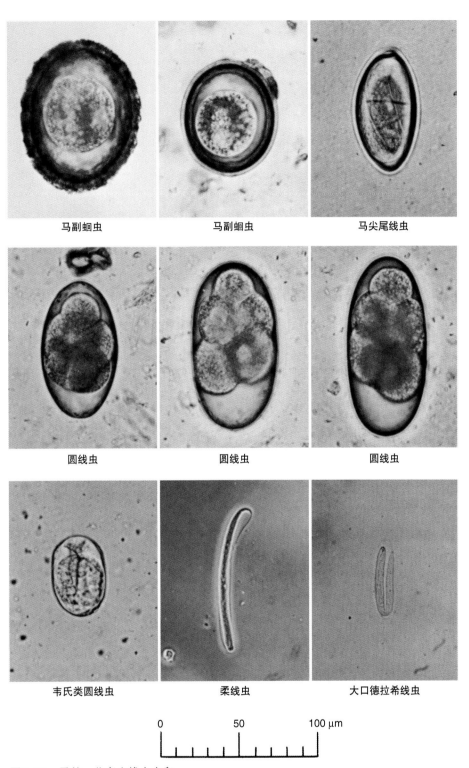

马副蛔虫　　　　　　马副蛔虫　　　　　　马尖尾线虫

圆线虫　　　　　　　圆线虫　　　　　　　圆线虫

韦氏类圆线虫　　　　柔线虫　　　　　大口德拉希线虫

0　　　　　50　　　　　100 μm

图7-71　马的一些寄生线虫虫卵

养和感染性第三期幼虫的鉴定（图7-72）。韦氏类圆线虫虫卵比圆线虫要小，在新鲜粪便中含有一个杆状幼虫。马尖尾线虫虫卵在肛门附近的刮取物中比粪便样品更容易发现。图中显示瞬间将玻璃纸的粘性面按在马的肛门采集虫卵，并粘贴到载玻片上制片观察（图7-71）。

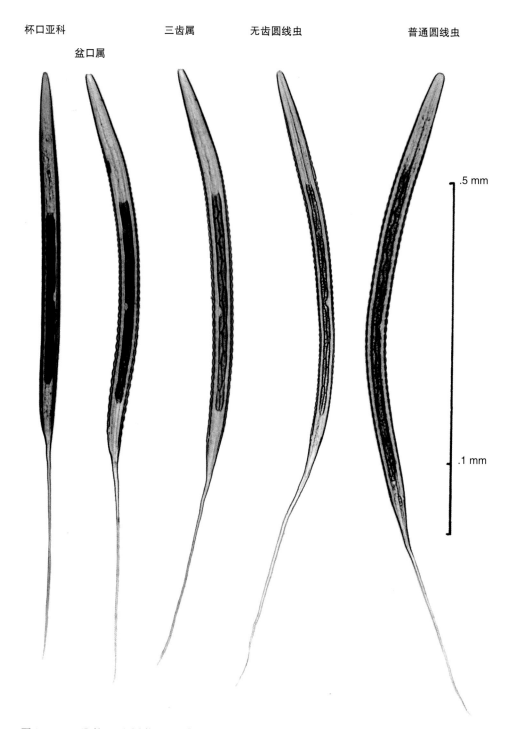

图7-72 马的一些圆线虫的感染性第三期幼虫。杯口亚科幼虫，以碗状杯口线虫（*Cyathostomum catinatum*）为代表，具有8个肠细胞。头辐首线虫（*Gyalocephalus capitatus*）（未显示）有12个肠细胞、盆口属（*Poteriostomum*）有16个、三齿属有18个（但在此显示的锯齿状三齿线虫仅有16个）、无齿圆线虫有18~20个、普通圆线虫有32个。其中普通圆线虫根据其大小和长柱状肠细胞易于与其他线虫区分

德拉希线虫、柔线虫和马绦虫的虫卵在各种漂浮液中漂浮效果一般都不是很好，因为这些虫卵易碎并且在普通漂浮液中难以漂浮。即使剖检时在同一动物体内发现成虫，人们以为应该有

大量虫卵存在，实际上也很难找到虫卵。德拉希属、柔线属虫卵呈雪茄形，内含一个蠕虫样胚，这些虫卵在粪便中很难发现。如果需要对胃线虫病进行生前诊断的话，可借助病媒接种诊断法，大口德拉希线虫和蝇柔线虫用家蝇幼虫，小口柔线虫用厩螫蝇幼虫。

二、马微丝蚴的鉴定

Jay Georgi博士绘制的马微丝蚴见图7-73。事实上，在使用伊维菌素和阿维菌素之后，马体内很难检测到常见的微丝蚴；常规使用伊维菌素可以减少微丝蚴的传播或抑制微丝蚴。

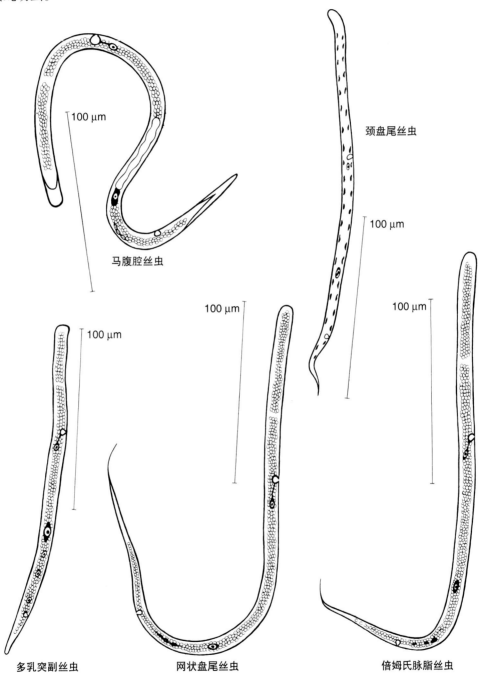

图7-73　寄生于马的丝虫微丝蚴。（With kind permission from Springer Sciences+Business Media: Parasitology research，Capillaria Böhmi spec. nov.，eine neue Haarwurmart aus den Stirnhöhlen des Fuchses，Vol 16，No 1，January 1953，Supperer R）

马丝状线虫（*Setaria equina*）带鞘微丝蚴可在血液样品中检出，其方法与前述检测犬恶丝虫微丝蚴的技术相同。

多乳头副丝虫（*Parafilaria multipapillosa*）微丝蚴可以在"夏季出血"症结节流出的血液中检出，该结节由雌虫成虫所致。此种微丝蚴长不足200μm，无鞘，后端圆形（Supperer，1953年）。

切除腹部白线附近的一小块皮肤置于生理盐水中，可检测马的颈盘尾丝虫（*Onchocerca cervicalis*），网状盘尾丝虫（*O. reticulata*）和伯氏血管线虫（*Elaeophora böhmi*）微丝蚴。这3种丝虫的微丝蚴可很快从真皮层逸出进入生理盐水中，将制备的材料放置过夜，可检出少量的微丝蚴。

颈盘尾丝虫的微丝蚴细长、柔弱，长为207～240μm。

网状盘尾丝虫长330～370μm，具有一个长鞭样尾部，尾端尖细。

伯氏血管线虫微丝蚴长300～330μm，与网状盘尾丝虫的差别是生殖细胞至尾尖之间的距离不同，网状盘尾丝虫超过140μm，而伯氏血管线虫不足120μm。

三、马属动物的寄生虫宿主器官清单

（一）消化系统

1. 口

[昆虫幼虫] 双翅目胃蝇科的肠胃蝇（*Gasterophilus intestinalis*）、鼻胃蝇（*G. nasalis*）和红尾胃蝇（*G. haemorrhoidalis*）（图2-22，图2-26至图2-30和图7-74）幼虫可寄生于舌、齿间袋和舌根部。

[原虫] 马毛滴虫（*Trichomonas equibuccalis*）（黏膜鞭毛虫）可见于后牙龈缘周围。

2. 胃

[线虫] 旋尾目的大口德拉希线虫（*D. megastoma*）、蝇柔线虫（*H. muscae*）和小口柔线虫（*H. microstoma*）（图4-136）寄生于胃，其中蝇柔线虫和小口柔线虫寄生于胃黏膜，而大口德拉希线虫寄生于胃褶缘的结节中（图7-74）。

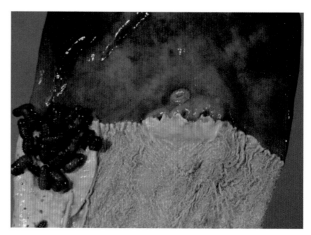

图7-74 肠胃蝇蛆附着于马胃，以及由大口德拉希线虫引起的皱褶病变

毛圆总科艾氏毛圆线虫（*Trichostrongylus axei*）（图4-70，图4-72）寄生可引起黏膜增生的肥大性胃炎，常与牛同时放牧有关。

[昆虫幼虫] 双翅目胃蝇科的肠胃蝇（*G. intestinalis*）（图2-22，图2-26至图2-30和图7-74）寄生于胃。

3. 小肠

[线虫] 蛔虫总科的马副蛔虫（*P. equorum*）（图7-71）长度为2.5～5cm，在常规驱虫后，剖检时仅发现小型虫体。

杆形目的韦氏类圆线虫（*S. westeri*）（图4-109，图7-71和图8-74）非常小，可以穿过肠黏膜。

[绦虫] 裸头科大裸头绦虫（*A. magna*）、侏儒副裸头绦虫（*P. mamillana*）（图4-51，图4-52和图7-70）。

[原虫] 顶复门的隐孢子虫可引起新生马驹的严重腹泻。

球虫目的留氏艾美耳球虫（*E. leuckarti*）（图7-69，图8-25）具有大型裂殖体和卵囊，可以在黏膜刮取物中检查到。

鞭毛虫类的贾第虫（图7-94）滋养体可在小肠前段黏膜表面的轻度刮取物中发现。

[昆虫]　双翅目胃蝇科鼻胃蝇（*G. nasalis*）和红尾胃蝇（*G. haemorrhoidalis*）幼虫可见于十二指肠。

4. 大肠

[线虫]　尖尾目的马尖尾线虫（*O. equi*）（150mm）和胎生普氏线虫（*P. vivipara*）（3mm）（图4-111至图4-113和图7-71）。马尖尾线虫（图7-75）由于雌虫爬出肛门引起尾部摩擦，所以最为常见。胎生普氏线虫几乎从未见到。

图7-75　剖检时从马体内发现的马尖尾线虫成虫

圆线科　马可寄生大约60种圆线虫，而且同一匹马可同时感染20种不同的圆线虫。

圆线亚科　普通圆线虫（*Strongylus vulgaris*）、无齿圆线虫（*S. edentatus*）、马圆线虫（*S. equinus*）、锯齿三齿线虫（*Triodontophorus serratus*）、短尾三齿线虫（*T. brevicauda*）、细颈三齿线虫（*T. tenuicollis*）、日本三齿线虫（*T. nipponicus*）、粗壮食管齿线虫（*Oesophagodontus robustus*）和锐尾盆口线虫（*Craterostomum acuticaudatum*）见图4-63、图7-76、图7-78和图7-79]。

杯口亚科　杯口属（*Cyathostomum*），杯环属（*Cylicocyclus*），杯冠属（*Cylicostephanus*），双冠属（*Cylicodontophorus*），盆口属（*Poteriostomum*），副盆口属（*Paraposteriostomum*），彼线属（*Petrovinema*），冠环属（*Coronocyclus*）和辐首属（*Gyalocephalus*）见图7-77至图7-87。

对杯口亚科线虫，仅凭口部特征就能将每个属区分开来。新鲜标本无需借助透明剂也可见到鉴定所需的细微结构。只需在标本上加一滴水然后盖上盖玻片即可。在简单制作的样本中，可滚动标本，以便观察虫体的背面和侧面。即使保存的标本也可用这种方式检查，只是没有新鲜标本清晰。为了容易比较，将极为相似的虫体放在一组进行图解。下述图片检索表中所用的分类系统采用J. Ralph Lichtenfels优秀专著《驯养马的蠕虫》（Proc Helminthol Soc Wash，42，1975）的命名法并进行了分类上的更新（Lichtenfels等，1998）。

[绦虫]　裸头科的叶状裸头绦虫（*A. perfoliata*）（图4-52和图7-70）主要见于盲肠，该绦虫也聚集于靠近回盲瓣的回肠，与回肠壁的溃疡和慢性炎症有关。

[昆虫]　双翅目胃蝇科的红尾胃蝇（*G. haemorrhoi-dalis*）幼虫离开肠道进入环境时，有时短暂吸附于肠道。

5. 肝脏

[线虫幼虫]　蛔科的马副蛔虫（*P. equorum*）感染性虫卵摄入后，幼虫可穿过肝脏进入肺脏。

无齿圆线虫（*S. edentatus*）和马圆线虫（*S. equinus*）（图8-79至图8-82）在排出之前将在肝脏移行一段时间。

[绦虫幼虫]　带科的细粒棘球绦虫（*E. granulosus*）（图4-44至图4-46和图8-64）棘球蚴在世界大多数地区的马体内罕见，特别是在美国。

6. 胰腺

[线虫]　圆线亚科的马圆线虫（*S. equinus*）（图8-82）幼虫在排出之前有时移行至胰腺。

7. 腹膜和腹腔

[线虫]　丝虫总科马圆线虫（*S. equinus*）（150mm）（图4-143，图7-73）成虫可寄生于腹腔。

圆线亚科无齿圆线虫（*S. edentatus*）（44mm）（图8-78至图8-81）幼虫可在此处移行。

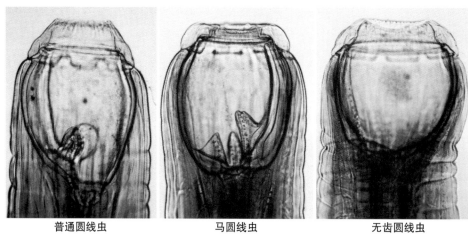

普通圆线虫	马圆线虫	无齿圆线虫

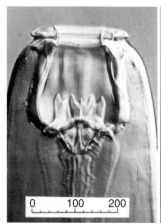  

短尾三齿线虫	锯齿三齿线虫	粗壮食道齿线虫

 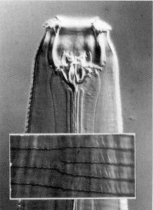 

日本三齿线虫	细颈三齿线虫	锤形辐首线虫

图7-76 圆线亚科线虫（大型圆线虫）和杯口亚科的头辐首线虫。普通圆线虫和粗壮食道齿线虫（×72），马圆线虫（×40），无齿圆线虫（×33），三齿属线虫和头辐首线虫（×112）（圆线虫的清洗和包埋采用乙二醇异丁烯酸法，参见Pijanowski等：Cornell Vet 62：333，1972）

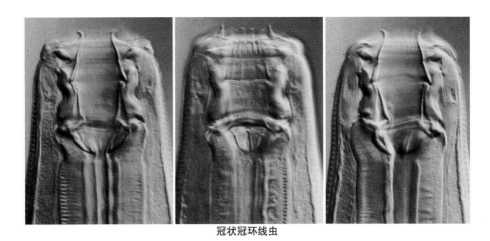

冠状冠环线虫

碗形冠环线虫

四刺杯口线虫

图7-77　杯口亚科成员。冠状冠环线虫（*Coronocyclus coronatus*）（上排）、碗形冠环线虫（*C. catinatum*）（中排）和四刺杯口线虫（*Cyathostomum tetracanthum*）（下排）头部的背腹面（左）、背面（中）和侧面（右）观（均×283）

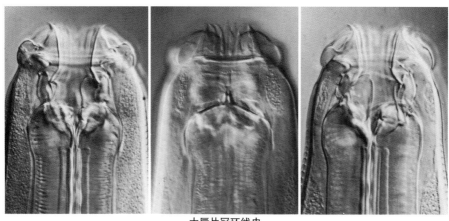

大唇片冠环线虫

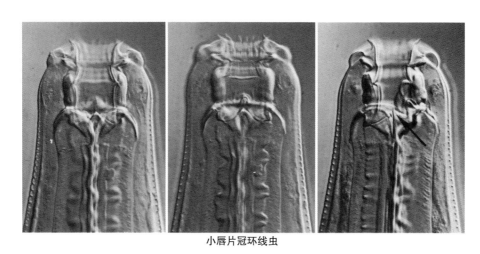

小唇片冠环线虫

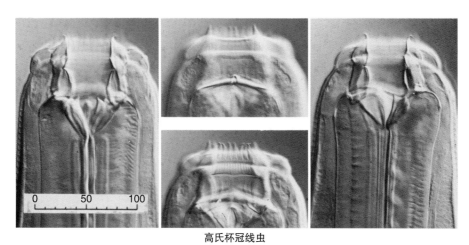

高氏杯冠线虫

图7-78 杯口亚科成员。大唇片冠环线虫（*Coronocyclus labiatus*）（上排）、小唇片冠环线虫（*Coronocyclus labratus*）（中排）和高氏杯冠线虫（*Cylicostephanus goldi*）（下排）头部的背腹面（左）、背面（中）和侧面（右）观（均×283）

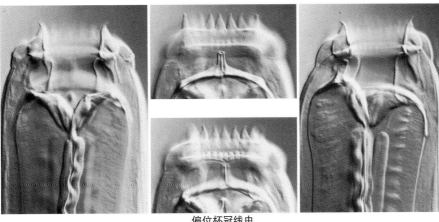

偏位杯冠线虫

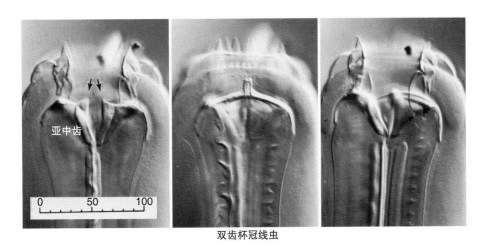

亚中齿

双齿杯冠线虫

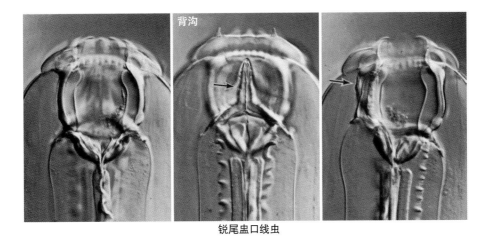

背沟

锐尾盅口线虫

图7-79　杯口亚科成员以及圆线亚科锐尾盅口线虫（*Craterostomum acuticaudatum*）。偏位杯冠线虫（*Cylicostephanus asymetricus*）（上排）、双齿杯冠线虫（*C. bidentatus*）（中排）和锐尾盅口线虫（下排）头部的背腹面（左）、背面（中）和侧面（右）观（均×283）

小杯杯冠线虫

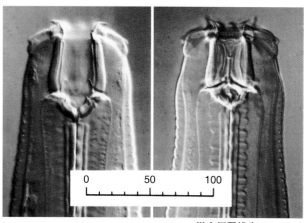

微小杯冠线虫

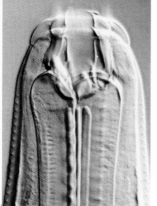

长伞杯冠线虫

图7-80 杯口亚科成员。小杯杯冠线虫（*Cylicostephanus calicatus*）（上排）、微小杯冠线虫（*C.minutus*）（中排）和长伞杯冠线虫（*C. longibursatus*）（下排）头部的背腹面（左）、背面（中）和侧面（右）观（均×425）

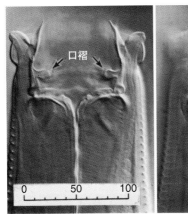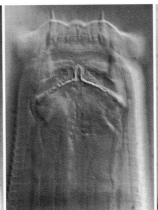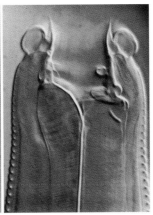

鼻状杯环线虫

阿氏杯环线虫

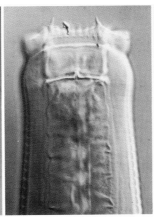

细口杯环线虫

图7-81　杯口亚科成员。鼻状杯环线虫（*Cylicocyclus nassatus*）（上排）、阿氏杯环线虫（*C. ashworthi*）（中排）和细口杯环线虫（*C. leptostomus*）（下排）头部的背腹面（左）、背面（中）和侧面（右）观（*C. nassatus*和*C. leptostomus*，×283，*C. ashworthi*，×242）

长形杯环线虫

显形杯环线虫

外射杯环线虫

图7-82 杯口亚科成员。长形杯环线虫（*Cylicocyclus elongatus*）（上排）、显形杯环线虫（*C. insigne*）（中排）和外射杯环线虫（*C. ultrajectinus*）（下排）头部的背腹面（左）、背面（中）和侧面（右）观（均×112）

外叶冠

食道漏斗

不等齿盆口线虫

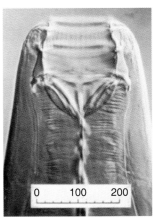

0　　　100　　　200

拉氏盆口线虫

麦氏副盆口线虫

图7-83　杯口亚科成员。不等齿盆口线虫（*Poteriostomum imparidentatum*）（上排）、拉氏盆口线虫（*P. ratzii*）（中排）和麦氏副盆口线虫（*Paraposteriostomum mettami*）（下排）头部的背腹面（左）、背面（中）和侧面（右）观（均×112）

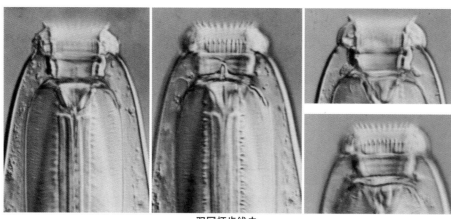

双冠杯齿线虫

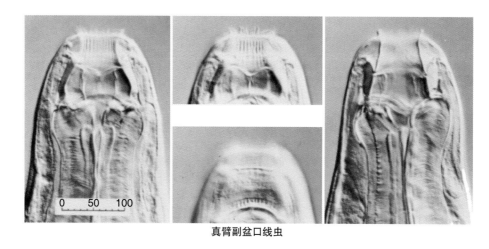

真臂副盆口线虫

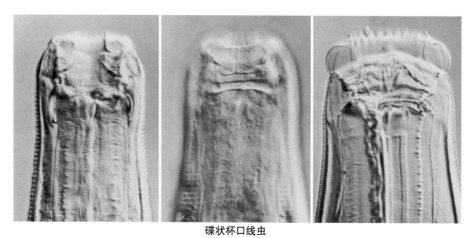

碟状杯口线虫

图7-84 杯口亚科成员。双冠杯齿线虫（*Cylicodontophorus bicoronatus*）（上排）、真臂副盆口线虫（*Paraposteriostomum euproctus*）（中排）和碟状杯口线虫（*Cyathostomum pateratum*）（下排）头部的背腹面（左）、背面（中）和侧面（右）观（均×170）

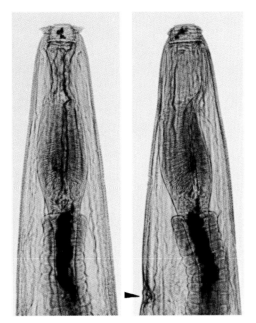

图7-85　耳状杯环线虫（*Cylicocyclus auriculatus*）（杯口亚科）（×50）。注意突出的外侧头乳突。箭头指示排泄孔的位置

图7-87　短口囊杯环线虫（*Cylicocy-clus brevicapsul-atus*），杯口亚科唯一常见种（×168）

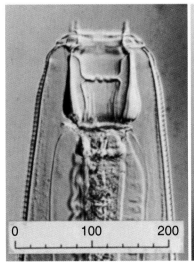

杯状彼得微线虫　　　　　　　辐射杯环线虫

图7-86　杯口亚科的成员

（二）呼吸系统

1. 副鼻窦

[昆虫幼虫]　狂蝇科的紫鼻蝇（*Rhinoestrus purpureus*）是一种外来的鼻蝇蛆。

2. 支气管和细支气管

[线虫]　毛圆总科的安氏网尾线虫（*Dictyocaulus arnfieldi*）（65mm）（图4-143，图7-73）可见于马属动物，驴可能有助于马属动物之间的持续感染。

3. 肺实质

[线虫]　无齿圆线虫（*S. edentatus*）（异常移行）见图8-78，图8-80。

蛔虫总科的马副蛔虫（*P. equorum*）幼虫在返

回肠道之前，通常在马体内从肝脏移行至肺脏。有许多幼虫在马体内不能发育为成虫，而是停留在肺脏导致嗜伊红细胞相关的病理变化。

（三）血管系统

1. 动脉

[线虫] 普通圆线虫（*S. vulgaris*）（图7-88，图7-89）通过肠系膜动脉壁移行，可对血管壁造成严重的损伤。

丝虫目伯氏血管线虫（*E. böhmi*）（图7-73）可见于主动脉和其他血管壁的内膜，为外来寄生虫。

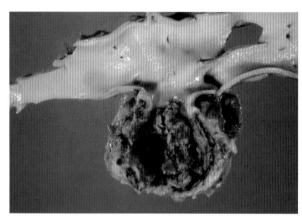

图7-88 外科手术中在马驹主动脉内发现的普通圆线虫引起的寄生虫性动脉炎和动脉瘤

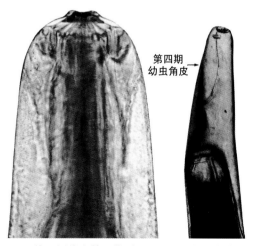

第四期
幼虫角皮→

图7-89 普通圆线虫第四期（左，×108）和未成熟的第五期（右，×38）幼虫，见于马的肠系膜动脉干的附壁血栓

2. 血液

[线虫微丝蚴] 丝虫目的马腹腔丝状线虫（*S. equina*）见图7-73。

[原虫] 梨形虫驽巴贝斯虫（*Babesia caballi*）（图3-29）可见于固定的红细胞中。

（四）骨骼肌和结缔组织

1. 线虫

毛线总科的旋毛虫（*T. spiralis*）第一期幼虫已在欧洲供人食用的育肥马体内发现。

丝虫目的颈盘尾丝虫（*O. cervicalis*）成虫可见于颈韧带。

2. 原虫

球虫目柏氏肉孢子虫（*S. bertrami*）和费氏肉孢子虫（*S. fayeri*）（表2-1，图8-32和图8-33）的肉孢子囊可见于肌纤维内。

3. 昆虫幼虫

双翅目皮蝇科的牛皮蝇（*H. bovis*）和纹皮蝇（*H. lineatum*）（图2-22）偶尔误入马属动物的背部皮下组织。

4. 线虫微丝蚴

丝虫目的颈盘尾丝虫（*O. cervicalis*）和网状盘尾丝虫（*O. reticulata*）（图8-111，图8-112）微丝蚴见于真皮。

（五）泌尿生殖系统

1. 肾脏

[线虫] 杆形目齿龈微细线虫（*Halicephalobus gingivalis*）雌虫和幼虫可见于马的各种内脏器官，肾脏最为常见。

[原虫] 球虫目的马克洛斯球虫（*Klossiella equi*）（图8-30）。

2. 睾丸

[线虫] 圆线亚科的无齿圆线虫（*S. edentatus*）（图8-78至图8-81）童虫有时可见于鞘膜。

（六）神经系统

脑和脊髓

[线虫]　圆线亚科的普通圆线虫（*S. vulgaris*）（图7-76，图7-89）第四期幼虫或童虫可在此处错误移行，甚至一条虫便可导致致死性神经系统疾病。

丝虫总科的腹腔丝虫（*Setaria*）（图4-32，图4-33和图7-73）的错误移行可出现神经系统疾病，似乎在亚洲最常见。

杆形目的齿龈微细线虫（*H. gingivalis*）可引起致死性的神经系统疾病。

旋尾目的大口德拉希线虫（*D. megastoma*）（Mayhew 等，1983）。

[昆虫]　双翅目皮蝇科的牛皮蝇（*H. bovis*）和纹皮蝇（*H. lineatum*）幼虫可在非典型马属动物宿主体内错误移行，一条幼虫便可引起致死性神经系统疾病。

[原虫]　顶复门的脑肉孢子虫（*Sarcocystis neurona*）是马属动物原虫性脑脊髓炎（EPM）的病原体。

（七）眼

[线虫]　旋尾目的泪管吸吮线虫（*Thelazia lacrymalis*）（图4-132）可见于结膜囊和泪管。

旋尾目的大口德拉希线虫（*D. megastoma*）和柔线属（*Habronema*）线虫幼虫可引起柔线虫性结膜炎。

盘尾属（*Onchocerca*）线虫微丝蚴见图7-73。

（八）皮肤和被毛

1. 昆虫

双翅目蝇科秋家蝇（*M. autumnalis*）和厩螫蝇（*S. calcitrans*）见图2-13和图2-14。

双翅目虱蝇科的马虱蝇（*Hippobosca equina*）和鹿羊虱蝇（*Lipoptena cervi*）（图2-17）为马的蝉蝇。马虱蝇在美国相对少见。鹿羊虱蝇在鹿非常普遍，但是在马体内少见。

双翅目胃蝇科的肠胃蝇（*G. intestinalis*）、鼻胃蝇（*G. nasalis*）和红尾胃蝇（*G. haemorrhoidalis*）。当雌蝇在被毛上产卵时，可在马的周围盘旋。

双翅目虻科的虻属（*Tabanus*）和斑虻属（*Chrysops*）种类（图2-10，图2-11）在强烈阳光下长时间叮咬，可引起疼痛。

虱目的驴血虱（*Haematopinus asini*）。

食毛目丝角亚目的马毛虱（*Damalinia equi*）。

蚤目的禽角头蚤（*E. gallinacea*）见图2-54。

半翅目锥蝽亚科的吸血锥蝽（*Triatoma sanguisuga*）（图2-63）。

2. 昆虫幼虫

双翅目的牛皮蝇和纹皮蝇（图2-22）幼虫可见于鞍区的皮下组织。

3. 蛛形纲

后气孔亚目硬蜱科的花蜱属（*Amblyomma*）、暗眼蜱属（*Anocentor*）、牛蜱属（*Boophilus*）、革蜱属（*Dermacentor*）、血蜱属（*Haemaphysalis*）、璃眼蜱属（*Hyalomma*）、硬蜱属（*Ixodes*）、扇头蜱属（*Rhipicephalus*）见图2-74和图2-91。

无气门亚目疥螨科的疥螨（*S. scabiei*）见图2-100和图2-102。

无气门亚目痒螨科的绵羊痒螨（*P. ovis*）和牛痒螨（*C. bovis*）见图2-100，图2-101和图2-107至图2-110。

前气门亚目的恙螨科见图2-118至图2-120。

前气门亚目的马蠕形螨（*Demodex equi*）见图2-115。

4. 线虫微丝蚴和幼虫

丝虫目的多乳头副丝虫（*P. multipapillosa*）（图7-73）微丝蚴可见于溃疡结节的渗出液中。

丝虫目的颈盘尾丝虫（*O. cervicalis*）和网状盘尾丝虫（*O. reticulata*）见图7-71，图8-111和图8-112。如果未用阿维菌素治疗，其微丝蚴几乎普遍存在于马的皮肤，尤其是腹部真皮层。

杆形目的类圆小杆线虫（*R. strongyloides*）见

图4-107。如果马术后卧在稻草上1~2d的话，该虫可引起马的皮炎。

旋尾目的大口德拉希线虫（*D. megastoma*）、蝇柔线虫（*H. muscae*）和小口柔线虫（*H. microstoma*）幼虫在皮肤创伤、容易潮湿的部位及眼结膜处可引起高度增生的肉芽肿性反应。

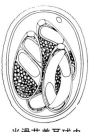
极细艾美耳球虫

猪艾美耳球虫

光滑艾美耳球虫

豚艾美耳球虫

粗糙艾美耳球虫

有刺艾美耳球虫

新蒂氏艾美耳球虫

蒂氏艾美耳球虫

猪等孢球虫

图7-90　猪的8种艾美耳球虫和1种囊等孢球虫的孢子化卵囊（引自 Vetterling JM: J Parasitol 51:909，1965）

第九节　猪的寄生虫

一、粪便中的虫体阶段

猪肠道原虫包括8种艾美耳球虫和猪囊等孢球虫（*Cystoisospora suis*）（图7-90）、猪隐孢子虫（*Cryptosporidium suis*）、波氏内阿米巴（*Entamoeba polecki*）、布氏嗜碘变形虫（*Iodamoeba buetschlii*）、微小内蜒阿米巴（*Endolimax nana*）、贾第虫（*Giardia*）、其他鞭毛虫，以及很常见的结肠小袋纤毛虫（*B. coli*）（图3-8）。除了艾美耳球虫、囊等孢球虫和隐孢子虫之外，其他大多数寄生虫在糖溶液漂浮中由于变形而观察不到。

在猪的粪便中有许多常见的虫卵，包括线虫卵和棘头虫虫卵（图7-91）。蛔科的猪蛔虫（*A. suum*）受精卵具有一个粗糙的、胆汁染过的蛋白质外层。未受精卵较为常见，比受精卵稍长且壳薄，卵壳中间层较薄、中间部分紊乱。旋尾科的似蛔属（*Ascarops*）和泡首属（*Physocephalus*）线虫虫卵壳厚、内含幼虫。杆形目的兰氏类圆线虫（*Strongyloides ransomi*）虫卵与乳突类圆线虫的虫卵相似，壳薄，内含幼虫（图7-58）。

猪粪便中的圆线虫卵可能有毛圆总科的红色猪圆线虫（*Hyostrongylus rubidus*）、圆线总科的食道口线虫、钩口总科的锥尾球首线虫（*Globocephalus urosubulatus*）或美洲板口线虫（*Necator americanus*），其中前两种最为常见。

猪的后圆线虫与许多其他寄生虫相比并不常见，因后圆线虫以蚯蚓而不是软体动物作为中间宿主。与家畜的大多数后圆线虫不同，野猪后圆线虫（*Metastrongylus apri*）、萨氏后圆线虫（*M. salmi*）以及复阴后圆线虫（*M. pudendotectus*）虫卵小，呈亚球形，内含一个幼虫。毛线总科的猪毛尾线虫（*Trichuris suis*）寄生于盲肠和结肠黏膜，为该属的代表种，与人的鞭形毛尾线虫（*T. trichiura*）几乎一致，比犬的狐毛尾线虫（*T. vulpis*）虫卵要小。棘头虫纲的蛭形巨吻棘头虫（*M. hirudinaceus*）虫卵有3层呈同心圆样的椭圆形卵壳，围绕着棘头蚴胚。

二、尿液中的虫体阶段

圆线总科的有齿冠尾线虫（*S. dentatus*）虫卵大、含桑葚胚，见于感染猪的尿液样品。最后排出的尿液含有高密度的虫卵。

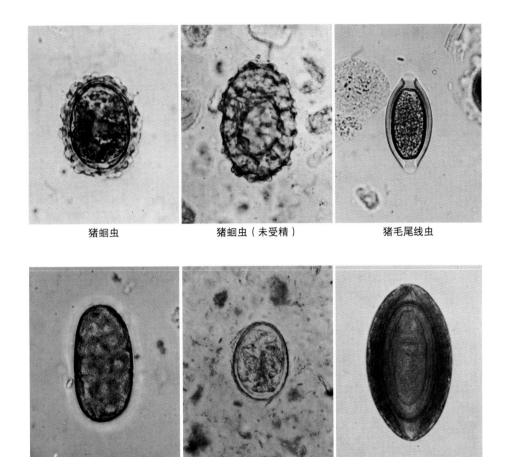

| 猪蛔虫 | 猪蛔虫（未受精） | 猪毛尾线虫 |

| 圆线虫 | 后圆线虫 | 蛭形巨吻棘头虫 |

图7-91 猪的一些寄生虫虫卵（×425）

三、旋毛虫检查

1. 压片制作

旋毛虫中度和重度感染的诊断，可将少量肌肉组织在两个载玻片之间挤压，然后在低倍镜下扫描检查即可。膈肌和咬肌最有可能发现旋毛虫。

①分离少量的肉片并置于载玻片上。

②盖上第二张载玻片，并用食指和拇指挤压两张玻片，即成压制的肉片样品。

③当需要保持压力时，用黏性胶带将玻片的两端缠紧。

④修剪两个玻片之间因挤压而伸出的肌肉，以免污染显微镜载物台。

⑤在低倍镜下检查整个视野。如果存在幼虫，很容易观察到（图7-92）。注意：此方法也适用于其他组织内寄生虫，如绵羊和食肉动物的小型肺丝虫和弓蛔虫幼虫包囊等。

图7-92 大鼠肌肉新鲜消化标本中的旋毛虫包囊

2. 组织消化

胃液消化可用于检测轻度感染的旋毛虫以及组织内其他线虫。胃液可消化肌肉组织但不会消化旋毛虫幼虫。酸性胃蛋白酶溶液配制如下：100mL蒸馏水中含0.2g颗粒状胃蛋白酶和1.0mL浓盐酸。

①称取4g肌肉组织样品，并用手术刀切碎。

②添加100mL酸性胃蛋白酶溶液，于37℃静置1~6h。

③小心倾去过量的上清液，悬浮沉淀，转移至一培养皿。

④置于解剖显微镜下计数幼虫。用巴斯德吸管吸出幼虫在复式显微镜下做进一步鉴定。

四、猪的寄生虫宿主器官清单

（一）消化系统

1. 口和食道

[线虫] 旋尾目美丽筒线虫（*G. pulchrum*）（150mm）见图4-133、图4-134和图7-105。

毛线总科的伽氏真鞘线虫[*Eucoleus（Capillaria）garfiai*]可见于野猪的舌上皮。

2. 胃

[线虫] 旋尾目六翼泡首线虫（*Physocephalus sexalatus*）（图4-135）、圆形似蛔线虫（*Ascarops strongylina*）、刚刺颚口线虫（*Gnathostoma hispidum*）（图4-129）和奇异西蒙线虫（*Simondsia paradoxa*）。

毛圆总科的红色猪圆线虫（*H. rubidus*）（9mm）和三尖壶肛线虫（*O. tricuspis*）（1mm）见图4-78，图4-79。

毛线总科的猪胃毛细线虫[*Aonchotheca（Capillaria）gastrosuis*]见图7-52。

3. 小肠

[线虫] 蛔虫总科的猪蛔虫（*A. suum*）（410mm）（图4-114至图4-116，图7-52和7-93）。

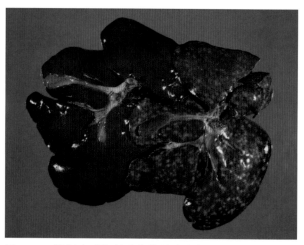

图7-93 猪蛔虫感染所致的猪肝脏病变（右图），左边为正常肝脏

钩口总科的尖尾球首线虫（*G. urosubulatus*）（6mm）见图4-94。

小杆目的兰氏类圆线虫（*S. ransomi*）（5mm）见图4-108和图4-109。

毛形总科的旋毛虫（*T. spiralis*）（4mm）见图4-148至图4-150和图7-92。

[棘头虫] 蛭形巨吻棘头虫（*M. hirudinaceus*）（470mm）见图4-155。

[原虫] 球虫目的蒂氏艾美耳球虫（*Eimeria debliecki*）以及其他10种艾美耳球虫，其感染通常无临床症状。

球虫目的猪囊等孢球虫（*Cystoisospora suis*）可引起仔猪的小肠炎。

顶复门猪隐孢子虫（*Cryptosporidium suis*）。

黏膜鞭毛虫贾第虫（*Giardia*）（图3-6，图7-94），其感染通常无临床症状。

4. 盲肠和结肠

[线虫] 圆线总科的有齿食道口线虫（*Oesophagostomum dentatum*）、短尾食道口线虫（*O. brevicaudum*）、佐治亚食道口线虫（*O. georgianum*）和长尾食道口线虫（*O. quadrispinulatum*）图4-86和图4-87）。

毛形总科的猪毛尾线虫（*T. suis*）（图4-151至图4-153和图7-91）。

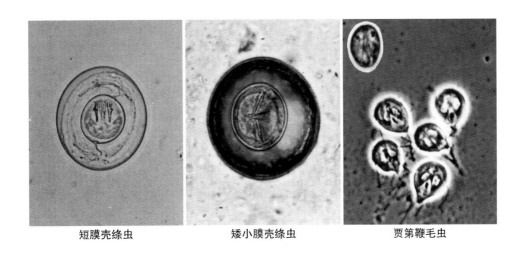

短膜壳绦虫   矮小膜壳绦虫   贾第鞭毛虫

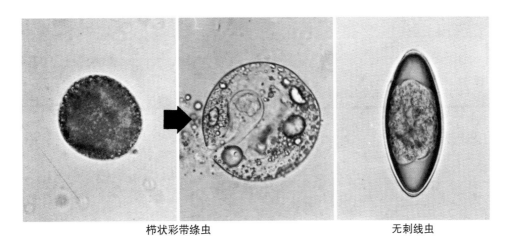

栉状彩带绦虫   无刺线虫

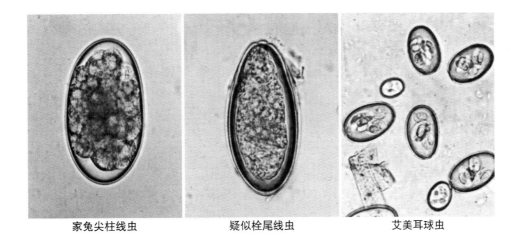

家兔尖柱线虫   疑似栓尾线虫   艾美耳球虫

图7-94 实验小鼠、大鼠和兔的常见寄生虫。更详细的实验动物寄生虫宿主器官清单参看正文内容。小鼠和大鼠：感染啮齿动物的膜壳科短膜壳绦虫（*Hymenolepis nana*）和缩小膜壳绦虫（*Hymenolepis diminuta*）也是人体寄生虫；感染大鼠的短膜壳绦虫直接感染人类，该虫不需要中间宿主。多种甲虫和蟑螂是缩小膜壳绦虫的中间宿主，也可作为短膜壳绦虫的中间宿主。鞭毛虫纲贾第虫滋养体（中间5个虫体）和包囊（左上）为小鼠常见的寄生虫。兔：裸头科栉状彩带绦虫（*Cittotaenia ctenoides*）虫卵常呈无规则的球形（箭头左边），被盖玻片压碎后六钩蚴和梨形器才显现出来（箭头右边）。家兔尖柱线虫（*Obeliscoides cuniculi*）虫卵为典型的圆线虫虫卵。尖尾科兔栓尾线虫（*Passalurus ambiguus*）虫卵稍不对称，在其一端有一帽状结构。艾美耳球虫的孢子化卵囊。不要将点滴复膜酵母（*Saccharomycopsis guttulatus*）（图7-6）看作兔的真寄生虫。贾第虫为×1 000，其他均为×425

[原虫] 波氏内阿米巴虫（*E. polecki*）、微小内蜓阿米巴（*E. nana*）、布氏嗜碘阿米巴（*I. buetschlii*）及其他阿米巴，多数与宿主之间是共生关系。

黏膜鞭毛虫的迈氏唇鞭毛虫（*Chilomastix mesnili*）、巴特里四毛滴虫（*Tetratrichomonas buttreyi*）、圆形放射鞭毛虫（*Trichomitus rotunda*）和猪三毛滴虫（*Tritrichomonas suis*），多数与宿主之间为共生关系。

纤毛虫类结肠小袋纤毛虫（*B. coli*）（图3-8）为共生生物，偶尔可引起大肠炎。

5. 肝脏、胰腺和腹腔

[线虫幼虫] 蛔虫总科的猪蛔虫（*A. suum*）（图4-116）幼虫移行可导致肝脏表面形成"乳斑"病变。

圆线总科的有齿冠尾线虫（*S. dentatus*）幼虫可在肝脏和胰腺移行见图4-91。

[吸虫] 片形科的肝片吸虫（*F. hepatica*）和大片吸虫（*F. gigantica*）见图4-2和图4-11。

[绦虫幼虫] 在美国，极少见到带科细粒棘球绦虫（*E. granulosus*）见图4-44至图4-46和图8-64的棘球蚴。

带科的泡状带绦虫（*T. hydatigena*）（图4-48）囊尾蚴偶尔可以见到，主要是野猪。

（二）呼吸系统

1. 支气管和细支气管

[线虫] 后圆科的野猪后圆线虫（*M. apri*）、萨氏后圆线虫（*M. salmi*）和复阴后圆线虫（*M. pudendotectus*）（图4-99）可引起猪的呼吸困难。

2. 肺实质

[线虫幼虫] 蛔虫总科的猪蛔虫（*A. suum*）（图4-116）幼虫穿过肝脏后移行到肺，并由于对虫道的反应而引起疾病。

[绦虫幼虫] 带科细粒棘球绦虫（*E. granulosus*）棘球蚴（图4-44至图4-46和图8-64）在美国似乎极为罕见。

[吸虫] 隐孔科克氏并殖吸虫（*Paragonimus kellicotti*）（图4-14，图4-15和图7-36B）是野猪极为重要的寄生虫，当饲喂喇蛄时极易感染。

（三）骨骼肌和结缔组织

1. 线虫幼虫

毛形总科的旋毛虫（*T. spiralis*）（图7-92和图8-116）幼虫即使每克猪肉中大量存在也不出现任何临床症状。

2. 绦虫幼虫

带科的猪带绦虫（*Taenia solium*）（图8-60）囊尾蚴寄生于肌肉中，在人可能感染成虫的地区是一个潜在的问题，尤其是某些发展中国家作为动物管理人员这些与猪接触较多的人群。囊尾蚴可导致胴体废弃。

裂头科的类曼氏迭宫绦虫（*S. mansonoides*）（图4-31和图8-68）裂头蚴可寄生于猪，猪可作为该绦虫的转续宿主。

3. 吸虫幼虫

双穴科翼形属（*Alaria*）吸虫（中尾蚴）。

4. 原虫

球虫目的猪肉孢子虫（*S. miescheriana*）、猪猫肉孢子虫（*S. porcifelis*）和猪人肉孢子虫（*S. suihominis*）（表2-1，图8-32和图8-33）包囊寄生于猪的肌肉。

（四）泌尿生殖系统

[线虫] 圆线目的有齿冠尾线虫（*S. dentatus*）（45mm）（图4-91），白色粗短，可见于肾脏、输尿管、膀胱、肾周围脂肪、猪排、脊椎管以及错误移行的其他地方。

（五）皮肤和被毛

1. 昆虫

双翅目的家蝇属（*Musca*）和螫蝇属（*Stomoxys*）（图2-13，图2-14）。

虱目的猪血虱（*Haematopinus suis*）见图2-37。

蚤目的致痒蚤（*P. irritans*）、禽角头蚤（*E. gallinacea*）和钻潜蚤（*Tunga penetrans*）见图2-54、图2-56和图2-62。

2. 蛛形纲

后气门亚目的蜱见图2-74和图2-91。

无气门亚目的猪疥螨（*S. scabiei*）（图2-100和图2-102）仍然是养猪业棘手的一个问题。

前气门亚目的猪蠕形螨（*Demodex phylloides*）（图2-115）大量寄生时可引起猪的丘疹。

第十节　实验动物的寄生虫

某些寄生虫当其宿主成为实验动物一员时，将永远失去完成生活史的机会。虽然寄生虫可以限制其中间宿主作为实验对象，但是这些寄生虫已没有继续控制的必要。例如，犬恶丝虫感染致使犬不能作为循环系统和呼吸系统的实验动物，但在有蚊子的情况下，必须限制其接触实验动物。另一方面，即使是健康的实验动物群体，仍然保持着相当数量的节肢动物、原虫和蠕虫感染，尤其是被毛螨虫、黏膜鞭毛虫、球虫、膜壳绦虫和鞭虫。下面将不完整地概述实验兔、大鼠、小鼠、豚鼠、猴子和猿类的一些常见寄生虫。

一些常见的啮齿动物和兔的寄生虫见图7-94。

一、兔的常见寄生虫宿主器官清单

（一）消化系统

1. 胃

[线虫] 毛圆总科的兔尖柱线虫（*Obeliscoides cuniculi*）和条纹细纹线虫（*Graphidium strigosum*）（18～20mm）（图7-95），其交合刺长分别为0.54mm和2.4mm。

2. 肠道

[线虫] 毛圆总科的曲型毛圆线虫（*Trichostrongylus retortaeformis*）和兔细颈线虫

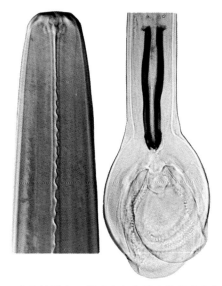

图7-95　兔尖柱线虫口端（左）和雄虫的交合伞与交合刺（右）（×120）

（*Nematodirus leporis*）见图4-70和图4-72。

小杆目的乳突类圆线虫（*S. Papillosus*）（6mm）。

尖尾目的安比瓜栓尾线虫（*Passalurus ambiguus*）（11mm）见图4-110。

毛形总科的兔毛尾线虫（*T. leporis*）。

[绦虫] 裸头科的栉状彩带绦虫（*Cittotaenia ctenoides*）见图7-94。

[原虫] 球虫目的艾美耳球虫（图7-94），10种艾美耳球虫寄生于肠上皮，可引起腹泻和消瘦。

阿米巴类兔内阿米巴（*Entamoeba cuniculi*），无致病性。

3. 肝脏和腹腔

[原虫] 球虫目的斯氏艾美耳球虫（*E. stiedae*）引起肝球虫病（图8-28）。

[绦虫幼虫] 带科的豆状带绦虫（*T. pisiformis*）（图7-96）囊尾蚴最初移行穿过肝脏，但最终在腹腔定居并发育为成虫。

（二）皮肤和被毛

蛛形纲

无气门亚目的兔痒螨（*Psoroptes cuniculi*）（图2-100，图2-107，图2-108和图7-97）可引

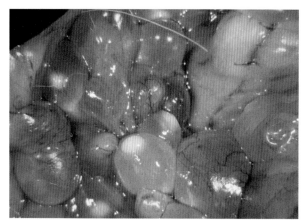

图7-96 实验感染家兔腹腔内豆状带绦虫的囊尾蚴

起兔的严重耳溃疡。

疥螨属（*Sarcoptes*）和足螨属（*Chorioptes*）见图2-102至图2-109。

牦螨科（Listrophoridae）的隆背兔螨（*Leporacarus gibbus*）见图7-98。

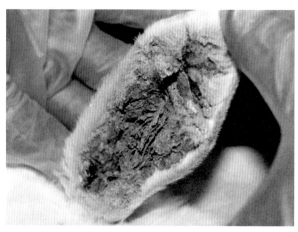

图7-97 感染兔痒螨的兔耳

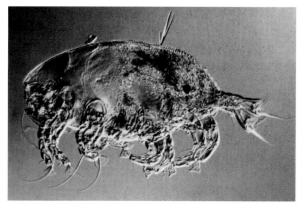

图7-98 粘在兔毛上的隆背兔螨（×100）（Stephen Weisbroth博士惠赠）

前气门亚目的寄食姬螯螨（*Cheyletiella parasitovorax*）见图2-116。

二、大鼠的常见寄生虫宿主器官清单

（一）消化系统

1. 胃和肠

[线虫] 毛圆总科的巴西日圆线虫（*Nippostrongylus brasiliensis*）（6mm）见图7-99。

图7-99 巴西日圆线虫。A. 雄虫交合伞和交合刺（×125）；B.雄虫尾端（×150）；C.食道区（×150）

小杆目的鼠类圆线虫（*Strongyloides ratti*）见图4-109。

旋尾目的瘤筒线虫（*Gongylonema neoplasticum*）见图7-105。

尖尾目的鼠管状线虫（*Syphacia muris*）和鼠无刺线虫（*Aspiculuris ratti*）。

蛔目的海绵异刺线虫（*Heterakis spumosa*）（16mm）。

毛形总科的旋毛虫（*T. spiralis*）见图4-148。

毛形总科的鼠毛尾线虫（*Trichuris muris*）。

[绦虫] 膜壳科的缩小膜壳绦虫（*Hymen-olepis*

diminuta）（图7-94）头节无钩。

[原虫]　球虫目的尼氏艾美耳球虫（*Eimeria nieschultzi*）和其他种类见图7-94。

黏膜鞭毛虫贾第虫见图7-94。

2. 肝脏

[线虫]　毛形总科的肝毛细线虫[*Calodium*（*Capillaria*）*hepaticum*]（图8-117）。

[绦虫幼虫]　带科的带状带绦虫（*T. taeniaeformis*）见图8-61。

[原虫]　疟原虫类鼠肝簇虫（*Hepatozoon muris*）在肝细胞内进行裂殖生殖，配子体可见于循环血液的单核细胞。其传播媒介为中气门亚目的毒棘厉螨（*Echinolaelaps echidninus*）。

（二）泌尿生殖系统

线虫

毛形总科的粗尾毛体线虫（*Trichosomoides crassicauda*）（图3-142，图8-120）穿行于膀胱上皮细胞，雄虫生活于雌虫的生殖系统。

（三）毛发

1. 昆虫

虱目的棘多板虱（*Polyplax spinulosa*）见图7-101。

蚤目的印鼠客蚤（*Xenopsylla cheopis*）见图2-55。

2. 蜘蛛类

中气门亚目的柏氏禽刺螨（*Ornithonyssus bacoti*）。

前气门亚目的大鼠螨（*Radfordia ensifera*）。

无气门亚目的鼠背肛螨（*Notoedres muris*）（图2-103，图2-104）。

三、小鼠的常见寄生虫宿主器官清单

1. 消化系统

胃和肠

[原虫]　鼠隐孢子虫（*Cryptosporidium muris*）（胃）和微小隐孢子虫（小肠）（图3-17，安氏隐孢子虫；图3-18，微小隐孢子虫）。

[线虫]　毛圆总科的疑似旋形线虫（*Heligmosomoides polygyrus*）（同物异名：*Nematospiroides dubius*）为淡红色，紧密卷曲。

毛圆总科的巴西日圆线虫（*N. brasiliensis*）（6mm）（图7-99）。

尖尾总科的小鼠管状线虫（*Syphacia obvelata*）和四翼无刺线虫（*Aspiculuris tetraptera*）（图7-100）。

图7-100　小鼠蛲虫：鼠管状线虫雄虫（左图）和四翼无刺线虫（*Aspiculuris tetraptera*）前端（右图）（×80）

蛔目的海绵异刺线虫。

毛形总科的鼠毛尾线虫（*T. muris*）。

[绦虫]　膜壳科的短膜壳绦虫（*H. nana*）和长膜壳绦虫（*H. diminuta*）（图7-94），短膜壳绦虫头节具钩，而长膜壳绦虫则无钩。

2. 泌尿生殖系统

肾脏

[原虫]　球虫目的鼠克罗斯球虫（*Klossiella muris*）常见于组织切片。

3. 皮肤和被毛

[昆虫]　虱目的锯缘鳞虱（*Polyplax serrata*）见图

2-41。

[蛛形纲] 前气门亚目的鼷鼠肉螨（*Myobia musculi*）和亲近雷螨（*Radfordia affinis*）（图2-117）。肉螨不会离开死亡的宿主，尸体必须用双目显微镜仔细检查才能发现虫体。

无气门亚目的鼠癣螨（*Myocoptes musculinus*）见图2-113。

中气门亚目的柏氏禽刺螨（*O. bacoti*）和血异刺皮螨（*Allodermanyssus sanguineus*）[图2-92，北方禽刺螨（*Ornithonyssus sylviarum*）]。

四、豚鼠的常见寄生虫宿主器官清单

1. 呼吸系统

[线虫] 尖尾目的有钩副盾皮线虫（*Paraspidodera uncinata*）。

[绦虫] 短膜壳绦虫（*H. nana*）见图7-94。

[原虫] 球虫目的豚鼠艾美耳球虫（*E. caviae*）。

小袋纤毛虫见图7-102和图3-8。

威瑞隐孢子虫（*Cryptosporidium wrairi*）（图3-18，微小隐孢子虫）。

2. 皮肤和被毛

[昆虫] 食毛目的豚鼠长虱（*Gliricola porcelli*）、豚鼠圆羽虱（*Gyropus ovalis*）和多刺毛鸟虱（*Trimenopon hispidum*）（图7-103，图2-50）。

[蛛形纲] 无气门亚目的豚鼠背毛螨（*Chirodiscoides caviae*）（图2-112）。

无气门亚目的豚鼠疥螨（*Trixacarus caviae*）可引起豚鼠严重的疥癣，可以致死。

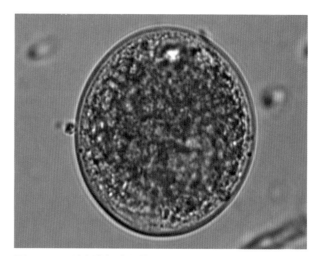

图7-102 豚鼠粪便中的结肠小袋纤毛虫包囊

图7-103 感染豚鼠长虱的豚鼠

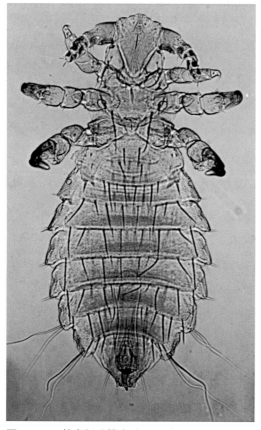

图7-101 棘多板虱雄虫（×108）

第十一节　猿猴的寄生虫

猴体内发现的寄生虫取决于猴子的种类以及地域来源，以及捕获后被关的时间和环境条件。某些寄生虫（如类圆线虫和食道口线虫）在捕获的猴体内非常多；而另一些寄生虫，特别是那些不再有天然中间宿主的寄生虫，将趋于消失。在混合群体中，那些不分宿主的寄生虫有可能传播给猴，但是由于地理和生态原因，在野外极少或从不感染猴。由于缺乏宿主与寄生虫的相互适应，这种交叉感染更容易引起疾病。因此，以下列举了猴子和猿类常见的寄生虫，未强调是自然宿主或地理来源。

粪便中的虫体阶段

灵长类寄生虫的一些虫卵见图7-104。许多寄生虫可同时感染人，可参考《人体寄生虫图册》（Ash和Orihel，1990）来鉴定。

（一）消化系统

1. 线虫

小杆目的寄生头叶线虫（*Cephalobus parasiticus*）。猕猴（可能还有其他种类）胃肠内这些无害的寄生虫类似于自由生活世代的类圆线虫。在粪便检查时，这些杆状蚴可能与类圆线虫幼虫相混淆。然而，它们不会发育成丝状蚴，因此可以通过粪便培养来解决这个难题。

小杆目费氏类圆线虫（*Strongyloides fuelleborni*）和粪类圆线虫（*S. stercoralis*）（图4-109）。猿猴的类圆线虫病对人类健康有危害。

毛圆总科的猴胃线虫（*Nochtia nochti*）。虫体鲜红色，可位于或突出于胃幽门前区的胃乳头内。猴胃线虫组织切片的横切面可出现16种不同的纵脊和具沟的侧翼。

毛圆总科的毛圆属（*Trichostrongylus*）、莫林属（*Molineus*）和细颈属（*Nematodirus*）线虫见图4-72。

圆线总科的猴食道口线虫（*O. apiostomum*）、猩猩食道口线虫（*O. stephanostomum*）和缩小三齿线虫（*Ternidens deminutus*）见图4-63和图7-105。粗壮的"结节虫"具有叶冠和颈沟。

钩口总科的板口属（*Necator*）、钩口属（*Ancylostoma*）和球首属（*Globocephalus*）线虫见图4-94和图4-95。

蛔虫总科的人蛔虫（*A. lumbricoides*）见图4-114。

毛形总科的毛尾线虫见图4-151。

尖尾目的蛲虫属（*Enterobius*）种类（图7-105）。蛲虫宿主特异性强。一般而言，一种蛲虫只感染一个属的猴。

蠕形住肠线虫（*Enterobius vermicularis*）和黑猩猩住肠线虫（*E. anthropopitheci*）可寄生于黑猩猩。蛲虫通常无致病性，但有时可侵入肠壁引起严重的甚至致死性疾病。

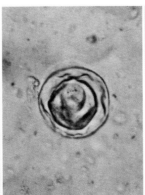

西氏类毛体线虫　　　裸头科　　　秀丽前睾棘头虫

图7-104　灵长类的3种寄生虫。完整的猿猴寄生虫宿主器官清单参见正文内容。西氏类毛体线虫（*Anatrichosoma cynomolgi*）成虫在鼻腔内挖掘隧道。裸头科绦虫卵有一梨形器包裹六钩蚴。棘头虫纲的秀丽前睾棘头虫（*Prosthenorchis elegans*）虫卵外壳厚内壳薄，内含棘头蚴

旋尾目链咽属（*Streptopharagus*）、筒线属（*Gongylonema*）、原旋尾属（*Protospirura*）、泡首属（*Physocephalus*）以及奇口属（*Rictularia*）和泡翼属（*Physaloptera*）线虫见图4-130、图4-131、图4-133、图4-134和图7-105。鼠居原旋尾线虫（*P. muricola*）为啮齿类的一种寄生虫，以一种蟑螂——马德拉蜚蠊（*Leucophaea maderae*）作为中间宿主，在捕获的猴子中可引起胃穿孔（Foster 和 Johnson，1939）。

2. 绦虫

裸头科的司氏伯特绦虫（*Bertiella studeri*）虫体大且有四个吸盘，但顶突无钩。

膜壳科的短膜壳绦虫（*H. nana*）（图7-94）极小，具四个吸盘，顶突有钩。

3. 棘头虫

前睾棘头虫（*Prosthenorchis*）和念珠棘头虫（*Moniliformis*）见图7-95。

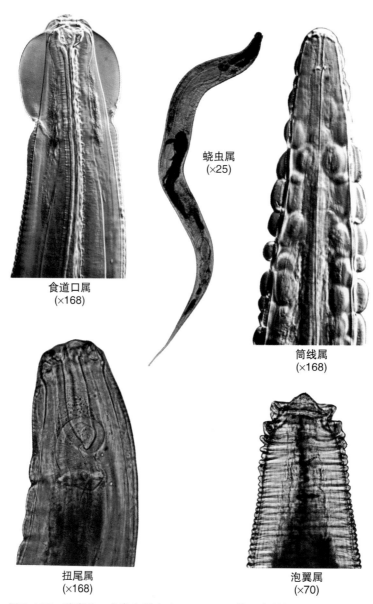

食道口属
(×168)

蛲虫属
(×25)

筒线属
(×168)

扭尾属
(×168)

泡翼属
(×70)

图7-105　猿猴的一些寄生线虫（Rabsteinmm博士惠赠）

4. 吸虫

前后盘科的人似腹盘吸虫（*Gastrodiscoides hominis*）。

5. 原虫

纤毛虫类结肠小袋纤毛虫（*B. coli*）（图3-8）可引起急性肠炎（Teare和Loomis，1982）。

溶组织内阿米巴（*E. histolytica*）像在人体内一样具有致病性。

鞭毛虫类蓝氏贾第虫（*Giardia lamblia*）（图7-94）。

（二）肝脏和胰腺

1. 原虫

科氏肝囊虫（*Hepatocystis kochi*）裂殖体。

溶组织内阿米巴（*E. histolytica*）可引起肝脓肿。

2. 线虫

毛形科的肝毛细线虫（*Calodium* or *Capillaria hepaticum*）（图8-117）虫体和虫卵寄生于肝实质。

旋尾目的细口毛旋尾线虫（*Trichospirura leptostoma*）长10~20mm，具有细长的毛细管状咽，与不同程度的纤维化胰腺炎有关。可见于美洲灵长类的胰管。

（三）呼吸系统

1. 鼻和咽喉

[线虫]　毛形总科的类毛体属（*Anatrichosoma*）线虫（图8-118和图8-119）。

[环节动物]　攻击猴类咽黏膜的水蛭为大型黑色的环节动物，具一个大的杯状尾吸盘。近期捕获的猴子出现慢性鼻出血表明有吸血性寄生虫存在。当宿主饮水时，幼蛭可进入口、鼻、咽或喉头并吸附在黏膜上。除非摘除否则它们会在寄生部位停留数周。

[蛛形纲]　鼻螨属（*Rhinophaga*）种类。

2. 肺脏

[线虫]　后圆总科的类丝虫属（*Filaroides*）。

旋尾目的次吸吮属（*Metathelazia*）线虫。

[绦虫幼虫]　带科的细粒棘球绦虫（*E. granulosus*）（图4-44至图4-46和图8-64）。

[蛛形纲]　中气门亚目的猴肺刺螨（*Pneumonyssus simicola*）（图8-8）。

3. 浆膜腔

[线虫]　丝虫总科的棘唇属（*Dipetalo-nema*）种类（图4-145）。

[绦虫幼虫]　泡状带绦虫（囊尾蚴）（图4-48）。

中殖孔属绦虫（四盘蚴）（图8-65至图8-67）。

类曼氏迭宫绦虫（*S. mansonoides*）（实尾蚴）（图4-31和图8-68）。

[舌形虫若虫]　孔头舌状虫属（*Porocephalus*），蛇舌状虫属（*Armillifer*）和舌形虫属（*Linguatula*）。

[棘头虫]　前睾棘头虫属（*Prosthenorchis*）种类。

（四）血液

1. 线虫微丝蚴

丝虫目恶丝虫属（*Dirofilaria*）、棘唇属（*Dipetalonema*）、四唇属（*Tetrapetalonema*）、罗阿属（*Loa*）和布鲁属（*Brugia*）。所有热带地区猴体内发现的微丝蚴的鉴别是需要专家来完成的任务。许多种类仍需要研究。

2. 原虫

猴疟的病原体为疟原虫属（*Plasmodium*）和肝囊虫属（*Hepatocystis*）。

（五）肌肉和结缔组织

1. 线虫

丝虫总科的盘尾属（*Onchocerca*）、恶丝属（*Dirofilaria*）、棘唇属（*Dipetalonema*）、四唇属（*Tetrapetalonema*）、罗阿属（*Loa*）和布鲁属（*Brugia*）（图4-137，图4-145）。

盘尾属微丝蚴可见于真皮内。

2. 绦虫幼虫

带属（囊尾蚴）。

中殖孔属（*Mesocestoides*）（四盘蚴）（图8-65至图8-67）。

迭宫属（*Spirometra*）（实尾蚴）（图4-31，图8-68）。

（六）皮毛

1. 昆虫

虱目的梗节虱属（*Pedicinus*）和阴虱属（*Pthirus*）（图2-43）。

2. 线虫

毛形总科的皮肤类毛体线虫（*Anatrichosoma cutaneum*）虫体非常细长（25mm×0.2mm），可导致皮下结节、关节浮肿，以及掌和足底部匐行性水疱。雌虫在掌和足部真皮挖掘隧道。

盘尾属（*Onchocerca*）的微丝蚴。

旋尾目的龙线属（*Dracunculus*）（图4-127和图4-128）。

第八章

组织病理学诊断

在组织切片中对寄生虫进行显微诊断具有很大的难度。往往只有一张切片，只能看到虫体的一部分，要想鉴定出是何种寄生虫，就需要收集尽可能多的病畜资料，包括生活史和临床症状。了解特殊地理区域、特定宿主和特定组织内常见寄生虫的种类也很重要，前面章节介绍的宿主组织器官寄生虫的清单可以作为检索表。本章将着重介绍寄生虫的显微解剖特征，为组织切片中寄生虫的种类鉴定提供帮助。对节肢动物和蠕虫而言，各类寄生虫都有几个最典型的特征，但体腔和消化道的有无、肌纤维的类型和分布是最重要的特征，可以作为种群初步分类的重要标准。

关于组织寄生虫的诊断，下面的参考资料非常有用：①MayBelle Chitwood和J.Ralph Lichtenfels编写的《组织切片中寄生蠕虫的鉴定》，先是发表在 *Experimental Parasitology* 杂志上，后来由美国农业部印成单行本；②C.H.Binford和D.H.Connor（1976）编写的《热带病与疑难病的病理学》，1、2卷；③D.H.Connor等（1997）编写的《传染病病理学》；④C.H.Gardiner等（1988）编写的动物组织中《寄生原虫图谱》；⑤Y.Gutierrez（1990）编写的《寄生虫感染临床病理学诊断（第二版）》；⑥T.C.Orihel和L.R.Ash（1995）编写的《人体组织寄生虫》；⑦J.Toft和M.L.Eberhard（1998）编写的《寄生虫病》；⑧W.M.Meyers等（2000）编写的《传染病病理学》，第一卷蠕虫病。

第一节　节肢动物

节肢动物的种类很多，其形态特征多种多样，很难用简单的话来概括。不过，节肢动物确实具有一些共同的特征，如身体分节，有几丁质外骨骼、体腔和分节的附肢。在组织切片上，几丁质外骨骼或表皮通常厚而暗，但外骨骼通常不着色。在身体的某些部位表皮非常薄，尤其是附肢的关节和体节之间的区域。如果在切片中发现节肢动物横纹肌的话，对于这类病原则具有诊断意义。大型节肢动物具有呼吸系统，由分支的气管系统组成，在切片上呈现大小不同遍布全身的导管。较大的气管分支具有几丁质环。节肢动物也含有脂肪体，在切片上往往呈现浓染。较小的节肢动物在组织切片上往往呈圆形或长圆形，有时碰巧能看到成对的有关节的足。综合这些特征可以在切片上非常完整地鉴定一种节肢动物。

在组织切片中，我们通常可以看到三类节肢动物。昆虫（大颚亚门、昆虫纲）包括引起各种蝇蛆病的蛆，是切片中最为常见的节肢动物。螨属于有螯肢亚门蛛形纲，由于体型小，并且能够寄生于宿主的表皮层，如皮肤和呼吸道黏膜，也可出现在病变组织的切片中。蜱通常寄生于宿主的体表，吸血多久则吸附多久，除非是特殊的病例或者实验模型，否则蜱不会出现在组织切片中。舌形虫是甲壳类寄生虫，其幼虫寄生于脊椎动物。

一、蛆

组织中的蛆是双翅目昆虫的幼虫，可以寄生在活的宿主体内，引起继发性蝇蛆病，如各种丽蝇属和麻蝇属所引起的蝇蛆病。这两种蝇蛆具有相似的特征，严格按照形态学特征很难鉴定到属。气门板对于蝇幼虫的鉴定非常重要，需要从潮湿的组织或石蜡块上将其恢复原形（图2-22）。

蛆的切片能够显示节肢动物典型的特征，如有体腔（图8-1），身体分节，横纹肌附着于几丁

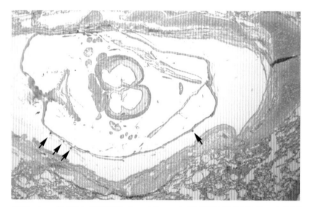

图8-1　兔肺内的黄蝇（×5）。内脏器官位于体腔，而不是实质。箭头表示表皮上的棘

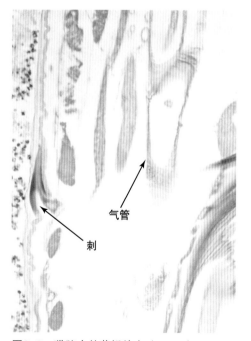

图8-2　猫脑内的黄蝇幼虫（×220）

质的外骨骼上，气管通常有角质环（图8-2）。某些种类具有突出的棘（图8-2）。黄蝇幼虫是啮齿类和兔类动物的专性内寄生虫，这些幼虫可以寄生于犬、猫，偶尔感染人。它们通常寄生于颈部皮下组织，但在犬和猫体内能够移行至中枢神经系统，会造成严重的后果（图8-1，图8-2）。皮蝇的第一期幼虫可以在牛的体内广泛移行，也有报道可以通过马的脑部游走移行。

二、螨

螨的体型微小，几毫米甚至更小。很多种类螨的，它们的卵、幼虫（6条腿）、若虫（8条腿）和成虫（8条腿）均可在切片中见到。在成虫切片中可以看到典型的节肢动物所有组成部分，如分节的腿、棘、体表上的毛、横纹肌、生殖器官、肠、卵黄腺及体内发育的卵。寄生在皮肤上的螨，如疥螨、背肛螨、膝螨、穴螨等非常小，呈圆形，在皮肤生发层和真皮层内觅食（图8-3），背面具棘（图8-4）。在一些宿主（如红狐和猪）体内，疥癣表现为特殊的皮肤角化病，猫的背肛螨感染也可引起类似的皮肤角化病（图8-5）。皮肤角化病也是由某些宿主足螨和姬螨所引起的典型特征，只不过这些螨大部分位于角质层。

蠕形螨呈雪茄形，位于毛囊或皮脂腺内（图8-6）。但羊蠕形螨、仓鼠蠕形螨和卵加蠕形螨通常位于体表。在严重感染的情况下，犬蠕形螨可见于犬的淋巴结内。在山羊可引起皮肤很大的结节状病变，在牛和猪偶尔会有蠕形螨病（图8-7）。

呼吸道螨虫（如肺刺螨和胸孔螨）的外骨骼比外寄生螨虫脆弱。灵长类肺内的猴肺刺螨和犬鼻道内的犬肺刺螨与其他的革螨相似，寄生位置非常浅（图8-8）。

恙螨的幼虫通过口针或饲管伸到真皮内觅食（图8-9），其移行和寄生可以引起宿主非常典型的瘙痒症状。

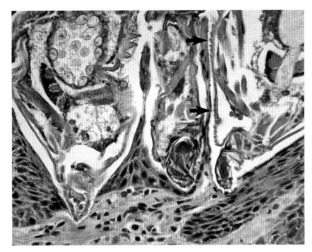

图8-3　犬皮肤内的疥螨（×230）。箭头表示表皮上的棘

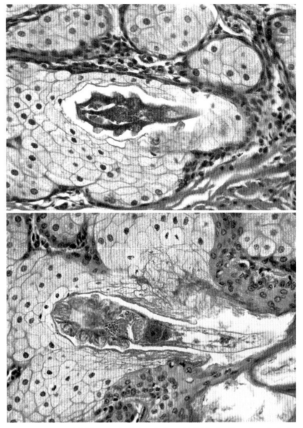

图8-6　母羊阴门毛囊内的犬蠕形螨幼虫（上）及成虫
（下）（×430）

图8-4　猪疥螨引起的皮肤角化病（×22）。箭头表示位
于显著增厚的表皮深层的疥螨

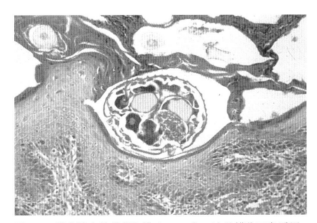

图8-5　猫皮肤内的猫背肛螨（×150），这些螨位于角质层

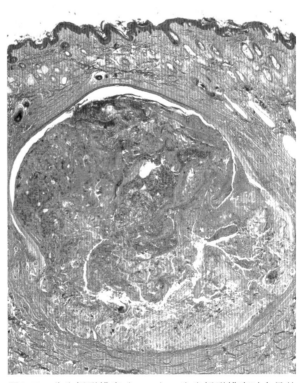

图8-7　公牛蠕形螨病（×16）。牛患蠕形螨病时大量的
螨虫和细胞碎片积聚形成结节，其比例取决于病变阶段

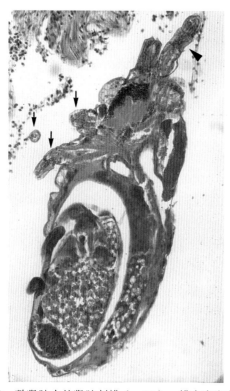

图8-8 猕猴肺内的猴肺刺螨（×92）。螨含有发育中的幼虫，箭头表示腿，粗箭头表示须肢（Castleman博士惠赠）

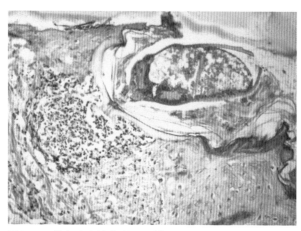

图8-9 猫皮肤内的美洲瓦氏螨（×225）。口针和饲管伸到真皮内炎性细胞浸润的区域

三、舌形虫

舌形虫的得名源于早期认为其具有5个口，实际上，它们只有一个口，周围围绕四个钩（图2-100）。这些奇怪的甲壳类动物其成虫呈蠕虫样，寄生于捕食性爬行动物、鸟类和哺乳动物的呼吸道内。多数情况下是摄入其猎物组织内若虫

包囊所引起的。宿主食入含有4或6个附肢幼虫的虫卵（图8-10）后，在脊椎动物猎物的组织切片中可以出现若虫。若虫的身体假分节，呈球形或卵圆形，由厚厚的角皮所覆盖，具有角质化的口（图8-11至图8-13）。舌形虫具有完整的消化系统，有口和肛门。在切片中，肠道常被大的嗜酸性腺体所包围（图8-11和图8-12）。这些嗜酸性腺体是鉴别舌形虫很有用的特征，在苏木精和伊红（H&E）染色切片上，这些腺体被染成粉红色，核为蓝色。舌形虫的肌肉组织具有横纹，位于表皮下层。

第二节　原虫

组织切片中的原虫通常是具有高度特征性的单细胞，它们具有特征性的核，可单个或群集于宿主的细胞内或细胞外。在光学显微镜下往往难以确定单个细胞的细微构造，常常需要电子显微镜提供更多诊断所需要的特征。另外，免疫组织化学或原位杂交技术也可用于某些感染（如刚地弓形虫、犬新孢子虫和猫肉孢子虫）病例寄生虫种属的确诊。

由于标本制作、固定和染色以及光学显微镜分辨率的限制，很多原虫很难单纯依靠切片所见的结构进行鉴定，即使是亲缘关系较远的物种，如枯氏锥虫的无鞭毛体与刚地弓形虫的假包囊很相似。由于无鞭毛体具有特征性的动基体，鉴定起来应该十分简单。但是也可能只看到虫体的一部分。而刚地弓形虫细长的裂殖子在某些切片中也许是以小的圆形有核细胞出现。因此，确诊时需要考虑病史、临床症状和所有的病理变化。

一、阿米巴

阿米巴是一种细胞外寄生虫，通过吞食细菌、细胞碎片或其他细胞作为食物来源。大多数阿米巴原虫都是自由生活或在动物大肠内共栖生活，然而有两种阿米巴原虫可以引起疾病。一是

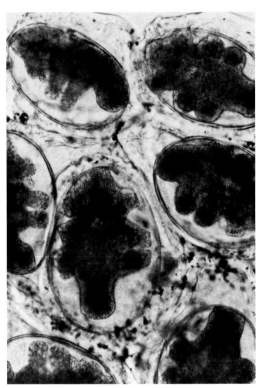

图8-10　舌形虫虫卵，具有发育的幼虫（×160）

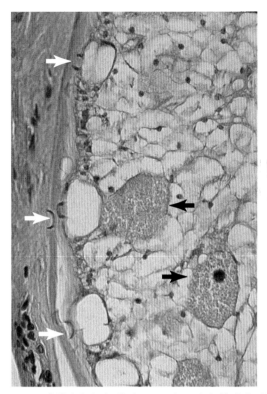

图8-12　舌形虫组织切片（×290）。白色箭头指示气孔，黑色箭头指示嗜酸性腺体

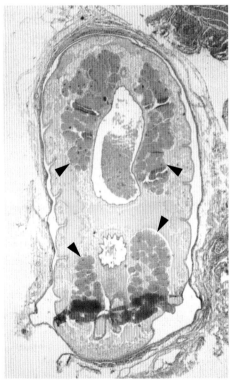

图8-11　短尾猴膀胱附近的舌形虫若虫（×94）。角皮有深的环纹，若虫含有大的嗜酸性腺体（箭头所示）

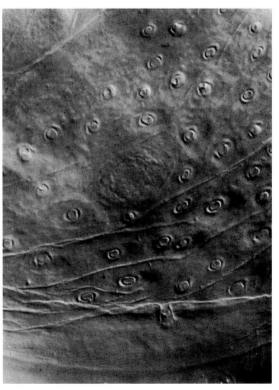

图8-13　舌形虫角皮表面观，显示气孔（×440）

寄生于灵长类的溶组织内阿米巴，可以寄生于肠壁或在其他部位形成包囊，常见于肝脏，也可见于肺或脑组织。另一种是寄生于爬行动物的侵袭内阿米巴，可引起宿主的肠外损伤，导致严重的疾病。这些阿米巴原虫具有属的典型特征，核内具有染色质、核体、内体或核仁，染色质集聚在核膜的内表面周围。这些原虫还可见到含有红细胞，有时几个，处于不同的消化状态。其他主要的致病性阿米巴是兼性寄生虫，包括耐格里属、棘阿米巴属和巴拉穆西亚属，它们可以感染犬、绵羊、牛、灵长类和马（Daft等，2005）。这些阿米巴生活在外界环境中，但一旦有机会便可通过鼻或创口侵入组织，常见于脑或皮肤，其他部位也可发现。在切片中，这些阿米巴在固定和样品制作过程中出现收缩，与周围组织呈现清晰的界限。另外，它们还具有泡沫状细胞质和特征性的核，核内含有一个非常致密的内体，核膜内侧有清晰的光环环绕（图8-14）。

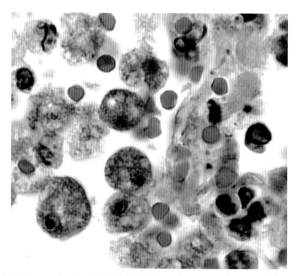

图8-14 病死马脑内的棘阿米巴（×1 200）。注意每个阿米巴核内巨大的核仁

二、鞭毛虫

位于脊椎动物组织内典型的鞭毛虫有两类，即枯氏锥虫和各种利什曼原虫。它们都有无鞭毛体阶段，均寄生于宿主细胞内。无鞭毛体很小，圆形至椭圆形，直径1.5～4mm（组织处理后通常变小），含有一个细胞核和一个杆状的动基体。它们不储存PAS阳性的物质。

虽然枯氏锥虫的锥鞭体和无鞭毛体阶段均可见于脊椎动物宿主，但一般情况下仅无鞭毛体出现在组织切片中，而锥鞭体阶段几乎总是在血液中发现。通常情况下，枯氏锥虫的无鞭毛体可见于食道、结肠和心脏的肌细胞内，分别引起巨食道、巨结肠和心肌炎（图8-15）。

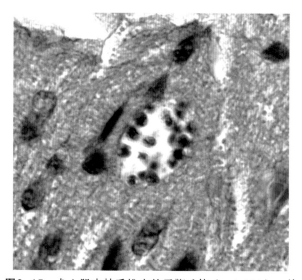

图8-15 犬心肌内枯氏锥虫的无鞭毛体（×1 300）。单个虫体内可见核和动基体（Stephen C. Barr博士惠赠）

利什曼原虫的无鞭毛体在脊椎动物宿主体内只寄生于一种类型的细胞，即巨噬细胞，一般是组织细胞。因此，它们可见于皮肤、骨髓和一些脏器，如脾和肝脏的枯否氏细胞（图8-16）。另外，虫体内可鉴别的细胞器是动基体，但在组织

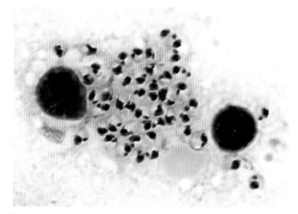

图8-16 犬腋下淋巴结触片中利什曼原虫的无鞭毛体（×690），核和动基体清晰可见

切片中诊断其感染可能有些困难,因为在固定过程中细胞的皱缩可能使核与动基体不好辨认。要考虑的主要区别是按利什曼病处理还是按组织胞浆菌感染进行处理。可以采用皮肤病变或淋巴结和骨髓的穿刺液制作触片,然后用瑞氏-姬姆萨液染色。在这些标本中一般可以很清楚地看到虫体的完整结构,包括核和动基体。

三、纤毛虫

结肠小袋纤毛虫的滋养体寄生于猪的盲肠和结肠的内容物中,但在各种肠炎的情况下可以侵入猪的大肠肠壁。滋养体的特征是体型大,具有大核、小核和纤毛(图8-17,图8-18)。瘤胃纤毛虫可见于肺内,由于吸入瘤胃内容物所致,这种情况下没有炎症反应的迹象。在严重肠炎的情况下,瘤胃纤毛虫也可见于肝脏的血管中(图8-19)。在患严重肠炎的马体内,正常存在于大肠的大量纤毛虫可以侵入黏膜下层。这些纤毛虫体型较大,常常具有多形性大核,有些具有纤毛丛。

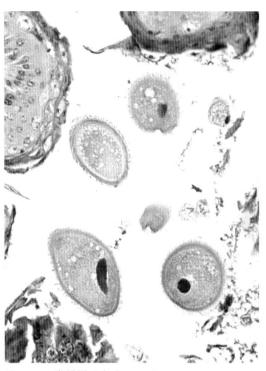

图8-18　瘤胃纤毛虫(×360)

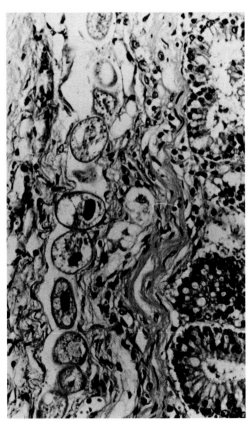

图8-17　猪大肠黏膜下层的结肠小袋纤毛虫(×280)

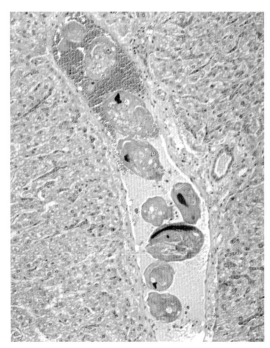

图8-19　患严重化脓性淋巴管炎山羊肝静脉内的纤毛虫(×250)

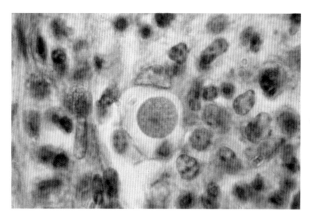

图8-20　奶牛肠上皮细胞内牛艾美耳球虫的滋养体（×1300）

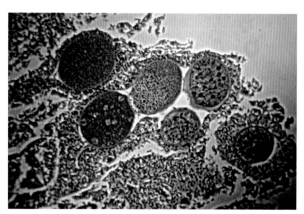

图8-21　犊牛肠上皮细胞内牛艾美耳球虫裂殖体的不同发育阶段（×250）

四、顶复门

（一）球虫

球虫属于顶复门原虫，在此讨论的有艾美耳属、克洛斯属、囊等孢属、哈蒙属、贝诺孢子虫属、肉孢子虫属、新孢子虫属和弓形虫属。大多数球虫的生活史和发育已在第三章作过介绍。关于隐孢子虫属归属于簇虫而不是球虫似乎已经达成了共识，但为了描述方便，隐孢子虫仍包含在这部分。艾美耳属和隐孢子虫属似乎完全是单宿主型，在同类宿主体内进行传播，没有任何贮藏宿主或中间宿主，在切片中所见的几乎所有发育阶段均发生在胃肠道上皮细胞，很少发生在胆囊。克洛斯属也是单

宿主型，在宿主间直接传递，几乎所有的发育阶段均发生在肾脏的上皮细胞内。其他球虫属于兼性（囊等孢属和弓形虫属）或专性（肉孢子虫属、哈蒙属、新孢子虫属和贝诺孢子虫属）异宿主寄生虫，即具有贮藏宿主或中间宿主。对异宿主寄生的球虫来讲，组织中常见的阶段是猎物体内的致病阶段，这些猎物作为贮藏宿主或中间宿主。下面描述不同发育阶段的组织学形态，但在临床诊断时还必需考虑宿主特异性、寄生部位特异性、生活史以及种属发育特征等。

1. 艾美耳属和囊等孢属

无性阶段

卵囊内的感染性阶段是子孢子，它是卵囊内发生减数分裂的产物（顶复门原虫除了配子融合后以外均为单倍体）。子孢子进入细胞后，在纳虫空泡内形成滋养体（图8-20）。但并不是每种球虫都是位于纳虫空泡内，这可作为种属鉴定的辅助依据。

滋养体在细胞内通过几个过程进行无性繁殖。艾美耳球虫一般经历特殊的细胞分裂，称为裂殖生殖。这种分裂方式主要是顶复合体在细胞边缘分裂成很多个体，具小叶的核连接在每个顶复合体上，最后细胞膜收缩分裂形成几个至几千个虫体（图8-21，图8-22）。不同球虫的裂殖体分别见于肠上皮细胞、胆囊上皮细胞、内皮细胞和肾上皮细胞，有的甚至见于子宫上皮细胞。通常情况下，裂殖体含有几个到数百个裂殖子，但有些裂殖体（巨型裂殖体）（图8-21）则可含有10万个以上裂殖子。

有性阶段

最后一代裂殖生殖所产生的裂殖子进入新的宿主细胞，发育为雌雄配子体。雌配子体积增大，储存养料，引起宿主细胞细胞质和细胞核的肥大。雌配子体发育成熟时称为大配子（图8-23）。雄配子体经过反复的核分裂后变为多核细胞，也可引起宿主细胞细胞质和细胞核的肥大（图8-23）。每个核最后组装为一个有鞭毛的小配子（隐孢子虫的

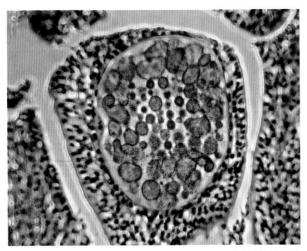

图8-22　犊牛肠上皮细胞内早期牛艾美耳球虫的裂殖体（×400）

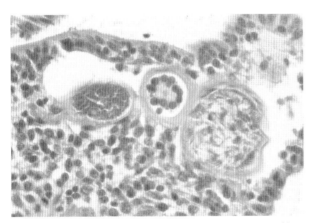

图8-23　犊牛肠上皮细胞内奥本艾美耳球虫的雄配子体及周围发育中的卵囊（×1050）

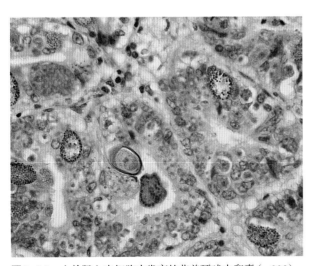

图8-24　山羊肠上皮细胞内发育的艾美耳球虫卵囊（×900）

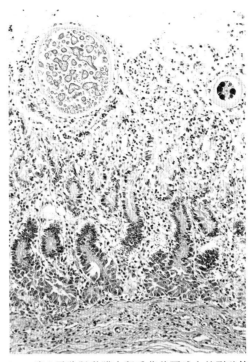

图8-25　瑞士马驹肠黏膜内留氏艾美耳球虫的裂殖体和发育中的卵囊（×250）

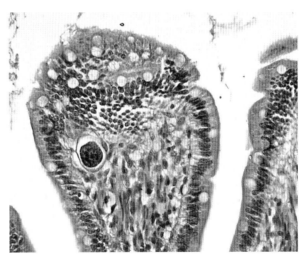

图8-26　犬结肠黏膜固有层内发育的犬囊等孢球虫的卵囊（×900）

小配子没有鞭毛）。小配子进入大配子体内受精，形成合子。这时，成囊体已经在大配子内出现，然后在合子的细胞质内出现大的球形嗜酸性颗粒（图8-23），这些颗粒随后融合为囊壁（图8-24）。

实例

马的留氏艾美耳球虫可以形成大的裂殖体和

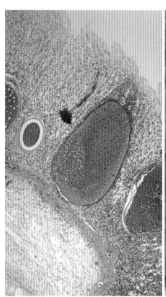

图8-27 羊皱胃内吉氏艾美耳球虫巨型裂殖体（左为组织切片×100，右为大体解剖×5）

厚壁型卵囊（图8-25）。犬囊等孢球虫的卵囊似乎是在黏膜固有层而不是在上皮细胞内发育（图8-26）。吉氏艾美耳球虫能在皱胃内形成肉眼可见的巨型裂殖体（图8-27）。兔的斯氏艾美耳球虫寄生于胆管上皮，引起上皮细胞增生，可以导致致死性肝炎（图8-28）。

2. 隐孢子虫

隐孢子虫寄生在脊椎动物胃肠道上皮细胞腔面，呈嗜碱性球状体（5～7μm）（图8-29），在极少数情况下，也可感染免疫抑制动物的呼吸道黏膜或胆囊上皮细胞。感染部位非常浅，似乎是突出于细胞表面，但它们是细胞内寄生虫，所有阶段如裂殖体、配子和卵囊等都是在宿主细胞膜下面形成。

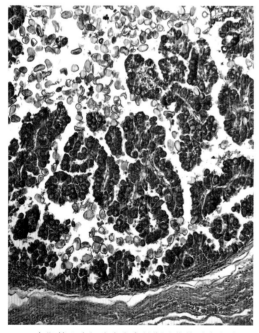

图8-28 兔胆管上皮细胞内发育的斯氏艾美耳球虫（×100）

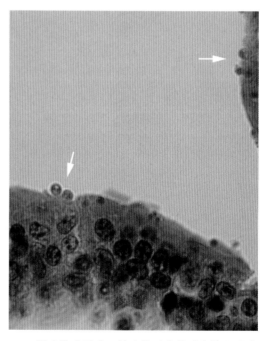

图8-29 微小隐孢子虫。箭头指示自然感染犊牛黏膜上的微小隐孢子虫

3. 克洛斯球虫

马克洛斯球虫是马肾脏的一种寄生虫，通常是在组织切片中意外发现。裂殖生殖发生在肾脏的肾小球内皮和近曲小管。位于肾小管上皮细胞特征性的母孢子（图8-30）可产生多达40个孢母细胞，随后发育为孢子囊，每个孢子囊含有8~15个子孢子。另外一个相似种鼠克洛斯球虫也会出现在鼠肾脏的组织切片中。

4. 肉孢子虫

肉孢子虫早期裂殖体可见于不同器官的各种上皮细胞内（图8-31）。肉孢子囊寄生于中间宿主体内，可见于骨骼肌和心肌纤维（图8-32和图8-33），其大小差异较大，从直径几微米到肉眼可见。苏木精着色深，肉孢子囊内充满比弓形虫更大的慢殖子。肉孢子囊内部有许多隔膜，但可能被忽视，因为这些间隔很难或根本不能被苏木精-伊红染色。囊壁常被描述为多毛状，因为很多延伸物使囊呈现刷状缘外观。肉孢子囊多毛的囊壁和间隔常常具有诊断意义。

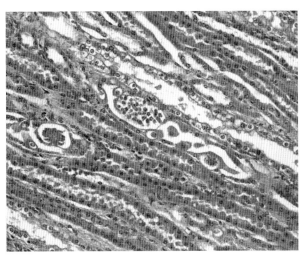

图8-30 马肾小管上皮细胞内马克洛斯球虫的母孢子（×250）

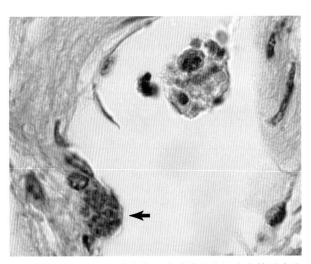

图8-31 致死性自然感染犊牛小动脉内皮细胞内枯氏肉孢子虫的裂殖体（箭头）（×800）（PaulFrelier博士惠赠）

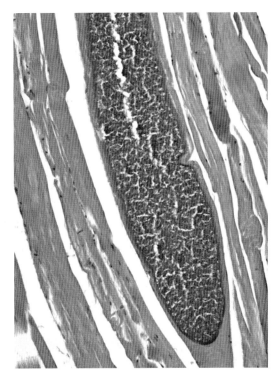

图8-32 鼠骨骼肌内鼠肉孢子虫的肉孢子囊（×200）（Marguerite Frongillo博士惠赠）

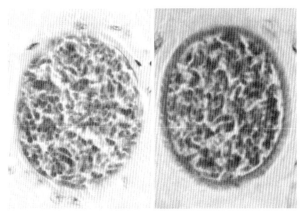

图8-33 奶牛骨骼肌内枯氏肉孢子虫（左）和牛猫肉孢子虫（右）的肉孢子囊。牛猫肉孢子虫的囊壁厚且具条纹

5. 哈蒙球虫

哈蒙球虫的形态与刚地弓形虫非常相似,主要区别在于生物学和分子特征。哈蒙球虫是专性异宿主寄生,发育阶段与下面介绍的弓形虫很相似,常见于许多温血脊椎动物的组织内,这些动物可被犬或猫摄食。目前,尚未发现哈蒙球虫在免疫抑制和免疫受损的宿主体内引起传播性疾病。

6. 弓形虫

弓形虫在猫上皮细胞内的发育阶段与艾美耳球虫和囊等孢球虫相似(图8-34)。正是在本属中首次采用速殖子和缓殖子来描述中间宿主体内不同的发育阶段。在这些宿主体内,唯一的分裂方式是内出芽生殖,类似于裂殖生殖,但每个分裂个体内只形成2个子细胞。刚地弓形虫的裂殖体仅见于猫科动物的肠上皮细胞(图8-34)。速殖子分裂速度快,大部分很容易被胃蛋白酶消化。缓殖子分裂较慢,不易被胃蛋白酶消化而形成组织包囊。由于缓慢分裂形式能够储存PAS阳性物质,因此这些包囊在PAS染色的脑组织切片中很容易见到。猫和其他宿主一样,全身都可能有缓殖子包囊(图8-35)。速殖子成群聚集在细胞内,而缓殖子紧密堆积在细胞内的包囊内。如果包囊位于横纹肌纤维内,容易与肉孢子虫和枯氏锥虫的无鞭毛体团相混。

7. 新孢子虫

在光学显微镜下,犬新孢子虫的包囊几乎很难与弓形虫的包囊相区分,主要的区别是新孢子虫缓殖子的周围有较厚的囊壁(图8-36)。

8. 贝诺孢子虫

在美国,虽然某些野生动物(如负鼠)可以感染,但贝诺孢子虫一直被认为是家畜的外来寄生虫。曾在美国的驴中发现贝氏贝诺孢子虫(Dubey等,2005),典型特征是包囊很大且无隔,常见于皮肤内,也可感染内脏(图8-37)。

(二)血孢子虫

顶复门许多属如疟原虫属、泰勒属、肝囊虫属和住白细胞虫属都具有异宿主的生活史,在无脊椎动物体内进行有性生殖,在脊椎动物体内进行无性生殖。这些寄生虫在宿主血液内的发育

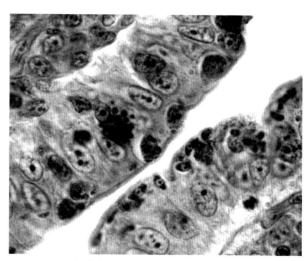

图8-34 实验感染猫肠上皮细胞内刚地弓形虫的发育阶段(×800)

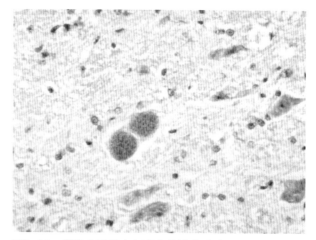

图8-35 猫脑内弓形虫包囊内的缓殖子(×800)

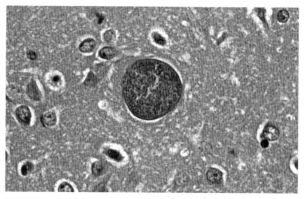

图8-36 犬脑内犬新孢子虫包囊的缓殖子(×1 200)

阶段都有很多描述，而对发生在内脏的不同发育阶段描述的较少，尤其是裂殖生殖阶段，这些阶段在病理切片中能够见到。巴贝斯虫仅感染红细胞，而泰勒虫可以感染红细胞和淋巴细胞。由于这两种寄生虫是家畜最重要的血孢子虫，在组织中的裂殖体阶段很少引起重视。然而，其他一些血孢子虫的裂殖体比较大且有破坏性，在组织中能够引起病理变化。

1. 住白细胞虫

禽类有卡氏住白细胞虫和西氏住白细胞虫，分别在鸡和鹅体内产生巨型裂殖体（图8-38），具有强致病性。这些裂殖体很大，对宿主可造成损害。

2. 肝簇虫

在美国，肝簇虫病主要是由美洲肝簇虫所引起，该虫在宿主的肌肉内可形成包囊，引起动物的慢性肌肉疼痛。包囊阶段常在肌肉活组织检查时被发现，常可用于该病的辅助诊断。

3. 胞簇虫

胞簇虫是猫的一种重要寄生虫，往往可以引起猫的急性死亡。在巨噬细胞内可以形成大型裂殖体，产生大量的虫体。这就是属名的来源和其感染造成猫死亡的原因。病理切片显示全身血管被这些巨细胞所堵塞（图8-39）。

第三节　蠕虫

切片中蠕虫基本上有两种形式：实体的无体腔动物和内部器官悬浮在体腔中的假体腔动物。吸虫和绦虫属于无体腔动物，而线虫和棘头虫则属于假体腔动物。问题是吸虫和绦虫的各个器官可能含有各种腔，使其呈现假体腔外观。而线虫由于被器官和虫卵（或幼虫）所填充，使其呈现不像有假体腔的外观。吸虫和绦虫被合胞体的体被所覆盖，而线虫和棘头虫则由分泌性角皮所覆盖。

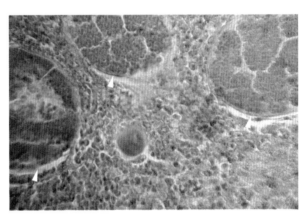

图8-38　加拿大鹅肝内西氏住白细胞虫的巨型裂殖体（×100）

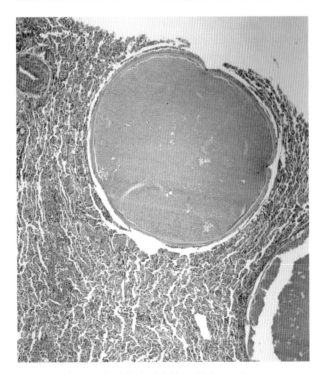

图8-37　负鼠肺内贝诺孢子虫的包囊（×40）

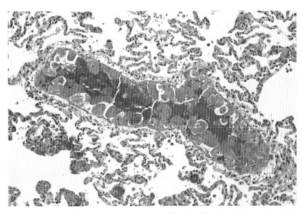

图8-39　猫胞簇虫（×100）。猫肺静脉内充满许多含裂殖体的大型单核细胞

一、吸虫

大多数吸虫为消化道寄生虫，但这些寄生虫很少在组织切片中出现。位于组织中的吸虫，其成虫通常寄生于其他组织中。吸虫可见于脊椎动物身体的各个部位，如胆管、胰管、体腔、肺、输尿管和血管等。在某些情况下，吸虫的幼虫阶段也可在家畜体内发现，它们可能引起疾病，也可能不引起疾病。

切片中吸虫具有很多有用的特征，但由于鉴定的目的是为了区分吸虫和绦虫，我们只考虑其部分特征，即吸虫与绦虫有什么不同。当然，几乎每一个特征都有例外。吸虫含有一个坚实而呈海绵状的身体，通常不具有大的腔，身体不像绦虫那样分成皮质层和髓质层。吸虫具有一个肠管，通常分为二支，末端为盲肠（环肠科例外，它们的肠管末端融合形成连续的环，图8-40）。与绦虫不同，吸虫没有钙粒。身体被合胞体的体被所覆盖，体被上常具棘。体壁下为肌肉层，通

常外层为环肌层，中层为纵肌层，内层为斜肌层（有时外层为纵肌或无）（图8-41）。吸虫成虫具有性器官，除分体科外，均为雌雄同体。吸虫虫卵非常典型，在切片中卵壳通常为棕褐色至金黄色。吸虫一般含有两个吸盘，一个在口周围，一个在腹面（常位于虫体的前端和中部）（图8-40至图8-43）。排泄系统通向虫体末端的排泄孔，在切片中不容易分辨。

一旦鉴定为吸虫，下一步就要确定科或属。包括计算或估测虫体大小、性器官排列方式、吸

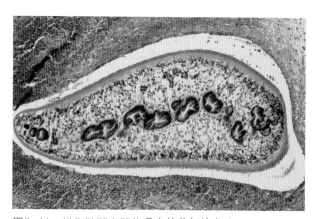

图8-41　奶牛肝脏内肝片吸虫的移行幼虫（×40）

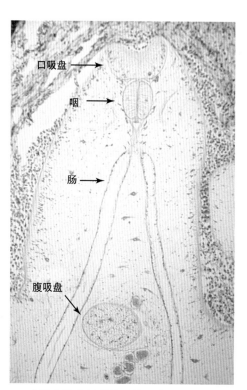

图8-40　豹猫小肠内的伪猫对体吸虫（×40）（M. Dale Little博士惠赠）

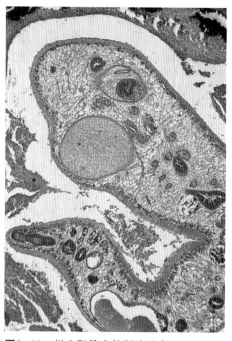

图8-42　奶牛胆管内的肝片吸虫（×20）

盘类型、肠管和排泄系统长度及分支情况等（图
8-40，图8-44）。如果有虫卵的话，它们的大
小、形状、卵盖类型和发育阶段（毛蚴有无）对
科或属的鉴定也非常有用（图8-45）。另外，虫
体表面的棘数量、大小以及在虫体上的位置（图
8-46）对诊断也非常有用。

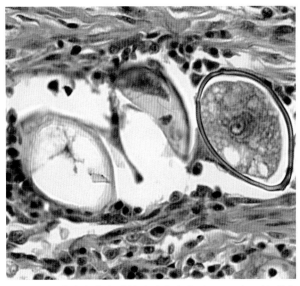

图8-45　猫肺内的克氏并殖吸虫虫卵（×800），注意右
边虫卵中央的合子和卵壳上的卵盖

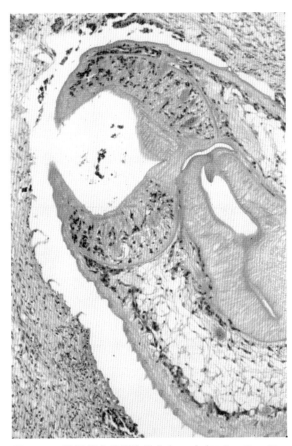

图8-43　鼠胆管内的肝片吸虫（×20）（Helen Han Hsu
博士惠赠）

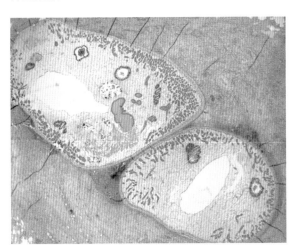

图8-44　猫肺内的克氏并殖吸虫（×5）

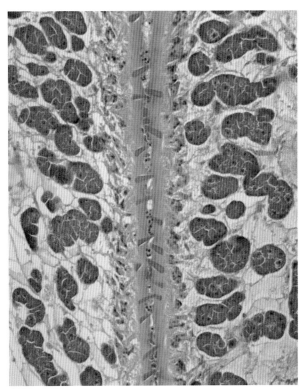

图8-46　克氏并殖吸虫（×800）。一对成虫，显示角皮
上的棘和卵黄腺

　　虽然吸虫和绦虫都有吸盘，但吸虫的口吸盘
与肠管相连（图8-40），而绦虫则缺乏肠管。
吸虫的腹吸盘不与肠管相连。经过子宫的切片可

能含有虫卵，其大小、形状和胚胎发育状态（图8-47）可以为虫体的鉴定提供有用的线索。吸虫体内性器官的排列及卵黄腺的分布是吸虫常用的分类特征（图8-44，图8-46）。例如，肝片吸虫的卵黄腺位于肠管的背面和腹面，而类片吸虫都是位于肠管腹面。有些吸虫的体形十分特殊，如异形吸虫体型小，具有特征性棘（可以插入肠隐窝中）（图8-48），而双穴吸虫的虫体分为扁平的前部和圆柱形的后部（图8-49）。对于雌雄异体的分体吸虫来讲，细长的雌虫位于健壮雄虫的抱雌沟内（图8-50）。成虫产下的虫卵可以在组织中存留很长时间，可以引起组织的肉芽肿性炎症反应（图8-51，图8-52）。

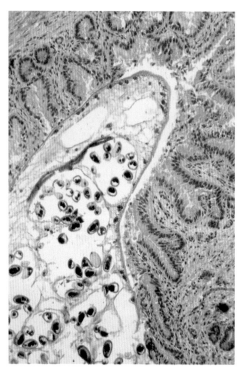

图8-47 绵羊胆管内的矛形双腔吸虫（×40），虫体子宫内可见典型的虫卵

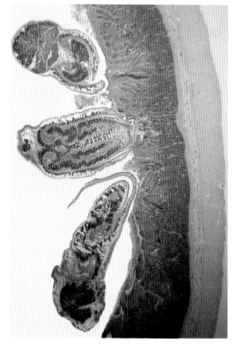

图8-49 犬小肠内的翼形吸虫（×10）。翼形吸虫是双穴科吸虫的典型代表，可以分为前体和后体

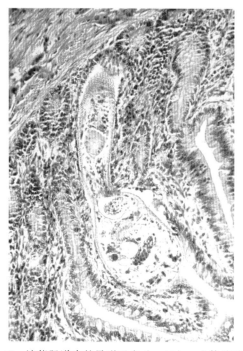

图8-48 浣熊肠道内的异形吸虫（×40）。虫体前端棘及其与肠黏膜关系非常明显

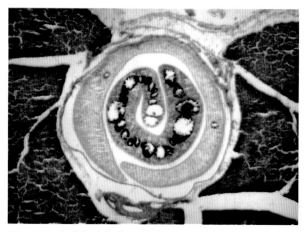

图8-50 小猎犬胰静脉的美洲异毕吸虫（×80）。可见细小的雌虫位于雄虫的抱雌沟内

吸虫幼虫在组织切片中并不罕见，尤其是中尾蚴和囊蚴。它们通常很小，单个或成群位于切片中。与成虫相同，它们具有实质性构造，外面有体壁，但通常难以见到其他内部结构（图8-53）。由于它们处于未成熟阶段，因此没有生殖器官的构造。另外，它们不具有钙粒，该特征可用于与绦虫幼虫相区别。

二、绦虫

组织切片中的绦虫最可能是幼虫，但在某些特殊部位也有机会见到部分节片。与吸虫不同的是，绦虫的幼虫及成虫阶段均无肠管。与吸虫相同的是，绦虫的内部器官也嵌入虫体的实质

中，无体腔。皮下和实质内无横纹肌纤维（图8-54）。绦虫通过体壁从宿主体内吸收营养，尤其是成虫合胞体表面具有许多微绒毛突起。绦虫体内的实质区域分为纵肌纤维层外的皮质和横肌纤维层内的髓质，其中髓质含有渗透调节管和生殖器官。钙粒是绦虫组织（尤其是幼虫）的典型

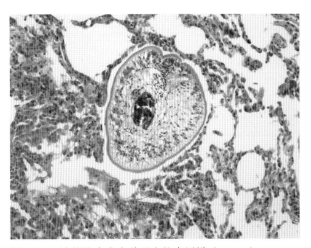

图8-53　浣熊肺内未定种吸虫的中尾蚴（×125）

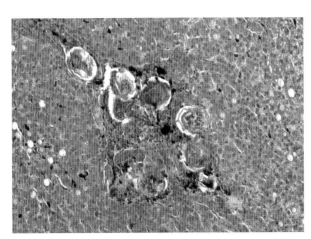

图8-51　自然感染浣熊肝内的美洲异毕吸虫虫卵（×140）

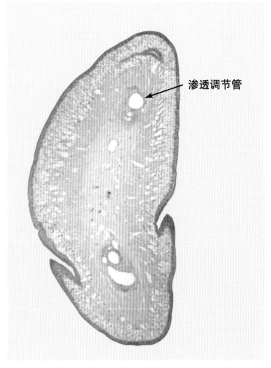

图8-54　田鼠带状带绦虫的链尾蚴（×20）。绦虫具有坚实的海绵体，无体腔和消化系统。内部器官埋入疏松的基质中，纵向皮下组织和横向实质肌纤维将疏松排列的网状实质分为明显的内外两部分

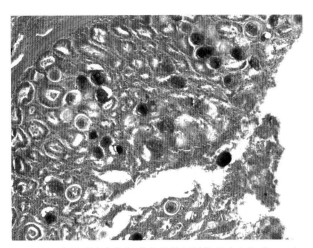

图8-52　自然感染浣熊肠道内的美洲异毕吸虫虫卵（×58）

特征，可作为绦虫鉴定的唯一标准（图8-55，图8-56）。绦虫被表皮细胞的胞质突起所形成的体被所覆盖，在组织切片中呈现厚而均一的由基底膜支撑的非细胞的外层。

脊椎动物宿主体内的绦虫幼虫代表了成虫的前体形式，一般具有成虫的附着器官或头节（图8-57至图8-68）。被宿主摄食后，幼虫的大部分被消化掉，小的附着器官附着在肠黏膜上，随后发育为成虫链体，这些链体含有各种性器官和相关结构。在兽医学上，我们似乎已经研究了大量不同种类和形式的吸槽、头节、吸盘和小钩形状，但对于寄生于脊椎动物具有不同附着器官的绦虫（如锥吻目或四叶目绦虫）来讲，其实我们仅仅关注了陆生哺乳动物极少的类型。有时，获得幼虫头节的切片非常有助于虫体鉴定，不必根据虫体结构和钙粒来鉴定绦虫幼虫。但是大多数情况下我们只能获得幼虫的切片，而基于形态学的判断几乎总是有点勉强。

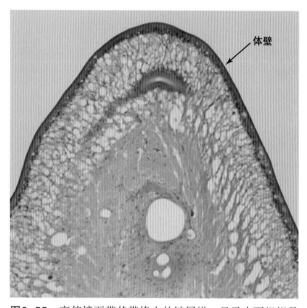

图8-55　高倍镜下带状带绦虫的链尾蚴，显示皮下组织及实质肌层（×100）

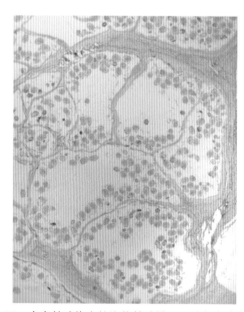

图8-57　多房棘球绦虫的泡状棘球蚴，显示包囊内多个胚区（×10）

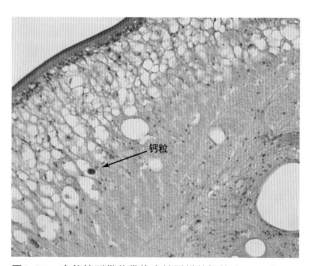

图8-56　高倍镜下带状带绦虫链尾蚴的钙粒（×100）

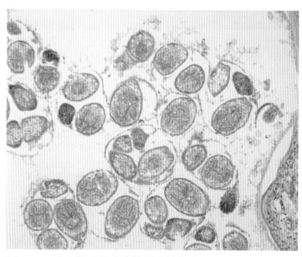

图8-58　多房棘球绦虫泡状棘球蚴的大量原头蚴（×100）

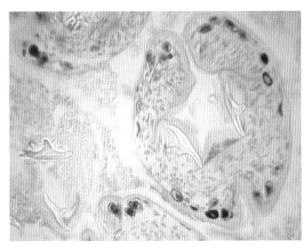

图8-59　巴西刺鼠的沃氏棘球绦虫，显示原头节上典型的"钉锤"形小钩（×400）（M. Dale Little博士惠赠）

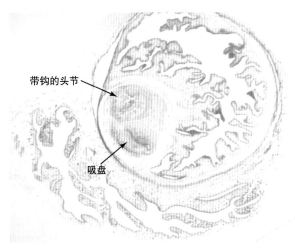

图8-60　犬脑内猪带绦虫的囊尾蚴（×5），通过头节上小钩的大小和形状就能鉴定（M. Dale Little博士惠赠）

目前，兽医学主要关注常见的食用家畜以及伴侣动物，因此最常见的绦虫幼虫是带科绦虫，它们以哺乳动物作为中间宿主和终末宿主。典型的带科中绦期幼虫是囊尾蚴（图8-60）、多头蚴（图8-62）、链尾蚴（图8-54至图8-56和图8-61）、单房棘球蚴（图8-59和图8-64）和泡状棘球蚴（图8-57和图8-58）。宿主和寄生部位特异性的具体信息可参考前面的相关章节内容。如果组织切片中仅包括幼虫的囊壁，那么只能依靠钙粒来鉴定绦虫组织。经过幼虫头节的切片含有典型的"钉锤"形钩（图8-59）可以鉴定标本为带科绦虫。但人的牛带绦虫即无钩绦虫例外，它的成虫和幼虫阶段均无钩。绦虫的头节往往是内翻的，直到幼虫被终末宿主摄入后才外翻出来。

根据宿主类型和寄生部位可以对带科绦虫幼虫的种类进行初步判定。例如，附着于棉尾兔腹膜内的囊尾蚴很可能是豆状绦虫的幼虫，而位于反刍动物和猪腹膜内的囊尾蚴极有可能是泡状带绦虫的幼虫。如果长短钩碰巧位于同一切片内或者它们可以从湿组织中分离的话，那么测量小钩的长度可以提供进一步的证据。关于小钩长度可以咨询Verster（1969）。多头蚴的同一囊壁上头节不止一个，与之相混的是肥头带绦虫通过出芽产生许多囊尾蚴，这些囊尾蚴均位于同一包囊，

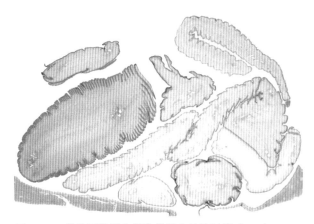

图8-61　草地田鼠肝内带状带绦虫的链尾蚴（×5）

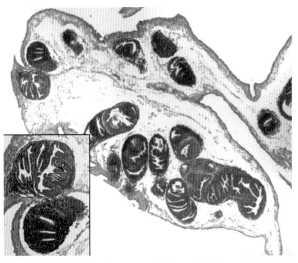

图8-62　多头绦虫的多头蚴。薄囊壁上许多头节（×45），放大图显示头节上的许多小钩（×250）

但不附着于同一囊壁（图8-63）。带状带绦虫的链尾蚴是早熟的，即幼虫时就开始伸长形成分节的囊尾蚴，常可在啮齿动物的肝脏内发现（图8-54至图8-56，图8-61）。

棘球蚴呈膨胀性生长且含有厚而分层的膜，该膜将生发层与周围的宿主结缔组织分开，其上有无柄的小头节（原头蚴）或生发囊。在不育囊（无原头蚴的包囊）内，囊壁的特征具有诊断学意义。泡状棘球囊的囊壁要薄得多，它们的生长方式是侵入而不是膨胀。

组织切片中常见的其他绦虫幼虫呈实体蠕虫样的线状或带状（可能很长），穿过宿主的组织或腹腔。这些幼虫是中殖孔科的四盘蚴（图8-65至图8-67）和假叶目的实尾蚴（或裂头蚴）（图8-68）。迭宫绦虫的实尾蚴是未分节未分化的带状幼虫，它们没有囊，头节不发达，因此，连续切片也无法获得通过吸槽的组织切片。实质内除了钙粒外无其他结构可做为实尾蚴鉴定的特征。中殖孔绦虫的四盘蚴与实尾蚴不同，它们具有四个无钩的吸盘（图8-66），其钙粒较大但不像其

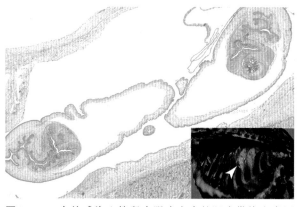

图8-63　自然感染土拨鼠肉眼病变中的肥头带绦虫囊尾蚴。两个囊尾蚴的切片显示内翻的头节（×250）。该囊尾蚴异常，靠出芽方式增殖，并广泛分布于啮齿动物的各种组织。插图为土拨鼠剖检时囊尾蚴（箭头所示）的大体标本

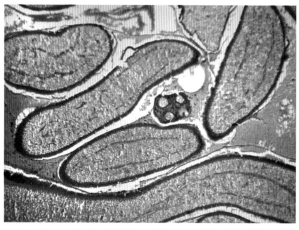

图8-65　哥伦比亚稻鼠心脏内中殖孔绦虫的四盘蚴（×40）。注意图片中部的头节无钩

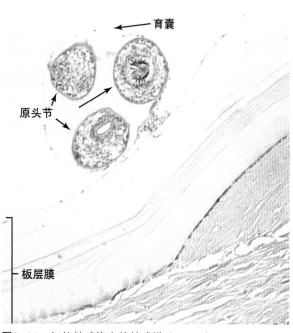

图8-64　细粒棘球绦虫的棘球蚴（×200）

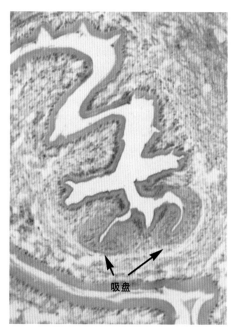

图8-66　狒狒腹腔内中殖孔绦虫的四盘蚴（×200）。头节区显示两个吸盘（箭头所示）

他幼虫那样致密（图8-67）。四盘蚴可以在中间宿主（常见于犬）体内经历多次的无性繁殖，形成数千个非典型虫体，或许是由于繁殖快，很难鉴定任何虫种。

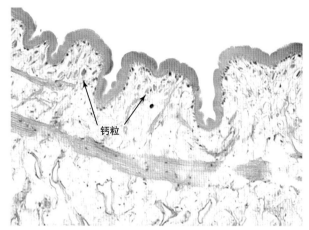

图8-67　图8-66中殖孔绦虫四盘蚴实质内有大的钙粒（×250）

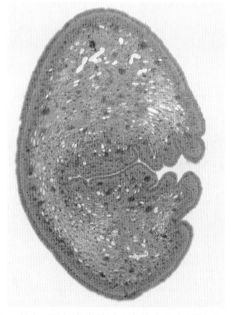

图8-68　鼠皮下组织内类曼氏迭宫绦虫的实尾蚴（×108）

三、线虫

　　活的线虫是假体腔动物，虫体内充满液体。虫体表面覆盖着由胶原构成的角皮，运动主要依靠肌细胞，这些肌细胞被4条纵索沿着体壁分割

成4个区，通过肌纤维的收缩和舒张使虫体发生运动。线虫具有完整的消化系统，即具有口和肛门，其间由消化道连接。切片中的虫体呈圆形，内部器官悬浮在假体腔内。幼虫具有生殖原基，但一般到第四期幼虫生殖器官才开始发育。成虫的特征是幼虫经过第四次（即最后一次）蜕皮后，雌虫的阴门终于通过角皮开口。

　　大多数情况下，切片中的线虫（图8-69和图8-70）被皮下组织分为两个背侧区和两个腹侧区。在角皮下有一层合胞体，可分泌形成角皮。线虫皮下组织在背、腹和两侧增厚形成索状构造，将虫体分为4个明显的区。线虫的神经系统包括一个围绕食道的主要神经节，其神经纤维伸入背侧和腹侧的皮下组织索中。线虫还具有排泄分泌系统，通常通过排泄孔与外界相通，其排泄孔位于神经环附近或更前的虫体腹侧。排泄系统可能具有柱形结构，呈臂形向后延伸至每个侧索。某些无尾感器线虫除了典型的四条索外，还可能有其他的索。另外，在毛形目，皮下组织形成杆状带而不是侧索，其中毛尾属一个，毛形属两个，各种毛细线虫具有3～4个。从杆状带可见排泄孔从此处延伸通过角皮开口。

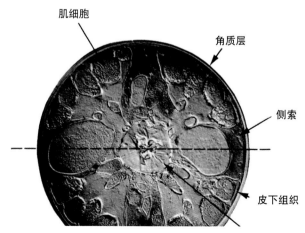

图8-69　普通圆线虫。普通圆线虫食道区的横切面显示体壁肌肉组织被侧索分成背区和腹区。在此区域，背腹索特别发达，将不同的肌区分成两半。然而，功能性划分（即肌肉的协调活动）仍然是背腹区（×62）

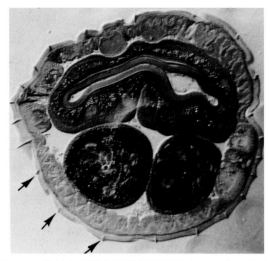

图8-70 捻转血矛线虫肠管的横切面（×140）。角皮周围布满纵脊（箭头），肠管腔面具有明显的刷状缘

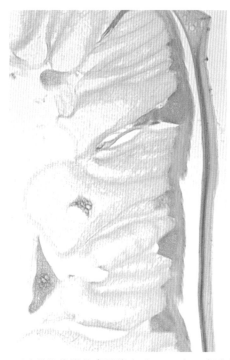

图8-71 巨型蓝苍鹭的真圆线虫（×170）。每个肌细胞都是由基底膜与皮下组织、收缩性肌纤维和具核的肌质部分所组成。腔肌型肌细胞收缩性部分深染并延伸到肌细胞的侧面，使细胞呈现圆柱状，而大量非收缩性细胞质部分呈现空染

角皮覆盖虫体的外表面，在不同的种群中角皮不同程度地作为食道、消化道后部、阴道和排泄系统开口的衬里。在组织切片中，角皮可以出现分层，尤其是较厚的角皮。角皮在侧索上可能有较大变化，在此形成翼状角皮，即头泡（仅

在头部时），它们与贯穿虫体的侧翼相连或不相连。有些虫体（主要是毛圆总科）具有很多额外的纵脊。成虫前端易发生各种修饰，包括唇、大的口囊和齿等，而幼虫则不明显。角皮还具有棘、横纹、隆起和孔（一些无尾感器纲线虫）等。雄虫具有角皮硬化形成的交合刺，这些交合刺形状和排列形式各异，一些呈刺状。

虫体的肌细胞位于虫体皮下层的下面（图8-71），可以使虫体运动。这些肌细胞具有自己的长轴，且它们的大小和数量各异。线虫的肌细胞与其他生物不同，它们的肌肉可以向背、腹神经索延伸，而不是将神经延伸到肌细胞。切片中当每个区只有几个肌细胞（约3~5个）时称为少肌型，而当每个区有大量的肌细胞时则称之为多肌型。肌细胞也可以根据其形态来描述，当其收缩部分均压在皮下组织，其上为空的细胞体时称为扁肌型。如果细胞收缩部分延伸到细胞体边沿时称为腔肌型。一般情况下，每个区扁肌型肌细胞的数量很少，即少肌型；而腔肌型肌细胞在每个区的数量很多，即多肌型。蛔目和旋尾目线虫属于多肌型和腔肌型，而小杆目、尖尾目和圆线目则属于少肌型和扁肌型。但无尾感器纲线虫的肌细胞类型各异。

线虫的消化道由食道、肠管和直肠（雄虫实际为泄殖腔，但几乎不再使用）组成，成虫消化道的许多特征在各自的幼虫阶段也出现，这在组织切片的诊断上具有重要作用。

食道一般由呈三角辐射状的管腔将其分为一个背侧和两个亚腹侧3部分，管腔以角皮为衬。食道内有肌肉组织，采食时可以打开管腔。在不同的切片中，还会有不同的腺体成分。食道或整个都是肌质的，或前端为肌质后端为腺质。小杆目食道是最原始的食道，可分为体部、狭部及球部三个部分。尖尾目食道具有一个巨大有瓣的食道球，位于肠管前。圆线目大多数线虫都有一个简单的肌质食道。蛔目食道可具有一个巨大的腺体区即小胃，在底部还会有盲囊。旋尾目食道为前

肌质后腺质的食道。毛线目的食道为杆状体（稍后介绍），而膨结目具有肌质-腺质型食道，但腺质部含有大量分支。

线虫的肠管都很简单，由具有微绒毛边缘的单层柱状细胞组成。圆线目肠管内有一些合胞体和多核的细胞，因此，在切片中我们通常在肠腔内仅能看到这两类细胞。小杆目肠管内仅由两个细胞覆盖，而尖尾目、蛔目和旋尾目的肠腔内则含有大量的细胞。这些细胞大多数为单核细胞，在肠腔内的高度悬殊很大，尤其是旋尾目。在无尾感器纲，我们所关注的那些线虫肠腔内都含有大量的单核细胞。在大多数线虫的切片中，肛门位于亚末端，即尾端超出肛门，但无尾感器纲线虫例外，它们的肛门位于末端。

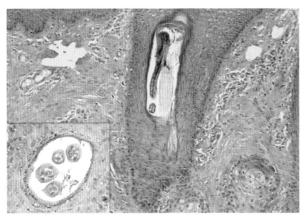

图8-72 犬毛囊内的类圆小杆线虫（×130）。 插图显示侧翼放大两倍（×400）

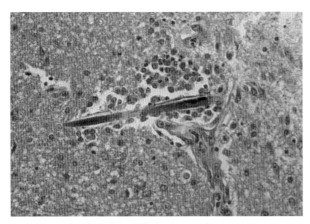

图8-73 马脑内的齿龈微线虫（×200）

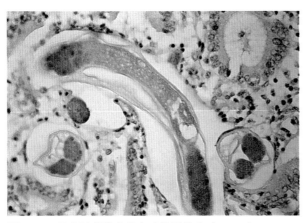

图8-74 马小肠黏膜内的韦氏类圆线虫（×250）

（一）小杆目

类圆小杆线虫常见于犬、猪和牛的毛囊内（图8-72），它们具有成对的侧翼。齿龈微线虫（*Halicephalobus gingivalis*）是一种常见的食腐线虫，据报道它可侵入哺乳动物组织中并分布于各个部位，尤其是脑部（图8-73），引起宿主死亡。目前，已报道大量的马感染这种寄生虫。该虫通常较小，雌虫长250～450mm，直径小于25mm。该虫为孤雌生殖，在组织中仅可见到雌虫和幼虫。在切片中，其显著特征除了虫体较小及特殊寄生部位之外，还具有杆状食道，单管型生殖道，体壁薄，其内角皮、皮下组织和肌层区分不明显。

类圆属种类也是一群孤雌生殖的寄生虫，在组织中仅见雌虫和幼虫。寄生性雌虫见于小肠黏膜的深处（图8-74），其特征为少肌型和扁肌型肌肉，肠道简单，仅由两个细胞构成。子宫内虫卵数量较少，排成单排，常含有发育的幼虫。类圆线虫的幼虫具有成对的侧翼（图7-28）。

（二）圆线目

圆线目含有4个总科：毛圆总科、圆线总科、钩口总科和后圆总科。

1. 毛圆总科

毛圆线虫成虫较小，常寄生于胃和小肠。在横切面，其特征为具有少量的扁肌型肌细胞，肠管由少量细胞组成，常具有突出的核和微绒毛边缘。除毛圆属外多数毛圆线虫角皮表面具有明显的纵脊（图8-75）。其第四期幼虫见于反刍动物和其他宿主整个胃肠道的黏膜。艾氏毛圆线虫的第四期幼虫和童虫见于皱胃黏膜的基底膜和上皮细胞之间，而奥斯特线虫的第四期幼虫和童虫则位于皱胃膨大的胃腺内（图8-76，图8-77）。

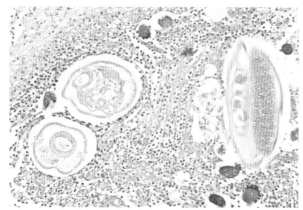

图8-75 卷尾猴小肠内的胡摩利诺斯线虫（*Molineus barbatus*）（×200）

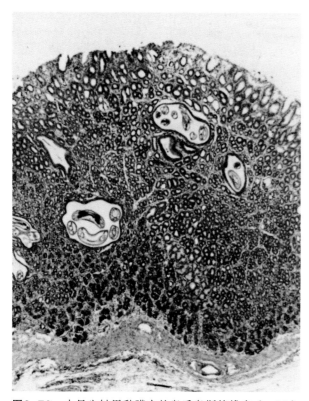

图8-76 小母牛皱胃黏膜内的奥氏奥斯特线虫（×25）（Lois Roth博士惠赠）

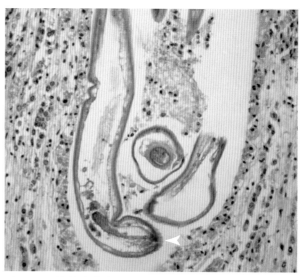

图8-77 皱胃黏膜内的奥氏奥斯特线虫（×200），显示毛圆总科角皮上典型的纵脊（箭头）

2. 圆线总科

大多数圆线虫成虫寄生于肠道，虫体比毛圆线虫大。在切片中，其特征为具扁肌型肌肉和典型的圆线虫肠管，角皮上无脊。圆线虫口囊大，具有专门的切割器官，这些特征具有重要的分类价值，但通常难以在组织切片中见到。

圆线虫的一些幼虫常位于组织中，而非肠道内；而另一些幼虫则在肠壁上形成结节。普通圆线虫、无齿圆线虫和马圆线虫广泛移行，有时在马体内发生迷路。无齿圆线虫常向腹膜后移行，其特征是角皮厚，分为多层（图8-78）。马圆线虫童虫常见于胰腺，口囊的切片显示基部有齿（图8-79至图8-82）。

食道口线虫是家畜和猴子常见的寄生虫，呈世界性分布。由于幼虫发育到成虫期间在脊椎动物宿主肠壁内产生明显的结节性脓肿，常被称为结节虫。在切片中常见结节内发育的虫体（图8-83，图8-84），幼虫角皮相当厚且光滑，侧索突出，肌细胞呈扁肌型和少肌型，每个肌区一般只有少量的肌细胞。肠道由少量的多核细胞组成，具有明显的微绒毛刷状缘。

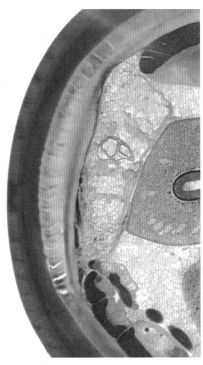

图8-78 无齿圆线虫横切面（×220），显示该虫角皮厚，分为多层

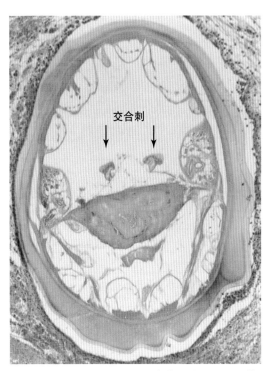

图8-80 无齿圆线虫，图8-79的高倍放大，显示虫体尾端的切片（×100），注意厚而多层的角皮、交合刺和突出的侧索。少肌型-扁肌型肌细胞的细胞质在组织加工处理过程中已经消失（图8-75）

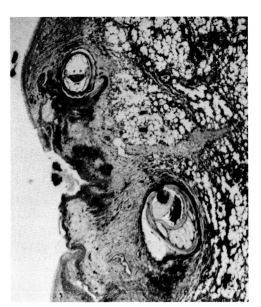

图8-79 马肺内无齿圆线虫未成熟的雄虫（×15）。图为虫体的两个切片：上为虫体尾端附近的横切面（图8-77），下为通过口囊的斜切面（图8-78）

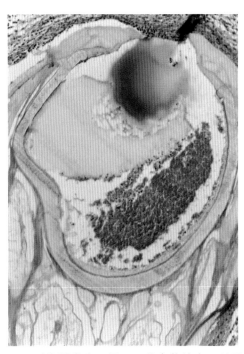

图8-81 无齿圆线虫，图8-79的高倍放大，显示口囊（×100）

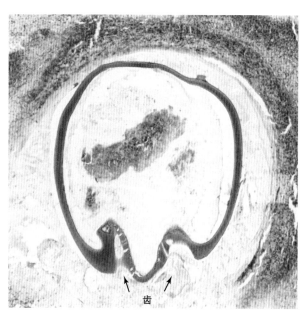

图8-82 马胰脏内马圆线虫的童虫（×100）。虽然虫体处于濒死状态，但其口囊底部的齿（箭头）依然清晰可见，可以与无齿圆线虫相区别

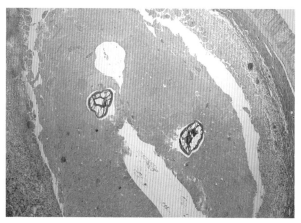

图8-83 短尾猴大肠壁结节切片中的食道口线虫幼虫（×25）

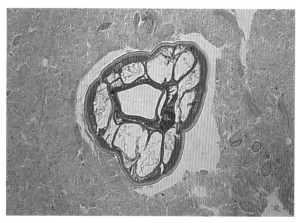

图8-84 食道口线虫图8-83幼虫切片的放大图（×120）。注意少量扁肌型肌细胞和肠上皮细胞突出的刷状缘

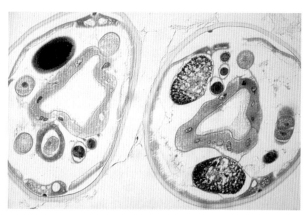

图8-85 犬肠道内犬钩虫的雌虫（×80）。显示扁肌型肌肉和少量合胞体的肠细胞

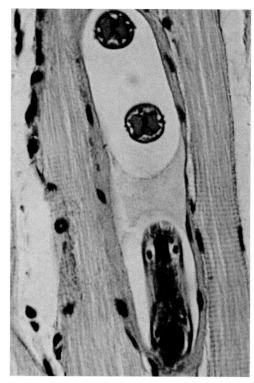

图8-86 骨骼肌纤维内犬钩虫的第三期幼虫（×650）。注意双侧翼

3. 钩口总科

钩口线虫一般称之为钩虫，成虫寄生于肠道，在切片中呈现典型的圆线虫特征（图8-85）。钩虫的幼虫相当小，直径通常仅有14～16mm，具有双侧翼（图8-86）。

4. 后圆总科

后圆线虫成虫常称之为肺线虫，主要寄生于

肺或气管，有时也侵入血管或中枢神经系统。在切片中，体壁较薄，肌肉组织通常为多肌型或腔肌型，肠道为典型的圆线虫型，但微绒毛没有其他圆线虫那样明显。许多后圆线虫子宫内具有含胚卵或幼虫，能够将它们释放到周围组织中去。

在家猫体内仅有一种肺线虫，即深奥猫圆线虫，其成虫、不同发育阶段的虫卵和幼虫可见于肺实质的巢内（图8-87）。由于家猫很少因其他蠕虫引发类似的病变，因此该病的诊断一般相当容易，然而，野猫可以感染有关虫体。

犬可以感染多种肺线虫，这些线虫分别寄生于不同的部位，使得它们的诊断相对容易。血脉管圆线虫成虫可见于犬的右心脏和肺血管，而其虫卵和幼虫则见于肺实质内。该线虫在北美洲曾经是外来物种感染，而如今已出现在加拿大的远东地区（图8-88）。贺氏类丝虫成虫可见于犬的肺实质内（图8-89，图8-90），虫卵排出时含有第一期幼虫，且不在肺组织内蓄积。贺氏类丝虫的自体感染可导致宿主的高度感染状态，此时肺组织几乎完全被成虫占据，而幼虫可广泛分布于淋巴结、胰腺、肠道、肝脏和脑内。奥氏类丝虫成虫可见于纤维性结节内，该结节突出于气管和支气管腔（图8-91，图8-92）。

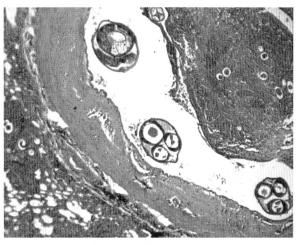

图8-88 犬肺动脉内的血脉管圆线虫（×100）

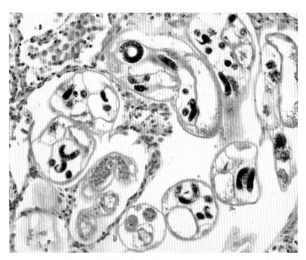

图8-89 犬肺组织内的贺氏类丝虫（×100）。深色物质为雌虫子宫内的虫卵和幼虫

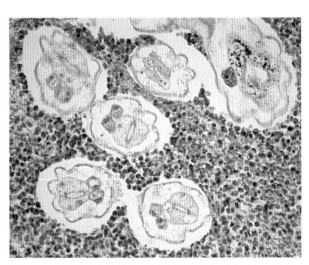

图8-87 猫肺结节切片中的深奥猫圆线虫成虫（×250）

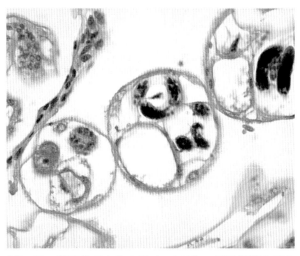

图8-90 贺氏类丝虫放大图（×200）。显示肠道由很少的细胞组成

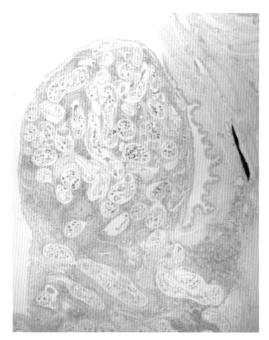

图8-91 犬气管纤维性结节内的奥氏类丝虫（×26）

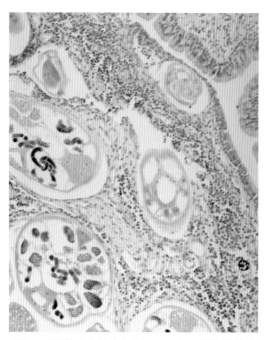

图8-92 奥氏类丝虫放大图（×180）。显示肠管的自然特征和很薄的体壁

山羊和绵羊可以作为多种肺线虫的宿主。毛样缪勒线虫可见于肺实质的结节内，这些结节含有成虫、不同发育阶段的虫卵和幼虫。如果在组织切片内见到幼虫的尾部，那么就可以将缪勒线虫与原圆线虫区分开来（图7-61）。原圆线虫成虫可见于肺实质结节或气管内，而网尾线虫的成虫则见于气管内。薄副麂圆线虫可见于山羊和绵羊的脑脊髓的脑膜和神经组织内（图8-93，图8-94），但它们的虫卵及幼虫（与缪勒线虫不易区分），广泛分布于肺实质内，而不是聚集在巢内。

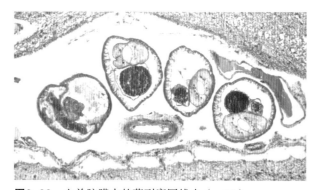

图8-93 山羊脑膜内的薄副麂圆线虫（×25）

（三）尖尾目

尖尾线虫通常比较短小，其成虫寄生于大肠或盲肠。在切片中，多数种类具有突出的侧翼。典型切片的虫体食道包括体部、峡部和后食道球，后食道球偶尔在切片中可以见到。肌肉组织呈扁肌型和少肌型，在每个肌区一般只有2~3个肌细胞（图8-95）。肠管不规则，呈立方形至圆柱形，每个肠细胞只有一个核。子宫内存在典型虫卵往往有助于虫种鉴定。

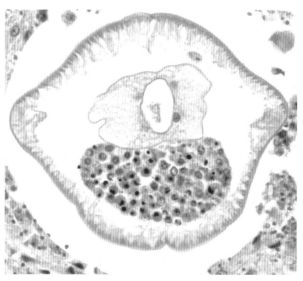

图8-94 薄副麂圆线虫（×290）。显示肠道的自然特征，由少量细胞组成

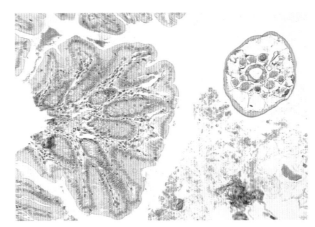

图8-95 大鼠肠内的无刺线虫。该蛲虫具扁肌型肌细胞，缺少侧翼

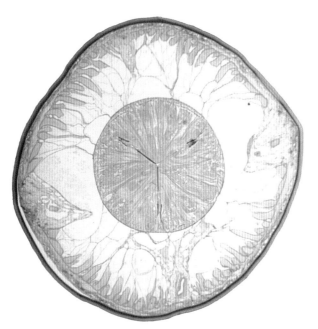

图8-96 猪蛔虫肌质食道的横切面（×25）。食道被Y形角皮衬里分为一个背部和两个亚腹部，肌肉为多肌型，侧索突出，背、腹神经索和腹索上的排泄管腔明显（M. Dale Little博士惠赠）

（四）蛔目

蛔虫种类较多，差异也较大。如蛔属和副蛔属的成虫是最大的肠道线虫。在组织切片中，除了虫体较大外，它们还具有特征性厚而分层的角皮、多肌型-腔肌型肌肉（常具胞质突起，可伸至体腔）、肠管具有大量柱状上皮细胞和很短的微绒毛、侧索大（图8-96至图8-98）。蛔目常分为

两大类群或总科。一为蛔虫总科，寄生于陆生的脊椎动物体内；另一为异尖总科，寄生于鸟类、鱼类和海洋哺乳动物体内。蛔虫总科包括蛔属、副蛔属、弓蛔属、弓首属和贝利斯蛔属，它们的前端具有3片简单的唇，角皮厚而分层，食道呈棒状，肠管由柱状上皮细胞组成，每个细胞基部附近有一个核，肌肉由突出的腔肌-多肌型构成，子宫内典型的虫卵卵壳厚、表面具皱纹。异尖总科包括异尖属、新陆生属、对盲囊属和前盲囊属。在切片中，它们的大多数特征相似，某些种类还具盲囊（通向前方），阑尾（通向后方）或两者都有。如果切片经过食道-肠管连接处，这些结构将会很明显。

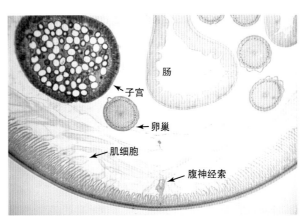

图8-97 猪蛔虫雌虫中部的切片（×10）。显示多细胞的肠管、具中轴的卵巢、充满虫卵的子宫、腹神经索和肌细胞的胞浆部分伸至腹神经索（M. Dale Little博士惠赠）

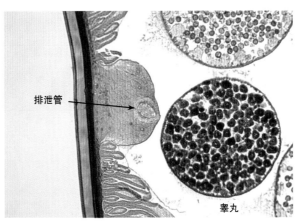

图8-98 猪蛔虫雄虫（×20）。该图有两个切片，一个是有突出排泄管的侧索，另一个是睾丸的几个绊

寄生于哺乳动物的某些蛔虫幼虫能够在组织中移行，如弓首属（图8-99）、贝利斯蛔属（图8-100）和兔唇蛔属（图8-101）的幼虫可以引起幼虫移行综合征。蛔虫幼虫具有单个侧翼，也含有一个排泄细胞，具有H形前后突起的排泄管。在切片中，单个侧翼和成对的排泄管使蛔虫幼虫的鉴定相对容易（图8-99至图8-101）。在躯体组织中移行或停留的弓首蛔虫幼虫，其直径一般不超过21mm，而贝利斯蛔属幼虫在移行过程中可以继续生长，直径可达55～70mm。

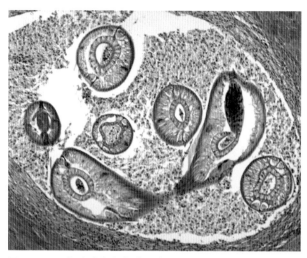

图8-101　实验感染鼠斯普氏兔唇蛔虫的幼虫（×100）。这些幼虫长得很大，切片中可见食道和各种多细胞的肠管

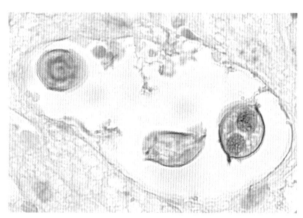

图8-99　实验感染鼠犬弓首蛔虫的幼虫（×650）。免疫过氧化物酶标记的单克隆抗体染色显示排泄细胞大的分支，从单个排泄细胞沿着两个侧索向虫体后面延伸（右边切片）；左边是经过食道的切片，在分支之前；中间的切片是排泄管末端的后方

（五）旋尾目

旋尾目包括颚口总科、泡翼总科、立克图拉总科、吸吮总科、旋尾总科、龙线总科和丝虫总科。旋尾线虫差异较大，宿主范围和寄生部位较广。其成虫大小差异较大，从细丝状的筒线虫到粗短的颚口线虫再到长度难以想象的龙线虫。有些种类寄生于肠腔，有些种类位于肠壁，而另一些种类寄生于整个肠道。尽管它们的寄生部位不同，但在生物学和形态学方面却有很多相似之处，如它们均以昆虫作为中间宿主。许多种虫卵小，卵壳厚，内含发育完全的幼虫，这些虫卵经粪便排出，被中间宿主昆虫摄入。龙线虫雌虫移行到皮肤表面，将第一期幼虫释放到水中，而后被桡足虫摄入。丝虫成虫不仅在肠道内活动，而且雌虫可以释放微丝蚴，它们在血液中循环或寄生于皮肤内而被中间宿主吸血昆虫摄入。组织中旋尾线虫的特征是角皮上具有棘、隆起、横纹或纵脊。食道较长，可以分为前肌质部和后腺质部。腺质部细胞较多，在切片上呈深染。旋尾线虫的肠管往往长而弯曲，由很多细胞组成，往往核排成一行，刷状缘突出，但基底膜很薄。侧索突出，肌肉组织为多肌型-腔肌型。大多数旋尾线虫雌虫含有卵壳厚且具幼虫的小型虫卵，龙线虫和丝虫子宫内含有大量幼虫或微丝蚴。切片中的

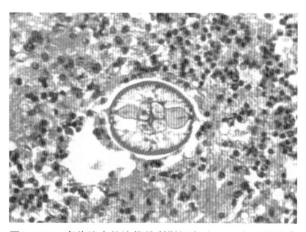

图8-100　豪猪脑内的浣熊贝利斯蛔虫（×400）。显示大的排泄管、具管腔的肠和侧翼

这些特征可以用于旋尾线虫的特征性鉴定。

在组织切片中，有时可见到幼虫，它们具有与成虫相同的一些形态学特征，包括多肌型-腔肌型肌细胞、突出的侧索和由许多高柱状细胞组成的肠管（图8-102）。

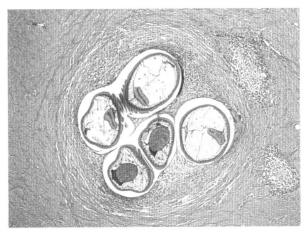

图8-102 猕猴子宫壁肉芽肿内旋尾线虫的幼虫（×36）

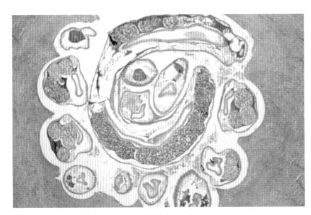

图8-103 犬结节内的狼旋尾线虫（×22）

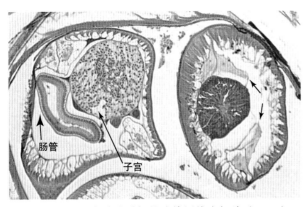

图8-104 经过食道腺质部的狼旋尾线虫切片（×50）。侧索突出于假体腔；肠具有突出的刷状缘和许多细胞，其核排成一行；子宫内充满细小的虫卵

狼旋尾线虫是旋尾线虫的典型例子（图8-103至图8-105）。其成虫通常见于食道和胃壁的结节内，有时也可见于主动脉或直肠壁上。它们的横切面特征是侧索大，突入体腔，腺质型食道着色深（图8-104），肠管刷状缘突出，具有许多细胞，其核排成一行，使其呈三层外观。子宫内充满含深染幼虫的小型虫卵。肌细胞为腔肌-多肌型（图8-103，图8-104）。幼虫有钩和与口相连的梳状结构，但这些结构需要油镜才能看清（图8-105）。

筒线属是旋尾总科的另一个属，常见于动物的组织中，具有一些明显的形态学特征。它们可穿过口、食道（图8-106）或胃黏膜，在切片中具有旋尾总科特征性的结构，包括食道分叉，肌肉组织为多肌型-腔肌型，虫卵小，卵壳厚，内含胚胎（图8-107）。然而，筒线虫的区别在于，前端颈翼发达，被饰斑或隆起所覆盖，且侧索不对称（图8-107）。

标志龙线虫（*Dracunculus insignis*）属于龙线虫总科，其特征是侧索扁平，将半月形的背腹肌质区分开，这些肌质区由腔肌-多肌型组成，肠管高度退化，子宫大，充满幼虫（图8-108）。

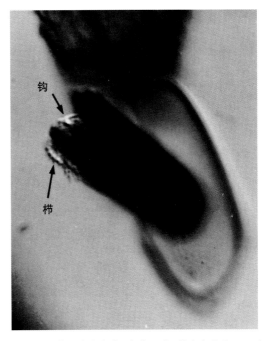

图8-105 狼旋尾线虫虫卵，卵壳已破，幼虫突出（×1800）

413

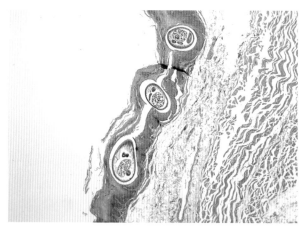

图8-106　恒河猴食道内筒线虫雌虫的横切面（×22）

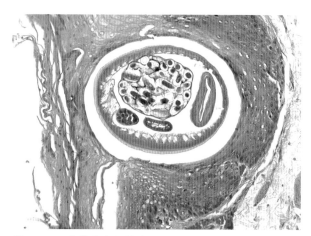

图8-107　高倍放大的筒线虫切片（×125）。显示不对称的侧索和具胚胎的卵，许多卵内含幼虫

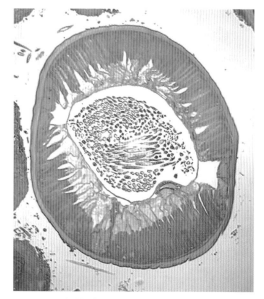

图8-108　浣熊皮下组织内标志龙线虫的横切面（×60）。虫体两边两个侧索明显，子宫内充满幼虫，围绕子宫的背腹侧肌肉发达

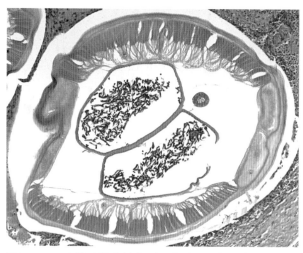

图8-109　犬肺动脉内的犬恶丝虫（×65）。角皮厚而光滑；肌肉大，为腔肌-多肌型；可见小肠和成对的子宫

　　虽然丝虫总科线虫在切片中具有旋尾线虫的许多典型特征，但还有其他一些区别，主要是寄生部位，成虫实际上寄生于除肠以外的所有组织。丝虫大小差异很大，长度最小的仅有1~2cm，最大的如犬恶丝虫，其雌虫长度可达30cm，直径为1mm。然而，所有虫体均呈细长形。角皮厚薄不一，某些种类含有特征性的脊或横纹。肌肉组织为腔肌-多肌型，食道可分叉，但一般不如其他旋尾线虫明显，肠为典型的单管结构。丝虫最典型的特征之一是子宫内充满微丝蚴。感染动物的丝虫种类很多，下面举例说明它们的特征。

　　犬恶丝虫是犬的一种常见丝虫，可以感染犬、猫和人。成虫寄生于循环系统，常见于心脏的心房和大血管。成虫较大，角皮厚而光滑，具突出的腔肌-多肌型肌肉，侧索宽，肠薄，雌虫有成对的充满微丝蚴的子宫（图8-109）。其他恶丝虫如犬的匐行恶丝虫（*Dirofilaria repens*）和浣熊的细恶丝虫（*Dirofilaria tenuis*）寄生于皮下组织，其区别在于角皮上有明显的纵脊，并具横纹，使其外表呈现串珠状或玉米棒样外观（图8-110）。

　　盘尾属是家畜另一种常见的丝虫，在切片上具有丝虫类很明显的解剖特征。雌虫虫体薄，但很长，具有特征性的角皮构造（图8-111）。角皮上的脊和横纹不仅是盘尾属所特有的，而且每个脊上

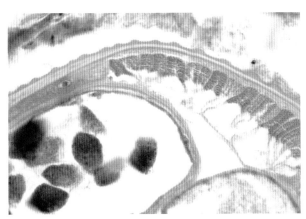

图8-110　细恶丝虫的高倍观察（×220）。浣熊部分皮下组织的横切面，可见角皮表面上的纵脊

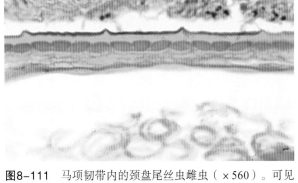

图8-111　马项韧带内的颈盘尾丝虫雌虫（×560）。可见外角皮的脊和内角皮的横纹，每个脊有4条横纹，一个直接在脊下面，三个在每个脊之间

横纹的数目可以作为种类鉴定的依据。另外，雌虫肌细胞具有特征性，这些肌细胞常呈现发育不良，甚至在肌细胞下面有大量皮下组织（图8-112）。众所周知，成虫寄生于致密结缔组织，且呈盘曲状，一些种类可以形成明显的纤维性结节。

（六）嘴刺目

毛线总科

毛线总科包括毛形属、毛尾属、毛细属和毛体属。在切片上最明显的特征是，具有杆状食道，即由单个杆细胞环绕形成的圆柱形管道，其他特征是有杆状带。杆状带是角皮和皮下组织的特殊部分，包括皮下腺细胞。毛尾线虫食道区仅有一个杆状带（图8-113），而毛形线虫和毛细线虫则沿着食道有两个杆状带。此外，雌性生殖道是单管型，肛门通常位于末端，肌肉为腔肌-多肌型，虫卵两端一般具有卵塞，排出时或在组织中常处于非胚化状态。但偶尔虫卵可以在子宫内发育和孵化，如毛形线虫。第一期幼虫一般就是终末宿主的感染性阶段。毛线总科的多数种类具有严格的寄生部位特异性。除毛形属之外，还具有很强的宿主特异性。

毛尾线虫成虫，俗称鞭虫，虫体如同其名一样呈鞭状。前部细的"鞭尾"穿过大肠上皮，而粗的"鞭柄"正常游离于腔内（图8-114）。童虫完全位于黏膜内，粗细一致。

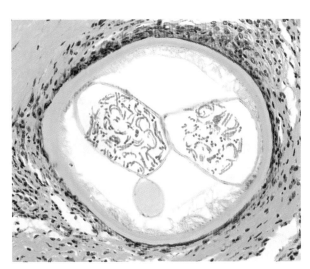

图8-112　马项韧带内颈盘尾丝虫雌虫的横切面（×340）。可见厚的角皮、角皮和肌层之间突出的皮下组织、束状肌细胞、成对的子宫和小肠

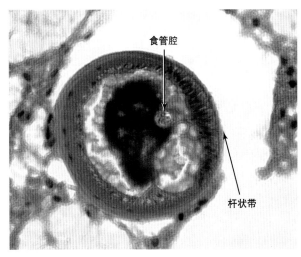

食管腔

杆状带

图8-113　犬盲肠内狐毛尾线虫食道区的横切面（×500）

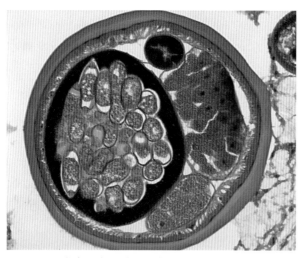

图8-114 犬盲肠内的狐毛尾线虫（×250）。切片经过虫体非常小的肠管；子宫壁厚，充满典型的虫卵

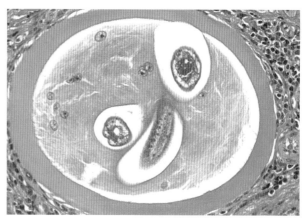

图8-116 猫骨骼肌纤维内旋毛虫的第一期幼虫（×425）

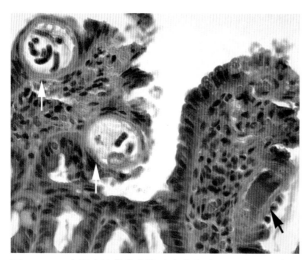

图8-115 大鼠小肠黏膜内旋毛虫成虫（×480）。图中显示两个含幼虫雌虫的横切面和经过杆状食道的纵切面（箭头所示）

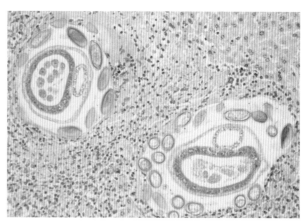

图8-117 大鼠肝脏内的肝毛细线虫（×360）。虫体周围的组织内可见两极具卵塞的虫卵

毛形线虫成虫可见于小肠黏膜（图8-115），在切片中其成虫与类圆线虫相似，但毛形属具有一个嵌入杆状体内的管状食道，雌虫子宫内含有幼虫，而不是受精卵。其幼虫特征性地卷曲在横纹肌的保姆细胞内（图8-116），它们以围绕在食道周围的杆细胞为特征。毛细线虫寄生于肠黏膜，比毛形线虫稍大，其子宫内虫卵两端有卵塞。

在组织切片中，子宫内含有两端具卵塞的单细胞虫卵是鉴定毛细线虫的最好标准（图8-117）。毛尾线虫的虫卵较大，仅见于哺乳动物的大肠内，实际上仅见于肠上皮，该处不会发现毛细线虫。

毛线总科内还有另外一些较为少见的属，如毛体属寄生于灵长类和有袋类动物的鼻黏膜或上颚（图8-118，图8-119）及类毛体属寄生于大鼠的膀胱内（图8-120）。它们具有两极具卵塞的内含幼虫的虫卵，并分别具有两个或一个杆状带。虽然毛体线虫的寄生部位（如口和咽）与简线虫相似，但根据形态特征容易区分，包括直径较小，前端具杆状体和杆状带，虫卵两端有卵塞（图8-119）。

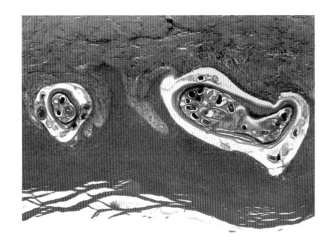

图8-118　负鼠上颚内颊毛体线虫孕卵雌虫的横切面（×60）

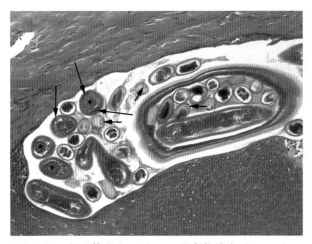

图8-119　颊毛体线虫，图8-118的高倍放大（×125）。显示杆细胞（*号所示）、杆状带（长箭头所示）和虫卵的卵塞（短箭头所示）

图8-120　大鼠膀胱黏膜内的粗尾类毛体线虫（×480）

棘头虫雌虫和雄虫都是假体腔寄生虫，寄生于脊椎动物的肠道，通过体壁获得营养，即它们没有肠管（图8-121）。其宿主包括所有的脊椎动物、鱼、两栖动物、爬行动物、鸟类和哺乳动物。随粪便排出的虫卵被中间宿主节肢动物摄食，终末宿主通过摄入节肢动物而获得感染。成虫具有吻突，虫体用它附着于肠黏膜，并且在体内可以伸缩。这也是为什么称它为棘头虫的缘故（图8-122）。充满囊液的假体腔含有生殖系统的细胞、雄虫的睾丸和黏液腺。雌虫的卵巢组织悬浮于生殖系统中，精子可以移行至假体腔使卵子受孕。"子宫钟"可以根据虫卵的发育阶段进行分选，让含有棘头蚴的成熟虫卵进入子宫，随粪便排出体外。中间宿主通常是节肢动物，在其体内发育为棘头囊。有时可以用脊椎动物作为贮藏宿主，此时该发育阶段就可以在组织切片中见到（图8-123）。

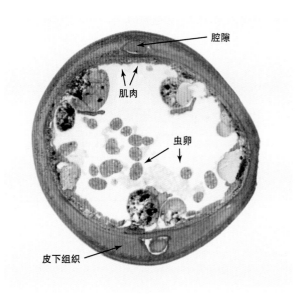

图8-121　新棘吻棘头虫雌虫的横切面（×150）。虫卵实际上是卵原细胞的聚集体，又称为卵巢球，它们悬浮于体腔内

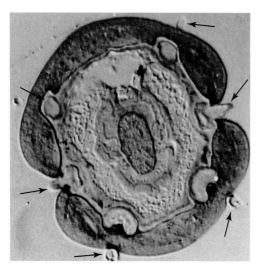

图8-122　新棘吻棘头虫吻突的横切面，箭头所示为吻钩（×320）

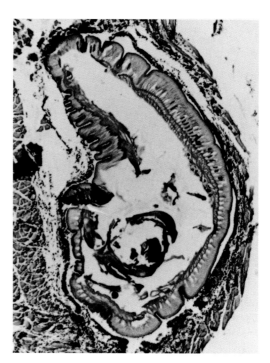

图8-123　金仓鼠骨骼肌内硕大巨吻棘头虫的棘头囊（×66）

在组织切片中，棘头虫的体壁厚，分为多层，具有特征性。外层由质膜和3层含有小管的纤维层组成，小管可以作为输送营养的导管。真皮层薄，肌层由环肌层和纵肌层组成，具有特征性。棘头囊没有生殖器官，但具有两个吻腺，由肌质和腺质结构组成，可以作为吻突伸缩的工具。肌层的深部是较厚的皮下组织，可以为棘头囊的鉴定提供主要线索。

附　录

表A-1　羊的抗寄生虫药*

活性成分(剂量)	商品名	停药天数 奶	停药天数 肉	食道口属	背板属	毛圆属	细颈属	马歇尔属	血矛属	古柏属	仰口属	夏伯特属	类圆属	毛尾属	莫尼茨属	隆体属	肝片吸虫	大类片吸虫	绵羊狂蝇	球虫
伊维菌素(0.2mg/kg, 口服)	Ivomec Sheep Drench	奶羊禁用	11	+	+	+	+		+	+	+								+	
莫西菌素(0.2mg/kg, 口服)	Cydectin Oral Drench	奶羊禁用	7	+	+	+	+		+	+	+								+	
阿苯达唑(7.5mg/kg, 口服)	Valbazen	奶羊禁用	7	+	+	+	+	+	+	+	+	+			+	+	+	+		
左旋咪唑(8.0mg/kg, 口服)	Levasole Sheep Wormer	奶羊禁用	3	+	+	+	+		+	+	+	+								
敌球素(每天口服 0.5mg/kg, >28d)	敌球素(Deccox)	奶羊禁用	0																	+
拉沙菌素(每天每头口服15-70 mg/kg)	球安(Bovatec)	0	0																	+

*所列的多数药物按FDA批准的标签使用。综合性列表的非常规用法,见第六章所述和参考文献。

表A-2 猪的抗寄生虫药*

活性成分(剂量)	商品名	停药天数	蛔属	似蛔属	食道口属	后圆属	类圆属	冠尾属	猪圆属	毛尾属	血虱属	疥螨
多拉菌素 (0.3mg/kg, 肌肉注射)	Dectomax Injectable Solution	24	+		+	+	+	+	+		+	+
伊维菌素 (0.3mg/kg, 皮下注射; 1.8g(仔猪, 架子猪, 肥育猪)或9.1g(成年猪)	害获灭(Ivomec)	18	+		+	+	+	+	+		+	+
芬苯达唑 (9mg/kg, 口服3~12d)	Safe-Guard EZ Scoop	0	+		+	+		+	+	+		
左旋咪唑 (8mg/kg, 口服)	Levasole	3	+		+	+	+					
驱蛔灵 (110mg/kg, 口服)	Wazine	21	+		+							
酒石酸噻吩嘧啶 (伴料治疗800g/t, 连续控制96g/t)	Banminth 48	1	+		+	+		+				
敌敌畏 (12.5 mg/kg, 口服)	Atgard Swine Wormer	0	+	+	+							
双甲脒	特敌克(Taktic)	3									+	+

*所列的多数药物按FDA批准的标签使用, 综合性列表的非常规用法, 见第六章所述和参考文献。

表A-3　牛的抗寄生虫药

活性成分(剂量)	商品名	停药天数 奶	停药天数 肉	食道口属	奥斯特属	毛圆属	细颈属	血矛属	古柏属	网尾属	仰口属	类圆属	毛尾属	吸吮属	片形属	莫尼茨属	足螨属	娇螨属	痒螨属	吸血虱	毛虱属	血蝇属	皮蝇属	球虫
多拉菌素(0.2mg/kg,皮下或肌内注射)	通灭注射剂	奶牛禁用	35	+	+	+	+	+	+	+	+	+	+	+					+	+	+	+	+	
多拉菌素(0.5mg/kg,浇泼)	通灭浇泼剂	奶牛禁用	45	+	+	+	+	+	+	+	+	+	+	+			+		+	+	+	+	+	
伊普菌素(0.5mg/kg,浇泼)	Ivomec Eprinex Pour-On	0	0	+	+	+	+	+	+	+	+	+	+				+		+	+	+	+	+	
伊维菌素(0.2mg/kg,皮下注射)	害获灭注射剂	奶牛禁用	35	+	+	+	+	+	+	+	+	+	+	+					+	+	+	+	+	
伊维菌素(0.5mg/kg,浇泼)	害获灭浇泼剂	奶牛禁用	48	+	+	+	+	+	+	+	+	+	+					−	+	+	+	+	+	
莫西菌素(0.2mg/kg,皮下注射)	Cydectin注射剂	奶牛禁用	21	+	+	+	+	+	+	+	+	+	+						+	+	+	+	+	
莫西菌素(0.5mg/kg,浇泼)	Cydectin浇泼剂	0	0	+	+	+	+	+	+	+	+	+	+				+		+	+	+	+	+	
伊维菌素/氯舒隆(0.2mg/kg和2mg/kg,皮下注射)	害获灭强效注射剂	奶牛禁用	49	+	+	+	+	+	+	+	+	+	+	+	+		+	−	+	+	+	+	+	
氯舒隆(7mg/kg,口服)	Curatrem	奶牛禁用	8												+									
阿苯达唑(10mg/kg,口服)	肠虫清(Valbazen)	奶牛禁用	27	+	+	+	+	+	+	+	+	+	+		+	+								
芬苯达唑(5mg/kg或10mg/kg,口服)	Panacur/Safe-Guard	0	8~13	+	+	+	+	+	+	+	+	+	+			+								
奥芬达唑(4.5mg/kg,口服)	Synanthic	奶牛禁用	7	+	+	+	+	+	+	+	+	+	+											
左旋咪唑(6mg/kg,皮下注射或药丸)	Levasole	奶牛禁用	2~7	+	+	+	+	+	+	+	+	+	+											
酒石酸甲噻嘧啶(10mg/kg,口服)	Rumatel	0	14	+	+	+		+	+															
氨丙啉(预防5mg/kg,口服;治疗10mg/kg,口服)	Corid	奶牛禁用	1																					+
癸氧喹酯(每天0.5mg/kg,口服)	敌球素(Deccox)	奶牛禁用	0																					+
拉沙菌素(每天每头口服100~360 mg/kg)	球安(Bovatec)	奶牛禁用	0																					+
莫能菌素(每天每头口服115~660 mg/kg)	Rumensin 80	0	0																					+
磺胺喹噁啉(每天13mg/kg,口服)	各种各样	奶牛禁用	10																					+

*所列的多数药物按FDA批准的标签使用,综合性列表的非常规用法,见第六章所述和参考文献。

表A-4　猫的抗寄生虫药*

活性成分(剂量)	商品名	弓蛔属	管形钩口线虫	巴西钩口线虫	恶丝菌属	带属	复孔属	蜱	蚤	虱	耳痒螨
伊维菌素(0.024mg/kg, 每月一次, 口服)	Heartgard for Cats			+	+						
美贝霉素(2mg/kg, 每月一次, 口服)	Interceptor	+	+	+	+						
莫西菌素(1 mg/kg)和吡虫啉(10 mg/kg), 局部用药	Advantage Multi	+	+		+				+		+
赛拉菌素(6mg/kg, 每月一次, 局部用药)	Revolution	+	+		+				+		+
哌嗪(55mg/kg, 口服)	Pipa-Tabs	+									
噻吩嘧啶(10~20mg/kg, 口服)	Nemex	+	+								
吡喹酮(5mg/kg)和噻吩嘧啶(20mg/kg, 口服)	Drontal	+	+			+	+				
吡喹酮(5~10mg/kg, 口服, 皮下或肌肉注射)	Droncit					+	+				
Emodepside (3 mg/kg)和吡喹酮(12mg/kg), 局部用药	Profender	+	+			+	+				
依西太尔(1.25mg/kg, 口服)	Cestex					+	+				
氯芬奴隆(30mg/kg, 每月一次, 口服)	Program								+		
氯芬奴隆(10mg/kg, 每6月一次, 皮下注射)	Program 6-Month Injection								+		
吩虫胺和吡丙醚(局部用药)	Vectra								+		
烯啶虫胺(1mg/kg, 每天一次, 按需要口服)	Capstar								+		
吡虫啉(每月一次, 局部用药)	Advantage								+	+	
氟虫腈(每月一次, 局部用药)	Frontline							+	+	+	
氟虫腈和烯虫酯(每月一次, 局部用药)	Frontline Plus							+	+		
氰氟虫腙(每月一次, 局部用药)	Promeris								+		
伊维菌素(耳部用药)	Acarexx										+
美贝霉素(耳部用药)	Milbemite										+

*所列的多数药物按FDA批准的标签使用, 综合性列表的非常规用法, 见第六章所述和参考文献。

表A-5　犬的抗寄生虫药*

活性成分（剂量）	商品名	弓首属	弓蛔属	犬钩口线虫	巴西钩口线虫	狭口属	弯口属	毛尾属	恶丝属	带属	复孔属	棘球属	蜱	蚤	虱	蚊	耳痒螨	疥螨
Melarsomine（2.5mg/kg，肌内注射）	Immiticide								+									
伊维菌素（0.006mg/kg，每月一次，口服）	犬新宝（Heartgard）								+									
伊维菌素（0.006mg/kg）和噻嘧啶（5mg/kg）每月一次，口服	Heartgard Plus	+	+	+	+				+									
美贝霉素（0.5mg/kg，每月一次，口服）	Interceptor	+	+	+				+	+									
美贝霉素（0.5mg/kg）和氯芬双隆（10mg/kg），每月一次，口服	Sentinel	+	+	+				+	+					+				
莫西菌素（2.5mg/kg）和吡虫啉（10mg/kg），每月一次，局部用药	Advantage Multi	+	+	+			+	+	+					+				
赛拉菌素（6mg/kg，每月一次，局部用药	Revolution	+	+						+					+			+	+
伊维菌素（0.006mg/kg）和吡喹酮（5mg/kg）、噻吩嘧啶（5mg/kg），每月一次，口服	Iverhart Max	+	+	+	+				+	+	+							
芬苯达唑（50mg/kg，3天，口服）	胖可乐（Panacur）	+	+	+				+		+								
非班太尔（25~62mg/kg），吡喹酮（5~12mg/kg）和噻吩嘧啶（5~12mg/kg），口服	内虫逃（Drontal Plus）	+	+	+			+	+		+	+	+						
噻吩嘧啶（5mg/kg，口服）	Nemex	+	+	+			+											
噻吩嘧啶（5mg/kg）和吡喹酮（5mg/kg），口服	Virbantel	+	+	+			+			+	+							
吡喹酮（5~7.5mg/kg，口服，皮下或肌内注射）	重生特（Droncit）									+	+	+						
依西太尔（5.5mg/kg，口服）	Cestex									+	+							
哌嗪（55mg/kg，口服）	Tasty paste 等	+	+															
氯芬双隆（10mg/kg，每月一次，口服）	Program													+				
呋虫胺和吡丙醚和氯氰菊酯（局部用药）	威达（Vectra）3D												+	+		+		
吡虫啉（每月一次，局部用药）	Advantage													+				
吡虫啉和氯菊酯（每月一次，局部用药）	K9拜宠爽（Advantix）												+	+		+		
烯啶虫胺（1mg/kg，按需要口服）	Capstar													+				
多杀菌素（30mg/kg，口服）	Comfortis													+				
氟虫腈（每月一次，局部用药）	Frontline												+	+	+			
氟虫腈和烯虫酯（每月一次，局部用药）	Frontline Plus												+	+	+			
双甲脒和氟氯虫腈（局部用药）	Promeris												+	+				

*所列的多数药物按FDA批准的标签使用，综合性列表的非常规用法，见第六章所述和参考文献。

表A-6 马的抗寄生虫药*

活性成分(剂量)	商品名	副蛔属	圆线属	圆线属幼虫	杯口属	杯口属包囊	马尖尾线虫	三齿属	毛圆属	类圆属	盘尾属	柔线属	德拉希属	网尾属	裸头属	胃蝇属	蝇类	EPM
伊维菌素(0.2mg/kg, 口服)	Eqvalan	+	+	+	+	+	+	+	+	+	+	+	+	+		+		
伊维菌素(0.2mg/kg)和吡喹酮(1mg/kg), 口服	Zimecterin Gold	+	+	+	+	+	+	+	+	+	+	+	+	+	+	+		
莫西菌素(0.4mg/kg, 口服)	Quest	+	+	+	+	+	+	+	+	+	+	+	+	+		+		
莫西菌素(0.4mg/kg)和吡喹酮(2.5mg/kg), 口服	Quest Plus	+	+	+	+	+	+	+	+	+	+	+	+	+	+	+		
芬苯达唑(5mg/kg, 口服)	胖可求(Panacur)	+	+	+	+	+	+	+	+					+				
芬苯达唑(10mg/kg, 口服), 5d	Panacur Paste 10% Powerpac	+	+	+	+	+	+	+						+				
奥苯达唑(10mg/kg, 口服)	Anthelcide EQ Equine Wormer	+	+	+	+	+	+	+						+				
哌嗪(110mg/kg, 口服)	Wonder Wormer for Horses	+	+	+	+	+	+	+										
噻吩嘧啶(6.6mg/kg, 口服)	Strongid T	+	+	+	+	+	+	+										
噻吩嘧啶(2.64mg/kg, 每天top dress)	Strongid C	+	+	+	+	+	+	+										
杀虫威(1.54mg/kg, 连续饲喂)	Equitrol																+	
灭蝇胺(每匹马每天300mg, 口服)	Solitude IGR																+	
除虫脲(每天0.15mg/kg, 口服)	Equitrol II																+	
硝唑尼特(每5d 25mg/kg; 每23d 50mg/kg, 口服)	Navigator																	+
帕托珠利(每28d 5或10mg/kg, 口服)	Marquis																	+
磺胺嘧啶(20mg/kg)和乙胺嘧啶(1mg/kg), 口服90~270d	ReBalance Antiprotozoal Oral Suspension																	+

*所列的多数药物按FDA批准的标签使用，综合性列表的非常规用法，见第六章所述和参考文献。

表A-7　商用抗寄生虫疫苗*

寄生虫	疫苗使用对象	商品名	公司**	抗原类型
抗原虫				
牛巴贝斯虫	牛	许多***	当地****	致弱活苗
双芽巴贝斯虫	牛	许多	当地	致弱活苗
犬巴贝斯虫	犬	Pirodog	梅里亚集团(Merial)	亚单位苗
犬巴贝斯虫，罗氏巴贝斯虫	犬	Nobivac Piro	英特威(Intervet)	亚单位苗
艾美耳球虫*****	鸡	Livacox, Paracox, Eimeriavax	先灵葆雅(Biopharm, Schering-Plough, Bioproperties)	致弱活苗
艾美耳球虫	鸡	CoxAbic	ABIC	亚单位苗
十二指肠贾第虫	犬/猫	GiardiaVax	富道动物保健(Fort Dodge Animal Health)	破碎虫体
杜氏利什曼原虫	犬	Leishmune	富道动物保健(Fort Dodge Animal Health)	亚单位苗
犬新孢子虫	牛	NeoGuard	英特威(Intervet)	全虫灭活苗
神经肉孢子虫	马	Sarcocystis Neurona Vaccine	富道动物保健(Fort Dodge Animal Health)	全虫灭活苗
环形泰勒虫	牛	许多	当地	致弱活苗
刚地弓形虫	羊	Toxovax	英特威(Intervet)	致弱活苗
抗蠕虫				
胎生网尾线虫	牛	Dictol, Bovilis, Huskvac	英特威(Intervet)	致弱活苗
抗蜱				
微小牛蜱	牛	TickGard, Gavac	英特威(Intervet), 赫伯生物科技(Heber Biotec S.A.)	重组亚单位苗

*营销和获得这些疫苗随时受商业决策所控制，因此在很大程度上不能视其为正在使用的准确或综合性名单。这些疫苗被投放市场在某种程度上是在写作前后。使用"疫苗"术语是为了区分使用活体的强毒感染治疗的情况下作为免疫程序，这样的程序构成了一些家禽球虫病和小袋勒虫的免疫治疗方案。

**市场推广程序可能会导致待售致弱疫苗在特殊领域的特许，因此公司规定不得在某些地区营销指定的疫苗。

***在许多国家使用类似的公司置身于制造和销售。

****许多不同的机构或公司置身于制造和销售。出售的疫苗可以包含7种不同类不同变异株卵囊的组合。

*****在联合疫苗中也许包含7种不同的艾美耳球虫。

425

中英文（拉丁文）词汇对照

A

阿米巴 Amebas
阿维菌素 Avermectin
埃及伊蚊 *Aedes aegypti*
艾美耳属 *Eimeria*
艾氏疏螺旋体 *B. afzelii*
安氏革蜱 *Dermacentor andersoni*
安氏网尾线虫 *Dictyocaulus arnfieldi*
安氏隐孢子虫 *C. andersoni*
氨丙啉 Amprolium
氨甲酸酯类 Carbamates
胺甲萘 Carbaryl
奥苯达唑 Oxibendazole
奥博艾美耳球虫 *Eimeria aubumensis*
奥芬达唑 Oxfendazole
奥氏奥斯特线虫 *Ostertagia ostertagi*
奥氏类丝虫 *Filaroides osleri*
澳洲库蠓 *C. brevitarsis*

B

巴贝斯属 *Babesia*
白次睾吸虫 *Metorchis albidus*
白纹革蜱 *D. albipictus*
斑点花蜱 *Amblyomma maculatum*
斑蝥 Blister beetles
半翅目 Hemiptera
半数致死量 LD_{50}
包皮泡翼线虫 *Physaloptera praeputia-lis*
胞簇虫属 *Cytauxzoon*
杯殖吸虫 *Calicophoron*
贝利斯蛔虫 *Baylisascaris* species
贝诺孢子虫属 *Besnoitia*
贝氏莫尼茨绦虫 *Moniezia benedeni*
背板属 *Teladorsagia*

倍足纲(千足虫)Diplopoda (millipedes)
苯磺酰胺化合物 Benzene sulfonamide compound
苯并咪唑 Benzimidazoles
苯甲酸苄酯 Benzyl benzoate
苯醚菊酯 Phenothrin
布尼亚病毒 Bunyaviruses
吡虫啉 imidacloprid
吡喹酮 Praziquantel
避蚊胺 DEET
鞭毛虫 Flagellates
扁形动物门 platyhelminths
苄呋菊酯 Resmethrin
变翅库蠓 *C. variipennis*
变异革蜱 *Dermacentor variabilis*
标志龙线虫 *Dracunculus insignis*
波氏囊等孢球虫 *C. burrowsi*
波斯锐缘蜱 *A. persicus*
伯氏疏螺旋体 *B. burgdorferi*
布尼亚病毒科 Bunyaviridae
布氏姬螯螨 *Cheyletiella blakei*
布氏姜片吸虫 *Fasciolopsis buski*

C

残杀威 Propoxur
查菲埃里克体 *E. chaffeensis*
长角血蜱 *H. longicornis*
臭虫 Bedbug
除虫菊酯 Pyrethrins
除虫脲 Diflubenzuron
次睾吸虫 *Metorchis*

D

大口德拉希线虫 *D. megastoma*
大口吸吮线虫 *Thelazia gulosa*
大类片吸虫 *Fascioloides magna*

大裸头绦虫 *A. magna*
敌敌畏 Dichlorvos (DDVP)
地美硝唑 Dimetridazole
顶复门 Apicomplexa
豆状带绦虫 *Taenia pisiformis*
毒死蜱 Dursban
短角亚目 Brachycera
短口囊杯环线虫 *C. brevicapsulatus*
盾殖目 Aspidogastrea
钝角虱亚目 Amblycera
多房棘球绦虫 *E. multilocularis*
多瘤筒线虫 *G. verrucosum*
多乳头副丝虫 *Parafilaria multipapil-losa*
多杀菌素 Spinosad
多头带绦虫 *Taenia multiceps*
多头蚴病 Coenurosis

E

俄亥俄囊等孢球虫 *C. ohioensis*
恶丝属 *Dirofilaria*
颚口线虫 *Gnathostoma*
耳痒螨 *Otodectes*
耳状杯环线虫 *C. auriculatus*
二苯基甲烷 diphenylmethane
二棘血蜱 *H. bispinosa*
二甲基亚砜 Dimethyl sulfoxide (DMSO)
二氯酚 Dichlorophene
二嗪农 Diazinon

F

反刍兽埃里克体 *E. ruminantium*
反刍兽考德里氏体 *Cowdria ruminantium*

426

非班太尔 Febantel
非洲库蠓 C. bolitinos
非洲马瘟 African horse sickness
非洲猪瘟 African swine fever
芬苯达唑 Fenbendazole
粪类圆线虫 Strongyloides stercoralis
呋虫胺 Dinotefuran
氟虫腈 Fipronil
氟氯氰菊酯 Cyfluthrin
福尔马林-醋酸法 Formalin-acetate method
福尔马林-乙醚法 Formalin-ether method
福氏棘球绦虫 E. vogeli

G

伽氏疏螺旋体 B. garinii
肝簇虫属 Hepatozoon
肝毛细线虫 Calodium hepaticum
肝毛细线虫病 Hepatic capillariasis
肝片吸虫 F. hepatica
刚地弓形虫 T. gondii
高效氟氯氰菊酯 Beta-cyfluthrin
革蜱属 Dermacentor
哥斯达黎加管圆线虫 Angiostrongylus costaricensis
弓形虫 Toxoplasma
钩虫 hookworms
钩棘头虫属 Oncicola sp.
钩口总科 Ancylostomatoidea
钩球蚴 Coracidium
古柏线虫属 Cooperia
管形钩口线虫 Ancylostoma tubaeforme
管圆科 Angiostrongylidae
广州管圆线虫 Angiostrongylus cantonensis
鲑侏形吸虫 Nanophyetus salmincola
癸氧喹酯 Decoquinate

H

哈蒙球虫属 Hammondia
汉氏巴尔通体 B. henselae
贺氏类丝虫 F. hirthi
赫氏哈蒙球虫 H. heydorni
黑斑病 Black spot disease
黑角蝇属 Haematobia
黑泻病 Black scours
后圆线虫 Metastrongylus species
狐环体线虫 Crenosoma vulpis

狐毛尾线虫 Trichuris vulpis
花蜱属 Amblyomma
华支睾吸虫 Clonorchis sinensis
环节动物门 Annelida
环裂亚目 Cyclorrhapha
环体属 Crenosoma sp.
环扇头蜱 Rhipicephalus annulatus
环缩酚肽 Cyclic depsipeptides
浣熊贝利斯蛔虫 Baylisascaris procyonis
黄病毒科 Flaviviridae
黄蝇属 Cuterebra
磺胺二甲嘧啶 Sulfadimethoxine
磺胺类药 Sulfonamides
蛔虫属 Ascaris
火鸡隐孢子虫 Cryptosporidium meleagridis,
火鸡组织滴虫 Histomonas meleagridis

J

鸡蛔虫 Ascaridia galli
鸡皮刺螨 Dermanyssus gallinae
鸡异刺线虫 Heterakis gallinarum
姬螯螨 Cheyletiella
吉氏巴贝斯虫 B. gibsoni
吉氏盘尾丝虫 Onchocerca gibsoni
急性钩虫病 Acute hookworm disease
棘阿米巴属 Acanthamoeba
棘唇属 Dipetalonema
棘颚口线虫 Gnathostoma spinigerum
棘球囊 hydatid cyst
棘球属 Echinococcus
棘头虫纲 Acanthocephala
棘隙吸虫 Echinochasmus
己二酸酯 Adipate
加利福尼亚吸吮线虫 Thelazia californiensis
甲虫 Beetles
甲脒 Formamidines
甲硝唑 Metronidazole
贾第虫属 Giardia
肩突硬蜱 Ixodes scapularis
兼性阿米巴病 Facultative amebiasis
兼性寄生虫 Facultative parasites
角头蚤属 Echidnophaga
节肢动物 Arthropods
结肠小袋纤毛虫 Balantidium coli
颈盘尾丝虫 Onchocerca cervicalis

疽蝇科 Cuterebridae
巨型艾美耳球虫 E. magna
锯齿状舌形虫 Linguatula serrata

K

康奈尔-麦克玛斯特稀释计卵法 Cornell-McMaster dilution egg counting technique
抗寄生虫药 Antiparasitics
抗蠕虫药 Anthelmintics
抗原虫药 Antiprotozoals
柯克斯体属 Coxiella
克林霉素 Clindamycin
克氏巴尔通体 B. clarridgeiae
克氏并殖吸虫 Paragonimus kellicotti
枯氏肉孢子虫 Sarcocystis cruzi
枯氏锥虫 Trypanosoma cruzi
库蚊属 Culex
狂蝇科 Oestridae
昆虫 Insects
阔节裂头绦虫 Diphyllobothrium latum

L

拉沙菌素 Lasalocid
赖氏隐孢子虫 Cryptosporidium wrairi
蓝舌病 Bluetongue disease
蓝氏贾第虫 G. Lamblia
狼旋尾线虫 Spirocerca lupi
类毛体属 Anatrichosoma
类丝虫属 Filaroides
类圆线虫 Strongyloides
类圆小杆线虫 Rhabditis strongyloides
梨形虫病 piroplasmosis
立氏新埃里克体 N. risticii
丽蝇科 Calliphoridae
利什曼病 Leishmaniasis
连续带绦虫 Taenia serialis
链尾棘唇线虫 D. streptocerca
猎蝽 Triatomin bug
裂口属 Amidostomum
裂头科 Diphyllobothriidae
裂殖子 merozoites
流行性斑疹伤寒 Epidemic typhus
留氏艾美耳球虫 Eimeria leuckarti
瘤突血虱 H. tuberculatus
六钩胚 Hexacanth embryo
龙线属 Dracunculus
驴血虱 H. asini
氯菊酯 Permethrin

参考文献

第一章

Hoare CA:Reservoir hosts and natural foci of human protozoal infections, *Acta Tropica* 19:281,1962.

第二章

Abbitt B, Abbitt LG: Fatal exsanguination of cattle attributed to an attack of salt marsh mosquitoes (*Aedes sollicitans*), *J Am Vet Med Assoc* 179:1397, 1981.

Adamantos S, Boag A, Church D: Australian tick paralysis in a dog imported into the UK, *Vet Rec* 156:327, 2005.

Agarwal GP, Chandra S, Saxena AK: Feeding habits of dog louse *Heterodoxus spiniger* (End.) (Mallophaga, Amblycera), *Z Angewandte Entomol* 94:134, 1982.

Anderson GS, Huitson NR: Myiasis in pet animals in British Columbia: the potential of forensic entomology for determining duration of possible neglect, *Can Vet J* 45:993, 2004.

Andress ER, Campbell JB: Inundative release of pteromalid parasitoids (Hymenoptera: Pteromalidae) for the control of stable flies, *Stomoxys calcitrans* (L.) (Diptera: Muscidae) at confined cattle installations in west central Nebraska, *J Econ Entomol* 87:714, 1994.

Anziani OS, Guglielmone AA, Signorini AR, et al: *Haematobia irritans* in Argentina, *Vet Rec* 132:588, 1993.

Anziani OS, Loreficce C: Prevention of cutaneous myiasis caused by screw worm larvae (*Cochliomyia hominivorax*) using ivermectin, *J Vet Med B Infect Dis Vet Public Health* 40:287, 1993.

Arendt WJ: Philornis ectoparasitism of pearly-eyed thrashers. I. Impact on growth and development of nestlings, *Auk* 102:281, 1985.

Arrioja-Dechert A: *Compendium of veterinary products*, Port Huron, Mich, 1997, North American Compendiums.

Atwell RB, Campbell FE, Evans EA: Prospective survey of tick paralysis in dogs, *Aust Vet J* 79:412, 2001.

Baird CR: Development of *Cuterebra jellisoni* (Diptera: Cuterebridae) in six species of rabbits and rodents, *J Med Entomol* 8:615, 1971.

Baird CR: Development of *Cuterebra ruficrus* (Diptera: Cuterebridae) in six species of rabbits and rodents with a comparison of C. ruficrus and C. jellisoni third instars, *J Med Entomol* 9:81, 1972.

Baird CR, Podgore JK, Sabrosky CW: *Cuterebra* myiasis in humans: six new case reports from the United States with a summary of known cases (Diptera: Cuterebridae), *J Med Entomol* 19:263, 1982.

Baker NF, Farver TB: Failure of brewer's yeast as a repellent to fleas on dogs, *J Am Vet Med Assoc* 183:212, 1983.

Barker SC, Murrell A: Systematics and evolution of ticks with a list of valid genus and species names, *Parasitology* 129:S15, 2004.

Bean-Knudsen DE, Wagner JE, Hall RD: Evaluation of the control of *Myobia musculi* infestations on laboratory mice with permethrin, *Lab Anim Sci* 36:268, 1986.

Beasley VR, Wolf GA, Fischer DC, et al: Cantharidin toxicosis in horses, *J Am Vet Med Assoc* 182:283, 1983.

Bequaert J: A monograph of the Melophaginae, or kedflies, of sheep, goats, deer, and antelopes (Diptera: Hippoboscidae), *Entomol Am* 22:1, 1942.

Bourdeau P, Degorce F, Poujade A, et al: Straelensiosis (*Straelensia cynotis*), a new and severe parasitosis in dogs. In Proceedings of the Eighteenth Conference of the World Association for the Advancement of Veterinary Parasitology, Stressa, Italy, 2001.

Bowman DD, Fogelson ML, Carbone LG: Effect of ivermectin on the control of ear mites (*Psoroptes cuniculi*) in naturally infested rabbits, *J Am Vet Med Assoc* 53:105, 1992.

Bowman DD, Giovengo SL: Identification of adult and nymphal ticks, *Vet Tech* 12:505, 1991.

Burgdorfer W, Barbour AD, Hayes SF, et al: Lyme disease: a tick-borne spirochetosis? *Science* 216:1317, 1982.

Burghardt HF, Whitlock JH, McEnerney PJ: Dermatitis due to *Simulium* (black flies), *Cornell Vet* 41:311, 1951.

Chadwick AJ: Use of a 0.25% fipronil pump spray formulation to treat canine cheyletiellosis, *J Small Anim Pract* 38:261, 1997.

Chailleux N, Paradis M: Efficacy of selamectin in the treatment of naturally acquired cheyletiellosis in cats, *Can Vet J* 43:767, 2002.

Chandler AC, Read CP: Introduction to parasitology, ed 10, New York, 1961, John Wiley & Sons.

Chitwood MB, Stoffolano JG: First report of *Thelazia* sp. (Nematoda) in the face fly, *Musca autumnalis*, in North America, *J Parasitol* 57:1363, 1971.

Cilek JE, Schreiber ET: Diel host-seeking activity of *Chrysops celatus* (Diptera: Tabanidae) in northwest Florida, *Fla Entomol* 79:520, 1996.

Clare AC, Medleau L: Case management workshop (mosquito bite hypersensitivity in a cat), *Vet Med* 92:728, 1997.

Coe M: Unforeseen effects of control, *Nature* 327:367, 1987.

Cogley TP, anderson JR, Cogley LJ: Migration of *Gasterophilus intestinalis* larvae (Diptera: Gasterophilidae) in the equine oral cavity, *Int J Parasitol* 12:473, 1982.

Cogley TP: Key to the eggs of the equid stomach bot flies *Gasterophilus* Leach, 1817 (Diptera: Gasterophilidae) utilizing scanning electron microscopy, *Syst Entomol* 16:125, 1991.

Craig T: Horse parasites and their control, South Class 12-15, 1984.

Craig T: *The prevalence of bovine parasites in various environments within the lowland tropical country of Guyana* (dissertation), College Station, Texas A&M University, 1976.

DeMarmels J: *Cistudinomyia* (Diptera: Sarcophagidae) causing myiasis in a Venezuelan gecko (Sauria,Geckonidae), *Entomol Mon Mag* 130:222, 1994.

Desch CE: *Demodex aries* sp. nov., a sebaceous gland inhabitant of the sheep, Ovis aries, and a redescription of *Demodex ovis* Hirst, 1919, *N Z J Zool* 13:367, 1986.

Desch CE, Hillier A: *Demodex injai*: a new species of hair follicle mite (Acari: Demodecidae) from the domestic dog (Canidae), *J Med Entomol* 40:146, 2003.

Desch CE, Nutting WB: *Demodex folliculorum* (Simon) and *D. brevis* Akbulatova of man: redescription and reevaluation, *J Parasitol* 58:169, 1972.

Desch CE, Nutting WB: Redescription of *Demodex caballi* (=*D. folliculorum* var. equi Railliet, 1895) from the horse, *Equus caballus*, *Acarologia* 20:235, 1978.

Desch CE, Stewart TB: *Demodex gatoi*: new species of hair follicle mite (Acari: Demodecidae) from the domestic cat (Carnivora: Felidae), *J Med Entomol* 36:167, 1999.

Diaz SL: Efficacy of fipronil in the treatment of pediculosis in laboratory rats, *Lab Anim* 39:331, 2005.

Doebler SA: The rise and fall of the honeybee: mite infestations challenge the bee and the beekeeping industry, *BioScience* 50:738, 2000.

Dougherty CT, Knapp FW, Burrus PB, et al: Behavior of grazing cattle exposed to small populations of stable flies (*Stomoxys calcitrans* L.), *Appl Anim Behav Sci* 42:231, 1994.

Dougherty CT, Knapp FW, Burrus PB, et al: Face flies (*Musca autumnalis* De Geer) and the behavior of grazing beef cattle, *Appl Anim Behav Sci* 35:313, 1993.

Dryden MW, Bruce AB: Development of a trap for collecting newly emerged *Ctenocephalides felis* (Siphonaptera: Pulicidae) in homes, *J Med Entomol* 30:901, 1993.

Dryden MW, Long GR, Gaafar SM: Effects of ultrasonic collars on *Ctenocephalides felis* on cats, *J Am Vet Med Assoc* 195:1717, 1989.

Eagleson JS, Thompson DR, Scott PG, et al: Field trials to confirm the efficacy of ivermectin jetting fluid for control of blow fly strike in sheep, *Vet Parasitol* 51:107, 1993.

Elzen PJ, Baxter JR,Westervelt D, et al: Field control and biology studies of a new pest species, *Aethina tumida* Murray (Coleoptera, Nitidulidae), attacking European honey bees in the Western Hemisphere, *Apidologie* 30:361, 1999.

Endris RG, Reuter VE, Nelson JD, et al: Efficacy of 65% permethrin applied as a topical spot-on against walking dandruff caused by the mite, *Cheyletiella yasguri*, in dogs, *Vet Ther* 1:273-279, 2000.

Evans RH: Ivermectin treatment of notoedric mange in two fox squirrels, *J Am Vet Med Assoc* 185:1437, 1984.

Eyre P, Boulard C, Deline T: Local and systemic reactions in cattle to *Hypoderma lineatum* larval toxin: protection by phenylbutazone, *Am J Vet Res* 42:25, 1981.

Fain A, Le Net JL: A new larval mite of the genus *Straelensia* Vercammen-Granjean and Kolebinova, 1968 (Acari: Leeuwenhoekiidae) causing nodular dermatitis of dogs in France, *Int J Acarol* 26:339, 2001.

Farkas R, Hall MJR, Dániel M, Börzsönyi L: Efficacy of ivermectin and moxidectin injection against larvae of *Wohlfartia magnifica* (Diptera: Sarcophagidae) in sheep, *Parasitol Res* 82:82, 1996.

Fehrenbach P: Where have all the flea dollars gone? *Pest Control Technol* 24:23, 1996.

Foglia Manzillo VF, Oliva G, Pagano A, et al: Deltamethrin-impregnated collars for the control of canine leishmaniasis: evaluation of the protective effect and influence on the clinical outcome of *Leishmania* infection in kennelled stray dogs, *Vet Parasitol* 142:142, 2006.

Foil LD, Hogsette JA: Biology and control of tabanids, stable flies, and horn flies, *Rev Sci Tech* 13:1125, 1994.

Foil LD, DeRoven SM, Morrison DG: Economic benefits of horn fly control for beef production: fall-calving cows and stocker cattle, *La Agric* 39:12, 1996.

Foley RH: A notoedric mange epizootic in an island's cat population, *Feline Pract* 19:8, 1991a.

Foley RH: Parasitic mites of dogs and cats, *Compend Cont Educ Pract Vet* 13:783, 1991b.

Folz SD, Kratzer DD, Conklin RD, et al: Chemotherapeutic treatment of naturally acquired generalized demodicosis, *Vet Parasitol* 13:85, 1983.

Fourie LJ, Heine J, Horak IG: The efficacy of an imidacloprid/moxidectin combination against naturally acquired *Sarcoptes scabiei* infestations on dogs, *Aust Vet J* 84:17, 2006.

Fourie LJ, Kok DJ, Heine J: Evaluation of the efficacy of an imidacloprid 10%/moxidectin 1% spot-on against *Otodectes cynotis* in cats, *Parasitol Res* 90(suppl 3):S112, 2003.

Gearhart MS, Crissman JW, Georgi ME: Bilateral lower palpebral demodicosis in a dairy cow, *Cornell Vet* 71:305, 1981.

Geden CJ, Rutz DA, Bishop DR: Cattle lice (Anoplura, Mallophaga) in New York: seasonal population changes, effects of housing type on infestations of calves, and sampling efficiency, *J Econ Entomol* 83:1435, 1990.

Geden CJ, Rutz DA, Miller RW, et al: Suppression of house flies (Diptera:Muscidae) on New York and Maryland dairies using releases of Muscidifurax raptor (Hymenoptera: Pteromalidae) in an integrated management system, *Environ Entolmol* 21:1419, 1992.

Gerhardt RR, Allen JW, Green WH, Smith PC: The role of face flies in an episode of infectious bovine keratoconjunctivitis, *J Am Vet Med Assoc* 180:156, 1982.

Geurden T, Deprez P, Vercruysse J: Treatment of sarcoptic, psoroptic and chorioptic mange in a Belgian alpaca herd, *Vet Rec* 153:331, 2003.

Gherardi SG, Sutherland SS, Monzu N, Johnson KG: Field observations on body strike in sheep affected with dermatophilosis and fleece-rot, *Aust Vet J* 60:27, 1983.

Gönenc B, Sarimehmetoğlu HO, Ica A, Kozan E: Efficacy of selamectin against mites (*Myobia musculi, Mycoptes musculinus* and *Radfordia ensifera*) and nematodes (*Aspiculuris tetraptera* and *Syphacia obvelata*) in mice, *Lab Anim* 40:210, 2006.

Greve JH, Gerrish BS: Fur mites (Lynxacarus) from cats in Florida, *Feline Pract* 11:28, 1981.

Gunnarsson L, Christensson D, Palmer E: Clinical efficacy of selamectin in the treatment of naturally acquired infection of sucking lice (*Linognathus setosus*) in dogs, *J Am Anim Hosp Assoc* 41:388, 2005.

Habela M, Moreno A, et al: Efficacy of eprinomectin pour-on in naturally *Oestrus ovis* infested merino sheep in Extremadura, South-West Spain, *Parasitol Res* 99:275, 2006.

Hall RD, Doisy KE, Teasley CH: *Walk-through trap to control horn flies on cattle*, Agricultural Guide G1195, Columbia, 1987, University of Missouri-Columbia Extension Division.

Hansen O, Gall Y, Pfister K, et al: Efficacy of a formulation containing imidacloprid and moxidectin against naturally acquired ear mite infestations (*Psoroptes cuniculi*) in rabbits, *Int J Appl Res Vet Med* 3:281, 2005.

Hansen O, Mencke N, Pfister K, et al: Efficacy of a formulation containing imidacloprid and permethrin against naturally acquired ectoparasite infestations (*Ctenocephalides felis, Cheyletiella parasitovorax,* and *Listrophorus gibbus*) in rabbits, *Int J Appl Res Vet Med* 4:320, 2006.

Hanssen I, Mencke N, Asskildt H, et al: Field study on the insecticidal efficacy of Advantage against natural infestations of dogs with lice, *Parasitol Res* 85:347, 1999.

Harman A: Honey bees: more than just honey, *FDA Vet Newsl* 12:, 1998.

Haufe WO: Growth of range cattle protected from horn flies (*Haematobia irritans*) by ear tags impregnated with fenvalerate, *Can J Anim Sci* 62:567, 1982.

Hawkins JA, Adams WV, Cook L, et al: Role of horse fly (*Tabanus fuscicostatus* Hine) and stable fly (*Stomoxys calcitrans* L.) in transmission of equine infectious anemia to ponies in Louisiana, *Am J Vet Res* 34:1583, 1973.

Hayes RO, Doane OW, Sakolsky G, Berrick S: Evaluation of attractants in traps for greenhead fly (Diptera: Tabanidae) collections on a Cape Cod, Massachusetts, salt marsh, *J Am Mosq Control Assoc* 9:436, 1993.

Heffner RS, Heffner HE: Effect of cattle ear mite infestation on hearing in a cow, *J Am Vet Med Assoc* 182:612, 1983.

Hibler CP, Adcock JL: Elaeophorosis. In Davis JW, anderson RC, editors: *Parasitic diseases of wild mammals*, Ames, 1971, Iowa State University Press.

Hinrichsen VL, Whitworth UG, Breitschwerdt EB, et al: Assessing the association between the geographic distribution of deer ticks and sero-positivity rates to various tick-transmitted disease organisms in dogs, *J Am Vet Med Assoc* 218:1092, 2001.

Hoste H, Lespine A, Lemercier P, et al: Efficacy of eprinomectin pour-on against gastrointestinal nematodes and the nasal bot fly (*Oestrus ovis*) in sheep, *Vet Rec* 154:782, 2004.

Horak IG, Camicas JL, Keirans JE: The Argasidae, Ixodidae and Nuttalliellidae (Acari: Ixodida): a world list of valid tick names, *Exp Appl Acarol* 28:27, 2002

Huerkamp MJ, Zitzow LA, Webb S, Pullium JK: Cross-fostering in combination with ivermectin therapy: a method to eradicate murine furmites, *Contemp Top Lab Anim Sci* 44:12, 2005.

Itoh N, Muraoka N, Aoki M, Itagaki T: Treatment of *Notoedres cati* infestation in cats with selamectin, *Vet Rec* 154:409, 2004.

Jagger T, Banks I, Walker A: Traveling ticks, *Vet Rec* 139:476, 1996.

James MT: *The flies that cause myiasis in man*, Misc Pub No 631,Washington, DC, 1948, U.S. Department of Agriculture.

Jubb TF, Vasallo RL, Wroth RH: Suppurative otitis in cattle associated with ear mites (*Raillietina auris*), *Aust Vet J* 70:354, 1993.

Kabayo JP: Aiming to eliminate tsetse from Africa, *Trends Parasitol* 18:473,2002.

Karesh WB, Robinson PT: Ivermectin treatment of lice infestations in two elephant species, *J Am Vet Med Assoc* 187:1235, 1985.

Kazacos KR, Kapke EJ, Widmer WR, et al: Out of Africa: massive visceral pentastomiasis in a dog. In *Proceedings of the Forty-Fifth Annual Meeting of the American Association of Veterinary Parasitologists*, Salt Lake City, 2000, Utah.

King JM: Pneumonyssus caninum, *Vet Med* 83:1216, 1988.

Kleynhans KPN: *Musca nevilli* sp. nov. (Diptera: Muscidae), a dung-breeding fly from South Africa, *Onderstepoort J Vet Res* 54:115, 1987.

Knipling EF, Wells RW: Factors stimulating hatching of eggs of *Gasterophilus intestinalis* de Geer and the application of warm water as a practical method of destroying these eggs on the host, *J Econ Entomol* 28:1065, 1935.

Konstantinov SA: Quantitative evaluation of the principal phases of horse-fly (Tabanidae) attack on cattle in natural conditions, *Parazitologicheskii Sbornik* 37:73, 1992 (abstracted in CAB Abstracts AN# 950507013).

Konstantinov SA: The range of attack, distance, and character of daily flying of horse-flies of the genus *Hybomitra* (Diptera: Tabanidae), *Parazitologiia* 27:419, 1993 (in Russian).

Kraus SJ, Glassman LH: The crab louse: review of physiology and study of anatomy as seen by the scanning electron microscope, *J Am Venereal Dis Assoc* 2:12, 1976.

Krinsky WL: Animal disease agents transmitted by horse flies and deer flies (Diptera: Tabanidae), *J Med Entomol* 13:225, 1976 (review).

Kummel BA, Estes SA, Arlian LG: *Trixacarus caviae* infestation of guinea pigs, *J Am Vet Med Assoc* 177:903, 1980.

Kummerfeld N, Hinz KH: Diagnose und Terapie der durch die Luftsackmilbe (*Sternostoma tracheacolum*) bei Finken (Fringillidae) und Prachtfinken (Estrilididae) verursachten Acariasis, *Kleintierpraxis* 27:95, 1982.

Kunkle GA, Greiner EC: Dermatitis in horses and man caused by the straw itch mite, *J Am Vet Med Assoc* 181:467, 1982.

Kutzer E: Ektoparasitenbekampfung mit ivermectin (Ivomec) bei Schalenwild (Rothirsch, Reh, Widschwein), *Mitteil Dtsch Gschft Allg Angwndt Entomol* 6:217, 1988.

Lane RS, Burgdorfer W: Transovarial and transstadial passage of *Borrelia burgdorferi* in the western black-legged tick, *Ixodes pacificus* (Acari:Ixodidae), *Am J Trop Med Hyg* 37:188, 1987.

Levot GW, Sales N: Effectiveness of a mixture of cyromazine and diazinon for controlling flystrike on sheep, *Aust Vet J* 76:343, 1998.

Linquist DA, Abusowa M, Hall MJR: The new world screwworm fly in Libya: a review of its introduction and eradication, *Med Vet Entomol* 6:2, 1992.

Lissman BA, Bosler EM, Camay H, et al: Spirochete-associated arthritis (Lyme disease) in a dog, *J Am Vet Med Assoc* 185:219, 1984.

Loft KE, Willesen JL: Efficacy of imidacloprid 10 percent/moxidectin 2.5 percent spot-on in the treatment of cheyletiellosis in dogs, *Vet Rec* 160:528, 2007.

Madigan JE, Pusterla N, Johnson E, et al: Transmission of *Ehrlichia risticii*, the agent of Potomac horse fever, using naturally infected aquatic insects and helminth vectors: preliminary report, *Equine Vet J* 32:275, 2000.

Malik R, Stewart KM, Sousa CA, et al: Crusted scabies (sarcoptic mange) in four cats due to *Sarcoptes scabiei* infestation, *J Feline Med Surg* 8:327, 2006.

Mally M, Kutzer E: Zur Tabanidenfauna Österreichs und Betrachtungen zu ihrer medizinischen Bedeutung, *Mitt Österr Ges Tropenmed Parasitol* 6:97, 1984.

Mandigers PJJ, van der Hage MH, Dorrstein GM: Eee veldoderzoek naar de effectiviteit van ivermectine in proyleenglycol bij de behandeling van schurft bij cavias, *Tijdschr Diergeneesk* 118:42, 1993.

Marchionado AA: Biology, economic effect, and control of the horn fly, *Anim Health Nutr* May/June:6, 1987.

Mather TN, Ribiero JMC, Spielman A: Lyme disease and babesiosis: acaricide focused on potentially infected ticks, *Am J Trop Med Hyg* 36:609, 1987.

Matushka FR, Spielman A: The emergence of Lyme disease in a changing environment in North America and Central Europe, *Exp Appl Acarol* 2:337, 1986.

McKellar QA, Midgley DM, Galbraith EA, et al: Clinical and pharmacological properties of ivermectin in rabbits and guinea pigs, *Vet Rec* 130:71, 1992.

McLaughlin RF, Addison EM: Tick (*Dermacentor albipictus*)-induced winter hair loss in captive moose (Alces alces), *J Wildlife Dis* 22:502, 1986.

McMahon MJ, Gaugler R: Effect of salt marsh drainage on the distribution of *Tabanus nigrovittatus* (Diptera: Tabanidae), *J Med Entomol* 30:474, 1993.

McTier TL, Hair JA, Walstrom DJ, Thompson L: Efficacy

and safety of topical administration of selamectin for treatment of ear mite infestation in rabbits, *J Am Vet Med Assoc* 223:322, 2003.

Meleney WP, Kim KC: A comparative study of cattle-infesting *Haematopinus* with redescription of *H. quadripertusus* Fahrenholz, 1916 (Anoplura: Haematopinidae), *J Parasitol* 60:507, 1974.

Mencke N, Volf P, Volfova V, Stanneck D: Repellent efficacy of a combination containing imidacloprid and permethrin against sandflies (*Phlebotomus papatasi*) on dogs, *Parasitol Res* 90(suppl 3):S108, 2003.

Michener GR: Lethal myiasis of Richardson's ground squirrels by the sarcophagid fly *Neobillieria citellovora*, *J Mammol* 74:148, 1993.

Miller DS, Eagle RP, Zabel S, et al: Efficacy and safety of selamectin in the treatment of *Otodectes cynotis* infestation in domestic ferrets, *Vet Rec* 159:748, 2006.

Molina CG, Euzeby J: Activite de l'ivermectine sur *Melophagus ovinus*, *Sci Vet Med Comp* 84:133, 1982.

Moorhouse DE: On the morphogenesis of the attachment cement of some ixodid ticks. *Proceedings of the Third International Congress of Acarology*, Prague, 1973, Czechoslovakia.

Moorhouse DE, Tatchell RJ: The feeding processes of the cattle tick *Boophilus microplus* (Canestrini): a study in host-parasite relations. Part I. Attachment to the host, *Parasitology* 56:623, 1966.

Mueller RS: Treatment protocols for demodicosis: an evidence-based review, *Vet Dermatol* 15:75, 2004.

Mueller RS, Bettenay SV: Efficacy of selamectin in the treatment of canine cheyletiellosis, *Vet Rec* 151:773, 2002.

Mundell AC, Ihrke PJ: Ivermectin in the treatment of *Pneumonyssoides caninum*: a case report, *J Am Anim Hosp Assoc* 26:393, 1990.

Muniz RA, Coronado A, Anziani OS, et al: Efficacy of injectable doramectin in the protection of castrated cattle against field infestations of *Cochliomyia hominivorax*, *Vet Parasitol* 58:327, 1995.

Nevill EM: Preliminary report on the transmission of *Parafilaria bovicola* in South Africa, *Onderstepoort J Vet Res* 41:41, 1975.

Nevill EM: The epidemiology of *Parafilaria bovicola* in the Transvaal Bushveld of South Africa, *Onderstepoort J Vet Res* 52:261, 1985.

Olander HJ: The migration of *Hypoderma lineatum* in the brain of a horse: a case report and review, *Pathol Vet* 4:477, 1967.

Osman SA, Hanafy A, Amer SE: Clinical and therapeutic studies on mange in horses, *Vet Parasitol* 141:191, 2006.

Pantchev N, Hofmann T: Notoedric mange caused by *Notoedres cati* in a pet African pygmy hedgehog (*Atelerix albiventris*), *Vet Rec* 158:59, 2006.

Peterson HO, Roberts IH, Becklund WW, Kemper HE: Anemia in cattle caused by heavy infestation of the blood-sucking louse *Haematopinus eurysternus*, *J Am Vet Med Assoc* 122:373, 1953. Piesman J: Field studies on Lyme disease in North America, *Can J Infect Dis* 2:55, 1991.

Plant JD, Kutzler MA, Cebra CK: Efficacy of topical eprinomectin in the treatment of *Chorioptes* sp. infestation in alpacas and llamas, *Vet Dermatol* 18:59, 2007.

Pobst D, Richards C: *The caddisfly handbook: an Orvis guide*, New York, 1999, Lyons.

Pollmeier M, Pengo G, Jeannin P, Soll M: Evaluation of the efficacy of fipronil formulations in the treatment and control of biting lice, *Trichodectes canis* (De Geer, 1778) on dogs, *Vet Parasitol* 107:127, 2002.

Pollmeier M, Pengo G, Longo M, Jeannin P: Effective treatment and control of biting lice, *Felicola subrostratus* (Nitzsch in Burmeister, 1838), on cats using fipronil formulations, *Vet Parasitol* 121:157, 2004.

Pound JM, Miller JA, George JE, et al: Systemic treatment of white-tail deer with ivermectin-medicated bait to control free-living populations of lone star ticks (Acari: Ixodidae), *J Med Entomol* 33:385, 1996.

Preisler J: Incidence of ear mites, *Otodectes cynotis*, on some carnivores in the territory of CSR, *Folia Parasitol (Praha)* 32:82, 1985.

Price RE, Stromberg PC: Seasonal occurrence and distribution of *Gasterophilus intestinalis* and *Gasterophilus nasalis* in the stomachs of equids in Texas, *Am J Vet Res* 48:1225, 1987.

Principato M: Classification of the main macroscopic lesions produced by larvae of *Gasterophilus* spp. (Diptera: Gasterophilidae) in free-ranging horses in Umbria, *Cornell Vet* 78:43, 1988.

Prosl H, Rabitsch A, Brabenetz J: Zur Bedeutung der Herbstmilbe—*Neotrombicula autumnalis* (Shaw 1790)—in der Veterina rmedizin: Nervale Symptome bei Hunden nach massiver Infestation, *Tierärztl Prax* 13:57, 1985.

Pruett JH, Kunz SE: Warble stage development of third instars of *Hypoderma lineatum* (Diptera: Oestridae), *J Med Entomol* 33:220, 1996.

Pullium JK, Brooks WJ, Langley AD, Huerkamp MJ: A single dose of topical moxidectin as an effective treatment for murine acariasis due to *Myocoptes musculinus*, *Contemp Top Lab Anim Sci* 44:26, 2005.

Pusterla N, Johnson E, Chae JS, et al: Infection rate of *Ehrlichia risticii*, the agent of Potomac horse fever, in freshwater stream snails (*Juga yrekaensis*) from northern California, *Vet Parasitol* 92:151, 2000.

Rainey JW: Equine mortality due to *Gasterophilus* larvae (stomach bots), *Aust Vet J* 24:116, 1948.

Ramsay GW, Mason PC: Chicken mite (*D. gallinae*) infesting a dog, *N Z Vet J* 62:701, 1975.

Reed DL, Light JE, Allen JM, Kirchman JJ: Pair of lice lost or parasites regained: the evolutionary history of anthropoid primate lice, *BMC Biology* 5:7, 2007.

Rhodes AP: Seminal degeneration associated with chorioptic mange of the scrotum of rams, *Aust Vet J* 51:428, 1975.

Riek RF: Studies on allergic dermatitis of the horse. II. Treatment and control, *Aust Vet J* 29:185, 1953a.

Riek RF: Studies on allergic dermatitis (Queensland itch) of the horse. I.Description, distribution, symptoms, and pathology, *Aust Vet J* 29:177, 1953b.

Roberts FHS: *Insects affecting livestock*, Sydney, 1952, Angus and Robertson.

Rogers DJ, Randolph SE: A response to the aim of eradicating tsetse from Africa, *Trends Parasitol* 18:534, 2002.

Roncalli RA: Efficacy of ivermectin against *Oestrus ovis* in sheep, *Vet Med Small Anim Clin* 79:1095, 1984.

Rooney JR: Gastric ulceration in foals, *Pathol Vet* 1:497, 1964.

Rosenstein M: Paralysis in chickens caused by larvae of the poultry tick *Argas persicus*, *Avian Dis* 20:407, 1976.

Rothschild M, Schlein Y, Parker K, et al: The flying leap of the flea, *Sci Am* 229:92, 1973.

Ryan T: Cnemidocoptic mite infestation in cage birds, *Mod Vet Pract* 67:525, 1986.

Sabrosky CW, Bennett GF, Whitworth TL: *Bird blow flies (Protocalliphora) in North America (Diptera: Calliphoridae) with notes on the palearctic species*, Washington DC, 1989, Smithsonian Institute Press.

Scarampella F, Pollmeier M, Visser M, et al: Efficacy of fipronil in the treatment of feline cheyletiellosis, *Vet Parasitol* 129:333, 2005.

Schoeb TR, Panciera RJ: Blister beetle poisoning in horses, *J Am Vet Med Assoc* 173:75, 1978.

Schoeb TR, Panciera RJ: Pathology of blister beetle poisoning in horses, *Vet Pathol* 16:18, 1979.

Scholl PJ, Barrett CC: Technique to extract *Hypoderma* sp. (Diptera:Oestridae) larvae from the backs of cattle, *J Econ Entomol* 79:1125, 1986.

Schroeder HO: Habits of the larvae of *Gasterophilus nasalis* (L.) in the mouth of the horse, *J Econ Entomol* 33:382, 1940.

Seixas F, Travassos PJ, Pinto ML, et al: Dermatitis in a dog induced by *Straelensia cynotis*: a case report and review of the literature, *Vet Dermatol* 17:81, 2006.

Shanks DJ, Gautier P, McTier TL: Efficacy of selamectin against biting lice on dogs and cats, *Vet Rec* 152:234, 2003.

Shanks DJ, McTier TL, Behan S, et al: The efficacy of selamectin in the treatment of naturally acquired infestations

of *Sarcoptes scabiei* on dogs, *Vet Parasitol* 91:269, 2000.

Shoop WL, Egerton JR, Eary CH, et al: Eprinomectin: a novel avermectin for use as a topical endectocide for cattle, *Int J Parasitol* 26:1237, 1996.

Silverman J, Rust MK, Reierson DA: Influence of temperature and humidity on survival and development of the cat flea, *Ctenocephalides felis* (Siphonaptera: Pulicidae), *J Med Entomol* 18:78, 1981.

Sinclair J: The reappearance of warble fly in Britain, 1993-1994, *State Vet J* 5:9, 1995.

Smiley RL, O'Connor BM: Mange in *Macaca arctoides* (Primates:Cercopithecidae) caused by *Cosarcoptes scanloni* (Acari: Sarcoptidae) with possible human involvement and descriptions of the adult male and immature stages, *Int J Acarol* 6:283, 1980.

Smith PH, Dallwitz R, Wardhaugh KG, et al: Timing of larval exodus from sheep and carrion in the sheep blow fly, *Lucilia cuprina*, *Entomol Exptl Aplicata* 30:157, 1981.

Spielman A: Human babesiosis in Nantucket Island: transmission by nymphal *Ixodes* ticks, *Am J Trop Med Hyg* 25:784, 1976.

Stanchi ND, Grisolia CS: Uso de ivermectina en el tratamiento de le acariasis (*Ophionyssus* sp.) de ofidios, *Vet Argent* 3:578, 1986.

Steve PC, Lilly JH: Investigations on transmissibility of *Moraxella bovis* by the face fly, *J Econ Entomol* 58:444, 1965.

Strabel D, Schweizer G, et al: Der Einsatz von Avermectinen bei zwei Ziegen mit Demodikose, *Schweiz Arch Tierheilk* 145:585, 2003.

Strickler JD, Walker ED: Seasonal abundance and species diversity of adult Tabanidae (Diptera) at Lake Lansing Park-North Michigan, *Great Lakes Entomol* 26:107, 1993.

Theiler A: Diseases, ticks, and their eradication, *Agr J S Afr* 1:491, 1911.

Thomas GD, Hall RD, Berry IL: Diapause of the horn fly (Diptera:Muscidae) in the field, *Environ Entomol* 60:1092, 1987.

Timm RM, Lee RE Jr: Do bot flies, Cuterebra (Diptera: Cuterebridae), emasculate their hosts? *J Med Entomol* 18:333, 1981.

Torres S: Infectious gastroenteritis in wild cats, *North Am Vet* May:297, 1941.

Ulutas B, Voyvoda H, Bayraml G, Karagenc T: Efficacy of topical administration of eprinomectin for treatment of ear mite infestation in six rabbits, *Vet Dermatol* 16:334, 2005.

Underwood PC, Dikmans G: Gastralgia in a horse due to bot infestation, *Vet Med* 38:12, 1943.

Vreysen MJB, Saleh KM, Ali MY, et al: *Glossina austeni* (Diptera:Glossinidae) eradicated on the island of Unguja, Zanzibar, using the sterile insect technique, *J Econ*

Entomol 93:123, 2000.

Waddell AH: The pathogenicity of *Gasterophilus intestinalis* in the stomach of the horse, *Aust Vet J* 48:332, 1972.

Wall R, Strong L: Environmental consequences of treating cattle with the antiparasitic drug ivermectin, *Nature* 327:418, 1987.

Warburg A, Saraiva E, Lanzaro GC, et al: Saliva of *Lutzomyia longipalpis* sibling species differs in its composition and capacity to enhance leishmaniasis, *Philos Trans R Soc Lond B Biol Sci* 345:223, 1994.

Warnick LD, Nydam D, Maciel A, et al: Udder cleft dermatitis and sarcoptic mange in a dairy herd, *J Am Vet Med Assoc* 221:273, 2002.

Washburn RH, Klebsadel LJ, Palmer JS, et al: The warble fly problem in Alaska reindeer, *Agroborealis* 12:23, 1980.

Wells RW, Knipling EF: A report of some recent studies on species of *Gasterophilus* occurring in horses in the United States, *Iowa State Coll J Sci* 12:181, 1938.

White SD, Rosychuk RAW, Fieseler KV: Clinicopathologic findings, sensitivity to house dust mites and efficacy of milbemycin oxime treatment of dogs with *Cheyletiella* sp. infestation, *Vet Dermatol* 12:13, 2001.

Willadsen P, Bird P, Cobon GS, et al: Commercialization of a recombinant vaccine against *Boophilus microplus*, *Parasitology* 110:543, 1995.

Williams DF: A veterinary approach to the European honey bee (*Apis mellifera*), *Vet J* 160:61, 2000.

Williams KJ, Summers BA, de Lahunta A: Cerebrospinal cuterebriasis in cats and its association with feline ischemic encephalopathy, *Vet Pathol* 35:330, 1998.

Wilson GWC: Control of warble fly in Great Britain and the European Community, *Vet Rec* 118:653, 1986.

Wilson GI, Blachut K, Roberts IH: The infectivity of scabies (mange) mites, *Psoroptes ovis* (Acarina: Psoroptidae), to sheep in naturally contaminated enclosures, *Res Vet Sci* 22:292, 1977.

Wilson ML, Telford SR, Piesman J, et al: Reduced abundance of immature *Ixodes dammini* (Acari: Ixodidae) following elimination of deer, *J Med Entomol* 25:224, 1988.

Wing SR, Courtney CH, Young MD: Effect of ivermectin on murine mites, *J Am Vet Med Assoc* 187:1191, 1985.

Wright FC: Control of psoroptic scabies of cattle with fenvalerate, *Vet Parasitol* 21:37, 1986.

第三章

Abbitt B, Huey RL, Eugster AK, Syler J: Treatment of giardiasis in adult greyhounds, using ipronidazole-medicated water, *J Am Vet Med Assoc* 188:67, 1986.

Aloisio F, Filippini G, Antenucci P, et al: Severe weight loss in lambs infected with *Giardia duodenalis* assemblage B, *Vet Parasitol* 142:154, 2006.

anderson DC, Buckner RG, Glenn BL, et al: Endemic canine leishmaniasis, *Vet Pathol* 17:94, 1982.

anderson KA, Brooks AS, Morrison AL, et al: Impact of *Giardia* vaccination on asymptomatic *Giardia* infections in dogs at a research facility, *Can Vet J* 45:924, 2004.

anderson ML, Blanchard PC, Barr BC, et al: *Neospora*-like protozoan infection as a major cause of abortion in California dairy cattle, *Jam Vet Med Assoc* 198:241, 1991.

anderson WI, Picut CA, Georgi ME: *Klossiella equi*-induced tubular nephrosis and interstitial nephritis in a pony, *J Comp Pathol* 98:363, 1988.

Barker IK, Remmler O: The endogenous development of *Eimeria leuckarti* in ponies, *J Parasitol* 58:122, 1972.

Barnott ND, Kaplan AN, Hopkin RJ, et al: Primary amoebic meningoencephalitis with *Naegleria fowleri*: clinical review, *Pediatr Neurol* 15:230, 1996.

Barr SC: American trypanosomiasis in dogs, *Compend Cont Educ Pract Vet* 13:745, 1991.

Barr BC, Bjerkas I, Buxton D, et al: Neosporosis: report of an International Neospora workshop, *Compend Cont Educ Pract Vet* 19(Suppl):S120, 1997.

Barr SC, Bowman DD, Heller RL: Efficacy of fenbendazole against giardiasis in dogs, *Am J Vet Res* 55:988, 1994.

Barr SC, Bowman DD, Heller RL, Erb HN: Efficacy of albendazole against giardiasis in dogs, *Am J Vet Res* 54:926, 1993.

Barr SC, van Beek O, Carlisle-Nowak MS, et al: *Trypanosoma cruzi* infection in Walker hounds from Virginia, *Am J Vet Res* 56:1037, 1995.

Barta JR, Schrenzel MD, Carreno R, Rideout BA: The genus *Atoxoplasma* (Garnham 1950) as a junior objective synonym of the genus *Isospora*(Schneider 1881) species infecting birds and resurrection of *Cystoisospora* (Frenkel 1977) as the correct genus for *Isospora* speciesinfecting mammals, *J Parasitol* 91:726, 2005.

Birkenheuer AJ, Correa MT, Levy MG, Breitschwerdt EB: Geographicdistribution of babesiosis among dogs in the United States and association with dog bites: 150 cases (2000, 2003), *J Am Vet Med Assoc* 227:942, 2005.

Birkenheuer AJ, Le JA, Valenzisi AM, et al: *Cytauxzoon felis* infection in cats in the mid Atlantic states: 34 cases (1998-2004), *J Am Vet Med Assoc* 228:568, 2006.

Birkenheuer AJ, Levy MG, Breitschwerdt EB: Efficacy of combined atovaquone and azithromycin for therapy of chronic *Babesia gibsoni* (Asian genotype) infections in dogs, *J Vet Intern Med* 18:494, 2004.

Bjerka ˚s I, Mohn SF, Presthus J: Unidentified cyst-forming sporozoon causing encephalomyelitis and myositis in dogs, *Z Parasitenkd* 70:271, 1984.

Blouin EF, Kocan AA, Glenn BL, et al: Transmission of *Cytauxzoon felis* Kier, 1979 from bobcats, *Felis rufus*

(Schreber), to domestic cats by *Dermacentor variabilis* (Say), *J Wildl Dis* 20:241, 1984.

BonDurant RH, anderson ML, Blanchard P, et al: Prevalence of trichomoniasis among California beef herds, *J Am Vet Med Assoc* 196:1590, 1990.

Bondy PJ Jr, Cohn LA, Kerl ME: Feline cytauxzoonosis, *Compend Cont Educ Pract Vet* 27:69, 2005.

Bowman DD: What's in a name? *Trends Parasitol* 21:267, 2005.

Buckner RG, Ewing SA: Trichomoniasis. In *Current Veterinary Therapy VI, Philadelphia*, 1977, Saunders.

Butt MT, Bowman DD, Barr MC, Roelke ME: Iatrogenic transmission of *Cytauxzoon felis* from a Florida panther (*Felis concolor coryi*) to a domestic cat, *J Wildl Dis* 27:342, 1991.

Canfield PJ, Vogelnest L, Cunningham ML, Visvesvara GS: Amoebic meningoencephalitis caused by *Balamuthia mandrillaris* in an orangutan, *Aust Vet J* 75:97, 1997.

Carlin EP, Bowman DD, Scarlett JM, et al: Prevalence of *Giardia* in symptomatic dogs and cats throughout the United States as determined by the IDEXX SNAP *Giardia* test, *Vet Ther* 7:199, 2006.

Carreno RA, Martin DS, Barta JR: *Cryptosporidium* is more closely related to the gregarines than to coccidia as shown by phylogenetic analysis of apicomplexan parasites inferred using small-subunit ribosomal RNA gene sequences, *Parasitol Res* 85:899, 1999.

Cheadle MA, Dame JB, Greiner EC: Sporocyst size of isolates of *Sarcocystis* shed by the Virginia opossum (*Didelphis virginiana*), *Vet Parasitol* 95:305, 2001.

Cheadle MA, Tanhauser SM, Dame JB, et al: The nine-banded armadillo (*Dasypus novemcinctus*) is an intermediate host for *Sarcocystis neurona*, *Int J Parasitol* 31:330, 2001a.

Cheadle MA, Yowell CA, Sellon DC, et al: The striped skunk (*Mephitis mephitis*) is an intermediate host for *Sarcocystis neurona*, *Int J Parasitol* 31:843, 2001b.

Coatney GR, Collins WE, Warren McW, et al: *The primate malarias*, Washington, DC, 1971, U.S. Government Printing Office.

Conrad PA, Miller MA, Kreuder C, et al: Transmission of *Toxoplasma*: clues from the study of sea otters as sentinels of *Toxoplasma gondii* flow into the marine environment, *Int J Parasitol* 35:1155, 2005.

Core DM, Hoff EJ, Milton JL: Hindlimb hyperextension as a result of *Toxoplasma gondii* polyradiculitis, *J Am Hosp Assoc* 19:713, 1983.

Craig TM, Barton CL, Mercer SH, et al: Dermal leishmaniasis in a Texas cat, *Am J Trop Med Hyg* 35:1100, 1986.

Daugschies A, Mundt HC, Letkova V: Toltrazuril treatment of cystoisosporosis in dogs under experimental and field conditions, *Parasitol Res* 86:797, 2000.

Deol I, Robledo L, Meza A, et al: Encephalitis due to a free-living amoeba (*Balamuthia mandrillaris*): case report with literature review, Surg Neurol 53:611, 2000.

Derbyshire JB, Nielsen NO: Edward Watson and the eradication of dourine in Canada, *Can Vet J* 38:582, 1997.

Dubey J: Toxoplasmosis in goats, *Agri-Practice* 8:43, 1987.

Dubey JP: A review of toxoplasmosis in cattle, *Vet Parasitol* 22:177, 1986d.

Dubey JP: A review of toxoplasmosis in pigs, *Vet Parasitol* 19:181, 1986c.

Dubey JP: Lesions in sheep inoculated with *Sarcocystis tenella* sporocysts from canine feces, *Vet Parasitol* 26:237, 1988.

Dubey JP: Toxoplasmosis, *J Am Vet Med Assoc* 189:166, 1986a.

Dubey JP: Toxoplasmosis in cats, *Feline Pract* 16:12, 1986b.

Dubey JP, Carpenter JL, Speer CA, et al: Newly recognized fatal protozoan disease of dogs, *J Am Vet Med Assoc* 192:1269, 1988.

Dubey JP, Davis SW, Speer CA, et al: Sarcocystis neurona n. sp. (Protozoa: Apicomplexa), the etiologic agent of equine protozoal myeloencephalitis, *J Parasitol* 77:212-218, 1991.

Dubey JP, Fair PA, Bossart GD, et al: A comparison of several serologic tests to detect antibodies to *Toxoplasma gondii* in naturally exposed bottlenose dolphins (*Tursiops truncatus*), *J Parasitol* 91:1074, 2005a.

Dubey JP, Fayer R: Sarcocystosis, *Br Vet J* 139:371, 1983.

Dubey JP, Frenkel JK: Feline toxoplasmosis from acutely infected mice and the development of *Toxoplasma* cysts, *J Protozool* 23:537, 1976.

Dubey JP, Hill DE, Jones JL, et al: Prevalence of viable *Toxoplasma gondii* in beef, chicken, and pork from retail meat stores in the United States: risk assessment to consumers, *J Parasitol* 91:1082, 2005b.

Dubey JP, Liddell S, Mattson D, et al: Characterization of the Oregon isolate of *Neospora hughesi* from a horse, *J Parasitol* 87:345, 2001a.

Dubey JP, Perry A, Kennedy MJ: Encephalitis caused by a *Sarcocystis*-like organism in a steer, *J Am Vet Med Assoc* 191:231, 1987.

Dubey JP, Rosypal AC, Rosenthal BM, et al: *Sarcocystis neurona* infections in sea otter (*Enhydra lutris*): evidence for natural infections with sarcocysts and transmission of infection to opossums (*Didelphis virginiana*), *J Parasitol* 87:1387, 2001b.

Dubey JP, Zarnke R, Thomas NJ, et al: *Toxoplasma gondii, Neospora caninum, Sarcocystis neurona*, and *Sarcocystis canis*-like infections in marine mammals, *Vet Parasitol* 116:275, 2003.

Enserink M: Has leishmaniasis become endemic in the U.S.? *Science* 290:1881, 2000.

Farwell GE, LeGrand EK, Cobb CC: Clinical observations on *Babesia gibsoni* and *Babesia canis* infections in dogs, *J Am Vet Med Assoc* 180:507, 1982.

Fayer R, Santin M, Xiao LH: *Cryptosporidium bovis* n. sp. (Apicomplexa: Cryptosporidiidae) in cattle (*Bos taurus*), *J Parasitol* 91:624, 2005.

Finnin PJ, Visvesvara GS, Campbell BE, et al: Multifocal *Balamuthia mandrillaris* infection in a dog in Australia, *Parasitol Res* 100:423, 2007.

Fitzgerald PR: Bovine trichomoniasis, *Vet Clin North Am Food Anim Pract* 2:277, 1986.

Foreman O, Sykes J, Ball L, et al: Disseminated infection with *Balamuthia mandrillaris* in a dog, *Vet Pathol* 41:506, 2004.

Fox JC, Ewing SA, Buckner RG, et al: *Trypanosoma cruzi* infection in a dog from Oklahoma, *J Am Vet Med Assoc* 189:1583, 1986.

Frelier P: Sarcocystosis: a clinical outbreak in dairy calves, *Science* 195:1341, 1977.

Frenkel JK, Dubey JP: Toxoplasmosis and its prevention in cats and man, *J Infect Dis* 12:664, 1972.

Garcia LS, Shimizu RY: Evaluation of nine immunoassay kits (enzyme immunoassay and direct fluorescence) for detection of *Giardia lamblia* [*Giardia duodenalis*] and *Cryptosporidium parvum* in human fecal specimens, *J Clin Microbiol* 35:1526, 1997.

Garrett JJ, Kocan AA, Reichard MV, et al: Experimental infection of adult and juvenile coyotes with domestic dog and wild coyote isolates of *Hepatozoon americanum* (Apicomplexa: Adeleorina), *J Wildl Dis* 41:588, 2005.

Glenn BT, Rolley RE, Kocan AA: *Cytauxzoon*-like piroplasms in erythrocytes of wild-trapped bobcats in Oklahoma, *J Am Vet Med Assoc* 181:1251, 1982.

Goodger WJ, Skirrow SZ: Epidemiologic and economic analyses of an unusually long epizootic of trichomoniasis in a large California dairy herd, *J Am Vet Med Assoc* 189:772, 1986.

Gookin JL, Breitschwerdt EB, Levy MG, et al: Diarrhea associated with trichomonosis in cats, *J Am Vet Med Assoc* 215:1450, 1999.

Gookin JL, Copple CN, Papich MG, et al: Efficacy of ronidazole for treatment of feline *Trichomonas foetus* infection, *J Vet Intern Med* 20:536, 2006.

Gookin JL, Foster DM, Poore MF, et al: Use of a commercially available culture system for diagnosis of *Trichomonas foetus* infection in cats, *J Am Vet Med Assoc* 222:1376, 2003.

Gookin JL, Stauffer SH, Levy MG: Identification of *Pentatrichomonas hominis* in feline fecal samples by polymerase chain reaction assay, *Vet Parasitol* 145:11, 2007.

Greene CE, Latimer K, Hopper E, et al: Administration of diminazene aceturate or imidocarb dipropionate for treatment of cytauxzoonosis in cats, *J Am Vet Med Assoc* 215:497, 1999.

Gual-Sill F, Pulido-Reyes J: Tratamento de la balantidiasis en gorillas de tierras bajas en el Zoologica de Chupultepec, Ciudad de Mexico, *Vet Mexico* 25:73, 1994.

Haber M, Birkenheuer A: Icterus and pancytopenia in a cat, *NAVC Clinician's Brief* 3:21, 2005.

Hamir AN, Dubey JP: Myocarditis and encephalitis associated with *Sarcocystis neurona* infection in raccoons (*Procyon lotor*), *Vet Parasitol* 95:335, 2001.

Hill DE, Liddell S, Jenkins MC, Dubey JP: Specific detection of *Neospora caninum* oocysts in fecal samples from experimentally-infected dogs using the polymerase chain reaction, *J Parasitol* 87:395, 2001.

Honnold SP, Braun R, Scott DP, et al: Toxoplasmosis in a Hawaiian monk seal (*Monachus schauinslandi*), *J Parasitol* 91:695, 2005.

Hopkins RM, Meloni BP, Groth DM, et al: Ribosomal RNA sequencing reveals differences between the genotypes of *Giardia* isolates recovered from humans and dogs living in the same locality, *J Parasitol* 83:44, 1997.

Isler CM, Bellamy JEC, Wobeser GA: Labile neurotoxin in serum of calves with "nervous" coccidiosis, *Can J Vet Res* 51:253, 1987.

Jackson CB, Fisher T: Fatal cytauxzoonosis in a Kentucky cat (*Felis domesticus*), *Vet Parasitol* 139:192, 2006.

Jacobson E, Clubb S, Greiner E: Amebiasis in red-footed tortoises, *Jam Vet Med Assoc* 183:1192, 1983.

Jacobson LS: The South African form of severe and complicated canine babesiosis: clinical advances 1994-2004, *Vet Parasitol* 138:126, 2006.

Kier AB, Wagner JE, Morehouse LG: Experimental transmission of *Cytauxzoon felis* from bobcats (*Lynx rufus*) to domestic cats (*Felis domesticus*), *Am J Vet Res* 43:97, 1982.

Kinde H, Read DH, Daft BM, et al: Infections caused by pathogenic freeliving amebas (*Balamuthia mandrillaris* and *Acanthamoeba* sp.) in horses, *J Vet Diagn Invest* 19:317, 2007.

Kinde H, Visvesvara GS, Barr BC, et al: Amebic meningoencephalitis caused by *Balamuthia mandrillaris* (leptomyxid ameba) in a horse, *J Vet Diagn Invest* 10:378, 1998.

Kingston N, Morton JK, Dietrich R: *Trypanosoma cervi* from Alaskan reindeer *Rangifer tarandus*, *J Protozool* 29:588, 1982.

Kirkpatrick CE: Feline giardiasis: a review, *J Small Anim Pract* 27:69, 1986.

Kjemtrup AM, Conrad PA: A review of the small canine piroplasms from California: *Babesia conradae* in the literature, *Vet Parasitol* 138:112, 2006.

Kjemtrup AM, Wainwright K, Miller M, et al: *Babesia conradae*, sp. nov., a small canine *Babesia* identified in California, *Vet Parasitol* 138:103, 2006.

Langston VC, Galey F, Lovell R, et al: Toxicity and therapeutics of monensin: a review, *Food Anim Pract* 80:75, 1985.

Levy MG, Gookin JL, Poore M, et al: *Trichomonas foetus* and not *Pentatrichomonas hominis* is the etiologic agent of feline trichomonal diarrhea, *J Parasitol* 89:99, 2003.

Lewis GE, Huxsoll DL: Canine babesiosis. In Kirk RW, ed: *Current veterinary therapy VI*, Philadelphia, 1977, Saunders.

Lindsay DS, Blagburn BL, Dubey JP: Feline toxoplasmosis and the importance of the *Toxoplasma gondii* oocyst, *Compend Cont Educ Pract Vet* 19:448, 1997.

Lindsay DS, Blagburn BL, Powe TA: Enteric coccidial infections and coccidiosis in swine, *Compend Cont Educ Pract Vet* 14:698, 1992.

Lindsay DS, Current WL, Taylor JR: Effects of experimentally induced *Isospora suis* infection on morbidity, mortality, and weight gains in nursing pigs, *Am J Vet Res* 46:1511, 1985.

Lindsay DS, Dubey JP, Duncan RB: Confirmation that the dogs is a definitive host for *Neospora caninum, Vet Parasitol* 82:327, 1999.

Lloyd S, Smith J: Activity of toltrazuril and diclazuril against *Isospora* species in kittens and puppies, *Vet Rec* 148:509, 2001.

Lobetti RG: Canine babesiosis, *Compend Cont Educ Pract Vet* 20:418, 1998.

Lozano-Alarcon F, Bradley GA, Houser BS, et al: Primary amebic meningoencephalitis due to *Naegleria fowleri* in a South American tapir, *Vet Pathol* 34:239, 1997.

Lyons ET, Drudge JH, Tolliver SC: Natural infection with *Eimeria leuckarti*: prevalence of oocysts in feces of horse foals on several farms in Kentucky during 1986, *Am J Vet Res* 49:96, 1988.

Lyons ET, Tolliver SC, Rathgeber, Collins SS: Parasite field study in central Kentucky on thoroughbred foals (born in 2004) treated with pyrantel tartrate daily and other parasiticides periodically, *Parasitol Res* 100:473, 2007.

Ma P, Soave R: Three-step stool examination for cryptosporidiosis in 10 homosexual men with protracted watery diarrhea, *J Infect Dis* 147:824, 1983.

Macintire DK, Vincent-Johnson N, Dillon AR, et al: Hepatozoonosis in dogs: 22 cases (1989-1994), *J Am Vet Med Assoc* 210:916, 1997.

MacKay RJ: Equine protozoal myeloencephalitis, *Vet Clin North Am Equine Pract* 13:79, 1997.

Marsh AE, Barr BC, Packham AE, Conrad PA: Description of a new *Neospora* species (Protozoa: Apicomplexa: Sarcocystidae), *J Parasitol* 84:983, 1998.

Mathew JS, Ewing SA, Panciera RJ, Kocan KM: Sporogonic development of *Hepatozoon americanum* (Apicomplexa) in its definitive host, *Amblyomma maculatum* (Acarina), *J Parasitol* 85:1023, 1999.

Mathew JS, Ewing SA, Panciera RJ,Woods JP: Experimental transmission of *Hepatozoon americanum* Vincent-Johnson 等, 1997 to dogs by the Gulf Coast tick, *Amblyomma maculatum* Koch, *Vet Parasitol* 80:1, 1998.

Mayhew IG, Greiner EC: Protozoal diseases, *Vet Clin North Am Eq Pract* 2:439, 1986.

Mayrink W, Genaro O, Silva JCF, et al: Phase I and II open clinical trials of a vaccine against *Leishmania chagasi* infections in dogs, *Mem Inst Oswaldo Cruz* 91:695, 1996.

McAllister MM, Dubey JP, Lindsay DS, et al: Dogs are definitive hosts of *Neospora caninum, Int J Parasitol* 28:1473, 1998.

Meier H, Holzworth J, Griffiths RC: Toxoplasmosis in the cat-fourteen cases, *J Am Vet Med Assoc* 131:395, 1957.

Meinkoth J, Kocan AA, Whitworth L, et al: Cats surviving natural infection with *Cytauxzoon felis:* 18 cases (1997-1998), *J Vet InternMed* 14:521, 2000.

Mitchell SM, Zajac AM, Davis WL, Lindsay DS: Efficacy of ponazuril in vitro and in preventing and treating *Toxoplasma gondii* infections in mice, *J Parasitol* 90:639, 2004.

Monticello TM, Levy MG, Bunch SE, Fairley RA: Cryptosporidiosis in a feline leukemia virus positive cat, *J Am Vet Med Assoc* 191:705, 1987.

Morales JA, Chaves AJ, Visvesvara GS, Dubey JP: *Naegleria fowleri* associated encephalitis in a cow from Costa Rica, *Vet Parasitol* 139:221, 2006.

Motzel SL,Wagner JE: Treatment of experimentally induced cytauxzoonosis in cats with parvaquone and buparvaquone, *Vet Parasitol* 35:131, 1990.

Mullaney T, Murphy AJ, Kiupel M, et al: Evidence to support horses as natural intermediate hosts for *Sarcocystis neurona, Vet Parasitol* 133:27, 2005.

Nabity MB, Barnhart K, Logan KS, et al: An atypical case of *Trypanosoma cruzi* infection in a young English mastiff, *Vet Parasitol* 140:356, 2006.

O'Handley RM, Olson ME, McAllister TA, et al: Efficacy of fenbendazole for treatment of giardiasis in calves, *Am J Vet Res* 58:384, 1997.

O'Handley RM, Olson ME, Fraser D, et al: Prevalence and genotypic characterisation of *Giardia* in dairy calves from Western Australia and Western Canada, *Vet Parasitol* 90:193, 2000.

Oliveira-dos-Santos AJ, Nascimento EG, Silva MP, De

Carvalho LC: Report on a visceral and cutaneous leishmaniasis focus in the town of Jequie, State of Bahia, Brazil, *Rev Inst Med Trop Sao Paulo* 35:583, 1993.

Olson ME, Ceri H, Morck DW: *Giardia* vaccination, *Parasitol Today* 16:213, 2000.

Olson ME, McAllister TA, Deselliers L, et al: Effects of giardiasis on production in a domestic ruminant (lamb) model, *Am J Vet Res* 56:1470, 1995.

Otranto D, Paradies P, Paola Lia R, et al: Efficacy of a combination of 10% imidacloprid/50% permethrin for the prevention of leishmaniosis in kennelled dogs in an endemic area. In *Proceedings of the 21st International Conference of the World Association for the Advancement of Veterinary Parasitology*, Gent, Belgium, August 19-23, 2007.

Palmieri JR, Dalgard DW, Connor DH: Gastric amebiasis in a silvered leaf monkey, *J Am Vet Med Assoc* 185:1374, 1984.

Panciera RJ, Gatto NT, Crystal MA, et al: Canine hepatozoonosis in Oklahoma, *J Am Anim Hosp Assoc* 33:221, 1997.

Panciera RJ, Mathew JS, Ewing SA, et al: Skeletal lesions of canine hepatozoonosis caused by *Hepatozoon americanum*, *Vet Pathol* 37:225, 2000.

Parker S, Campbell J, Gajadhar A: Comparison of the diagnostic sensitivity of a commercially available culture kit and a diagnostic culture test using Diamond's media for diagnosing *Tritrichomonas foetus* in bulls, *J Vet Diagn Invest* 15:460, 2003.

Payne PA, Ridley RK, Dryden MW, et al: Efficacy of a combination febantel-praziquantel-pyrantel product, with or without vaccination with a commercial *Giardia* vaccine, for treatment of dogs with naturally occurring giardiasis, *J Am Vet Med Assoc* 220:330, 2002.

Radostits OM, Stockdale PHG: A brief review of bovine coccidiosis in western Canada, *Can Vet J* 21:227, 1980.

Ramos-Vara JA, Ortiz-Santiago B, Segale `s J, Dunstan RW: Cutaneous leishmaniasis in two horses, *Vet Pathol* 33:731, 1996.

Reichard MV, Kocan AA: Vector competency of genetically distinct populations of *Amblyomma americanum* in the transmission of *Theileria cervi*, *Comp Parasitol* 73:214, 2006.

Reinmeyer CR, Jacobs RM, Spurlock GN: A coccidial oocyst in equine urine, *J Am Vet Med Assoc* 182:1250, 1983.

Rideout BA, Gardiner CH, Stalis IH, et al: Fatal infections with *Balamuthia mandrillaris* (a free-living amoeba) in gorillas and other old world primates, *Vet Pathol* 34:15, 1997.

Roberson E: Antiprotozoal drugs. In Jones LM, Booth NH, McDonald LE, editors: *Veterinary pharmacology and therapeutics, Ames*, 1997, Iowa State University Press.

Romatowski J: *Pentatrichomonas hominis* infection in four kittens, *Jam Vet Med Assoc* 216:1270, 2000.

Rosado TW, Specht A, Marks SL: Neurotoxicosis in 4 cats receiving ronidazole, *J Vet Intern Med* 21:328, 2007.

Ruff MD, Fowler JL, Fernau RC, et al: Action of certain antiprotozoal compounds against *Babesia gibsoni* in dogs, *Am J Vet Res* 34:641, 1973.

Sanford SE: Enteric cryptosporidial infection in pigs: 184 cases (1981-1985), *J Am Vet Med Assoc* 190:695, 1987.

Schantz PM, Steurer FJ, Duprey ZH, et al: Autochthonous visceral leishmaniasis in dogs in North America, *J Am Vet Med Assoc* 226: 1316, 2005.

Schaumberg DA, Snow KK, Dana MR: The epidemic of *Acanthamoeba* keratitis: where do we stand? *Cornea* 17:3, 1998.

Scholtens RG, New JC, Johnson S: The nature and treatment of giardiasis in parakeets, *J Am Vet Med Assoc* 180:170, 1982.

Schuster FL, Visvesvara GS: Free-living amoebae as opportunistic and non-opportunistic pathogens of humans and animals, *Int J Parasitol* 34:1001, 2004.

Scorza AV, Lappin MR: Metronidazole for the treatment of feline giardiasis, *J Fel Med Surg* 6:157, 2004.

Scorza AV, Radecki SV, Lappin MR: Efficacy of a combination of febantel, pyrantel, and praziquantel for the treatment of kittens experimentally infected with *Giardia* species, *J Feline Med Surg* 8:7, 2006.

Sell JJ, Rupp FW, Orrison WW Jr: Granulomatous amebic encephalitis caused by *Acanthamoeba*, *Neuroradialogy* 39:434, 1997.

SmithMC, Sherman DM: *Goat medicine*, Philadelphia, 1994, Lea & Febiger.

Smith TG: The genus *Hepatozoon* (Apicomplexa: Adeleina), *J Parasitol* 82:565, 1996.

Snyder SP, England JJ, McChesney AE: Cryptosporidiosis in immunodeficient Arabian foals, *Vet Pathol* 15:2, 1987.

St Jean G, Couture Y, Dubreuil P, Fréchette JL: Diagnosis of *Giardia* infection in 14 calves, *J Am Vet Med Assoc* 191:831, 1987.

Stein JE, Radecki SV, Lappin MR: Efficacy of *Giardia* vaccination in the treatment of giardiasis in cats, *J Am Vet Med Assoc* 222:1548, 2003.

Stokol T, Randolph JF, Nachbar S, et al: Development of bone marrow toxicosis after albendazole administration in a dog and cat, *J Am Vet Med Assoc* 210:1753, 1997.

Stuart BP, Lindsay DS: Coccidiosis in swine, *Vet Clin North Am Food Anim Pract* 2:455, 1986.

Stuart BP, Lindsay DS, Ernst JV, Gosser HS: *Isospora suis* enteritis in pigs, *Vet Pathol* 17:84, 1980.

Swenson CL, Silverman J, Stromberg PC, et al: Visceral leishmaniasis in an English foxhound from an Ohio research colony, *J Am Vet Med Assoc* 193:1089, 1988.

Taboada J, Harvey JW, Levy MG, Breitschwerdt EB: Seroprevalence of babesiosis in greyhounds in Florida, *J Am Vet Med Assoc* 200:47, 1992.

Tanhauser SM, Cheadle MA, Massey ET, et al: The nine-banded armadillo (*Dasypus novemcinctus*) is naturally infected with *Sarcocystis neurona*, *Int J Parasitol* 31:325, 2001.

Tavares M, Costa JMC da, Carpenter SS, et al: Diagnosis of first case of Balamuthia amoebic encephalitis in Portugal by immunofluorescence and PCR, *J Clin Microbiol* 44:2660, 2006.

Teare JA, Loomis MR: Epizootic of balantidiasis in lowland gorillas, *J Am Vet Med Assoc* 181:1345, 1982.

Telford SR, Forrester DJ, Wright SD, et al: The identity and prevalence of trypanosomes in white-tailed deer (*Odocoileus virginiana*) in southern Florida, *J Helm Soc Wash* 58:19, 1991.

Thompson RCA, Hopkins RM, Homan WL: Nomenclature and genetic groupings of *Giardia* infecting mammals, *Parasitol Today* 16:210, 2000.

Thurmond MC, Hietala SK: Culling associated with *Neospora caninum* infection in dairy cows, *Am J Vet Res* 57:1559, 1996.

Thurmond MC, Hietala SK: Effect of *Neosporum caninum* infection on milk production in first-lactation dairy cows, *J Am Vet Med Assoc* 210:672, 1997.

Tyzzer EE: A sporozoan found in the peptic glands of the common mouse, *Proc Soc Exp Biol Med* 5:12, 1907.

Tyzzer EE: An extracellular coccidium, *Cryptosporidium muris* (gen. et sp. nov.), of the common mouse, *J Med Res* 18:487, 1910.

Tyzzer EE: *Cryptosporidium parvum* (sp. nov.), a coccidium found in the small intestine of the common mouse, *Arch Protistenk* 26:394, 1912.

Upton SJ, Current WL: The species of *Cryptosporidium* (Apicomplexa: Cryptosporidiidae) infecting mammals, *J Parasitol* 71:625, 1985.

Vasilopulos RJ, Rickard LG, Mackin AJ, et al: Genotypica analysis of *Giardia duodenalis* in domestic cats, *J Vet Intern Med* 21:352, 2007.

Vetterling JM: Coccidia (Protozoa: Eimeriidae) of swine, *J Parasitol* 51:897, 1965.

Vincent-Johnson NA, Macintire DK, Lindsay DS, et al: A new *Hepatozoon* species from dogs: description of the causative agent of canine hepatozoonosis in North America, *J Parasitol* 83:1165, 1998.

Visvesvara GS, Schuster FL, Martinez AJ: *Balamuthia mandrillaris*, n. g., n. sp., agent of amebic meningoencephalitis in humans and other animals, *J Eukaryot Microbiol* 40:504, 1993.

Walker DB, Cowell RL: Survival of a domestic cat with naturally acquired cytauxzoonosis, *J Am Vet Med Assoc* 206:1363, 1995.

Walton BC, Bauman PM, Diamond LS, Herman CM: Isolation and identification of *Trypanosoma cruzi* from raccoons in Maryland, *Am J Trop Med Hyg* 7:603, 1958.

Wightman SR, Kier AB, Wagner JE: Feline cytauxzoonosis: clinical features of a newly described blood parasite disease, *Feline Pract* 7:23, 1977.

Xiao L, Herd RP, McClure KE: Periparturient rise in the excretion of *Giardia* sp. cysts and *Cryptosporidium parvum* oocysts as a source of infection for lambs, *J Parasitol* 80:55, 1994.

Xiao L, Saeed K, Herd RP: Efficacy of albendazole and fenbendazole against *Giardia* infection in cattle, *Vet Parasitol* 61:165, 1996.

Yabsley MJ, Noblet GP: Seroprevalence of *Trypanosoma cruzi* in raccoons from South Carolina and Georgia. *J, Wildl Dis* 38:75, 2002.

Zajac AM, LaBranche TP, Donoghue AR, Chu TC: Efficacy of fenbendazole in the treatment of experimental *Giardia* infection in dogs, *Am J Vet Res* 59:61, 1998.

Zimmer JF: Treatment of feline giardiasis with metronidazole, *Cornell Vet* 77:383, 1987.

Zimmer JF, Burrington DB: Comparison of four protocols for the treatment of canine giardiasis, *J Am Anim Hosp Assoc* 22:168, 1986.

第四章

Abraham D: Biology of *Dirofilaria immitis*. In Boreham PFL, Atwell RB, eds: *Dirofilariasis*, Boca Raton, 1988, CRC Press.

Adcock JL: Pulmonary arterial lesions in canine dirofilariasis, *Am J Vet Res* 22:655, 1961.

Alicata JE: Angiostrongyliasis cantonensis (eosinophilic meningitis): historical events in its recognition as a new parasitic disease of man, *J Wash Acad Sci* 78:38, 1988.

Ali Kahn Z: The postembryonic development of *Trichinella spiralis* with special reference to ecdysis, *J Parasitol* 52:248, 1966.

Alva-Valdes R, Wallace DH, Foster AG, et al: Efficacy of an in-feed formulation against gastrointestinal helminths, lungworms, and mites in swine, *Am J Vet Res* 50:1392, 1989.

Anderson FL, Conder GA, Marsland WP: Efficacy of injectable and tablet formulations of praziquantel against mature *Echinococcus granulosus*, *Am J Vet Res* 39:1861, 1978.

Anderson RC, Linder KE, Peregrine AS: *Halicephalobus gingivalis* (Stefanski, 1954) from a fatal infection in a horse in Ontario, Canada, with comments on the validity of H. deletrix and a review of the genus, *Parasite* 5:255, 1998.

Anderson RV, Bemrick WJ: Micronema deletrix n. sp.: a saprophagus nematode inhabiting a nasal tumor of the horse, *Proc Helminthol Soc Wash* 32:74, 1965.

Anderson TJC: *Ascaris* infection in humans from North America: molecular evidence for cross infection, *Parasitology* 110:215, 1995.

Anderson TJC, Romero-Abal ME, Jaenike J: Genetic structure and epidemiology of *Ascaris* populations: patterns of host affiliation in Guatemala, *Parasitology* 107:319, 1993.

Anderson WI, Georgi ME, Car BD: Pancreatic atrophy and fibrosis associated with *Eurytrema procyonis* in a domestic cat, *Vet Rec* 120:235, 1987.

Araujo FP, Schwabe CW, Sawyer JC, Davis WG: Hydatid disease transmission in California: a study of the Basque connection, *Am J Epidemiol* 102:291, 1975.

Armour J, Duncan JL, Reid JFS: Activity of oxfendazole against inhibited larvae of *Ostertagia ostertagi* and *Cooperia oncophora*, *Vet Rec* 102:263, 1978.

Arru E, Garippa G, Manger BR: Efficacy of epsiprantel against *Echinococcus granulosus* infections in dogs, *Res Vet Sci* 49:378, 1990.

Arundel JH: Cysticercosis in sheep and cattle, *Aust Meat Res Comm Rev* 4, 1972.

Aruo SK: The use of "Nilverm" (tetramisole) in the control of clinical signs of *Thelazia rhodesii* (eyeworm) infections in cattle, *Bull Epizoot Dis Afr* 22:275, 1974.

August JR, Powers RD, Bailey WS, Diamond DL: *Filaroides hirthi* in a dog: fatal hyperinfection suggestive of autoinfection, *J Am Vet Med Assoc* 176:331, 1980.

Bahnemann R, Bauer C: Lungworm infection in a beagle colony: *Filaroides hirthi*, a common but not well-known companion, *Exp Toxicol Pathol* 46:55, 1994.

Bairden K, Davies HS, Gibson NR, et al: Efficacy of moxidectin 2 per cent oral gel against cyathostomins, particularly third-stage inhibited larvae, in horses, *Vet Rec* 158:766, 2006.

Ballard NB, Vande Vusse FJ: *Echinococcus multilocularis* in Illinois and Nebraska, *J Parasitol* 69:790, 1983.

Bankov D: Efficacy of praziquantel against *Stilesia globipunctata* and other cestodes in sheep. In *International Conference on the Pathophysiology of Parasitic Infections*, Thessaloniki, Greece, 1975.

Bankov D: Opiti za diagnostika i terapiya na stileziozata po ovtsete, *Vet Nauki* 13:28, 1976.

Barclay WP, Phillips TN, Foerner JJ: Intussusception associated with *Anoplocephala perfoliata* infection in five horses, *J Am Vet Med Assoc* 180:752, 1982.

Basir MA: The morphology and development of the sheep nematode, *Strongyloides papillosis* (Wedl, 1856), *Can J Res* 28:173, 1950.

Batte EG, Harkema R, Osborne JC: Observations of the life cycle and pathogenicity of the swine kidney worm (*Stephanurus dentatus*), *J Am Vet Med Assoc* 136:622, 1960.

Batte EG, McLamb RD, Muse KE, et al: Pathophysiology of swine trichuriasis, *Am J Vet Res* 38:1075, 1977.

Batte EG, Moncol DJ, Barber CW: Prenatal infection with the swine kidney worm (*Stephanurus dentatus*) and associated lesions, *J Am Vet Med Assoc* 149:758, 1966.

Bauer C, Bahnemann R: Filaroides hirthi infections in beagle dogs by ivermectin, *Vet Parasitol* 65:269, 1996.

Bauer C, Gey A: Efficacy of six anthelmintics against luminal stages of *Baylisascaris procyonis* in naturally infected raccoons (*Procyon lotor*), *Vet Parasitol* 60:155, 1995.

Baumann R: Beobachtungen beim parasitären Sommerbluten der Pferde, *Wien Tierartzl Mschr* 33:52, 1946.

Baumgärrtner W, Zajac A, Hull BL, et al: Parelaphostrongylosis in llamas, *J Am Vet Med Assoc* 187:1243, 1985.

Beaver PC: *Zoonoses, with particular reference to parasites of veterinary importance. Biology of parasites*, New York, 1966, Academic.

Beaver PC, Snyder CH, Carreara GM, et al: Chronic eosinophilia due to visceral larva migrans, *Pediatrics* 9:7, 1952.

Bech-Nielsen S, Sjogren U, Lundquist H: Parafilaria bovicola (Tubangi 1934) in cattle: epizootiology-disease occurrence, *Am J Vet Res* 43:945, 1982.

Becker HN: Efficacy of injectable ivermectin against natural infections of *Stephanurus dentatus* in swine, *Am J Vet Res* 47:1622, 1986.

Bergstrom RC, Maki LR, Kercher CJ: Average daily gain and feed efficiency of lambs with low level trichostrongylid burdens, *J Anim Sci* 41:513, 1975.

Bergstrom RC, Taylor RF, Presgrove T: Fitting fenbendazole into the treatment plan for sheep with fringed tapeworms, *Vet Med* 83:846, 1988.

Beroza GA, Barclay WP, Phillips TM, et al: Cecal perforation and peritonitis associated with *Anoplocephala perfoliata* infection in three horses, *J Am Vet Med Assoc* 183:804, 1983.

Berry WL: *Spirocerca lupi* esophageal granulomas in 7 dogs: resolution after treatment with doramectin, *J Vet Intern Med* 14:609, 2000.

Bianciardi P, Otranto D: Treatment of dog thelaziosis caused by *Thelazia callipaeda* (Spirurida, Thelaziidae) using a topical formulation of imidacloprid 10% and moxidectin 2.5%, *Vet Parasitol* 129:89, 2005.

Biervliet J van, de Lahunta A, Ennulat D, et al: Acquired cervical scoliosis in six horses associated with dorsal grey column chronic myelitis, *Equine Vet J* 36:86, 2004.

Bihr T, Conboy GA: Lungworm (*Crenosoma vulpis*) infection

in dogs on Prince Edward Island, *Can Vet J* 40:555, 1999.

Bisset SA, Marshal ED, Morisson L: Economics of a dry-cow anthelmintic drenching programme for dairy cows in New Zealand. I. Overall response in 47 herds, *Vet Parasitol* 26:117, 1987.

Bladt-Knudsen TS, Fossing EC, Bjorn H, et al: Transmission of *Hyostrongylus rubidus* in housed pigs, *Bull Scand Soc Parasitol* 4:117, 1994.

Blagburn BL, Dillon AR: Feline heartworm disease: solving the puzzle, *Vet Med* March(suppl):7, 2007.

Blagburn BL, Lindsay DS, Vaughan JL, et al: Prevalence of canine parasites based on fecal flotation, *Compend Cont Educ Pract Vet* 18:483, 1996.

Blaisdell KA: A study of the cat lungworm, *Aelurostrongylus abstrusus*, Cornell University, 1952 (doctoral thesis).

Blunden AS, Khalil LF, Webbon PM: *Halicephalobus deletrix* infection in a horse, *Equine Vet J* 19:255, 1987.

Boersema JH, Baas JJM, Schaeffer F: Een harnekking geval van "Kennelhoest" veroorzaakt door *Filaroides osleri*, *Tijdschr Diergeneeskd* 114:10, 1989.

Boersema JH, Eysker M, Nas JWM: Apparent resistance of *Parascaris equorum* to macrocyclic lactones, *Vet Rec* 150:279, 2002.

Bogan JA, McKellar QA, Mitchell ES, Scott EW: Efficacy of ivermectin against *Cooperia curticei* infection in sheep, *Am J Vet Res* 49:99, 1988.

Boisvenue RJ, Hendrix JC: Studies on location of adult fringed tapeworms, *Thysanosoma actinoides*, in feeder lambs, *Proc Helminthol Soc Wash* 54:204, 1987.

Bollinger O: Die Kolik der Pferde und das Wurmaneurysma der Eingeweidearterien. Eine pathologische und Klinische Untersuchung, *Beitr. Vergleich. Path. u. Path. Anat. Hausth. München*, Heft I, 1870.

Bolt G, Monrad J, Koch J, Jensen AL: Canine angiostrongylosis: a review, *Vet Rec* 135:447, 1994.

Bourdeau P, Ehm JP: Cas original de Filaroï dose dueà Filaroï dose sp. chez le chien. Donneés actuelles sur la Filaroï doseà Filarï dose hirthi Georgi et anderson 1975, *Rec Med Vet* 168:315, 1992.

Bourque A, Whitney H, Conboy G: *Angiostrongylus vasorum* infection in a coyote (*Canis latrans*) from Newfoundland and Labrador, Canada, *J Wildl Dis* 41:816, 2005.

Bowman DD, Darrigrand RA, Frongillo MK, et al: Treatment of experimentally induced trichinosis in dogs and cats, *Am J Vet Res* 54:1303, 1993.

Bowman DD, Frongillo MK, Johnson RC, et al: Evaluation of praziquantel for treatment of experimentally induced paragonimiasis in dogs and cats, *Am J Vet Res* 52:68, 1991.

Bowman DD, Johnson RC, Ulrich ME, et al: Effects of long-term administration of ivermectin and milbemycin oxime on circulating microfilariae and parasite antigenemia in dogs with patent heartworm infections. In *Proceedings of the 1992 Heartworm Symposium*, March 27, 1992, Austin, Texas.

Bowman DD, Torre CJ: An examination of the published effects of preventative dosages of macrolide treatment on numbers of circulating microfilariae in dogs with patent heartworm (*Dirofilaria immitis*) infections. In *Fifty-First Annual Meeting of the American Association of Parasitologists*, Honolulu, 2006a.

Bowman DD, Torre CJ: The effects of preventative dosages of macrolide treatments on circulating microfilariae in dogs with patent heartworm (*Dirofilaria immitis*) infections, Touch Briefings, U.S. Companion Animal Health, 2006b.

Bowman DD, Torre CJ, Mannella C: Survey of 11 western states for heartworm (*Dirofilaria immitis*) infection, heartworm diagnostic and prevention protocols, and fecal examination protocols for gastrointestinal parasites, *Vet Ther* 8:293, 2007.

Bowman DD, Ulrich MA, Gregory DE, et al: Treatment of *Baylisascaris procyonis* infections in dogs with milbemycin oxime, *Vet Parasitol* 129:285, 2005.

Bowman MR, Pare JA, Pinckney RD: *Trichosomoides crassicauda* infection in a pet hooded rat, *Vet Rec* 154:374, 2004.

Breuer W, Hasslinger MA, Hermanns W: Chronische Gastritis durch Ollulanus tricuspis (Leuckart, 1865) bei einem Tiger, *Berl Munch Tierarztl Wochenschr* 106:47, 1993.

Briggs K, Reinemeyer C, French D, et al: Parasite primer—Part 1. Bad bug basics, *Horse*, January 1-5, 2004.

Briskey DW, Scroggs MG, Hurtig FS: A prevalence survey of liver flukes (*Distoma*) in beef cows at slaughter in the western United States, *Agri-Practice* 15:8, 1994.

Brooks DE, Greiner EC, Walsh MT: Conjunctivitis caused by *Thelazia* sp. in a Senegal parrot, *J Am Vet Med Assoc* 183:1305, 1983.

Burgu A, Sarmehmetoglu O: *Aelurostrongylus abstrusus* infection in two cats, *Vet Rec* 154:602, 2004.

Burke TM, Roberson EL: Fenbendazole treatment of pregnant bitches to reduce prenatal and lactogenic infections of *Toxocara canis* and *Ancylostoma caninum* in pups, *J Am Vet Med Assoc* 183:987, 1983.

Calvert CA, Mandell CP: Diagnosis and management of feline heartworm disease, *J Am Vet Med Assoc* 180:550, 1982.

Campbell BG: *Trichuris* and other trichinelloid nematodes of dogs and cats in the United States, *Compend Cont Educ Pract Vet* 13:769, 1991.

Campbell BG, Little MD: The finding of *Angiostrongylus cantonensis* in rats in New Orleans, *Am J Trop Med Hyg* 38:568, 1988.

Campbell KL, Graham JC: *Physaloptera* infection in dogs and cats, *Compend Cont Educ Pract Vet* 21:299, 1999.

Campbell WC, Blair LS: *Dirofilaria immitis*: experimental infection in the ferret (*Mustela putorius* furo), *J Parasitol* 64:119, 1978.

Cecchi R, Wills SJ, Dean R, Pearson GR: Demonstration of *Ollulanus tricuspis* in the stomach of domestic cats by biopsy, *J Comp Pathol* 134:374, 2006.

Chandler AC, Read CP: *Introduction to parasitology,* ed 10, New York, 1961, John Wiley & Sons.

Chung NY, Miyahara AY, Chung G: The prevalence of feline liver flukes in the City and County of Honolulu, *J Am Anim Hosp Assoc* 13:258, 1977.

Church S, Kelly DF, Obwolo MJ: Diagnosis and successful treatment of diarrhoea in horses caused by immature small strongyles apparently insusceptible to anthelmintics, *Equine Vet J* 18:401, 1986.

Clunies Ross I, Gordon HMcL: *The internal parasites and parasitic diseases of sheep*, Sydney, 1936, Angus and Robertson.

Coati N, Schnieder T, Epe C: Vertical transmission of *Toxocara cati* Schrank 1788 (Anisakidae) in the cat, *Parasitol Res* 92:142, 2004.

Coles GC: Strategies for control of anthelmintic-resistant nematodes of ruminants, *J Am Vet Med Assoc* 192:330, 1988.

Coles GC, Brown SN, Trembath CM: Pyrantel-resistant large stronglyes in racehorses, Vet Rec 145:408, 1999.

Collett MG, Pomroy WE, Guilford WG, et al: Gastric *Ollulanus tricuspis* infection identified in captive cheetahs (*Acinonyx jubatus*) with chronic vomiting, *J S Afr Vet Assoc* 71:251, 2000.

Conboy G: Diagnostic parasitology, *Can Vet J* 37:181, 1996.

Conboy G: Natural infections of *Crenosoma vulpis* and *Angiostrongylus vasorum* in dogs in Atlantic Canada and their treatment with milbemycin oxime, *Vet Rec* 155:16, 2004.

Conboy GA, Stromberg BE, Schlotthauer JC: Efficacy of clorsulon against *Fascioloides magna* infection in sheep, *J Am Vet Med Assoc* 192:910, 1988.

Conboy GA, Whitney H, Ralhan S: *Angiostrongylus vasorum* infection in dogs in New found land, Canada. In *Forty-Third Annual Meeting of the American Association of Veterinary Parasitologists*, Baltimore, July25,1998.

Corba J, Scales B, Froyd G: The effect of DL-tetramisole on *Thelazia rhodesii* (eye-worm) in cattle, *Trop Anim Health Prod* 1:19, 1969.

Costa LRR, McClure JJ, Snider III TG, et al: Verminous meningoencephalomyelitis by *Angiostrongylus* (*Parastrongylus*) *cantonenisis* in an American Miniature Horse, *Equine Vet Educ* 12:2, 2000.

Courtney CH, Shearer JK, Plue RE: Efficacy and safety of clorsulon used concurrently with ivermectin for control of *Fasciola hepatica* in Florida beef cattle, *Am J Vet Res* 46:1245, 1985.

Craig TM, Brown TW, Shepstad DK, Williams GD: Fatal *Filaroides hirthi* infection in a dog, *J Am Vet Med Assoc* 172:1096, 1978.

Craig TM, Diamond PL, Ferwerda NS: Evidence of ivermectin resistance by *Parascaris equorum* on a Texas horse farm, *J Equine Vet Sci* 27:67, 2007.

Craig TM, Miller DK: Resistance by *Haemonchus contortus* to ivermectin in Angora goats, *Vet Rec* 126:580, 1990.

Craig TM, Suderman MT: Parasites of horses and considerations for their control, *Southwest Vet* 36:211, 1985.

Cribb NC, Cote NM, Boure ′ LP, Peregrine AS: Acute small intestinal obstruction associated with *Parascaris equorum* infection in young horses: 25 cases (1985-2004), *N Z Vet J* 54:338, 2006.

Crofton HD: *Nematode parasite populations in sheep and on pasture*, Farnham Royal, Bucks, England, 1963, Commonwealth Agricultural Bureaux.

Crofton HD: Nematode parasite populations in sheep on lowland farms. I. Worm egg counts in ewes, *Parasitology* 44:465, 1954.

Crofton HD: Nematode parasite populations in sheep on lowland farms. IV. The effects of anthelmintic treatment, *Parasitology* 48:235, 1958.

Crofton HD: *Nematodes*, London, 1966, Hutchinson University Library.

Crofton HD, Thomas RJ: A further description of *Nematodirus battus* Crofton and Thomas, 1951, *J Helminthol* 28:119, 1954.

Crofton HD, Thomas RJ: A new species of *Nematodirus* in sheep, *Nature* 168:559, 1951.

Daubney R: The life histories of *Dictyocaulus filaria* (Rud.) and *Dictyocaulus viviparous* (Bloch), *J Comp Pathol Therap* 33:225, 1920.

Demidov NV, Khrustalev AV, Vibe PP, et al: Use of anthelmintics against helminth infections in monkeys, *Helminthol Abs Ser A* 60:1524, 1988(abstract).

Deprez P, Vercruysse J: Treatment and follow-up of clinical cyathostominosis in horses, *J Vet Med A Physiol Pathol Clin Med* 50:527, 2003.

DeVaney JA, Craig TM, Rowe LD: Resistance to ivermectin by *Haemonchus contortus* in goats and calves, *Int J Parasitol* 22:369, 1992.

De Witt JJ: Mortality of rheas caused by *Syngamus trachea* infection, *Vet Q* 17:39, 1995.

Dey-Hazra A: The efficacy of Droncit (praziquantel) against tapeworm infections in dog and cat, *Vet Med Rev* 2:134, 1976.

445

Dillard KJ, Saari SAM, Anttila M: *Strongyloides stercoralis* infection in a Finnish kennel, *Acta Vet Scand* 49:37, 2007.

Dillon R, Sakas PS, Buxton BA, Schultz RD: Indirect immunofluorescence testing for diagnosis of occult *Dirofilaria immitis* infection in three cats, *J Am Vet Med Assoc* 180:80, 1982.

Dobberstein J, Hartmann H: über die Anastomosenbildung im Bereich der Blind- und Grimmdarmarterien des Pferdes und ihre Bedeutung fürdie Entstehung der embolischen, *Kolik Berl Tierärztl Wochenschr* 48:399, 1932.

Donaldson J, van Houtert MFJ, Sykes AR: The effect of protein supply on the periparturient parasite status of the mature ewe, *Proc N Z Soc Anim Prod* 57:186, 1997.

Dorrington JE: Studies on *Filaroides osleri* infestation in dogs, *Onderstepoort J Vet Res* 35:225, 1968.

Drudge JH, Elam G: Preliminary observations on the resistance of horse strongyles to phenothiazine, *J Parasitol* 47(suppl):38, 1961.

Drudge JH, Lyons ET: Newer developments in helminth control and *Strongylus vulgaris* research. In *Proceedings of the* 11*th Annual Meeting of the Association of Equine Practitioners*, Miami Beach, 1965.

Drudge JH, Lyons ET, Tolliver SC: Benzimidazole resistance of equine strongyles—critical tests of six compounds against population B, *Am J Vet Res* 40:590, 1979.

Drudge JH, Lyons ET, Tolliver SC: Resistance of equine strongyles to thiabendazole: critical tests of two strains, *Vet Med Small Anim Clin* 72:433, 1977.

Dubey JP, Miller TB, Sharma SP: Fenbendazole for treatment of *Paragonimus kellicotti* infection in dogs, *J Am Vet Med Assoc* 174:835, 1979.

Dubin S, Segall S, Martindale J: Contamination of soil in two city parks with canine nematode ova including *Toxocara canis*: a preliminary study, *Am J Public Health* 65:1242, 1975.

Duffy MS, Miller CL, Kinsella JM, de Lahunta A: *Parastrongylus cantonensis* in a nonhuman primate, Florida, *Emerg Infect Dis* 10:2207, 2004.

Duncan JL: Field studies on the epidemiology of mixed strongyle infection in the horse, *Vet Rec* 94:337, 1974.

Duncan JL: Internal parasites of horses: treatment and control, *In Pract* 4:83, 1982.

Duncan JL, Armour J, Bairden K, et al: The successful removal of inhibited fourth-stage *Ostertagia ostertagi* larvae by fenbendazole, *Vet Rec* 98:342, 1976.

Duncan JL, McBeath DG, Best JMJ, et al: The efficacy of fenbendazole in the control of immature strongyle infections in ponies, *Equine Vet J* 9:146, 1977.

Duncan JL, McBeath DG, Preston NK: Studies on the efficacy of fenbendazole used in a divided dosage regime against strongyle infections in ponies, *Equine Vet J* 12:78,

1980.

Duncan JL, Pirie HM: The life cycle of *Strongylus vulgaris* in the horse, *Res Vet Sci* 13:374, 1972.

Duncan JL, Pirie HM: The pathogenesis of single experimental infections with *Strongylus vulgaris* in foals, Res Vet Sci 18:82, 1975.

Duncan RB Jr, Patton S: Naturally occurring cerebrospinal parelephostrongylosis in a heifer, *J Vet Diagn Invest* 10:287, 1998.

Duncombe VM, Bolin TD, Davis AE, et al: *Nippostrongylus brasiliensis* infection in the rat: effect of iron and protein deficiency and dexamethasone on the efficacy of benzimidazole anthelmintics, *Gut* 18:892, 1977a.

Duncombe VM, Bolin TD, Davis AE, et al: The effect of iron and protein deficiency and dexamethasone on the efficacy of benzimidazole anthelmintics. In *Eighth International Conference of the World Association for the Advancement of Veterinary Parasitology*, Sydney, Australia, 1977b.

Dunsmore JD, Spratt DM: The life cycle of *Filaroides osleri* in the dingo. Paper presented at the *Meeting of the Australian Society of Parasitology*, Melbourne, Australia, 1976 (abstract).

Durette-Desset MC, Chabaud AG, Ashford RW, et al: Two new species of Trichostrongylidae (Nematoda: Trichostrongyloidea), parasitic in *Gorilla gorilla beringei* in Uganda, *Syst Parasitol* 23:59, 1992.

DüwelD,StrasserH:VersuchezurGeburt helminthenfreier Hundewelpen durch Fenbendazol- behandlung, *Dtsch Tierarztl Wochenschr* 85:239, 1978.

Dwork KG, Jaffe JR, Lieberman HD: Strongyloidiasis with massive hyperinfection, *N Y State J Med* 75:1230, 1975.

Eberhard ML, Alfano E: Adult *Toxocara cati* infections in U.S. children:report of four cases, *Am J Trop Med Hyg* 59:404, 1998.

Eberhard ML, Brandt FH: The role of tadpoles and frogs as paratenic hosts in the life cycle of *Dracunculus insignis* (Nematoda: Dracunculoidea), *J Parasitol* 81:792, 1995.

Eckerlin RP, Leigh WH: *Platynosomum fastosum* Kossack, 1910 (Trematoda: Dicrocoeliidae) in South Florida, *J Parasitol* 48(suppl):49, 1962.

Eckert J, Ossent P: *Haycocknema*-like nematodes in muscle fibres of a horse, *Vet Parasitol* 139:256, 2006.

Eckert J, von Brand T, Voge M: Asexual multiplication of *Mesocestoides corti* (Cestoda) in the intestines of dogs and skunks, *J Parasitol* 55:241, 1969.

Ehrenford FA: True parasitism of dogs by *Hymenolepis diminuta*, *Canine Pract* 4:31, 1977.

Enigk K: Die Biologie von *Capillaria plica* (Trichuroidea: Nematodes), *Z Tropenmed Parasitol* 1:560, 1950a.

Enigk K: Weitere Untersuchungen zür Biologie von *Strongylus vulgaris* (Nematodes) in Wirtstier, *Z Tropenmed*

Parasitol 2:523, 1951.

Enigk K: Zür Entwicklung von *Strongylus vulgaris* (Nematodes) in Wirtstier, *Z Tropenmed Parasitol* 2:287, 1950b.

Enigk K, Dey-Hazra A, Batke J: Zür klinischen Bedeutung und Behandlung des galaktogen erworbenen Strongyloides Befalls der Fohlen, *Dtsch Tierarztl Wochenschr* 81:605, 1974.

Epe C, Blomer A: Erfahrungen mit einem kombinierten Chemoprophylaxe—und Desinfektions-programm gegen *Ascaris suum* beim Neubau eines Sauenzuchtstalles, *Prakt Tierarzt* 82:452, 2001.

Evans JW, Green PE: Preliminary evaluation of four anthelmintics against the cat liver fluke *Platynosomum concinnum*, *Aust Vet J* 54:454, 1978.

Evans RH, Tangredi B: Cerebrospinal nematodiasis in free-ranging birds, *J Am Vet Med Assoc* 187:1213, 1985.

Evinger JV, Kazacos KR, Cantwell HD: Ivermectin for treatment of nasal capillariasis in a dog, *J Am Vet Med Assoc* 186:174, 1985.

Fan PC, Lin CY, Chen CC, Chung WC: Morphological description of *Taenia saginata asiatica* (Cyclophyllidea: Taeniidae) from man in Asia, *J Helminthol* 69:299, 1995.

Farnell DR, Faulkner DR: Prepatent period of *Dipetalonema reconditum* in experimentally infected dogs, J Parasitol 64:565, 1978.

Findon G, Miller TE: Treatment of *Trichosomoides crassicauda* in laboratory rats using ivermectin, Lab Anim Sci 37:496, 1987.

Foreyt WJ, Drawe DL: Efficacy of clorsulon and albendazole against *Fascioloides magna* in naturally infected white-tailed deer, *J Am Vet Med Assoc* 187:1187, 1985.

Foreyt WJ, Gorham JR: Evaluation of praziquantel against induced *Nanophyetus salmincola* infections in coyotes and dogs, *Am J Vet Res* 49:563, 1988.

Freeman RS, Stuart PF, Cullen JB, et al: Fatal human infection with mesocercariae of the trematode *Alaria americana*, *Am J Trop Med Hyg* 25:803, 1976.

Fülleborn F: Askarisinfektion durch Verzehren eingekapselter Larven und ubergelungene intrauterine Askarisinfektion, *Arch Schiffs u Tropenhyg* 25:367, 1921.

Gahlod BM, Kolte SW, Kurkure NV: Treatment of canine *Oslerus osleri* infection with doramectin—a case report, *Ind Vet J* 79:168, 2002.

Galliard H: Recherches sur l'infestation expérimentaleà *Strongyloides stercoralis* au Tonkin XII, *Ann Parasitol* 26:201, 1951.

Gardiner CH, Koh DS, Cardella TA: Micronema in man: third fatal infection, *Am J Trop Med Hyg* 30:586, 1981.

Gardiner CH, Wells S, Gutter AE, et al: Eosinophilic meningoencephalitis due to *Angiostrongylus cantonensis* as the cause of death in captive non-human primates, *Am J Trop Med Hyg* 42:70, 1990.

Garosi LS, Platt SR, McConnell JF, et al: Intracranial haemorrhage associated with *Angiostrongylus vasorum* infection in three dogs, *J Small Anim Pract* 46:93, 2005.

Geenen PL, Bresciani J, Boes J: The morphogenesis of *Ascaris suum* to the infective third-stage larvae within the egg, *J Parasitol* 85:616, 1999.

Genta RM, Schad GA: *Filaroides hirthi*: hyperinfective lungworm infection in immunosuppressed dogs, *Vet Pathol* 21.349, 1984.

Georgi JR: Estimation of parasitic blood loss by whole-body counting, *Am J Vet Res* 25:246, 1964.

Georgi JR: *Filaroides hirthi*: experimental transmission among Beagle dogs through ingestion of first-stage larvae, *Science* 194:735, 1976a.

Georgi JR: Letter to the editor: accessions of the Laboratory of Parasitology for 1975, *Cornell Vet* 66:604, 1976b.

Georgi JR: The Kikuchi-Enigk model of *Strongylus vulgaris* migrations in the horse, *Cornell Vet* 63:220, 1973.

Georgi JR, de Lahunta A, Percy DH: Cerebral coenurosis in a cat: report of a case, *Cornell Vet* 59:127, 1969.

Georgi JR, Fahnestock GR, Bohm MFK, Adsit JC: The migration and development of *Filaroides hirthi* in dogs, *Parasitology* 79:39, 1979a.

Georgi JR, Georgi ME, Cleveland DJ: Patency and transmission of *Filaroides hirthi* infection, *Parasitology* 75:251, 1977b.

Georgi JR, Georgi ME, Fahnestock GR, Theodorides VJ: Transmission and control of *Filaroides hirthi*, lungworm infection in dogs, *Am J Vet Res* 40:829, 1979.

Georgi JR, Slauson DO, Theodorides VJ: Anthelmintic activity of albendazole against *Filaroides hirthi* lungworms in dogs, *Am J Vet Res* 39:803, 1978.

Georgi JR, Sprinkle CL: A case of human strongyloidosis apparently contracted from asymptomatic colony dogs, *Am J Trop Hyg* 23: 899, 1974.

Georgi JR, Whitlock JH: Erythrocyte loss and restitution in ovine haemonchosis: methods and basic mathematical model, *Am J Vet Res* 26:310, 1965.

Georgi JR, Whitlock RH, Flinton JH: Fatal *Trichuris discolor* infection in a Holstein-Friesian heifer: report of a case, *Cornell Vet* 62:58, 1972.

Geurden T, Vercruysse J: Field efficacy of eprinomectin against a natural *Muellerius capillaris* infection in dairy goats, *Vet Parasitol* 147:190, 2007.

Gibson TE, Everett G: Ecology of the free-living stages of *Nematodirus battus*, *Res Vet Sci* 31:323, 1981.

Gill GV, Welch E, Bailey JW, et al: Chronic *Strongyloides stercoralis* infection in former British Far East prisoners of war, *QJM* 97:789, 2004.

Gjestvang M: Ascaridiasis como causa de tastornos respiratorios agudosy muerte en cerdos de cebo, *Suis* 22:26, 2005.

Gnedina MP, Osipov AN: The life cycle of *Parafilaria multipapillosa* (Dondamine and Drouilly, 1878) parasitic in the horse, *Doklad Acad Nauk SSSR* 131:1219, 1960.

Goff WL, Ronald NC: Miracidia hatching technique for diagnosis of canine schistosomiasis, *J Am Vet Med Assoc* 117:699, 1980.

Goldberg S, Bursey CR: Transport of helminths to Hawaii via the brown anole, *Anolis sagrei* (Polychrotidae), *J Parasitol* 86:750, 2000.

Gonc alves ALR, Machado GA, Gonc␣alves-Pires MRF, et al: Evaluation of strongyloidiasis in kennel dogs and keepers by parasitological and serological assays, *Vet Parasitol* 147:132, 2007.

Grandi G, Calvi LE, Venco L, et al: *Aelurostrongylus abstrusus* (cat lung-worm) infection in five cats from Italy, *Vet Parasitol* 134:177, 2005.

Greiner EC, Lane TJ: Effects of the daily feeding of pyrantel tartrate on *Anoplocephala* infections in three horses: a pilot study, *J Equine Vet Sci* 14:43, 1994.

Greve JH, Kung FY: *Capillaria putorii* in domestic cats in Iowa, *J Am Vet Med Assoc* 182:511, 1983.

Greve JH, O' Brien SE: Adult *Baylisascaris* infections in two dogs, *Companion Anim Pract* 19:41, 1989.

Griesemer RA, Gibson JP: The establishment of an ascarid-free beagle dog colony, *J Am Vet Med Assoc* 143:965, 1963.

Guerrero J, Nelson CT, Carithers DS: Results and realistic implications of the 2004 AHS-Merial Heartworm Survey. In *Fifty-First Annual Meeting of the American Association of Veterinary Parasitologists*, Honolulu, 2006.

Gustafson BW: Ivermectin in the treatment of *Physaloptera praeputialis* in two cats, *J Am Anim Hosp Assoc* 31:416, 1995.

Hagan CJ: More on febantel and trichlorfon, *Vet Med Small Anim Clin* 74:6, 1979.

Hamlen-Gomez H, Georgi JR: Equine helminth infections: control by selective chemotherapy, *Equine Vet J* 23:198, 1991.

Hänichen T, Hasslinger MA: Chronische Gastritis durch Ollulamus tricuspis (Leuckart, 1865) bei einer Katze, *Berl Munch Tierarztl Wochenschr* 90:59, 1977.

Hanson KB: Test of the efficacy of single treatments with tracheal brushes in the mechanical removal of lungworms from foxes, *J Am Vet Med Assoc* 82:12, 1933.

Hargis AM, Prieur DJ, Blanchard JL: Prevalence, lesions, and differential diagnosis of *Ollulanus tricuspis* infection in cats, *Vet Pathol* 20:71, 1983.

Hasslinger MA: *Ollulanus tricuspis*, the stomach worm of cats, *Feline Pract* 14:22, 1984.

Hayes MA, Creighton SR: A coenurus in the brain of a cat, *Can Vet J* 19:341, 1978.

Hemmert-Halswick A, Bugge G: Trichinen und Trichinose, *Ergebn Allgem Path u Path Anat* 28:313, 1934.

Hearn FPD, Peregrine AS: Identification of foals infected with *Parascaris equorum* apparently resistant to ivermectin, *J Am Vet Med Assoc* 223:482, 2003.

Herd RP: Parasite control in horses: pasture sweeping, *Mod Vet Pract* 67:893, 1986.

Herd RP, Coman BJ: Transmission of *Echinococcus granulosus* from kangaroos to domestic dogs, *Aust Vet J* 51:591, 1975.

Herd RP, Donham JC: Efficacy of ivermectin against *Onchocerca cervicalis* microfilarial dermatitis in horses, *Am J Vet Res* 44:1102, 1983.

Herd RP, Parker CF, McClure KE: Epidemiologic approach to the control of sheep nematodes, *J Am Vet Med Assoc* 184:680, 1984.

Herd RP, Streitel RH, McClure KE, et al: Control of periparturient rise in worm egg counts of lambing ewes, *J Am Vet Med Assoc* 186: 375, 1983.

Herd RP, Streitel RH, McClure KE, Parker CF: Control of hypobiotic and benzimidazole- resistant nematodes of sheep, *J Am Vet Med Assoc* 184:726, 1984.

Hirth RS, Hottendorf GH: Lesions produced by a new lungworm in Beagle dogs, *Vet Pathol* 10:385, 1973.

Hoberg EP, Alkire NL, de Queiroz A, Jones A: Out of Africa: origins of the *Taenia* tapeworms in humans, *Proc Biol Sci* 268:781, 2001.

Hoberg EP, Zimmerman GL, Lichtenfels JR: First report of *Nematodirus battus* (Nematoda: Trichostrongyloidea) in North America: redescription and comparison to other species, *Proc Helminthol Soc Wash* 53:80, 1986.

Hobmaier A, Hobmaier M: Intermediate hosts of *Aelurostrongylus abstrusus* of the cat, *Proc Soc Exp Biol Med* 32:1641, 1935.

Hollands RD: Autumn nematodirosis, *Vet Rec* 115:526, 1984.

Holmes DD, Kosanke SD, White GL: Fatal enterobiasis in a chimpanzee, *J Am Vet Med Assoc* 177:911, 1980.

Holmes RA, Klei TR, McClure JR, et al: Sequential mesenteric arteriography in pony foals during repeated inoculations of *Strongylus vulgaris* and treatment with ivermectin, *Am J Vet Res* 51:661, 1990.

Holzworth J, Georgi JR: Trichinosis in a cat, *J Am Vet Med Assoc* 165:186, 1974.

Hong ST, Lee SH, Lee SJ, et al: Sustained-release praziquantel tablet: pharmacokinetics and the treatment of clonorchiasis in beagle dogs, *Parasitol Res* 91:316, 2003.

Hoogstraten J, Connor DH, Neafie RC: Micronemiasis, In *Pathology of tropical and extraordinary diseases*, vol 2, Washington, DC, 1976, Armed Forces Institute of

Pathology.

Hoover RC, Lincoln SD, Hall RF, Wescott R: Seasonal transmission of *Fasciola hepatica* to cattle in northwestern United States, *J Am Vet Med Assoc* 184:695, 1984.

Hopkin DR, Ruiz-Tiben E, Eberhard ML, et al: Progress toward global eradication of dracunculiasis, January 2005-May 2007, *MMWR Morb Mortal Wkly Rep* 56:813, 2007.

Hopkins TJ, Gyr P: Synergism of a combination of febantel and pyrantel embonate against *Ancylostoma caninum* on dogs, *Vet Med Rev* 61:3, 1991.

Hopkins TJ, Gyr P, Schimmel A: The effect of pyrantel embonate with oxantel embonate-praziquantel, pyrantel embonate with febantel- praziquantel and milbemycin oxime on natural infestations of *Ancylostoma caninum* in dogs, *Aust Vet Pract* 28:53, 1998.

Hosie BD: Autumn nematodirosis, *Vet Rec* 115:666, 1984.

Isseroff H, Sawma JT, Reino D: Fascioliasis: role of proline in bile duct hyperplasia, *Science* 198:1157, 1977.

Isseroff H, Spengler RN, Charnock DR: Fascioliasis: similarities of the anemia in rats to that produced by infused proline, *J Parasitol* 65:709, 1979.

Jackson R, Lance DM, Townsend K, Stewart K: Isolation of anthelmintic resistant *Ancylostoma caninum*, *N Z Vet J* 35:215, 1987.

Jackson RF, Otto GF, Bauman PM, et al: Distribution of heartworms in the right side of the heart and adjacent vessels of the dog, *J Am Vet Med Assoc* 149:515, 1966.

Jackson RF, Seymour WG, Growney PJ, Otto GF: Surgical treatment of the caval syndrome of canine heartworm disease, *J Am Vet Med Assoc* 171:1065, 1977.

Jackson RF, von Lichtenberg F, Otto GF: Occurrence of adult heartworms in the venae cavae of dogs, *J Am Vet Med Assoc* 141:117, 1962.

James MT: *The flies that cause myiasis in man*, USDA Misc Publication, Washington, DC, 1947, U.S. Department of Agriculture.

Jana D: A note on canine filaroideasis and its successful treatment, *Intas Polivet* 3:92, 2002.

Jarrett WFH, McIntyre WIM, Jennings FW, et al: The natural history of parasitic bronchitis with notes on prophylaxis and treatment, *Vet Rec* 69:1329, 1957.

Jasko DJ, Roth L: Granulomatous colitis associated with small strongyle larvae in a horse, *J Am Vet Med Assoc* 185:553, 1984.

Jemelka ED: Removal of *Setaria digitata* from the anterior chamber of the equine eye, *Vet Med Small Anim Clin* 71:673, 1976.

Jergens AA, Greve JH: Endoscopy case of the month: chronic vomiting in a dog, *Vet Med* 87:872, 1992.

Jones LC, Worley DE: Use of fenbendazole for long-term control of protostrongylid lungworms in free-ranging Rocky Mountain bighorn sheep, *J Wildl Dis* 33:365, 1997.

Kalkofen VP: Effect of dichlorvos on eggs and larvae of *Ancylostoma caninum*, *Am J Trop Med Hyg* 20:436, 1971.

Kanter M, Mott J, Ohashi N, et al: Analysis of 16S rRNA and 51-kilodalton antigen gene and transmission in mice of *Ehrlichia risticii* in virgulate trematodes from *Elimia livescens* snails in Ohio, *J Clin Microbiol* 38:3349, 2000.

Kaplan RM, Burke JM, Terrill TH, et al: Validation of the FAMACHA eye color chart for detecting clinical anemia in sheep and goats on farms in the southern United States, *Vet Parasitol* 123:105, 2004.

Kaplan RM, Vidyashankar AN, Howell SB, et al: A novel approach for combining the use of in vitro and in vivo data to measure and detect emerging moxidectin resistance in gastrointestinal nematodes of goats, *Int J Parasitol* 37:795, 2007.

Karmanova EM: *Fundamentals of nematology, vol 20: Dioctophymatoidea of animals and man and diseases caused by them*, Moscow, 1968, Nauka Publishers (Translated from Russian by Amerind Publishing Co Pvt Ltd, New Delhi, 1985.)

Kazacos KR: *Baylisascaris procyonis* and related species. In Samuel WM, Pybus MJ, Kocan AA, eds: *Parasitic diseases of wild mammals*, Ames, Iowa, 2001, Iowa State University Press.

Kazacos KR, Reed WM, Kazacos EA, Thacker HL: Fatal cerebrospinal disease caused by *Baylisascaris procyonis* in domestic rabbits, *J Am Vet Med Assoc* 183:967, 1983.

Keeling ME, McClure HM: *Pneumococcal meningitis* and fatal enterobiasis in a chimpanzee, *Lab Anim Sci* 24:92, 1974.

Ketzis J, Bowman DD, Fogarty EA, et al: Explaining premunition with kin selection. In *Eighteenth International Conference of the World Association for the Advancement of Veterinary Parasitology*, August, 2001.

Khoshoo V, Craver R, Schantz P, et al: Abdominal pain, pangut eosinophilia, and a dog hookworm infection, *J Ped Gastroent Nutr* 21:481, 1995.

Kim DY, Stewart TB, Bauer RW, Mitchell M: *Parastrongylus (Angiostrongylus) cantonensis* now endemic in Louisiana wildlife, *J Parasitol* 88:1024, 2002.

Kingsbury PA, Reid JFS: Anthelmintic activity of paste and drench formulations of oxfendazole in horses, *Vet Rec* 109:404, 1981.

Kingston N, Williams ES, Bergstrom RC, et al: Cerebral coenuriasis in domestic cats in Wyoming and Alaska, *Proc Helminthol Soc Wash* 51:309, 1984.

Kirby-Smith JL, Dove WE, White GF: Creeping eruption, *Arch Dermatol Syphilol* 13:137, 1926.

Kirkpatrick CE, Megella C: Use of ivermectin in treatment of *Aelurostrongylus abstrusus* and *Toxocara cati* infections in a cat, *J Am Vet Med Assoc* 190:1309, 1987.

Kirkpatrick CE, Nelson GR: Ivermectin treatment of urinary capillariasis in a dog, *J Am Vet Med Assoc* 191:701, 1987.

Kirschner BI, Dunn JP, Ostler HB: Conjunctivitis caused by *Thelazia californiensis*, *Am J Ophthalmol* 110:573, 1990.

Klei TR, Chapman MR, French DD, Taylor HW: Evaluation of ivermectin at an elevated dose against equine cyathostome larvae, *Vet Parasitol* 47:99, 1993.

Klei TR, Rehbein S, Visser M, et al: Reevaluation of ivermectin efficacy against equine gastrointestinal parasites, *Vet Parasitol* 98:315, 2001.

Klei TR, Torbert BJ, Chapman MR, Turk MA: Efficacy of ivermectin in injectable and oral paste formulations against 8-week-old *Strongylus vulgaris* in ponies, *Am J Vet Res* 45:183, 1984.

Klotins KC, Martin SW, Bonnett BN, et al: Canine heartworm testing in Canada: are we being effective? *Can Vet J* 41:929, 2000.

Knight DH, Lok JB: Seasonal timing of heartworm chemoprophylaxis in the United States. In *Proceedings of the 1995 Heartworm Symposium*, Auburn, Alabama, March 30, 1995.

Kopp SR, Kotze AC, McCarthy JS, Coleman GT: High-level pyrantel resistance in the hookworm *Ancylostoma caninum*, *Vet Parasitol* 143:299, 2007.

Kotake M: An experimental study on passing through the mammary gland of ascaris and hookworm larvae, Osaka, *Igakkai Zasshi* 28:1251, 1929a.

Kotake M: Hookworm larvae in the mammary gland, Osaka, *Igakkai Zasshi* 28:2493, 1929b.

Kotani T, Powers KG: Developmental stages of *Dirofilaria immitis* in the dog, *Am J Vet Res* 43:2199, 1982.

Kotula AW, Murrell KD, Acosta-Stein L, et al: Destruction of *Trichinella spiralis* during cooking, *J Food Sci* 48:765, 1983.

Kozek WJ: Transovarially-transmitted intracellular microorganizms in adult and larval stages of *Brugia malayi*, *J Parasitol* 63:992, 1977.

Krogdahl DW, Thilsted JP, Olsen SK: Ataxia and hypermetria caused by *Parelaphostrongylus tenuis* infection in llamas, *J Am Vet Med Assoc* 190:191, 1987.

Küchle M, Knorr HLJ, Medenblik-Frysch S, et al: Diffuse unilateral sub-acute neuroretinitis syndrome in a German most likely caused by the raccoon roundworm, *Baylisascaris procyonis*, *Graefes Arch Clin Exp Ophthalmol* 231:48, 1993.

Kume S, Itagaki S: On the life-cycle of *Dirofilaria immitis* in the dog as the final host, *Br Vet J* 111:16, 1955.

Lamb CR: What is your diagnosis? *J Small Anim Pract* 33:358, 1992.

Langworthy NG, Renz A, Mackenstedt U, et al: Macrofilaricidal activity of tetracycline against the filarial nematode *Onchocerca ochengi:* elimination of *Wolbachia* precedes worm death and suggests a dependent relationship, *Proc Biol Sci* 267:1063, 2000.

Lavy E, Aroch I, Bark H, et al: Evaluation of doramectin for the treatment of experimental canine spirocercosis, *Vet Parasitol* 109:65, 2002.

Leathers CW, Foreyt WJ, Fetcher A, Foreyt KM: Clinical fascioliasis in domestic goats in Montana, *J Am Vet Med Assoc* 180:1451, 1982.

Ledet AE, Greve JH: Lungworm infection in Iowa swine, *J Am Vet Med Assoc* 148:547, 1966.

Levine ND, Clark DT: The relation of weekly pasture rotation to acquisition of gastrointestinal nematodes by sheep, *Ill Vet* 4:42, 1961.

Lia RP, Traversa D, Agostini A, Otranto D: Field efficacy of moxidectin 1 per cent against *Thelazia callipaeda* in naturally infected dogs, *Vet Rec* 154:143, 2004.

Lichtenfels JR: *CIH keys to the nematode parasites of vertebrates. VIII. Keys to genera of the superfamilies Ancylostomatoidea and Diaphanocephaloidea*, Farnham Royal, Bucks, England, 1980, Commonwealth Agricultural Bureaux.

Lichtenfels JR, Pilitt PA, Kotani T, et al: Morphogenesis of developmental stages of *Dirofilaria immitis* (Nematoda) in the dog, *Proc Helminthol Soc Wash* 52:98, 1985.

Lindemann BA, Evans TL, McCall JW: Clinical responses of dogs to experimentally induced *Dipetalonema reconditum* infection, *Am J Vet Res* 44:2170, 1983.

Lindemann BA, McCall JW: Experimental *Dipetalonema reconditum* infections in dogs, *J Parasitol* 70:167, 1984.

Lindo JF, Atkins NS, Lee MG, et al: Parasite-specific serum IgG following successful treatment of endemic strongyloidiasis using ivermectin, *Trans R Soc Trop Med Hyg* 90:702, 1996.

Little MD: Comparative morphology of six species of *Strongyloides* (Nematoda) and redefinition of the genus, *J Parasitol* 52:69, 1966a.

Little MD: Dormant *Ancylostoma caninum* larvae in muscle as a source of subsequent patent infection in the dog. In *Fifty-Third Annual Meeting of the American Society of Parasitology*, Chicago, 1978.

Little MD: Seven new species of *Strongyloides* (Nematoda) from Louisiana, *J Parasitol* 52:85, 1966b.

Loos-Frank B: One or two intermediate hosts in the life cycle of *Mesocestoides* (Cyclophyllidea, Mesocestoididae), *Parasitol Res* 77:726, 1991.

Love S, Biddle A: WormKill 2000, No. DAI/118, 2000, Agnote-NSW-Agriculture.

Loveless RM, anderson FL, Ramsay MJ, Hedelius RK: *Echinococcus granulosus* in dogs and sheep in central

Utah, 1971-1976, *Am J Vet Res* 39:499, 1978.

Ludwig KG, Craig TM, Bowen JM, et al: Efficacy of ivermectin in controlling *Strongyloides westeri* infections in foals, *Am J Vet Res* 44:314, 1983.

Lunn J, Lee R, Martin P, Malik R: Antemortem diagnosis of canine neural angiostrongylosis using ELISA, *Aust Vet J* 81:128, 2003.

Lyons ET, Drudge JH, Tolliver S: Ivermectin: activity against larval *Strongylus vulgaris* and *Trichostrongylus axei* in experimental infections in ponies, *Am J Vet Res* 43:1449, 1982.

Lyons ET, Drudge JH, Tolliver S: On the life cycle of *Strongyloides westeri* in the equine, *J Parasitol* 59:780, 1973.

Lyons ET, Drudge JH, Tolliver S: Parasites from the mare's milk, *Blood Horse* 95:2270, 1969.

Lyons ET, Tolliver SC: Prevalence of parasite eggs (*Strongyloides westeri, Parascaris equorum*, and strongyles) and oocysts (*Eimeria leuckarti*) in the feces of Thoroughbred foals on 14 farms in central Kentucky in 2003, *Parasitol Res* 92:400, 2004.

Lyons ET, Tolliver SC, Drudge JH, et al: Activity of praziquantel against *Anoplocephala perfoliata* (Cestoda) in horses, *J Helm Soc Wash* 59:1, 1992.

Lyons ET, Tolliver SC, Drudge JH, et al: Critical test evaluation (1977-1992) of drug efficacy against endoparasites featuring benzimidazole-resistant small strongyles (population S) in Shetland ponies, *Vet Parasitol* 66:67, 1996.

Lyons ET, Tolliver SC, Drudge JH, et al: Eyeworms (*Thelazia lacrymalis*) in one- to four-year-old thoroughbreds at necropsy in Kentucky, *Am J Vet Res* 47:315, 1986.

Lyons ET, Tolliver SC, McDowell KJ, et al: Field test of the activity of the low dose rate (2.64 mg/kg) of pyrantel tartrate on *Anoplocephala perfoliata* in thoroughbreds on a farm in central Kentucky, *J Helm Soc Wash* 64:283, 1997.

Madigan JE, Pusterla N, Johnson E, et al: Transmission of *Ehrlichia risticii*, the agent of Potomac horse fever, using naturally infected aquatic insects and helminth vectors: preliminary report, *Equine Vet J* 32:275, 2000.

Maizels RM, Meghji M: Repeated patent infection of adult dogs with *Toxocara canis*, *J Helminthol* 58:327, 1984.

Malone JB, Loyacano AF, Hugh-Jones ME, et al: A three-year study on seasonal transmission and control of *Fasciola hepatica* of cattle in Louisiana, *Prev Vet Med* 3:131, 1984.

Malone JB, Ramsey RT, Loyacano AF: Efficacy of clorsulon for treatment of mature naturally acquired and 8-week-old experimentally induced *Fasciola hepatica* infections in cattle, *Am J Vet Res* 45:851, 1984.

Mansfield LS, Schad GA: Ivermectin treatment of naturally acquired and experimentally induced *Strongyloides stercoralis* infections in dogs, *J Am Vet Med Assoc* 201:726, 1992.

Mansfield LS, Urban JF Jr: The pathogenesis of necrotic proliferative colitis in swine is linked to whipworm induced suppression of mucosal immunity to resident bacteria, *Vet Immunol Immunopathol* 50:1, 1996.

Martinez GMH: Tratamiento con praziquantel en la parasitosis ocasionada por *Thysanosoma* actinoides en borregos, *Vet Mex* 15:230, 1984.

Martins MWS, Aston G, Simpson VR, et al: Angiostrongylosis in Cornwall: clinical presentation of eight cases, *J Small Anim Pract* 34:20, 1993.

Mason KV: Canine neural angiostrongylosis: the clinical and therapeutic features of 55 natural cases, *Aust Vet J* 64:201, 1987.

Mayhew IG, deLahunta A, Georgi JR, Aspros DG: Naturally occurring cerebrospinal parelaphostrongylosis, *Cornell Vet* 66:56, 1976.

McCall J: Heartworm and *Wolbachia*: therapeutic implications, American Heartworm Society. Presented at *2007 Heartworm Symposium*, Washington, DC, 2007.

McCoy OR: The influence of temperature, hydrogen-ion concentration and oxygen tension on the development of the eggs and larvae of the dog hookworm *Ancylostoma caninum*, *Am J Hyg* 11:413, 1930.

McCraw BM, Slocombe JOD: Early development of and pathology associated with *Strongylus edentatus*, *Can J Comp Med* 38:124, 1974.

McCraw BM, Slocombe JOD: *Strongylus edentatus*: development and lesions from ten weeks postinfection to patency, *Can J Comp Med* 42:340, 1978.

McKellar Q, Bairden K, Duncan JL, et al: Change in *N. battus* epidemiology, *Vet Rec* 113:309, 1983.

McKenna DB: Anthelmintic resistance in cattle nematodes in New Zealand: is it increasing? *N Z Vet J* 44:76, 1996.

Medica DL, Hanaway MJ, Ralston SL, et al: Grazing behavior of horses on pasture: predisposition to strongylid infection? *J Equine Vet Sci* 16:421, 1996.

Mello EBF, Maia AAM, Mello LAP: Localizacao do *Dipetalonema reconditum* (Grassi, 1890) (Nematoda: Filariidae) de *Canis familiaris*, *Braz J Vet Res Anim Sci* 31:9, 1994.

Michel JF, Richards M, Altman JFB, et al: Effect of anthelmintic treatment on the milk yield of dairy cows in England, Scotland, and Wales, *Vet Rec* 111:546, 1982.

Migaud P, Marty C, Chartier C: Quel es votre diagnostic? *Point Vet* 23:989,1992.

Milks HJ: A preliminary report on verminous bronchitis in dogs, *Cornell Vet* 6:50, 1916.

Miller CL, Kinsella JM, Garner MM, et al: Endemic infections of *Parastrongylus (Angiostrongylus) costaricensis* in two species of nonhuman primates, raccoons, and an opossum from Miami, Florida, *J Parasitol* 92:406, 2006.

Miller WR, Merton DA: Dirofilariasis in a ferret, *J Am Vet Med Assoc* 180:1103, 1982.

Mirck MH: Cyathostominose: een vorm van ernstige strongylidose, *Tijdschr Diergeneeskd* 102:932, 1977.

Monahan CM, Chapman MR, French DD, Klei TR: Efficacy of moxidectin oral gel against *Onchocerca cervicalis* microfilariae, *J Parasitol* 81:117, 1995.

Moncol DJ: Supplement to the life history of *Strongyloides ransomi* Schwartz and Alicata, 1930 (Nematoda: Strongyloididae) of pigs, *Proc Helminth Soc Wash* 42:86, 1975.

Moncol DJ, Batte EG: Transcolostral infection of newborn pigs with *Strongyloides ransomi*, *Vet Med Small Anim Clin* 61:583, 1966.

Moravec F: Proposal of a new systematic arrangement of nematodes of the family Capillariidae, *Folia Parasitol (Praha)* 29:119, 1982.

Moravec F, Prokopic J, Shlikas AV: The biology of nematodes of the family Capillaridae Neveu-Lemaire, 1936, *Folia Parasitol (Praha)* 34:39, 1987.

Moreland AF, Battles AH, Nease JH: Dirofilariasis in a ferret, *J Am Vet Med Assoc* 188:864, 1986.

Mortensen LL, Williamson LH, Terrill TH, et al: Evaluation of prevalence and clinical implications of anthelmintic resistance in gastrointestinal nematodes in goats, *J Am Vet Med Assoc* 223:495, 2003.

Msolla P: Bovine parasitic otitis: an up-to-date review, *Vet Ann* 1989: 2973, 1989.

Mueller JF: The biology of Spirometra, *J Parasitol* 60:3, 1974.

Mueller JF, Coulston F: Experimental human infection with the sparganum larva of *Spirometra mansonoides* (Mueller, 1935), *Am J Trop Med* 2:399, 1941.

Murrell KD, Djordjevic M, Cuperlovic K, et al: Epidemiology of *Trichinella* infection in the horse: the risk from animal product feeding practices, *Vet Parasitol* 123:223, 2004.

Murrell KD, Eriksen L, Nansen P, et al: *Ascaris suum*: a revision of its early migratory path and implications for human ascariasis, *J Parasitol* 83:255, 1997.

Myers RK, Monroe WE, Greve JH: Cerebrospinal nematodiasis in a cockatiel, *J Am Vet Med Assoc* 183:1089, 1983.

Nadler SA, Carreno RA, Adams BJ, et al: Molecular phylogenetics and diagnosis of soil and clinical isolates of *Halicephalobus gingivalis* (Nematoda: Cephalobina: Panagrolaimoidea), an opportunistic pathogen of horses, *Int J Parasitol* 33:1115, 2003.

Nakamura Y, Tsuji N, Taira N, Hirose H: Parasitic females of *Strongyloides papillosus* as a pathogenic stage for sudden cardiac death in infected lambs, *J Vet Med Sci* 56:723, 1994.

Ndtvedt A, Dohoo I, Sanchez J, et al: Increase in milk yield following eprinomectin treatment at calving in pastured dairy cattle, *Vet Parasitol* 105:191, 2002.

Nelson GS: *Dipetalonema reconditum* (Grassi, 1889) from the dog with a note on its development in the flea, *Ctenocephalides felis* in the louse, *Heterodoxus spiniger*, *J Helminthol* 36:297, 1962.

Nevill EM: Preliminary report on the transmission of *Parafilaria bovicola* in South Africa, *Onderstepoort J Vet Res* 41:41, 1975.

Nevill EM: The epidemiology of *Parafilaria bovicola* in the Transvaal Bushveld of South Africa, *Onderstepoort J Vet Res* 52:261, 1985.

New D, Little MD, Cross J: *Angiostrongylus cantonensis* infection from eating raw snails, *N Engl J Med* 332:1105, 1995.

Nichols DK, Montali RJ, Phillips LG, et al: *Parelaphostrongylus tenuis* in captive reindeer and sable antelope, *J Am Vet Med Assoc* 188:619, 1986.

Ogbourne CP, Duncan JL: *Strongylus vulgaris* in the horse: its biology and veterinary importance, *CIH Misc Pub No 4*, Farnham Royal, Slough, England, 1977, Commonwealth Agricultural Bureaux.

Orihel TC: Morphology of the larval stages of *Dirofilaria immitis* in the dog, *J Parasitol* 47:252, 1961.

Pai PJ, Blackburn BG, Kazacos KR, et al: Full recovery from *Baylisascaris procyonis* eosinophilic meningitis, *Emerg Infect Dis* 13:928, 2007.

Palsson PA: Echinococcosis and its elimination in Iceland, *Hist Med Vet* 1:4, 1976.

Papadopoulos E, Sotiraki S, Himonas C, Fthenakis GC: Treatment of small lungworm infestation in sheep by using moxidectin, *Vet Parasitol* 121:329, 2004.

Park SY, Glaser C, Murray WJ, et al: Raccoon roundworm (*Baylisascaris procyonis*) encephalitis: case report and field investigation, *Pediatrics* 106:E56, 2000.

Parrott TY, Greiner EC, Parrott JD: *Dirofilaria immitis* infection in three ferrets, *J Am Vet Med Assoc* 184:582, 1984.

Parsons JC, Bowman DD, Gillette DM, Grieve RB: Disseminated granulomatous disease in a cat caused by larvae of *Toxocara canis*, *J Comp Pathol* 99:343, 1988.

Parsons JC, Bowman DD, Grieve RB: Pathological and haematological responses of cats experimentally infected with *Toxocara canis* larvae, *Int J Parasitol* 19:479, 1989.

Patel G, Arvelakis A, Sauter BV: *Strongyloides* hyperinfection syndrome after intestinal transplantation, *Transpl Infect Dis* 10:137, 2008.

Patteson MW, Gibbs C, Wotton PR, Day MJ: *Angiostrongylus vasorum* infection in seven dogs, *Vet Rec* 133:565, 1993.

Patton S, Faulkner CT: Prevalence of *Dirofilaria immitis* and *Dipetalonema reconditum* infection in dogs: 805 cases

(1980-1989), *J Am Vet Med Assoc* 200:1533, 1992.

Pauli B, Althaus S, Von Tscharner C: Über die Organisation von Thromben nach Arterienverletzungen durch wandernde 4. Larven-stadien von *Strongylus vulgaris* beim Pferd (licht- und elektronmikro-scopische Untersuchungen), *Beitr Pathol* 155:357, 1975.

Pearce JR, Hendrix CM, Allison N, Butler JM: *Macracanthorhynchus ingens* infection in a dog, *J Am Vet Med Assoc* 219:194, 2001.

Pearson JC: Studies on the life cycles and morphology of the larval stages of *Alaria arisaemoides* Augustine and Uribe 1927 and *Alaria canis* LaRue and Fallis, 1936 (Trematoda: Diplostomidae): *Can J Zool* 34:295, 1956.

Peregrine AS: Rational use of diagnostic tests. In Ettinger SJ, Feldman EC, eds: *Textbook of veterinary internal medicine*, ed 6, St Louis, 2005, Elsevier.

Peterson EN, Barr SC, Gould WJ 3rd, et al: Use of fenbendazole for treatment of *Crenosoma vulpis* infection in a dog, *J Am Vet Med Assoc* 202:1483, 1993.

Petithory JC, Beddock A: Role de *Toxocara cati* dans le syndrome de larva migrans visceral, *Bull Soc Fr Parasitol* 15:199, 1997.

Pienaar JG, Basson PA, du Plessis JL, et al: Experimental studies with *Strongyloides papillosus* in goats, *Onderstepoort J Vet Res* 66:191, 1999.

Pisanu B, Bain O: *Aonchotheca musimon* n. sp. (Nematoda: Capillariinae) from the mouflon *Ovis musimon* in the sub-Antarctic Kerguelen archipelago, with comments on the relationships with A. bilobata (Bhalerao, 1933) Moravec, 1982 and other species of the genus, *Syst Parasitol* 43:17, 1999.

Ploeger HW, Kloosterman A, Bargeman G, et al: Milk yield increases after anthelmintic treatment of dairy cattle related to some parameters estimating helminth infection, *Vet Parasitol* 35:103, 1990.

Ploeger HW, Schoenmaker GJW, Kloosterman A, Borgsteede FH: Effect of anthelmintic treatment of dairy cattle onmilk production related to some parameters estimating nematode infection, *Vet Parasitol* 34:239, 1989.

Potter ME, Kruse MB, Matthews MA, et al: A sausage-associated outbreak of trichinosis in Illinois, *Am J Public Health* 66:194, 1976.

Poynter D: Parasitic bronchitis, *Adv Parasitol* 1:179, 1963.

Pozio E, LaRosa G, Murrell KD, Lichtenfels JR: Taxonomic revision of the genus *Trichinella*, *J Parasitol* 78:654, 1992.

Prociv P, Croese J: Human enteric infection with *Ancylostoma caninum*: hookworms reappraised in the light of a "new" zoonosis, *Acta Trop* 62:23, 1996.

Proudman CJ, Edwards GB: Are tapeworms associated with equine colic? A case control study, *Equine Vet J* 25:224, 1993.

Proudman CJ, French NP, Trees AJ: Tapeworm infection is a significant risk factor for spasmodic colic and ileal impaction colic in the horse, *Equine Vet J* 30:194, 1993.

Pugh RE: Effects on the development of *Dipylidium caninum* and on the host reaction to this parasite in the adult flea (*Ctenocephalides felis felis*), *Parasitol Res* 73:171, 1987.

Pusterla N, Johnson E, Chae JS, et al: Molecular detection of an *Ehrlichia*-like agent in rainbow trout (*Oncorhynchus mykiss*) from northern California, *Vet Parasitol* 92:199, 2000.

Pusterla N, Watson JL, Wilson WD, et al: Cutaneous and ocular habronemiasis in horses: 63 cases (1988-2002), *J Am Vet Med Assoc* 222:978, 2003.

Rawlings CA, Raynaud JP, Lewis RE, Duncan JR: Pulmonary thromboembolism and hypertension after thiacetarsamide vs. melarsomine Helminths dihydrochloride treatment of *Dirofilaria immitis* infection in dogs, *Am J Vet Res* 54:920, 1993.

Rebhun WC, Mirro EJ, Georgi ME, Kern TJ: Habronemic conjunctivitis in horses, *J Am Vet Med Assoc* 179:469, 1981.

Reinemeyer CR: Prevention of parasitic gastroenteritis in dairy replacement heifers, *Compend Cont Educ Pract Vet* 12:761, 1990.

Reinemeyer CR: Should you deworm your client's dairy cattle? *Vet Med* 90:496, 1995.

Reinhardt S, Ottenjann M, Schunack B, et al: Lungenwurmbefall (*Aelurostrongylus abstrusus*) bei einer Katze, *Kleintierpraxis* 49:239, 2004.

Rendano VT, Georgi JR, Fahnestock GR, et al: *Filaroides hirthi* lungworm infection in dogs: its radiographic appearance, *Vet Radiol* 20:2, 1979a.

Rendano VT, Georgi JR, White KK, et al: Equine verminous arteritis: an arteriographic evaluation of the larvicidal activity of albendazole, *Equine Vet J* 11:223, 1979b.

Rodger JL: Change in *N. battus* epidemiology, *Vet Rec* 112:261, 1983.

Roepstorff A, Murrell KD: Transmission dynamics of helminth parasites of pigs on continuous pasture: *Oesophagostomum dentatum* and *Hyostrongylus rubidus*, *Int J Parasitol* 27:553, 1997.

Rolfe PF, Boray JC: Chemotherapy of paramphistomiasis in cattle, *Aust Vet J* 64:328, 1987.

Rolfe PF, Boray JC: Comparative efficacy of moxidectin, and ivermectin/clorsulon combination, and closantel against immature paramphistomes in cattle, *Aust Vet J* 70:265, 1993.

Rommel M, Grelck H, Hörchner F: Zür Wirksamkeit von Praziquantel gegen Bandwürmer in experimentell infizierten Hunden und Katzen, *Berl Munch Tierarztl*

Wochenschr 89:255, 1976.

Ronald NC, Craig TM: Fenbendazole for the treatment of *Heterobilharzia americana* infection in dogs, *J Am Vet Med Assoc* 182:172, 1983.

Ronéus O: Studies on the aetiology and pathogenesis of white spots in the liver of pigs, *Acta Vet Scand* 7:1, 1966.

Rossi L, Peruccio C: Thelaziosi oculare nel canei aspetti clinici e terapeutici, *Veterinaria* 3:47, 1989.

Roth L, Georgi ME, King JM, Tennant BC: Parasitic encephalitis due to *Baylisascaris* sp. in wild and captive woodchucks, (Marmota monax), *Vet Pathol* 19:658, 1982.

Rothstein N: Canine microfilariasis in sentry dogs in the United States, *J Parasitol* 49:49, 1963.

Roudebush P, Schmidt DA: Fenbendazole for treatment of pancreatic fluke infection in a cat, *J Am Vet Med Assoc* 180:545, 1982.

Rousselot R, Pellissier A: III. Oesophagostomose nodulaire à Oesophagostomum stephanostomum du gorille et du chimpanzee, *Soc Path Exotique Bull* 45:568, 1952.

Russell AF: The development of helminthiasis in thoroughbred foals, *J Comp Pathol* 58:107, 1948.

Saari SAM, Nikander SE: *Pelodera* (syn. *Rhabditis*) *strongyloides* as a cause of dermatitis: a report of 11 dogs from Finland, *Acta Vet Scand* 48:18, 2006.

Sakamoto T: The anthelmintic effect of Droncit on adult tapeworms of *Hydatigera taeniaeformis, Mesocestoides corti, Echinococcus multilocularis, Diphyllobothrium erinacei,* and *D. latum, Vet Med Rev* 1:64,1977.

Sanchez J, Ndtvedt A, Dohoo I, DesCôteaux L: The effect of eprinomectin treatment at calving on reproduction parameters in adult dairy cows in Canada, *Prev Vet Med* 56:165, 2002.

Santen DR, Chastain CB, Schmidt DA: Efficacy of pyrantel pamoate against *Physaloptera* in a cat, *J Am Anim Hosp Assoc* 29:53, 1993.

Schad GA: Experimentally induced arrested development of parasite larvae of hookworms, *Proc 3rd Int Congr Parasitol* 2:772, 1974.

Schad GA: *Ancylostoma duodenale*: maintenance through six generations of helminth-naive pups, *Exp Parasitol* 47:246, 1979.

Schad GA, Hellman ME, Muncey DW: *Strongyloides stercoralis*: hyperin-fection in immunosuppressed dogs, *Exp Parasitol* 57:287, 1984.

Schad GA, Page MR: *Ancylostoma canium*: adult worm removal, cortico-steroid treatment, and resumed development of arrested larvae in dogs, *Exp Parasitol* 54:303, 1982.

Schenker R, Cody R, Strehlau G: Comparative effects of milbemycin oxime based and febantel-pyrantel embonate based anthelmintic tablets on *Toxocara canis* egg shedding in naturally infected pups, *Vet Parasitol* 137:369, 2006.

Schmid K, Düwel D: Zum Einsatz von Fenbendazol (Panacur Tableten ad us. vet.) gegen Helminthenbefall bei Katzen, *Tierartzl Umschau* 45:868, 1980.

Schmidt RE, Prine JR: Severe enterobiasis in a chimpanzee, *Pathol Vet* 7:56, 1970.

Schnieder T, Lechler M, Epe C, et al: The efficacy of doramectin on arrested larvae of *Ancylostoma* in early pregnancy of bitches, *J Vet Med B Infect Dis Vet Public Health* 43:351, 1996.

Schougaard H, Nielsen MK: Apparent ivermectin resistance of *Parascaris equorum* in foals in Denmark, *Vet Rec* 160:439, 2007.

Schusser G, Kopf N, Prosl H: Dünndarmverstopfung (Obturatio intestini jejuni) bei einem fünf Monate alten Traberhengstfohlen durch Askariden nach Eingabe eines Anthelmintikums, *Wien Tierartzl Mschr* 75:152, 1988.

Shen JL, Gasser RB, Chu DY, et al: Human thelaziosis: a neglected parasitic disease of the eye, *J Parasitol* 92:872, 2006.

Shinonaga S, Miyamoto K, Kano R, et al: *Musca hervie* Villeneuve, 1922 as an intermediate host of eyeworms (*Thelazia*) in Japan, *J Med Entomol* 11:595, 1974.

Shoop WL, Corkum KC: Transmammary infection of newborn by larval trematodes, *Science* 223:1082, 1984.

Shoop WL, Egerton JR, Eary CH, et al: Control of *Toxocara canis* transmission from bitch to offspring with ivermectin. In *Sixty-Third Annual Meeting of the American Society of Parasitologists,* 1988.

Sithole F, Dohoo I, Leslie K, et al: Effect of eprinomectin pour-on treatment around calving on reproduction parameters in adult dairy cows with limited outdoor exposure, *Prev Vet Med* 75:267, 2006.

Sithole F, Dohoo I, Leslie K, et al: Effect of eprinomectin treatment at calving on milk production in dairy herds with limited outdoor exposure, *J Dairy Sci* 88:929, 2005.

Slocombe JOD: Prevalence and treatment of tapeworms in horses, Can Vet J 20:136, 1979.

Slocombe JOD, Bhactendu-Srivastava B, Surgeoner GA: The transmission period for heartworm in Canada. In *Proceedings of the 1995 Heartworm Symposium*, Auburn, Alabama, March 31, 1995.

Slocombe JOD, de Gannes RVG, Lake MC: Macrocyclic lactone-resistant *Parascaris equorum* on stud farms in Canada and effectiveness of fenbendazole and pyrantel pamoate, *Vet Parasitol* 145:371, 2007.

Slocombe JOD, McCraw BM: Controlled tests of ivermectin against migrating *Strongylus vulgaris* in ponies, *Am J Vet Res* 42:1050, 1981.

Slocombe JOD, McCraw BM: Evaluation of pyrantel pamoate, nitramisole, and avermectin B1a against migrating

Strongylus vulgaris larvae, *Can J Comp Med* 44:93, 1980.

Slocombe JOD, McCraw BM, Pennock PW, Baird JD: Effectiveness of fenbendazole against later fourth-stage *Strongylus vulgaris* in ponies, *Am J Vet Res* 44:2285, 1983.

Slocombe JOD, McCraw BM, Pennock PW, et al: Effectiveness of ivermectin against later fourth-stage *Strongylus vulgaris* in ponies, *Am J Vet Res* 43:1525, 1982.

Slocombe JOD, McCraw BM, Pennock PW, et al: Effectiveness of oxfendazole against early and later fourth-stage *Strongylus vulgaris* in ponies, *Am J Vet Res* 47:495, 1986.

Slocombe JOD, Rendano VT, Owen RR, et al: Arteriography in ponies with *Strongylus vulgaris* arteriti, *Can J Comp Med* 41:137, 1977.

Slocombe JOD, Villeneuve A: Heartworm in dogs in Canada in 1991, *Can Vet J* 34:630, 1993.

Smith HL, Rajan TV; Tetracycline inhibits development of the infective-stage larvae of filarial nematodes in vitro, *Exp Parasitol* 95:265, 2000.

Smith MC, Bailey CS, Baker N, et al: Cerebral coenurosis in a cat, *J Am Vet Med Assoc* 192:82, 1988.

Spratt DM: Australian ecosystems, capricious food chains and parasitic consequences for people, *Int J Parasitol* 35:717, 2005.

Spratt DM, Beveridge I, andrews JRH, Dennett X: *Haycocknema perplexum* n.g., n. sp. (Nematoda: Robertdollfusidae): an intramyofibre parasite in man, *Syst Parasitol* 43:123, 1999.

Sprent JFA: Observations on the development of *Toxocara canis* (Werner, 1782) in the dog, *Parasitology* 48:184, 1958.

Sprent JFA: Post-parturient infection of the bitch with *Toxocara canis*, *J Parasitol* 47:284, 1961.

Sprent JFA: The life history and development of *Toxocara cati* (Schrank, 1788) in the domestic cat, *Parasitology* 46:54, 1956.

Stewart DF: Studies on the resistance of sheep to infestation with *Haemonchus contortus* and *Trichostrongylus* spp. and on the immunological reactions of sheep exposed to infestation. IV. The antibody response to natural infestation in grazing sheep and the "self-cure" phenomenon, *Aust J Agr Res* 1:427, 1950.

Stewart DF: Studies on the resistance of sheep to infestation with *Haemonchus contortus* and *Trichostrongylus* spp. and on the immunological reactions of sheep exposed to infestation. V. The nature of the "self-cure" phenomenon, *Aust J Agr Res* 4:100, 1953.

Stoll NR: Studies with the strongyloid nematode *Haemonchus contortus*.I. Acquired resistance of hosts under natural reinfection conditions out-of-doors, *Am J Hyg* 10:384, 1929.

Stone WM, Girardeau MH: *Ancylostoma caninum* larvae present in the colostrum of a bitch, *Vet Rec* 79:773, 1966.

Stone WM, Girardeau MH: Transmammary passage of *Ancylostoma caninum* larvae in dogs, *J Parasitol* 54:426, 1968.

Stoneham S, Coles G: Ivermectin resistance in *Parascaris equorum*, *Vet Rec* 158:572, 2006.

Stoye M: Untersuchungen über die Möglichkeit Pränataler and galaktogener Infectionen mit *Ancylostoma caninum* Ercolani, 1859 (Ancylostomidae) beim Hund, *Zentralbl Vet Med Series B* 20:1, 1973.

Stoye M, Meyer O, Schneider T: Zur Wirkung von Ivermectin auf reaktiverte somatische Larven von *Ancylostoma caninum* Ercolani 1858 (Ancylostomatidae) in der graviden Hünden, *J Vet Med B Infect Dis Vet Public Health* 34:13, 1987.

Stromberg BE, Schlotthauer JC, Seibert BP, et al: Activity of closantel against experimentally induced *Fascioloides magna* infection in sheep, *Am J Vet Res* 46:2527, 1985.

Summa MEL, Ebisui L, Osaka JT, de Tolosa EM: Efficacy of oral ivermectin against *Trichosomoides crassicauda* in naturally infected laboratory rats, *Lab Anim Sci* 42:620, 1992.

Supperer R: *Capillaria böhmi* spec. nov., eine neue Haarwurm Art aus den Stirnhöhles des Fuchses, *Z Parasitenkd* 16:51, 1953.

Swerczek TW, Nielsen SW, Helmbolt CF: Transmammary passage of *Toxocara cati* in the cat, *Am J Vet Res* 32:89, 1971.

Tanabe M, Kelly R, de Lahunta A, et al: Verminous encephalitis in a horse produced by nematodes in the family Protostrongylidae, *Vet Pathol* 44:119, 2007.

Theis JH: Public health aspects of dirofilariasis in the United States, *Vet Parasitol* 133:157, 2005.

Theodorides VJ, Free SM: Effects of anthelmintic treatment on milk yield, *Vet Rec* 113:248, 1983.

Theodorides VJ, Freeman JF, Georgi JR: Anthelmintic activity of albendazole against *Dicrocoelium dendriticum* in sheep, *Vet Med Small Anim Clin* 77:569, 1982.

Thomas H, Gönnert R: The efficacy of praziquantel against cestodes in cats, dogs, and sheep, *Res Sci* 24:20, 1978.

Thomas RJ, Stevens AJ: Some observations on Nematodirus disease in Northumberland and Durham, *Vet Rec* 68:471, 1956.

Tindall B: *Fasciola hepatica*: this fluke is no fluke, *Anim Nutr Health* 40:6, 1985.

Triantophyllou AC, Moncol DJ: Cytology, reproduction, and sex determination of *Strongyloides ransomi* and *S. papillosus*, *J Parasitol* 63:961, 1977.

Ubelaker JE, Hall NM: First report of *Angiostrongylus costaricensis* Morera and Céspedes 1971 in the United States,

J Parasitol 65:307, 1979.

Underwood JR: Habronemiasis, *Vet Bull* 30:16, 1936.

Underwood PC, Harwood PD: Survival and location of the microfilariae of *Dirofilaria immitis* in the dog, *J Parasitol* 25:23, 1939.

Vajner L, Vortel V, Brejcha A: Lung filaroidosis in the beagle dog breeding colony, *Veterinarni Medicina* 45:25, 2000.

Valet-Picavet S: Une bronchite tres "verminuese" ou filaroidose a Oslerus osleri chez un chien, *Action Vet* 1157:19, 1991.

Vassiliades G, Bouffet P, Friot D, et al: Traitement de la thelaziose oculaire bovine au Senegal, *Rev Elev Med Vet Pays Trop* 28:315, 1975.

Vatta AF, Letty BA, van der, Linde MJ, et al: Testing for clinical anaemia caused by *Haemonchus* spp. in goats farmed under resource-poor conditions in South Africa using an eye colour chart developed for sheep, *Vet Parasitol* 99:1, 2001.

Vermunt JJ, West DM, Pomroy WE: Multiple resistance to ivermectin and oxfendazole in *Cooperia* species of cattle in New Zealand, *Vet Rec* 137:43, 1995.

Verster A: A taxonomic revision of the genus *Taenia* Linnaeus, 1758, *Onderstepoort J Vet Res* 36:3, 1969.

Virginia P, Nagakura K, Ferreira O, Tateno S: Serologic evidence of toxocariasis in northeast Brazil, *Jpn J Med Sci Biol* 44:1, 1991.

von Samson-Himmelstjerna G, Fritzen B, Demeler J, et al: Cases of reduced cyathostomin egg-reappearance period and failure of *Parascaris equorum* egg count reduction following ivermectin treatment as well as survey on pyrantel efficacy on German horse farms, *Vet Parasitol* 144:74, 2007.

Wade SE: *Capillaria xenopodis* sp. n. (Nematoda: Trichuroidea) from the epidermis of the South African clawed frog (Xenopus laevis, Daudin), *Proc Helminthol Soc Wash* 49:86, 1982.

Wallace GW: Swine influenza and lungworms, *J Infect Dis* 135:490, 1977 (editorial).

Walsh TA, Younis PJ, Morton TM: The effect of ivermectin treatment of late pregnant dairy cows in southwest Victoria on subsequent milk production and reproductive performance, *Aust Vet J* 72:201, 1995.

Wardle RA, McLeod JA: *The zoology of tapeworms*, Minneapolis, 1952, University of Minnesota Press.

Watts KJ, Reddy GR, Holmes RA, et al: Seasonal prevalence of third-stage larvae of *Dirofilaria immitis* in mosquitoes from Florida and Louisiana, *J Parasitol* 87:322, 2001.

Webster JP, Macdonald DW: Parasites of wild brown rats (Rattus norvegicus) on UK farms, *Parasitology* 111:247, 1995.

Wetzel R: Zür Biologie des Fuchslungenwurmes, *Crenosoma vulpis*, *Arch Wissenschaftl Prakt Tierheilk* 75:445, 1940a.

Wetzel R: Zür Entwicklung des grossen Palisadenwurmes (*Strongylus equinus*) im Pferde, *Arch Wissenschaftl Prakt Tierheilk* 76:81, 1940b.

Wetzel R, Kersten W: Die Leberphase der Entwicklung von Strongylus edentatus, *Wien Tierartzl Mschr* 43:664, 1956.

White GF, DoveWE: Dogs and cats concerned in the causation of creeping eruption, *Official Record*, vol 5, No 43, Beltsville, Md, 1926, U.S. Department of Agriculture.

Whitlock JH: A study of the inheritance of resistance to trichostrongylidosis in sheep, *Cornell Vet* 45:422, 1955a.

Whitlock JH: Biology of a nematode. In Soulsby EJL, eds: *Biology of parasites*, New York, 1966, Academic.

Whitlock JH: The inheritance of resistance to trichostrongylidosis in sheep. I. Demonstration of the validity of the phenomenon, *Cornell Vet* 48:127, 1958.

Whitlock JH: The relationship of the available natural milk supply to the production of the trichostrongylidoses in sheep, *Cornell Vet* 41:299, 1951.

Whitlock JH: Trichostrongylidosis in sheep and cattle. In *Proceedings of the 92nd Annual Meeting of American Veterinary Medical Association*, Minneapolis, 1955b.

Whitlock JH, Georgi JR, Robson DS, et al: Haemonchosis: an orderly disease, *Cornell Vet* 56:544, 1966.

Willard MD, Roberts RE, Allison N, et al: Diagnosis of *Aelurostrongylus abstrusus* and *Dirofilaria immitis* infections in cats from a humane shelter, *J Am Vet Med Assoc* 192:913, 1988.

Willesen JL, Kristensen AT, Jensen AL, et al: Efficacy and safety of imida-cloprid/moxidectin spot-on solution and fenbendazole in the treatment of dogs naturally infected with *Angiostrongylus vasorum* (Baillet, 1866), *Vet Parasitol* 147:258, 2007.

Williams JC, Knox JW, Sheehan D, Fuselier RH: Efficacy of albendazole against inhibited early fourth-stage larvae of *Ostertagia ostertagi*, *Vet Rec* 101:484, 1977.

Williams JF, Lindemann B, Padgett GA, et al: Angiostrongylosis in a grey-hound, *J Am Vet Med Assoc* 10:1101, 1985.

Williams JF, Lindsay M, Engelkirk P: Peritoneal cestodiasis in a dog, *JAm Vet Med Assoc* 186:1103, 1985.

Williams JF, Shearer AM: Taenia taeniaeformis in cats, J Am Vet Med Assoc 181:386, 1982.

Won K, Kruszon-Moran D, Schantz P, et al: National seroprevalence and risk factors for zoonotic *Toxocara* spp. infection. In *Fifty-Sixth Annual Meeting of the American Society of Tropical Medicine and Hygiene*, 2007.

Woodruff AW, Burg OA: Prevalence of infective ova of *Toxocara* species in public places, *Br Med J* 4:470, 1973.

Xiao LH, Herd RP, Majewski GA: Comparative efficacy of moxidectin and ivermectin against hypobiotic and encysted cyathostomes and other equine parasites, *Vet Parasitol* 53:83, 1994.

Yazwinski TA, Kilgore RL, Presson BL, et al: Efficacy of oral clorsulon in treatment of *Fasciola hepatica* infections in calves, *Am J Vet Res* 46:163, 1985.

Yazwinski TA, Tucker C, Featherston H, et al: Endectocidal efficacies of doramectin in naturally parasitized pigs, *Vet Parasitol* 70:123, 1997.

Yeruham I, Perl S: Dermatitis in a dairy herd caused by *Pelodera strongyloides* (Nematoda: Rhabditidae), *J Vet Med B Infect Dis Vet Public Health* 52:197, 2005.

Yorke W, Maplestone PA: *The nematode parasites of vertebrates*, Philadelphia, 1926, P Blakiston's Son.

Zimmerman GL, Hoberg EP, Rickard LG, et al: Broadened geographic range and periods of transmission for *Nematodirus battus* in the United States. In *Proceedings from the 89th Annual meeting of the U.S. Animal Health Association*, Louisville, Ky, 1986.

Zimmermann WJ: Evaluation of microwave cooking procedures and ovens for devitalizing trichinae in pork roasts, *J Food Sci* 48:856, 1983.

第五章

Allsopp MT, Allsopp BA: Novel *Ehrlichia* genotype detected in dogs in South Africa, *J Clin Microbiol* 39:4204, 2001.

Allsopp MT, Louw M, Meyer EC: *Ehrlichia ruminantium*: an emerging human pathogen, *Ann N Y Acad Sci* 1063:358, 2005.

anderson SH, Williams ES: Plague in a complex of white-tailed prairie dogs and associated small mammals in Wyoming, *J Wildl Dis* 33:720, 1997.

Anziani OS, Ewing SA, Barker RW: Experimental transmission of a granulocytic form of the tribe Ehrlichieae by *Dermacentor variabilis* and *Amblyomma americanum* to dogs, *Am J Vet Res* 51:929, 1990.

Azad AF, Beard CB: Rickettsial pathogens and their arthropod vectors, *Emerg Infect Dis* 4:179, 1998.

Barbour AG, Hayes SF: Biology of *Borrelia* species, *Microbiol Rev* 50:381, 1986.

Barratt-Boyes SM, MacLachlan NJ: Pathogenesis of bluetongue virus infection of cattle, *J Am Vet Med Assoc* 206:1322, 1995.

Boyd AS: Rickettsialpox, *Dermatol Clin* 15:313, 1997.

Brouqui P, Parola P, Fournier PE, Raoult D: Spotted fever rickettsioses in southern and eastern Europe, FEMS *Immunol Med Microbiol* 49:2, 2007.

Burridge MJ, Simmons LA, Peter TF, Mahan SM: Increasing risks of introduction of heartwater onto the American mainland associated with animal movements, *Ann N Y Acad Sci* 969:269, 2002.

Chattopadhyay S, Richards AL: Scrub typhus vaccines: past

history and recent developments, *Hum Vaccin* 3:730, 2007.

Chomel BB, Boulouis HJ, Maruyama S, Breitschwerdt EB: *Bartonella* spp. in pets and effect on human health, *Emerg Infect Dis* 12:389, 2006.

Coggins L: Carriers of equine infectious anemia virus, *J Am Vet Med Assoc* 184:279, 1984.

Dauphin G, Zientara S: West Nile virus: recent trends in diagnosis and vaccine development, *Vaccine* 25:5563, 2007.

Demma LJ, Traeger MS, Nicholson WL, et al: Rocky Mountain spotted fever from an unexpected tick vector in Arizona, *N Engl J Med* 353.587, 2005.

Dumler JS, Barbet AF, Bekker CP, et al: Reorganization of genera in the families Rickettsiaceae and Anaplasmataceae in the order Rickettsiales: unification of some species of *Ehrlichia* with *Anaplasma*, *Cowdria* with *Ehrlichia* and *Ehrlichia* with *Neorickettsia*, descriptions of six new species combinations and designation of *Ehrlichia equi* and 'HGE agent' as subjective synonyms of *Ehrlichia phagocytophila*, *Int J Syst Evol Microbiol* 51:2145, 2001.

Dumler JS, Choi KS, Garcia-Garcia JC, et al: Human granulocytic anaplasmosis and *Anaplasma phagocytophilum*, *Emerg Infect Dis* 11:1828, 2005.

Dumpis U, Crook D, Oksi J: Tick-borne encephalitis, *Clin Infect Dis* 28:882, 1999.

Duncan AW, Correa MT, Levine JF, Breitschwerdt EB: The dog as a sentinel for human infection: prevalence of *Borrelia burgdorferi* C6 antibodies in dogs from southeastern and mid-Atlantic states, *Vector Borne Zoonotic Dis* 4:221, 2004.

Dworkin MS, Schwan TG, anderson DE: Tick-borne relapsing fever in North America, *Med Clin North Am* 86:417, 2002.

Emmons RW: Ecology of Colorado tick fever, *Annu Rev Microbiol* 42:49, 1988.

Ewing SA: Transmission of *Anaplasma marginale* by arthropods. In *Proceedings of the Seventh National Anaplasmosis Conference.* Mississippi State University, 1981, Starkville, Mississippi.

Fenn K, Conlon C, Jones M, et al: Phylogenetic relationships of the *Wolbachia* of nematodes and arthropods, *PLoS Pathog* 2:e94, 2006.

Foil L, andress E, Freeland RL, et al: Experimental infection of domestic cats with *Bartonella henselae* by inoculation of *Ctenocephalides felis* (Siphonaptera: Pulicidae) feces, *J Med Entomol* 35:625, 1998.

Foley JE, Chomel B, Kikuchi Y, et al: Seroprevalence of *Bartonella henselae* in cattery cats: association with cattery hygiene and flea infestation, *Vet Q* 20:1, 1998.

Fukunaga M, Takahashi Y, Tsuruta Y, et al: Genetic and phenotypic analysis of *Borrelia miyamotoi* sp. nov., isolated from the ixodid tick *Ixodes persulcatus*, the vector for

Lyme disease in Japan, *Int J Syst Bacteriol* 45:804, 1995.

Gage KL, Dennis DT, Orloski KA, et al: Cases of cat-associated human plague in the Western US, 1977-1998, *Clin Infect Dis* 30:893, 2000.

Genchi C, Sacchi L, Bandi C, Venco L: Preliminary results on the effect of tetracycline on the embryogenesis and symbiotic bacteria (*Wolbachia*) of *Dirofilaria immitis*. An update and discussion, *Parassitologia* 40:247, 1998.

Gerdes GH: Rift Valley fever, *Rev Sci Tech* 23:613, 2004.

Gerhardt RR, Allen JW, Greene WH, Smith PC: The role of face flies in an episode of infectious bovine keratoconjunctivitis, *J Am Vet Med Assoc* 180:156, 1982.

Gratz NG: Emerging and resurging vector-borne diseases, *Ann Rev Entomol* 44:51, 1999.

Gritsun TS, Nuttall PA, Gould EA: Tick-borne flaviviruses, *Adv Virus Res* 61:317, 2003.

Gustafson CR, Bickford AA, Cooper GL, Charlton BR: Sticktight fleas associated with fowl pox in a backyard chicken flock in California, *Avian Dis* 41:1006, 1997.

Harrus S, Klement E, Aroch I, et al: Retrospective study of 46 cases of feline haemobartonellosis in Israel and their relationships with FeLV and FIV infections, *Vet Rec* 151:82, 2002.

Hawkins JA, Love JN, Hidalgo RJ: Mechanical transmission of anaplasmosis by tabanids (Diptera: Tabanidae), *Am J Vet Res* 43:732, 1982.

Headley SA, Scorpio DG, Barat NC, et al: *Neorickettsia helminthoeca* in dog, Brazil, *Emerg Infect Dis* 12:1303, 2006.

Inaba U: Ibaraki disease and its relationship to bluetongue, *Aust Vet J* 51:178, 1975.

Issel CJ, Rushlow K, Foil LD, Montelaro RC: A perspective on equine infectious anemia with an emphasis on vector transmission and genetic analysis, *Vet Microbiol* 17:251, 1988.

Johnson EM, Ewing SA, Barker RW, et al: Experimental transmission of *Ehrlichia canis* (Rickettsiales: Ehrlichieae) by *Dermacentor variabilis* (Acari: Ixodidae), *Vet Parasitol* 74:277, 1998.

Kelly P, Rolain JM, Maggi R, et al: *Bartonella quintana* endocarditis in dogs, *Emerg Infect Dis* 12:1869, 2006.

Kerr PJ, Best SM: Myxoma virus in rabbits, *Rev Sci Tech* 17:256, 1998.

Koehler JE, Sanchez MA, Garrido CS, et al: Molecular epidemiology of *Bartonella* infections in patients with bacillary angiomatosis-peliosis, *N Engl J Med* 337:1876, 1997.

Kramer L, Simon F, Tamarozzi F, et al: Is *Wolbachia* complicating the pathological effects of *Dirofilaria immitis* infections? *Vet Parasitol* 133:133, 2005.

Lepper AW, Barton IJ: Infectious bovine keratoconjunctivitis: seasonal variation in cultural, biochemical and immunoreactive properties of *Moraxella bovis* isolated from the eyes of cattle, *Aust Vet J* 64:33, 1987.

Liddell AM, Stockham SL, Scott MA, et al: Predominance of *Ehrlichia ewingii* in Missouri dogs, *J Clin Microbiol* 41:4617, 2003.

Littman MP, Goldstein RE, Labato MA, et al: ACVIM small animal consensus statement on Lyme disease in dogs: diagnosis, treatment, and prevention, *J Vet Intern Med* 20:422, 2006.

Lockhart JM, Davidson WR, Stallknecht DE, et al: Natural history of *Ehrlichia chaffeensis* (Rickettsiales: Ehrlichieae) in the piedmont physiographic province of Georgia, *J Parasitol* 83:887, 1997.

Loftis AD, Reeves WK, Spurlock JP, et al: Infection of a goat with a ticktransmitted *Ehrlichia* from Georgia, U.S.A., that is closely related to *Ehrlichia ruminantium*, *J Vector Ecol* 31:213, 2006.

Logue JN: Beyond the germ theory, College Station, Texas, 1995, Texas A&M University Press.

Maurin M, Raoult D: *Bartonella (Rochalimaea) quintana* infections, *Clin Microbiol Rev* 9:273, 1996.

McDade JE, Newhouse VF: Natural history of *Rickettsia rickettsii*, *Annu Rev Microbiol* 40:287, 1986.

Mebus CA: African swine fever, *Adv Virus Res* 35:251, 1988.

Mellor PS, Kitching RP, Wilkinson PJ: Mechanical transmission of capripox virus and African swine fever virus by *Stomoxys calcitrans*, *Res Vet Sci* 43:109, 1987.

Mellor PS, Hamblin C: African horse sickness, *Vet Res* 35:445, 2004.

Morales SC, Breitschwerdt EB, Washabau RJ, et al: Detection of *Bartonella henselae* DNA in two dogs with pyogranulomatous lymphadenitis, *J Am Vet Med Assoc* 230:681, 2007.

Moyer PL, Varela AS, Luttrell MP, et al: White-tailed deer (*Odocoileus virginianus*) develop spirochetemia following experimental infection with *Borrelia lonestari*, *Vet Microbiol* 115:229, 2006.

Oliver JHJr, Lin T, Gao L, et al: An enzootic transmission cycle of Lyme borreliosis spirochetes in the southeastern United States, *Proc Natl Acad Sci U S A* 100:11642, 2003.

Parola P, Davoust B, Raoult D: Tick- and flea-borne rickettsial emerging zoonoses, *Vet Res* 36:469, 2005.

Petersen JM, Schriefer ME: Tularemia: emergence/re-emergence, *Vet Res* 36:455, 2005.

Plowright W: African swine fever. In Davis JW, Karstad LH, Trainer DO, eds: *Infectious diseases of wild mammals*, ed 2, Ames, Iowa, 1981, Iowa State University Press.

Pusterla N, Johnson EM, Chae JS, Madigan JE: Digenetic trematodes, *Acanthatrium* sp. and *Lecithodendrium* sp., as vectors of *Neorickettsia risticii*, the agent of Potomac horse fever, *J Helminthol* 77:335, 2003.

Raoult D, Drancourt M: Antimicrobial therapy of rickettsial

diseases, *Antimicrob Agents Chemother* 35:2457, 1991.

Raoult D, Roux V: The body louse as a vector of reemerging human diseases, *Clin Infect Dis* 29:888, 1999.

Reisen WK: Epidemiology of vector-borne diseases. In Mullen G, Durden L, eds: *Medical and veterinary entomology*, Boston, 2002, Academic Press.

Rikihisa Y: New findings on members of the family Anaplasmataceae of veterinary importance, *Ann N Y Acad Sci* 1078:438, 2006.

Seneviratna P, Wecrasinghe, Ariyadasa S: Transmission of *Haemobartonella canis* by the dog tick, *Rhipicephalus sanguineus*, *Res Vet Sci* 14:112, 1973.

Sironi M, Bandi C, Sacchi L, et al: Molecular evidence for a close relative of the arthropod endosymbiont *Wolbachia* in a filarial worm, *Mol Biochem Parasitol* 74:223, 1995.

Smith RD, Miranpuri GS, Adams JH, Ahrens EH: *Borrelia theileri*: isolation from ticks (*Boophilus microplus*) and tick-borne transmission between splenectomized calves, *Am J Vet Res* 46:1396, 1985.

Tabamo RE, Donahue JE: Eastern equine encephalitis: case report and literature review, *Med Health R I* 82:23, 1999.

Telford SR 3rd, Mather TN, Moore SI, et al: Incompetence of deer as reservoirs of the Lyme disease spirochete, *Am J Trop Med Hyg* 39:105, 1988.

Terheggen U, Leggat PA: Clinical manifestations of Q fever in adults and children, *Travel Med Infect Dis* 5:159, 2007.

Thomas V, Anguita J, Barthold SW, Fikrig E: Coinfection with *Borrelia burgdorferi* and the agent of human granulocytic ehrlichiosis alters murine immune responses, pathogen burden, and severity of Lyme arthritis, *Infect Immun* 69:3359, 2001.

Thorner AR, Walker DH, Petri WA: Rocky mountain spotted fever, *Clin Infect Dis* 27:1353, 1998.

Uilenberg G: Experimental transmission of *Cowdria ruminantium* by the Gulf coast tick *Amblyomma maculatum*: danger of introducing heartwater and benign African theileriasis onto the American mainland, *Am J Vet Res* 43:1279, 1982.

Weaver SC, Ferro C, Barrera R, et al: Venezuelan equine encephalitis, *Annu Rev Entomol* 49:141, 2004.

Woods JP, Crystal MA, Morton RJ, Panciera RJ: Tularemia in two cats, *J Am Vet Med Assoc* 212:81, 1998.

Woods JE, Wisnewski N, Lappin MR: Attempted transmission of Candidatus *Mycoplasma haemominutum* and *Mycoplasma haemofelis* by feeding cats infected *Ctenocephalides felis*, *Am J Vet Res* 67:494, 2006.

Wormser GP, Dattwyler RJ, Shapiro ED, et al: The clinical assessment, treatment, and prevention of Lyme disease, human granulocytic anaplasmosis, and babesiosis: clinical practice guidelines by the Infectious Diseases Society of America, *Clin Infect Dis* 43:1089, 2006.

Wu YC, Huang YS, Chien LJ: The epidemiology of Japanese encephalitis on Taiwan during 1966-1997, *Am J Trop Med Hyg* 61:78, 1999.

Yabsley MJ, Varela AS, Tate CM, et al: *Ehrlichia ewingii* infection in whitetailed deer (Odocoileus virginianus), *Emerg Infect Dis* 8:668, 2002.

Zaher MA, Soliman ZR, Diab FM: An experimental study of *Borrelia anserina* in four species of *Argas* ticks. 2. Transstadial survival and transovarial transmission, *Z Parasitenkd* 53:213, 1977.

第六章

Altreuther G, Borgsteede F, Buch J, et al: Efficacy of a topically administered combination of emodepside and praziquantel against mature and immature *Ancylostoma tubaeforme* in domestic cats, *Parasitol Res* 97:S51, 2005a.

Altreuther G, Buch J, Charles S, et al: Field evaluation of the efficacy and safety of emodepside/praziquantel spot-on solution against naturally acquired nematode and cestode infections in domestic cats, *Parasitol Res* 97:S58, 2005b.

andersen FL, Conder GA, Marsland WP: Efficacy of injectable and tablet formulations of praziquantel against mature *Echinococcus granulosus*, *Am J Vet Res* 39:1861, 1978.

andersen FL, Conder GA, Marsland WP: Efficacy of injectable and tablet formulations of praziquantel against immature *Echinococcus granulosus*, *Am J Vet Res* 40:700, 1979.

anderson PJS, Marais FS: The control of adult parasitic nematodes of cattle with morantel tartrate, *J S Afr Vet Assoc* 46:325, 1975.

andrews P, Thomas H, Pohlke R, Seubert J: Praziquantel, *Med Res Rev* 3:147, 1983.

Anon: New Quest Gel dewormer and boticide, *J Equine Vet Sci* 17:406, 1997a.

Arena JP, Liu KK, Paress PS, Cully DF: Avermectin-sensitive chloride channels induced by *Caenorhabditis elegans* RNA in Xenopus oocytes, *Mol Pharmacol* 40:368, 1991.

Arends JJ, Skogerboe TL, Ritzhaupt LK: Study one: duration of efficacy of doramectin and ivermectin against *Sarcoptes scabiei* var. *suis*. In *Proceedings of the 42nd Annual Meeting of the American Association of Veterinary Parasitologists*, Reno, Nev, 1997a.

Arends JJ, Skogerboe TL, Ritzhaupt LK: Study two: duration of efficacy of doramectin and ivermectin against *Sarcoptes scabiei* var. *suis*. In *Proceedings of the 42nd Annual Meeting of the American Association of Veterinary Parasitologists*, Reno, Nev, 1997b.

Arnaud JP, Consalvi PJ: Evaluation of acute oral tolerance of fipronil and excipient and the tolerance of Frontline Top Spot in cats and dogs. In *Proceedings of the North American Veterinary Conference*, Orlando, Fla, 1997a.

Arnaud JP, Consalvi PJ: Investigative studies to evaluate the safety of Frontline Top Spot treatment for dogs and cats. In *Proceedings of the North American Veterinary Conference*, Orlando, Fla, 1997b.

Arther R, Bowman D, Slone R, Travis LE: Imidacloprid plus moxidectin topical solution for the prevention of heartworm disease(*Dirofilaria immitis*)in dogs, *Parasitol Res* 97:S76, 2005.

Arther RG, Cunningham J, Dorn H, et al: Efficacy of imidacloprid for removal and control of fleas(*Ctenocephalides felis*)on dogs, *Am J Vet Res* 58:848, 1997.

Arundel JH: Chemotherapy of gastrointestinal helminths. In Vanden Bossche H, Thienpoint D, Janssens PG, eds: *Chemotherapy of gastrointestinal helminths*, New York, 1985, Springer-Verlagr.

Aubry ML, Cowell P, Davey MJ, Shevde S: Aspects of the pharmacology of a new anthelmintic: pyrantel, *Br J Pharmacol* 38:332, 1970.

Baker NF, Fisk RA: Levamisole as an anthelmintic in calves, *Am J Vet Res* 33:1121, 1972.

Barr S: Enteric protozoal infections. In Greene C, ed: *Infectious diseases of the dog and cat*, St Louis, 2006, Elsevier.

Barr SC, Bowman DD, Heller RL, Erb HN: Efficacy of albendazole against giardiasis in dogs, *Am J Vet Res* 54:926, 1993.

Bater AK: Efficacy of oral milbemycin against naturally acquired heartworm infection in dogs. In Otto GF, ed: *Proceedings of the Heartworm Symposium '89*, Charleston, SC, 1989, American Heartworm Society.

Bayley AJ: *Compendium of veterinary products*, Port Huron, Mich, 2008, North American Compendiums.

Behm CA, Bryant C: Anthelmintic action: a metabolic approach, *Vet Parasitol* 5:39, 1979(review).

Bello TR, Laningham ET: A controlled trial evaluation of three oral dosages of moxidectin against equine parasites, *J Equine Vet Sci* 14:483, 1994.

Bennett DG: Clinical pharmacology of ivermectin, *J Am Vet Med Assoc* 189:100, 1986.

Biehl LG: Anthelmintics for swine, *Vet Clin North Am Food Anim* Pract 2:481, 1986.

Birckel P, Cochet P, Benard P, et al: Cutaneous distribution of 14C-fipronil in the dog and in the cat following a spot-on administration. In *Proceedings of the Third World Congress of Veterinary Dermatology*, Edinburgh, 1996.

Bishop BF, Bruce CI, Evans NA, et al: Selamectin: a novel broad-spectrum endectocide for dogs and cats, *Vet Parasitol* 91:163, 2000.

Blagburn BL, Hendrix CM, Lindsay DS, Vaughan JL: Anthelmintic efficacy of ivermectin in naturally parasitized cats, *Am J Vet Res* 48:670, 1987.

Blagburn BL, Hendrix CM, Lindsay DS, et al: Efficacy of

milbemycin oxime against naturally acquired or experimentally induced *Ancylostoma* spp. and *Trichuris vulpis* infections in dogs, *Am J Vet Res* 53:513, 1992b.

Blagburn BL, Hendrix CM, Lindsay DS, et al: Milbemycin: efficacy and toxicity in beagle and collie dogs. In Otto GF, ed: *Proceedings of the Heartworm Symposium '89*, Charleston, SC, 1989, American Heartworm Society.

Blagburn BL, Hendrix CM, Lindsay DS, et al: Post-adulticide milbemycin oxime microfilaricidal activity in dogs naturally infected with *Dirofilaria immitis*. In Soll MD, ed: *Proceedings of the Heartworm Symposium '92*, Austin, Texas, 1992a, American Heartworm Society.

Blagburn BL, Hendrix CM, Vaughan JL, et al: Efficacy of milbemycin oxime against *Ancylostoma tubaeforme* in experimentally infected cats. In *Proceedings of the 37th Annual Meeting of the American Association of Veterinary Parasitologists*, Boston, 1992c.

Blagburn BL, Lindsay DS, Vaughan JL, et al: Prevalence of canine parasites based on fecal floatation, *Compend Cont Educ Pract Vet* 18:483, 1996.

Blagburn BL, Paul AJ, et al: Safety of moxidectin canine SR(sustained release)injectable in ivermectin-sensitive Collies and in naturally infected mongrel dogs. In Seward RL, ed: *Proceedings of the 10th American Heartworm Symposium*, San Antonio, Texas, 2001, American Heartworm Society.

Boch J, Gobel E, Heine J, Erber M: [Isospora infection in the dog and cat], *Berl Munch Tierarztl Wochenschr* 94:384, 1981.

Bodri MS, Nolan TJ, Skeeba SJ: Safety of milbemycin(A3-A4 oxime)in chelonians, *J Zoo Wildl Med* 24:171, 1993.

Bogan J, Armour J: Anthelmintics for ruminants, *Intl J Parasitol* 17:483, 1987.

Boreham PFL, Phillips RE, Shepherd RW: The sensitivity of Giardia intestinalis to drugs in vitro, *J Antimicrob Chemother* 14:449, 1984.

Bourdeau P, Blumstein P, Ibisch C: Treatment of sarcoptic mange in the dog with milbemycin oxime: comparison of four protocols. In *Proceedings of the 14th Annual Congress of the European Society of Veterinary Dermatology*, Pisa, Italy, 1997.

Bowman DD: Anthelmintics for dogs and cats effective against nematodes and cestodes, *Compend Cont Educ Pract Vet* 14:597, 1992.

Bowman DD: *Georgis' parasitology for veterinarians*, Philadelphia, 2003, Saunders.

Bowman DD, Arthur RG: Laboratory evaluation of Drontal plus(febantel/praziquantel/pyrantel)tablets for dogs. In *Proceedings of the 38th Annual Meeting of the American Association of Veterinary Parasitologists*, Minneapolis, 1993.

Bowman DD, Johnson RB, Ulrich ME, et al: Effects of long-term administration of ivermectin or milbemycin oxime on circulating microfilariae and parasite antigenemia in dogs with patent heartworm infections. In Soll MD, ed: *Proceedings of the Heartworm Symposium '92*, Austin, Texas, 1992, American Heartworm Society.

Bowman DD, Johnson RC, Hepler DI: Effects of milbemycin oxime on adult hookworms in dogs with naturally acquired infections, *Am J Vet Res* 51:487, 1990.

Bowman DD, Kato S, Fogarty EA: Effects of ivermectin otic suspension on egg hatching of the cat ear mite, Otodectes cynotis, in vitro, *Vet Ther* 2:311, 2001.

Bowman DD, Lin DS, Johnson RC, Hepler DI: Effects of milbemycin oxime on adult *Ancylostoma caninum* and *Uncinaria stenocephala* in dogs with experimentally induced infections, *Am J Vet Res* 52:64, 1991.

Bowman DD, Parsons JJ, Grieve RB, Hepler DI: Effects of milbemycin on adult *Toxocara canis* in dogs with experimentally induced infection, *Am J Vet Res* 49:1986, 1988.

Boy MG, Six RH, Thomas CA, et al: Efficacy and safety of selamectin against fleas and heartworms in dogs and cats presented as veterinary patients in North America, *Vet Parasitol* 91:233, 2000.

Bradley RE: Dose titration and efficacy of milbemycin oxime for prophylaxis against *Dirofilaria immitis* infection in dogs. In *Proceedings of the Heartworm Symposium '89*, Charleston, SC, 1989, American Heartworm Society.

Brown SA, Barsanti JA: Diseases of the bladder and urethra. In Ettinger SJ, ed: *Textbook of veterinary internal medicine*, Philadelphia, 1989, Saunders.

Brunton L: *Goodman and Gilman's the pharmacological basis of therapeutics*, New York, 2006, McGraw-Hill.

Buck WB: Toxicity of pesticides in livestock. In Pimental D, Hanson AA, eds: *CRC handbook of pest management in agriculture*, Boca Raton, Fla, 1991, CRC Press.

Burke TM, Roberson EL: Critical studies of fenbendazole suspension(10%)against naturally occurring helminth infections in dogs, *Am J Vet Res* 39:1799, 1978.

Burke TM, Roberson EL: Use of fenbendazole suspension(10%)against experimental infections of *Toxocara canis* and *Ancylostoma caninum* in beagle pups, *Am J Vet Res* 40:552, 1979.

Callinan APL, Barton NJ: Efficacies of thiabendazole and levamisole against sheep nematodes in Western Victoria, *Aust Vet J* 55:255, 1979.

Campbell WC: Benzimidazoles: veterinary uses, *Parasitol Today* 6:130, 1990.

Campbell WC: *Ivermectin and abamectin*, New York, 1989, Springer-Verlag.

Campbell WC, Rew RS: *Chemotherapy of parasitic diseases*, New York, 1985, Plenum.

Case JL, Tanner PA, Keister DM, et al: A clinical field trial of melarsomine dihydrochloride(RM340)in dogs with severe(class 3)heartworm disease. In *Proceedings of the Heartworm Symposium '95*, Auburn, Ala, 1995, American Heartworm Society.

Charles S, Altreuther G, Reinemeyer C, et al: Evaluation of the efficacy of emodepside + praziquantel topical solution against cestode(*Dipylidium caninum, Taenia taeniaformis, and Echinococcus multilocularis*)infections in cats, *Parasitol Res* 97:S33, 2005.

Chatellier K: Nitenpyram, *Compend Cont Educ Pract Vet* 23:748, 2001.

Ciordia H, McCampbell HC: Anthelmintic activity of morantel tartrate in calves, *Am J Vet Res* 34:619, 1973.

Clark JN, Daurio CP, Barth DW, Batty AF: Evaluation of a beef-based chewable formulation of pyrantel against induced and natural infections of hookworms and ascarids in dogs, *Vet Parasitol* 40:127, 1991.

Clark JN, Daurio CP, Plue RE, et al: Efficacy of ivermectin and pyrantel pamoate combined in a chewable formulation against heartworm, hookworm, and ascarid infections in dogs, *Am J Vet Res* 53:517, 1992.

Clark JN, Pulliam JD, Daurio CP: Safety study of a beef-based chewable tablet formulation of ivermectin and pyrantel pamoate in growing dogs, pups and breeding adult dogs, *Am J Vet Res* 53:608, 1992.

Coats JR: *Insecticide mode of action*, San Diego, 1982, Academic Press.

Coles GC: The biochemical mode of action of some modern anthelmintics, *Pestic Sci* 8:536, 1977.

Coles GC, East JM, et al: The mechanism of action of the anthelmintic levamisole, *Gen Pharmacol* 6:309, 1975.

Consalvi PJ, Arnaud JP, Jeannin P, et al: Safety of a 0.25% w/w fipronil solution(Frontline Spray)in dogs and cats: results of a pharmacovigilance survey one year after launch. In *Proceedings of the 41st Annual Meeting of the American Association of Veterinary Parasitologists*, Louisville, 1996.

Conway DP, De Goosh C, Arakawa A: Anthelmintic efficacy of morantel tartrate in cattle, *Am J Vet Res* 34:621, 1973.

Cornwell RL, Jones RM: Critical tests in the horse with the anthelmintic pyrantel tartrate, *Vet Rec* 82:483, 1968.

Correa WM, Correa CNM, Langoni H, et al: Canine isosporosis, *Canine Pract* 10:44, 1983.

Corwin RM, Green SP, Keefe TJ: Dose titration and confirmation tests for determination of cesticidal efficacy of epsiprantel in dogs, *Am J Vet Res* 50:1076, 1989.

Courtney C, Zeng Q, Maler M: The effect of chronic administration of milbemycin oxime and ivermectin on microfilaremias in heartworm infected dogs. In Seward R, ed: *Recent advances in heartworm disease: Symposium '98,*

American Heartworm Society, Tampa, Fla, May 1-3, 1998, American Heartworm Society.

Craig T, Scrutchfield W, Thompson J, et al: Comparison of anthelmintic activity of pyrantel, praziquantel, and nitazoxanide against *Anoplocephala perfoliata* in horses, *J Equine Vet Sci* 23:68, 2003.

Craig TM, Hatfield TA, Pankavich JA, Wang GT: Efficacy of moxidectin against an ivermectin resistant strain of *Haemonchus contortus* in sheep. *Vet Parasitol* 41:329, 1992.

Craig TM, Shepherd E: Efficacy of albendazole and levamisole in sheep against *Thysanosoma actinoides* and *Haemonchus contortus* from the Edwards Plateau, Texas, *Am J Vet Res* 41:425, 1980.

Cramer LG, Eagleson JS, Farrington DO: The use of eprinomectin pour on formulations against endoparasite infections in cattle. *Proceedings of the 16th International Conference of the World Association for the Advancement of Veterinary Parasitology*, Sun City, South Africa, Aug 10-15, 1997.

Cribb AE, Lee BL, Trepanier LA, Spielberg SP: Adverse reactions to sulphonamide and sulphonamide- trimethoprim antimicrobials: clinical syndromes and pathogenesis, *Adverse Drug React Toxicol Rev* 15:9, 1996.

Cruthers L, Bock E: Evaluation of how quickly imidacloprid kills fleas on dogs, *Compend Cont Educ Pract Vet* 19:27, 1997.

Cruthers LR, Slone RL, Arthur RG: Efficacy of Drontal plus(praziquantel/ pyrantel/febantel)tablets for removal of *Ancylostoma caninum, Uncinaria stenocephala,* and *Toxascaris leonina.* In *Proceedings of the 38th Annual Meeting of the American Association of Veterinary Parasitologists*, Minneapolis, 1993.

Cunningham J, Everett R: Efficacy of imidacloprid on large dogs, *Compend Cont Educ Pract Vet* 19:28, 1997.

Cunningham J, Everett R, Arthur RG: Effects of shampooing or water exposure on the initial and residual efficacy of imidacloprid, *Compend Cont Educ Pract Vet* 19:29, 1997a.

Cunningham J, Everett R, Hunter JS, et al: Residual efficacy of Frontline Top Spot for the control of fleas and ticks in the dog. In *Proceedings of the North American Veterinary Conference*, Orlando, Fla, 1997b.

Cunningham J, Everett R, Hunter JS, et al: Residual efficacy of Frontline Top Spot for the control of fleas in the cat. In *Proceedings of the North American Veterinary Conference*, Orlando, Fla, 1997c.

Curr C: The effect of dermally applied levamisole against the parasitic nematodes of cattle, *Aust Vet J* 53:425, 1977.

Curtis CF: Use of 0.25 percent fipronil spray to treat sarcoptic mange in a litter of five week old puppies, *Vet Rec* 139:43, 1996.

DeLay R, Lacoste E, Delprat S, Blond-Riou F: Pharmacokinetics of metaflumizone in the plasma and hair of cats following topical application, *Vet Parasitol* 150:258, 2007a.

DeLay R, Lacoste E, Mezzasalma T, Blond-Riou F: Pharmacokinetics of metaflumizone and amitraz in the plasma and hair of dogs following topical application, *Vet Parasitol* 150:251, 2007b.

DiPetro JA, Todd KS: Anthelmintics used in treatment of parasitic infections of horses, *Vet Clin North Am Equine Pract* 3:1, 1987.

Dobson P, Tinembart O, Fisch R, Junquera P: Efficacy of nitenpyram as a systemic flea adulticide in dogs and cats, *Vet Rec* 147:709, 2000.

Dow SC, LeCouteur RA, Poss ML, Beadleston D: Central nervous system toxicosis associated with metronidazole treatment of dogs: Five cases(1984-1987), *J Am Vet Med Assoc* 195:365, 1989.

Downey NE: Controlled trials of the anthelmintic oxfendazole in ewes and lambs naturally infected with gastrointestinal nematodes, *Vet Rec* 101:260, 1977.

Drudge JH, Lyons ET, Tolliver BS, et al: Further clinical trials on strongyle control with some contemporary anthelmintics, *Equine Pract* 3:27, 1981a.

Drudge JH, Lyons ET, Tolliver SC: Benzimidazole resistance of equine strongyles—critical tests of six compounds against population B, *Am J Vet Res* 40:590, 1979.

Drudge JH, Lyons ET, Tolliver SC: Clinical trials comparing oxfendazole with oxibendazole and pyrantel for strongyle control in thoroughbreds featuring benzimidazole-resistant small strongyles, *Equine Pract* 7:23, 1985.

Drudge JH, Lyons ET, Tolliver SC, Kubis JE: Clinical trials of oxibendazole for control of equine internal parasites, *Mod Vet Pract* 62:679, 1981b.

Drudge JH, Lyons ET, Tolliver SC, et al: Pyrantel in horses, clinical trials with emphasis on a paste formulation and activity on benzimidazoleresistant small strongyles, *Vet Med Small Anim Clin* 77:957, 1982.

Dryden M, Magid-Denenberg T, Bunch S, et al: Control of fleas on dogs and cats and in homes with the combination of oral lufenuron and nitenpyram, *Vet Ther* 2:208, 2001.

Dryden M, Payne P, Lowe A, et al: Efficacy of a topically applied formulation of metaflumizone on cats against the adult cat flea, flea egg production and hatch, and adult flea emergence, *Vet Parasitol* 150:263, 2007.

Dubey J, Greene C: Enteric coccidiosis. In Greene C, ed: *Infectious diseases of the dog and cat*, St Louis, 2006, Elsevier.

Dubey J, Lappin M: Toxoplasmosis and neosporosis. In Greene C, ed: *Infectious diseases of the dog and cat*, St Louis, 2006, Elsevier.

Dubey JP: Intestinal protozoa infections, *Vet Clin North Am Small Anim Pract* 23:37, 1993.

Dubey JP, Miller TB, Sharma SP: Fenbendazole for treatment of Paragonimus kellicotti infection in dogs, *J Am Vet Med Assoc* 174:835, 1979.

Dunbar MR, Foreyt WJ: Prevention of coccidiosis in domestic dogs and captive coyotes(*Canis latrans*)with sulfadimethoxine-ormetoprim combination, *Am J Vet Res* 46:1899, 1985.

Dzimianski MT, McCall JW, McTier TL, et al: Preliminary results of the efficacy of RM 340 administered seasonally to heartworm antigen and microfilaria positive dogs living outdoors in a heartworm endemic area. In *Proceedings of the Heartworm Symposium '92*, Austin, Texas, 1992, American Heartworm Society.

Eagleson JS, Holste JE, Kunkle BN, et al: The efficacy of topically applied eprinomectin for treatment of *Chorioptes bovis* infestations. In *Proceedings of the 16th International Conference of the World Association for the Advancement of Veterinary Parasitology*, Aug 10-15, 1997.

Eagleson JS, Holste JE, Pollmeier M: Efficacy of topically applied eprinomectin against the biting louse *Damalinia (Bovicola) bovis*. In *Proceedings of the 16th International Conference of the World Association for the Advancement of Veterinary Parasitology*, Aug 10-15, 1997.

Easter L: Clinical update: equine protozoal myeloencephalitis(EPM)prevention, *Vet Forum* 24:54, 2007.

Eddi C, Bianchin I, Honer MR, et al: Efficacy of doramectin against field nematode infections of cattle in Latin America, *Vet Parasitol* 49:39, 1993.

English PB, Sprent JFA: The large roundworms of dogs and cats: effectiveness of piperazine salts against immature Toxocara canis in prenatally infected puppies, *Aust Vet J* 41:50, 1965.

Everett R, Cunningham J, Tanner P, et al: An investigative study to evaluate the effect of water immersion or shampooing on the efficacy of Frontline Top Spot. In *Proceedings of the North American Veterinary Conference*, Orlando, Fla, 1997.

Eyre P: Some pharmacodynamic effects of the nematodes: methyridine, tetramisole and pyrantel, *J Pharm Pharmacol* 22:26, 1970.

Eysker M, Boersema JH: The efficacy of moxidectin against Dictyocaulus viviparus in cattle, *Vet Q* 14:79, 1992.

FDAH: *Risk Minimization Action Plan(RiskMAP)for Proheart 6(Moxidectin)Sustained Release Injectable for Dogs*. Fort Dodge Animal Health, 2008, Pharmaceutical Research & Development, PO Box 5366, Princeton, NJ 08543-5366.

Fest C, Schmidt KJ: *The chemistry of organophosphorus pesticides*, ed 2, New York, 1982, Springer-Verlag.

Fourie L, Kok D, duPlessis A, Rugg D: Efficacy of a novel formulation of metaflumizone plus amitraz for the treatment of demodectic mange in dogs, *Vet Parasitol* 150:268, 2007a.

Fourie L, Kok D, duPlessis A, Rugg D: Efficacy of a novel formulation of metaflumizone plus amitraz for the treatment of sarcoptic mange in dogs, *Vet Parasitol* 150:275, 2007b.

Fox L, Saravolatz L: Nitazoxanide: a new thiazolide antiparasitic agent, *Clin Infect Dis* 40:1173, 2005.

Frayha GJ, Smyth JD, Gobert JG, Savel J: The mechanisms of action of antiprotozoal and anthelmintic drugs in man, *Gen Pharmacol* 28: 273, 1997.

Freedom of information summary for Marquis(NADA 141-188), 2001. Available at: www.fda.gov/cvm/efoi. Accessed 2002.

Friis C, Bjoern H: Pharmacokinetics of doramectin and ivermectin in swine. In *Proceedings of the 42nd Annual Meeting of the American Association of Veterinary Parasitologists*, Reno, Nev, 1997.

Furr M, Kennedy T: Cerebrospinal fluid and serum concentrations of ponazuril in horses, *Vet Ther* 2:232, 2001.

Furr M, Kennedy T, MacKay R, et al: Efficacy of ponazuril 15% oral paste as a treatment for equine protozoal myeloencephalitis, *Vet Ther* 2:215, 2001.

Furr M, McKenzie H, Saville W, et al: Prophylactic administration of ponazuril reduces clinical signs and delays seroconversion in horses challenged with *Sarcocystis neurona*, *J Parasitol* 92:637, 2006.

Gant DB, Chalmers AE, Wolff MA, et al: Mode of action of fipronil. In *Proceedings of the 41st Annual Meeting of the American Association of Veterinary Parasitologists*, Louisville, 1996.

Garfield RA, Reedy LM: The use of oral milbemycin oxime(Interceptor)in the treatment of chronic generalized canine demodicosis, *Vet Dermatol* 3:231, 1992.

Gargala G, Delaunay A, Pitel P: In vitro efficacy of nitazoxanide and its metabolites tizoxanide and tizoxanide glucuronide against Sarcocystis neurona. In *Proceedings of the 46th Annual Meeting of the American Association of Veterinary Parasitologists*, Boston, 2001.

Gemmell MA, Johnstone PD, Oudemansi G: The effect of praziquantel on *Echinococcus granulosus, Taenia hydatigena* and *Taenia ovis* infections in dogs, *Res Vet Sci* 23:121, 1977.

Gemmell MA, Johnstone PD, Oudemans G: The effect of route of administration on the efficacy of praziquantel against *Echinococcus granulosus* infections in dogs, *Res Vet Sci* 29:131, 1980.

Georgi JR, Slauson DO, Theorides VJ: Anthelmintic activity of albendazole against *Filaroides hirthi* lungworms in dogs, *Am J Vet Res* 39:803, 1978.

463

Gibson TE: Critical tests of piperazine adipate as an equine anthelmintic, *Br Vet J* 113:90, 1957.

Gilman AG, Rall TW, Nies AS,等, eds: *Goodman and Gilman's the pharmacological basis of therapeutics*, New York, 1990, Pergamon.

Gogolewski RP, Allerton GR, Pitt SR, et al: Effect of simulated rain, coat length and exposure to natural climatic conditions on the efficacy of a topical formulation of eprinomectin against endoparasites of cattle, *Vet Parasitol* 69(1/2):95, 1997a.

Gogolewski RP, Slacek B, Familton AS, et al: Efficacy of a topical formulation of eprinomectin against endoparasites of cattle in New Zealand, *N Z Vet J* 45:1, 1997b.

Gonzales JC, Muniz RA, Farias A, et al: Therapeutic and persistent efficacy of doramectin against *Boophilus microplus* in cattle, *Vet Parasitol* 49:107, 1993.

Goudie AC, Evans NA, Gration KAF, et al: Doramectin—a potent novel endectocide, *Vet Parasitol* 49:5, 1993.

Greene CE, Cook JR, Mahaffey EA: Clindamycin for treatment of *Toxoplasma polymyositis* in a dog, *J Am Vet Med Assoc* 187:631, 1985.

Grieve RB, Frank GR, Stewart VA, et al: Chemoprophylactic effects of milbemycin oxime against larvae of *Dirofilaria immitis* during prepatent development, *Am J Vet Res* 52:2040, 1991.

Griffin L, Hopkins TJ, Kerwick C: Imidacloprid: safety of a new insecticidal compound in dogs and cats, *Compend Cont Educ Pract Vet* 19:21, 1997.

Griffin L, Krieger K, Liege P: Imidacloprid: a new compound for control of fleas and flea-initiated dermatitis, *Compend Cont Educ Pract Vet* 19: 17, 1997.

Gunnarsson L, Moller L, Einarsson A, et al: Efficacy of milbemycin oxime in the treatment of nasal mite(*Pneumonyssoides caninum*)infection in dogs. In *Proceedings of the 14th Annual Congress of the European Society of Veterinary Dermatology*, Pisa, Italy, 1997.

Guyonnet V, Johnson JK, Long PL: Studies on the stage of action of lasalocid against *Eimeria tenella* and *Eimeria acervulina* in the chicken. *Vet Parasitol* 37:93, 1990.

Harder A, Holden-Dye L, Walker R, Wunderlich F: Mechanisms of action of emodepside, *Parasitol Res* 97:S1, 2005.

Hart RJ, Lee RM: Cholinesterase activities of various nematode parasites and their inhibition by the organophosphate anthelmintic haloxon, *Exp Parasitol* 18:332, 1966.

Hassall KA: *The chemistry of pesticides: their metabolism, mode of action, and uses in crop protection*, London, 1982, MacMillan Press.

Hayes WJ, Laws ER: *Handbook of pesticide toxicology*, New York, 1991, Academic Press.

Heaney K, Lindahl R: Safety of topically applied metaflumi-zone spoton formulation for flea control in cats and kittens, *Vet Parasitol* 150:233, 2007b.

Hellmann K, Adler K, Parker L, et al: Evaluation of the efficacy and safety of a novel formulation of metaflumizone in cats naturally infested with fleas in Europe, *Vet Parasitol* 150:246, 2007a.

Hellmann K, Adler K, Parker L, et al: Evaluation of the efficacy and safety of a novel formulation of metaflumizone plus amitraz in dogs naturally infested with fleas and ticks in Europe, *Vet Parasitol* 150:239, 2007b.

Hempel K, Hess F, Bögi C, et al: Toxicological properties of metaflumizone, *Vet Parasitol* 150:190, 2007b.

Hendrickx MO, anderson L, Boulard C, et al: Efficacy of doramectin against warble fly larvae(*Hypoderma bovis*), *Vet Parasitol* 49:75, 1993.

Holzmer S, Hair J, Dryden M, et al: Efficacy of a novel formulation of metaflumizone for the control of fleas(*Ctenocephalides felis*)on cats, *Vet Parasitol* 150:219, 2007.

Hopkins TJ: Imidacloprid: *Ctenocephalides felis* control on dogs under field conditions in Australia, *Compend Cont Educ Pract Vet* 19:25, 1997.

Hopkins TJ, Kerwick C, Gyr P, et al: Efficacy of imidacloprid to remove and prevent *Ctenocephalides felis* infestations on dogs and cats, *Compend Cont Educ Pract Vet* 19:11, 1997.

Hunter JS, Keister DM, Jeannin P: A comparison of the tick control efficacy of Frontline spray treatment against the American dog tick and brown dog tick. In *Proceedings of the 41st Meeting of the American Association of Veterinary Parasitologists*, Louisville, 1996a.

Hunter JS, Keister DM, Jeannin P: The effect of fipronil treated dog hair on the survival of the immature stages of the cat flea Ctenocephalides felis. In *Proceedings of the 41st Meeting of the American College of Veterinary Internal Medicine*, San Antonio, Texas, 1996b.

Insecticide Resistance Action Committee(IRAC): IRAC Web page. Available at: www.irac-online.org. Accessed May 15, 2008.

Jacobs DE: Anthelmintics for dogs and cats, *Int J Parasitol* 17:511, 1987a.

Jacobs DE: Control of *Toxocara canis* in puppies: a comparison of screening techniques and evaluation of a dosing programme, *J Vet Pharmacol Ther* 10:23, 1987b.

Jeannin P, Postal JM, Hunter J, et al: Fipronil: a new insecticide for flea control. In *Proceedings of the British Small Animal Veterinary Association*, Birmingham, UK, 1994.

Jernigan AD, McTier TL, Chieffo C, et al: Efficacy of sela-mectin against experimentally induced tick(*Rhipicephalus sanguineus* and *Dermacentor variabilis*)infestations of dogs, *Vet Parasitol* 91:359, 2000.

Jones RM, Logan NB, Weatherly AJ, et al: Activity of doramectin against nematodes endoparasites of cattle, *Vet Parasitol* 49:27, 1993.

Kahn CM: *The Merck veterinary manual*, Whitehouse Station, NJ, 2005, Merck.

Keister DM, Dzimianski MT, McTier TL, et al: Dose selection and confirmation of RM 340, a new filaricide for the treatment of dogs with immature and mature *Dirofilaria immitis*. In Soll MD, ed: *Proceedings of the Heartworm Symposium '92*, Austin, Texas, 1992, American Heartworm Society.

Keister DM, Tanner PA, Meo NJ: Immiticide: review of discovery, development and utility. In *Proceedings of the Heartworm Symposium '95*, Auburn, Ala, 1995, American Heartworm Society.

Kennedy MJ, Phillips FE: Efficacy of doramectin against eyeworms(*Thelazia* spp.)in naturally and experimentally infected cattle, *Vet Parasitol* 49:61, 1993.

Kennedy T, Campbell J, Seizer V: Safety of ponazuril 15% oral paste in horses, *Vet Ther* 2:223, 2001.

Kilgore RL, Williams ML, Benz GW, Gross SJ: Comparative efficacy of clorsulon and albendazole against *Fasciola hepatica* in cattle, *Am J Vet Res* 46:1553, 1985.

Kirkpatrick CE, Farrell JP: Feline giardiasis: observations on natural and induced infections, *Am J Vet Res* 45:2182, 1984.

Kirkpatrick CE, Megella C: Use of ivermectin in treatment of *Aelurostrongylus abstrusus* and *Toxocara cati* infections in a cat, *J Am Vet Med Assoc* 190:1309, 1987.

Kirst HA, Creemer LC, Naylor SA, et al: Evaluation and development of spinosyns to control ectoparasites on cattle and sheep, *Curr Top Med Chem* 2:675, 2002.

Klein JB, Bradley RE, Conway DP: Anthelmintic efficacy of pyrantel pamoate against the roundworm, *Toxocara canis*, and the hookworm, *Ancylostoma caninum*, in dogs, *Vet Med Small Anim Clin* 73:1011, 1978.

Krautmann MJ, Novotny MJ, DeKeulenaer K, et al: Safety of selamectin in cats, *Vet Parasitol* 91:393, 2000.

Kruckenberg SM, Meyer AD, Eastman WR: Preliminary studies on the effect of praziquantel against tapeworms in dogs and cats, *Vet Med Small Anim Clin* 76:689, 1981.

Lacey E: Mode of action of benzimidazoles, *Parasitol Today* 6:112, 1990.

Lappin MR, Greene CE, Winston S, et al: Clinical feline toxoplasmosis, *J Vet Intern Med* 3:139, 1989.

Lech P: Ponazuril, *Compend Cont Educ Pract Vet* 24:484, 2002.

Ledbetter MG: Storage considerations for thiacetarsemide sodium, *J Am Vet Med Assoc* 185:753, 1984.

Lee RM, Hodsden MR: Cholinesterase activity in *Haemonchus contortus* and its inhibition by organophosphorus anthelmintics, *Biochem Pharmacol* 12:1241, 1963.

LeNain S, Postal JM, Jeannin P, et al: *Efficacy of a 0.25% fipronil spray formulation in the control of a natural tick infestation on dogs*, Birmingham, UK, 1996, British Veterinary Dermatology Group, BSAVA.

Leneau H, Haig M, Ho I: Safety of larvicidal doses of fenbendazole in horses, *Mod Vet Pract* 66:B17, 1985.

Lichtensteiger CA, Dipietro JA, Paul AJ, et al: Duration of activity of doramectin and ivermectin against *Ascaris suum* in experimentally infected pigs. In *Proceedings of the 42nd Annual Meeting of the American Association of Veterinary Parasitologists*, Reno, Nev, 1997.

Lindsay DS, Blagburn BL: Antiprotozoan drugs. In Adams HR, ed: *Veterinary pharmacology and therapeutics*, Ames, Iowa, 2001, Iowa State University Press.

Linquist WD: Drug evaluation of pyrantel pamoate against *Ancylostoma, Toxocara,* and *Toxascaris* in eleven dogs, *Am J Vet Res* 36:1387, 1975.

Liu LX, Weller PF: Antiparasitic drugs, *N Engl J Med* 334:1178, 1996.

Logan NB, Weatherley AJ, Jones RM: Activity of doramectin against nematode and arthropod parasites of swine, *Vet Parasitol* 66:87, 1997.

Logan NB, Weatherley AJ, Phillips FE, et al: Spectrum of activity of doramectin against cattle mites and lice, Vet Parasitol 49:67, 1993.

Lok JB, Knight DH: Macrolide effects on reproductive function in male and female heartworms. In *Proceedings of the Heartworm Symposium '95*, Auburn, Ala, 1995.

Lok JB, Knight DH, et al: Six-month prophylactic efficacy of an injectable, sustained release formulation of moxidectin against *Dirofilaria immitis* infection. In Seward RL, ed: *Proceedings of the 10th American Heartworm Symposium*, San Antonio, Texas, 2001, American Heartworm Society.

Lok JB, KnightDH, LaPaughDA, et al: Kinetics of microfilaremia suppression in *Dirofilaria immitis* infected dogs during and after a prophylactic regimen of milbemycin oxime. In Soll MD, ed: *Proceedings of the Heartworm Symposium '92*, Austin, Texas, 1992, American Heartworm Society.

Londershausen M: Approaches to new parasiticides, *Pestic Sci* 48:269, 1996.

Loukas A, Hotez P: Chemotherapy of helminth infections. In Brunton L, ed: *Goodman & Gilman's the pharmacological basis of therapeutics*, New York, 2006, McGraw-Hill.

Lovell RA, Trammel HL, Beasley VR, et al: A review of 83 reports of suspected toluene/dichlorophen toxicoses in cats and dogs, *J Am Anim Hosp Assoc* 26:652, 1990.

Lyons ET, Drudge JH, La Bore DE, Tolliver SC: Controlled test of anthelmintic activity of levamisole administered to calves via drinking water, subcutaneous injection or alfalfa pellet premix, *Am J Vet Res* 36:777, 1975.

Lyons ET, Drudge JH, La Bore DE, Tolliver SC: Field and controlled test evaluations of levamisole against natural infections of gastrointestinal nematodes and lungworms in calves, *Am J Vet Res* 33:65, 1972.

Lyons ET, Drudge JH, Tolliver SC: Critical tests of three salts of pyrantel against internal parasites of the horse, *Am J Vet Res* 35:1515, 1974.

Lyons ET, Drudge JH, Tolliver SC: Field tests of three salts of pyrantel against internal parasites of the horse, *Am J Vet Res* 36:161, 1975.

Lyons ET, Drudge JH, Tolliver SC, et al: Pyrantel pamoate: evaluating its activity against equine tapeworms, *Vet Med* 81:280, 1986.

Lyons ET, Tolliver SC, Drudge JH: Critical tests in equids with fenbendazole alone of combined with piperazine: particular reference to activity on benzimidazole-resistant small strongyles, *Vet Parasitol* 12:91, 1983.

Lyons ET, Tolliver SC, Drudge JH, et al: Critical and controlled tests of activity of moxidectin(CL301,423)against natural infections of internal parasites of equids, *Vet Parasitol* 41:255, 1992.

Manger BR, Brewer MD: Epsiprantel, a new tapeworm remedy: preliminary efficacy studies in dogs and cats, *Br Vet J* 145:384, 1989.

Marriner SE, Bogan JA: Pharmacokinetics of oxfendazole in sheep, *Am J Vet Res* 42:1143, 1981.

Martin R: Modes of action of anthelmintic drugs, *Vet J* 154:11, 1997.

Martin RJ: Neuromuscular transmission in nematode parasites and antinematodal drug action, *Pharmacol Ther* 58:130, 1993.

McCall JW, Supakorndej P, et al: Evaluation of retroactive and adulticidal activity of moxidectin SR(sustained release)injectable formulation against *Dirofilaria immitis* infections in beagles. In Seward RL, ed: *Proceedings of the 10th American Heartworm Symposium*, San Antonio, Texas, 2001, American Heartworm Society.

McDougald LR, Roberson EL: Antiprotozoan drugs. In Booth NH, McDonald LE, eds: *Veterinary pharmacology and therapeutics*, Ames, Iowa, 1988, Iowa State University Press.

McKellar QA, Scott EW: The benzimidazole anthelmintics-a review, *J Vet Pharmacol Ther* 13:223, 1990.

McTier TL, McCall JW, Dzimianski MT, et al: Prevention of heartworm infection in cats by treatment with ivermectin at one month postinfection. In Sol, MD ed: *Proceedings of the Heartworm Symposium '92*, Austin, Texas, 1992, American Heartworm Society.

McTier TL, Shanks DJ, Wren JA, et al: Efficacy of selamectin against experimentally induced and naturally acquired infections of *Toxocara cati* and *Ancylostoma tubaeforme* in cats, *Vet Parasitol* 91:311, 2000a.

McTier TL, Siedek EM, Clemence RG, et al: Efficacy of selamectin against experimentally induced and naturally acquired ascarid(*Toxocara canis* and *Toxascaris leonina*) infections in dogs, *Vet Parasitol* 91:333, 2000b.

Meyer EK: Adverse events associated with albendazole and other products used for treatment of giardiasis, *J Am Vet Med Assoc* 213:44, 1998.

Milbemite Otic Solution. Freedom of information summary for NADA 141-163, 2000. Available at: www.fda.gov/cvm/efoi.

Miller MW, Keister DM, Tanner PA, et al: Clinical efficacy and safety trial of melarsomine dihydrochloride(RM340) and thiacetarsemide in dogs with moderate(class 2) heartworm disease. In *Proceedings of the Heartworm Symposium '95*, Auburn, Ala, 1995a, American Heartworm Society.

Miller WH, Scott DW, Cayatte SM, et al: Clinical efficacy of increased dosages of milbemycin oxime for treatment of generalized demodicosis in adult dogs, *J Am Vet Med Assoc* 207:1581, 1995b.

Miller WH, Scott DW, Wellington JR, Panić R: Clinical efficacy of milbemycin oxime in the treatment of generalized demodicosis in adult dogs, *J Am Vet Med Assoc* 203:1426, 1993.

Morin D, Valdez R, Lichtensteiger C, et al: Efficacy of moxidectin 0.5% pour-on against naturally acquired nematode infections in cattle, *Vet Parasitol* 65:75, 1996.

Moya-Borja GE, Muniz RA, Sanavria A, et al: Therapeutic and persistent efficacy of doramectin against *Dermatobia hominis* in cattle, *Vet Parasitol* 49:85, 1993a.

Moya-Borja GE, Oliveira CMB, Muniz RA, Goncalves LC: Prophylactic and persistent efficacy of doramectin against *Cochliomyia hominivorax* in cattle, *Vet Parasitol* 49:95, 1993b.

Mueller R: Treatment protocols for demodicosis: an evidence-based review, *Vet Dermatol* 15:75, 2004.

Muser RK, Paul JW: Safety of fenbendazole use in cattle, *Mod Vet Pract* 65:371, 1984.

Nelson DL, Allen AD, Mozier JO, et al: Diagnosis and treatment of adverse reactions in cattle treated for grubs with a systemic insecticide, *Vet Med Small Anim Clin* 62:683, 1967.

Nolan TJ, Niamatali S, Bhopale V, et al: Efficacy of a chewable formulation of ivermectin against a mixed infection of *Ancylostoma braziliense* and *Ancylostoma tubaeforme* in cats, *Am J Vet Res* 53:1411, 1992.

National OpossumSociety(NOS):www.opossum.org. Accessed July 2, 2008.

Novotny MJ, Krautmann MJ, Ehrhart JC, et al: Safety of

selamectin in dogs, *Vet Parasitol* 91:377, 2000.

Nylar Technical Bulletin, Minneapolis, 1997, McLaughlin Gormley King.

O'Handley RM, Olson ME, McAllister TA, et al: Efficacy of fenbendazole for treatment of giardiasis in calves, *Am J Vet Res* 58:384, 1997.

Patterson JM, Grenn HH: Hemorrhage and death in dogs following the administration of sulfaquinoxaline, *Can Vet J* 16:265, 1975.

Paul AJ, Acre KE, Todd KS, et al: Efficacy of ivermectin against *Dirofilaria immitis* in cats 30 and 45 days post-infection. In Soll MD, ed: *Proceedings of the Heartworm Symposium '92*, Austin, Texas, 1992, American Heartworm Society.

Plapp FW: The nature, modes of action, and toxicity of insecticides. In Pimentel D, ed: *CRC handbook of pest management in agriculture*, Boca Raton, Fla, 1991, CRC Press.

Plumb DC: *Plumb's veterinary drug handbook*, Ames, Iowa, 2005, Blackwell.

Postal JM, Jeannin P, Consalvi PJ, et al: Efficacy of a 0.25% fipronil pumpspray formulation against cat flea infestations(*Ctenocephalides felis*)in cats. In *Proceedings of the XIX World Congress of the World Small Animal Veterinary Association*, Durban, South Africa, 1994.

Postal JM, LeNain S, Fillon F, et al: *Efficacy of a 10% fipronil spot-on formulation against flea infestations(Ctenocephalides felis)in cats*, Birmingham, UK, 1996a, British Veterinary Dermatology Group, BSAVA.

Postal JM, LeNain S, Longo F, et al: Field efficacy of Frontline Top Spot in the treatment and control of flea infestation. In *Proceedings of the World Congress of Veterinary Dermatology*, Edinburgh, Scotland, 1996b.

Poynter D: A comparative assessment of the anthelmintic activity in horses of four piperazine compounds, *Vet Rec* 68:291, 1956.

PoynterD: Piperazine adipate as an equine anthelmintic, *Vet Rec* 67:159, 1955a.

Poynter D: The efficacy of piperazine adipate administered in bran mash to horses, *Vet Rec* 67:625, 1955b.

Prichard RK: Anthelmintics for cattle, *Vet Clin North Am Food Anim Pract* 2:489, 1986.

Prichard RK: The pharmacology of anthelmintics in livestock, *Intl J Parasitol* 17:473, 1987.

Pulliam JD, Seward RL, Henry RT, et al: Investigating ivermectin toxicity in Collies, *Vet Med* 80:33, 1985.

Ranjan S, Trudeau C, Prichard RK, et al: Efficacy of moxidectin against naturally acquired nematode infections in cattle. *Vet Parasitol* 41:227, 1992.

Rawlings CA, Raynaud JP, Lewis RE, Duncan JR: Pulmonary thromboembolism and hypertension after thiacetarsemide vs melarsomine dihydrochloride treatment of *Dirofilaria immitis* infection in dogs, *Am J Vet Res* 54:920, 1993.

Reid JFS, Eagleson JS, Langholff WK: Persistent efficacy of eprinomectin pour-on against gastrointestinal and pulmonary nematodes in cattle. In *Proceedings of the 16th International Conference of the World Association for the Advancement of Veterinary Parasitology*, Sun City, South Africa, Aug 10-15, 1997.

Reinemeyer C, Charles S, Buch J, et al: Evaluation of the efficacy emodepside plus praziquantel topical solution against ascarid infections(*Toxocara cati* or *Toxascaris leonina*), *Parasitol Res* 97:S41, 2005.

Reinemeyer CE, Courtney CH: Antinematodal Drugs. In Adams HR, ed: *Veterinary pharmacology and therapeutics*, Ames, Iowa, 2001a, Iowa State University Press.

Reinemeyer CR: Treatment of parasites. In Bonogura JD, ed: *Kirk's current veterinary therapy. XIII. Small animal practice*, Philadelphia, 2000, Saunders.

Reinemeyer CR, Courtney CH: Anticestodal and antitrematodal drugs. In Adams HR, ed: *Veterinary pharmacology and therapeutics*, Ames, Iowa, 2001b, Iowa State University Press.

Roberson EL, Burke TM: Evaluation of granulated fenbendazole(22.2%)against induced and naturally occurring helminth infections in cats, *Am J Vet Res* 41:1499, 1980.

Roberson EL, Burke TM: Evaluation of granulated fenbendazole as a treatment for helminth infections in dogs, *J Am Vet Med Assoc* 180:53, 1982.

Roberson EL, Schad GA, Ambrose DL, et al: Efficacy of ivermectin against hookworm infections in cats. In Soll MD, ed: *Proceedings of the Heartworm Symposium '92*, Austin, Texas, 1992, American Heartworm Society.

Rugg D, Hair J: Dose determination of a novel formulation of metaflumizone plus amitraz for control of cat fleas(Ctenocephalides felis felis)and brown dog ticks(Rhipicephalus sanguineus)on dogs, *Vet Parasitol* 150:203, 2007.

Rugg D, Hair J, Everett R, et al: Confirmation of the efficacy of a novel formulation of metaflumizone plus amitraz for the treatment and control of fleas and ticks on dogs, *Vet Parasitol* 150:209, 2007.

Sabnis S, Zupan J, Gliddon M: Topical formulations of metaflumizone plus amitraz to treat flea and tick infestations in dogs, *Vet Parasitol* 150:196, 2007.

Saeki H, Ishii T, Ohta M, et al: Evaluation of anthelmintic efficacy of doramectin against gastrointestinal nematodes by fecal examination in cattle in Japan, *J Vet Med Sci* 57:1057, 1995.

Salgado V: *The mechanism of action of metaflumizone and other veterinary ectoparasiticides*, World Association for the Advancement of Veterinary Parasitologists, Fort Dodge

Animal Health, 2007.

Salgado V, Hayashi J: Metaflumizone is a novel sodium channel blocker insecticide, *Vet Parasitol* 150:182, 2007.

Sasaki Y, Kitagawa H, Murase S, et al: Susceptibility of rough-coated collies to milbemycin oxime, *Jpn J Vet Sci* 52:1269, 1990.

Schenker R: Simulated home trials to compare nitenpyram flavored tablets in combination with Program(lufenuron)to Program alone for the control of *C. felis* on dogs and cats. In *Forty-Fifth Annual Meeting of the American Association of Veterinary Parasitologists*, Salt Lake City, 2000.

Schenker R, Humbert-Droz E, Moyses EW, et al: Efficacy of nitenpyram against a flea strain with resistance to fipronil. In *Forty-Fifth Annual Meeting of the American Association of Veterinary Parasitologists*, Salt Lake City, 2000.

Schenker R, Luempert L, Barnett S: Efficacy of nitenpyram against fleas on dogs and cats in a clinical field study, *Compend Cont Educ Pract Vet*, 23:12, 2001.

Schenker R, Luempert LG, Barnett SH: Efficacy of nitenpyram against fleas on dogs and cats in a clinical field study. In *Forty-Fifth Annual Meeting of the American Association of Veterinary Parasitologists*, Salt Lake City, 2000.

Schenker R, Tinembart O, Barnett S, et al: A brief introduction to nitenpyram: a new flea adulticide for cats and dogs, *Compend Cont Educ Pract Vet* 23:4, 2001.

Schenker R, Tinembart O, Humbert-Droz E, et al: Comparative speed of kill between nitenpyram, fipronil, imidacloprid, selamectin, and cythioate against adult *Ctenocephalides felis*(Bouche)on cats and dogs, *Vet Parasitol* 112:249, 2003.

Schillhorn van Veen TW: Coccidiosis in ruminants, *Compend Cont Educ Pract Vet* 8:F52, 1986.

Scholl PJ, Guillot FS, Wang GT: Moxidectin: systemic activity against common cattle grubs(*Hypoderma lineatum*) (Diptera: Oestridae)and trichostrongyle nematodes in cattle, *Vet Parasitol* 41:203, 1992.

Seibert BP, Guerrero J, Newcomb KM, et al: Seasonal comparisons of anthelmintic activity of levamisole pour-on in cattle in the USA, *Vet Rec* 118:40, 1986.

Shanks DJ, McTier TL, Behan S, et al: The efficacy of selamectin in the treatment of naturally acquired infestations of *Sarcoptes scabiei* on dogs, *Vet Parasitol* 91:269, 2000a.

Shanks DJ, McTier TL, Rowan TG, et al: The efficacy of selamectin in the treatment of naturally acquired aural infestations of *Otodectes cynotis* on dogs and cats, *Vet Parasitol* 91:283, 2000b.

Shanks DJ, Rowan TG, Jones RL, et al: Efficacy of selamectin in the treatment and prevention of flea(*Ctenocephalides felis*)infestations on dogs and cats housed in simulated home environments, *Vet Parasitol* 91:213, 2000c.

Sharp ML, Sepesi JP, Collins JA: A comparative critical assay on canine anthelmintics, *Vet Med Small Anim Clin* 68:131, 1973.

Shoop WL, Demontigny P, Fink DW, et al: Efficacy in sheep and pharmacokinetics in cattle that led to the selection of eprinomectin as a topical endectocide for cattle, *Int J Parasitol* 26:1227, 1996a.

Shoop WL, Egerton JR, Eary CH, et al: Eprinomectin: a novel avermectin for use as a topical endectocide for cattle, *Int J Parasitol* 26:1237, 1996b.

Shoop WL, Mrozik H, Fisher MH: Structure and activity of avermectins and milbemycins in animal health, *Vet Parasitol* 59:139, 1995.

Six RH, Clemence RG, Thomas CA, et al: Efficacy and safety of selamectin against *Sarcoptes scabiei* on dogs and *Otodectes cynotis* on dogs and cats presented as veterinary patients, *Vet Parasitol* 91:291, 2000a.

Six RH, Sture GH, Thomas CA, et al: Efficacy and safety of selamectin against gastrointestinal nematodes in cats presented as veterinary patients, *Vet Parasitol* 91:321, 2000b.

Slocombe O, Lake MC: Dose confirmation trial of moxidectin equine oral gel against *Gasterophilus* spp. in equines. In *Proceedings of the 42nd Annual Meeting of the American Association of Veterinary Parasitologists*, Reno, Nev, 1997.

Smart J: Amprolium for canine coccidiosis, *Mod Vet Pract* 52:41, 1971.

Smith JA: Toxic encephalopathies in cattle. In Howard JL, ed: *Current veterinary therapy: food animal practice* vol 2, Philadelphia, 1986, Saunders.

Snyder DE, Floyd JG, DiPietro JA: Use of anthelmintics and anticoccidial compounds in cattle, *Compend Cont Educ Pract Vet* 13:1847, 1991.

Snyder DE, Meyere J, Zimmermann AG, et al: Preliminary studies on the effectiveness of the novel pulicide spinosad, for the treatment and control of fleas on dogs, *Vet Parasitol* 150:345, 2007.

Speer CA: Coccidiosis. In Howard JL, Smith RA, eds: *Current veterinary therapy 4: food animal practice*, Philadelphia, 1999, Saunders.

Stewart TB, Fox MC, Wiles SE: Doramectin efficacy against gastrointestinal nematodes in pigs, *Vet Parasitol* 66:101, 1996a.

Stewart TB, Fox MC, Wiles SE: Doramectin efficacy against the kidney worm *Stephanurus dentatus* in sows, *Vet Parasitol* 66:95, 1996b.

Stewart VA, Hepler DI, Grieve RB: Efficacy of milbemycin oxime in chemoprophylaxis of dirofilariasis in cats, *Am J Vet Res* 53:2274, 1992.

Stokol T, Randolph JF, Nachbar S, et al: Development of bone marrow toxicosis after albendazole administration in a dog and cat, *J Am Vet Med Assoc* 210:1753, 1997.

Takagi K, Hamaguchi H, Nishimatsu T, Konno T: Discovery of metaflumizone, a novel semicarbazone insecticide, *Vet Parasitol* 150:177, 2007.

Tanner PA, Hunter JS, Keister DM: An investigative study to evaluate the effect of bathing of laboratory dogs on the efficacy of fipronil spray. In *Proceedings of the 41st Annual Meeting of the American Association of Veterinary Parasitologists*, Louisville, 1996.

Taylor SM, Kenny J: Comparison of moxidectin with ivermectin and pyrantel embonate for reduction of faecal egg counts in horses, *Vet Rec* 137:516, 1995.

Thakur SA, Prezioso U, Marchevsky N: Efficacy of Droncit against *Echinococcus granulosus* infection in dogs, *Am J Vet Res* 39:859, 1978.

Thomas H, Gonnert R: The efficacy of praziquantel against cestodes in cats, dogs, and sheep, *Res Vet Sci* 24:20, 1978.

Thompson DR, Rehbein S, Loewenstein M, et al: Efficacy of eprinomectin against *Sarcoptes scabiei* in cattle. In *Proceedings of the 16th International Conference of the World Association for the Advancement of Veterinary Parasitology*, 1997.

Todd AC, Crowley J, Scholl P, Conway DP: Critical tests with pyrantel pamoate against internal parasites in dogs from Wisconsin, *Vet Med Small Anim Clin* 70:936, 1975.

Todd KS, Mansfield ME: Evaluation of four forms of oxfendazole against nematodes of cattle, *Am J Vet Res* 40:423, 1979.

Tomizawa M, Casida JE: Neonicotinoid insecticide toxicology: mechanisms of selective action, *Ann Rev Pharmacol Toxicol* 45:247, 2005.

Tomlin CDS: *The pesticide manual: a world compendium*, Bath, UK, 2000, Farnham, British Crop Protection Council.

United States Pharmacopeia(USP): *USP Drug Information Update(September)*, Rockville, Maryland, 1998, United States Pharmacopeial Convention.

United States Pharmacopeia(USP): *Macrocyclic lactones (veterinarysystemic* . USP Veterinary Pharmaceutical Information Monograph, 2006. Available at: www.usp.org. Accessed February 2008.

Vercruysse J, Claerebout E, Dorny P, et al: Persistence of the efficacy of pour-on and injectable moxidectin against *Ostertagia ostertagi* and *Dictyocaulus viviparus* in experimentally infected cattle, *Vet Rec* 140(3): 64-66, 1997a.

Vercruysse J, Dorny P, Hong C, et al: Efficacy of doramectin in the prevention of gastrointestinal nematode infections in grazing cattle, *Vet Parasitol* 49:51, 1993.

Vercruysse J, Eysker M, Demeulenaere D, et al: Remanent effect of a 2% moxidectin gel on establishment of small strongyles. In *Proceedings of the 42nd Annual Meeting of the American Association of Veterinary Parasitologists*, Reno, Nev, 1997b.

Vercruysse J, Rew R: *Macrocyclic lactones in antiparasitic therapy*, New York, 2002, CAB International.

Vezzoni A, Genchi C, Raynaud JP: Adulticide efficacy ofRM340 in dogs with mild and severe natural infections. In Soll MD, ed: *Proceedings of the 14th Annual Congress of the Heartworm Symposium '92*, Austin, Texas, 1992, American Heartworm Society.

Vincenzi P, Genchi C: Efficacy of fipronil(Frontline) against ear mites(*Otodectes cynotis*)in dogs and cats. In *Proceedings of the 14th Annual Congress of the European Society of Veterinary Dermatology*, Pisa, Italy, 1997.

Wakita T, Yasui N, Yamada E, Kishi D: Development of a novel insecticide, dinotefuran, *J Pestic Sci* 30:122, 2005.

Wallace DH, Kilgore RL, Benz GW: Clorsulon: a new fasciolicide, *Mod Vet Pract* 66:879, 1985.

Ware GW: *Fundamentals of pesticides: a self instruction guide*, ed 2, Fresno, Calif, 1986, Thompson.

Ware GW: *Pesticides, theory and application*, San Francisco, 1983, WH Freeman.

Watson ADJ: Giardiasis and colitis in a dog, *Austr Vet J* 56:444, 1980.

Weatherley AJ, Hong C, Harris TJ, et al: Persistent efficacy of doramectin against experimental nematode infections in calves, *Vet Parasitol* 49:45, 1993.

Weil A, Birckel P, Bosc F, et al: Plasma, skin, and hair distribution of fipronil following topical administration to the dog and to the cat. In *Proceedings of the North American Veterinary Conference*, Orlando, Fla, 1997.

Wexler-Mitchell E: Ear mites in a 33-cat household, *Vet Forum* 18:57, 2001.

Wicks SR, Kaye B, Weatherley AJ, et al: Effect of formulation on the pharmacokinetics and efficacy of doramectin, *Vet Parasitol* 49:17, 1993.

Williams JC, Barras SA, Wang GT: Efficacy of moxidectin against gastrointestinal nematodes of cattle, *Vet Rec* 131:345, 1992.

Williams JC, Nault C, Ramsey RT, Wang GT: Efficacy of Cydectin moxidectin 1% injectable against experimental infections of *Dictyocaulus viviparous* and *Bunostomum phlebotomum* superimposed on natural gastrointestinal infections in calves, *Vet Parasitol* 43:293, 1992.

Witte S, Luempert L: Laboratory safety studies of nitenpyram tablets for the rapid removal of fleas on cats and dogs, *Compend Cont Educ Pract Vet* 23:7, 2001.

Witte ST, Luempert LG, Goldenthal EI, et al: Safety of nitenpyram in dogs. In *Forty-Fifth Annual Meeting of the American Association of Veterinary Parasitologists*, Salt Lake City, 2000a.

Witte ST, Luempert LG, Johnson BE, et al: Safety of nitenpyram in cats. In *Forty-Fifth Annual Meeting of the American Association of Veterinary Parasitologists*, Salt Lake City, 2000b.

Wolstenholme A, Rogers A: Glutamate-gated chloride channels and the mode of action of the avermectin/milbemycin anthelmintics, *Parasitology* 131(Suppl):85, 2005.

Woodard GT: The treatment of organic phosphate insecticide poisoning with atropine sulfate and 2-PAM(2-pyridine aldoxime methiodide), *Vet Med* 52:571, 1957.

Yazwinski TA, Greenway TE, Tilley W, et al: Efficacy of fenbendazole against gastrointestinal nematode larvae in cattle, *Vet Med Small Anim Clin* 84:1899, 1989.

Yazwinski TA, Johnson EG, Thompson DR, et al: Nematocidal efficacy of eprinomectin, delivered topically, in naturally infected cattle, *Am J Vet Res* 58:612, 1997.

Yazwinski TA, Presson BL, Featherstone HE: Comparative anthelmintic efficacies of fenbendazole, levamisole and thiabendazole in cattle, *Agri-Practice* 6:4, 1985.

Zimmer JF: Treatment of feline giardiasis with metronidazole, *Cornell Vet* 77:383, 1987.

Zimmer JF, Burrington DB: Comparison of four protocols for the treatment of canine giardiasis, *J Am Anim Hosp Assoc* 22:168, 1986.

Zimmerman GL, Hoberg EP, Pankavich JA: Efficacy of orally administered moxidectin against naturally acquired gastrointestinal nematodes in cattle, *Am J Vet Res* 53:1409, 1992.

第七章

Agneessens J, Claerebout E, Vercruysse J: Development of a copro-antigen capture ELISA for detecting *Ostertagia ostertagi* infections in cattle, *Vet Parasitol* 97:227, 2001.

Ash LR, Orihel TC: *Atlas of human parasitology*, Chicago, 1990, ASCP Press.

Bowman DD, Hendrix CM, Lindsay DS, et al: *Feline clinical parasitology*, Ames, Iowa, 2002, Iowa State University Press.

Craig TM, Barton CL, Mercer SH, et al: Dermal leishmaniasis in a Texas cat, *Am J Trop Med Hyg* 35:1110, 1986.

Deplazes P, Alther P, Tanner I, et al: *Echinococcus multilocularis* coproantigen detection by enzyme-linked immunosorbent assay in fox, dog, and cat populations, *J Parasitol* 85:115, 1999.

Dikmans G, andrews JS: A comparative morphological study of the infective larvae of the common nematodes parasitic in the alimentary tract of sheep, *Trans Am Microsc Soc* 52:1, 1933.

Dubey JP: A review of *Sarcocystis* of domestic animals and of other coccidia of cats and dogs, *J Am Vet Med Assoc* 169:1061, 1976.

Dubey JP, Perry A, Kennedy MJ: Encephalitis caused by a Sarcocystis-like organism in a steer, *J Am Vet Med Assoc* 191:231, 1987.

Faler K, Faler K: Improved detection of intestinal parasites, *Mod Vet Pract* 65:273, 1984.

Foster AO, Johnson CM: A preliminary note on the identity, life cycle, and pathogenicity of an important nematode parasite of captive monkeys, *Am J Trop Med* 19:265, 1939.

Georgi JR: Differential characters of *Filaroides milksi* Whitlock, 1956 and *Filaroides hirthi* Georgi and anderson, *Proc Helminthol Soc Wash* 46:142, 1975.

Gordon HM, Whitlock HV: A new technique for counting nematode eggs in sheep faeces, *J Counc Sci Industr Res* (Aust) 12:50, 1939.

Hughes PL, Dubielzig RR, Kazacos KR: Multifocal retinitis in New Zealand sheep dogs, *Vet Pathol* 24:22, 1987.

Hunter GC, Quenouille MH: A statistical examination of the worm egg count sampling technique for sheep, *J Helminthol* 26:157, 1952.

Jenkins DJ, Fraser A, Bradshaw H, Craig PS: Detection of *Echinococcus granulosus* coproantigens in Australian canids with natural or experimental infection, *J Parasitol* 86:140, 2000.

Johnson DA, Behnke JM, Coles GC: Copro-antigen capture ELISA for the detection of *Teladorsagia (Ostertagia) circumcincta* in sheep: improvement of specificity by heat treatment, *Parasitology* 129:115, 2004.

Kauzal GP, Gordon HM: A useful mixing apparatus for the preparation of suspensions of faeces for helminthological examinations, *J Counc Sci Industr Res* (Aust) 14:304, 1941.

Keith RK: Infective larvae of cattle nematodes, *Aust J Zool* 1:223, 1953.

Knott J: A method for making microfilarial surveys on day blood, *Trans R Soc Trop Med Hyg* 33:191, 1939.

Lichtenfels JR: Helminths of domestic equids, *Proc Helminthol Soc Wash* (Special Issue) 42:1, 1975.

Lichtenfels JR, Kharchenko VA, Krecek RC, et al: An annotated checklist by genus and species of 93 species level names for 51 recognized species of small strongyles (Nematoda: Strongyloidea: Cyathostominea) of horses, asses, and zebras of the world, *Vet Parasitol* 79:65, 1998.

Lindsay DS, Upton SJ, Dubey JP: A structural study of the *Neospora caninum* oocyst, *Int J Parasitol* 29:1521, 1999.

Lowenstine LJ, Carpenter JL, O'Connor BM: Trombiculosis in a cat, *J Am Vet Med Assoc* 175:289, 1979.

Mayhew IG, Lichtenfels JR, Greiner EC, et al: Migration of a spirurid nematode through the brain of a horse, *J Am Vet Med Assoc* 180:1306, 1983.

Newton WL, Wright WH: A reevaluation of the canine filariasis problem in the United States, *Vet Med* 52:75, 1957.

Newton WL, Wright WH: The occurrence of a dog filariid

other than *Dirofilaria immitis* in the United States, *J Parasitol* 42:246, 1956.

O'Handley RMO, Olson ME, Fraser D, et al: Prevalence and genotypic characterization of *Giardia* in dairy calves from Western Australia and Western Canada, *Vet Parasitol* 90:193, 2000.

Parsons JC, Bowman DD, Gillette DM, Grieve RB: Disseminated granulomatous disease in a cat caused by larvae of *Toxocara canis*, *J Comp Pathol* 99:343, 1988.

Schnieder T, Heise M, Epe C: Genus-specific PCR for the differentiation of eggs or larvae from 11 gastrointestinal nematodes of ruminants, *Parasitol Res* 85:895, 1999.

Speare R, Tinsley DJ: Survey of cats for *Strongyloides felis*, *Austral Vet J* 64:191, 1987.

Stoll NR: Investigations on the control of hookworm disease, XV: an effective method of counting hookworm eggs in human feces, *Am J Hyg* 3:59, 1923.

Stoll NR: On methods of counting nematode ova in sheep dung, *Parasitology* 22:116, 1930.

Supperer R: Filariosen der Pferde in österreich, *Wien Tierarztl Monatsschr* 40:214, 1953.

Teare JA, Loomis MR: Epizootic of balantidiasis in lowland gorillas, *J Am Vet Med Assoc* 181:1345, 1982.

Thomas JS: Encephalomyelitis in a dog caused by *Baylisascaris* infection, *Vet Pathol* 25:94, 1988.

Traversa D, Iorio R, Klei TR, et al: New method for simultaneous species-specific identification of equine strongyles (Nematoda, Strongylida) by reverse line blot hybridization, *J Clin Microbiol* 45(9):2937, 2007.

Trayser CV, Todd KS: Life cycle of *Isospora burrowsi* n. sp. (Protozoa:Eimeriidae) from the dog *Canis familiaris*, *Am J Vet Res* 39:95, 1978.

Whitlock JH: A practical dilution egg count procedure, *J Am Vet Med Assoc* 98:466, 1941.

Whitlock JH: *The diagnosis of veterinary parasitisms*, Philadelphia, 1960, Lea & Febiger.

Xiao L, Bern C, Kimor J, et al: Identification of 5 types of *Cryptosporidium* parasites in children in Lima, Peru, *J Infect Dis* 183:492, 2001.

Zarlenga DS, Chute MB, Gasbarre LC, Boyd PC: A multiplex PCR assay for differentiating economically important gastrointestinal nematodes of cattle, *Vet Parasitol* 97:199, 2001.

第八章

Binford CH, Connor DH, eds: *Pathology of tropical and extraordinary diseases*, vols 1 and 2, Washington DC, 1976, Armed Forces Institute of Pathology (AFIP).

Chitwood MB, Lichtenfels JR: Identification of parasitic metazoa in tissue sections, *Exp Parasitol* 32:407, 1972.

Connor DH, Chandler FW, Schwartz DA, et al: *Pathology of infectious diseases*, vols 1 and 2, Stamford, Conn, 1997, Appleton & Lange.

Daft BM, Visvesvara GS, Read DH, et al: Seasonal meningoencephalitis in Holstein cattle caused by *Naegleria fowleri*, *J Vet Diagn Invest* 17:605, 2005.

Dubey JP, Sreekumar C, Donovan T, et al: Redescription of *Besnoitia bennetti* (Protozoa: Apicomplexa) from the donkey (*Equus asinus*), *Int J Parasitol* 35:659, 2005.

Gardiner CH, Fayer R, Dubey JP: *An atlas of protozoan parasites in animal tissues*, Washington DC, 1988, AFIP, American Registry of Pathology.

Gutierrez Y: Diagnostic pathology of parasitic infections with clinical correlation, Philadelphia, 1990, Lea & Febiger.

Meyers WN, Neafie RC, Marty AM, Wear DJ: *Pathology of infectious diseases*, vol 1, *Helminthiases*, Washington DC, 2000, AFIP, American Registry of Pathology.

Orihel TC, Ash LR: *Parasites in human tissues*, Chicago, 1995, American Society of Clinical Pathology (ASCP).

Toft JD, Eberhard ML: Parasitic diseases. In Taylor BT, Abee CR, Henrickson R, eds: *Nonhuman primates in biomedical research: diseases*, San Diego, 1998, Academic.

Verster A : A taxonomic revision of the genus Taenia Linnaeus, 1758, *Onderstepoort, J Vet Res* 36:3, 1969

Georgis' Parasitology for Veterinarians, 9/E

Dwight D. Bowman

ISBN-13: 9781416044123

ISBN-10: 1416044124

Authorized Simplified Chinese translation from English language edition published by the Proprietor.

Elsevier (Singapore) Pte Ltd.

3 Killiney Road

#08-01 Winsl和 House I

Singapore 239519

Tel: (65) 6349-0200

Fax: (65) 6733-1817

First Published 2011

2011年初版